"十三五"艺术类专业规划教材

建筑装饰材料与施工工艺

吴承钧　主编

河南科学技术出版社

·郑州·

图书在版编目（CIP）数据

建筑装饰材料与施工工艺/吴承钧主编．—郑州：河南科学技术出版社，2016.8
ISBN 978-7-5349-8288-0

Ⅰ.①建… Ⅱ.①吴… Ⅲ.①建筑材料-装饰材料②建筑装饰-工程施工 Ⅳ.①TU56 ②TU767

中国版本图书馆 CIP 数据核字（2016）第185470号

出版发行：河南科学技术出版社
地址：郑州市经五路66号　邮编：450002
电话：（0371）65788001　65788624
网址：www.hnstp.cn
策划编辑：孙　彤　张晓东
责任编辑：张晓东
责任校对：李振方
封面设计：张　伟
责任印制：张　巍
印　　刷：河南龙华印务有限公司
经　　销：全国新华书店
幅面尺寸：185 mm×260 mm　印张：23.25　字数：600千字
版　　次：2016年10月第1版　2016年10月第1次印刷
定　　价：49.00元

编委名单

主　编： 吴承钧（郑州轻工业学院　郑州大学西亚斯国际学院）

副主编： 张　丹（华北水利水电大学）

郭琳琳（郑州大学西亚斯国际学院）

吴艺珂（郑州职业技术学院）

编　委： 毕海波（郑州成功财经学院）

荆奕君（郑州成功财经学院）

陈　丽（郑州成功财经学院）

曹　峥（河南工业大学）

李菊红（郑州成功财经学院）

申　琦（中州大学）

张　杨（郑州轻工业学院易斯顿国际美术学院）

李君君（郑州财经学院）

褚　楚（合肥信息技术职业学院）

王　欣（郑州工商学院）

前　言

随着建筑装饰材料、装修技术的迅速发展和人民生活水平及审美意识的提高，人们对建筑室内外环境质量的要求也越来越高，并呈现个性化。建筑装饰是艺术与技术的总和，是以美学原理为依据，以各种装饰材料及工艺为基础，包含了不断更新的材料组合、设计手段及施工技巧等诸多运用。目前国内日益增长的建筑装饰需求，尤其是高品位的建筑装饰追求，要求对日新月异的装饰材料以及多学科的施工方法和技巧有更加深刻的理解和认识。编著本书是为了帮助广大从业人员和在校学生提高室内外装修设计的理论水平和施工实战能力，同时也为了促进环境艺术设计、室内设计、建筑装饰工程技术及相关专业的教材建设。

本书针对当前国内日益增长的建筑装饰行业需求，以就业为导向，总结教学经验与实际工作经验，全面系统地介绍了各类装饰材料和施工工艺方法，内容全面、图文并茂、案例丰富、切合实际。全书分为建筑装饰材料和建筑装饰施工工艺两大部分，共六章。书中配备了大量的工艺流程图、材料图样和材料应用实景图，力求做到让每个初学者和专业人士都能够轻松了解和理解室内外装饰装修设计中烦琐的装饰材料和施工工艺知识。本书以专业性、严谨性为基础，突出实用性和系统性，论述详简适宜，可供应用型本科、高职高专，成人、函授、网络教育，自学考试及专业培训等环境艺术设计、室内设计、建筑装饰工程技术等专业学生作为教材或教辅使用，同时也可供广大建筑装饰工程设计及技术人员使用。

吴承均编写了第一章，郭琳琳编写了第二章和第三章第八节，吴艺珂编写了第四章，张丹、毕海波、荆奕君、陈丽编写了第三章第一至第七节，申琦编写了第五章，曹峥、李菊红、张杨编写了第六章第一至第五节，李君君编写了第六章第六节，褚楚、王欣编写了第六章第七节。

编　者

2016 年 3 月 1 日

目 录

第一部分

建筑装饰材料

第一章　建筑装饰材料概述

随着社会的发展和人们生活水平的提高，现代建筑不仅要满足人们物质生活的需要，还应作为艺术品给人们创造舒适的环境，即不但要求具有良好的使用功能，还要求结构新颖、造型美观、立面丰富、环境清洁而优雅等。正因为如此，正确地选择和应用建筑装饰材料，才能最大限度地发挥材料本身的作用和功能，从而满足人们的需求。艺术家们很久以前就把设计美观、造型独特、色彩适宜的建筑称为“凝固的音乐”。建筑装饰性的体现，很大程度上仍受到建筑装饰材料的制约，尤其受到材料的光泽、质地、质感、图案、花纹等装饰特性的影响。建筑装饰材料很早就应用在建筑物之中。北京的故宫、天坛和颐和园等古建筑以金碧辉煌、色彩瑰丽著称于世，这归功于各种色彩的琉璃瓦、熠熠闪光的金箔、富有玻璃光泽的孔雀石、银朱、青石等古代建筑装饰材料的点缀。许多高层建筑外墙面的装饰以玻璃幕墙和铝板幕墙的光亮夺目、绚丽多彩、交相辉映的特有效果向人们展示现代派的建筑风格。因此，建筑装饰材料是建筑的重要物质基础。只有了解或掌握了建筑装饰材料的性能、特点，按照建筑物及其使用环境条件，合理选用装饰材料，才能更好地发挥每一种材料的长处，做到材尽其能、物尽其用，更好地表达设计意图。

我国现代装饰材料迅猛发展、层出不穷。大量高级宾馆、饭店、酒楼、大型商场、体育场及艺术娱乐建筑的兴建，更加有力地促进了我国建筑装饰材料的发展。随着生活水平的逐步提高，人们对建筑物的质量要求越来越高，科学技术的进步和建材工业的发展，促进我国新型装饰材料从品种、规格、档次上进入新的阶段，发展方向也朝着功能化、复合化、系列化、规范化的方面发展。

第一节　建筑装饰材料的作用

建筑是技术与艺术相结合的产物，在很大程度上受到材料的制约，尤其是受到装饰材料的制约。无论是雕龙画凤、贴金包银的古代宫殿，还是清新典雅、优美简洁的现代派建筑，或是光彩夺目、绚丽多彩、富于夸张的洛可可风格，或是在有限空间内创造出“虚幻的、无限的空间”的超现实主义，以及追求浓郁乡土气息、回归大自然、讲求人性化的后现代派等，无一不是通过各种的材料来体现设计师们的设计意境，反映时代的特色。

建筑装饰材料在装饰工程中的作用至关重要：

（1）建筑装饰材料是建筑装饰设计的物化基础，材料的选择贯穿于装饰工程设计的全过程，成为保证建筑装饰质量的重要环节之一，装饰工程设计人员及工程施工技术人员必须掌握建筑装饰材料的有关知识，保证装饰工程质量。

（2）建筑装饰材料在装饰工程中用量很大。装饰工程中装饰材料的成本占到总成本的60%～70%，材料费用占装饰工程造价的比重高，装饰材料的选择、使用及管理，对工程的成本影响很大。正确选择和使用建筑装饰材料，并充分利用材料的各种功能，可大大降低装饰工程的成本。因此，从事建筑装饰工程的技术人员必须掌握装饰材料的基本知识。

（3）建筑装饰材料与装饰工程设计和施工工艺密切相关，装饰工程中许多技术问题的突破，均以新材料的出现为契机，装饰材料性能的改进和新材料的应用都会推进装饰工程技术的进步。因此，从事装饰工程的技术人员要及时了解装饰材料的发展状况，了解新型装饰材料的性能及施工工艺特点，合理进行装饰工程的设计及施工组织。

（4）建筑装饰材料可以延长建筑的使用寿命。建筑装饰材料大多用于各种基础的表面，在基体表面形成一层将空气中水分、酸碱性物质、灰尘及阳光等侵蚀性因素隔断的保护层，保护建筑基层，延长建筑物使用寿命。如石质类装饰材料是人类使用最早，保存下来最多的建筑装饰材料，石材具有高强度、高硬度、高耐磨性、高耐久性和丰富多彩的天然纹理使石材跨越时空，伴随着时代的变迁，继续装点着人类生活的方方面面，不断为建筑历史续写科技发展的篇章。

（5）建筑装饰材料可以满足建筑装饰的功能要求。不同的建筑装饰材料具有不同的物理、化学、力学和装饰性能，使用不同性能的装饰材料可以具有防滑、防水、防火、隔音、隔热保温等功能，满足不同装饰部位的功能要求。例如，防火饰面板，面层有各种色彩、图案或纹理，里层是经处理的难燃材料，通过高温压制而成的人工合成装饰板材。其具有防火、防潮、耐磨、耐酸碱、耐冲击、易保养等优点，而表面色彩丰富、图案美丽、质感细致，是办公家具、橱柜、卫生间隔断、实验室等饰面的良好用材。

（6）建筑装饰材料可以满足建筑装饰的美感要求。建筑装饰材料都具有各自独有的质感和肌理，又具有多样的形状及丰富的色彩，建筑装饰通过建筑装饰材料的有机组合，改变建筑物的空间感，弥补建筑设计的不足，营造埋想的生活、休闲空间，美化空间环境。例如，木质建材是人类最早用于建筑及装饰的材料之一，也是现代建筑装饰中经常使用的材料，由于木材质量轻，强度高，并具有良好的弹性和韧性、抗震性和抗冲击性能；此外木材导热系数小，保温性能好，木材又具有天然花纹，且易加工涂饰、装饰效果好、无毒无放射性等优点，因此广泛应用在宾馆、饭店、机场、车站、家庭等不同的场所。但木材具有湿胀干缩性能，装饰工程选材时，要根据装饰场所的环境条件进行合理选择。

第二节　建筑装饰材料的分类

建筑装饰材料的品种繁多，可从不同角度进行分类。按建筑装饰材料的使用部位，可分为外墙装饰材料、内墙装饰材料、地面装饰材料、顶棚装饰材料等，此种分类方式便于工程技术人员选用，如表1－1所示。

表1－1　建筑装饰材料按装饰部位分类

品种	适用位置	材料
外墙装饰材料	包括外墙、阳台、台阶、雨棚等建筑物全部外露部位装饰材料	天然花岗岩、陶瓷装饰制品、玻璃制品、地面涂料、金属制品、装饰混凝土、装饰砂浆

续表

品种	适用位置	材料
内墙装饰材料	包括内墙墙面、墙裙、踢脚线、隔断、花架等内部构造所用的装饰材料	壁纸、墙布、内墙涂料、织物饰品、人造石材、内墙釉面砖、人造板材、玻璃制品、隔热吸音装饰板
地面装饰材料	指地面、楼面、楼梯等结构所用的装饰材料	地毯、地面涂料、天然石材、人造石材、陶瓷地砖、木地板、塑料地板
顶棚装饰材料	指室内及顶棚装饰材料	石膏板、珍珠岩装饰吸音板、钙塑泡沫装饰吸声板、聚苯乙烯泡沫塑料装饰吸音板、纤维板、涂料

为了方便学习、记忆和掌握建筑装饰材料的基本知识和基本理论，一般均按建筑装饰材料的化学成分分类，如表1－2所示。

表1－2　建筑装饰材料的化学成分分类

<table>
<tr><td rowspan="7">无机装饰材料</td><td rowspan="2">金属装饰材料</td><td>黑色金属</td><td colspan="2">钢、不锈钢、彩色涂层钢板等</td></tr>
<tr><td>有色金属</td><td colspan="2">铝及铝合金、铜及铜合金等</td></tr>
<tr><td rowspan="5">非金属装饰材料</td><td rowspan="2">胶凝材料</td><td>气硬性胶凝材料</td><td>石膏、石灰、装饰石膏制品</td></tr>
<tr><td>水硬性胶凝材料</td><td>白水泥、彩色水泥等</td></tr>
<tr><td colspan="3">装饰混凝土及装饰砂浆、白色及彩色硅酸盐制品</td></tr>
<tr><td>天然石材</td><td colspan="2">花岗石、大理石等</td></tr>
<tr><td>烧结与熔融制品</td><td colspan="2">烧结砖、陶瓷、玻璃及制品、岩棉及制品等</td></tr>
<tr><td rowspan="2">有机装饰材料</td><td>植物材料</td><td colspan="3">木材、竹材、藤材等</td></tr>
<tr><td>合成高分子材料</td><td colspan="3">各种建筑塑料及其制品、涂料、胶黏剂、密封材料等</td></tr>
<tr><td rowspan="4">复合装饰材料</td><td>无机材料基复合材料</td><td colspan="3">装饰混凝土、装饰砂浆等</td></tr>
<tr><td rowspan="2">有机材料基复合材料</td><td colspan="3">树脂基人造装饰石材、玻璃钢等</td></tr>
<tr><td colspan="3">胶合板、竹胶板、纤维板、保丽板等</td></tr>
<tr><td>其他复合材料</td><td colspan="3">塑钢复合门窗、涂塑钢板、涂塑铝合金板等</td></tr>
</table>

第三节　建筑装饰材料的性质

建筑装饰材料在建筑工程中，无论在安装、运输及使用过程中都不可避免地受到碰撞或承受一定外力的作用，还要承受各种介质（如风、水、蒸汽、腐蚀性气体和流体等）的作用及各种物理作用（如温度差、湿度差、摩擦、压强等）。因此，建筑装饰材料除必须具有良好的装饰效果外，还必须具有抵抗上述各种作用的能力。为保证建筑物的正常使用，对许多建筑装饰材料还要求具有一定的防水、防腐、防火、保温、吸声、隔声等性能。因此，掌握建筑装饰材料的基本性质是正确选择与合理使用建筑装饰材料的基础。

建筑装饰材料所具有的各项性质又是由材料的组成、结构与构造等内部因素所决定的，了解其性质和组成是非常必要的。

一、建筑装饰材料的物理性质

（一）材料与质量有关的性质

1. 密度

密度是指材料在绝对密实状态下，单位体积的质量。材料的密度大小取决于材料的组成与材料的内部结构。

2. 体积密度

体积密度是指材料在自然状态下，单位体积的质量。

测定材料的体积密度时，材料的质量可以是在任意含水状态下的，但需说明含水情况。通常所指的体积密度是材料在气干状态下的，称为气干体积密度，简称体积密度。材料的体积密度除与材料的密度有关外，还与材料内部孔隙的体积有关，材料的孔隙率越大，则材料的体积密度越小。

3. 堆积密度

堆积密度是指粉块状材料在堆积状态下，单位体积的质量。

4. 密实度、孔隙率、空隙率

（1）密实度：是指材料体积内被固体物质所充实的程度。

（2）孔隙率：是指材料中，孔隙体积所占整个体积的比例。对于砂石散粒材料，可用空隙率来表示颗粒之间的紧密程度。

（3）空隙率：是指散粒材料在某堆积体积中，颗粒之间的空隙体积所占的比例。

一般情况下，材料内部的孔隙率越大，则材料的体积密度、强度越小，耐磨性、抗冻性、抗渗性、耐腐蚀性、耐水性及耐久性越差，而保温性、吸声性、吸水性与吸湿性越强。上述性质不仅与材料的孔隙率大小有关，还与孔隙特征（如开口孔隙、闭口孔隙、球形孔隙等）有关。

（二）材料与水有关的性质

1. 亲水性与憎水性

当材料与水接触时，有些材料能被水润湿；有些材料则不能被水润湿。前者称材料具有亲水性，后者称材料具有憎水性。

2. 吸水性

吸水性是材料在水中吸收水分的性质。吸水性的大小，以吸水率表示。

在多数情况下，吸水率是按质量计算的，即质量吸水率；但是，也有按体积计算的，即体积吸水率（吸入水的体积占材料自然状态下体积的百分数）。多孔材料的吸水率一般用体积吸水率来表示。

体积密度小的材料，吸水性大。如木材的质量吸水率可大于100%，普通黏土砖的吸水率为8%～20%。吸水性大小与材料本身的性质、孔隙率大小及孔隙特征等有关。

3. 吸湿性

材料在潮湿空气中吸收水分的性质，称为吸湿性。吸湿性的大小用含水率表示。含水率就是用材料所含水的质量与材料干燥时质量的百分比来表示。材料吸湿或干燥至空气湿度相平衡的含水率称为平衡含水率。材料在正常使用状态下，均处于平衡含水状态。

材料的吸湿性主要与材料的组成、孔隙含量，特别是毛细孔的特征有关，还与周围环境温湿度有关。

4. 耐水性

耐水性是指材料长期在饱和水作用下，保持其原有的功能，抵抗破坏的能力。

对于结构材料，耐水性主要指强度变化；对装饰材料则主要指颜色、光泽、外形等的变化，以及是否起泡、起层等。材料不同，耐水性的表示方法也不同。如建筑涂料的耐水性常以是否起泡、脱落等来表示，而结构材料的耐水性用软化系数 K（材料在吸水饱和状态下的抗压强度与材料在绝干状态下的抗压强度之比）来表示。

材料的软化系数 $K=0\sim1.0$。$K>0.85$ 的材料称为耐水性材料。经常受到潮湿或水作用的结构，需选用 $K>0.75$ 的材料，重要结构需选用 $K>0.85$ 的材料。一般材料随着含水量的增加，会减弱其内部结合力，强度都有不同程度的降低，即使致密的石材也不能完全避免这种影响。花岗石长期浸泡在水中，强度将下降 3%；烧结普通砖和木材所受影响更为显著。

5. 抗冻性

抗冻性是指材料在吸水饱和状态下，在多次冻融循环的作用下，保持其原有的性能，抵抗破坏的能力。

材料在 -15 ℃以下时毛细孔中的水结冰，体积增大约 9%，对孔壁产生很大的压力，而融化时由外向内逐层进行，方向与冻结时相反，在内外层之间形成压力差和温度差，使材料出现脱屑、剥落或裂缝，强度也逐渐降低。材料的抗冻性用抗冻等级 F 表示，如 $F15$ 表示能经受 15 次冻融循环而不破坏。

材料孔隙率和开口孔隙越大（特别是开口孔隙率）则材料的抗冻性越差。材料孔隙中的充水程度越高，则材料的抗冻性越差。对于受冻材料，吸水饱和状态是最不利的状态。如陶瓷材料吸水饱和受冻后，最易出现脱落、掉皮等现象。

6. 抗渗性

抗渗性是指材料抵抗压力水渗透的性质，材料的抗渗性用渗透系数 k 表示。

（三）材料与热有关的性质

1. 导热性

导热性是指热量由材料的一面传至另外一面多少的性质。导热性用导热系数 λ 表示。

一般认为，金属材料、无机材料、晶体材料的导热系数分别大于有机材料、非晶体材料；孔隙率越大，导热系数越小，细小孔隙、闭口孔隙比粗大孔隙、开口孔隙对降低导热系数更为有利，因为减少或降低了对流传热；材料含水，会使导热系数急剧增加。

导热系数的大小取决于材料的组成、孔隙率、孔隙尺寸和孔隙特征以及含水率等。

2. 耐燃性

材料抵抗燃烧的性质称为耐燃性。耐燃性是影响建筑物防火和耐火等级的重要因素，《建筑内部装修设计防火规范》（GB 50222—1995）给出了常用建筑装饰材料的燃烧等级，如表 1 -3 所示。

表 1 -3　建筑装饰材料的燃烧等级

等级	装修材料燃烧性能
A	不燃性
B_1	难燃性
B_2	可燃性
B_3	易燃性

材料在燃烧时放出的烟气和毒气对人体危害极大，远远超过火灾本身。因此，建筑内部装修时，应尽量避免使用燃烧时放出大量浓烟和有毒气体的装饰材料，在不同的装饰部位选择相应燃烧等级的装饰材料，如表 1 -4 所示。

表 1 -4　常用装修材料燃烧性能等级

材料类别	级别	材料举例
各部位材料	A	花岗石、大理石、水磨石、水泥制品、混凝土制品、石膏板、石灰制品、黏土制品、玻璃、瓷砖、马赛克、钢铁、合金等
顶棚材料	B_1	纸面石膏板、纤维石膏板、水泥刨花板、矿棉装饰吸音板、玻璃棉装饰吸音板、珍珠岩装饰吸音板、难燃胶合板、难燃中密度纤维板、岩棉装饰板、难燃木材、铝箔复合材料、难燃酚醛胶合板、铝箔玻璃钢复合材料等
墙面材料	B_1	纸面石膏板、纤维石膏板、水泥刨花板、矿棉板、玻璃棉板、珍珠岩板、难燃胶合板、难燃中密度纤维板、防火塑料装饰板、难燃双面刨花板、多彩涂料、难燃玻璃钢平板、PVC 塑料护墙板、轻质高强复合墙板、阻燃模压木质复合板材、彩色阻燃人造板、难燃玻璃钢等
	B_2	各类天然木材、木制人造板、竹材、纸制装饰板、装饰微薄木贴面板、印刷木纹人造板、塑料贴面装饰板、聚酯装饰板、复塑装饰板、塑纤板、胶合板、塑料壁纸、无纺贴墙布、墙布、复合壁纸、天然材料壁纸、人造革等
地面材料	B_1	硬 PVC 塑料地板，水泥刨花板、水泥木丝板、氯丁橡胶地板等
	B_2	半硬质 PVC 塑料地板、PVC 卷材地板、木地板、氯纶地毯等
装饰织物	B_1	经阻燃处理的各类难燃织物等
	B_2	纯毛装饰布、纯麻装饰布等其他织物
其他装饰材料	B_1	聚氯乙烯塑料、酚醛塑料、聚碳酸酯塑料、聚四氟乙烯塑料。三聚氰胺、脲醛塑料、硅树脂塑料装饰型材、经阻燃处理的各类织物等。另见顶棚材料和墙面材料内中的有关材料
	B_2	经阻燃处理的聚乙烯、聚丙烯、聚氨酯、聚苯乙烯、玻璃钢、化纤织物、木制品等

另外，国家还规定了下列建筑或室内装修部位宜采用非燃烧材料或难燃材料。

（1）高级宾馆的客房及公共活动用房。

（2）演播室、录音室。

（3）大型、中型计算机房。

3. 耐火性

耐火性是指材料抵抗高热或火的作用保持其原有性质的能力。金属材料、玻璃等虽属于不燃性材料，但在高温或火的作用下在短时间内就会变形、熔融，因而不属于耐火材料。建筑材料或构件的耐火极限通常用时间来表示，即按规定方法，从材料受到火的作用时间起，直到材料失去支持能力、完整性被破坏或失去隔火作用的时间，以 h 或 min 计。如无保护层的钢柱，其耐火极限仅有 0.25 h。

4. 耐急冷急热性

材料抵抗急冷急热的交替作用，并能保持其原有性质的能力，称为材料的耐急冷急热性，又称材料的抗热震性或热稳定性。

许多无机非金属材料在急冷急热交替作用下，易产生巨大的温度应力而使材料开裂或炸裂、破坏，如瓷砖、釉面砖等。

（四）材料与声学有关的性质

1. 吸音性

吸音性是指材料在空气中能够吸音的能力。当声波传播到材料的表面时，一部分声波被反射，另一部分穿透材料，其余部分则传递给材料。对于含有大量开口孔隙的多孔材料，传递给材料的声能在材料的孔隙中引起空气分子与孔壁的摩擦和黏滞阻力，使相当一部分的声能转化为热能而被吸收或消耗掉；对于含有大量封闭孔隙的柔性多孔材料（如聚氯乙烯泡沫塑料制品）传递给材料的声能在空气振动的作用下孔壁也产生振动，使声能在振动时因克服内部摩擦而被消耗掉。材料吸音性能的优劣以吸音系数来衡量，吸音系数是指吸收的能量与声波原先传递给材料的全部能量的百分比。吸音系数与声音的频率及声音的入射方向有关，因此吸音系数指的是一定频率的声音从各个方面入射的吸收平均值。对于多孔吸音材料，其吸音效果与下列因素有关：

（1）材料的体积密度。对同一种多孔材料，其体积密度增大，低频吸音效果提高，而高频吸音效果降低。

（2）材料的厚度。材料厚度增加，低频吸音效果提高，而对高频影响不大。

（3）材料的孔隙特征。材料孔隙越多越细小，吸音效果越好；若孔隙太大，则效果就差。

需要指出的是，许多吸音材料与绝热材料性质相同，且都属多孔结构，但对孔隙特征的要求不同，绝热材料要求孔隙封闭，不相连通，这种孔隙越多，其绝热性能越好。而吸音材料则要求气孔开放，互相连通，这种气孔越多，吸音性能越好。

2. 隔音性

声波在建筑结构中的传播主要通过空气和固体来实现，因而隔音分为隔空气声和隔固体声。

（1）隔空气声。对于均质材料，隔音量符合“质量定律”，即材料单位面积的质量越大或材料的体积密度越大，隔音效果越好。轻质材料的质量较小，隔音性较密实材料差。

（2）隔固体声。固体声是由于振源撞击固体材料，引起固体材料受迫振动而发音，并向四周辐射声能。固体声在传播过程中，声能的衰减极少。弹性材料如木板、地毯、壁布、橡胶片等具有较高的隔固体声能力。

二、建筑装饰材料的力学性能

（一）材料的强度

材料在外力作用下抵抗破坏的能力，称为材料的强度。建筑装饰材料受外力作用时，内部就产生应力。外力增加，应力相应增大，直至材料内部质点结合力不足以抵抗所作用的外力时，材料即发生破坏，此时的应力值，就是材料的强度，称为极限强度。根据外力作用形式不同，建筑装饰材料的强度有抗压强度、抗拉强度、抗弯强度及抗剪强度，还有断裂强度、剥离强度、抗冲击强度、耐磨性等。

（二）强度等级、比强度

对于以强度为主要指标的材料，通常按材料强度值的高低划分成若干等级，称为强度等级，混凝土、砂浆等就是用强度等级来表示其强度的。

比强度是指材料强度与体积密度的比值。比强度是衡量材料轻质高强性能的一项重要指标，比强度越大，则材料的轻质高强性能越好。

（三）硬度与耐磨性

1. 硬度

硬度是材料抵抗较硬物体压入或刻划的能力。硬度的表示方法有布氏硬度（HB）、肖氏硬度（HS）、洛氏硬度（HR）、韦氏硬度（HV）、里氏硬度（HL）和莫氏硬度。由于测试硬度的方法不同，所以表示材料的硬度就不同，布氏硬度、肖氏硬度、洛氏硬度、韦氏硬度都用钢球压入法测定试样，钢材、木材、混凝土、矿物材料等多采用此法，但石材有时也用刻划法（又称莫氏硬度）测定，通常用压针法测定试样，非金属材料及矿物材料一般用此方法测定。

2. 耐磨性

耐磨性是指材料表面抵抗磨损的能力，耐磨性用磨损率表示。

材料的耐磨性与硬度、强度及内部构造有关，材料的硬度越大，则材料的耐磨性越高。材料的磨损率有时也用磨损前后的体积损失来表示；材料的耐磨性有时也用耐磨次数来表示。地面、路面、楼梯踏步及其他受较强磨损作用的部位等，需选用具有较高硬度和耐磨性的材料。

（四）弹性、塑性、脆性与韧性

1. 弹性

材料在外力作用下产生变形，外力取消后变形即行消失，材料能够完全恢复到原来形状的性质，称为材料的弹性。这种完全恢复的变形，称为弹性变形，材料的弹性变形与荷载成正比。

2. 塑性

在外力作用下材料产生变形，在外力取消后，有一部分变形不能恢复，这种性质称为材料的塑性。这种不能恢复的变形，称为塑性变形。

钢材在弹性极限内接近于完全弹性材料，其他建筑材料多为非完全弹性材料。这种非完全弹性材料在受力时，弹性变形和塑性变形同时产生，外力取消后，弹性变形可以消失，而塑性变形不能消失。

3. 脆性

脆性是指材料受力达到一定程度后突然破坏，而破坏时并无明显塑性变形的性质。脆性材料的变形特点是材料在接近破坏时，变形仍很小。混凝土、玻璃、砖、石材及陶瓷等属于脆性材料。

4. 韧性

韧性是指材料在冲击、振动荷载的作用下，材料能够吸收较大的能量，同时也能产生一定的变形而不致破坏的性质。对用作桥梁地面、路面及吊车梁等的材料，都要求具有较高的抗冲击韧性。

三、建筑装饰材料的装饰特性

建筑装饰材料是用于建筑物表面、起装饰作用的材料，要求装饰材料具有如下的装饰特性。

（一）颜色、光泽、透明性

1. 颜色

颜色是材料对光谱选择吸收的结果。不同的颜色给人以不同的感觉，如红色、粉红色给人一种温暖、热烈的感觉，绿色、蓝色给人一种宁静、清凉、寂静的感觉。

2. 光泽

光泽是材料表明方向性反射光线的性质，用光泽度表示。材料表面越光滑，则光泽度越高。当为定向反射时，材料表面具有镜面特征，又称镜面反射。不同的光泽度，可改变材料表面的明暗程度，并可扩大视野或造成不同的虚实对比。

3. 透明性

透明性也是与光线有关的一种性质。既能透光又能透视的物体称为透明体，能透光而不能透视的物体称为半透明体，既不能透光又不能透视的物体称为不透明体。利用不同的透明度可隔断或调整光线的明暗，根据需要，造成不同的光学效果，也可使物像清晰或朦胧。

（二）质感

质感是指材料的表面组织结构、花纹图案、颜色、光泽、透明性等给人的一种综合感觉，各种材料在人的感官中有软硬、轻重、粗犷、细腻、冷暖等感觉，相同组成的材料表面不同可以有不同的质感，如普通玻璃与压花玻璃，镜面花岗石与剁斧石。相同的表面处理形式往往具有相同或类似的质感，但有时也不尽相同，如人造大理石、仿木纹制品，一般均没有天然的花岗石和木材亲切、真实，虽然仿制品不真实，但有时也能达到以假乱真的效果。

（三）形状和尺寸

对于砖块、板材和卷材等装饰材料的形状和尺寸，以及表面的天然花纹、纹理及人造花纹或图案都有特定的要求和规格。利用装饰材料的形状和尺寸，并配合花纹、颜色、光泽等可拼镶出各种线型和图案，从而获得不同的装饰效果，以满足不同建筑形体和线型的需要。

（四）耐久性

材料长期抵抗各种内外破坏因素或腐蚀介质的作用而保持其原有性质的能力，称为材料的耐久性。材料的耐久性是材料的一项综合性质，一般包括有耐磨性、耐擦性、耐水性、耐热性、耐光性、抗渗性、抗老化性、耐溶蚀性、耐沾污性等。材料的组成和性质不同，工程的重要性及所处的环境不同，则对材料耐久性项目的要求及耐久性年限的要求也不同。如潮湿环境的建筑物要求装饰材料具有一定的耐水性；北方地区的建筑物外墙用装饰材料须具有一定的抗冻性；地面用装饰材料具有一定的硬度和耐磨性；用于地面、台面、外墙及卫生间、厨房等的装饰材料需考虑材料的耐沾污性和易洁性。材料表面抵抗污物作用并能保持其原有的颜色和光泽的性质称为材料的耐沾污性。材料表面易于清洗洁净的性质称为材料的易洁性，它包括在风、雨等作用下的易洁性及在人工清洗作用下的易洁性。良好的耐沾污性和易洁性是建筑装饰材料经久常新。材料的耐擦性实质是材料的耐磨性，分为干擦（耐干擦性）和湿擦（耐洗刷性）。耐擦性越高，则材料的使用寿命越长。耐久性寿命的长短是相对的，如对花岗岩要求其耐久性寿命为数十年至数百年以上，而对质量好的外墙涂料则要求其耐久性寿命为 10 ~ 15 年。总之，在选用建筑装饰材料时，除具有以上性质外，还应考虑工程的环境、气氛、功能、空间、不同材料的恰当配合及经济合理等问题。

第四节 建筑装饰材料的选择

装饰材料的选择直接影响装饰工程的使用功能和装饰效果，因此，装饰材料的选择应在满足保护功能、使用功能和美化功能的基础上充分考虑材料的性能、外观及范围，对材料进行必要的搭配使用以达到理想的效果。

1. 满足使用功能

在选用装饰材料时，首先应满足与环境相适应的使用功能。对于外墙应选用耐大气侵蚀、不易褪色、不易沾污、不泛霜的材料。地面应选用耐磨性、耐水性好，不易沾污的材料。厨房、卫生间应选用耐水性、抗渗性好，不发霉、易于擦洗的材料。

2. 满足装饰效果

装饰材料的色彩、光泽、形体、质感和花纹图案等性能都影响装饰效果，特别是装饰材料的色彩对装饰效果的影响非常明显。因此，在选用装饰材料时要合理应用色彩，给人以舒适的感觉。例如，卧室、客房宜选用浅蓝或淡绿色，以增加室内宁静感；儿童活动室应选用中黄、蛋黄、橘黄、粉红等暖色调，以适应儿童天真活泼的心理；医院病房要选用浅绿、淡蓝、淡黄等色调，以使病人感到安静和安全，以利于早日康复。

3. 材料的安全性

在选用装饰材料时，要妥善处理装饰效果和使用安全的矛盾，要优先选用环保型材料和不燃或难燃等安全型材料，尽量避免选用在使用过程中感觉不安全或易发生火灾等事故的材料，努力给人们创造一个美观、安全、舒适的环境。

4. 有利于人的身心健康

建筑空间环境是人们活动的场所，进行建筑装饰可以美化生活、愉悦身心、改善生活质量。建筑空间环境的质量直接影响人们的身心健康，在选用装饰材料时应注意以下几点：

（1）尽量选用天然的装饰材料。

（2）选择色彩明快的装饰材料。

（3）选择不易挥发有害气体的材料。

（4）选用保温隔热、吸声隔声的材料。

5. 合理的耐久性

不同功能的建筑及不同的装修档次，所采用的装饰材料耐久性要求也不一样。尤其是新型装饰材料层出无穷，人们的物质精神生活要求也逐步提高，很多装饰材料都有流行趋势。因此，有的建筑装修使用年限较短，就要求所用的装饰材料耐用年限不一定很长。但也有的建筑要求其耐用年限很长，如纪念性建筑物等。

6. 经济性原则

一般装饰工程的造价往往占建筑工程总造价的30%～50%，个别装修要求较高的工程可达60%～65%。因此，装饰材料的选择应考虑经济性：原则上应根据使用要求和装饰等级，恰当地选择材料；在不影响装饰工程质量的前提下，尽量选用优质价廉的材料；选用工效高、安装简便的材料，以降低工程费用。另外在选用装饰材料时，不但要考虑一次性投资，还应考虑日后的维修费用，有时在关键性问题上，宁可适当加大点儿一次性投资，以延长使用年限，从而达到总体上经济的目的。

7. 便于施工

在选用装饰材料时，尽量做到构造简单、施工方便。这样既缩短了工期，又节约了开支，还为建筑物提前发挥效益提供了前提。应尽量避免选用有大量湿作业、工序复杂、加工困难的材料。

建筑装饰材料的品种门类繁多、更新周期短、发展潜力大。随着我国经济建设的发展，一大批规模大、技术高的重点工程需要建设，人民生活水平的日益提高，建筑装饰业在我国形成了一个新的消费热点，建筑装饰材料的消耗水平提高得很快。建筑装饰业迫切需要品质优良、款式新颖、不同档次、可选性、配套性和实用性的产品。

第二章　建筑装饰基层类材料

在装饰装修工程中，按照材料的使用功能可分为饰面类材料和基层类材料。其中基层类材料必须便于饰面类材料的安装和固定，起到固定、连接、支撑和承重等作用，可分为骨架类基层、板面类基层、胶结类基层。

第一节　骨架类基层材料

在装饰装修工程中，用来承重装饰墙面、柱面、地面、门窗和顶棚饰面材料质量受力的骨架，称为骨架基层材料，最常用的有型钢骨架、轻钢龙骨骨架、木龙骨骨架和铝合金龙骨骨架几种。

一、钢骨架材料

（一）型钢骨架材料

室内装饰中一些重量较大的棚架、支架、框架，需要用型钢材料作为骨架，常用的有槽钢、角钢、扁钢与圆管钢。

1. 槽钢

槽钢一般作为钢骨架的梁，受垂直方向力的作用。槽钢的受力特点是：承受垂直方向力和纵向压力的能力较强，承受扭转力矩的能力较差。常用槽钢的产品为热轧普通槽钢，其外形如图 2－1 所示。

图 2－1　常用槽钢

结构型槽钢包括 H 型钢和冷弯薄壁型钢等，被广泛用于建筑用檩条、屋架、桁架、钢架、墙架、龙骨等。H 型钢由两块翼板及一块腹板焊接，经下料、自动组合、焊接、矫正即生产出合格的 H 型钢产品。

H 型钢易于裁剪及焊接，可以随工程要求任意加工、设计及组合，并可制造特殊规格，配合特殊工程之实际需要。H 型钢经过经济化的设计，其面力矩、断面系数、耐压力和承重力高于同单位重量的热压延型钢，如图 2－2 所示。

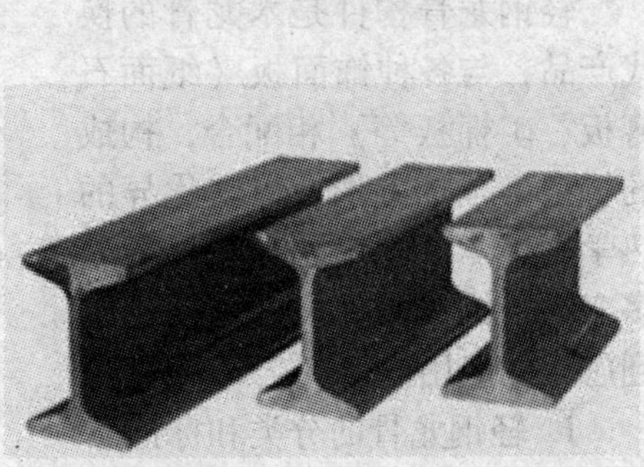

图 2－2　H 型钢

冷弯型钢是一种高效经济型材，由冷热轧钢板或钢带在常温下冷加工而成，包括 C 型钢、Z 型钢等产品。C 型钢、Z 型钢分别如图 2－3、图 2－4 所示。

图 2－3 C 型钢

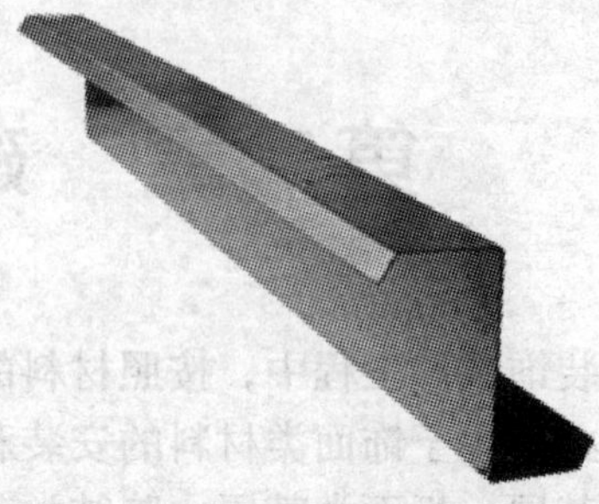

图 2－4 Z 型钢

2. 角钢

角钢的应用较广泛，一般作为钢骨架的支撑件，也可作承重量较轻的梁架。角钢的受力特点是：承受纵向压力、拉力的能力较强，承受垂直方向力和扭转力矩的能力较差。角钢有等边角钢和不等边角钢两个系列。常用角钢的产品为热轧等边角钢和热轧不等边角钢，如图 2－5 所示。

图 2－5 常用角钢

（二）轻钢龙骨材料

建筑用轻钢龙骨是以冷轧钢板（钢带）、镀锌钢板（钢带）或彩色涂层钢板（钢带）为原料，采用冷弯工艺生产的薄壁型钢，用作吊顶或墙体龙骨，如图 2－6 所示。

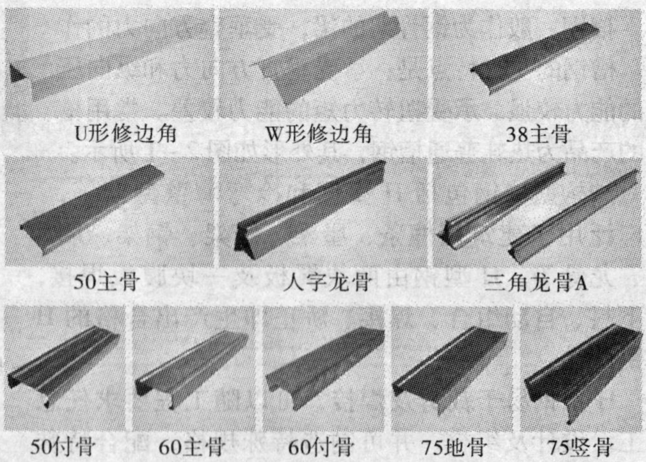

图 2－6 轻钢龙骨构件

轻钢龙骨构件是木龙骨的换代产品，与各种饰面板（纸面石膏板、矿棉板等）相配合，构成的轻型吊顶或隔墙，以其优异的热学、声学、力学、工艺性能及多变的装饰风格在装饰工程中得到广泛的应用。

1. 轻钢龙骨的分类和标记

（1）分类。轻钢龙骨有多种分类方法。

①按荷载类型分（使用时一般不需按荷载大小再进行强度和变形的验算），有上人龙骨和不上人龙骨。

②按用途分，有吊顶龙骨和隔墙龙骨。吊顶龙骨又分为承载龙骨（吊顶龙骨的主要受力构件又称主龙骨）、覆面龙骨（吊顶龙骨中固定饰面层的构件，又称中龙骨或横撑龙骨）；隔墙龙骨可分为横龙骨（又称沿顶、沿地龙骨）、竖龙骨和连贯龙骨，其中横龙骨是轻钢龙骨墙与结构（梁或楼板）的连接构件，竖龙骨为墙体的主要承重和与面板的连接构件。

③按龙骨的断面高度规格，吊顶龙骨有 D38、D45、D50、D60 系列，隔墙龙骨有 Q50、Q75、Q100、Q150 系列。

④按龙骨的断面形状，可分为 C 形龙骨、U 形龙骨、T 形龙骨、H 形龙骨和 V 形龙骨。

轻钢龙骨除龙骨主件外，还有相应的配件。吊顶龙骨的配件有吊杆、吊件、挂件、挂插件、接插件和连接件。其中吊件用于承载龙骨与吊杆的连接，挂件用于承载龙骨与覆面龙骨的连接，挂插件用于正交两方向的覆面龙骨的连接。而接插件和连接件分别用于覆面龙骨和承载龙骨的接长。吊顶 T 形龙骨的主要配件有连接件，用于 T 形龙骨的接长。墙体龙骨的配件主要有支撑卡、接插件、角托等。支撑卡主要是支撑竖向龙骨的断面开口处，在覆面面板与竖向龙骨固定时起辅助支承作用，接插件用于墙体竖龙骨的接长。

（2）标记。轻钢龙骨的标记顺序为产品名称，代号，断面形状的宽度、高度、厚度，标准号。如断面形状为 C 形，宽度 45 mm，高度 12 mm，钢板厚度 1.5 mm 的吊顶龙骨，可标记为：建筑用轻钢龙骨 DC45 × 12 × 1.5GB/T1981。

2. 轻钢龙骨的特点

（1）自重轻。轻钢龙骨的板材厚度为 0.5 ~ 1.5 mm。吊顶轻钢龙骨每平方米的耗钢量仅 3 ~ 4 kg，与纸面石膏板（9 mm 厚）组成平吊顶，每平方米也仅 11 ~ 12 kg，相当于 20 mm厚抹灰顶棚的 1/3 左右。轻钢隔墙龙骨，每平方米耗钢 5 kg 左右，两侧各覆一层厚度为 12 mm 的纸面石膏板的隔墙，每平方米重量也仅 27 kg，相当于普通 120 mm 厚黏土砖墙的 1/8。所以，采用轻钢龙骨可大大减小梁、板等构件的荷载，减轻建筑物的自重。

（2）刚度大。轻钢龙骨虽薄、轻，但由于采用了异形断面，所以弯曲刚度大，挠曲变形小。采用 100 mm × 50 mm × 0.63 mm 的轻钢龙骨、2 mm × 12 mm 厚的双层纸面石膏板隔墙的极限高度达 4.5 m。而上人吊顶轻钢龙骨在标准荷载下的最大挠度（1.2 m 吊距）也不过 2 mm，挠跨比为 1/600，远小于国标的有关规定。

（3）抗震性能优良。轻钢龙骨采用的是韧性好的低碳钢，同时各构件间采用吊、挂、卡等连接方法，可吸收较多的变形能量，所以轻钢龙骨吊顶或隔墙具有良好的抗震性能，可适应较大的地震或风力荷载引起的变形。

（4）防火。轻钢龙骨具有良好的防火性能，是优于木龙骨的主要特点。轻钢龙骨与石膏耐火板材共同作用可达 1 h 的耐火极限，可完全满足建筑设计防火规范的要求。

（5）制作容易、施工方便。轻钢龙骨采用机械冷弯工艺制作，可一次成型、连续生产、生产效率高、精度好、设备要求不复杂。轻钢龙骨的施工是组装式，可完全取消湿作业，因此施工效率高，且装配、调整都很简单。

（6）以钢代木、节约木材。以钢代木对于木材资源贫乏、使用需求又很大的我国尤为重要。根据有关资料测算，使用轻钢龙骨，每万平方米可节约木材 200 m^3。安装和拆改方便，使于建筑空间的布置：目前房屋建设设计更倾向于大开间，以便根据用户的不同使用要求进行空间分隔和布置。轻钢龙骨墙体的施工特点正可满足这一要求，它对于原建筑结构的荷载分布影响不大，节点构造简单，为室内空间的重新布置提供了较大的灵活性和可能性。

3. 应用范围

轻钢龙骨多用于防火要求高的室内装饰，高层建筑内装饰，天花、隔墙面较大的室内装饰，现代化厂房的室内装饰。

二、木龙骨材料

木骨架材料用作天花、隔墙、棚架、造型、家具的骨架，起固定、支持和承重的作用，是木材通过加工而成的截面为方形或长方形的条状材料，俗称为木方，主要由松木、椴木、杉木、进口烘干刨光等木材加工成截面长方形或正方形的木条。木龙骨容易造型，着钉力强易于安装，特别适合与其他木制品的连接，当然由于是木材，其缺点也很明显，如不防潮、容易变形、不防火、可能生虫发霉等。只要选择干燥的产品用到没有水汽没有火的地方，是完全没有问题的。

木龙骨按照使用部位可分为吊顶龙骨、竖墙龙骨、铺地龙骨以及悬挂龙骨等，按照材质可分为硬质木料骨架和轻质木料骨架两类。

（一）硬质木料骨架（外木骨架）

装饰工程中有些外露式棚架、支架、高级门窗及家具的骨架，要求木质较硬，纹理清晰美观。选用的木材、树种有以下几种。

（1）水曲柳。材质略重而硬，纹理直，花纹美观，干燥性能适中，耐腐耐水性好，易加工，韧性大，胶结、油漆、着色等性能较好。

（2）柞木。材质重而硬，纹理直或斜，耐水耐腐蚀性强，切削面光滑，耐磨损，油漆、着色性能良好，易开裂翘曲，加工较困难，不易胶结。

（3）东北榆。材质较硬，纹理直，花纹美丽，加工性能良好，油漆和胶结容易。干燥性能不好，易开裂和翘曲。

（4）桦木。材质略重而硬，木质结构细，力学强度大，富有弹性，加工性能良好，切削面光滑，油漆性能良好，易开裂及翘曲，不耐腐蚀。

（5）柚木。材质坚硬，纹理直或斜，木质结构略粗，易加工，耐磨损，耐久性强，干燥收缩率小，不易变形，油漆着色性良好。

（6）红木。材质坚硬而重，纹理斜，切削面光滑，耐磨损，耐久性强，油漆着色性适中，胶结性较差，加工困难。

（7）核桃楸。力学强度中等，富有韧性，加工性能好，干燥不易变形，耐腐蚀，油漆着色性良好。

（8）楠木。材质硬度适中，细致光滑，加工性能好，耐腐性较好，耐久性强，油漆着色性良好，干燥时有翘曲现象。

（9）洋杂木。洋杂木是指从印度尼西亚、泰国等进口的材质较硬、木质较好的各种木材，耐磨、耐腐，加工性能好。

（二）轻质木料骨架（内木骨架）

木天花、隔墙的内骨架所用木材，多选材质较松、颜色和纹理不甚显著，含水率小，不易劈裂、不易变形的树种，主要有以下几种。

（1）红松材。材质轻软，力学强度适中，干燥性能良好，弹性较好，不易龟裂变形，加工性能良好，易于胶结，用于高级装饰的木结构骨架。

（2）白松材。材质轻软，力学强度较低，弹性较好，变形量较小，易于胶结，加工性能较好，但不易刨光，用于一般木结构骨架。

（3）混合针叶松材。材质较重，硬度中等，力学强度高，抗弯力大，耐磨、耐水性强，干缩性大，易开裂、翘曲变形，加工性能不分，着钉时易开裂，不易胶结，用于一般木结构骨架。

（4）马尾松材。材质硬度中等，力学强度较高，着钉力较强，易翘曲变形，加工性能中等，胶结性能不良，用于低级装饰木结构骨架，如图2－7所示。

图2－7 30 mm×50 mm 马尾松材龙骨

（5）美国花旗松材。材质略重，硬度中等，干燥性能良好，不易龟裂变形，加工性能良好，易于胶结，着钉性能较强，用于中、高级装饰木结构骨架。

（6）杉木材。材质轻，力学强度适中，干燥性能良好，加工性能较好，耐腐朽，不易变形，而且耐久性强，多用于地板、格栅、造型的木骨架。

（7）锻木材。材质较轻软，加工性能较好，不易变形，不易开裂，胶结性能良好，耐水性较差，不耐腐蚀，多用于装饰格栅、造型的木骨架。

（三）木龙骨的选择要点

（1）新鲜的木龙骨略带红色，纹理清晰，如果其色彩呈现暗黄色、无光泽，说明是朽木。

（2）看所选木方横切面的规格是否符合要求，头尾是否光滑均匀，不能大小不一。同时木龙骨必须平直，不平直的木龙骨容易引起结构变形。

（3）要选木疤节较少、较小的木龙骨，如果木疤节大且多，螺钉、钉子在木疤节处会拧不进去或者钉断木方，容易导致结构不牢固。

（4）要选择密度大、深沉的木龙骨，可以用指甲抠抠看，好的木龙骨不会有明显的痕迹。

三、铝合金龙骨材料

铝合金龙骨是室内吊顶装饰中常用的一种材料，可以起到支撑、固定和美观作用。需要注意的是，铝合金龙骨不是烤漆龙骨，烤漆龙骨是铁制作，铝合金是由铝合金所制作。铝合金龙骨是在铁皮烤漆龙骨上的改进。因为铝经过氧化处理之后不会生锈和脱色，原来的铁皮烤漆龙骨时间长了会因为氧化而导致生锈、发黄、掉漆。铝合金龙骨具有强度高、质量较轻、装饰性能好、易加工、安装便捷等特点。铝合金龙骨吊顶由吊杆、龙骨、配件及罩面板等部分组成。铝合金龙骨吊顶根据龙骨承受荷载能力，也有轻型、中型、重型三类。与铝合金龙骨配套的罩面板主要有硅钙板、矿棉板和硅酸钙板等。

铝合金龙骨分有大龙骨、中龙骨、小龙骨和边龙骨。大龙骨断面呈 U 形，中、小龙骨断面呈 T 形；边龙骨断面呈 L 形。主龙骨常规长度是 3 m，中、小龙骨常规长度是 610 mm，通用的规格是 600 mm × 600 mm 与 610 mm × 610 mm，边龙骨则是用来作为墙边收尾和固定的。大龙骨垂直吊挂件装于吊杆下端用以吊挂大龙骨；中龙骨垂直吊挂件装在大龙骨上用以吊挂中龙骨；边龙骨垂直吊挂件装在大龙骨上用以吊挂边龙骨。用铝合金龙骨组织成骨架（图 2 - 8），而吊顶所用的硅钙板、矿棉板等要放在这一个一个的格子里边。

图 2 - 8 铝合金龙骨骨架

铝合金吊顶龙骨根据其罩面板安装方式的不同，分龙骨底面外露型和不外露型两种（图 2 - 9）。现代的装饰要求越来越高，花样层出不穷。底面外露的平面铝合金龙骨简洁，底面外露凹槽的更具有立体感（图 2 - 10）。铝合金龙骨的尺寸大小、高度、厚度都可以根据客户要求定做。

龙骨底面外露型吊顶　龙骨底面不外露型吊顶

图 2 - 9 铝合金吊顶龙骨

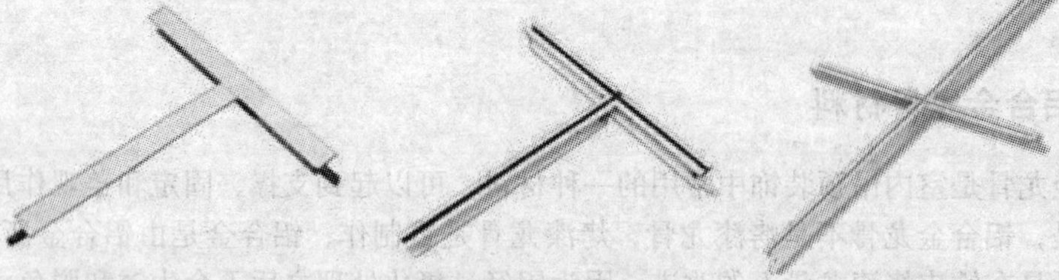

平面铝合金龙骨　黑线凹槽铝合金龙骨　白线凹槽铝合金龙骨

图 2 - 10 底面外露的平面铝合金龙骨

第二节　板面类基层材料

板面类基层材料是相对于饰面板而言的。它是从装饰材料的使用功能上进行区分的，在实际运用中，任何板材均可作为板面类基层材料。一般来说，板面类基层材料具有造价低、强度大、不易变形、附着力强，可满足造型及以后贴面施工需要等特点。最常用的有木质类板面基层和金属类板面基层。

一、木质类板面基层

在木装饰饰面、铝塑板饰面、软包饰面、金属板饰面或一些复杂造型的饰面工程中，经常采用木质类板面基层材料。用于制作木质类板面基层的材料，要求具有易加工、稳定性好、着钉力足等特点，木质类板面基层最常用的材料是细木工板、指接板和夹板，所有国产木质板材的尺寸都为 2 440 mm ×1 220 mm。

（一）细木工板

行内称大芯板，又称木工板。它是由两片夹板中间粘压拼接木块而成，是目前家装板材消费最多的品种，木工板按厚度分有 12 mm、15 mm、18 mm 几种（行内称为 1.2、1.5、1.8）。门套、窗套多用 12 mm，家具用 18 mm。按内部木板材质质量由高到低分有柳桉芯、杉木芯、杨木芯。

细木工板的优点是：规格统一，易于加工，不易变形，可粘贴其他材料，重量轻，便于施工等，是家庭装修中墙体、顶部装修和木工制作的必不可少的木材制品。

细木工板按加工方式分机拼与手拼，由于两者在生产工艺上有较大区别，所以前者各项性能指标要高于后者，区分方法就是看内部每块芯材的宽度是否一致，如果是，就说明是机拼板，按内部木块拼接方式分平口与企口，企口板加工工艺高，内部无空心。

鉴别细木工板质量有以下几种方法：

（1）看厚度（此方法同样可用于其他木质板材）。如标厚 1.8 的木工板确确实实达到 1.8 mm，基本上就可以断定是好板子了，市面上的板材大多数厚度都不达标，1.8 的板材稍好些的有 1.7 mm，质次的只有 1.6 mm，更差的甚至连 1.6 mm 都达不到。

（2）看面板平整度。正规厂家生产的板材会在板的侧面用喷印的方法标示品牌、规格，而非正规板材仅仅是粘贴一张不干胶贴。看面板平整度可用眼看，也可用手摸。差的木工板面层凹凸不平，有脱皮现象。

需要注意的是，平整度有单双面之分。木工板在加工中要用到大量的胶水，而这些胶水又含有甲醛。

（二）指接板

指接板不能完全替代细木工板，其易变形、易开裂是不能避免的特性，做门套贴饰面板都不适合，但因相对比较环保，所以使用率还是比较高的。有疤结的杉木指接板由多块木板拼接而成，上下不再粘压夹板，所以胶水用的量少。由于竖向木板间采用锯齿状接口，类似两手手指交叉对接，故称指接板。因为在生产过程中用胶量比木工板少得多，所以是比细木工板更为环保的一种板材，目前已有越来越多的人开始选用指接板来替代细木工板。指接板常见厚度有 12 mm、15 mm、18 mm 三种。

所谓无疤结的杉木指接板，无疤结只是相对而言的，通常来讲，只能做到单面无疤结，而且在做工的过程中，有时会由于天气变化，出现开裂情况，这种在装修中很难避免的问题，通常都是后期用油工再做修补。

简单鉴别指接板好坏的方法是看芯材年轮：指接板多是杉木的，年轮较明显，年轮越大，说明树龄长，材质也就越好。

市面上还有一种樟木指接板出售，用来做衣橱的搁板，可以驱虫，即用了这种板，衣橱里就可以不用再放樟脑丸了，只是价格较贵，而且只有少数商家有售。

（三）夹板

夹板也称胶合板、多层板，行内俗称细芯板。由三层或多层 1 mm 厚的单板或薄板胶贴热压制而成。它是最早用于家装的人造板材料。它强度大，抗弯曲性能好，但它的缺点是稳定性差，易变形，不适宜做柜门。行业内一般把夹板分为 3 厘板、5 厘板、9 厘板、12 厘板、15 厘板和 18 厘板六种规格（1 厘即为 1 mm）。3 mm 的用来做由弧度的吊顶，9 mm、12 mm 的多用来做橱背板，隔断，踢脚线。15 mm、18 mm 多用来做工程上的脚手板。与细木工板一样，判断夹板质量好坏也可以看厚度，但市面上能达到标准厚度的板材太少了。在夹板的基础上衍生出其他品种，装饰面板就是一种特殊的夹板，还有做橱背的宝丽板也是夹板。

二、金属类板面基层

金属类板面材料美观、坚固、耐用、有较强的伸缩性能，抗变形能力强，价格昂贵。在建筑装饰装修工程中，大多数金属板面因为其美丽的光泽效果常被用作饰面类材料，只有少量特殊需求的工艺要求采用金属类板面作为基层材料，如装饰工程中的变形缝的处理、有较高防水要求的区域、对密闭性要求高的区域、防火分隔区、内外温差变化较大的区域等，其基层处理会常采用钢板材料。变形缝的形式因墙厚不同处理方式可以有所不同，当变形缝宽度较大时，缝口处理采用金属板面基层，一般最常用镀锌铁皮盖缝调节。

变形缝是伸缩缝、沉降缝和防震缝的总称。根据建筑物在外界因素作用下常会产生变形，导致开裂甚至破坏。变形缝是针对这种情况而预留的构造缝。

防水层采用金属类板面基层，因重量大、工艺繁、造价高，极少使用，但对于一些抗渗性能要求较高的构筑物，金属类板面基层防水仍占有重要地位和实用价值。但应注意金属类板面基层易产生腐蚀现象，应对金属材料和焊条、焊剂应提出质量要求。同时，防水金属类板面基层的接缝应采用焊接，并保证接缝的防水密封性能。

第三节　胶结类基层材料

一、胶凝基层材料

在建筑工程中，将能够把散粒状材料和块状材料黏结成一个整体的材料统称为胶凝材料。胶凝材料按照化学成分不同，可分为无机胶凝材料和有机胶凝材料两大类。无机胶凝材料按其能否在空气和水中凝结硬化、保持和发展强度，又可分为气硬性胶凝材料和水硬性胶凝材料。

气硬性胶凝材料只能在空气中凝结硬化，保持和发展其强度。气硬性胶凝材料耐水性差，不宜用于潮湿环境和水中。

水硬性胶凝材料能在空气中和水中凝结硬化，保持和发展其强度。水硬性胶凝材料耐水性好，可用于潮湿环境和水中。

（一）气硬性胶凝材料

在建筑工程上常用的气硬性胶凝材料，主要有石灰、建筑石膏、水玻璃等。

1. 石灰

建筑石灰是人类在建筑中最早使用的胶凝材料之一，由于其原材料蕴藏丰富、分布广泛、生产工艺简单、成本低廉、使用方便，所以至今仍广泛应用于各种工程中。

（1）石灰的生产。生产石灰的主要原料是以碳酸钙为主要成分的天然岩石，常用的有石灰石、白云石、白垩等。这些天然原料中常含有碳酸镁和黏土杂质，一般要求黏土杂质控制在 8% 以内。生产石灰的原料，除了用天然原料外，另一种原料是利用化学工业副产品。

将石灰的原料石灰石在一定的温度下煅烧，碳酸钙将分解成为生石灰，其主要成分为氧化钙，另外还有少量的 MgO 等杂质。在正常温度下煅烧良好的块状石灰，质轻且色白，呈疏松多孔结构，氧化钙的含量高，密度为 $3.1 \sim 3.4\ g/cm^3$，堆积密度为 $800 \sim 1\ 000\ kg/m^3$。

建筑石灰按照氧化镁的含量不同，可将生石灰分为钙质石灰 MgO < 5% 和镁质石灰 MgO > 5%。镁质石灰熟化速度较慢，但硬化后的强度较高。按照成品加工方法不同，在建筑工程中常用的石灰类型有块状生石灰、生石灰粉、熟石灰粉、石灰浆和石灰膏。

（2）石灰熟化与硬化。烧制成的生石灰为块状，在使用时必须加水进行消化，使氧化钙消化成为粉状的“熟石灰”，这一过程也称为石灰的“熟化”。

在建筑工程中，生石灰必须经充分熟化后方可使用，这是因为块状生石灰中常含有过火石灰。过火石灰的熟化十分缓慢，如果没有充分熟化而直接使用，过火石灰就会吸收空气中的水分继续熟化，体积膨胀而使构件表面凸起、开裂或局部脱落，严重影响工程质量。

熟石灰的主要化学成分为氢氧化钙［$Ca(OH)_2$］，上式化学反应中的理论需水量仅为石灰的 24.32%，但是由于石灰消化是一个放热过程，且体积迅速膨胀 1 ~ 2.5 倍，所以其实际加水量达 70% 以上；将生石灰加水熟化成含大量水的石灰乳，经沉淀除去部分水分可制成石灰膏。

在石灰消化时，应注意加水速度。对活泼性大的石灰，如果加水速度过慢或加水量不足，则已消化的石灰颗粒生成氢氧化钙，包围在未消化颗粒的周围，使内部石灰不易消化，这种现象称为“过烧”；相反，对于活泼性差的石灰，如果加水的速度过快，则发热量少，水温过低，增加了未消化颗粒，这种现象称为“过冷”。

为了消除“过烧石灰”的危害，石灰浆应在储灰池中“沉浮”2 周以上；石灰在“沉浮”期间，在其表面应留有一层水，使之与空气隔绝以防止与二氧化碳产生碳化现象。

石灰浆体的硬化过程包括干燥、结晶和碳酸三个交错进行的过程，可以概括为干燥硬化和碳化硬化两个硬化过程：

①石灰浆的干燥硬化：石灰浆体的干燥过程由于水分蒸发形成网状孔隙，这时滞留在孔隙中的自由水由于表面张力的作用，从而产生毛细管压力，使石灰粒子更加密实，而获得“附加强度”。此外，由于水分的蒸发，引起氢氧化钙溶液过饱和而使结晶析出，并产生“结晶强度”。但此时从溶液中析出的氢氧化钙数量不多，因此强度增长也不显著。

②硬化石灰浆的碳化：结晶后氢氧化钙与空气中二氧化碳作用，生成不溶于水的碳酸钙晶体，析出的水分逐渐被蒸发，产生“碳化强度”。石灰的碳化作用只有在有水的条件下才能进行。

（3）石灰的技术性质。石灰是一种典型的气硬性胶凝材料，与其他胶凝材料相比，它具有以下特性。

①可塑性好：生石灰熟化为石灰浆时，能形成颗粒极细的呈胶体分散状态的氢氧化钙粒子，其比表面积（材料的总表面积与其质量的比值）很大，使得氢氧化钙颗粒表面吸附一层较厚的水膜，使石灰的可塑性明显改善。

②硬化慢、强度低：石灰的凝结硬化速率很慢，且硬化后的强度很低。如1:3的石灰砂浆，28 d的抗压强度仅为0.2～0.5 MPa。受潮后石灰容易产生溶解，强度会更低。

③耐水性差：若石灰浆体尚未硬化就处于潮湿环境中，由于石灰浆中的水分不能蒸发，则其凝结硬化停止；若已硬化的石灰，长期受潮或受水浸泡，则由于氢氧化钙易溶于水，甚至会使已硬化的石灰溃散。因此，石灰的耐水性很差，软化系数接近于零，不宜用于潮湿环境及易受水浸泡的部位。

④干燥收缩大：石灰浆体在硬化过程中，由于水分要大量蒸发，从而会引起显著的体积收缩，甚至使其表面出现开裂，所以除调成石灰乳做薄层涂刷外，一般不宜单独使用。在建筑工程中应用时，常在石灰中掺入适量的砂、麻刀、纸巾等，以抵抗收缩引起的开裂和增加抗拉强度。

⑤吸湿性强：生石灰块是一种常用的干燥剂，它能从空气中吸收水分，具有较强的吸湿性。

（4）石灰的应用。

①石灰乳涂料和砂浆：用熟石灰粉或熟化好的石灰膏加水稀释成为石灰乳涂料，可以用于内墙和天棚的粉刷；用石灰膏或生石灰粉配制的石灰砂浆或水泥石灰混合砂浆，可以用于墙体的砌筑，也可以用于墙面、柱面、顶棚等部位的抹灰。

②配制灰土和三合土：熟石灰粉和黏土按一定比例配合称为灰土，再加入适量的炉渣、炉灰、沙、石等填料，即成为三合土。灰土和三合土经夯实后强度高、耐水性好、操作简单、价格低廉，广泛应用于建筑物、道路等垫层和基础。石灰与黏土混合后，由于石灰改善了黏土的和易性，在强力夯打之下大大提高了其紧密度；同时，黏土表面的少量活性氧化硅和氧化铝与氢氧化钙起化学反应，生成了不溶性的水化硅酸钙和水化铝酸钙，将黏土颗粒比较牢固地黏结起来，从而提高了黏土的抗压强度和耐水性。

③制造硅酸盐制品：将磨细的生石灰或熟石灰与硅质材料（如粉煤灰、火山灰、炉渣等）按照一定比例配合，经搅拌、成型、蒸养或蒸压处理等工序制造的人造材料，称为硅酸盐制品。在建筑工程上常用的硅酸盐制品有粉煤灰砖、粉煤灰砌块、蒸压灰砂砖、加气混凝土砌块等墙体材料。

④制作炭化石灰板：将磨细生石灰、纤维状填料（如玻璃纤维）或轻质骨料（如炉

渣）和水按一定比例搅拌成型，然后通入高浓度二氧化碳进行人工炭化，经过 12～24 h 而制成的轻质板材称为炭化石灰板。这种炭化石灰板热导率较小，保温绝热性能较好，是一种新型节能建筑材料，可以用于非承重内墙板、天花板等。

2. 石膏

石膏是以硫酸钙为主要成分的传统气硬性胶凝材料之一。我国石膏矿藏量非常丰富，已探明的有52亿吨，分布于全国各地，加之其建筑性能优良，制作工艺简单，因此近年来石膏制品发展极其迅速，已成为极有发展前途的新型建筑材料之一。当石膏中含有的结晶水不同时，可能形成多种性能不同的石膏，常见的主要有建筑石膏、无水石膏、生石膏等。

（1）建筑石膏的定义与分类。根据国家标准《建筑石膏》（GB/T 9776—2008）中的规定：建筑石膏是指用天然石膏或工业副产品石膏经脱水处理制得的，以半水硫酸钙为主要成分，不预加任何外加剂或添加物的粉状胶凝材料。

按照生产建筑石膏的原材料种类不同，建筑石膏可分为天然建筑石膏、脱硫建筑石膏和磷建筑石膏。天然建筑石膏代号为 N，是以天然石膏为原料制取的石膏；脱硫建筑石膏代号为 S，是以烟气脱硫石膏为原料制取的石膏；磷建筑石膏代号为 P，是以磷石膏为原料制取的石膏。按照石膏的用途不同，建筑石膏可分为黏结石膏和粉刷石膏。

（2）建筑石膏的凝结硬化。建筑石膏与适量的水混合后，最初形成可塑性的浆体，但很快失去塑性，然后迅速产生强度，并发展成为坚硬的固体，这一过程称为石膏的凝结硬化。实际上，建筑石膏的凝结硬化，是半水石膏加水拌和后发生化学反应放出一定热量，并逐渐凝结硬化产生强度，从而重新水化生成二水石膏。

建筑石膏的凝结硬化分为凝结和硬化两个过程。

①建筑石膏的凝结：由于二水石膏在水中的溶解度仅为半水石膏溶解度的1/5左右，所以二水石膏首先从过饱和溶液中沉淀并析晶，而使原有半水石膏溶解的平衡浓度破坏，半水石膏进一步溶解，由于结晶体的不断生成，造成浆体塑性开始下降，称为石膏的初凝；而后，随着晶体颗粒间摩擦力和黏结力的增大，浆体的塑性急剧下降，直到失去可塑性，称为石膏的终凝。以上整个过程称为建筑石膏的凝结。

②建筑石膏的硬化：建筑石膏终凝后，其晶体颗粒仍在不断增大和相互交错，逐渐使浆体产生强度，并不断增长直到水分完全蒸发，形成坚硬的石膏结构，这个过程称为建筑石膏的硬化。

（3）建筑石膏的技术性质。建筑石膏是建筑工程中推广应用的新型建筑材料，它与其他胶凝材料相比，具有以下明显的特性。

①凝结硬化速率比较快：建筑石膏加水拌和后，4～6 min 可达到初凝，30 min 左右可达到终凝，2 h 强度可达到 3～6 MPa。由于其初凝时间较短，为了有足够的时间进行搅拌等施工操作，可掺入适量的硼砂、动物胶、酒精、柠檬酸等，以延长石膏的凝结硬化时间。但是，掺加缓凝剂后，石膏的强度将会有所下降。

②硬化后具有微膨胀性：建筑石膏与水泥、石灰等胶凝材料不同，其浆体在凝结硬化后，体积不仅不会出现收缩，在初期反而略有膨胀，其膨胀率为 0.5%～1.0%。因此，建筑石膏制品表面光滑、质地细腻、尺寸精确、形体饱满。

③凝结硬化后孔隙率大：建筑石膏水化反应的理论需水量一般仅 18.6% 左右，在生产

石膏制品时，为满足施工可塑性要求，通常用水量一般为石膏用量的60%～80%。石膏凝结硬化后，由于大量多余的水分蒸发，使石膏制品内部形成大量的毛细孔隙，制品的孔隙率可达50%～60%。由于石膏制品的孔隙率较大，所以其体积表观密度仅为800～1 000 kg/m³，属于一种轻质材料。

④具有优良的防火性能：建筑石膏制品的热导率较小，其传热速度则慢，特别是当其遇火时，二水石膏受热结晶水蒸发，并能在表面蒸发形成水蒸气带，可有效地阻止火的蔓延，具有优良的防火性能，是建筑物室内常选用的建筑装饰材料。

⑤可调节室内温度、湿度：建筑石膏制品的比热容比较大，对调节室内温度有一定的作用。由于其内部的大量毛细孔对空气中的水蒸气具有较强的吸附能力，因此对室内的空气湿度也有一定的调节作用。随着科学技术的不断进步，建筑石膏制品的功能也在不断地向节能型和健康型方向发展。

⑥具有良好的装饰性能：建筑石膏制品不仅表面光洁、体形饱满，而且质地细腻、颜色洁白，所以具有良好的装饰性，特别适合制作建筑装饰品及石膏模型。

⑦保温隔热和吸音性好：建筑石膏的硬化体内部微细的毛细孔隙率高，其热导率一般为0.121～0.205 W/（m·K）。所以建筑石膏制品的隔热保温性能非常好，是目前比较理想的建筑节能材料。同时，由于建筑石膏制品中含有大量均匀、微细的孔隙，使其对声音传导或反射能力显著下降，因此也具有较好的吸音能力。

⑧耐水、抗渗和抗冻差：由于建筑石膏制品的孔隙率高，且二水石膏又微溶于水，遇水后强度会降低，软化系数很低，属于不耐水材料，因此它的耐水性、抗渗性和抗冻性均较差，不得用于潮湿的环境中。

（4）建筑石膏的工程应用。由于建筑石膏具有以上许多优良性能，所以在建筑工程中的应用比较广泛，目前主要用作室内装饰、保温绝热、吸声阻燃等方面的材料，用于室内抹灰、粉刷、石膏装饰制品，具体来说，建筑石膏在工程上的应用有以下几个方面。

①用于室内抹灰和粉刷：建筑石膏用于室内抹灰和粉刷具有优良的特性。建筑石膏加一定比例的水、沙和缓凝剂拌制石膏砂浆，可用于室内的高级抹灰。用建筑石膏材料进行的抹灰，表面细腻光滑、洁白美观。建筑石膏加入适量的水拌制成的石膏浆，也可作为涂料的底层，可直接涂刷或贴墙布和壁纸；建筑石膏加入水和缓凝剂拌制成的石膏浆体，也可作为室内粉刷涂料。

②可制作各类石膏板：石膏板具有质量轻、保温隔热、吸音、防火、调湿、尺寸稳定、施工速度快、成本低等优良性能，在建筑及装饰工程中得到广泛应用，是一种很有发展前景的建筑材料。常用的石膏板有以下几种：

A. 装饰石膏板：由建筑石膏、适量纤维材料、外加剂和水等经搅拌、浇注、硬化、干燥而成的无护面纸装饰板材。装饰石膏板按耐湿性分普通板和防潮板，按表面形状分平板、浮雕板和多孔板。装饰石膏板为正方形，常用规格有500 mm×500 mm×9 mm和600 mm×600 mm×11 mm两种。装饰石膏板造型美观，装饰性强，具有良好的吸音、防火功能，主要用于建筑物的吊顶和内墙。装饰石膏板受潮后易变形，应注意处于通风良好的干燥室内。

B. 纸面石膏板：以建筑石膏为主要原料，掺入适量纤维和外加剂等制成芯板，再在表面贴以护面纸而制成的板材。纸面石膏板分为普通型、耐水型和耐火型三种，板的长度为1 800 ~ 3 600 mm，宽度为900 ~ 1 200 mm，厚度为9 mm、12 mm、15 mm、18 mm。纸面石膏板自重较轻，仅为普通砖墙的1/5，主要用于建筑物的隔墙和内墙。纸面石膏板生产效益高，但纸板用量大，成本较高。

C. 吸声用穿孔石膏板：以装饰石膏板或纸面石膏板为基板，背面粘贴或不粘贴背覆透气性材料而组成的石膏板：板为正方形，边长为500 mm和600 mm，厚度为9 mm和12 mm，板面上有ϕ6 ~ 12 mm的圆孔，孔距为18 ~ 24 mm，安装时背面需留有50 ~ 300 mm的空腔，构成穿孔吸声结构，空腔内可填充吸声材料以提高吸声能力。吸声用空孔石膏板主要用于吸声性要求高的建筑，如影剧院、播音室、报告厅等。

D. 纤维石膏板：以玻璃纤维为增强材料，与建筑石膏、缓凝剂、水等经特殊工艺制成的石膏板。纤维石膏板规格同纸面石膏板，强度高于纸面石膏板，生产效益较低。纤维石膏板主要用于建筑物的内墙和隔墙，还可代替木材制作家具。

E. 空心石膏板：以建筑石膏为主，加入适量的轻质多孔材料、纤维材料和水经搅拌、浇注、抽芯、脱模、干燥而成的空心板材。空心石膏板的长度为2 500 ~ 3 000 mm，宽度为450 ~ 600 mm厚度为60 ~ 100 mm，主要用于建筑物的内墙和隔墙。

③可制作艺术装饰石膏制品：艺术装饰石膏制品主要包括艺术石膏线角、线板、花角、灯圈、壁炉、罗马柱、方柱、花饰、灯座等。这些制品均采用优质石膏制品为基料，配以纤维增强材料、胶黏剂等，与水搅拌均匀制成料浆，浇注、硬化、干燥而成。石膏装饰制品形体饱满、颜色洁白、表面光洁，尺寸稳定，无毒、阻燃。

3. 水玻璃

（1）水玻璃的性质。水玻璃俗称泡花碱，是由不同比例的碱金属氧化物和二氧化硅组成的一种水溶性硅酸盐，常用的水玻璃有硅酸钠水玻璃和硅酸钾水玻璃，以硅酸钠水玻璃最为常用。

建筑工程中常用的水玻璃是硅酸钠的水溶液，呈青灰色或淡黄色黏稠液体。在建筑工程上有时也可使用硅酸钾水玻璃的水溶液。

当水玻璃的密度太大或太小时，可采用加水稀释或加热浓缩的办法来调整。

水玻璃在空气中吸收二氧化碳，析出二氧化硅凝胶，并逐渐脱水干燥成为氧化硅而硬化。由于空气中二氧化碳的浓度比较低，因此水玻璃的反应速率很慢、过程比较长。为加速水玻璃的硬化，常加入适量的氟硅酸钠作为促凝剂，以加速氧化硅的析出。如果掺量不足，不但硬化速度慢，而且硬化不充分，强度和耐水性均较低；如果掺量过多，则会造成施工困难，同时凝结过快、强度和抗渗性均降低。加入氟硅酸钠后，水玻璃的初凝时间可缩短到30 ~ 60 min，终凝时间可缩短到240 ~ 360 min，7 d即可达到其最高强度。

水玻璃在凝结硬化后具有以下特性：

①黏结力强、强度较高：水玻璃在凝结硬化后，其主要成分为二氧化硅凝胶和氧化硅，硅酸凝胶能堵塞毛细孔，起到阻止水分渗透的作用，因而具有较高的黏结力和强度；工程实践证明，用水玻璃配制的混凝土，其抗压强度可达15 ~ 40 MPa。

②具有极好的耐酸性：由于水玻璃硬化后的主要成分为二氧化硅，因此可以抵抗除氢氟酸、过热磷酸以外的几乎所有的无机酸和有机酸，是一种耐酸性能极好的建筑材料，可用于配制耐酸混凝土、耐酸砂浆和耐酸胶泥。

③具有良好的耐热性：水玻璃硬化后形成的二氧化硅网状骨架，在高温下不燃烧、不

分解，且强度有所提高。可用于配制耐热混凝土、耐热砂浆和耐热胶泥。

④耐碱性和耐水性差：水玻璃在加入氟硅酸钠后，仍不能完全硬化，仍有一定量的硅酸钠存在。由于硅酸钠可溶于碱，且可溶于水，因此水玻璃硬化后耐碱性和耐水性均比较差。为提高其耐水性，常用中等浓度的酸对已硬化的水玻璃进行酸洗处理。

（2）水玻璃的应用。水玻璃的黏结性好，硬化后有较高的强度。水玻璃可配制如下材料。

①耐酸材料：水玻璃硬化后主要成分是硅酸凝胶，除氢氟酸、过热磷酸等少数酸外，几乎所有的酸性介质中都有较高的稳定性。可用水玻璃配制耐酸胶泥、砂浆及混凝土，广泛用于防腐工程。

②耐热材料：水玻璃硬化后形成硅酸凝胶空间网状骨架，因此具有良好的耐热性。采用耐热的沙、石，可配制成水玻璃耐热混凝土，耐热温度可高达1 200 ℃。

③涂料：用于涂刷建筑材料（天然石材、混凝土及硅酸盐制品）表面，可提高材料的密实度、强度和抗风化能力。但要注意水玻璃不能涂刷石膏制品，因为钠与硫酸钙发生反应生成硫酸钠，在制品孔隙中结晶，体积显著膨胀，会导致制品破坏。

④灌浆材料：用水玻璃和氯化钙水溶液交替灌入土壤中，两种溶液反应后生成硅酸凝胶，为一种吸水膨胀的冻状凝胶，可加固土壤，提高抗渗性。

⑤保温绝热材料：以水玻璃为胶结材料，膨胀珍珠岩或膨胀蛭石为骨料，加入一定赤泥或氟硅酸钠，经配料、搅拌、成型、干燥、焙烧而成的制品，具有良好的绝热性能。

⑥配制防水剂：以水玻璃为基料，加入蓝矾（硫酸铜）、明矾（钾铝矾）、红矾（重铬酸钾）和紫矾（铬矾）配制防水剂，适量与水泥浆调和，堵塞漏洞、缝隙等局部抢修工程。由于凝结过速，不能用于屋面、地面防水砂浆。

（3）水玻璃混凝土配合比。水玻璃耐酸混凝土是耐酸工程中最常用的材料，其配合比设计至今尚未有成熟固定的计算公式。大多数是根据试验由现场试配确定。根据对耐酸混凝土的基本要求，在进行耐酸混凝土配合比时必须考虑以下两点：第一是应使耐酸混凝土具有良好的抗稀酸性、抗水稳定性，这是对耐酸混凝土的最基本的要求；第二是应使耐酸混凝土具有适宜的强度，以满足结构在强度方面的要求，另外还应当满足施工和易性的要求。

水玻璃耐酸混凝土的配合比，一般可参考经验配合比选择，然后再通过试验进行调整，最后确定出适合的配合比。

（二）水硬性胶凝材料

水泥是国民经济建设中重要的建筑材料之一，广泛应用于建筑工程、道路工程、电力工程、港口工程、水利工程和国防工程等领域。水泥作为胶凝材料可用来制作混凝土、钢筋混凝土和预应力混凝土构件，也可用来配制各类砂浆用于建筑物的砌筑、抹面、装饰等。

水泥按其用途和性能分类，可分为通用水泥、专用水泥和特性水泥三大类。根据国家标准的水泥命名原则，水泥按其主要水硬性矿物名称，可分为硅酸盐系水泥、铝酸盐系水泥、硫酸盐系水泥、硫铝酸盐系水泥、铁铝酸盐系水泥和磷酸盐系水泥等。在我国的工程建设中最常用的是硅酸盐系水泥。

1. 硅酸盐水泥的生产及矿物组成

根据国家标准《通用硅酸盐水泥》（GB 175—2007/XG —2009）中的规定，以硅酸盐水泥材料和适量的石膏及规定的混合材料制成的水硬性胶凝材料，称为通用硅酸盐水泥。通用硅酸盐水泥按混合材料的品种和掺量分为硅酸盐水泥、普通硅酸盐水泥、矿渣硅酸盐水泥、火山灰质硅酸盐水泥、粉煤灰硅酸盐水泥和复合硅酸盐水泥。

凡以硅酸钙为主的硅酸盐水泥熟料，5%以下的石灰石或粒化高炉矿渣，适量石膏磨细制成的水硬性胶凝材料，统称为硅酸盐水泥。硅酸盐水泥分为p·Ⅰ型（不掺混合材料）和p·Ⅱ型（掺入不多于5%石灰石或高炉矿渣）。

生产硅酸盐水泥的原料按来源可分为：

（1）天然原料。石灰石、大理石、硅藻土、火山灰、铁粉等。

（2）工业废料。高炉矿渣、制碱废渣、铜矿渣、铝矿渣等。

硅酸盐水泥熟料的主要矿物有：硅酸三钙、硅酸二钙、铝酸三钙、铁铝酸四钙等。除上述主要矿物外，水泥中还存在少量的有害成分，如游离碳、硫酸盐等。这些有害成分含量过多将会降低水泥的质量。

2. 装饰用硅酸盐水泥品种

白色和彩色水泥主要用在建筑物内外装饰部位，如地面、楼板、门厅等处的水磨石、水刷石、斩假石饰面，也可用于雕塑品等。

（1）白色硅酸盐水泥。由白色硅酸盐水泥熟料加入适量石膏，经磨细制成的水硬性胶凝材料，称为白色硅酸盐水泥（简称白水泥）。磨制水泥时，允许加入不超过水泥质量5%的石灰石或窑灰作为外加物，水泥粉磨时允许加入不损害水泥性能的助磨剂，加入量不超过水泥质量的1%。

白水泥要求使用含着色杂质（铁、铬、锰等）极少的较纯原料，如纯净的高岭土、纯石英砂、纯石灰石、白垩等。在煅烧、粉磨、运输、包装过程中，应防止着色杂质混入。白色水泥熟料中氧化镁含量不得超过4.5%，水泥中三氧化硫含量不得超过3.5%，细度要求80目方孔筛筛余不得超过10%，初凝不得早于45 min，终凝不得迟于12 h，安定性用沸煮法检验必须合格。

白水泥的白度分为特级、一级、二级和三级。白度是指水泥色白的程度。其各等级白度不得低于表2-1规定的数值。

表2-1 白水泥的白度等级

等级	特级	一级	二级	三级
白度/%	86	84	80	75

（2）彩色硅酸盐水泥。彩色硅酸盐水泥，简称彩色水泥，按生产方法可分为两大类。一类是在白水泥的生料中加入少量金属氧化物，直接烧成彩色熟料，然后再加适量石膏磨细而成。另一类为白水泥熟料、适量石膏和碱性颜料，共同磨细而成。后者所用颜料，要求不溶于水且分散性好，耐碱性强，大气稳定性好，掺入水泥中不显著降低其强度，且不含有可溶盐类。通常采用的颜料有：氧化铁（红、黄、褐、黑色），二氧化锰（黑、褐色），氧化铬（绿色），赭石（赭色），群青蓝（蓝色）等，但配制红、褐、黑等深色水泥

时，可用普通硅酸盐水泥熟料。

3. 硅酸盐水泥的凝结硬化过程

基于反应速度和物理化学性质的主要变化，可将水泥的凝结硬化分为以下几个阶段：

（1）初始反应期。水化初期，由于水化物尚不多，包有水化物膜层的水泥颗粒之间是分离着的，相互间引力较小，此时水泥浆具有良好的塑性。一般的放热反应速度为 168 J/（g·h），持续时间为 5～10 min。

（2）潜伏期。凝胶体膜层围绕水泥颗粒成长，相互间形成点接触，构成疏松网状结构，使水泥浆体开始失去流动性和部分可塑性，这时为初凝，但此时还不具有强度。放热反应速度为 4.2 J/（g·h），持续时间为 1 h。

（3）凝结期。凝胶体膜层破裂（由于水分掺入膜层内部的速度大于水化物通过膜层向外扩散的速度而产生的渗透压），水泥颗粒进一步水化，而使反应速度加快，直到新的凝胶体重新修补好破裂的膜层为止。放热反应速度在 6 h 内逐渐增加到 21 J/（g·h），持续时间 6 h。

（4）硬化期。形成的凝胶体进一步填充颗粒之间的空隙，毛细孔越来越少，使结构更加紧密，水泥浆体逐渐产生强度而进入硬化阶段。放热反应速度在 24 h 内逐渐降低至 4.2 J/（g·h），持续时间 6 h 至若干年。

经过长时间（几个月甚至几年）的水化以后，多数颗粒仍剩余尚未水化的内核。因此，硬化后的水泥石是由凝胶体、未水化水泥颗粒和毛细孔组成的不均质结构体。

水泥的凝结硬化过程也是水泥强度的发展过程，影响水泥凝结硬化（强度发展）的主要因素有：

①熟料矿物含量和细度：硅酸盐水泥熟料中硅酸三钙、铝酸三钙和铁铝酸四钙含量较多，而硅酸二钙含量较低时，水泥的水化反应速度快，凝结硬化速度快。水泥细度越细，与水反应的表面积越大，凝结硬化速度越快，早期强度越高。

②水灰比：水灰比即水泥拌和时用水量与水泥用量之比。在一定范围内水灰比越小，水泥水化后多余的水分越少，水泥硬化速度越快，硬化后水泥石中的孔隙越少，水泥强度越高。

③养护条件：水泥的凝结硬化与周围环境的温度和湿度有关。湿度越大，水化越充分，水泥硬化后强度越高；若水泥处于干燥环境，浆体中水分蒸发完毕后，水泥无法水化，强度也不再增长。因此混凝土工程在浇灌后 2～3 周必须洒水养护，以保证水化时所必需的水分。温度越高，水泥凝结硬化速度越快；温度降低，凝结硬化速度减慢，当温度为 0 ℃以下时，硬化将完全停止，并可能遭受冰冻破坏。因此，混凝土冬季施工要采取保温措施。

④龄期（水化时间）：水泥的强度随龄期的增加而增长，在 28 d 龄期内强度增长速率较快，28 d 后强度增长速率逐渐减慢，但强度一直在缓慢增长。工程中常以水泥 28 d 的强度作为水泥的最终强度和设计强度。

4. 硅酸盐水泥的技术性质

（1）细度。水泥颗粒粒径一般为 7～200 μm，水泥颗粒的粗细程度采用筛析法或比表面积法测定。国家标准规定 0.08 m 方孔筛筛余不超过 10%，比表面积应大于 300 m^2/kg。水泥细度不合格，不得出厂。

（2）标准稠度需水量。指水泥加水调制到某一规定稠度时的净浆所需拌和用水量占水泥质量的百分数。

（3）凝结时间。凝结时间分为初凝和终凝。从水泥加水拌和起，至水泥浆开始失去可塑性所需的时间为初凝；水泥加水拌和，至水泥浆开始失去可塑性，并产生强度所需的时间为终凝。国家标准规定硅酸盐水泥的初凝时间不得小于 45 min，终凝时间不得大于 390 min。初凝时间不合格的水泥为废品，终凝时间不合格的水泥为不合格。

（4）体积安定性。是指水泥在硬化过程中，体积变化是否均匀的性能。如果体积变化不均匀，就称为体积安定性不良。体积安定性不良一般是由游离氧化钙、游离氧化镁或石膏过多造成的。

游离氧化钙、游离氧化镁在高温下生成，水化很慢，在水泥已经凝结硬化后才进行水化，这时产生体积膨胀，水泥石出现龟裂、弯曲、松脆、崩溃等现象。当水泥熟料中石膏掺量过多时，在水泥硬化后，其 SO_3 还会与固态的水化铝酸钙反应生成水化硫铝酸钙，体积膨胀引起水泥石开裂。

国家标准规定，用试饼法和雷氏测定游离氧化钙引起的体积安定性不良。

游离氧化镁引起的体积安定性不良须用压蒸法才能检验出来。由 SO_3 造成的不良，则需要长期在常温水中才能发现。由于游离氧化镁及 SO_3 造成的不良不便于检验，所以国家标准规定 $MgO \leqslant 5.0\%$，$SO_3 \leqslant 3.5\%$。

安定性不良的水泥，不得用于工程中，应废弃。

（5）强度。水泥的强度是指胶砂的强度，而不是净浆的强度，是评定水泥强度等级的依据。按《水泥胶砂强度检验方法》（GB/T 17671—1999）测定。水泥和标准砂按 1∶3 混合，加入规定数量的水（水灰比 0.5），制成 40 mm × 40 mm × 160 mm 的试件，在（20 ± 1）℃水中养护，经一定龄期（3 d 或 28 d），测得试件的抗折和抗压强度来划分强度等级。

硅酸盐水泥强度等级分为 42.5、42.5R、52.5、52.5R、62.5、62.5R 等 6 个强度等级，如表 2－2 所示。

表 2－2　硅酸盐水泥不同各龄期的强度

品种	等级强度	抗压强度		抗折强度	
		3 d	28 d	3 d	28 d
硅酸盐水泥	42.5	≥17.0	≥42.5	≥3.5	≥6.5
	42.5R	≥22.0		≥4.0	
	52.5	≥23.0	≥52.5	≥4.0	≥7.0
	52.5R	≥27.0		≥5.0	
	62.5	≥28.0	≥62.5	≥5.0	≥8.0
	62.5R	≥32.0		≥5.5	
普通硅酸盐水泥	42.5	≥17.0	≥42.5	≥3.5	≥6.5
	42.5R	≥22.0		≥4.0	
	52.5	≥23.0	≥52.5	≥4.0	≥7.0
	52.5R	≥27.0		≥5.0	

续表

品种	等级强度	抗压强度		抗折强度	
		3 d	28 d	3 d	28 d
矿渣硅酸盐水泥、火山硅酸盐水泥、粉煤灰硅酸盐水泥、复合硅酸盐水泥	32.5	≥10.0	≥32.5	≥2.5	≥5.5
	32.5R	≥15.0		≥3.5	
	42.5	≥15.0	≥42.5	≥3.5	≥6.5
	42.5R	≥19.0		≥4.0	
	52.5	≥21.0	≥52.5	≥4.0	≥7.0
	52.5R	≥23.0		≥4.5	

（6）水化热及碱含量。水泥的水化热大部分在水化初期（7 d）内放出，以后逐渐减少。

水泥中的碱含量按 $Na_2O + 0.658K_2O$ 计算值表示。对活性骨料，碱含量不宜大于0.6%。

5. 硅酸盐水泥的特性与应用

（1）强度高。硅酸盐水泥凝结硬化快，强度高，尤其是早期强度增长率大，故适用于早期强度要求高的工程、高强度混凝土结构和预应力混凝土工程。

（2）抗冻性好。硅酸盐水泥硬化后水泥石密实度较大，抗冻性好，适用于严寒地区遭受反复冻融作用的混凝土工程。

（3）水化热高。硅酸盐水泥 C_3S 和 C_3A 含量高，水化时放热速度快，放热量大，对大体积混凝土不利，如无可靠的降温措施，不宜用于大体积混凝土。

（4）耐腐蚀性差。硅酸盐水泥石中含有大量的氢氧化钙和水化铝酸钙，容易引起软水、盐类和酸类的侵蚀，故不宜用于受流动水、压力水、酸类和硫酸盐侵蚀的工程。

（5）耐热性差。硅酸盐水泥石在250 ℃时水化产物开始脱水，水泥石强度下降，当受热700 ℃以上将遭破坏，故硅酸盐水泥不宜用于耐热要求高的工程、不宜用来配制耐热混凝土。

（6）水泥的运输与储存。水泥应按不同生产厂家，不同品种、强度等级、批号分别存运，严禁混杂。储存需注意防潮和防止空气流动。水泥储存期规定为三个月。为了减少水泥安定性不良现象，对新出厂的水泥，应存放10 d左右。

二、其他胶结材料

（一）胶黏剂

凡是能形成一种薄膜（层），靠此薄膜（层）将一种物体与另一种物体的表面紧密地连接起来，起着传递应力的作用和满足一定的物理、化学性能要求的非金属物质，就是胶黏剂，简称胶。而借助胶黏剂实现的连接称为胶接。

1. 胶黏剂的主要性能

胶黏剂的性能要求与它的组成成分、使用对象和使用要求等有关，主要有以下几点。

（1）工艺性。胶黏剂的工艺性是指使用胶黏剂的过程中有关黏结操作方面的性能，如胶黏剂调制、涂胶、晾置、固化条件等，是有关黏结操作难易程度的总评价。

（2）黏结强度。黏结强度是黏结的主要性能指标。黏结强度是指两种材料用胶黏剂黏结在一起，经过一定的条件后所能达到使用要求的强度而不分离脱落的性能。黏结强度随胶黏剂品种的不同而不同，结构型胶黏剂的黏结强度最高，次结构型胶黏剂次之，非结构型胶黏剂则最低。

（3）稳定性。黏结试件在指定介质中于一定温度下浸渍一段时间，其强度变化情况称“稳定性”，稳定性可用测定强度或强度保持率表示。

（4）耐久性（耐老化性）胶黏剂所形成的黏结层，随着使用时间的推移其性能会逐渐老化，直至失去黏结强度，这种性能称为“耐久性”。

（5）耐温性。指胶黏剂在规定的温度范围内的性能会发生变化，包括耐热性，耐寒性及高、低温交变性能等。胶黏剂在不同温度环境中，其性能会发生一定的变化，这种性能称为耐温性。

（6）耐候性。是指暴露于室外的黏结件，能耐气候如雨水、阳光、风雪及水湿等性能，称为“耐候性”。耐候性也是黏结件在自然条件长期作用的情况下，黏结层耐老化和表面品质耐老化的性能。

（7）耐化学性。由于大多数合成树脂胶黏剂及某些天然树脂胶黏剂，在化学介质的影响下会发生溶解、膨胀、老化或腐蚀等不同变化，因此要求胶黏剂在一定程度上能抵抗住这些化学介质的作用，胶黏剂所具有的这种性能称为耐化学性。

（8）其他性能。胶黏剂的颜色、刺激性气味、毒性大小、储藏稳定性等，都表现出不同的性能。

2. 胶黏剂的选用

胶黏剂选择的合理与否是影响黏结强度的关键，一般要从以下四个方面综合考虑。

（1）黏结强度。黏结强度要根据黏结物件的特点、使用要求合理选用，以粘贴牢固可靠为准则。

（2）工作温度。选用时要考虑环境温度和物件黏结后的工作温度，若被粘物件经常处于高温，要选用耐高温的胶黏剂。

（3）固化条件。要了解胶黏剂的固化特点，固化时对温度、湿度、压力等方面的要求。

（4）经济成本。黏结同样的物件有多种胶黏剂可供选择，应尽量在保证使用的前提下选用较为经济的品种，以降低工程造价。

3. 常用胶黏剂

建筑工程中使用的胶黏剂种类繁多，装饰装修工程中使用的胶黏剂主要为了使装修材料和基层更好、更坚固的结合，装饰装修常用胶黏剂如图 2－11 所示，具体如下：

（1）壁纸、墙布用胶黏剂。这种胶黏剂主要用于壁纸、墙布的裱糊，它的形态有液状的，也有粉末状的。

①聚乙烯醇胶黏剂：是将聚乙烯醇树脂溶于水后而制成的，俗称“胶水”。它的外观如白色或微黄色的絮状物，具有芳香气味，无毒，施涂方便，能在胶合板、水泥砂浆、玻璃等材料表面涂刷。

墙地砖黏结剂

强力胶

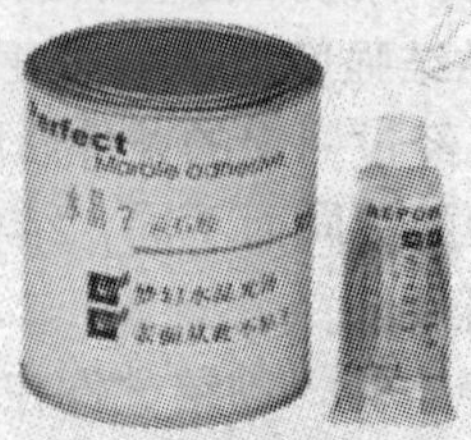

水晶云石胶

石材黏结剂

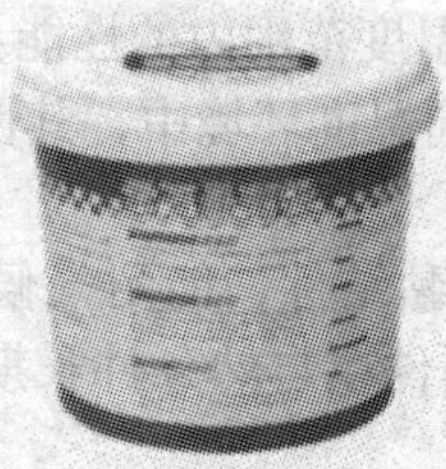

云石晶硬粉

碳纤维结构胶

图2－11　各种常用胶黏剂

②聚乙烯醇缩甲醛胶：又称“108 胶”，是以聚乙烯醇与甲醛在酸性介质中进行缩合反应而制得的一种透明水溶液。无臭、无味、无毒，有良好的黏结性能，黏结强度可达 0.9 MPa。它在常温下能长期储存，但在低温状态下易发生冻胶。聚乙烯醇缩甲醛胶除了可用于壁纸、墙布的裱糊外，还可用作室内外墙面、地面涂料的配置材料。在普通水泥砂浆内加入 108 胶后，能增加砂浆与基层的黏结力。

③聚醋酸乙烯胶黏剂：又称“白乳胶”，它是由醋酸乙烯经乳液聚合而制得的一种乳白色的、带酯类芳香的乳状胶液。它配制方便，常温下固化速度快，胶层的韧性及耐久性好，不易老化，无刺激性臭味。可作为壁纸、墙布、防水涂料和木材的胶结材料，也可作为水泥砂浆的增强剂。

④801 胶：是由聚乙烯醇与甲醛在酸性介质中经缩聚反应，再经氨基化后而制得的。它是一种微黄色或无色透明的胶体，具有无毒、不燃、无刺激性气味等特点，它的耐磨性、剥离强度及其他性能均优于 108 胶。

⑤墙纸专用胶粉（粉末壁纸胶）：粉末壁纸胶是一种粉末状的固体，能在冷水中溶解，使用前将胶粉以 1∶17 的比例与清水搅匀混合，搅拌 10 min 后形成糊状时即可使用。这种胶黏剂的黏度适中，无毒、无味、防潮、防霉、干后无色，不污染墙纸，并具有使用方便，便于包装运输等优点。它可用于各类基层的墙纸及墙布的粘贴。

（2）塑料地板胶黏剂。塑料地板胶黏剂属非结构型胶黏剂，具有一定的黏结力，能将塑料地板牢固地黏结在各类基层上，施工方便。它对塑料地板无溶解或溶胀作用，能保证塑料地板黏结后的平整程度，并有一定的耐热性、耐水性和储存稳定性。常用的塑料地板胶黏剂有聚醋酸乙烯类、合成橡胶类、聚氨酯类、环氧树脂类等。

(3) 瓷砖、大理石胶黏剂。

①AH－03 大理石胶黏剂：是由环氧树脂等多种高分子合成材料组成的基材，再添加适量的增稠剂、乳化剂、防腐剂、胶黏剂及填料等配制成单组分白色的膏状胶黏剂。其具有黏结强度高、耐水、耐气候、使用方便等特性，适用于大理石、花岗石、马赛克、陶瓷面砖等与水泥基层的黏结。

②TAM 型通用瓷砖胶黏剂：是以水泥为基材、用聚合物改性材料等掺加而成的一种白色或灰色粉末。在使用时只需加水即能获得黏稠的胶浆。它具有耐水、耐久性好，操作方便，价格低廉等特点。TAM 型通用瓷砖胶黏剂适用于在混凝土、砂浆基层和石膏板的表面粘贴瓷砖、马赛克、天然和人造石材等块料。用这种胶黏剂在瓷砖固定 5 min 以后再旋转 90°而不会影响它的黏结强度。

③TAG 型瓷砖勾缝剂：是一种粉末状的物质，有各种颜色，能与各种类型的瓷砖相适应，是瓷砖胶黏剂的配套材料，能保证勾缝宽度在 3 mm 以下时不开裂。它具有良好的耐水性，在诸如游泳池等有防水要求的瓷砖勾缝中是一种理想的勾缝材料。

④TAS 型高强度耐水瓷砖胶黏剂：是一种双组分的高强度耐水瓷砖胶黏剂，具有耐水、耐气候以及耐多种化学物质侵蚀等特点，可用于厨房、浴室、卫生间等场所的瓷砖粘贴。它的强度较高，室温 28 d 后，其抗剪强度大于 2.0 MPa，可在混凝土、钢材、玻璃、木材等材料的表面粘贴墙面砖和地面砖。

⑤SG－8407 胶黏剂：可改善水泥砂浆的黏结力，提高水泥砂浆的防水性能，适用于在水泥砂浆、混凝土等基层表面上粘贴瓷砖、马赛克等材料。

(4) 玻璃、有机玻璃类专用胶黏剂。

①AE 丙烯酸酯胶：是无色透明黏稠液体，可在室温条件下快速固化，一般在 4～8 h 即可完成固化。固化后它的透光率和光线的折射系数与有机玻璃材料基本相同。AE 丙烯酸酯胶无毒、操作简便、黏结力强，在有机玻璃之间使用这种胶黏剂后，其抗剪强度大于 6.2 MPa。它有 AE－01 型和 AE－02 型两种类型。AE－01 型适用于有机玻璃、ABS 塑料、丙烯酸酯类共聚物等材料的黏结。AE－02 型适用于有机玻璃、无机玻璃和玻璃钢等的黏结。

②聚乙烯醇缩丁醛胶黏剂：是以聚乙烯醇在酸性催化剂存在的情况下与丁醛发生反应生成的。其具有黏结力强、抗水、耐潮和耐腐蚀性良好等特点。玻璃在黏结后的透光率、耐老化性能和耐冲击性能较好，适用于各类玻璃的黏结。

③玻璃胶：是一种透明的或不透明的膏状体，有浓烈的醋酸气味，微溶于酒精，不溶于其他溶剂，抗冲击、耐水、柔韧性好，适用于玻璃门窗、橱窗、幕墙等玻璃黏结及封缝，以及其他防水、防潮场所材料的黏结。施工时应及时清理胶迹，否则玻璃胶干燥后难以清除。

(5) 塑料薄膜胶黏剂。

①BH－415 胶黏剂：最低成膜温度为 2 ℃，储存期一般为 6 个月，有一定的耐热性、耐热蠕变性及耐久性，它的初黏性能好。主要用于 PVC（硬质、半硬质、软质）塑料膜片与胶合板、刨花板、纤维板等木制品的黏合，PVC 塑料薄膜与印刷纸黏合，PVC 与聚氨酯泡沫塑料的黏合等。

② 641 软质聚氯乙烯胶黏剂：可用于黏合聚氯乙烯薄膜、软片等材料，也可用于聚氯乙烯材料的印花、印字等。

③ 920 胶黏剂：适用于黏结聚氯乙烯薄膜、泡沫塑料、硬 PVC 塑料板、人造革等，但要注意在避光、干燥处保存，并采取防火措施，因为920 胶黏剂是易燃品。

（6）竹木类专用胶黏剂。脲醛树脂类胶黏剂是竹木类胶黏剂中使用较多的一类，它是由尿素与甲醛经缩聚而成的。其品种主要有：531 脲醛树脂胶、563 脲醛树脂胶、5001 脲醛树脂胶。531 脲醛树脂胶，可在室温或加热条件下进行固化；563 脲醛树脂胶在室温条件下经 8 h 或在加热到 11CTC 并持续 5 ~ 7 min 时固化；5001 脲醛树脂胶使用时须加人工业氯化胶水溶液（浓度为 20%），在常温下或加热时即能进行固化。脲醛脂类胶黏剂具有无色、耐光性好、毒性小、价格低廉等特点，广泛用于木材、竹材、胶合板及其他木质材料的黏结。

（7）多用途胶黏剂。

① 4115 建筑胶黏剂：是以溶液聚合的聚醋酸乙烯为基料，配以无机填料经机械作用而制成的一种常温固化的单组分胶黏剂。它的固体含量较高，达 60% ~70%，因而它的外观看上去像一种灰色膏状的黏稠物质，它的收缩率低、挥发快、黏结力强、防水抗冻、无污染、施工方便。4115 建筑胶黏剂对多种微孔建筑材料有良好的黏结性能，可用于会议室、商店、工厂、学校、民用住宅中的顶棚、壁板、地板、门窗、灯座、衣钩、挂镜线等的粘贴。常用作木材与木材、木材与玻璃纤维增强水泥板、木材与混凝土、纸面石膏板之间、水泥刨花板之间的黏结。

② 6202 建筑胶黏剂：是常温固化的双组分无溶剂触变环氧型胶黏剂。它的黏结力强，固化收缩小、不流淌、黏合面广，常用于水泥砂浆之间、混凝土之间及木材、钢材、塑料之间的黏结。使用方便、安全、易清洗。可用于建筑五金的安装，电器的安装，以及不适合打钉的水泥墙面使用。

③ SG791 建筑胶黏剂：是以聚醋酸乙烯酯和建筑石膏调制而成的，使用方便，黏结强度高，适用于各种无机轻型墙板、天花板的黏结与嵌缝，如纸面石膏板、石膏空心条板、加气混凝土条板、矿棉吸声板、石膏装饰板、菱苦土板等的自身黏结，以及与混凝土墙面、砖墙面、石棉水泥板之间的黏结。

④ 914 室温快速固化环氧胶黏剂：是由新型环氧树脂和新型按类经固化而组成的，分为 A、B 两组分，具有黏结强度高、耐热、耐水、耐油、耐冷热水冲洗等特点，固化速度较快，25 ℃时经 3 h 后即可固化。可用于金属、陶瓷、木材、塑料等的黏结。

⑤Y -1 压敏胶：是由聚异丁烯橡胶和萜烯树脂所组成的压敏型胶黏剂，将该胶黏剂覆贴或涂布在被粘物上时，用手指的压力即可将被粘物粘在一起，当被粘物被拉开后，仍可用手指压力将压敏胶黏合在被粘物上，并可反复使用。压敏胶可用于粘合聚氯乙烯、聚乙烯、聚丙烯、聚酯薄膜、各种金属箔等，以及金属材料与非金属材料之间的黏合。

4. 使用胶黏剂的注意事项

（1）被黏剂在使用前必须经过充分搅拌。

（2）对双组分的胶黏剂要先将各组分物料分别搅拌均匀，再按规定配比准确称量，然后将两组分物料混合并再次搅拌均匀后才能使用。

（3）胶黏剂不使用时不得打开容器的盖子，以防溶剂挥发，从而影响胶黏剂的黏结质量。

（4）胶黏剂在使用时每次的取用量不宜过多，特别是双组分胶黏剂的配胶量要严格掌握，一般以操作时间不超过 2 ~4 h 的用量为宜。

（5）溶剂型胶黏剂一般都是易燃品且带有对人体有害的刺激性气味，因此在施工操作现场要严禁明火和吸烟，并有良好的通风条件，以防操作人员发生中毒和引起火灾。

（二）界面剂

界面剂是对某种物体表面进行处理的一类处理剂统称，它建筑装饰装修工程领域有广泛应用。界面剂通过对物体表面进行处理，该处理可能是物理作用的吸附或包覆，也经常是物理化学的作用。目的是改善或完全改变材料表面的物理技术性能和表面化学特性。以改变物体界面物理化学特性为目的产品，也可以称为界面改性剂。对物体表面进行处理，以改善材料的表面性能，则称为表面处理。

界面剂用于混凝土、加气混凝土、小型砌块、轻质隔墙、砖混墙面、腻子批刮、瓷砖黏结、砖石背涂及保温板材等的基层界面预处理，由于这些表面吸水性强或光滑引起界面不易黏结，致使装饰装修面层空鼓、开裂、剥落等。界面剂实际也可以说是一种胶黏剂。适用于瓷砖、玻璃马赛克、抛光砖、玻化砖、大理石、水磨石、水刷石、混凝土、水泥、砂浆饰面施工的基层处理，大大增加饰面面层与基层结合的牢固性。其特点如下：

（1）双向渗透黏结，产生放射性链式锚固效应将双向材料永久牢固的黏结在一起。

（2）具有高度的柔软坚韧性和良好的透气性、抗冻融、耐水、耐老化，无毒无味、无污染，为绿色环保产品。

（3）抗酸碱性和耐候性能，良好的与酸、碱性材料的适应性和亲和性。

（4）可在潮湿环境下施工与硬化，施工简便快速。

界面剂的种类也有很多种，不同类型的作用也不一样。有用在墙体上的黏合剂，让墙体不会空鼓和脱落。也有可以黏合各种砖面的空隙的，可以防止砖面开裂、起壳。常见界面剂分为干粉型和乳液型两种。

1. 干粉型界面剂

干粉界面剂由水泥等无机胶凝材料、填料、聚合物胶粉和相关的外加剂组成的粉状物。具有高黏结力，优秀的耐水性、耐老化性。使用时按一定比例掺水搅拌使用。

2. 乳液型界面剂

乳液型界面剂由化学高分子材料为主要成分，辅以其他填料制成。此材料与多种建筑材料如光滑混凝土、饰面砖板、挤塑板、聚苯板、岩棉板、聚氨酯面层、金属板、木材、玻璃、石材、陶瓷及塑料均有良好的黏结力，干固后其耐水、耐湿热、耐冻融、耐老化性能优良。在施工工艺上，即可干燥黏结，也可潮湿施工，因为水基胶种，又不污染环境和安全无毒，施工工艺简便，用料很省。特别对于新、老混凝土界面的结合优点尤为突出。这些特点使该材料在旧建筑物改造，建筑、外墙保温、装饰装修、防潮防水、构件修补等许多方面获得广泛的应用。

乳液型界面剂按其组成或使用部位应用习惯等又分为单组分和双组分两种，双组分产品需按比例掺加水泥等无机胶凝材料或骨料与胶液拌和后使用。

常用界面剂型号和用途：

（1）EL1230 柔韧型界面剂。主要应用于墙体保温工程的挤塑板、聚苯板、岩棉板、聚氨酯喷涂面层、室内外抹灰拉毛、丙纶防水卷材、灰砂砖、加气混凝土砌块等的表面处理。可以直接涂喷，也可以和水泥、砂等按比例拌和使用。

（2）EL1230S 高强型界面剂。适合应用于混凝土接茬孔洞露筋处理、水泥道路地面起砂、旧楼翻新处理、砖板铺贴界面、自流平基层增强处理、混凝土砌块、页岩砖等的表面处理。可以直接涂喷，也可以和水泥、砂等按比例拌和使用。

（3）EL9062 普通型界面剂。混凝土墙面拉毛、加气块墙面拉毛、网格布绷带粘贴、轻质隔墙板拉毛等。可以直接涂喷，也可以和水泥、砂等按比例拌和使用。

（4）干粉界面剂。主要用于混凝土基层、加气砖、粉煤灰砖、黏土珍珠岩砖等墙体或旧瓷砖表面的界面处理，以增强水泥砂浆对基层的黏结力，避免抹灰层空鼓、脱落，从而代替人工凿毛处理。

第三章 建筑装饰饰面类材料

第一节 石材类饰面材料

装饰石材是天然石材与人造石材的统称，天然石材是在天然岩石中开采得到的石材，是人类历史上应用最早的建筑装饰材料之一。未经研磨和抛光处理的天然石材淳朴、粗犷、古拙、自然；抛光后的天然石材色泽鲜亮、高雅华贵。大部分的天然石材具有强度高、耐久性好、抗冻、耐磨、蕴藏量丰富、易开采加工的特点，因此为各个时期的人们青睐，被广泛应用于地面、墙面、柱面、踏步、建筑屋顶、栏杆、隔断、柜台、洗漱台等部位的饰面装饰。石材在建筑中最初主要作为结构及装饰材料出现，欧洲许多以石材为主要建筑材料的优秀建筑经受了千百年的风吹雨淋，至今仍屹立于世，是人类不朽的杰作。随着科技日新月异的发展，新型装饰石材不断涌现。人造石材的出现突破了天然石材的应用束缚，节省了矿产资源，使装饰石材有了更为广阔的发展前景。

一、天然石材

天然石材是从岩石中开采出来，未经加工或加工成块状或板状材料石材的统称。岩石由矿物组成，矿物是指在地质作用中所形成的具有一定化学成分和一定结构构造的单质化合物。天然石材是高档建筑装饰选材的主导品类，它天然浑厚，华贵而坚实，但价格昂贵，安装工期长。近年来大理石、花岗石大唱主角，成为石材地饰的一个重要版本。甚至评价公用建筑装修档次高低的标准主要是看天然石材的用量。

（一）大理石

大理石是大理岩的俗称，是经过高温、高压的地质作用重新结晶而成的变质岩，其主要矿物为方解石、白云石，常呈层状结构，质地比较密实、抗压强度较高、吸水率低、表面硬度一般不大，属于中硬石材。建筑装饰工程上所指的大理石是广义的，除指大理岩外，还泛指具有装饰功能，可以磨平、抛光的各种碳酸类的沉积岩和与其有关的变质岩，如石灰岩、白云岩、砂岩、灰岩等。大理石有较高的抗压强度和良好的物理化学性能，资源分布广泛，易于加工。

大理石一般都含有杂质，尤其是含有较多的碳酸盐类矿物，在大气中受硫化物及水汽的作用容易发生腐蚀。腐蚀的主要原因是城市工业所产生的 SO_2 与空气中的水分接触生成亚硫酸、烷酸等酸雨，与大理石中的方解石反应，生成二水硫酸钙（二水石膏），体积膨胀，从而造成大理石表面强度降低、变色掉粉，很快失去光泽，影响其装饰性能。在各种颜色的大理石中，暗红色、红色的最不稳定，绿色次之。白色大理石成分单纯，杂质少，性能较稳定，不易变色和风化。所以除少数大理石，如汉白玉、艾叶青等质纯、杂质少、比较稳定耐久的品种可用于室外外，绝大多数大理石品种只宜用于室内。

随着大理石开采加工技术的发展、国际性贸易的加强，大理石装饰板材大批量地进入建筑装饰行业，不仅用于豪华的公共建筑物，也进入了家庭装修，是理想的室内高级装饰材料。大理石还大量用于制造精美的家居用品，如大理石壁画、家具、灯具、烟具及艺术雕刻等。在大理石开采、加工过程中产生的碎石、边角余料也常用于人造石、水石、石米、石粉的生产。

1. 大理石的品种

我国大理石矿产资源极为丰富，储量大，品种也多，其中不乏优质品种。我国山东、江苏、江西、云南、内蒙古、吉林、黑龙江等24个省（市）区中，天然大理石储藏量达17亿立方米，花色品种达到商业应用价值的有400多个，同时新的品种还在不断地被开发。

"大理石"以云南省大理县的大理城而得名，该地所产的大理石品种繁多、石质细腻、多彩绚丽，享誉中外。在远古时期，大理地区是一片汪洋大海，后由于地壳的运动、升迁，在5亿多年的变迁后，形成了山脉。原有的石灰岩、白云岩等岩石在区域动力作用下，变质而成大理岩。大理石中的各种美丽花纹是在变质过程中，一些矿物质的浸染而形成。云南大理所产的大理石主要有云灰、彩花和白色三大类。

云灰大理石的特点是其花色多呈云灰色，或云灰色底面上泛起一些类似自然云朵状的花纹。看起来有的像青云直上，有的像乱云飞渡，有的如乌云滚滚，有的若浮云漫天。云灰大理石加工性能优良，易于锯切、抛光，是理想的建筑装饰饰面石材。彩花大理石是大理所产大理石中的精品。该种岩石呈薄层状，逢研磨、抛光后，可呈现出色彩斑斓、千姿百态的自然图案，为世界所罕见。精心雕磨、镶拼后常可显现出山水林木、花草虫鱼、云雾雨雪、奇岩怪石等瑰丽、逼真的画面。彩花大理石按其花纹、色泽的不同，又分为"绿花""秋花"和"水墨花"三个品种，其中"水墨花"因其图案为黑色、淡黑色的花纹，酷似优美的水墨画而得名，是大理石中最美的一种，天然石纹宛如出自丹青妙笔。

白色大理石又称汉白玉，其晶莹纯净、洁白如玉，是大理石中的名贵品种，常用作高级的饰面石材。汉白玉虽全国许多地方都有出产，但以产于北京房山的最负盛名：它是古老的碳酸盐类岩石（距今5.7亿年）与后期花岗岩侵入体接触，在高温条件下变质而成。汉白玉的矿物结晶颗粒很细，极为均匀，粒径0.1~0.25 mm的居多数。色彩鲜艳洁白，质地细腻而坚硬、耐风化，是大理石中可用于室外的不多品种之一。汉白玉易加工，磨光后光泽绚丽，不但是建筑装饰中的高档饰面材料，也是工艺美术、雕塑等艺术造型的上等材料。

近年来，由于经济的发展和对外开放的不断扩大，不少国外大理石珍品在国内一些大型重要建筑物中被采用。如北京人民大会堂香港厅采用了光亮度极高的希腊雪花白大理石为墙面，经过精心制作，显现出晶莹、剔透、高雅、庄重的风格。

除以上所介绍的几种大理石外，花色品种比较名贵的大理石主要有以下几种（图3-1）：

白色系：北京房山汉白玉、安徽怀宁和贵池白大理石；河北曲阳和涞源白大理石；四川宝兴蜀白玉；江苏赣榆白大理石；云南大理苍山白大理石、山东平度和莱州雪花白等。

红色系：安徽灵璧红皖螺、橙皮红等。

黄色系：河南淅川的松香黄、松香玉、金线米黄、金花米黄等。

灰色系：浙江杭州的杭灰、云南大理的云灰等。

黑色系：广西桂林的桂林黑，湖南邵阳黑大理石、黑金花、海贝花等。

颜色	图例		
白色系	 汉白玉	 雪花白	 爵士白
红色系	 红皖螺	 橙皮红	 法国玫瑰
黄色系	 松香黄	 金线米黄	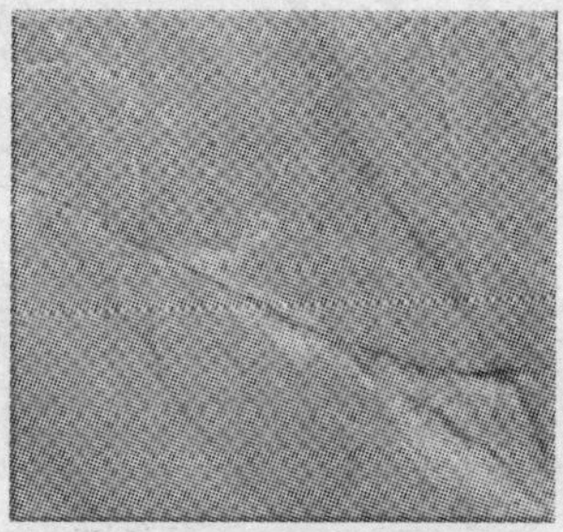 宫殿米黄
灰色系	 云灰	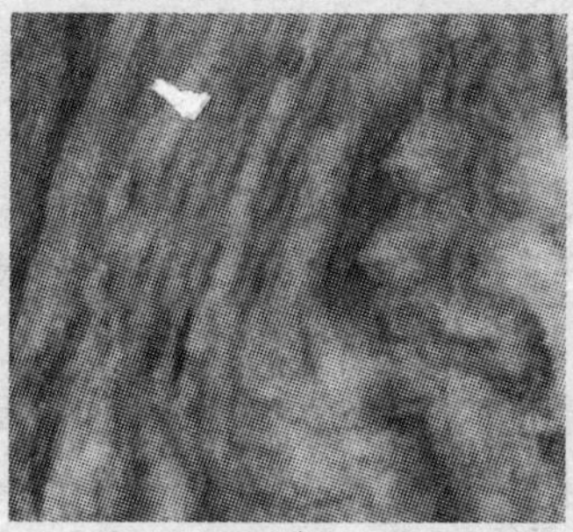 云灰	 杭灰

图3-1 大理石的主要品种

颜色	图例		
黑色系	 黑白根	 黑金花	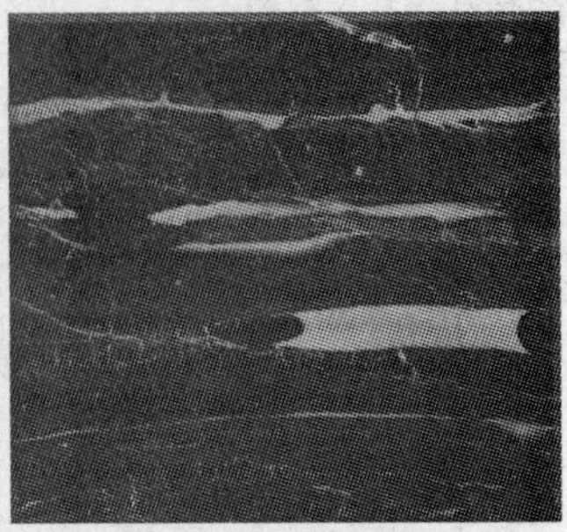 银白龙
绿色系	 丹东青	 青玉	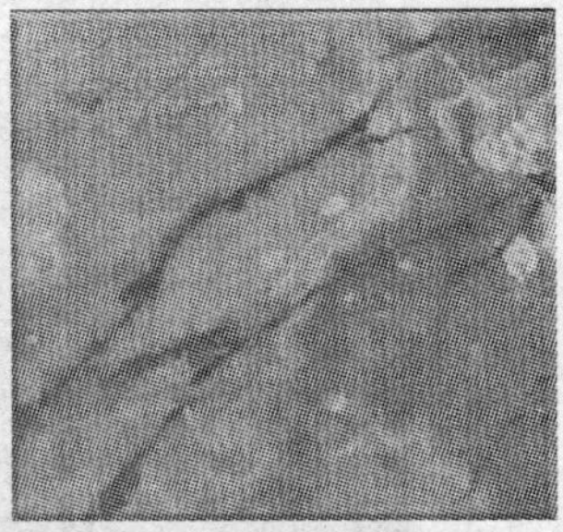 古青玉
彩色系	 大花白	 大花绿	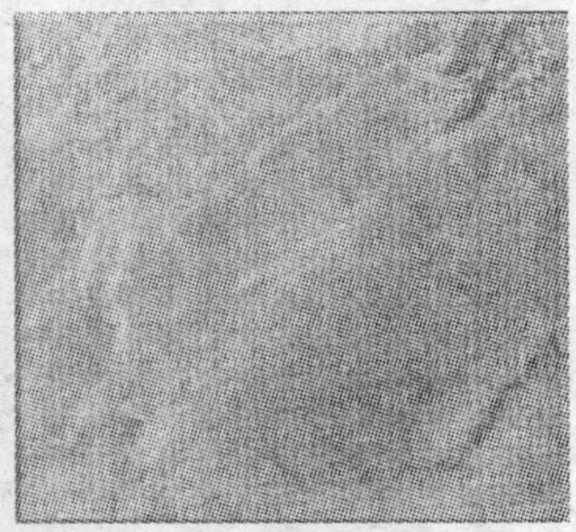 彩玉

图3－1（续） 大理石的主要品种

绿色系：辽宁丹东的丹东青等。

彩色系：大花白、大花绿等。

2. 天然大理石板材分类、等级和标记

（1）板材分类。天然大理石板材按形状分为普型板（PX）、圆弧板（HM）和异型板（YX）。

国际和国内板材的通用厚度为 20 mm，亦称为厚板。随着石材加工工艺的不断改进，厚度较小的板材也开始应用于装饰工程，常见的有 10 mm、8 mm 和 7 mm 等，亦称为薄板。厚板有较大的厚度，可钻孔、锯槽，适用于传统湿作业法和干挂作业法等施工工艺，但施工较复杂，进度也较慢。

薄板可采用水泥砂浆或专用胶黏剂直接粘贴，石材利用率高，便于运输和施工。但不宜幅面过大，以免加工、安装过程中发生碎裂。

（2）等级和标记。根据《天然大理石建筑板材》（GB/T 1976—2005），天然大理石板材按板材的规格尺寸偏差、平面度公差、角度公差及外观质量分为优等品（A）、一等品（B）和合格品（C）三个等级。

随着石材新产品的不断开发，各产地对其产品也有不同的命名和标记方法，各生产厂家也往往有企业的编号。因为石材材质及装饰性能变化很大，为统一命名和标记方法，国家标准《天然石材统一编号》（GB/T 17670—1999）对天然石材编号方法统一规定为由一个英文字母和四位数字两部分组成，第一部分英文字母为大理石（marble）、花岗石（granite）、板石（slate）的英文名称的首位大写字母 M、G、S，第二部分头两位数字代表 GB/T 2260—1999 规定的各省、自治区、直辖市行政区划代码，后两位数字为各省、自治区、直辖市所编的石材品种序号。如 M1102 是北京市房山艾叶青大理石的编号。

行业标准《天然大理石建筑板材》对大理石板材的命名和标记方法所做的规定如下。

①板材命名顺序为：荒料产地地名、花纹色调特征描述、大理石。

②板材的标记顺序为：编号、类别、规格尺寸（长度×宽度×厚度，单位 mm）、等级、标准号。

编号、类别、规格尺寸（长度×宽度×厚度，单位 mm）、等级、标准号。

例如，用北京房山汉白玉大理石荒料生产的普型、规格尺寸为 600 mm× 600 mm×20 mm 的优等品板材表示为：

命名：房山汉白玉大理石标记：M1101 PX 600×600×20 A JC/T 79—2001

3. 天然大理石板材的技术要求

（1）规格尺寸允许偏差。普型板材规格尺寸应测量长、宽两方向相对边缘及中间各 3 个数值，厚度应测量各边中间厚度的 4 个数值，分别用偏差最大值和最小值表示长度、宽度、厚度的尺寸偏差。圆弧板规格尺寸应测量圆弧板的弦长、高度及最大与最小壁厚。在圆弧板的两端面处测量弦长，在圆弧板的端面与侧面测量壁厚。

普型板材规格尺寸的允许偏差应符合表 3－1 的规定。

（2）平面度允许公差。天然大理石板材的平面度是指板材表面用钢平尺所测得的平整程度，用与钢平尺偏差的缝隙尺寸（mm）表示。平面度允许公差应符合表 3－2 的规定。

（3）角度允许极限公差。角度偏差是指板材正面各角与直角偏差的大小。用板材角部与标准钢角尺间缝隙的尺寸（mm）表示。

表 3－1　天然大理石普型板规格尺寸允许偏差（GB/T 1976—2005）

部位		优等品	一等品	合格品
长、宽度		0~1.0	0~1.0	0~1.5
厚度	≤12 mm	±0.5	±0.8	±1.0
	>12 mm	±1.0	±1.5	±2.0

表 3－2 天然大理石板平面度允许公差（GB/T 1976—2005）

板材长度范围	允许极限公差值		
	优等品	一等品	合格品
≤400	0.20	0.30	0.50
＞400 且≤800	0.50	0.60	0.80
＞800	0.70	0.80	1.00

测量时采用内角边长为 450 mm×400 mm 的 90°钢角尺，将角尺的长短边分别与板材的长短边靠紧，用塞尺测量板材长边与角尺长边间的最大间隙。当板材长边小于或等于 500 mm 时，测量板材的任一对对角；当板材的长边大于 500 mm 时，测量板材的 4 个角。以最大间隙的塞尺片读数表示板材的角度公差。角度允许公差应符合表 3－3 的规定。

表 3－3 天然大理石板角度允许公差（GB/T 1976— 2005）

板材长度范围	允许极限公差值		
	优等品	一等品	合格品
≤400	0.30	0.40	0.60
＞400	0.50	0.60	0.80

拼缝板材，正面与侧面的夹角不得大于 90°。若大于 90°，板材拼镶时，板缝的宽度不易控制。

（4）外观质量。

①花纹色调：同一批板材的色调应基本调和，花纹应基本一致。测定时将所选定的协议样板与被检板材并列平放在地面上，距板材 1.5 m 处站立目测。

大理石饰面板材在加工和施工过程中有可能由于石材本身或外界原因发生开裂、断裂。在开裂或断裂不严重的情况下，允许黏结或修补，要采用专门的胶黏剂以保证质量。同时，黏结或修补后不能影响板材的装饰效果和物理性能。

表 3－4 天然大理石板外观质量要求（GB/T 1976— 2005）

<table>
<tr><th>名称</th><th>规定内容</th><th>优等品</th><th>一等品</th><th>合格品</th></tr>
<tr><td>裂纹</td><td>长度超过 10 mm 的允许条数（条）</td><td rowspan="5">0</td><td>不明显</td><td>有，不影响装饰效果</td></tr>
<tr><td>缺棱</td><td>长度不超过 8 mm，宽度不超过 1.5 mm（长度≤4 mm，宽度≤1 mm 不计），每米长允许个数（个）</td><td rowspan="2">1</td><td rowspan="2">2</td></tr>
<tr><td>缺角</td><td>沿板材边长顺延方向，长度≤3 mm，宽度≤3 mm（长度≤2 mm，宽度≤2 mm 不计）每块板允许个数（个）</td></tr>
<tr><td>色斑</td><td>面积不超过 6 cm²（面积小于 2 cm² 不计）每块板允许个数（个）</td><td rowspan="2">不明显</td><td rowspan="2">有，不影响装饰效果</td></tr>
<tr><td>砂眼</td><td>直径在 2 mm 以下</td></tr>
</table>

②缺陷：板材正面的外观缺陷应符合表 3－4 的规定。测定时将板材平放在地面上，距板材 1.5 m 处明显可见的缺陷视为有缺陷；距板材 1.5 m 处不明显，但在 1 m 处可见的缺陷视为无缺陷。缺棱掉角的缺陷用钢直尺测量其长度和宽度。

(5) 物理性能。

①镜面光泽度：大理石板材大部分需经抛光处理，抛光面应具有镜面光泽，能清晰地反映出景物。光泽度是指在指定的几何条件（距离、角度）下，将试样置于标准光泽度测定仪上，其镜面反射光通量与相同条件下标准黑玻璃镜面反射光通量的比值乘以100。

镜面板材的镜面光泽度值应不低于70 光泽单位或由供需双方协商确定。

②物理力学指标：天然大理石板材为保证其质量，要求体积密度不小于 2.60 g/cm^3，吸水率不大于 0.75%，干燥状态下的抗压强度不小于 20.0 MPa，干燥或水饱和状态下的弯曲强度不小于 7.0 MPa。

4. 天然大理石板材的储存和应用

天然大理石板材，表面光亮、细腻，易受污染和划伤，所以应注意在室内储存，室外储存时应加遮盖。存放时应按品种、规格、等级或工程部位分别码放。直立码放时，应光面相对，倾斜角度不大于 15°，层间加垫隔离，垛高不得超过 1.5 m；平放时，也应光面相对，地面须平整，垛高不得超过 1.2 m。若为包装箱，码放高度不得超过 2 m。

天然大理石板材是高级装饰工程的饰面材料，一般用于宾馆、展览馆、剧院、商场、图书馆、机场、车站等建筑的室内墙面、柱面、服务台、栏板、电梯间门口等部位。由于其耐磨性相对较差，虽然也可用于室内地面，但不宜用于人流较多场所的地面。大理石由于耐酸腐蚀能力较差，除个别品种外，一般只适用于室内。

除整板铺贴外，大理石厂生产光面和镜面大理石时裁割下的大量边角余料，经过适当的分类加工，也可制成碎拼大理石墙面或地面，是一种别具风格、造价较低的高级饰面，可用以点缀高级建筑的庭园、走廊等部位，使建筑物丰富多彩。

5. 天然大理石及制品外观质量的鉴定

大理石是一种高档的装饰材料，选购时必须慎重，以免造成浪费。鉴别大理石外观质量可从下面几项入手。

(1) 大理石板材鉴定方法。

①判定花纹色调：在光线充足的条件下，将已选好的板材和同一批其他要选购的大理石板材同时平放在地上，站在距离它们 1.5 m 处仔细目测。要求同一批大理石板材的花纹色调应基本调和。

②检查表面缺陷：在光线充足的条件下，将板材平放在地面上，站在距离大理石板材 1 m 处观察看不见的缺陷认为没有缺陷；站在距板材 1 m 处可见而在 1.5 m 处不明显的缺陷为无明显缺陷；站在距板材 1.5 m 处明显可见的缺陷认为有缺陷。具体观察的缺陷有板材翘曲；板材表面上有无裂纹、砂眼、异色斑点、污点及凹陷现象存在。若判定以上几种缺陷没有则板材为优等品，同时板材正面不许有缺棱掉角缺陷；如果以上各项缺陷不明显同时也没有明显的缺棱掉角，那么可以认定这块板材为一级品；如果有几项缺陷但又不影响使用，并且板材正面只有 1 处长不大于 8 mm、宽不大于 3 mm 缺棱或长、宽都不大于 3 mm掉角，则可判断该板材为合格品。板材在运输、装卸过程中而碰坏的，可以进行黏结（针对破裂板材）或修补（针对棱角缺陷、表面的坑洼或麻点）。但是黏结、修补后正

面不允许有明显痕迹，颜色要与正面花色接近。

③查看板材的技术要求：详细内容参照表 3－1 至表 3－4 天然大理石板材的允许缺陷。

（2）大理石家具鉴别须知。

①市场上出售的大理石家具有天然大理石和人造大理石之分，而天然大理石又有优质大理石和劣质大理石之分，选择大理石家具首先要了解其中的差别。

②每一块天然大理石都具有独一无二的天然图案和色彩，优质大理石家具会选用整块的石材，进行不同部位的用料配比。主要部位会有大面积的天然纹路，而边角料会用在椅背、柱头等部位做点缀。劣质家具则在备料时就选用边角料，表面缺乏变化。

③用在家具上的大理石一般有青玉石、紫玉石、水晶珍珠石、麒麟玉、鹤顶红、紫水晶、白水晶等品种，其中一些种类需要染色，而青玉石、紫玉石和红龙石则是纯天然的。一些劣质产品会将低档的白色大理石染绿假冒青玉石，而这些产品的颜色多半呈不自然的翠绿色。

（二）花岗石

花岗石（granite）又称为花岗岩，语源是拉丁文的 granum，意思是谷粒或颗粒。因为花岗石是深成岩，常能形成发育良好、肉眼可辨的矿物颗粒，因而得名。汉字花岗岩则由日文翻译而来，“花”形容这种岩石有美丽的斑纹，“岗”则表示这种岩石很坚硬，也就是有着似花斑纹的刚硬岩石的意思。花岗石硬度仅次于钻石位居第二，不易风化，颜色美观，外观色泽可保持百年以上。由于其硬度高、耐磨损，除了是高级建筑装饰工程墙、地面的理想材料外，还是露天雕刻材料的首选之一。花岗石在地表分布很广泛，是人类最早发现和利用的天然岩石之一。在世界各地有许多古代开发利用花岗石的遗迹，如 4 000 多年前古埃及人建造的金字塔、古希腊的神庙、古印度的寺庙圣窟、古罗马的斗兽场等。

花岗石构造致密、强度高、密度大、吸水率极低、材质坚硬、耐磨，属硬石材。花岗石的化学成分有 SiO_2、Al_2O_3、CaO、MgO、Fe_2O_3 等，其中 SiO_2 的含量常为 60% 以上，因此其耐酸、抗风化、耐久性好，使用年限长。从外观特征看，花岗石常呈整体均粒状结构，称为花岗结构。品质优良的花岗石，石英含量高，云母含量低，结晶颗粒分布均匀，纹理呈斑点状，有深浅层次，构成该类石材的独特效果，这也是从外观上区别花岗石和大理石的主要特征。花岗石的颜色主要由正长石的颜色和云母、暗色矿物的分布情况而定。其颜色有黑白、黄麻、灰、红黑、红等色。

1. 花岗石的品种

我国花岗石的资源极为丰富，储量大、品种多。山东、江苏、浙江、福建、北京、山西、湖南、黑龙江、河南、广东等十省市都有出产，花色品种有 90 多种。北京的白虎涧（花岗岩）、济南的济南青（辉长岩）、青岛的黑色花岗石（辉绿岩）、四川石棉的石棉红、湖北的将军红、山西灵邱的贵妃红都是花岗石的主要品种。国产花岗石的主要品种见图3－2。

在世界石材贸易市场中，花岗石产品所占的比例不断增长，约占世界石材总产量的 36%。在国际上，花岗石板材可分为三个档次：高档花岗石抛光板主要品种有巴西黑、非洲黑、印度红等，这一类产品主要特点是色调纯正、颗粒均匀，具有高雅、端庄的深色调；中档花岗石板材主要有粉红色、浅紫罗兰色、淡绿色等，这一类产品多为粗中粒结构，色彩均匀变化少；低档花岗石板材主要为灰色、粉红色等色泽一般的花岗石及灰色片麻岩等，这一类的特点是色调较暗淡、结晶粒欠均匀。

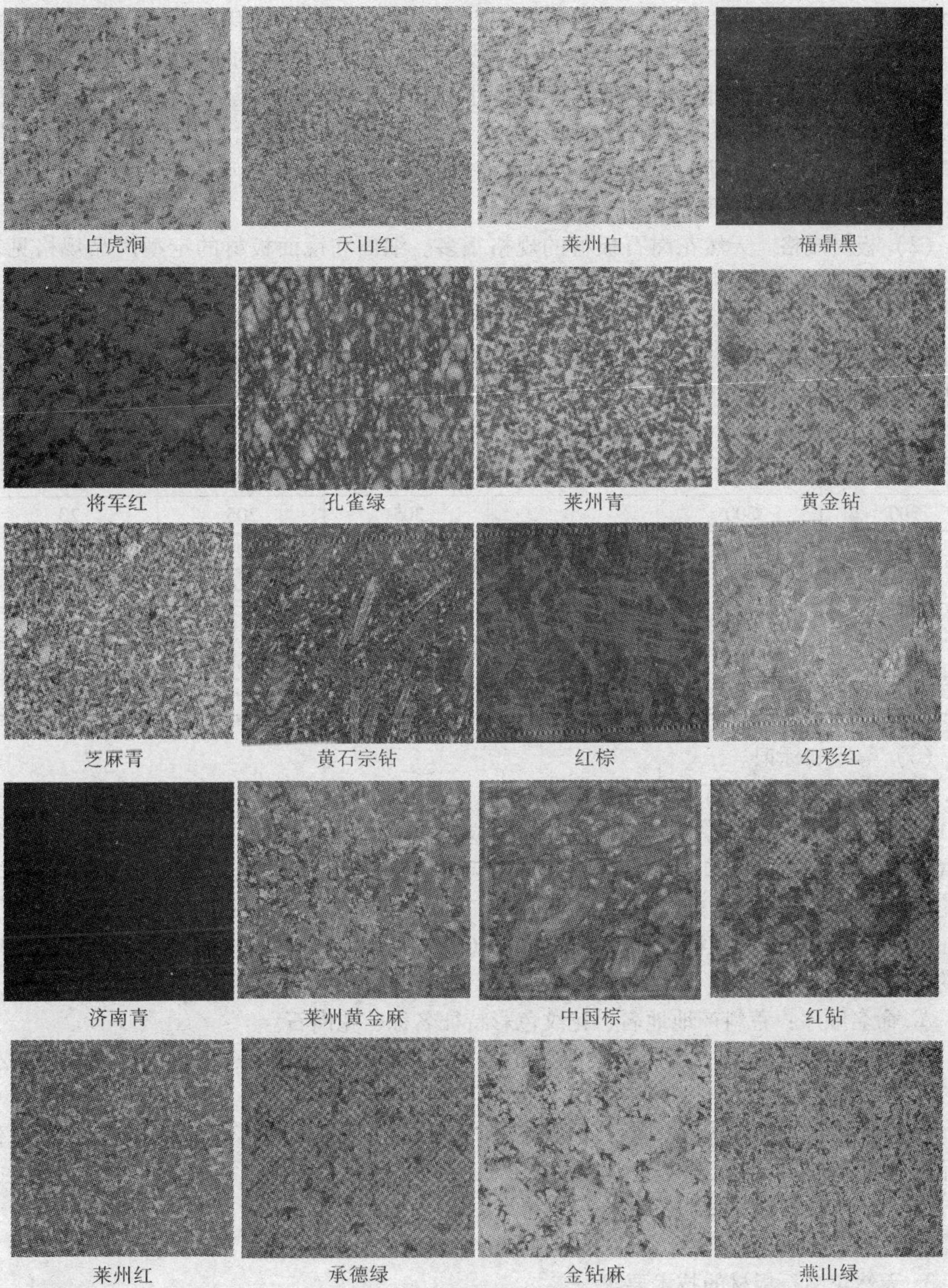

图 3－2　国产花岗石的主要品种

2. 天然花岗石板材的分类、规格、等级和标记

(1) 分类。天然花岗石板材按形状可分为普型板材（PX）、圆弧板材（HM）和异型

板材（YX）。按其表面平整加工程度可分为亚光板材（YG）、镜面板材（PL）、粗面板材（RU）三类。亚光板系饰面平整细腻，能使光线产生漫反射现象的板材。镜面板经粗磨、细磨抛光加工而成，表面平整光亮、色泽鲜明、晶体裸露。粗面板指饰面粗糙规则有序、端面锯切有序的板材，系经手工或机械加工，在平整的表面处理出不同形式的凹凸纹路，如具有规则条纹的机刨板，由剁斧人工凿切而成的剁斧板，经火焰喷烧处理表面而成的火烧板和用齿锤人工锤击而成的锤击板等。

（2）板材规格。天然花岗石板材的规格很多。细面和镜面板材的定型产品规格见表3－5。非定型产品板材的规格由设计或施工部门与生产厂家商订。

当用于室外装饰时，常选用的规格为：1 067 mm×762 mm×20 mm；915 mm×610 mm×20 mm；610 mm×610 mm×20 mm。细面和镜面花岗石板材由于其材质的特点，一般都制成厚度为20 mm的厚板，厚度小于10 mm的薄板很少采用。天然花岗石板材定型产品规格见表3－5。

表3－5 天然花岗石板材定型产品规格 （单位：mm）

长	宽	厚	长	宽	厚
300	300	20	305	305	20
400	400	20	610	305	20
600	300	20	610	610	20
600	600	20	915	610	20
900	600	20	1 067	762	20
1 070	759	20			

（3）等级和标记。

①等级：天然花岗石板材根据国家标准《天然花岗石建筑板材》（GB/T 18601—2001），按规格尺寸偏差、平面度装饰极限公差、角度允许极限公差及外观质量分为优等品（A）、一等品（B）和合格品（C）三个等级。圆弧板按规格尺寸偏差、直线度公差、线轮廓度公差及外观质量等分为优等品（A）、一等品（B）和合格品（C）三个等级。

②命名与标记：国家标准GB/T 18601—2001对天然花岗石板材的命名和标记方法所做的规定如下。

A. 命名顺序：荒料产地地名、花纹色彩特征名称、花岗石。

B. 板材的标记顺序：编号、类别、规格尺寸、等级、标准号。其中编号采用GB/T 17670—1999的规定。

例如，用山东济南黑色花岗石荒料生产的400 mm×400 mm×20 mm普型、镜面、优等品板材表示为：

命名：济南青花岗石

标记：G3701 PX JM 600×600×20 A GB/T 18601

3. 天然花岗石板材的技术要求

（1）规格尺寸允许偏差。普型板规格尺寸偏差应符合表3－6的规定。其规格尺寸的测量方法和偏差的取值同大理石石材。异型板材规格尺寸允许偏差由供、需双方商订。

表3-6　天然花岗石普型板规格尺寸允许偏差（GB/T 18601—2001）

分类		亚光面和镜面板材			粗面板材		
等级		优等品	一等品	合格品	优等品	一等品	合格品
长、宽度		0～-1.0	0～-1.5	0～-1.0	0～-2.0	0～-3.0	0～-3.0
厚度	≤15	±0.5	±1.0	+1.0～-1.5	—		
	>15	±1.0	±2.0	+1.0～-3.0	+1.0～-2.0	±3.0	+2.0～-4.0

（2）平面度允许公差。普型板平面度允许公差应符合表3-7规定。

表3-7　天然花岗石板平面度允许公差（GB/T 18601—2001）

板材长度范围	亚光面和镜面板材			粗面板材		
	优等品	一等品	合格品	优等品	一等品	合格品
≤400	0.20	0.40	0.50	0.60	0.80	1.00
>400，<1 000	0.50	0.70	0.80	1.20	1.50	1.80
≥1 000	0.80	1.00	1.00	1.50	1.80	2.00

（3）角度允许公差。普型板的角度允许公差应符合表3-8的规定，测量方法同大理石板材。

表3-8　天然花岗石普型板角度允许公差（GB/T 18601—2001）

板材长度	优等品	一等品	合格品
≤400	0.30	0.50	0.80
>400	0.40	0.60	1.00

普型板拼缝板材正面与侧面的夹角不得大于90°。

（4）外观质量。

①同一批板材的色调应基本调和，花纹应基本一致。测定方法同大理石板材。

②板材正面的外观质量要求应符合表3-9规定。测定时用钢尺测量缺陷的长度、宽度。

表3-9　天然花岗石板的外观质量要求（GB/T 18601—2001）

<table>
<tr><th>名称</th><th>规定内容</th><th>优等品</th><th>一等品</th><th>合格品</th></tr>
<tr><td>缺棱</td><td>长度不超过10 mm，宽度不超过1.2 mm（长度小于5 mm，宽度小于1.0 mm不计），周边每米长允许个数（个）</td><td rowspan="5">不允许</td><td rowspan="3">1</td><td rowspan="3">2</td></tr>
<tr><td>缺角</td><td>沿板材边长，长度≤3 mm，宽度≤3 mm（长度≤2 mm，宽度≤1 mm不计），每块板允许个数（个）</td></tr>
<tr><td>裂纹</td><td>长度不超过两端顺延至板边总长度的1/10（长度小于20 mm的不计），每块板允许条数（条）</td></tr>
<tr><td>色斑</td><td>面积不超过15 mm ×30 mm（面积小于10 mm × 10 mm不计），每块板允许个数（个）</td><td rowspan="2">2</td><td rowspan="2">3</td></tr>
<tr><td>色线</td><td>长度不超过两端顺延至板边总长度的1/10（长度小于40 mm不计），每块板允许条数（条）</td></tr>
</table>

（5）物理性能。

①镜面光泽度：含云母较少的天然花岗石具有良好的开光性，但含云母（特别是黑云母）较多的天然花岗石，因云母较软，抛光研磨时，云母易脱落，形成凹面，不易得到镜面光泽。GB/T 18601— 2001 规定，天然花岗石镜面板材的镜面光泽度指标不应低于 80 光泽单位或按供需双方协商确定。

②物理力学性能：天然花岗石板材体积密度应不小于 2.50 g/cm^3，吸水率不大于 1.0%，干燥抗压强度不小于 60 MPa，干燥或水饱和的弯曲强度不小于 8.0 MPa。

③天然放射性：天然石材中的放射性是引起人们普遍关注的一个问题，在设计选用天然石材时进行大面积室内装修中需要注意。

4. 天然花岗石板材的储存和应用

天然花岗石板材材质坚硬、耐腐蚀、抗污染，但储存时仍应注意保护板面，严禁搬运时滚、碾、尽可能在室内储存，室外储存应加遮盖。堆码要求与天然大理石板材相同。

花岗石自古就是优良的建筑石材，有“千年石烂”之美称，但因其坚硬，开采加工较困难，故造价较高，属于高级装饰材料，主要应用于大型公共建筑或装饰等级要求较高的室内外装饰工程：花岗石因不易风化，外观色泽可保持百年以上，所以粗面和细面板材常用于室外地面、墙面、勒脚、基座、台阶；镜面板材主要用于室内外地面、墙面、柱面、台面、台阶等（图 3 -3），特别适宜用作大型公共建筑大厅的地面。

图 3 -3　花岗石柱面效果

5. 天然花岗石板材的表面处理

（1）表面磨损的处理。一般来说，花岗石的硬度较大理石高 1 倍，大理石比较容易失去光泽，但不论是花岗石还是大理石，一旦光泽磨损后，要再恢复光泽就大费周折了。因为要恢复光泽除了重新抛光外，别无他途，所以要避免磨损，延长石材寿命，最好的方法就是先做防护处理，然后在石材表面再用 JSC 石材保护剂做表面处理。在人员出入较多的地方，如银行、餐厅、大楼的大厅，定期做一次表面保护处理，经保护后的地面，既可有效起到防水、防污及耐磨损的作用，同时可有效提高石材亮度。

(2) 表面污斑的处理。石材表面所形成的污斑来源很多。有些是来自环境的污染造成的，有些是施工时使用不当的施工材料或不良的工法造成的，一般常见的情形有石材发黄、变色、残余水泥渣、快干胶、胶黏剂、胶布、木材色素等；另一种污染则是人为造成的，如茶渍、可乐、咖啡、酱油等。各种不同的污斑只要选择适当的JSC石材专用清洗剂均可以有效地去除。要防止石材被污染，最有效的方法是做JSC石材防护处理，尤其是石材安装前做防护处理，更可以有效避免施工不当或装修时所造成的污染，或至少在新完工时先做防护处理，这样可以避免大楼启用后养护施工的不便。

（三）青板石与板岩饰面

青板石系水成沉积岩，属板石类中的一种，主要矿物成分为$CaCO_3$，材质软、易风化，其风化程度及耐久性随岩体埋深情况差异很大。如青板石处于地壳表层，埋深较浅，风化较严重，则岩石呈片状，易撬裂成片状青板石，可直接应用于建筑，这样的青板石在我国东北及西南地区较多。如岩石埋藏较深，则板块厚，抗压强度（可达210 MPa）及耐久性均较理想，可加工成所需的板材，这样的板材按表面处理形式可分为毛面（自然劈裂面）青板石和光面（磨光面）青板石两类。

毛面青板石由人工用錾子按自然纹理劈开，表面不经修磨，纹理清晰，再加上本身固有的暗红、灰绿、蓝、紫、黄等不同颜色，搭配混合使用时，可形成色彩丰富、有变化又有一定自然风格的青板石贴面。用于室内墙面可获得天然材料粗犷的质感。如用于地面，不但起到防滑的作用，同时有一种硬中带“软”的效果，效果甚佳。

光面青板石是一种较为珍贵的饰面材料，可用于柱面、墙面，也可采用不规则的板块，组成有一定构成规律的自然图案，有很独特的装饰风格。

近些年，在我国许多新的公共建筑中都采用了青板石，如北京动物园爬行动物馆、深圳博物馆展楼都采用青板石贴面，获得了理想的建筑装饰效果（图3-4）。

图3-4　青板岩的地面铺装

板岩是由黏土页岩（一种沉积岩）变质而成的变质岩，其矿物成分为颗粒很细的长石、石英、云母和黏土。板岩具有片状结构，易于分解成薄片，获得板材。它的解理面与所受的压力方向垂直而与原沉积层无关。板岩质地坚密、硬度较大；耐水性良好，在水中不易软化；耐久，寿命可达数十年至上百年。板岩有黑、蓝黑、灰、蓝灰、紫、红及杂色斑点等不同色调，是一种优良的极富装饰性的饰面石材（图3-5）。其缺点是自重较大，韧性差，受振时易碎裂，且不易磨光。

板岩饰面板在欧美大多用于覆盖斜屋面以代替其他屋面材料。近些年也常用作非磨光的外墙饰面，常做成面砖形式，厚度为5~8 mm，长度为300~600 mm，宽度为150~250 mm。以水泥砂浆或专用胶黏剂直接粘贴于墙面，是国外很流行的一种饰面材料，国内已有引进，常被用作外墙饰面，也常用于室内局部墙面装饰，通过其特有的色调和质感，营造一种欧美的乡村情调。

图3-5 板岩的花色拼贴

二、人造石材

天然石材虽有许多优良的性能，但由于其资源分布不均，加工后成品率低，因此成本较高，尤其一些名贵品种更显价格昂贵。在大型装饰工程中，石材的成本常常对总工程造价起决定作用。为适应现代装饰业的需要，人造饰面石材应运而生。

人造石材发展至今已有近50年的历史。1948年意大利就已成功试制水泥型人造大理石。1958年美国开始人造大理石平板的生产，到20世纪70年代，半数以上的住宅都不同程度地采用了人造大理石。1970~1980年，日本对人造石材进行了较深入的研究，申请了许多专利。我国从20世纪70年代末开始引进人造石材的生产技术，许多装饰工程中都采用了人造石材，积累了人造石材生产和使用的经验。

人造饰面石材是采用无机或有机胶凝材料作为胶黏剂，以天然砂、碎石、石粉或工业渣等为粗、细填充料，经成型、固化、表面处理而成的一种人造材料。它具有以下特点：

（1）质量轻、强度大、厚度薄。某些种类的人造石材体积密度只有天然石材的一半，强度却较高，抗折强度可达30 MPa，抗压强度可达110 MPa。人造饰面石材厚度一般小于10 mm，最薄的可达8 mm。通常不需专用锯切设备锯割，可一次成型为板材。

（2）色泽鲜艳、花色繁多、装饰性好。人造石材的色泽可根据设计意图制作，可仿天然花岗石、大理石或玉石，色泽花纹可达到以假乱真的程度。人造石材的表面光泽度高，某些产品的光泽度指标可大于100，甚至超过天然石材。

（3）耐腐蚀、耐污染。天然石材或耐酸或耐碱，而聚酯型人造石材，既耐酸也耐碱，同时对各种污染具有较强的耐污力。

（4）便于施工、价格便宜。人造饰面石材可钻、可锯、可黏结，加工性能良好。还可制成弧形、曲面等天然石材难以加工的几何形状。一些仿珍贵天然石材品种的人造石材价格只及天然石材的几分之一。

除以上优点外，人造石材还存着一些缺点，如有的品种表面耐刻画能力较差，某些板材使用中发生翘曲变形等，随着对人造饰面石材制作工艺、原料配比的不断改进、完善，这些缺点和问题是可以逐步克服的。

按照生产材料和制造工艺的不同，可把人造饰面石材分为下几类：

1. 水泥型人造饰面石材

这种人造石材是以各种水泥（硅酸盐水泥、白色或彩色硅酸盐水泥、铝酸盐水泥等）为胶凝材料，天然砂为细骨料，碎大理石、碎花岗石、工业废渣等为粗骨料，经配料、搅拌、成形、加压蒸养、磨光、抛光而制成。这种人造石材成本低，但耐酸腐蚀能力较差，若养护不好，易产生龟裂。

该类人造石材中，以铝酸盐水泥作为胶凝材料的性能最为优良。因为铝酸盐水泥（亦称矾土水泥）的主要矿物组成为 $CaO \cdot Al_2O_3$（简写为 CA），水化后生成的产物中含有氢氧化铝胶体，它与光滑的模板表面相接触，形成氢氧化铝凝胶层。同时氢氧化铝凝胶体在凝结硬化过程中，不断填充粗、细骨料间的空隙，形成致密结构，因而表面光亮，呈半透明状，同时花纹耐久、抗风化，耐火性、耐冻性、防火性等性能优良。缺点是为克服表面返碱，需加入价格较高的辅助材料；底色较深，颜料需要量加大，使成本增加。

2. 聚酯型人造饰面石材

这种人造石材多是以不饱和聚酯为胶凝材料，配以天然大理石、花岗石、石英砂或氢氧化铝等无机粉状、粒状填料，经配料、搅拌、浇筑成形。在固化剂、催化剂作用下发生固化，再经脱模、抛光等工序制成。目前，我国多用此法生产人造石材。使用不饱和聚酯，产品光泽好、色浅、颜料省，易于调色。同时这种树脂黏度低、易于成形、固化快。成形方法有浇筑成形法、压缩成形法和表荒料成形法。

这种石材光泽度高、质地高雅、强度硬度较高、耐水、耐污染、花色可设强。它的颜色、花纹和光泽都可以仿制天然大理石的装饰效果，所以，近年来在高级室内装饰工程中得到广泛应用。主要包括人造大理石、人造花岗岩、人造玉石、人造玛瑙等，多用于卫生洁具、工艺品及浮雕线条等的制作。聚酯型人造卫生洁具包括浴缸、马桶、水斗、脸盆、淋浴房等。人造石材可以用于室内墙面、地面、柱面、台面的镶贴。其特性是质量轻、强度大，表观密度比天然石材小，但抗压强度高（可达 110 MPa）；不易碎，可制成大幅面薄板；耐磨、耐酸碱腐蚀，具有较强的耐污力；可钻、可锯、可黏结，加工性能良好；但耐热、耐候性较差，填料级配若不合理，产品易出现翘曲变形。

3. 复合型人造饰面石材

复合型人造石材是指用既含水泥又含有机树脂的胶结材料制成的人造石材。以水泥（普通硅酸盐水泥、白色硅酸盐水泥、快硬硅酸盐水泥或铝酸盐水泥）和树脂（苯乙烯、醋酸乙烯、甲基丙烯酸甲酯或二氯乙烯）当作胶结材料，用水泥将填料胶结成形后，再将胚体浸渍在有机单体中，使其产生聚合反应而成。也可用水泥型人造石材作基材，然后在表面敷树脂和天然石粉颜料，添加要求的色彩或图案制作罩光层。其特性是表面光泽度高，花纹美丽，抗污染和耐候性都较好。

这种人造石材具备了上述两类的特点，采用无机和有机两类胶凝材料。先用无机胶凝材料（各类水泥或石膏）将填料黏结成形，再将所成的坯体浸渍于有机单体中（苯乙烯、甲基丙烯酸甲酯。醋酸乙烯，丙烯腈等），使其在一定的条件下聚合而成。

4. 烧结型人造饰面石材

烧结型人造石材的制作工艺类似于陶瓷等烧土制品的生产工艺，是将长石、石英、辉石、方解石粉、赤铁矿粉以及部分高岭土按比例混合（一般配比为黏土 40%，石粉 60%），采用泥浆法制胚，半干压法成形，经窑炉 1 000 ℃左右的高温焙烧而成。这种人造石材因采用高温焙烧，所以能耗大，造价较高，实际应用得较少。

5. 微晶玻璃型人造石材

微晶玻璃型人造石材又称微晶板或微晶石，是指由适当组成的玻璃颗粒经焙烧和晶化，制成由玻璃相和结晶相组成的复相材料。微晶玻璃型人造石材色泽多样，有白色、米色、灰色、蓝色、绿色、红色、黑色、花色等，且色差小，光泽柔和，装饰效果好，是一种较理想的高档装饰材料。主要用于建筑物内、外墙面及柱面、地面和台面等部位装饰。其特性是抗压强度高、硬度高、耐磨；抗冻、耐污、吸水率低、耐酸、耐碱、耐腐蚀、耐风化，无放射性；可制成平板和曲板，热稳定性能和电绝缘性能良好。

微晶石的外观缺陷规定见表 3－10。

表 3－10 微晶石的外观缺陷规定

缺陷名称	规定内容	优等品	合格品
缺棱	单边小于 10 mm，周边允许/个	不允许	允许有 2 处
缺角	面积不超过 5 mm×2 mm，周边允许/个		
气孔	直径 ϕ；1 mm≤ϕ≤3 mm	不允许，5 个/m^2	不允许 10 个/m^2
杂质	距板 1～5 m 处目视观察杂质（个/ m^2）	不大于 3 个/m^2	不大于 5 个/m^2

人造饰面石材可用于室内外墙面、地面、柱面、楼梯面板、服务台面等部位，常用人造石材饰面如图 3－6 所示。

三、文化石

文化石就是用于室内外的、规格尺寸小于 400 mm×400 mm、表面粗糙的天然或人造石材，其中“规格尺寸小于 400 mm×400 mm、表面粗糙”是其最主要的两项特征。

文化石是近年来装饰行业中的视觉焦点。它具有天然石材的形状和质感，呈现出石材的自然风貌。文化石是天然石头的再制品。它最吸引人的特点是色泽纹路能保持自然原石风貌，加上色泽调配变化，能将石材质感的内涵与艺术性展现无遗。把它延伸到室内运用，体现出美观与实用的互动，增加室内气氛。

文化石在家庭装饰中的使用源自国外，20 世纪 90 年代初，文化石的概念进入中国，当时基本上是进口的。

1. 文化石的分类

文化石本身并不具有特定的文化内涵。但是文化石具有粗糙的质感、自然的形态，可以说，文化石是人们回归自然、返璞归真的心态在室内装饰中的一种体现。这种心态我们也可以理解是一种生活文化。它主要分为两种形态：

（1）天然文化石（图 3－7）。天然文化石是开采于自然界的石材，其中的板岩、砂岩、石英石，经过加工，成为一种装饰建材。天然文化石材质坚硬、色泽鲜明、纹理丰富、风格各异，具有抗压、耐磨、耐火、耐寒、耐腐蚀、吸水率低等特点。

（2）人造文化石。人造文化石是采用硅钙、石膏等材料精制而成的。它模仿天然石材的外形纹理，具有质地色彩丰富、不霉、不燃、便于安装等特点。

2. 天然文化石与人造文化石的差异

天然文化石最主要的优点是耐用，不怕脏，可无限次擦洗，但装饰效果受石材纹理限制。除了方形石外，其他的施工较为困难，尤其是拼接时。人造文化石的优点在于，可以自选创造色彩，即使买回来时颜色不喜欢，也可以自己用乳胶漆一类的涂料再加工。另

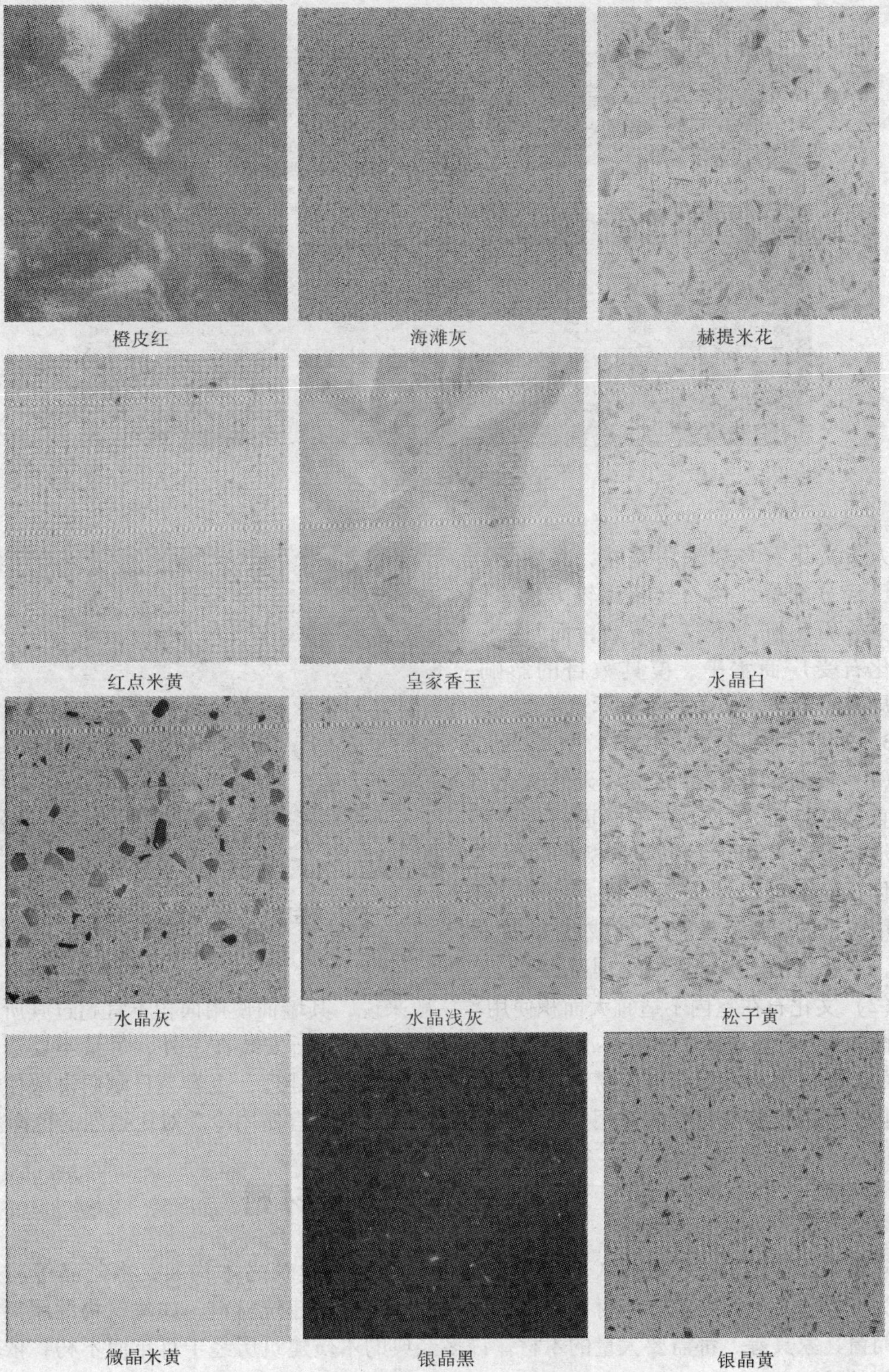

图 3-6　常用人造石材饰面

图 3－7 天然文化石

外，人造文化石多数采用箱装，其中不同块状已经分配好比例，安装比较方便。但人造文化石怕脏，不容易清洁，而且有一些文化石受厂商水平、模具数目的影响，款式局限或不佳，如图3－8所示。

图 3－8 人造文化石

3. 文化石的安装和使用

（1）安装文化石的方法。天然文化石可以直接在墙面施工，先把墙面打毛，然后用水打湿后再用水泥砂浆粘贴即可。人造文化石除了可以用天然石材办法外，还可以用胶粘的方法。先用 9 厘或者 12 厘板打底，然后直接用玻璃胶粘贴即可。

（2）文化石在室内不适宜大面积使用。一般来说，其墙面使用面积不宜超过其所在空间墙面的1/3，且居室中不宜多次出现文化石墙面。文化石安装在室外，尽量不要选用砂岩类的石质，因为此类石材容易渗水，即使表面做了防水处理，也容易日晒雨淋致使防水层老化。室内安装文化石可选用类近色或者互补色，但不宜使用冷暖对比强烈的色泽。

第二节 木材类饰面材料

建筑工程应用木材已有悠久的历史，举世称颂的古建筑之木构架、木制品等巧夺天工，为世界建筑独树一帜。木材自古以来便是一种重要的建筑材料，如建筑物的屋架、梁柱、门窗、家具等，都需要大量的木材。许多经典的木质建筑历经千百年而不朽，依然显现当年的雄姿。而时至今日，木材在建筑结构、装饰上的应用仍不失其高贵、显赫地位，并以它质朴、典雅的特有性能和装饰效果，在现代建筑的新潮中，为我们创造了一个个自然美的生活空间。

木材作为建筑装饰材料，具有许多优良性能，如轻质高强，即比强度高，有较高的弹性和韧性，耐冲击和振动；易于加工；保温性好；大部分木材都具有美丽的纹理，装饰性好等。但木材也有缺点，如内部结构不均匀，对电、热的传导极小，易随周围环境湿度变化而改变含水量，引起膨胀或收缩；易腐朽及虫蛀；易燃烧；天然疵病较多等。随着高科技的参与，这些缺点将逐步消失，将优质、名贵的木材旋切薄片，与普通材质复合，变劣为优，满足消费者对天然木材喜爱心理的需求。

一、木材类概述

（一）木材的种类

1. 按树叶分类

木材的树种很多，按树叶的不同，可分为针叶树和阔叶树两大类。

（1）针叶树。针叶树细长如针，多为常绿树，树干通直而高大，纹理平顺，材质均匀，木质较软而易于加工，故又称“软木材”。针叶树木强度较高，体积密度和胀缩变形较小，常含有较多的树脂，耐腐较强。针叶树木材是主要的建筑用材，广泛用于各种构件、装修和装饰部件，常用的树种有红松、落叶松、云杉、冷杉、杉木、柏木等。

（2）阔叶树。阔叶树树叶宽大，叶脉呈网状，大都为落叶树，树干通直部分一般较短，大部分树种的体积密度大，材质较硬，较难加工，故又称“硬木材”。这种木材胀缩和翘曲变形大，易开裂，建筑上常用作尺寸较小的构件，有的硬木经过加工后出现美丽的纹理，适用于室内装修、制作家具和胶合板等，常用的树种有榉木、柞木、水曲柳、榆木及质地较软的桦木、椴木等。

2. 按加工程度分类

为了合理用材，按加工程度和用途的不同，木材可分为原条、原木等。

（1）原条。是指已经去皮、根、树梢的，但尚未按一定尺寸加工成规定的材类。主要用途：建筑工程的脚手架，建筑用材，家具装潢等。

（2）原木。系指树木伐倒后已经削枝、割梢并按一定尺寸加工成规定径级和长度的木料，是由原条按一定尺寸加工成规定直径和长度的木材。原木又分为直接使用原木和加工用原木。直接使用原木用于屋架、檩条、椽木、木桩、电杆等；加工用原木用于锯制普通锯材、制作胶合板等。主要用途：

①直接使用的原木：用于建筑工程（如屋梁、檩、椽等）、桩木、电杆、坑木等。

②加工原木：用于胶合板、造船、车辆、机械模型及一般加工用材等。

③锯材：又叫板枋材，是指已经加工锯解成材的木料。为使原材料的最大化利用，原木加工成板枋材常采取如图 3－9 的切割方式。凡宽度为厚度 3 倍或 3 倍以上的，称为板材；不足 3 倍的称为枋材。普通锯材的长度：针叶树 1～8 m，阔叶树 1～6 m。长度进级：东北地区 2 m 以上按 0.5 m 进级，不足 2 m 的按 0.2 m 进级；其他地区按 0.2 m 进级。主要用途：建筑工程、桥梁、木制包装、家具、装饰等。

④木质人造板：是指经过木材机械加工的人造板，如胶合板等。

（二）木材的等级

按照国家标准，根据木材的缺陷情况对各种商品木材进行了等级划分，通常分为一、

二、三、四等。结构和装饰用木材一般选用等级较高的木材。对于承重结构用的木材，又根据《木结构设计规范》（GBJ 5—88）的规定，按照承重结构的受力要求对木材进行分级，即分为Ⅰ、Ⅱ、Ⅲ三级，设计时应根据构件的受力种类选用适当等级的木材。例如，承重木结构板材的选用，根据其承载特点，一般Ⅰ级材用于受拉或受弯构件；Ⅱ级材用于受弯或受压弯的构件；Ⅲ级材用于受压构件及次要受弯构件。

图3-9 木材切割方式

我国生产中常用的已有近800个商品材树种，归为241个商品材类，并把这241个商品材，根据材质优劣、储量多少和发展利用等原则划分为五类，即一类材、二类材、三类材、四类材、五类材（从优到劣）。

一类材红松、柏木、红豆杉、香樟、楠木、檫木、格木、硬黄檀、香红木、花榈木黄杨、红青冈、山核桃、核桃木、榉木、山楝、香桩、水曲柳、梓木、铁力木、玫瑰木。

二类材黄杉、杉木、福建柏、榧木、鹅掌楸、梨木、槠木、水青冈、麻栎、高山栎山木、枣木、黄波罗、白蜡木。

三类材落叶松、云杉、松木、铁杉、铁刀木、紫荆、软黄檀、槐木、桦木、栗木、木荷、槭木。

四类材枫香、桤木、朴树、檀、银桦、红桉、白桉、泡桐。

五类材赤杨、杨木、枫杨、轻木、黄铜、冬青。

目前，我国市场上常用的名优树种按排名主要有以下一些：

第一名，海南黄花梨紫檀木。

如果从家具的角度讲，小叶紫檀会好些，无论是硬度还是柔润度和细腻度，都更胜一筹。如果从药用角度来讲。那当属海南黄花梨，它有香气可以调节环境。

第二名，红酸枝。

这里说的红酸枝，一定是正宗的红酸枝，也就是市场上几万元一吨的那种。正宗的红酸枝以老挝的最好，越南的也行，但越南进的半成品材就不行了，因为它是半成品——先生产然后再烘干，而真正的工序应该是先烘干再生产。它把程序搞反了，所以这种半成品材质不够好。

第三名，条纹乌木黑酸枝。

这里说的条纹乌木是指印度尼西亚产的，越南的条纹乌木不值钱，它的原材料比印度尼西亚产的便宜一半左右。这里说的黑酸枝又称大叶紫檀，其实不然是原来都叫大叶紫檀，后来出了国标，国标中称大叶紫檀当黑酸枝，所以现在的规范叫法为黑酸枝。

第四名，白酸木。

国标中没有这个名，但缅甸就管这个树叫白酸枝，产于缅甸。它没有红酸枝红，油性没有红酸枝大。它与国标中的奥氏黄檀接近（从材形上看，白酸枝材较大，红酸枝材较小，小了就不便于丈量，所以，白酸枝是立方计价，红酸枝按吨计价相比之下白酸枝要比红酸枝掉价一半左右）。

第五名，鸡翅木、花梨木。

这里说的鸡翅木系指缅甸鸡翅木，这里说的花梨木又称紫属花梨（非海南黄花梨）。两者材料的价格差不多，但做工有区别。由于做鸡翅木比做花梨木用工多，用料也多，所以做成成品，鸡翅木的价格要比花梨木的价格贵一些。

其他的名优树种按排名还有：柚木、樱桃木、水曲柳、橡木、柞木、梨木、樟木、松木。

（三）木材的基本性质

1. 密度和体积密度

（1）密度。由于木材的分子结构基本相同，因此木材的密度几乎相等，平均为1.5 g/cm^3。

（2）体积密度。木材的体积密度因树种不同而不同，在常用木材中体积密度较大者如麻栎达980 kg/m^3，较小者如泡桐仅280 kg/m^3。我国最轻的木材为台湾的二色轻木，体积密度只有186 kg/m^3，最重的木材是广西的蚬木，体积密度高达1 128 kg/m^3。一般体积密度低于400 kg/m^{3}者为轻，高于600 kg/m^3 者为重。

2. 导热性

木材具有较小的体积密度，较多的孔隙，是一种良好的绝热材料，表现为导热系数较小，但木材的纹理不同，即各向异性，使得方向不同时，导热系数也有较大差异。如松木顺纹纤维测得 $\lambda = 0.3$ W/（m·K）。而垂直纤维 $\lambda = 0.17$ W/（m·K）。

3. 含水率

木材中所含水的质量与木材干燥后质量的百分比值，称为“木材的含水率”。木材中的水分可分为细胞壁中的吸附水和细胞腔与细胞间隙中的自由水两部分，当木材细胞壁中的吸附水达到饱和，而细胞腔与细胞间隙中无自由水时的含水率，称为“纤维饱和点”。纤维饱和点因树种而异，一般为25% ~35%，平均为30%，是含水率是否影响强度和胀缩性能的临界点。如果湿木材长时间处于一定温度和湿度的空气中，木材便会干燥，达到相对恒定的含水率这时木材的含水率称为“平衡含水率”。平衡含水率随空气湿度的变大和温度的变低而增大，反之，则减少。

4. 吸湿性

木材具有较强的吸湿性。木材的吸湿性对木材的性能，特别是木材的干缩湿胀影响很大，因此木材在使用时其含水率应接近于平衡含水率或稍低于平衡含水率。

5. 湿胀与干缩

当木材从潮湿状态干燥至纤维饱和点时，其尺寸并不改变。当干燥至纤维饱和点以下时，细胞壁中的吸附水开始蒸发，木材发生收缩；反之，干燥木材吸湿后，将发生膨胀，直到含水率达到纤维饱和点为止，此后木材含水率继续增大，也不再膨胀。由于木材构造的不均匀性，木材不同方向的干缩湿胀变形明显不同。纵向干缩最小，为0.1% ~0.35%；径向干缩较大，为3% ~6%；弦向干缩最大，为6% ~12%。因此，湿材干燥后，其截面尺寸和形状，都会发生明显的变化，干缩对木材的使用有很大影响，它会使木材产生裂缝或翘曲变形，以致引起木结构的结合松弛，装修部件破坏等。

6. 强度

建筑上通常利用的木材强度，主要有抗压强度、抗拉强度、抗弯强度和抗剪强度，并且又有顺纹与横纹之分。每一种强度在不同的纹理方向上均不相同，木材的顺纹强度与横纹强度差别很大，木材各种强度之间的关系见表3－11。

表3－11　木材各种强度之间的关系

抗压/MPa		抗拉/MPa		沉弯/MPa	抗剪/MPa	
顺纹	横纹	顺纹	横纹		顺纹	横纹
100	10～20	200～300	6～20	150～200	15～20	50～100

二、实木板材

（一）概述

实木板材就是采用完整的木材制成的木板材。这些板材坚固耐用、纹路自然，是装修中优中之选。但由于此类板材造价高，而且施工工艺要求高，在装修中使用反而并不多。实木板一般按照板材实质名称分类，没有统一的标准规格。其材质主要分为硬木和软木。硬木材质更适合透雕工艺，而用软木制作的家具价格实惠。

1. 硬木

常见的硬木有紫檀、黄花梨、鸡翅木和酸枝等。

（1）紫檀。名贵木材，质地坚实但生长缓慢，因此大部分家具都是数块接榫而成其色泽多为紫黑色，散发出静穆高贵的气质。木材有光泽，具有香气，久露空气后变紫红褐色，纹理交错，结构致密、耐腐、耐久性强、材质硬重细腻。

（2）黄花梨。为我国特有的珍稀树种。木材有光泽，具辛辣滋味；纹理斜而交错，结构细而匀，耐腐。耐久性强、材质硬重、强度高。

（3）花梨木。花梨木心材边材区别明显，边材黄白色至灰褐色；心材红褐色、紫红色至紫褐色；材色较均匀，可见深色条纹，木材有光泽，具轻微或显著清香气，纹理交错，结构细而匀，材质硬重，部分中等，强度高，部分中等，通常浮于水，木粉或木屑水浸液显荧光现象。木质致密，颜色从浅黄到暗棕。

（4）优点。

①颜色较深，多体现出古香古色的风格，用于传统家具。

②木质较重，给人感觉质量不错。

③一般木材本身都有自身所散发出的香味，尤其是檀木。

④材质较硬，强度高，耐磨，耐久性好。

（5）缺点。

①因为产量较少，所以很难有优质树种，质量参差不齐。

②纹路与年轮不清楚，视觉效果不够清新。

③材质较重，不容易搬运。

④材质较硬，加工难度高，而且轻易出现开裂的现象。

⑤材质比较油腻，高温下轻易返油。

2. 软木

软木种类繁多，制成家具，价格上能为大多数人接受。许多软木在使用时也多和硬木搭配。如榉木、楠木、樟木、松木和杉木都是常见的软木材料。

（1）胡桃木。胡桃属木材中最优质的一种，国产的胡桃木，颜色较浅。黑胡桃呈浅黑褐色带紫色，弦切面为美丽的大抛物线花纹（大山纹）。黑胡桃非常昂贵，做家具通常用木皮，极少用实木。

（2）樱桃木。木材浅黄褐色，纹理雅致，弦切面为中等的抛物线花纹，间有小圈纹。樱桃木也是高档木材，做家具也是通常用木皮，很少用实木。

（3）榉木。这里的榉木是指山毛榉，榉木色泽明亮浅黄，重、坚固，抗冲击，蒸汽下易于弯曲，可以制作造型，着钉性能好，但是易于开裂。纹理清楚，木材质地均匀，色调柔和，流畅。比多数硬木都重，在窑炉干燥和加工时轻易出现裂纹。

（4）枫木。枫木色泽浅黄，有小山纹，最大特征是有“影”（局部光泽明显）。枫木是中档木材，木皮和实木都很常见。枫木分软枫和硬枫两种，木材呈灰褐至灰红色，年轮不明显，管孔多而小，分布均匀。枫木纹里交错，结构肾细而均匀，质轻而较硬，花纹图案优良。轻易加工，切面欠光滑，干燥时易翘曲。油漆涂装性能好，胶合性强。

（5）桦木。桦木色泽浅黄，易分特征是多“水线”（黑色线）。桦木也是中档木材，实木和木皮都常见。桦木纹理直且明显，材质结构细腻而柔和光滑，质地较软或适中。桦木富有弹性，干燥时易开裂翘曲，不耐磨。加工性能好，切面光滑，油漆和胶合性能好。常用于雕花部件，现在较少用。易分特征是多“水线”。

（6）橡胶木。橡胶木颜色呈浅黄褐色，有杂乱的小射线，年轮明显，轮界为深色带，管孔甚少。木质结构粗且均匀。纹理斜，木质较硬。

①优点：切面光滑，易胶粘，油漆涂装性能好。

②缺点：橡胶木有异味，因含糖分多，易变色、腐朽和虫蛀。不容易干燥，不耐磨，易开裂，容易弯曲变形，木材加工易，而板材加工易变形。

（7）柞木（栎木）。重、硬、结构粗，生长缓慢，心边材区分明显。纹理直或斜，木射线很明显，耐水耐腐蚀性强，力学强度高，木材很不易干燥，加工难度高，但切面光滑，耐磨损，胶接要求高，油漆着色、涂饰性能良好。

缺点：生长缓慢，生长周期长，优质树种较少。胶结要求很高，轻易在接缝处开裂。加工难度高，存在较多的加工缺陷。

（8）松木。针叶植物，不需雕饰，色淡黄、纹理清晰，线条细腻，带有松香味，有漂亮的结疤。

（9）榆木。木性坚韧，纹理通达清晰，硬度与强度适中，一般透雕、浮雕均能适应，刨面光滑，弦面花纹美丽，有“鸡翅木”的花纹。榆木经烘干、整形、雕磨、髹漆，可制作精美的雕漆工艺品。榆木与南方产的榉木有“北榆南榉”之称。质地温存优良；变形率小，雕刻纹饰多以粗犷为主。榆木有黄榆和紫榆之分。黄榆多见，木料新剖开时呈淡黄色，随年代增长颜色逐步加深；而紫榆天生黑紫色，色重者近似老红木的颜色。北方家具以榆木为最大宗，有擦蜡做，也有擦漆做。

（10）橡木。树心呈黄褐色至红褐色，生长轮明显，略呈波状，质重且硬。

①优点：具有比较鲜明的山形木纹，并且触摸表面有着良好的质感，档次较高，适合

制作欧式家具。

②缺点：优质树种比较少，假如采用进口，价格较高。由于橡木质地硬沉，水分脱净比较难，未脱净水制作的家具，过一年半载才开始变形。

(11) 沙比利木（红影木）。木纹交错，时有波状纹理，在四开锯法加工的木材纹理处形成独特的鱼卵形黑色斑纹；疏松度中等，光泽度高；边材淡黄色，心材淡红色或暗红褐色。密度、弯曲强度、抗压强度、抗震性能、抗腐蚀性和耐用性中等；韧性、蒸汽弯曲性能较低。

(12) 水曲柳（曲柳）。材质略硬，花纹美丽，耐腐、耐水性能好，易加工，韧性大，胶结油漆，着色性能好，具有良好的装饰性能，是目前装饰材料中用得较多的一种木材。但干燥困难，易翘曲。加工性能好，但应防止撕裂。切面光滑，油漆，胶黏粘性能好。

(13) 樟木。树径较大，材幅宽，花纹美，尤其是有着浓烈的香味，可使诸虫远避。

(14) 杨木。其质细软，性稳，价廉易得。

(15) 核桃木。会有硬木般的光泽，其质细腻无性，易于雕刻，色泽灰淡柔和。其制品明清都有，大都为上乘之作。可用可藏。其木质特点只有细密似针尖状棕眼并有浅黄细丝般的年轮。密度与榆木相似。

(16) 杜木。色呈土灰黄色，木质细腻无华，横竖纹理差别不大，适于雕刻。

(17) 柏木。柏木色黄、质细、气馥、耐水，多节疤，上好的棺木也用柏木，取其耐腐。

(18) 楠木。是一种极高档之木材，其色浅橙黄略灰，纹理淡雅文静，质地温润柔和，无收缩性，遇雨有阵阵幽香。色泽淡雅匀整，伸缩性小，易操作而耐久稳定。

(二) 实木地板

实木地板实木条形地板、实木拼花地板、实木复合两种地板三种，其中实木条形地板使用较普遍。

1. 实木条形地板

实木条形地板适用于体育馆、练功房、舞台、幼儿园、居用住宅等的地面装饰。尤其是经过表面涂饰处理，既显露木材纹理又保留木材本色，给人以清雅华贵之感。实木条形地板选用的材质可以是松、杉等软木材，也可选用柞、榆等硬木材。条板的宽度一般不大于120 mm，板厚20~30 mm。按照条木地板铺设要求，条形地板拼缝处可做成平口、企口或错口（图3-10）。

图3-10 实木条形地板

2. 实木拼花地板

实木拼花地板是用阔叶树种中水曲柳、柞木、核桃木、榆木、柚木等质地优良、不易腐朽开裂的硬木材，经干燥处理并加工成条状小板条用于室内地面装饰材料。木块的宽度多为4~6 cm，最宽可达18 cm，厚度多为2 cm，但不超过2.5 cm。木块的尺寸和木材的树种随地板的用途而定。拼花地板可拼成各种图案花纹，以席纹图案多见，所以又称席纹地板。其类型及变化也很多，常见正芦席纹、人字纹、斜芦席纹、清水砖墙纹等，如图3－11所示。

(1)正芦席纹　(2)人字纹　(3)斜芦席纹　(4)清水砖墙纹

图3－11　拼花木地板图案

拼花木地板坚硬而富有弹性，耐磨而又耐用，不易变形且光泽好，纹理美观质感好，具有温暖清雅的装饰效果。

拼花木地板用于住宅的地面装饰，适用于高级别墅、写字楼、宾馆、会议室、展览室、体育馆地面的装饰，更适用于民用住宅的地面装饰。

选择实木地板时需注意以下几点：

（1）含水率。必须选择经过干燥和养生处理的实木地板，实木地板含水率应符合国家标准（7%≤含水率≤我国各地区平均含水率），每块地板的含水率必须均匀一致。

（2）区别档次。实木或实木复合地板档次要根据表层木板条的树种、花纹和色差来区分。表层用的树种材质越好，花纹越整齐，色差越小，档次越高，价格越贵。反之，档次越低，价格越低。在选购时，应弄清不同档次之间的区别，并记住选用的档次、品种、代码，提货时要验明包装上的代码是否吻合。

（3）注意外观。对于实木地板，要看木材的色泽、纹理和油漆是否正常，木材的种类是否符合，不应有夹皮树脂囊、腐朽、死节、节孔、虫孔、裂缝和接缝不严等缺陷，木材纹理和色泽的观感应和谐，径切纹理优于弦切纹理，油漆涂饰应均匀，不应有明显的污斑和破损，周围的榫舌和榫槽应完整等。对强化复合地板来说，表面的浸渍胶膜纸饰面不应有干湿花（干花：不透明白色小点；湿花：雾状云团）、污斑、划痕、压痕、颜色和光泽不匀、鼓泡和孔隙及纸张撕裂等，同时四周的榫舌和榫槽应完整。

图3－12　实木拼花地板

（4）符合尺寸。注意地板的尺寸，长、宽、厚度与产品介绍是否相同，可任意取多块地板进行拼合后观察，木榫结合的接缝有无高低不平的感觉，是否严密，榫结合不能有松动等。

3. 实木复合地板

实木复合地板是由不同树种的板材交错层压而成，一定程度上克服了实木地板湿胀干缩的缺点，干缩湿胀率小，具有较好的尺寸稳定性，并保留了实木地板的自然木纹和舒适的脚感。实木复合地板兼具强化地板的稳定性与实木地板的美观性，而且具有环保优势。

实木复合地板是从实木地板家族中衍生出来的木地板种类，所以其实是一种新的实木地板。以其天然木质感、容易安装维护、防腐防潮、抗菌且适用于电热等优点已经成为欧美国家主要流行地板种类，并逐渐被我国老百姓所接受。

实木复合地板分为多层实木地板和三层实木地板。三层实木复合地板是由三层实木结构交错层压而成（图3－13），其表层多为名贵优质长年生阔叶硬木，材种多用柞木、桦木、水曲柳、绿柄桑、缅茄木、菠萝格、柚木等。但由于柞木其无比的纹理特点和性价比成为最受欢迎树种。芯层由普通软杂规格木板条组成，树种多用松木、杨木等；底层为旋切单板，树种多用杨木、桦木和松木（图3－14）。三层结构板材用胶层压而成，多层实木复合地板是以多层胶合板为基制，以规格硬术薄片镶拼板或单板为面板，层压而成（图3－15）。

图3－13　三层实木复合地板

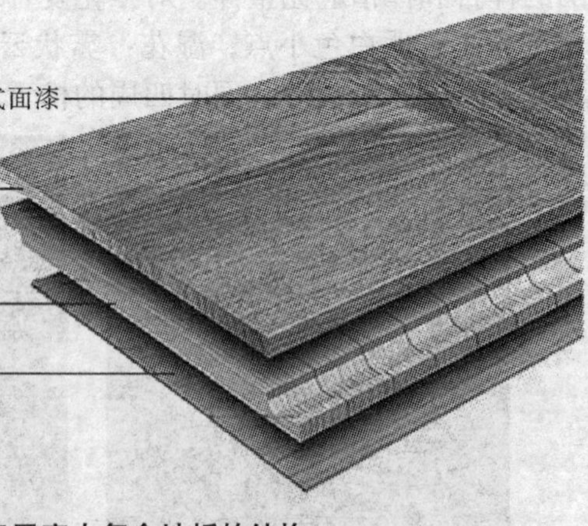

图3－14　三层实木复合地板的结构

实木复合地板表层为优质珍贵木材，不但保留了实木地板木纹优美、自然的特性，而且大大节约了优质珍贵木材的资源。表面大多涂五遍以上的优质UV涂料，不仅有较理想的硬度、耐磨性、抗刮性，而且阻燃、光滑，便于清洗。芯层大多采用可以轮番砍伐的速生材料，也可用廉价的小径材料，各种硬、软杂材等来源较广的材料，而且不必考虑避免木材的各种缺陷，出材率高，成本则大为降低。其弹性、保温性等也完全不亚于实木地板。正因为它具有实木地板的各种优点，摒弃了强化复合地板的不足，又节约了大量自然资源，在欧美国家已经成为家装的主流地板，今后我国高档地板的发展趋势必然是实木复合地板。

图 3-15 多层实木复合地板

(1) 实木复合地板的分类。

①按结构分：可分为三层结构实木复合地板、以胶合板为基材的多层实木复合地板。

②按面层材料分：可分为实木拼板作为面层的实木复合地板、单板作为面层的实木复合地板。

③按表面有无涂饰分：可分为涂饰实木复合地板、未涂饰实木复合地板。

④按地板漆面工艺分：可分为表层平面实木复合地板、复古处理实木复合地板。

(2) 实木复合地板的优缺点。

①优点：

A. 易打理清洁。

护理简洁，光亮如新，不嵌污垢，易于打扫。实木复合地板的表面涂漆处理得很好，耐磨性好，且不用花太多精力保养。据了解，市场上好的实木复合地板 3 年内不打蜡，也能保持漆面光彩如新。这与实木地板的保养形成了强烈的对比。

B. 实木复合地板质量稳定，不容易损坏。

由于实木复合地板的基材采用了多层单板复合而成，木材纤维纵横交错成网状叠压组合，使木材的各种内应力在层板之间相互适应，确保了木地板的平整性和稳定性，并保留了实木地板的美观性于一体，既能享受到大自然的温馨，又解决了实木地板难保养的缺点，是强化木地板和实木地板的美好结晶。

C. 价格实惠。

实木复合地板由于结构独特的关系，对木材的要求没那么高，且能充分利用材料，因此价格比实木地板的要低很多。

D. 安装简单。

实木复合地板安装和强化地板一样，不打地龙骨，只要找平就好，还能提高层高。而且由于安装的要求简单，还大大降低了安装带来的隐患。

E. 色泽鲜艳，纹路清晰，花色给人以美感。

F. 环保。

实木复合地板具有安装保养方便的优点，实木复合地板多使用甲醛释放量较低的胶黏剂，环保性好。

②缺点：

A. 耐磨性不如强化复合地板、多层复合地板厚度较高。

B. 价格偏高，性价比不高，与强化复合地板、多层复合地板相比较来说，价格偏贵。

C. 由于工艺要求高，结构复杂，质量差异较大，内在质量不易鉴别。

D. 和强化地板比较，花色不如强化地板。和实木地板比，实木复合地板的生产必须用胶，不像传统实木地板那样除了木材本身基本没有其他材料；虽然胶的环保质量等级很高，甲醛含量几乎可以忽略不计，但毕竟存在。

E. 水泡损坏后是不可修复的。

（3）选购技巧。市场上实木复合地板种类主要有三层实木复合地板和多层实木复合地板。消费者应根据自己的需要进行选择。

使用脲醛树脂制作的实木复合地板，都存在一定的甲醛释放量，环保实木复合地板的甲醛释放量必须符合国家标准 GB 18580— 2001 要求，即≤1.5 mg/L。

我们要看重实木复合地板的品牌。即使是用高端树木板材做成的实木复合地板，质量也有优有劣。所以在选购实木复地板时，最好购买品牌效应比较好的实木复合地板。并且，如果买有品牌保障的实木复合地板，即使出了问题，也可以找商家去解决。

地板颜色的确定应根据家庭装饰面积的大小、家具颜色、整体装饰格调等而定。

①面积大或采光好的房间，用深色实木复合地板会使房间显得紧凑；面积小的房间，用浅色实木复合地板给人以开阔感，使房间显得明亮。

②根据装饰场所功用的不同，选择不同色泽的地板。例如，客厅宜用浅色、柔和的色彩，可营造明朗的氛围。卧室应用暖色调地板。

③家具颜色深时可用中色地板进行调和；家具颜色浅时可选一些暖色地板。

（4）优劣判断。实木复合地板表层的厚度决定其使用寿命，表层板材越厚，耐磨损的时间就长，欧洲实木复合地板的表层厚度一般要求到 4 mm 以上。

实木复合地板分为表、芯、底三层。表层为耐磨层，应选择质地坚硬、纹理美观的品种。芯层和底层为平衡缓冲层，应选用质地软、弹性好的品种，但最关键的一点是，芯层和底层的品种应一致，否则很难保证地板的结构相结稳定。实木复合地板的最大优点是加工精度高，因此，选择实木复合地板时，一定要仔细观察地板的拼接是否严密，而且两相邻板应无明显高低差。高档次的实木复合地板，应采用高级 UV 亚光漆，这种漆是经过紫外光固化的，其耐磨性能非常好，一般家庭使用不必打蜡维护，使用十几年不需上漆。另外一个关键指标是亚光度，地板的光亮程度应首先考虑柔和、典雅，对视觉无刺激。实木复合地板即三层或多层木，经涂胶热压而成，胶黏剂一般都采用脲醛树脂，因此势必存在一定量的甲醛，生产过程中，高档次的环保实木复合地板，必须使用低甲醛含量的胶料，才能保证产品的环保指标。实木复合地板的胶合性能是该产品的重要质量指标，该指标的优劣直接影响使用功能和寿命。消费者可用简易的方法检验该项性能，即将实木复合地板的小样品放在 70 ℃的热水中浸泡 2 h，观察胶层是否开胶，如开胶则不宜购买。

（三）竹木地板

竹木地板是用优质天然竹材料加工成竹条，经特殊处理后，在压力下拼成不同宽度和长度的线条，然后刨平、开槽、打光、着色、上多道耐磨漆制成的带有企口的长条地板。

这种地板自然、高雅，具有竹子固有的特性：经久耐用，耐磨，不变形，防水，脚感舒适，易于维护、清扫。由于地板出厂时已经有过精细的加工处理，产品是精美的长条企口形地板，施工时只需找平地面，将一地板条固定上即可使用，方便省时，又因刨平、打磨、上漆等处理工序都是在厂内用机械完成的，其加工质量有保证，不像一般拼木地板会因施工质量问题，而导致实际施工质量有很大区别。竹木地板是目前可选用的地面材料中的高档产品，适用于宾馆、办公楼、住宅等的地面铺设。

(1) 竹木地板的生产工艺。竹木地板是一种新型建筑装饰材料，它以天然优质竹子为原料，经过二十几道工序，脱去竹子原浆汁，经高温高压拼压，再经过多层油漆，最后红外线烘干而成。竹木地板以其天然赋予的优势和成型之后的诸多优良性能给建材市场带来一股绿色清新之风。竹木地板有竹子的天然纹理，清新文雅，给人一种回归自然、高雅脱俗的感觉。它具有很多特点，首先竹木地板以竹代木，具有木材的原有特色，而且竹在加工过程中，采用符合国家标准的优质胶种，可避免甲醛等物质对人体的危害，还有精竹地板（图 3－16）利用先进的设备和技术，通过对原竹进行 26 道工序的加工，兼具有原木地板的自然美感和陶瓷地砖的坚固耐用。

图 3－16　精竹地板

常规的竹木地板的生产工艺流程：毛竹→截断→修平外竹节→开条→去内节→竹条双面刨光（去竹青、竹黄）→蒸煮（防虫、防霉处理）或炭化着色处理→干燥→竹条精刨→竹条分选→涂胶→组坯→热压胶合→砂光→定长截断→四面刨（定宽、开背槽）→双端铣（横向、纵向开榫）→喷封边漆→素板砂光→分选→粉尘清除→水性底漆→热风干燥→涂腻子→UV 固化→底漆→UV 固化→砂光→底漆→UV 固化→砂光→面漆→UV 固化→耐刮擦面漆→UV 固化→检验→包装。

竹木地板按表面结构可分为径面竹地板——侧压竹地板和弦面竹地板——平压竹地板和重组竹地板三大类。按竹地板的加工处理方式又可分为本色竹地板和炭化竹地板。本色竹地板保持竹材原有的色泽，而炭化竹地板的竹条要经过高温高压的炭化处理，使竹片的颜色加深，并使竹片的色泽均匀一致。

(2) 竹木地板的优缺点。地板是家居装饰很重要的一部分，不管是精竹地板恬静细腻的色泽还是自身给人带来触觉的享受，都是很适合家居生活的家居装饰，给人是清新脱俗的感觉，它富有弹性、稳定性好，可谓是老少皆宜。而精竹地板美丽天然细腻的外观色泽，用于家庭装修，简直是看了一场视觉盛宴。精竹地板是经过层层的加工而成的，相对来说竹地板的跟普通的地板具有很大的区别，特别是在质感和外形方面，竹木地板的优势相对来说比较多，价格方面也比一般的地板贵一点。精竹地板的优点是材质厚实，不怕水。缺点就是怕划伤。

当然竹木地板还具有冬暖夏凉的天然优势。竹子因为导热系数低，特别适合铺装在客厅、卧室、健身房、书房、演播厅、酒店宾馆等地面及墙壁装饰。色差较小是竹木地板的一大特点。按照色彩划分，竹材地板可分为两种，一是自然色，色差比木质地板小，具有丰富的竹纹，而且色彩匀称；自然色中又可分为本色和炭化色，本色以清漆处理表面，采用竹子最基本的色彩，亮丽明快；炭化色平和高雅，其实是竹子经过烘焙制成的，在凝重沉稳中依然可见清晰的竹纹。二是人工上漆色，漆料可调配成各种色彩，不过竹纹已经不太明显；竹木地板的表面处理大多采用清漆、亮光漆、亚光漆和耐磨漆等。

竹木地板在理论上的使用寿命可达20年左右，正确地使用和保养是延长竹木地板使用寿命的关键。竹木地板在使用中最重要的是要保持室内的干湿度，因为竹木地板虽经干燥处理，但是竹子是自然材料，会随着气候的变化而变化。在遇到干燥季节，特别是开放暖气时，消费者应在室内通过不同方法调节湿度，可用加湿器或在暖气上放盆水等。而在夏季潮湿时，应多开窗通风，保持室内干燥。另外，竹木地板应避免阳光暴晒和雨水淋湿，如果遇水应及时擦干，并应尽量避免硬物撞击、利器划伤和金属摩擦竹木地板漆面。在日常保持竹木地板清洁时，可先扫净，然后用拧干的毛巾擦拭，如果条件允许的话，还应2～3个月打一次地板蜡。竹木地板的结构一般分为UV漆层、装饰层、基材层、防潮层，质地坚实耐磨、色泽柔和亮丽、竹纹清新自然、竹香怡人。

竹木地板的优点是稳定性特好，开裂变形率小于实木地板，在国际市场上是地板中的宠儿，二次炭化技术使材质为轻，竹纤维呈“空心砖”状排列，抗拉抗压强度及防水性能大大提高，至于虫蛀问题，经过炭化或高温蒸煮等技术，将材料进行脱糖脱脂处理，没了食物，虫子自然不会繁衍生息，就好像把人锁在房里，他不可能吃水泥活下来，这样就从根本上解决了虫蛀问题，竹地板的工艺决定了温度对它的影响较小，竹地板在制作过程中经历了高温蒸煮（40 ℃以上），炭化（175 ℃，高大气压）干燥，热压、紫外线烤漆等各种高温环节，只需工艺做足，它可用作地热地板，如图3－17所示。

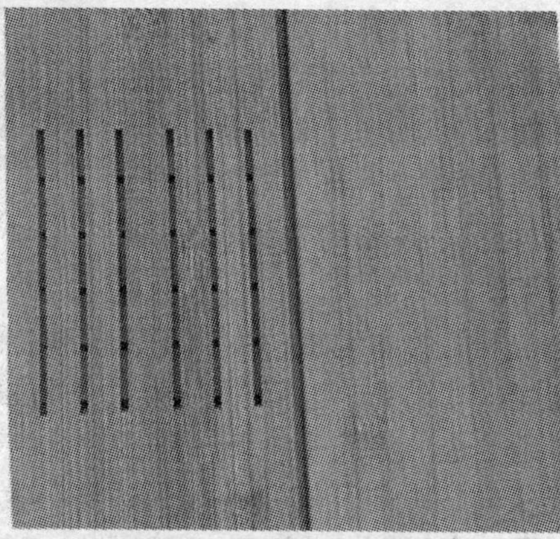

图3－17 地热专用精竹地板

竹木地板在品质和外观上具有与普通木地板、塑胶地板、石地板、陶瓷地板不同的特性，在某些表面性能更好，它的市场潜力巨大。为了更好地发展我国的竹地板生产，提高精竹地板的涂装技术，各生产厂家不断推新和改进技术。目前我国精竹地板生产已成为一项新型产业，工厂已近300家，年生产能力近千万平方米，精竹地板将进入寻常百姓家。

（四）防腐木

防腐木就是将普通木材经过人工添加化学防腐剂之后，使其具有防腐蚀、防潮、防真菌、防虫蚁、防霉变以及防水等特性，能够直接接触土壤及潮湿环境，经常使用在户外地板，工程，景观，防腐木花架等，供人们歇息和欣赏自然美景，是户外地板、园林景观、木秋千，娱乐设施，木栈道等的理想材料，深受园艺设计师的青睐，随着科学技术的发展，防腐木已经非常环保了，故也经常使用在室内装修，地板及家具中，室内装修设计师也非常喜欢防腐木。

过去几十年来，木材防腐处理的方法以 CCA 为主，其主要化学成分为铬化砷酸铜，它清洁、无臭，处理后的木材表面可以上漆。高质量的 CCA 药剂具有非常稳定的特性，其卓越的防腐性能使其得到了广泛的应用。长期使用的经验告诉我们，经过 CCA 处理的木材可以在户外各种恶劣环境中使用，是非常理想的木材保护用化学防腐药剂。

由于 CCA 中含有微量的砷元素，所以人们从心理上担心其对健康的危害，美国于 2004 年 1 月 1 日开始已停止使用 CCA 处理过的木材（工业和特殊环境方面除外）。但与此同时，美国权威的组织机构又明确表示没有任何科学证据证明 CCA 对人体健康有危害。我国即将公布的防腐木材应用的行业标准中明确了 CCA 是可以应用的防腐药剂之一。国际上通行的对木材进行防腐处理的主要方法是：采用一种不宜溶解的水性防腐剂，在密闭的真空罐内对木材施压的同时，将防腐剂打入木材纤维。经过压力处理后的木材，稳定性更强，防腐剂可以有效地防止真菌、白蚁和昆虫对木材的侵害。从而使经过处理的木材具有在户外恶劣环境下长期使用的卓越防腐性能。

防腐木的种类有很多，一般按产地来分类，最常用的是樟子松防腐木、南方松防腐木、花旗松防腐木、柳桉防腐木、菠萝格防腐木等。

1. 俄罗斯樟子松

俄罗斯樟子松能直接采用高压渗透法做全断面防腐处理，其优秀的力学表现及美丽纹理深受设计师及工程师所推荐。俄罗斯樟子松防腐材应用范围极广，木栈道、亭院平台、亭台楼阁、水榭回廊、花架围篱、步道码头、儿童游戏区、花台、垃圾箱、户外家具以及室外环境、亲水环境及室内外结构等项目均可使用。由于其独特的防腐工艺，所有的建筑作品都可以长期保存。

2. 北欧赤松

质量上乘的北欧赤松，经过特殊防腐处理后，具有防腐烂、防白蚁、防真菌的功效。专门用于户外环境，并且可以直接用于与水体、土壤接触的环境中，是户外园林景观中木制地板、围栏、桥体、栈道及其他木制小品的首选材料。

3. 西部红雪松

西部红雪松是北美等级最高的防腐木材。它卓越的防腐能力来源于自然生长的一种醇类物质；另外红雪松中可被萃取的一种酸性物质确保了木材不被昆虫侵蚀，无须再做人工防腐和压力处理。红雪松稳定性极佳，使用寿命长，不易变形。另外，它也适用于高湿度的环境，如桑拿房、浴室和厨房，用于制作橱柜、衣柜等可防蟑螂、蛀虫。红雪松由于未做化学处理及纯天然特性，在全球市场深受欢迎。

4. 黄松

黄松（南方松）的强度和相对密度很好，具有优异的着钉力，是强度最高的西部软木。经过防腐和压力处理的黄松，防腐剂可直达木芯。在安装过程中可以任意切割，断面无须再刷防腐涂料。产品可以用于海水或河水中，绝对不会腐蚀。

5. 铁杉

铁杉是目前北美市场上最雅致、用途最广泛的树种。在强度方面，略低于黄松，比较适合做防腐处理。经过加压防腐处理的铁杉木材既美观又结实，堪与天然耐用的北美红雪松媲美。铁杉可以保持稳定的形态和尺寸，不会出现收缩、膨胀、翘曲或扭曲，而且抗晒黑。几乎所有木材经过长期日晒后都会变黑，但铁杉可以在常年日晒后仍保持新锯开时的色泽。铁杉具有很强的着钉力和优异的黏合性能，可以接受各种表面涂料，而且非常耐磨，是适合户外各种用途的经济型木材。

6. 炭化木

炭化木是在不含任何化学剂条件下应用高温对木材进行同质炭化处理，使木材表面具有深棕色的美观效果，并拥有防腐及抗生物侵袭的作用，其含水率低、不易吸水、材质稳定、不变形、完全脱脂不溢脂、隔热性能好、施工简单、涂刷方便、无特殊气味，是理想的室内及桑拿浴室材料，成为卫浴装饰新的流行趋势；其防腐烂，抗虫蛀、抗变形开裂，耐高温性能也成为户外泳池景观的理想材料。

7. 柳桉木

柳桉木通长分为白柳桉和红柳桉两种。白柳桉，常绿乔木，树干高而直，木材结构粗，纹理直或斜面交错，易于干燥和加工，且着钉、油漆、胶合性能均好；红柳桉，木材结构纹理亦如白柳桉，经切面花纹美丽，但干燥和加工较难。柳桉木在干燥过程中少有翘曲和开裂现象。柳桉木木制偏硬，有棕眼，纤维长，弹性大，易变性。

三、人造板材

人造板材是利用木材加工过程中剩下的边皮、碎料、刨花、木屑等废料，进行加工处理而制成的板材。人造板材主要包括装饰胶合板、宝丽板、纤维板、细木工板、刨花板、木丝板和木屑板等。

1. 细木工板

细木工板（图 3－18）属于特种胶合板的一种，为芯板用木材拼接而成，两个表面为胶贴木质单板的实心板材。细木工板按结构不同，可分芯板条不胶拼的和芯板条胶拼的两种；按表面加工状况可分为一面砂光、两面砂光和不砂光三种；按所使用的胶合剂不同，可分为Ⅰ类胶细木工板、Ⅱ类胶细木工板两种；按面板的材质和加工工艺质量不同，可分为一等、二等、三等三个等级。细木工板具有质坚、吸声、绝热等特点，适用于家具、车厢和建筑物内装修等。细木工板的尺寸规格和技术性能见表 3－12。

表 3－12　细木工板的尺寸规格和技术性能

长度（mm）						宽度（mm）	厚度（mm）	技术性能
9	12	15	18	21	24			
9	—	—	18	21	—	91	16	含水度：10% ±3% 静曲强度： 厚度为 16 mm，不低于 15 MPa；厚度 <16 mm，不低于 12 MPa；胶层剪切强度不低于 1 MPa
	12		18	21	24	12	19	
	20		30	35	40	20	22 25	

注：芯条胶拼的细木工板，其横向静曲强度为表 3－12 规定值上各增加 10 MPa。

在挑选细木工板时应注意以下几点：

（1）要挑选机拼板。细木工板从制作上可分为手拼板和机拼板两类。手拼板是用人工

图 3－18　细木工板

将木条镶入夹层之中，这种板一般芯板木条排列不齐，缝隙大，多为下脚料，板面有凹凸，着钉力差，不易锯切加压，一般只能整张使用于家庭装修的部分项目中，如做实木地板的垫层毛板等。机拼板的芯板排列均匀整齐，面层加压，板芯材结合紧密。

从总体上说机拼板的质量要优于手拼板，手拼板的价格在每张 40～70 元，机拼板的价格在每张 80～150 元，但由于内嵌材料的树种等不同，机拼板之间的差别也很大。一些大企业生产的板材，质地密实，夹层树种着钉力强，可用做各种家具、门窗扇框等细木装修时使用。很多小企业生产的机拼板内空洞多，黏结不牢固，质量很差，一般不宜用在细木工制作施工中。

（2）芯材最好不选硬木的。细木工板的芯材多为杨木、松木、桐木、椴木和硬质木。内填松木等树种的着钉力强、不易变形；最好不要选硬杂木的，因为硬杂木不“吃钉”。细木板的质量差异极大，在选用时主要是检测其树种及加工密实程度。中间夹板的木方间距越小越好，最好不能超过 3 mm，检查时可锯开一段板观察。质量好的细木工板质地密实、无缝隙。

（3）要注意板材的外观。如果细木工板的周边有补胶、补腻子的现象，就说明它的内部一定有缝隙或空洞。还可以用尖嘴器具敲击板材表面，如果声音差异较大，就说明内部有空洞。另外，板材应是双面砂光，用手摸感觉非常光滑，四边平直，侧口芯板排列整齐，无缝隙，无发霉及过多的树眼，两面夹板需有一定厚度，且越厚越好。

（4）要注意检测板材的含水率。细木工板的含水率不应超过 12%。优质细木工板采用机器烘干，含水率可达标，劣质大芯板含水率常不达标。

（5）要注意板材的甲醛含量。甲醛主要会对呼吸系统造成伤害，已被世界卫生组织确认为可疑致癌物质。它主要是从细木工板中释放出来的。细木工板是用胶复合而成的，胶的成分主要是甲醛，其含量应低于 50 mg/kg。有少量品牌的细木工板所用的胶为非甲醛的，板材的甲醛含量完全达标。选择时，应避免用有刺激性气味的装饰板。因为气味越大，说明甲醛的释放量越高，污染越厉害，危害性越大。

2. 胶合板

胶合板是用原木旋切成薄片，再用胶黏剂按奇数层数，以各层纤维互相垂直的方向，黏合热压而成的人造板材。胶合板的最高层数为 15 层，建筑装饰工程常用的是三合板、五合板、九合板等（图 3－19）。我国目前主要采用水曲柳、椴木、桦木、马尾松及部分进口原木制成。

（1）分类。胶合板可分为以下四类：

Ⅰ类（NQF）——耐气候、耐沸水胶合板。

这类胶合板具有耐久、耐煮沸或蒸汽处理和抗菌等性能，能在室外使用。这类胶合板是以酚醛树脂或其他性能相当的胶合剂胶合制成。

Ⅱ类（NS）——耐冷胶合板。

这类胶合板能在冷水中浸渍。能经受短时间热水浸渍，并具有抗菌性能，但不耐煮沸。这类胶合板的胶合剂同上。

Ⅲ类（NC）——耐湿胶合板。

这类胶合板能耐短期冷水浸渍，适于室内常态下使用。这类胶合板是以低树脂含量的尿醛树脂胶、血胶或其他性能相当的胶合剂胶合制成。

图 3－19　不同层数的胶合板

Ⅳ类（BNC）——不耐潮胶合板。

这类胶合板在室内常温下使用，具有一定的胶合强度。这类胶合板是以豆胶或其他性能相当的胶合剂胶合制成。

按材质和加工工艺质量，胶合板分为“一、二、三”三个等级。

（2）规格与尺寸。胶合板的厚度为 2.7 mm、3 mm、3.5 mm、4 mm、5 mm、5.5 mm、6 mm……胶合板的幅面尺寸见表 3－13，胶合板的出厂含水率与胶合板强度应满足表 3－14 所示的规格。

表 3－13　普通胶合板的幅面尺寸（GB 9846・3—2004）

宽度/mm	长度/mm				
	915	1 220	1 830	2 135	2 440
915	915	1 220	1 830	2 135	—
1 220	—	1 220	1 830	2 135	2 440

表 3－14　普通胶合板的含水率与胶合强度（GB 9846・4—2004）

胶合板树种	单个试件的胶合强度/MPa		含 7	C 率/%
	Ⅰ，Ⅱ类	Ⅲ，Ⅳ类	Ⅰ，Ⅱ类	Ⅲ，Ⅳ类
椴木、杨木、拟赤杨	≥ 0.70	≥ 0.70	6～14	8～16
水曲柳、荷木、枫香、槭木、榆木、柞木	≥ 0.80			
桦木	≥1.00			
马尾松、云南松、落叶松、云杉	≥ 1.80			

（3）特点与应用。胶合板幅面大、平整易加工、材质均匀、不翘不裂、收缩性小，尤其是板面具有美丽的木纹，自然、真实，是较好的装饰板材之一。适用于建筑室内的墙面装饰，设计和施工时采取一定手法可获得线条明朗，凹凸有致的效果。一等品适用于较高级建筑装饰，高中档家具，各种电器外壳等制品；二等品适用于家具、普通建筑、车船等

的装饰；三等品适用于低档建筑装饰等。

3. 装饰胶合板

装饰胶合板是指两张面层单板或其中一张为装饰单板的胶合板。装饰单板贴面胶合板是用天然木质装饰单板贴在胶合板上制成的人造板。装饰单板是用优质木材经刨切或旋切加工方法制成的薄木片。装饰单板贴面胶合板是室内装修最常使用的材料之一。由于该产品表层的装饰单板是用优质木材经刨切或旋切加工方法制成的，所以比胶合板具有更好的装饰性能。该产品天然质朴、自然而高贵，可以营造出高雅的居室环境（图 3－20）。

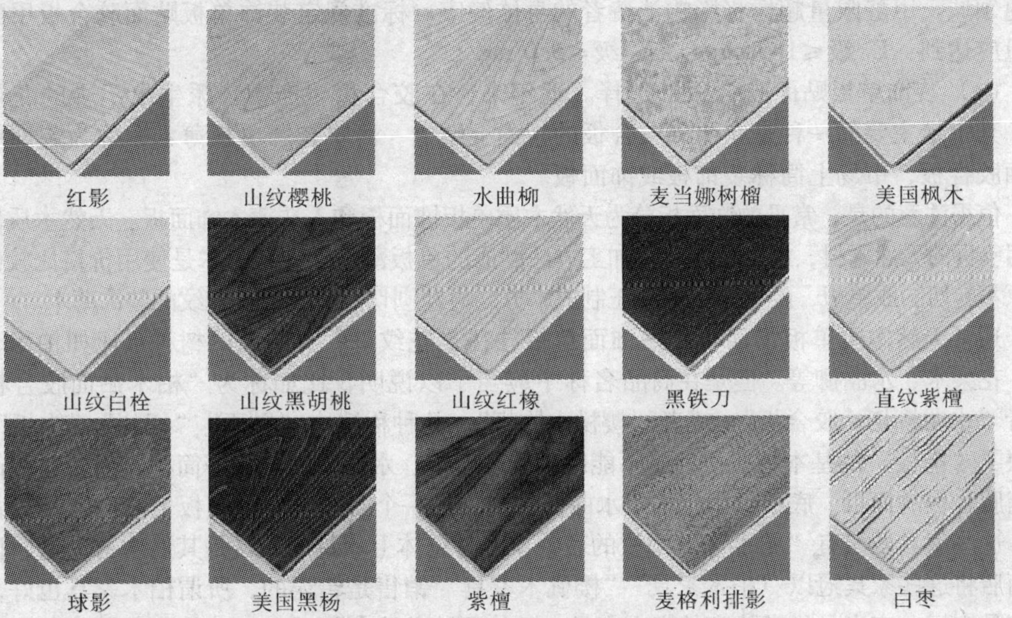

图 3－20　天然木质单面装饰胶合板

（1）装饰单板贴面胶合板的种类。装饰单板贴面胶合板按装饰面可分为单面装饰单板贴面胶合板和双面装饰单板贴面胶合板；按耐水性能可分为Ⅰ类装饰单板贴面胶合板、Ⅱ类装饰单板贴面胶合板和Ⅲ类装饰单板贴面胶合板；按装饰单板的纹理可分为径向装饰单板贴面胶合板和弦向装饰单板贴面胶合板。常见的是单面装饰单板贴面胶合板。装饰单板常用的木材有桦木、水曲柳、柞木、水青冈、榆木、槭木、核桃木等。

（2）装饰单板贴面胶合板的分等。我国装饰单板贴面胶合板标准规定装饰单板贴面胶合板分为优等品、一等品和合格品三个等级。除此之外的其他分等形式均不符合我国装饰单板贴面胶合板标准，如有的厂家标识等级为“AAA”，这是企业自定的标准。

我国现行的是推荐标准 GB/T 15104—94《装饰单板贴面人造板》，目前绝大部分企业的生产执行此标准。该标准对装饰单板贴面胶合板在外观质量、加工精度、物理力学性能三个方面规定了指标。其物理力学性能指标有：含水率、表面胶合强度、浸渍剥离。GB 18580—2001《室内装饰装修材料 人造板及其制品中甲醛释放限量》还规定了该产品的甲醛释放限量指标。

①国家标准规定装饰单板贴面胶合板的含水率指标为 6%～14%。

②表面胶合强度反映的是装饰单板层与胶合板基材间的胶合强度。国家标准规定该项

指标应≥50 MPa，且达标试件数≥80%。若该项指标不合格，说明装饰单板与基材胶合板的胶合质量较差，在使用中可能造成装饰单板层开胶鼓起。

③浸渍剥离反映的是装饰单板贴面胶合板各胶合层的胶合性能。该项指标不合格说明板材的胶合质量较差，在使用中可能造成开胶。

④甲醛释放限量。该项指标是我国于2002年1月1日起实施的强制性国家标准，这是相关产品的"准生证"。从2002年1月1日起，达不到这项标准的产品不准生产；这也是相关产品的"市场准入证"，从2002年7月1日起达不到这项标准的产品不准进入市场流通领域。甲醛限量超标将影响消费者的身体健康。标准规定装饰单板贴面胶合板甲醛释放量应达到：E_1 级≤1.5 mg/L，E_2 级≤5.0 mg/L。

（3）装饰单板贴面胶合板的选择。近年来，在胶合板生产中，派生出不少的花色品种，其中最主要的一种是在原来胶合板的板面上贴上一薄层装饰单板薄木，称为装饰单板贴面胶合板，市场上简称装饰板或饰面板。

值得注意的是，常见的饰面板分为天然木质单板饰面板和人造薄木饰面板。天然木质单板是用珍贵的天然木材，经刨切或旋切加工方法制成的单板薄木。人造薄木是使用价格比较低廉的原木旋切制成单板，经一定工艺胶压制成木方，再经刨切制成具优美花纹的装饰薄木。

通常天然木质单板饰面板所贴饰面单板往往是花纹好，身价高的树种，比如柏木、橡木、花梨木、水曲柳等。但是在商品名称中应当予以说明，比如称为"柏木贴面胶合板"，或者"水曲柳切片胶合板"，或者"樱桃木饰板"。几种称法中"贴面""切片""饰板"都反映了"饰板"的基本特征。但是不能以柏木三合板、水曲柳三合板等简称，因为这些简称泛指胶合板的面板、底板都由柏木或水曲柳制成。另一个问题是，饰面板生产的家具日益增多，这些家具虽然有"柏木"等木纹的表象，但是总体上家具的木材是其他木材制造，而如今商店将这些家具冠以"柏木家具""樱桃木家具"销售是错误的，所谓柏木家具也好，红木家具也好，应当是货真价实的实木家具，整体用这些木材制成，而非饰面板制作的。这个问题应当引起经营者的重视和消费者的警惕，切勿误导消费和在购买时上当。

人造薄木贴面与天然木质单板贴面的外观区别在于前者的纹理基本为通直纹理或纹理图案有规则，而后者为天然木质花纹，纹理图案自然，变异性比较大、无规则。

总之，挑选饰面板应注意外观应有较好的美感，材质应细致均匀、色泽清晰。木纹美观，配板与拼花的纹理应按一定规律排列，木色柜近，拼缝与板边近乎平行。

选择的装饰板表面应光洁，无毛刺沟痕和刨刀痕；应无透胶现象和板面污染现象（如局部发黄、发黑现象），应尽量挑选表面无裂纹、裂缝，无节子、夹皮、树脂囊和树胶道的；整张板的自然翘曲度应尽量小，避免由于砂光工艺操作不当、基材透露出来的砂透现象。

胶层结构稳定，无开胶现象。应注意表面单板与基材之间、基材内部各层之间不能出现鼓包、分层现象。用刀撬法检验胶合强度。此法是检验胶合强度最直观的方法，用锋利平口刀片沿胶层撬开。如果胶层破坏，而木材未破坏，说明胶合强度差。

要选择甲醛释放量低的板材。应避免具有刺激性气味的装饰板。因为气味越大，说明甲醛释放量越高，污染越厉害，危害性越大。

选择有明确生产企业的产品。绝大多数有明确厂名、厂址、商标的产品，性能表现较好。

4. 微薄木

微薄木即饰面板材，是采用柚木、橡木、榉木、花梨木、枫木、雀眼水曲柳等树材，精密旋切，制得的厚 0.2 ~ 0.5 mm 的微薄木（图 3 - 21）。其纹理细腻、真实、立体感强、色泽美观，是板材表面精美用材之一。

若用先进的胶黏工艺和胶黏剂，将此板粘贴在胶合板基材上，可制成微薄木贴面板，用于高级室内墙面的装饰，也常用于门、家具等的装饰，幅面尺寸同胶合板。

图 3 - 21　微薄木

5. 纤维板

纤维板是以植物纤维为原料，经破碎浸泡、热压成型、干燥等工序制成的一种人造板材。纤维板的原料非常丰富，如树皮、刨花、树枝、稻草、麦秸、玉米秆、竹材等，如图 3 - 22 所示。

图 3 - 22　纤维板

按纤维板的体积密度分为硬质纤维板（体积密度大于 800 kg/m³），软质纤维板（体积密度小于 400 kg/m³）和中密度纤维板（体积密度大于 500 kg/m³）；按表面分为一面光板和两面光板；按原料分为木材纤维板和非木材纤维板。

（1）硬质纤维板。硬质纤维板的强度高、耐磨、不易变形，可用于墙壁、地面、家具等。硬质纤维板幅面尺寸为 610 mm × 1 220 mm、915 mm × 1 830 mm、1 000 mm × 2 000 mm、915 mm × 2 135 mm、1 220 mm × 1 830 mm、1 220 mm × 2 440 mm，厚度为 2.50 mm、3.00 mm、3.20 mm、4.00 mm、5.00 mm。硬质纤维板按其物理力学性能和外观质量分为特级、一级、二级、三级四个等级，各等级应符合表 3 - 15 的规定。

表 3 - 15　硬质纤维板的物理力学性能与外观质量要求（GB 12626.2—90）

<table>
<tr><th colspan="3">项目</th><th>特级</th><th>一级</th><th>二级</th><th>三级</th></tr>
<tr><td rowspan="4">物理力学性能</td><td colspan="2">体积密度/（g/cm³）</td><td colspan="4">>0.80</td></tr>
<tr><td colspan="2">静曲强度/MPa</td><td>≥49.0</td><td>≥ 39.0</td><td>≥ 29.0</td><td>≥ 20.0</td></tr>
<tr><td colspan="2">吸水率/%</td><td>≤15.0</td><td>≥20.0</td><td>≥ 30.0</td><td>≥ 35.0</td></tr>
<tr><td colspan="2">含水率/%</td><td colspan="4">3.0 ~ 10.0</td></tr>
<tr><td rowspan="3">外观质量</td><td colspan="2">水渍（占板面积百分比）/%</td><td>不许有</td><td>≤2</td><td>≤20</td><td>≤40</td></tr>
<tr><td rowspan="2">污点</td><td>直径/mm</td><td colspan="2" rowspan="2">不许有</td><td>≤15</td><td>≤30，小于 15 不计</td></tr>
<tr><td>每平方米个数/（个/m²）</td><td>≤2</td><td>≤2</td></tr>
</table>

续表

项目			特级	一级	二级	三级
外观质量	斑纹（占板面积百分比）/%		不许有			≤5
	黏痕（占板面积百分比）/%		不许有			≤1
	压痕	深度或高度/mm	不许有		≤0.4	≤0.6
		每个压痕面积/mm^2			≤20	≤400
		任意每平方米个数/（个/m^2）			≤2	≤2
	分层、鼓泡、裂痕、水湿、炭化、边角松软		不许有			

（2）中密度纤维板。中密度纤维板按体积密度分为 80 型（体积密度为 0.80 g/cm^3）、70 型（体积密度为 0.70 g/cm^3）、60 型（体积密度为 0.60 g/cm^3），按胶粘类型分为室内用和室外用两种。中密度纤维板的长度为 1 830 mm、2 135 mm、2 440 mm，宽度为 1 220 mm，厚度为 10 mm、12 mm、15（16）mm、18（19）mm、21 mm、24（25）mm……中密度纤维板按外观质量分为特级、一级品、二级品三个等级，各等级的外观质量和物理性能应满足表 3-16 的规定，各等级的力学性能满足表 3-17 的规定。中密度纤维板有害物质限量要求见表 3-18。

（3）软质纤维板。软质纤维板的结构松软，故强度低，但吸声性和保温性好，主要用于吊顶等。

表 3-16　中密度纤维板的外观质量和物理性能要求（GB 11718.2—89）

项目		特等品	一级品	二级品
外观质量	局部松软（直径<80 mm）	不允许		3 个
	边角缺损（宽度<10 mm）	不允许		允许
	分层、鼓泡、炭化	不允许		
物理性能	出厂含水率/%	4～13		
	吸水厚度膨胀率/%	12		
	甲醛释放量	每 100 g 板重的可抽出甲醛总量≤70 mg		
	体积密度偏差/%	±10		

表 3-17　中密度纤维板的力学性能要求（GB 11718.2—89）

板材类型	静曲强度/MPa			弹性模量/MPa			平面抗拉强度/MPa			正面 着钉力/N			侧面 隆螺钉力/N		
	特级	一级	二级	特级	一级	二级	特级	一级	二级	特级	一级	二级	特级	一级	二级
80 型	29.4	24.5	19.6	2 070	1 960	1 850	0.62	0.55	0.49	1 450	1 350	1 250	900	800	740
70 型	19.6	17.2	14.7	1 850	1 740	1 630	0.49	0.44	0.39	1 250	1 150	1 050	740	660	—
60 型	14.7			1 630			0.39	0.34	0.29	1 050	950	850	—	—	—

表 3－18　中密度纤维板有害物质限量要求（GB 18584—2001）

项目		限量值
甲醛释放量/（mg/L）		≤1.5
重金属含量（限色漆）/（mg/kg）	可溶性铅	≥90
	可溶性镉	≥75
	可溶性铬	≤60
	可溶性汞	≤60

6. 强化地板

强化地板俗称“金刚板”，标准名称为“浸渍纸层压木质地板”，是以中密度纤维板为基材，采用树脂处理，表面贴层天然木纹板，经高温压制而成的新型地面装饰材料。这种地板具有光滑平整、结构均匀细密、耐磨损、强度高、简洁高雅等优点，如图 3－23 所示。另外，安装时，不用地板胶黏剂，不用木垫栅，不用铁钉固定，不用刨平，只需地面平整，将带企口的复合木地板相互对准，四边用嵌条镶拼压扎紧，就不会松动脱开，搬家时可拆卸镶拼。

图 3－23　强化地板

强化地板一般是由四层材料复合组成，即耐磨层、装饰层、高密度基材层、平衡（防潮）层，如图 3－24 所示。合格的强化地板是以一层或多层专用浸渍热固氨基树脂。覆盖在中密度板等基材表面，背面加平衡防潮层、正面加装饰层和耐磨层经热压而成。

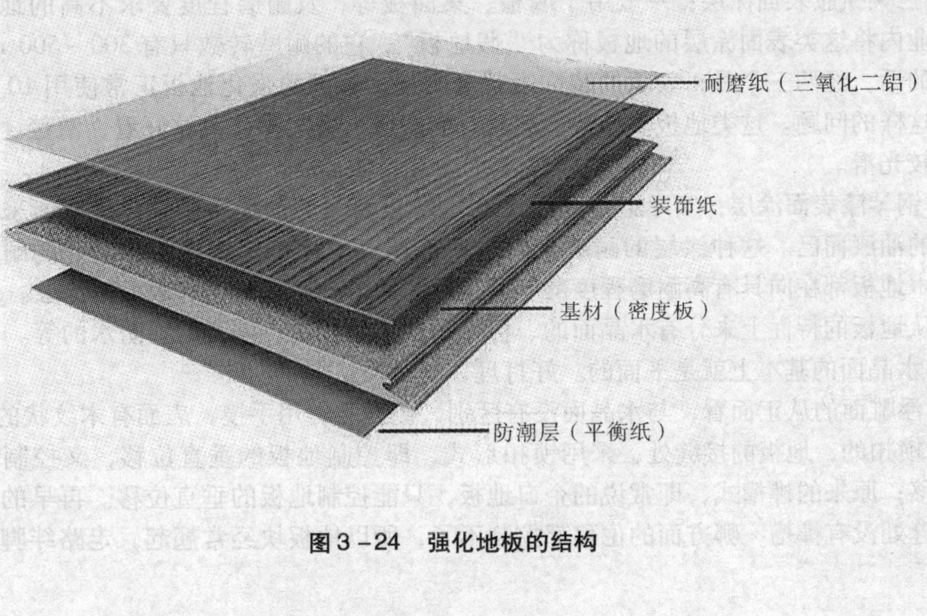

图 3－24　强化地板的结构

（1）强化地板的分类。

①从厚度上分有薄的和厚的（8 mm 多的和 12 mm 左右的）。

从环保性上来看，薄的比厚的好。因为薄的单位面积用的胶比较少。厚的密度不如薄的高，抗冲击能力差点，但脚感稍好点。其实这两种地板厚度质量都是没有区别的，关键是看个人选择。

②从规格上可分为标准的、宽板的和窄板的。

A. 标准规格：宽度一般为 191 ~ 195 mm。长度 1 200 mm 左右和 1 300 mm 左右。宽板的长度多为 1 200 mm 以上，宽度为 295 mm 左右。窄板的长度在 900 ~ 1 000 mm，宽度基本上在 100 mm 左右。

标准的规格是欧洲地板生产者协会多数成员采用的。我国进口世界上最先进的，强化地板加工流水线，也是采用标准规格。也就是说，采用进口流水线加工的，大型的强化地板生产企业的产品，绝大多数仍是标准规格。

B. 宽板规格：是我国的强化地板加工企业为了满足消费需求自己发明的。它的优点看着大方，地板的缝隙相对少。多数为加厚的，即 12 mm 左右。一般表面的装饰纸都是国产的，花色变化多，比较灵活。缺点是色差相对大点，装饰纸的抗紫外线能力差点。

C. 窄板规格：也是我国的特点。实木地板看着大方，但太贵，稳定性不好；我国的地板厂商造出仿实木地板，看着其规格与实木地板一样，价格便宜，稳定性又好，四边做成 V 形槽的，能以假乱真，厚度基本上在 12 mm 左右。在我国市场上，很受欢迎。

③从表面涂层可分为三氧化二铝的，三聚氰胺的，钢琴漆面的。

A. 标准的强化地板表面：应该都是含有三氧化二铝耐磨纸的。它有 46 g、38 g、33 g，还有更低的，直接在装饰纸上喷涂三氧化二铝的。国家规定，室内用的强化地板的表面耐磨转数应该在 6 000 r 以上，只有用 46 g 耐磨纸的地板，才能保证达到要求。38 g 耐磨纸的耐磨转数可以达到 4 000 ~ 5 000 r；33 g 更低；直接喷涂三氧化二铝的，能达到 2 000 ~ 3 000 r 就很好了。耐磨转数低的，材料成本比较低；由于它耐磨程度低，加工时的刀具成本也低。相反，耐磨转数高，本身的成本就高出不少。

B. 三聚氰胺表面涂层：一般用于墙板、桌面板等，及耐磨程度要求不高的地方。在地板行业内将这类表面涂层的地板称为“假地板”。它的耐磨转数只有 300 ~ 500 r。使用强度大的话，经两三个月，表面的装饰纸就会磨损。标准的强化地板正常使用 10 年都不会出现这样的问题。这类地板装饰纸上面没有耐磨层，看起来，花纹好看，清楚。用手摸着也比较光滑。

C. 钢琴漆表面涂层：实际上是将用于实木地板表面的油漆用于强化地板，采用的是比较亮的油漆而已。这种涂层的耐磨程度远不能与三氧化二铝表面相比。它的耐磨程度低，实木地板都在向具有高耐磨程度的方面发展。除非你特喜欢这种表面的涂层。

④从地板的特性上来分有水晶面的、浮雕面的、锁扣的、静音的、防水的等。

A. 水晶面的基本上就是平面的。好打理，好收拾。

B. 浮雕面的从正面看，与水晶面没有区别，侧面看，用手摸，表面有木纹状的花纹。

C. 锁扣的，地板的接缝处，采用锁扣形式，即控制地板的垂直位移，又控制地板的水平位移；原来的榫槽式，即常说的企口地板，只能控制地板的垂直位移。再早的木地板块，接缝处没有榫槽，哪方面的位移都控制不了，所以地板块经常翘起，走路绊脚，多有不便。

D. 静音的，即在地板的背面加软木垫或其他类似软木作用的垫子。用软木地垫后，踩踏地板的噪声可降20 dB以上（引自软木地垫工厂的资料），起到增加脚感、吸音、隔音的效果。这对提高强化地板舒适性，起到积极的作用。也是强化地板今后发展的一个方向。

E. 防水的，在强化地板的企口处，涂上防水的树脂或其他防水材料，这样地板外部的水分潮气不容易侵入，内部的甲醛不容易释出，使得地板的环保性、使用寿命都得到明显提高；尤其是在大面积铺设，不便留伸缩缝，在加压条的条件下，可以防止地板起拱，减少地板缩缝。

综上所述，浮雕的，外观好看；如果用相同克数的耐磨纸，水晶的比浮雕的耐磨程度相对高些；静音的脚感好，价格较贵；防水的，性价比高。在装修设计中依据实际需求灵活选用。

（2）加工工艺。

①倒角滚漆：这种加工工艺，将地板上边沿切去一些，然后涂上油漆遮盖基材颜色，使之边沿颜色更加有层次感，与实木地板神似，故而深受广大的消费者喜欢。倒角滚漆后的板子铺成之后，板与板之间的上沿有一条极浅的小缝，容易积累灰尘，不方便清理。不倒角的板子就没有这样的问题。

②模压板：模压板一个显著地特点是板子上边沿向下有弧度的凹陷，两板拼合之后结合紧密，但是有一条小沟，业内称之为U形槽。模压板一个巨大的优点是方便清理，小沟之中的灰尘清理起来非常方便，只要抹布或拖把一抹即可。

（3）强化地板的选购。强化木地板是科技含量较高的产品，从外观上来看，极不易区分质量的好坏，除非经过质量检验。因此建议消费者购买品牌产品。知名品牌一般经过市场运作考验，在消费者的心目中已树立良好的形象。知名品牌既保证产品质量又负责铺设安装，更主要的是服务有保证，买个放心，也免去了后顾之忧。可能廉价地板比品牌地板每平方米能便宜上二三十元，但其效用、使用寿命可能只是品牌地板的1/2甚至更少，而且缺乏环保及售后服务保证。

①首选有经营历史、知名品牌厂商的产品。

②从包装上鉴别。

正规厂商生产的地板包装上应有中文标注的制造商名称、地址、使用说明和执行标准。从2007年起强化木地板的国家标准开始实施，其名称和编号是国家标准：GB/T 18102— 2007 浸渍纸层压木质地板。

知名品牌既具有我国质检权威部门出示的测试报告；又在产品的包装箱上标识标注完整。注册商标、生产厂家、经营单位、型号、数量、地址、电话等。

③选耐磨转数。

强化木地板的耐磨性主要取决于表层三氧化二铝的含量，一定的耐磨转数对应一定的三氧化二铝含量。对于家庭用地板耐磨转数通常选用6 000 r以上，而在公共场所通常选用9 000 r以上，可按需选购。

④选游离甲醛释放量。

强化木地板中含有一定量的甲醛，若超过国家规定的指标值（1.5 mg/L）将对人体有害，在选购时最适宜选用有国家环境保护标志认证的产品或免检产品。

⑤选择基材密度。

强化木地板基材（高密度纤维板）的密度应为0.82～0.96 g/cm^3，密度太低或太高均不适宜。

⑥选耐水性能。

耐水性能用吸水厚度膨胀率指标反映，该指标值高，耐水性就差，即在潮湿环境下轻易引起尺寸变化。

⑦选机械加工精度。

用6～12块地板在平地上拼装后，用手摸和眼观的方法，观察其加工精度是否平整光滑，榫槽咬合是否合适，不宜过松，也不宜过紧。同时仔细检查地板之间拼装高度差和间隙大小。

选用强化地板、地热强化地板的具体方法可简单地归纳为一看二摸三闻四试。

一看：主要观察其表面光泽是否均匀，花纹匀称，是否有白斑、污点；接口是否整齐，有无破损；两块板接合后是否平整，是否具有详细的中文说明书（国外产品也应具备）；是否具备专业机构核发的正规检测报告，报告内容是否做过涂改。

二摸：用手仔细摸、观察木地板的表面，是否有翘曲之感。

三闻：是否能闻到具有明显刺激性的气味。

四试：可以通过简单的测试方法鉴别复合木地板的耐磨性，可以用108号砂纸用力来回打磨10～20次，如果出现花纹破损，属于无耐磨层的不合格地板，如果打磨20～40次，花纹出现明显破损，则属于低劣耐磨层地板。无论是国产的还是进口的强化木地板，其基本性能和质量与板材的规格并无直接关系。

地热强化地板的选择在满足以上常规地板质量指标的同时，还要满足四大要求：

导热散热性要好——宜薄不宜厚。

尺寸稳定性要好——宜小不宜大。

耐潮耐热性要好——宜用环保胶。

耐磨持久性——主要表层油漆耐磨耗值要比传统指标高。

7. 刨花板

刨花板是利用施加胶料和辅料或未施加胶料和辅料的木材或非木材植物制成的刨花材料（如木材刨花、亚麻屑、甘蔗渣等）压制成的板材，如图3－25所示。装饰工程中常使用A类刨花板。幅面尺寸为1 830 mm×915 mm、2 000 mm×1 000 mm、2 440 mm×1 220 mm、1 220 mm×1 220 mm，厚度为4 mm、8 mm、10 mm、12 mm、14 mm、16 mm、19 mm、22 mm、25 mm、30 mm等。A类刨花板按外观质量和物理力学性能等分为优等品、一等品、二等品，各等级的外观质量及物理力学性能应分别满足表3－19和表3－20的要求。刨花板属于低档次装饰材料，且强度

图3－25 刨花板

低，一般主要用作绝热、吸声材料，用于地板的基层（实铺），还可以用于隔墙、家具等。

表 3－19 A 类刨花板的外观质量要求（GB/T 4897—92）

<table>
<tr><th colspan="2">缺陷名称</th><th>优等品</th><th>一等品</th><th>二等品</th></tr>
<tr><td colspan="2">断痕、透裂</td><td colspan="3">不许有</td></tr>
<tr><td colspan="2">金属夹杂物</td><td colspan="3">不许有</td></tr>
<tr><td colspan="2">压痕</td><td>不许有</td><td>轻微</td><td>不显著</td></tr>
<tr><td rowspan="3">胶斑、石蜡斑、油污等污点数</td><td>单个面积大于 40 mm^2</td><td colspan="3">不许有</td></tr>
<tr><td>单个面积 10～40 mm^2</td><td colspan="2">不许有</td><td>2</td></tr>
<tr><td>单个面积小于 10 mm^2</td><td colspan="3">不计</td></tr>
<tr><td colspan="2">漏沙</td><td>不许有</td><td>0</td><td>不计</td></tr>
<tr><td colspan="2">边角残损</td><td colspan="3">公称尺寸内不许有</td></tr>
<tr><td rowspan="3">在任意 400 cm^2 板面上各种刨花尺寸的允许个数</td><td>≤10 mm^2</td><td>不许有</td><td>3</td><td>不计</td></tr>
<tr><td>≤5 ～ 10 mm^2</td><td>3</td><td colspan="2">不计</td></tr>
<tr><td><5 mm^2</td><td colspan="3">不计</td></tr>
</table>

表 3－20 A 类刨花板的物理力学要求（GB/T 4897—92）

<table>
<tr><th colspan="2">项目</th><th>优等品</th><th colspan="2">一等品</th><th colspan="2">二等品</th></tr>
<tr><td colspan="2" rowspan="3">静曲强度/MPa，≥</td><td colspan="5">公称厚度/mm</td></tr>
<tr><td>13</td><td>13～20</td><td>20～25</td><td>25～32</td><td>32</td></tr>
<tr><td>16.0/15.0</td><td>15.0/14.0</td><td>14.0/13.0</td><td>12.0/11.0</td><td>10.0/9.0</td></tr>
<tr><td colspan="2">内结合强度/MPa，></td><td>0.40/0.35</td><td>0.35/0.30</td><td>0.30/0.25</td><td>0.25/0.20</td><td>0.20/0.20</td></tr>
<tr><td colspan="2">表面结合强度/MPa，></td><td>0.90</td><td colspan="2">—</td><td colspan="2">—</td></tr>
<tr><td colspan="2">吸水厚度膨胀率/%，<</td><td>8.0</td><td colspan="2">8.0</td><td colspan="2">12.0</td></tr>
<tr><td colspan="2">含水率/%</td><td>5.0～11.0</td><td colspan="2">5.0～11.0</td><td colspan="2">5.0～11.0</td></tr>
<tr><td colspan="2">游离甲醛释放量/（mg/100 g），≤</td><td>30</td><td colspan="2">30</td><td colspan="2">50</td></tr>
<tr><td colspan="2">体积密度/（g/cm^3）</td><td>0.50～0.85</td><td colspan="2">0.50～0.85</td><td colspan="2">0.50～0.85</td></tr>
<tr><td colspan="2">体积密度偏差/%</td><td>±5.0</td><td colspan="2">±5.0</td><td colspan="2">±5.0</td></tr>
<tr><td rowspan="2">着螺钉力/N</td><td>垂直板面</td><td>1 100</td><td colspan="2">1 100</td><td colspan="2">1 100</td></tr>
<tr><td>平行板面</td><td>800</td><td colspan="2">800</td><td colspan="2">700</td></tr>
</table>

注：表中静曲强度、内结合强度两项，斜线左侧为优等品和一等品要求指标，斜线右侧为二等品要求指标。

8. 木丝板、木屑板

木丝板、木屑板是分别以刨花渣、短小废料刨制的木丝、木屑等为原料，经干燥后拌入胶凝材料，再经热压而制成的人造板材，木丝板如图 3－26 所示，木屑板如图 3－27 所示。所用胶料可分为合成树脂，也可为水泥、菱苦土等无机胶结料。

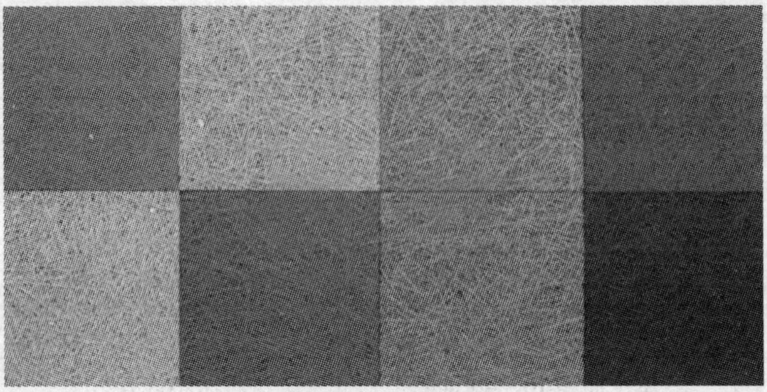

图 3－26 装饰木丝板

这类板材一般体积密度小，强度较低，主要用作绝热和吸声材料，也可作隔墙，也可代替木龙骨使用，然后在其表面可粘贴塑钢贴面或胶合板作饰面层，这样既增加了板材的强度，又使板材具有装饰性，可用作吊顶、隔墙、家具等材料，如图 3－28 所示。

图 3－27 装饰木屑板

图 3－28 木丝板在室内墙面装饰的运用

人造板材中含有甲醛是最常见的，它直接危害人们的身体健康，因此应该控制在国家标准范围之内。详见表 3－21。

表 3－21 人造板材及其制品中甲醛释放量实验方法及限量值（GB 18580—2001）

产品名称	实验方法	限量值	使用范围	限量标志
中密度纤维板、高密度纤维板、定向刨花板等	穿孔萃取法	≤ 9 mg/100 g	可直接用于室内	E_1
		≤30 mg/100 g	必须饰面处理后可允许用于室内	E_2
胶合板、装饰单板贴面胶合板、细木工板等	干燥器法	≤1.5 mg/L	可直接用于室内	E_1
		≤5.0 mg/L	必须饰面处理后可允许用于室内	E_2
饰面人造板（包括浸渍纸层压木质地板、实木复合地板、竹地板、浸渍胶膜纸饰面人造板等）	气候箱法	≤0.12 mg/m^3	可直接用于室内	F
	干燥器法	≤1.5 mg/L		

四、木装饰制品

木装饰利用木材进行艺术空间创造，赋予建筑空间以自然典雅、明快富丽，同时展现时代气息，体现民族风格。不仅如此，木材构成的空间可使人们心绪稳定，这不仅因为它具有天然纹理和材色引起的视觉效果，更重要的是它本身就是大自然的空气调节器，因而具有调节温度、湿度，散发芳香，吸音，调光等多种功能。这是其他装饰材料无法与之相比的。按木材在室内的装饰部位，分为地面装饰、内墙装饰和顶棚装饰。目前，广泛应用的木材装饰制品种类繁多，下面分类介绍。

1. 木装饰线条

木装饰线条简称木线，木线种类繁多，主要有楼梯扶手、压边线、墙腰线、天花角线、弯线、挂镜线等。各类木线立体造型各异，每类木线又有多种断面形状，如平线、半圆线、麻花线、鸠尾形线、半圆饰、齿形饰、浮饰、贴附饰、钳齿饰、十字花饰、梅花饰、叶形饰及雕饰等多样。常用木线的造型如图 3－29 和图 3－30 所示，其品种及规格见表 3－22。

表 3－22　常用木线条品种及规格　　（单位：mm）

名称	规格				
墙腰线	7.5×2.3	6×3.2	4.5×1.9	4×1.4	4×1.7
	8×1.8	4.5×2.5	5×1.7	4×1.3	3.5×1.8
	8.5×2.5	3.5×2	5.5×1.8	4.5×1.8	4×2
	5×1.9	8×1.2	4×1.5	5×2.1	3×1.5
	6.5×2	7.5×1.7	5×1.7	6×2.4	3.5×1.5
	6.5×1.5	5×1.8	4.5×1.5	4×1.9	3×1.5
压边线	3×1.5	4×1.6	2.5×1	3×1.3	2.5×1.4
	3.5×1.4	4×1.2	2.5×1.1	3.5×1	2×0.8
	4.5×1.8	4×0.9	3.5×1.3	3×1.2	
圆线	3×1.5	4×2	5×2.5	6×3	
	3.5×1.7	4.5×2.2	5.5×2.7		
门框线	4.5×1	5.2×1.2			
踢脚线	10×1.2				
挂镜线	4×2				
扶手	6.5×7.5				
外角线	4×4	3×3	3.5×3.5	2.5×2.5	
弯线	面弯大头向内线 企弯向内线	企弯向外线外弯角线	内弯角线	山形弯线	面弯大头向外线

木线在各种材质中有其独特的优点，因为它是选用木质细、不劈裂、切面光滑、加工性质好、油漆色性好、黏结性好、着钉力强的木材，经干燥处理后，用机械加工或手工加

图 3－29 木装饰角线

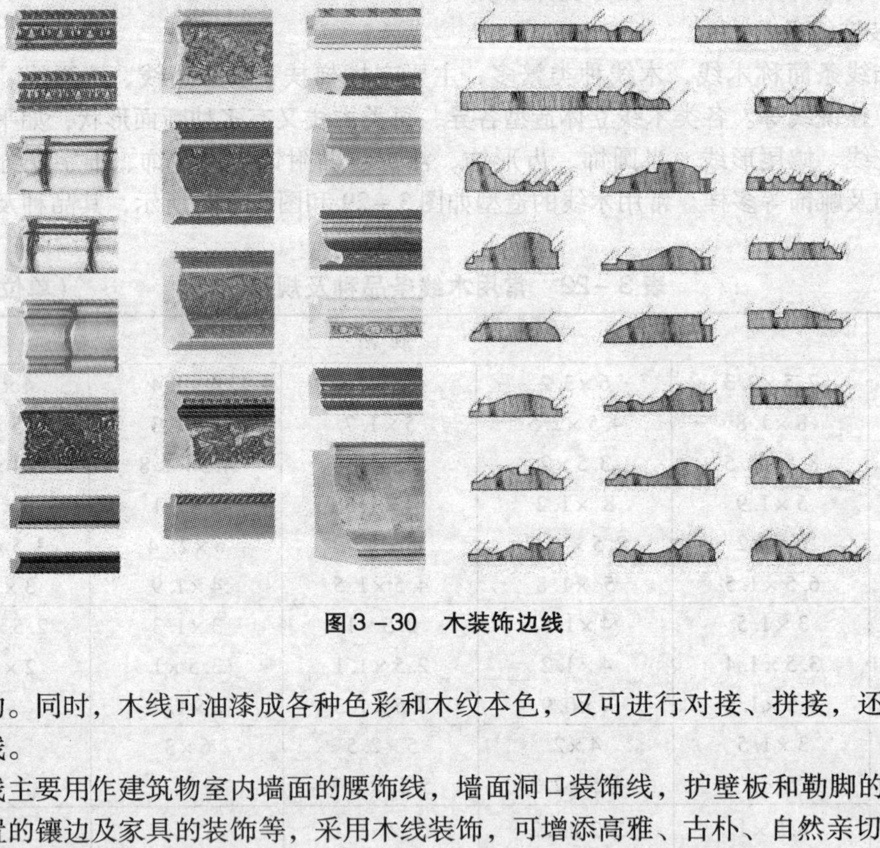

图 3－30 木装饰边线

工而成的。同时，木线可油漆成各种色彩和木纹本色，又可进行对接、拼接，还可弯曲成各种弧线。

木线主要用作建筑物室内墙面的腰饰线，墙面洞口装饰线，护壁板和勒脚的压条装饰线，门置的镶边及家具的装饰等，采用木线装饰，可增添高雅、古朴、自然亲切的美感。

2. 木花格

木花格即为用木板和枋木制做成具有若干个分格的木架，这些分格的尺寸或形状一般都各不相同，由于木花格加工制作较简便，饰件轻巧纤细，加之选用材质木色好、木节少、由无虫蛀无腐朽的硬木或杉木制作，表面纹理清晰，整体造型别致，用于建筑物室内的花窗、隔断、顶棚装饰等，它能起到调整室内设计的格调，改进空间效果和提高室内艺术质量等作用，如图 3－31 所示。

3. 新型木材的发展动态

随着科技的飞速发展，各种具有特殊功能的新型木材应运而生，展现出广阔的前景。

(1) 化学木材。日本东京的化工公司研制成功一种可注塑成形的化学木材。它用环氧

图 3－31　木花格

树脂、聚氨酯和添加胶配合而成，在液态可注塑成形，因而容易形成制品形状。该木材物理化学特性和技术指标与天然木材一样，可对其进行锯、刨、钉等加工，成本只有天然木材的 25% 左右。

(2) 原子木材。美国研制成的这种原子木材，是将木料塑胶混合，再经钴－60 加工处理制成。经塑胶强化的木材，比天然木材的花纹和色泽更美观，并容易锯、钉和打磨，用普通木工工具就可以对其进行加工。

(3) 阻燃木材。日本科研专家研制成功了一种不会燃烧的木材。它是在抗火材料中添加了无机盐，并把木材选后浸入含有钡离子和磷酸离子的溶液中，达到使木材防腐、防白蚁的目的。用其制成的家具、天花板等，即使房间地毯着火，也不会被火烧着。

(4) 增强木材。美国科研人员发明了一种陶瓷增强木材。它是将木材浸入四乙氧醛硅中，待吸足后放入 500 ℃ 的固化炉中，以增加木材细胞内的热量和水分。该木材形似木材，既保留了木材纹理，又可接受着色，硬度和强度大大高于原有木材。

(5) 复合木材。日本建材与化工行业联合开发出一种 PVC 硬质高泡复合材料木材。它主要原料为聚氯乙烯，并加入适量的耐燃剂，使木材具有防火功能。该木材结构为单位独立发泡体，具有不连续、不传导、不穿透等特性，可发挥隔热、隔间、防火、耐用等特点，可取代天然木材，用作房屋壁板、隔间板、天花板等其他装饰材料。

(6) 彩色木材。匈牙利一家公司研制成一种彩色木材。它是用特殊处理法将色渗透到木材内部的一种新式材料，锯开就可呈现彩虹般的色彩，因而不需要再上色。这种木材很适用于制造日用品及家具等。

(7) 合成木材。日本一家木材公司采用木屑和树脂制成一种段质合成木材，它既有天然木材的质感，又有树脂的可塑性，其特点是防水性强、便于加工、不易变形、防蛀性能好，是建筑装饰装修和制作家具的优质材料。

(8) 人造木材。英国科研人员开发出一种用聚苯乙烯废塑料制造的人造木材。这种新型人造木材的主要成分为 85% 的聚苯乙烯废塑料、4% 加固剂、滑石粉及黏合剂等 9 种添加剂，制成一种仿木材制品，其外观、强度及耐用性等均可与松木相媲美。

第三节　陶瓷类饰面材料

陶瓷自古以来就是建筑的重要材料。我国远在新石器时代就出现了许多美丽的彩陶器，“秦砖汉瓦”说明了其在我国应用的悠久历史，各类瓷器的制作工艺是中国对世界文明史的重要贡献。近20年来，在继承和发扬陶瓷生产传统技术的同时，我国还不断汲取国外建筑装饰陶瓷工艺和技术精华，使建筑陶瓷生产得到迅速发展，产品的质量、品种、性能不断提高和增加，不但基本满足了我国迅速发展的建筑装饰业的需求，而且还大量出口到世界上几十个国家和地区。

建筑装饰陶瓷是指用于建筑装饰工程的陶瓷制品，包括各类的内墙釉面砖、墙地砖、琉璃品、陶瓷壁画等。其中应用最为广泛的是釉面砖和墙地砖。近代建筑物上应用的墙地砖的生产技术部分是从西方各国传入我国的。

建筑装饰陶瓷坚固耐用，又具有色彩鲜艳的装饰效果，加之耐火、耐水、耐磨、耐腐蚀、易清洗，易于施工，因此得到日益广泛的应用。它不但被广泛用于众多的民用住宅中，更以其色彩瑰丽、富丽堂皇为大剧院、宾馆、商场、会议中心等大型公用建筑物锦上添花。

一、陶瓷类概述

（一）陶瓷的概念和分类

陶瓷通常是指以黏土为主要原料，经过粉碎混炼、成型、焙烧等工艺过程制得的各种制品，亦称为“普通陶瓷”。广义的陶瓷是指用陶瓷生产方法制造的无机非金属固体材料和制品。

瓷砖的分类根据材料成型的不同可分成干压成型砖、挤压成型砖、可塑成型砖；根据用途的不同可分为外墙砖、内墙砖、地砖、广场砖；根据施釉的不同可分为有釉砖、无釉砖；根据烧成的不同可分为氧化性瓷砖、还原性瓷砖；根据吸水率的不同可分为瓷质砖、炻瓷砖、细炻砖、炻质砖、陶质砖；根据使用部位的不同可分为室内墙地砖、玻化砖、抛光砖、亚光砖、釉面砖、印花砖、广场砖、草坪砖等。

从产品的种类来说，陶瓷可分为陶器和瓷器两大部分。陶器的烧结程度较低，有一定的吸水性（吸水率大于10%）、断面粗糙无光、不透明、敲之声音粗哑、可施釉也可不施釉。瓷器的坯体致密、烧结程度很高、基本不吸水（吸水率小于1%）、有一定的半透明性、敲击时声音清脆、通常都施釉。瓷之间的一类产品，称为炻，也称为半瓷或石胎瓷。炻与陶的区别在于陶的坯体多孔，本孔隙率却很低，吸水率较小（小于10%），其坯体致密，基本达到了烧结程度。炻与瓷的区别主要是虽然炻的坯体较致密但仍有一定的吸水率，同时多数坯体带有灰、红等颜色，且不透明，其热稳定性优于瓷，可采用质量较差的黏土烧成，成本较瓷为低。

瓷、陶和炻通常又按其细密性、均匀性各分为精、粗两类。

粗陶的主要原料为含杂质较多的陶土，烧成后带有颜色，建筑上常用的砖、瓦、陶管及日用缸器均属于这一类，其中大部分为一次烧成。精陶是以可塑性好、杂质少的陶土、高岭土、长石、石英为原料，经素烧（最终温度为1 250～1 280 ℃）、釉烧（温度为1 050～1 150 ℃）两次烧成。其坯体呈白色或象牙色，多孔，吸水率常为10%～12%，最大可达22%。精陶按用途不同可分为建筑精陶（釉面砖）、美术精陶和日用精陶。

粗炻是炻中均匀性较差、较粗糙的一类，建筑装饰上所用的外墙面砖、地砖、锦砖都属于粗炻类，是用品质较好的黏土和部分瓷土烧制而成，通常带色，烧结程度较高，吸水率较小（4% ~8%）。细炻主要是指日用炻器和陈设品，由陶土和部分瓷土烧制而成，白色或带有颜色。驰名中外的宜兴紫砂陶即是一种不施釉的有色细炻器，系用当地特产紫泥制坯，经能工巧匠精雕细琢，再经熔烧制成成品，是享誉中外的日用器皿。近些年，一些建筑陶瓷砖也属于细炻，细炻砖吸水率更小（3% ~6%），性能更加优良。

细瓷主要用于日用器皿和电工或工业用瓷。建筑陶瓷中的玻化砖和陶瓷锦砖的一些品种则属于粗瓷，吸水率极低（可达 0.5% 以下），可认为不透水，其坯体是由优质瓷土高度烧结而成的，表面可施釉也可不施釉，表面不施釉的玻化砖经抛光仍可达到极高的光亮度。

（二）陶瓷的组成材料

陶瓷使用的原料品种很多首先应保证陶瓷制品的结构生成，其次必须具有加工所需的各种工艺性能。陶瓷所需原料可归纳为三大类，即具有可塑性的黏土类原料、具有非可塑性的石英类原料（瘠性原料）和熔剂原料。

1. 可塑性原料

可塑性原料主要是指可用于烧制陶瓷的各类黏土。黏土主要是由铝硅酸盐类岩石，如长石、花岗岩、片麻岩等经长期风化而成。黏土是陶瓷生产中的主要原料，有的只采用一两种塑性黏土便能生产出品质较高的地砖；釉面砖中也常采用较多的黏土（如硬质高岭土）；陶瓷锦砖中黏土用量通常可达 40% 以上。

黏土是多种微细矿物的混合体。其主要的组成颗粒称作黏土质颗粒，直径在 0.005 ~ 0.01 mm，甚至更小，其余为砂（粒径 0.15 ~ 5 mm）和杂质。从外观上看，黏土呈白、灰、黄、红、黑等各种颜色。从硬度上说有的黏土柔软，可在水中分散开；有的黏土则呈坚硬石块状。从含砂量来说，有的黏土含砂较多；有的很少或基本不含砂。各种黏土的情况千差万别，但良好的可塑性和可烧结性是其基本特征。

2. 瘠性原料

瘠性原料是为防止坯体收缩产生缺陷所掺入的本身无塑性而在焙烧过程中不与可塑性原料起化学作用，并在坯体和制品中起到骨架作用的原料。最常用的瘠性原料是石英和熟料（黏土在一定温度下焙烧至烧结或未完全烧结状态下经粉碎而成的材料）等。

瘠性原料的作用是调整坯体成型阶段的可塑性；减少坯体干燥收缩及变形；利用石英在加热过程中由于晶型转变而引起的体积膨胀部分抵消坯体烧成过程中产生的收缩，从而改造制品的性能；石英在熔烧过程中一部分溶于长石（助熔原料），而使成品更密实，同时，还可与黏土中的 Al_2O_3 形成莫来石，残余的石英构成坯体骨架；在釉料中提高釉的耐磨性、硬度、透明度和化学稳定性。

3. 熔剂原料

助熔原料亦称熔剂。在陶瓷坯体焙烧过程中可降低原料的烧结温度，增加密实度和强度，但同时可降低制品的耐火度、体积稳定性和高温抗变形能力。

常用的熔剂为长石（钾长石或钠长石）、铁化合物（不能用于白色或浅色制品中）、碳酸钙或碳酸镁等。

（三）陶瓷面砖的成型方法和生产工艺

1. 成型方法

陶瓷面砖在焙烧前需按一定比例拌和好原料，按一定的规格成型。成型后的坯料要求几何形状准确、平整、有一定的强度并且具有抵抗一定变形和干裂的能力。

常用的成型方法有两种：

（1）半干压法。将含水5%~8%的半干坯料加压（10~25 MPa）成形。此法所用的坯料可以用干法（磨细、配料，混合后再润湿），也可以用湿法（原料加湿粉碎，然后压滤、干燥）来制备。湿法粉尘散布少，工作环境较干法优良，目前我国多采用湿法制作面砖坯料。

（2）浇注法。此种方法是将含水率高达40%呈泥浆状的原料在位于传送带上的耐火质多孔垫板上浇注，继而干燥、焙烧。成型、干燥、焙烧可连续进行，节省多道工序。制成的面砖表面平整、不变形、可自由控制其厚度。浇注法生产的坯料成本低，可完全自动化、机械化。

2. 生产工艺

焙烧面砖所用的窑炉可采用隧道窑、多通道窑及电热隧道窑等。彩色面砖最好采用隔焰式隧道窑，以保证色泽的均匀鲜艳。用半干压法成型的陶瓷面砖的典型生产工艺。

（四）陶瓷材料的装饰

烧结的陶瓷坯体表面比较粗糙且无光，不仅影响了美观，也降低了使用寿命。“釉”的出现改善了陶瓷制品的众多缺陷。釉是覆盖在陶瓷坯体表面的玻璃质薄层（平均厚度为120~140 μm）。它使陶瓷制品表面密实、光亮、不吸水、抗腐蚀、耐风化、易清洗。彩釉和艺术釉还具有多变的装饰作用。

1. 釉的特点和性质

（1）釉的特点。釉是一种玻璃质的材料，具有玻璃的特性：无确定的熔点，只有熔融范围，硬，脆，各向同性，透明，具有光泽，而且这些性质随温度的变化规律也与玻璃相似。这层玻璃物质使陶瓷制品具有不吸水、耐风化、易清洗、面层坚实等特点。

釉的作用在于改善陶瓷制品的表面性能，提高制品的机械强度、电光性、化学稳定性和热稳定性。施釉后制品的面平滑、光亮、不吸湿、不透气；同时在釉下装饰中，釉层还可以保护画面，防止彩料中有毒元素溶出，使釉着色、析晶、乳浊等；此外还能增加产品的艺术性，掩盖坯体的不良颜色和某些缺陷。

但釉毕竟不是玻璃，与玻璃有很大差别。首先，釉在熔融软化时必须保持黏稠而且不流坠，以满足烧成过程中不在坯体表面流走，特别是在坯体直立情况下不致形成流坠纹（某些特意要形成流纹的艺术釉除外）。其次，在焙烧过程的高温作用下，釉中的一些成分挥发，且与坯体中的某些组成物质发生反应，以致使釉的微观结构和化学成分的均匀性都比玻璃要差。

（2）釉的性质。为满足陶瓷制品对釉的要求，釉必须具有以下性质：

①釉料必须在坯体烧结温度下成熟，一般要求釉的成熟温度略低于坯体烧成温度。为适应一次烧成技术，釉应具有较高的始熔温度和较宽的熔融温度范围。

②釉料要与坯体牢固地结合，其热胀系数接近或略小于坯体的热胀系数（某些特殊的装饰釉除外），以保持在使用过程中，遇到温度变化情况，不致发生开裂或釉面脱离现象。

③釉料在高温熔融软化后，要有适当的黏度和表面张力以保证冷却后形成平滑的釉面层。

④釉面应质地坚硬、耐磕碰、不易磨损。

一般釉的主要性质见表3-23。

表 3－23　釉的主要性质

始熔温度	不低于 1 150～1 200 ℃
成熟温度	1 300 ～ 1 450 ℃
高温流动度（斜槽法）	30 ～ 66 mm
平均膨胀系数（1×10^{-6}）（20～100 ℃）	2.9 ～5.3
釉面显微硬度	6 000～9 000 MPa
热稳定性	220 ℃不裂
光泽度	大于 90%
白度	大于 80%

2. 釉的分类

釉的成分极为复杂，各品种的烧制工艺不同，适宜使用的陶瓷种类也不一样，釉常见的分类见表 3－24。

表 3－24　釉的分类

分类方法	种类
按胚体种类	瓷器釉、炻器釉、陶器釉
按化学组成	长石釉、石灰釉、滑石釉、混合釉、铅釉、硼釉、铅硼釉、食盐釉、土釉
按烧成温度	氐温釉（1 100 ℃以下）、中温釉（1 100～1 300 ℃）、高温釉（1 300 ℃以上）
按制备方法	生料釉、熔块釉
按外表特征	透明釉、乳浊釉、有色釉、光亮釉、无光轴、结晶釉、沙金釉、碎纹釉、珠光釉、花釉、裂笔、电光釉、流动釉

（五）陶瓷市场瓷砖发展的新趋势

目前，用于建筑陶瓷市场竞争日趋激烈，厂家为了扩大市场覆盖面，在降低成本、增加产品花色的同时，更注重提高产品的技术含量。与此同时，用户对产品的附加功能也提出了更多要求。这些性能使产品的附加值大幅度提高，产品的竞争力加强。建筑陶瓷市场瓷砖的发展突显出四大新趋势。

1. 节能

如保温砖，采用多孔材料做坯体，体积密度为 0.6～1.0 g/cm³，再在坯体表面施釉处理，使之既具有多孔材料的保温节能效果，又具有釉面砖的特点。随着对环境保护和节能工作的日益重视，这类砖应该有相当的市场，国外已有这种产品投放市场。

2. 美化

如变色釉面砖，随着环境光线的变化，或者随着视觉角度的不同，砖面呈现出不同颜色，给人一种绚丽多彩美的享受。这种砖的特点还有在釉中加入一种由稀土金属氧化物组成的着色剂，呈现选择性的吸收与反射，在可见光范围内吸收与反射程度不同而出现多种颜色。

3. 保健

如生态陶瓷。抗菌陶瓷使用的抗菌剂主要有以下两种：利用银离子及其化合物的抗菌性（称为银系列抗菌）；利用具有光催化作用的半导体（主要是 TiO_2 半导体）。把抗菌剂附于陶瓷表面，或者直接加到釉料中，使陶瓷表面具有抗菌性。在陶瓷表面附着 TiO_2 半导体催化剂，还能使陶瓷具有自洁、防污和除臭等功能。

4. 特殊用途

如抗静电砖。在安放精密仪器、处理存放易燃易爆物品等场合，静电非常有害。一般要求墙地砖有抗静电能力，确保安全。墙地砖具有一定的导电能力，然后通过导电水泥混凝土把静电导入大地。这种墙地砖通常是在釉或坯中引入具有半导体性质的金属氧化物，如 TiO_2、SnO_3 等，使釉或坯的电导率满足要求。

二、釉面砖

陶质砖可分为有釉陶质砖和无釉陶质砖两种。其中以有釉白色陶质砖即釉面内墙砖的应用最为普遍。有釉陶质砖过去亦习称“瓷片”，属于薄型陶质制品，在国家标准《干压陶瓷砖》（GB/T 4100.5—1999）中将吸水率 $E>10\%$ 的干压陶瓷砖称为陶质砖。陶质砖采用瓷土或耐火黏土低温烧成，胚体呈白色或浅褐色，表面施透明釉、乳浊釉或各种色彩釉及装饰釉，也可不施釉。

（一）釉面的分类

装饰釉面的种类决定了釉面陶瓷的装饰效果。根据釉料的装饰效果分类，釉面可以分为以下几种。

1. 光泽釉、半无光釉和无光釉

通过对光线吸收程度的不同，将釉面分为光泽釉、半无光釉和无光釉。这类釉面色彩丰富，釉色的种类也很多。光泽釉的釉色十分丰富，使陶瓷制品具有很强的反光性，经过600～900 ℃的熔烧，形成了犹如彩虹般光线衍射的装饰釉面。这类装饰釉面通过对釉面添加各种金属原料而形成了铁红光泽釉、黄色光泽釉、驼色光泽釉等，如图 3－32 所示。而无光釉所形成的釉层效果是由于光线的漫反射造成的，这种反射作用降低了光泽度，能产生特殊的装饰效果，如图 3－33 所示。无光釉属于较高档的装饰釉面。半无光釉的特性则是介于两者之间。目前瓷砖釉面的发展趋势已经逐渐向半无光釉、无光釉系列发展，具有此类釉面效果的釉面砖色泽柔和、性能稳定、装饰效果好。

图 3－32　光泽釉面砖

2. 碎裂纹釉

碎裂纹釉顾名思义是釉面形成了形状各异、大小不一的碎裂纹路，这种纹路似网状的

图 3－33　无光釉面砖及其在室内装饰中的应用

龟裂纹。这类釉面烧制的装饰材料装饰效果很好。

碎裂花纹的产生有很多的方法，如采用急冷工艺可生成碎裂纹釉；用两种具有不同收缩率的釉料，将有高收缩率的釉料施于普通釉上，经过高温烧成后上层釉龟裂可以透见下层釉；有的釉在经年放置后也能形成碎裂纹釉。

3. 颜色釉

颜色釉的釉面效果是由釉的化学组成、色料添加量、施釉厚度与均匀性、烧成时窑炉温度等因素决定的。釉面的颜色主要是采用多种金属氧化物作用而成，黑色氧化钴是釉料中最强烈的着色剂，能形成鲜艳的蓝色；氧化铬在釉中可以形成红色、黄色、粉红色或棕色；二氧化锰可以形成黑色、红色、粉红色与棕色；钒与锆可以制成钒锆黄、钒锆蓝等成色稳定的色釉；氧化铁可形成淡蓝灰色、淡黄色、绿色、蓝色或黑色等，如图 3－34 所示。

图 3－34　彩色釉面砖

（二）有釉陶制砖的品种及特点

有釉陶制砖过去以白色的为多，近年来花色品种发展很快。目前市场上常见的品种及其特点如表 3－25 所示。

表 3－25　有釉陶质砖的主要品种及特点

种　类	特点说明
白色釉面砖	色纯白，釉面光亮，粘贴于墙面清洁大方

续表

种类		特点说明
彩色釉面砖	有光彩色釉面砖	釉面光亮晶莹，色彩丰富雅致
	无光彩色釉面砖	釉面半无光，不晃眼，色泽一致，柔和
装饰釉面砖	花釉砖	在同一砖上施以多种彩釉，经高温烧成。色釉互相渗透，花纹千姿百态，有良好的装饰效果
	结晶釉砖	晶花辉映，纹理多姿
	斑纹釉砖	斑纹釉面，丰富多彩
	大理石釉砖	具有天然大理石花纹，颜色丰富，美观大方
图案砖	白地图案砖	系在白色釉面砖上装饰各种图案，经高温烧成。纹样清晰，色彩明朗，清洁优美
	色地图案砖	系在有光或无光彩色釉面砖上，装饰各种图案，经高温烧成，产生浮雕、缎光、绒毛、彩漆等效果，做内墙饰面
瓷砖画及色釉陶瓷字砖	瓷砖画	以各种釉面砖拼成各种瓷砖画，或根据已有画稿烧制成釉面砖，拼装成各种瓷砖画，清洁优美，永不褪色
	色釉陶瓷字砖	以各种色釉、瓷土烧制而成，色彩丰富，光亮美观，永不褪色

（三）釉面砖的技术性能

1. 规格

经过近几年的发展，釉面砖的规格已由过去的 108 mm × 108 mm、152 mm × 152 mm，发展到现今的 200 mm × 200 mm、200 mm × 280 mm、250 mm × 360 mm 和 300 mm × 300 mm 等规格。同时一些异形配件砖由于规格尺寸的特殊性可按需要进行选配。

2. 形状

釉面砖的形状可分为通用砖（正方形砖、长方形砖）和异型砖（配件砖）。通用砖一般用于大面积墙面的铺贴，异型砖多用于墙面阴阳角和各收口部位的细部构造处理。异型砖有阳角条、阴角条、阳三角、阴三角、阳角座、阴角座、腰线砖、压顶条、压顶阴角、压顶阳角、阳角条（端圆）、阴角条（端圆）等。

3. 技术要求

（1）尺寸偏差。

陶质砖的尺寸偏差应符合表 3 - 26 的规定。异形配件砖的尺寸允许偏差在保证匹配的前提下由生产厂自定。长、宽度测量要测量砖的四边，取每种类型的 10 块整砖测量，正方形砖的平均取四边测量结果的平均值，试样的平均值是 40 次测量的平均值。长方形砖以对边两次测量的平均尺寸作为相应的平均尺寸，试样的长度和宽度的平均值各为 20 个测量值的平均值。厚度是采用测头直径为 5 ~ 10 mm 的螺旋测微卡，每种类型的砖取 10 块进行测量。对于表面平整的砖，在表面上画两条对角线，测量 4 条线段每段上最厚的点，每块试样测量 4 点；对于表面不平整的砖，画 4 条线，线的位置分别为从砖的末端起测量砖的长度的 0.125、0.375、0.625、0.875，在每条直线上最厚点测量厚度，所有砖以 4 次测量值的平均值作为单块砖的平均厚度，试样的平均厚度是40次测量值的平均值。

平整度、边直度和直角度应按GN 3810.2—1999的规定检验。其中平整度的检验尤为重要，一旦面砖平面发生整体凹凸，则不但影响平面尺寸，而且大面积铺贴后，在侧光下，墙面会显起伏状，影响装饰效果。陶质砖的边直度、直角度和表面平整度允许偏差如表3-26所示。

表3-26 陶质砖的边直度、直角度和表面平整度允许偏差（GB/T 4100—2015）

类别	无间隔凸缘		有间隔凸缘	
	优等品	合格品	优等品	合格品
边直度（正面） 相对于工作尺寸的最大允许偏差/%	±0.20	±0.30	±0.20	±0.30
直角度（正面） 相对于工作尺寸的最大允许偏差/%	±0.30	±0.50	±0.20	±0.30
表面平整度 相对于工作尺寸的最大允许偏差/% （1）对于由工作尺寸计算的对角线的中心弯曲度 （2）对于由工作计算的边的弯曲度 （3）对于由工作尺寸计算的对角线的翘曲度	 -0.40 -0.20 -0.30	 -0.50 -0.30 ±0.50	-0.70 mm -0.10 mm S≤250 cm 0.30 mm S>250 cm^2 0.50 mm	-0.80 mm -0.20 mm S≤250 cm 0.50 mm S>250 cm^2 0. 75 mm

（2）表面质量。根据陶质砖的表面质量，陶质砖分为优等品和合格品两个等级。

检验陶质砖的表面缺陷时，釉裂、裂纹、缺釉等，应在距试样1 m处抽至少30块以上组成的不小于1 m^2 试样，在照度为300 lx的照明下，目测检验。表面质量以表面无缺陷砖的百分数表示。优等品应至少有95%的砖距0.8 m远处垂直观察表面无缺陷；合格品应至少有95%的砖距1 m远处垂直观察表面无缺陷。

色差是决定有釉陶质砖质量的重要技术指标，因釉色配料、烧成温度等生产要素的控制水量，很难使面砖颜色完全一致。同一色调不同色号的釉面砖色调存在差异，即使是同一色调、同一色号往往也会产生色差，而且这种色差往往是大面积铺贴后才会显示出来。色差的测定以GB/T 3810.16—1999的规定为准。

（3）优质釉面砖应具备的物理化学性能。釉面砖作为装饰材料，人们一般比较注重它的装饰性能，也就是关心它的外观质量，比如表面有无影响装饰效果的缺陷、外形尺寸是否符合要求、表面是否平整、有无翘曲、边角是否垂直等。实际上，为了保证釉面砖铺设后能够保持装饰面耐久，不被使用环境中的各种因素破坏，釉面砖还必须具备必要的物理化学性能。

①吸水率：釉面砖的吸水率不大于21%。

②耐急冷急热性：耐急冷急热性是指釉面砖承受温度急剧变化而不出现裂纹的性质。实验采用的冷热温度差为130 ℃ ±2 ℃。

③弯曲强度：釉面砖的弯曲强度平均值不小于16 MPa，当砖的厚度大于或等于7.5 mm时，弯曲强度平均值不小于13 MPa。

④抗龟裂性：经抗龟裂性实验，轴面无裂纹。

⑤釉面抗化学腐蚀性：釉面抗化学腐蚀性，需要时由供需双方商定级别。釉面抗化学腐蚀性是指釉面在酸碱溶液的作用下抗腐蚀的能力。可用铅笔实验和光反应实验方法来鉴定釉面在酸碱溶液作用下的腐蚀程度，并以此来确定耐腐蚀的等级。釉面的耐腐蚀等级分为AA级、A级、B级、C级和D级5个等级，其中AA级的耐腐蚀能力最强，其次依次为A级、B级、C级，D级的耐腐蚀能力最差。

釉面砖常用于医院、实验室、游泳池、浴池、厕所等要求耐污、耐腐蚀、耐清洗的场所，既有明亮清洁之感，又可保护基体，延长使用年限。在民用住宅和高级宾馆的浴室、厕所、盥洗室内，各种色调、图案的有釉陶质砖与彩釉陶瓷卫生洁具，如浴缸、便器、洗面器及镜台相匹配，可塑造一个雅洁华贵的环境。用于厨房的墙面装饰，不但清洗方便，还有防火功能。无釉陶质地砖铺的风格质朴，别具韵味。

三、陶瓷砖

陶瓷砖可分为陶瓷外墙面砖和室内外陶瓷铺地砖的统称。外墙面砖和地砖在使用要求上不尽相同，如地砖应注重抗冲击性和耐磨性，而外墙面砖除应注重其装饰性能外，更要满足一定抗冻融性能和耐污染性能。

陶瓷砖大部分属于粗陶类建筑陶瓷制品，多采用陶土质黏土为原料，经压制成型在1 100 ℃左右焙烧而成，坯体带色。根据表面施釉与否分为彩色釉面陶瓷砖、无釉陶瓷墙砖和无釉陶瓷地砖，其中前两类的技术要求是相同的。

陶瓷砖的品种创新很快，劈离砖、麻面砖、渗花砖、玻化砖等都是近年来市场上常见的陶瓷砖的新品种。

陶瓷砖具有强度高、致密坚实、耐磨、吸水率小、抗冻、耐污染、易清洗、耐腐蚀、耐用等特点。

（一）彩釉陶瓷砖与无釉陶瓷砖

1. 彩釉陶瓷砖

彩釉陶瓷砖简称为彩釉砖，是以陶土为主要原料配料制浆后，经半干压成型、施釉、高温焙烧制成的。彩釉砖结构致密，抗压强度较高，易清洁，装饰效果好，广泛应用于各类建筑物的外墙、柱的饰面和地面装饰，由于墙、地两用，又被称为彩色墙地砖。

2. 无釉陶瓷砖

无釉陶瓷砖简称为无釉砖，是以优质瓷土为主要原料的基料喷雾料，加一种或数种着色喷雾料（单色细颗粒），经混匀、冲压、烧制而成的。无釉砖吸水率较低，包括无釉瓷质砖、无釉炻瓷砖、无釉细炻砖。

结合它们的各自特点，无釉瓷质砖适用于商场、宾馆、饭店、游乐场、会议厅、展览馆等的室内外地面和墙面的装饰，无釉的细炻砖、炻质砖是专用于铺地的耐磨砖。

（二）其他陶瓷砖

随着人们对建筑装饰材料要求的不断提高和现代建筑装饰技术的革新，新型墙地砖层出不穷，相继出现了抛光砖、玻化砖、劈离砖、陶瓷透水砖、仿古砖、大颗粒瓷质砖、微晶玻璃陶瓷复合板、金属光泽釉面砖等新型墙地砖。

1. 抛光砖

抛光砖是表面经过打磨而成的一种光亮的砖。抛光砖表面光洁、坚硬耐磨，适合在除洗手间、厨房以外的多数室内空间中使用。抛光砖可以做出各种仿石、仿木效果。抛光砖的种类繁多，包括雪花白、云影、金花米黄、仿石材等系列，如图 3－35 所示。一般的抛光砖规格有 400 mm×400 mm×6 mm（长×宽×高）、500 mm×500 mm×6 mm、600 mm ×600 mm×8 mm、800 mm×800 mm×10 mm、1 000 mm×1 000 mm×10 mm 等。

抛光砖主要应用于室内或公共空间内的墙面和地面，因其自身原因，抛光砖的耐污性较差，在施工前应打水蜡，可防止其他原因产生的污染，增加美感。

抛光砖的保养可用加少量氨水的肥皂水进行擦拭；也可用带有少许亚麻籽油的碎布，擦去抛光砖上的泥水；或者当抛光砖表面出现轻微划痕时，用牙膏涂于划痕周围，用干布用力反复擦拭，并用净布擦几下，即可消除划痕，达到光亮如新的效果（图 3－35）。

图 3－35　各种仿石材抛光砖

2. 玻化砖

玻化砖是一种强化的抛光砖，是采用高温烧制而成的全瓷砖。其表面光洁，这种瓷砖不需要抛光。随着陶瓷技术的日益发展，近年来，大规格的瓷质花岗岩、大理石玻化砖已经发展成为居室装饰的主流。这种陶瓷砖具有天然石材的质感，更具有高光度、高硬度、高耐磨、吸水率低，色差少以及规格多样化和色彩丰富等优点。玻化砖的种类有单一色彩效果、花岗岩外观效果、大理石外观效果和印花瓷砖效果之分，还有采用上釉玻化砖装饰法、粗面或上釉等多种新工艺的产品，如图 3－36 所示。其中印花瓷砖采用特殊的印花模板新技术，烧制工艺是将色料在压制之前加到模具腔体中，放置于被压粉料之上并与坯体一起烧结，产生多色的变化效果。玻化砖也有缺陷，这种材料特有的微孔结构是它的致命缺陷，一般在铺设完玻化砖后，需要对砖的表面进行打蜡处理，若不打蜡，水易从砖面微孔渗入砖体。玻化砖常用规格有 400 mm×400 mm、500 mm×500 mm、600 mm×600 mm、800 mm×800 mm、900 mm×900 mm、1 000 mm×1 000 mm。玻化砖常应用于宾馆、写字楼、车站、机场等内外装饰，以及家庭装修装饰中，如墙面、地面、饰板、家具、台盆面板等。

图 3－36 各类花色的玻化砖

3. 劈离砖

劈离砖又称劈裂砖，是一种用于内外墙或地面装饰的建筑装饰瓷砖，以软质黏土、页岩、耐火土和熟料为主要原料再加入色料等，经配料、混合细碎、脱水、练泥、真空挤压成型、干燥、高温焙烧而成。由于其成型时为双砖背联坯体，烧成后劈离开两块砖，故称劈离砖，如图 3－37 所示。劈离砖按表面的粗糙程度可分为光面砖和毛面砖两种，前者坯料中的颗粒较细，产品表面较光滑和细腻，而后者坯料颗粒较粗，产品表面有突出的颗粒和凹坑；按用途可分为墙面砖和地面砖两种；按表面形状可分为平面砖和异型砖等。

劈离砖质地密实、抗压强度高、吸水率小、耐酸碱、耐磨耐压、防滑防腐、表面硬度大、性能稳定、抗冻性好。劈离砖主要用于建筑内、外的墙面装饰，也适用作车站、机场、餐厅、楼堂馆所等室内地面的铺贴材料。其中厚型砖多用于室外景观如甬道、花园、广场等露天地面的地面铺装材料。

4. 陶瓷透水砖

陶瓷透水砖是通过特殊工艺在 1 200 ℃高温下烧制而成的，虽呈多孔结构，却是具有较高的机械强度和耐磨度、孔梯度结构、透水、保水及装饰等功能的砖，适用于室外景观

图 3-37 劈离砖背面、劈离砖墙面装饰效果

道路铺设，如图 3-38 所示。陶瓷透水砖可使 45% 以上的自然降水全方位渗入地下，能彻底解决定点灌溉给水率低，润湿土体积小的问题，从而降低土壤内的含盐量。陶瓷透水砖具有环保、舒适、色彩丰富、强度高、安全等特点。适用于城市建设中住宅、道路、广场、公园、植物园、工厂区域、停车场、花房及轻量交通路面等道路的铺设。

图 3-38 陶瓷透水砖

5. 仿古砖

仿古砖实质上是一种釉面装饰砖，其表面一般采用亚光釉或无光釉，产品不磨边，砖面采用凹凸模具。其坯体有两种：一种是直接采用瓷质砖坯体原料，烧成后的吸水率在 3% 左右，即瓷质仿古砖；另一种是吸水率在 8% 左右，类似一次烧成水晶地板砖，即炻质仿古砖。它适用于各类公共建筑室内外地面和墙面及现代住宅的室内地面和墙面的装饰，如图 3-39 所示。

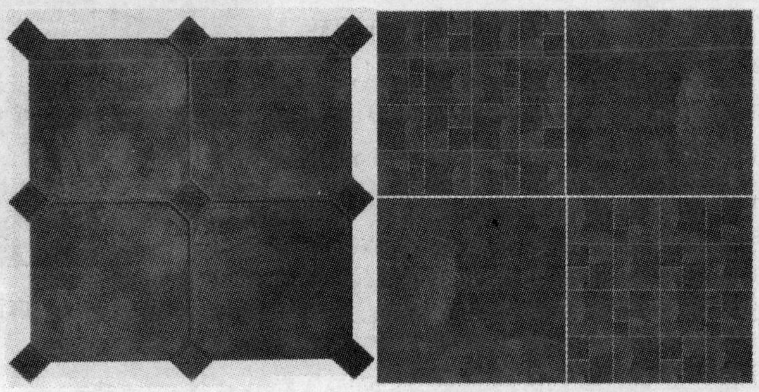

图 3-39 仿古砖样式

6. 金属光泽釉面砖

金属光泽釉面砖采用了一种新的彩饰方法，通过在釉面砖表面热喷涂着色工艺，使砖表面呈现金、银等金属光泽，如图 3-40 所示。金属光泽釉面砖具有清新绚丽、金碧辉煌的特殊效果。这种面砖抗风化、耐腐蚀、持久长新，适用于高级宾馆、饭店以及酒吧、咖

啡厅等娱乐场所的柱面和门面的装饰，处于当今国内市场的领先地位。

图 3-40　金属光泽釉面砖及在室内装饰中的应用

7. 大颗粒瓷质砖

大颗粒瓷质砖是相对无釉瓷质砖的喷雾造粒的小斑点而言的。它使用专用的造粒机，把部分喷雾干燥的粉料加工成 1 ~ 7 mm 大小的颗粒，用专门的布料设备进行布料，再机压成型，经干燥、焙烧而成，如图 3-41 所示。大颗粒瓷质砖具有花岗岩外观质感和陶瓷马赛克的色点装饰外观，有极好的耐磨、抗折、抗冻和防污等特性，适用于各类公共建筑室内外地面和墙面及现代住宅的室内地面和墙面的装饰。

图 3-41　大颗粒瓷质砖

8. 麻面砖

麻面砖是以仿天然岩石色彩的原料进行配料，通过压制使其表面形成凹凸不平的麻面坯体，后经一次烧制成的炻质面砖，如图 3-42 所示。麻面砖的外表面与人工修凿过的天然岩石面极为相似，纹理清晰、粗犷高雅，有黑、灰、红、黄、白等多种颜色。通常有 200 mm × 100 mm、200 mm × 75 mm、100 mm × 100 mm 等主要规格尺寸。

图 3-42　麻面砖

麻面砖具有强度高、质地密实、吸水率小、防滑、耐磨等特点。其中薄型麻面砖广泛应用于建筑物外墙装饰，而厚型麻面砖则较多地使用在广场、停车场、草坪、码头、人行道等的地面铺设。

9. 瓷质彩胎砖

瓷质彩胎砖是一种本色无釉的瓷制饰面砖，是以仿天然岩石的彩色颗粒土为原材料，经混合配料，压制成多彩坯体后，经高温一次烧制而成的陶质制品。瓷制彩胎砖具有天然花岗岩的纹理、硬度、耐久度，多为灰、棕、蓝、绿、黄、红等基色，如图 3-43 所示。

瓷质彩胎砖的表面有两种，即平面型和浮雕型，平面型又可分为磨光和抛光两种。表面经过抛光的彩胎砖叫抛光砖，在人流密度大的商场、影院、酒店等公共场所广泛使用。

10. 仿天然石材墙地砖

仿天然石材墙地砖包括仿花岗岩墙地砖和仿大理石墙地砖，这类材料效仿天然石材的肌理效果可以假乱真，其中仿花岗岩墙地砖的装饰效果更加美观大方。仿花岗岩墙地砖是一种全玻化、瓷质无釉墙地砖，是国际上流行的新型高档建筑饰面材料。20世纪80年代中期意大利首先推出，它具有天然花岗岩的质感和色调，可代替价格日益昂贵的天然花岗岩。

图3－43 瓷质彩胎砖

仿天然石材墙地砖可用于会议室、宾馆、饭店、展览馆、图书馆、商场、舞厅、酒吧、车站、飞机场等的墙地面装饰。

11. 装饰木纹砖

装饰木纹砖是一种表面呈现木纹装饰图案的高档陶瓷劈离砖新产品，其纹路逼真、容易保养，是一种亚光釉面砖。它以线条明快、图案清晰为特色，如图3－44所示。木纹砖逼真度高，能惟妙惟肖地仿造出木头的细微纹路；而且木纹砖耐用、耐磨、不含甲醛、纹理自然，表面经防水处理，易于清洗，如有灰尘沾染，可直接用水擦拭；具有阻燃，不腐蚀的特点，是绿色、环保型建材，使用寿命长，无须像木制产品那样周期性地打蜡保养等。适用于快餐厅、酒吧、专卖店等商业空间，也适用于居室空间如客厅、阳台、厨房、居室和洗手间等。

图3－44 装饰木纹砖

四、陶瓷锦砖

陶瓷锦砖俗称陶瓷马赛克，马赛克（mosaic）一词来源于古希腊文，意为“值得静思的，需要耐心的艺术工作”，也译作“镶嵌砖”。这说明在古罗马时期此种装饰手段就早已存在。马赛克是由各种颜色、多种几何形状、一般长边不大于50 mm的小块瓷片铺贴于牛皮纸上形成色彩丰富、图案繁多的陶瓷装饰制品。通常贴在牛皮纸上形成的一张成品叫“联”。

（一）陶瓷锦砖的品种

（1）按表面质地，可分为有釉锦砖、无釉锦砖、艺术马赛克。

（2）按材质，可分为金属马赛克、玻璃马赛克、石材马赛克和陶瓷马赛克四大类。

（3）按形状，可分为正方形、长方形、六角形、菱形等。

（4）按砖的色泽，可分为单色、拼花。

（5）按用途，可分为内外墙马赛克、铺地马赛克、广场马赛克、梯阶马赛克和壁画马赛克。

（二）陶瓷锦砖的规格

陶瓷锦砖是由不同规格的数块小瓷砖粘贴在牛皮纸上或粘在专用的尼龙丝网上拼接构成的。单块规格一般为25 mm×25 mm、45 mm×45 mm、100 mm×100 mm、95 mm×95 mm，单联的规格一般有285 mm×285 mm、300 mm×300 mm或318 mm×318 mm等。

陶瓷锦砖的尺寸允许偏差包括单块锦砖的尺寸允许偏差和每联锦砖的线路（单块锦砖间的间隙）、联长的尺寸允许偏差。基本要求见表3－27。

表3－27　单块锦砖和每联锦砖的线路、联长的尺寸允许偏差（JC/T 456—2005）

项目	尺寸偏差/mm	优等品/mm	合格品/mm
单块长度	≤25.0	±0.5	±1.0
	>25.0		
单块厚度	4.0	±0.2	±0.4
	4.5		
	>4.5		
线路	2.0～5.0	±0.6	±1.0
联长	284.0	+2.5 −0.5	+3.5 −1.0
	295.0		
	305.0		
	325.0		

（三）陶瓷锦砖的特性

按照陶瓷锦砖的特性，其材质应属于瓷质砖的范围，吸水率应小于0.5%。陶瓷锦砖具有较强的抗冻性、破坏强度、断裂模数、抗热震性、耐化学腐蚀性、耐磨性、抗冲击性、耐酸碱性。陶瓷锦砖是由数块小瓷砖组成的，因此拼贴成联的每块小砖的间距，即每联的线路要求均匀一致，以达到令人满意的铺贴效果。

（四）陶瓷锦砖的特点及用途

1. 特点

陶瓷锦砖不但质地坚实、色泽图案多样、吸水率极低、抗压性好、成本低廉，而且具有耐酸、耐碱、耐磨、耐水、耐压、耐冲击、易清洗、防滑等优点，如图3－45所示。

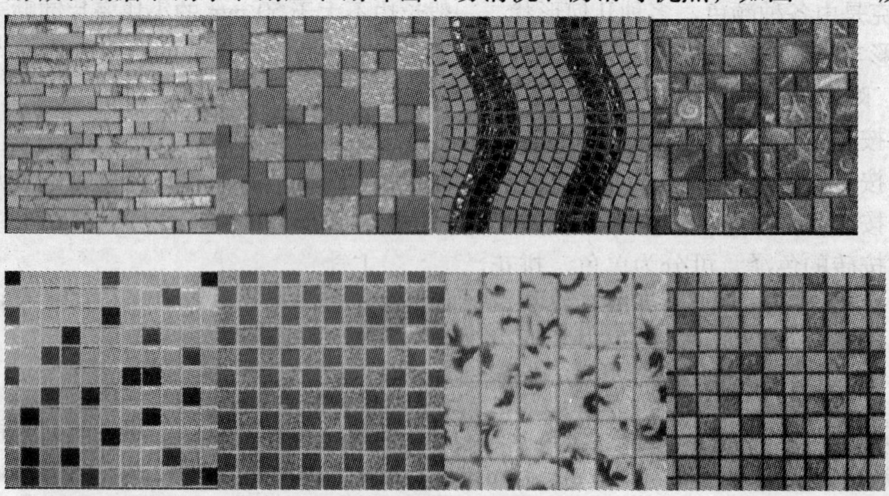

图3－45　不同花色的陶瓷锦砖

2. 用途

由于马赛克色彩表现丰富、色泽美观稳定，单块元素小巧玲珑，可拼成风格迥异的图案，如风景、动物、花草等，从而达到不俗的视觉效果，如图3－46所示。因此，陶瓷马赛克适用于喷泉、游泳池、酒吧、舞厅、体育馆和公园的装饰。同时，由于防滑性能优良，也常用于家庭卫生间、浴池、阳台、餐厅、客厅的地面装修。还广泛应用于工业与民用建筑的工作车间、实验室、走廊、门庭的墙地饰面。由于陶瓷马赛克砖体薄，自重轻，每个瓷片都能通过背后的缝隙坚固地贴附在砂浆中，因此不易脱落，即使少数砖块掉落下来，也不具有伤人的危险性，具有很好的安全性能。

图3－46　陶瓷锦砖拼贴的风景画

五、琉璃砖瓦

琉璃砖瓦是以难熔黏土为主要原料制成坯泥，成型后经干燥、素烧、施琉璃彩釉、釉烧而成的，从古至今被广泛应用于古典式或具有民族风格的建筑物。早在北魏年间（386～534年）就已有琉璃瓦生产。到唐代，琉璃砖瓦无论在品质和艺术效果方面都达到了很高的成就，特别是在山西各地非常盛行，尤以晋南的三彩法花称著于世。在近代，由于它具有独特的装饰性能，不但用于古典式建筑物，也广泛用于具有民族风格的现代建筑物。

（一）琉璃砖瓦的特点和用途

1. 特点

琉璃砖瓦的特点是质地致密、表面光滑、不易沾污、坚实耐久、色彩绚丽、造型古朴、富有民族特点。常见的颜色有金黄、翠绿、宝蓝等。

由于其特殊的烧制工艺，在琉璃砖瓦表面形成了釉层，在完善表面美观效果的同时，也提高了表面的强度和防水能力。具体特点有质地细密、表面光润、坚实耐用、色彩夺目、形制古朴、民族气息浓厚等，是我国特有的建筑艺术制品之一。

2. 用途

琉璃瓦造型复杂，制作工艺较繁，因而造价高。主要用于体现我国传统建筑风格的宫殿式建筑及纪念性建筑上，还常用于园林建筑中的亭、台、楼、阁，构建古代园林的风格。琉璃瓦还常用作近代建筑的高级屋面材料，用于各类坡屋顶，可体现现代与传统的完美结合，富有东方民族精神，富丽堂皇、雄伟壮观。

（二）琉璃砖瓦的种类

在古代建筑中，琉璃砖瓦分为屋顶类和构件类两种。其中屋顶类于建筑的屋顶，起排水防漏、房屋构件、装饰点缀的作用（图3－47），而构件类多用于窗、栏杆等部件。在现代建筑装饰中，琉璃类装饰材料主要有仿古代建筑的琉璃瓦、琉璃砖、琉璃兽，以及琉璃花窗、栏杆等各种装饰制件（图3－48）。

有些琉璃砖与琉璃瓦是高档的室内装饰材料，如图 3－49 所示。琉璃砖工艺精细、外观精美、立体感强，可用于室内吊饰、墙面、吧台、天花、地面、背景、凹嵌、门牌、标牌等装饰部，具有极高的观赏性。琉璃砖与琉璃瓦是以人造水晶为原料，凭借其雅致的品位风格和文化气质，可为空间增色许多。装饰琉璃砖在光的投射下会辉映出各种形态的图案，具有逼真的造型和自然色彩，充分体现了当今室内装饰推崇自然、追求返璞归真的设计趋势，成为空间环境艺术的组成部分。

图 3－47 琉璃瓦

图 3－48 琉璃花窗

图 3－49 装饰琉璃砖

（三）琉璃砖瓦的技术性能

1. 规格和尺寸允许偏差

用于古建筑的各类琉璃砖瓦的品种规格很繁杂，中国古代各个时期对琉璃砖瓦的尺寸规定也不尽相同。当前国内用于屋面的建筑琉璃砖瓦的规格尺寸可分为标定尺寸和产品尺寸两种。前者是《清代营造则例》中提出的琉璃瓦件的规格尺寸，有几十种数百个规格。后者是我国各地的琉璃瓦生产单位生产的产品尺寸。由于我国幅员广阔，因此各地产品在尺寸上为了适应当地的气候特点和习惯需要，也不完全相同。因此在《建筑琉璃制品》（GB 9197—88）中对建筑琉璃砖瓦的规格未做规定。但对不同外形尺寸的屋面用琉璃砖瓦规定了尺寸允许偏差，如表 3－28 所示。

表 3－28 建筑琉璃制品的尺寸允许偏差（GB 9197—88）（单位：mm）

外形尺寸范围	类别	产品名称	允许偏差			
			长	宽	厚（高）	弧度
$A \geqslant 350$	瓦类	板瓦 筒瓦 滴水瓦 沟头	±10	±7 ±5 ±7 ±5	+2 −1	±3

续表

外形尺寸范围	类别	产品名称	允许偏差			
			长	宽	厚（高）	弧度
350 > A > 250	瓦类	板瓦	±8	±6	+2 −1	±3
		筒瓦		±4		
		滴水瓦		±6		
		沟头		±4		
A ≤250		板瓦	±6	±5		
		筒瓦		±3		
		滴水瓦		±5		
		沟头		±3		
单块最大尺寸 > 400	脊、吻、博古		±15	±8	±12	
单块最大尺寸 ≤400			±11	±6	±8	

2. 外观质量

琉璃砖瓦按外观质量分为优等品、一等品、合格品。各等级外观质量应符合《建筑琉璃制品》（GB 9197—88）的规定。

六、新型陶瓷

随着建筑装饰规模的不断扩大，装饰陶瓷的使用范围和用量也随之加大，装饰陶瓷已经成为现今重要的建筑装饰材料。陶瓷装饰制品的总体发展趋势是尺寸多样、做工细腻、品种繁多、颜色丰富、图案新颖、坚实耐用，目前市场上也生产出许多新型陶瓷供人们选用。

（一）陶瓷浮雕壁画

陶瓷浮雕壁画是大型画，是以陶瓷面砖、陶板等建筑材料经镶拼制作而成的现代建筑装饰，此类材料具有凹凸的浮雕效果，属新型高档装饰。陶瓷壁画并非将原画稿进行简单复制，而是经过放大、制版、刻画、配釉、施釉和焙烧等多道复杂工序制作而成的，具有较高的艺术价值，如图 3－50 所示。

图 3－50　陶瓷浮雕壁画

陶瓷浮雕壁画具有单块砖面积大、厚度薄、强度高、平整度好、吸水率低、抗冻性高、抗化学腐蚀、耐急冷急热等特点，适于镶嵌在商场、宾馆、酒楼、会所等高层建筑物上，也可镶贴于公共活动场所。

(二) 陶土板

陶土板又称为陶板，是以天然陶土为主要原料，添加少量石英、浮石、长石及色料等其他成分，经过高压挤出成型、低温干燥及1 200 ℃的高温烧制而成的，具有绿色环保、无辐射、色泽温和、不带有光污染等特点。经过烧制的陶土板经磨边切割，检验合格后即可供应市场。陶土板常规厚度为15～30 mm不等，常规长度为300 mm、600 mm、900 mm、1 200 mm，常规宽度为200 mm、250 mm、300 mm、450 mm。陶土板可以根据不同的安装需要进行任意切割，以满足建筑风格的需要。陶土板的颜色可以是陶土经高温烧制后的天然颜色，通常有红色、黄色、灰色三个色系，如图3－51所示。陶土板背后形成密闭的空气层，具有更好的保温节能功效。双层陶土板具有空腔的结构，安装时陶土板背部有一定的空间，可有效降低传热系数，起到保温和隔音的作用。可降低建筑能耗，节约能源，可作为大型场馆，公共设施及楼宇的外墙材料；还可用于大空间的室内墙壁，如办公楼大厅、地铁车站、火车站候车大厅、机场候机大厅、博物馆、歌舞剧院等。

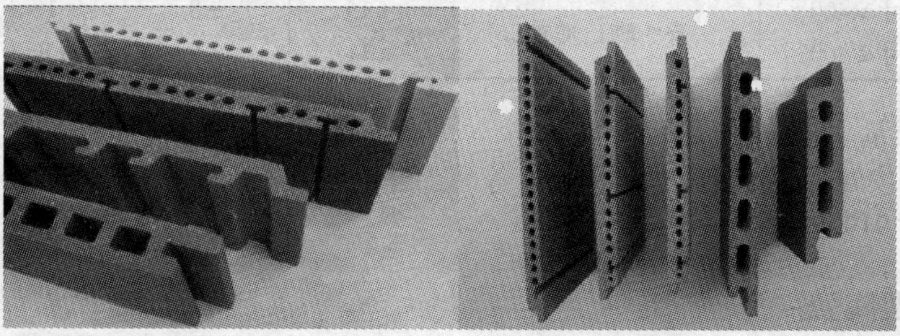

图3－51 陶土板

(三) 软性陶瓷

软性陶瓷通过对普通泥土或黏土的改良再经高温烧结而成，其烧制的时间越久，质地越柔软，弹性也就更强。软性陶瓷具有手感柔软、富有弹性、防滑防潮、质地坚硬的特点，能够产生较强的立体效果，装饰性能优良，如图3－52所示。

图3－52 软性陶瓷

软性陶瓷的适用范围非常广泛，如部分建筑外墙、商业空间室内墙体、娱乐空间、健身场所地面装饰等，家庭装饰方面十分适用于儿童房、浴室等空间。软性陶瓷的出现解决了陶瓷制造业存在的能耗高、污染严重、过分依赖陶土资源的问题，是目前新兴的一种陶瓷装饰材料。

第四节 玻璃类饰面材料

正如赖特所言，“光线是建筑的美化者”。光线不仅可以美化建筑，同时可以改变幽闭的使用空间环境，给人以明快的感觉。

光线是通过窗、天窗、顶棚、幕墙等透入建筑内部与受众进行交流的，因此玻璃的特殊质地使之成为最好的媒介材料。玻璃最初由火山喷出的酸性岩凝固而得。公元前3700年前，古埃及人已制出玻璃装饰品和简单玻璃器皿，当时只有有色玻璃。1873年，比利时首先制出平板玻璃。此后，随着玻璃生产的工业化和规模化，各种用途和各种性能的玻璃相继问世。玻璃在建筑中的实际效用归纳起来有以下几点：透光，可作为表面照明相邻空间的隔望；通风，能消除幽闭恐怖感觉，还有哲学心理学方面的用途。随着玻璃制造技术的发展，玻璃进一步满足了人们对建筑空间的不同需求。

一、玻璃类概述

1. 玻璃的主要化学成分、原料及作用

（1）主要化学成分。二氧化硅、氧化钙、氧化钠，以及少量的氧化镁和氧化铝等。这些氧化物可以改善玻璃的性能并由此来满足不同的建筑内外需求。

（2）主要原料。纯碱、石灰石、石英砂、长石等。加工玻璃时，先将原料进行粉碎，按适当的比率混合，经过1 550～1 600 ℃的高温熔融成型后，再急冷而制成固体材料。

（3）特点。玻璃具有良好的物理化学性能和技术性能，有较高的机械强度和硬度，化学稳定性、热稳定性、透光性好。

（4）用途。玻璃的用途较为广泛，涉及交通运输、建筑工程、机电、仪表、化工、国防以及人们日常生活等领域。

特殊性能的玻璃是在制作的玻璃原料中加入辅助原料或采用特殊工艺加工而成的。

2. 玻璃的分类

玻璃通常按主要化学成分分为氧化物玻璃和非氧化物玻璃。非氧化物玻璃品种和数量很少，主要有硫系玻璃和卤化物玻璃。氧化物玻璃又分为硅酸盐玻璃、硼酸盐玻璃、磷酸盐玻璃等。硅酸盐玻璃是指基本成分为二氧化硅的玻璃，其品种多，用途广。通常按玻璃中二氧化硅以及碱金属、碱土金属氧化物的含量，又分为石英玻璃、高硅氧玻璃、钠钙玻璃、铝硅酸盐玻璃、铅硅酸盐玻璃、硼硅酸盐玻璃。此外，按性能特点玻璃又分为平板玻璃、装饰玻璃、节能玻璃、安全玻璃、特种玻璃等。按生产工艺，玻璃可分为普通平板玻璃、浮法玻璃、钢化玻璃、压花玻璃、夹丝玻璃、中空玻璃、彩色玻璃、吸热玻璃、热反射玻璃、磨砂玻璃、电热玻璃、夹层玻璃等。

3. 玻璃的生产工艺

（1）原料预加工。将块状原料粉碎，使潮湿原料干燥，对含铁原料进行除铁处理，从而保证玻璃的质量。

（2）配合料制备。

（3）熔制。玻璃配合料在池窑或坩埚窑内进行高温加热，使之形成无气泡、均匀，并符合成型要求的液态玻璃。

（4）成型。将液态玻璃加工成所需的形状，如平板、各种器皿等。

（5）热处理。通过淬火、退火等工艺，消除玻璃内部的应力，产生分相或晶化，改变玻璃的结构状态。

4. 玻璃施工和使用中的注意事项

（1）玻璃在运输过程中，务必要注意固定并加软护垫。一般建议采用竖立的方法运输。运输车辆在行驶过程中也应该注意保持中慢速，以保证稳定的行驶状态。

（2）玻璃安装的另一面需要封闭的，应注意在安装前清洁好表面。最好使用专用的玻璃清洁剂，待其干透后检验没有污痕方可安装，安装时最好使用干净的建筑手套。

（3）玻璃要使用硅酮密封胶进行固定安装，在窗户等施工中，还需要与橡胶密封条等配合使用。

（4）在施工完毕后，要注意加贴防撞标志，一般可以用不干贴、彩色电工胶布等予以提示。

二、普通玻璃

普通玻璃是指未经过其他特殊加工的平板状玻璃制品，又称净片玻璃或白片玻璃。具有透光、耐磨、耐气候变化的特点，有的还有保温、吸热、防辐射等特性，因而广泛应用于镶嵌建筑物的门窗、墙面、室内装饰等。普通平板玻璃与浮法玻璃都是平板玻璃，只是在生产工艺、品质上有所不同。

（一）普通玻璃的分类及其规格

由于生产工艺的差异，平板玻璃的生产方法主要有垂直引上法、平拉法、压延法和浮法。随之生产出的是普通平板玻璃和浮法玻璃。平板玻璃的规格按厚度通常分为2 mm、3 mm、4 mm、5 mm和6 mm，亦有生产8 mm、10 mm和12 mm的。一般2 mm、3 mm厚的适用于民用建筑物，4 ~6 mm厚的适用于工业和高层建筑。

由于生产工艺、品质的不同，平板玻璃又分为普通平板玻璃和浮法玻璃。

（1）普通平板玻璃是用石英砂岩粉、硅砂、钾化石、纯碱、芒硝等原料，按一定比例配制，经熔窑高温熔融，通过垂直引上法或平拉法、压延法生产出来的透明无色的平板玻璃。普通平板玻璃按外观质量分为特选品、一等品、二等品三类。

（2）浮法玻璃是用海砂、石英砂岩粉、纯碱、白云石等原料，按一定比例配制，经熔窑高温熔融，玻璃液从池窑连续流至并浮在金属液面上，摊成厚度均匀、平整，经火抛光的玻璃带，冷却硬化后脱离金属液，再经退火切割而成的透明无色平板玻璃。具有玻璃表面特别平整光滑，厚度非常均匀，光学畸变小的特点。浮法玻璃按外观质量分为优等品、一级品、合格品三类。

普通平板玻璃外观质量等级根据波筋、气泡、砂粒、划痕、线道、疙瘩等缺陷的多少来判定。浮法玻璃外观质量等级根据光学变形、气泡、雾斑、划痕、线道、夹杂物等缺陷的多少来判定。

（二）普通玻璃的主要用途

平板玻璃有两个方面的用途。3 ~5 mm的平板玻璃一般是直接用于门窗的采光，8 ~12 mm的平板玻璃可用于隔断；另外一个重要用途是可作为钢化、镀膜、夹层、中空等玻璃生产的原片。

三、装饰玻璃

（一）压花玻璃

1. 压花玻璃的定义与分类

（1）压花玻璃。又称花纹玻璃或滚纹玻璃（图 3－53），也称为轧花玻璃，英文名为 patterned glass 或 rolled glass，它是采用压延方法制造的一种平板玻璃，制造工艺分为单辊法和双辊法。单辊法是将玻璃液浇注到压延成型台上，台面可以用铸铁或铸钢制成，台面或轧辊刻有花纹，轧辊在玻璃液面碾压，制成的压花玻璃再送入退火窑。双辊法生产压花玻璃又分为半连续压延和连续压延两种工艺，玻璃液通过水冷的一对轧辊，随辊子转动向前拉引至退火窑，一般下辊表面有凹凸花纹，上辊是抛光辊，从而制成单面有图案的压花玻璃。

（2）分类。压花玻璃的透视性，因花纹、距离的不同而各异。

①按其透视性可分为近乎透明可见的、稍有透明可见的、几乎遮挡看不见的和完全遮挡看不见的。

②按其类型分为压花玻璃、压花真空镀铝玻璃、立体感压花玻璃、彩色膜压花玻璃等。

压花玻璃与普通透明平板玻璃的理化性能基本相同，仅在光学上具有透光不透明的特点，可柔和光线，并具有保护私密的屏护作用和一定的装饰效果。压花玻璃适用于建筑的室内间隔，卫生间门窗及需要光线又需要阻断视线的各种场合。

2. 压花玻璃的检验方法

（1）玻璃尺寸偏差（包括偏斜）、缺角、弯曲度、边部凸出、残缺的检验方法，按《普通平板玻璃》GB 4871—1995 有关规定进行。

（2）玻璃厚度用直径 50 mm 板规在四边中点测量。

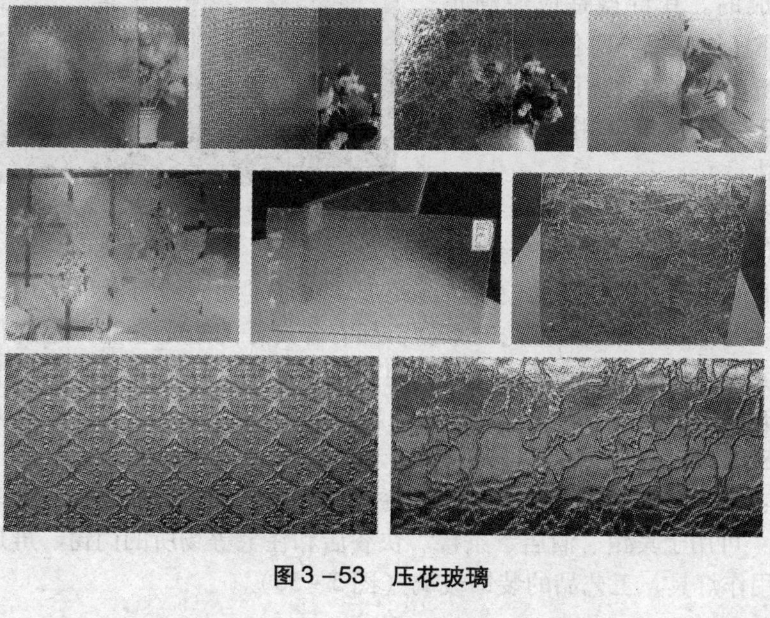

图 3－53　压花玻璃

(3) 对玻璃的线道、热圈、夹杂物、气泡、皱纹、伤痕、裂纹、压口等进行检查时，将玻璃垂直放置，在自然光线下，观察者距玻璃 0.6 m，目光与玻璃面垂直进行观察。

(二) 釉面玻璃

釉面玻璃是一种饰面玻璃（图 3－54）。它是在浮法玻璃的表面喷涂或印刷一层半透明或不透明的彩色釉料，在焙烧炉中加热到色釉的熔融温度，使色釉与玻璃表面牢固地黏结在一起，经过退火或者加热钢化等不同处理方式后制成的玻璃产品。采用的喷涂玻璃原片有普通平板玻璃、压延玻璃、磨光玻璃或者玻璃砖等。彩色釉面玻璃具有比普通浮法玻璃高数倍的强度和良好的耐热性，它具有耐酸、耐碱、透视等特性。可以用在建筑物的内外墙装饰，不受大气侵蚀，还具有色彩多样、耐磨和不吸水等特点，也可用于防污要求较高部位的装修。彩色釉面玻璃可安装在建筑物的外墙上，如窗与窗之间的外窗，从而衬托和美化建筑物幕墙的色彩。同时，也可提高建筑物的隔热保温性能，节省能源消耗。

图 3－54 釉面玻璃

除此之外，釉面玻璃还可以用于室内装潢，如室内隔墙可以采用不透明或半透明的彩色图案釉面玻璃，使之与墙面或家具色彩相衬，将房间营造出温馨、雅静等种种氛围。

(三) 镜面玻璃

镜面玻璃又称高级银镜玻璃，是采用现代先进制镜技术，选择特级浮法玻璃为原片，经镀银、敏化、镀铜、涂保护漆等一系列工序制成的。其特点是成像纯正、反射率高、色泽还原度好，影像亮丽自然，即使在潮湿环境中也经久耐用，是铝镜的换代产品（图 3－55）。其使用范围也大大超出了铝镜产品。

图 3－55 镜面玻璃

(四) 冰花玻璃

冰花玻璃是一种利用平板玻璃经特殊处理形成具有形似自然冰花纹理的玻璃。冰花玻璃对通过的光线有漫射作用，作为门窗玻璃，犹如蒙上一层纱帘，看不清室内的景物，却有着良好的透光性能，起到很好的装饰效果。冰花玻璃可用无色平板玻璃制造，也可用茶色、蓝色、绿色等彩色玻璃制造。其装饰效果优于压花玻璃，给人以清新之感，是一种新型的室内装饰玻璃。目前最大规格尺寸为 2 400 mm × 1 800 mm。

(1) 特点：冰花花纹清新自然，晶莹剔透，立体感强，装饰效果强烈。

(2) 用途：可用于宾馆、酒店、茶楼、快餐店和住宅等场所的门窗、屏风、隔断等处的装饰，还可用作灯具、工艺品的装饰玻璃（图 3－56）。

（五）玻璃砖

图 3－56　冰花玻璃

玻璃砖又称特厚玻璃，分为实心砖和空心砖两种。实心玻璃砖是用熔融玻璃采用机械模压制成的矩形块状制品（图 3－57）。空心玻璃砖是由两个半块玻璃砖坯组合而成，具有中间空腔的玻璃制品，周边密封，空腔内有干燥空气并存在微负压，砖内外可以压铸出多种样式的条纹（图 3－58）。按内部结构分类，空心玻璃砖可分为单空腔和双空腔两类，后者在空腔中间有一道玻璃肋。空心玻璃砖具有较高的隔热、隔音性，能控光、防结露和减少灰尘透过。空心玻璃砖有115 mm、145 mm、240 mm、300 mm 等规格，可以用彩色玻璃制作，也可以在其内腔用透明涂料涂饰。空心玻璃砖的容重较低（800 N/m^3）。导热系数较低［0.46 W/（m·K）］，有足够的透光率（50%～60%）和散射率（25%）。其内腔制成不同花纹，可以使外来光线扩散或使其向指定方向折射，具有特殊的光学特性。

图 3－57　实心玻璃砖

图 3－58　空心玻璃砖

玻璃砖是一种较高档的装饰材料，可用作写字间、办公楼、宾馆和别墅等建筑物内部隔断、门厅、柱子和吧台等不承受负荷的墙面装饰，也可用于建造透光隔墙、淋浴隔断、楼梯间、门厅、通道等和需要控制透光、眩光和阳光直射的场合。玻璃砖除成型方法不同外，其制作工艺基本和平板玻璃一样。

（六）玻璃马赛克

玻璃马赛克又称玻璃锦砖或玻璃纸皮砖，是一种小规格的彩色饰面玻璃（图 3－59）。玻璃马赛克是将长度不超过 45 mm 的各种颜色和形状的玻璃质小块铺贴在纸上而制成的一种装饰材料。它与陶瓷锦砖的主要区别是：玻璃质结构，呈乳浊状或半乳浊状，内含少量气污和未熔颗粒；单块产品断面呈楔形，背面有锯齿状或阶梯状的沟纹，以便粘贴牢固。颜色有红、蓝、黄、白、黑等几十种，主要包括彩色玻璃马赛克和压延法玻璃马赛克，可分为透明、半透明和不透明三种，还有带金色、银色斑点或条纹的。常用作办公楼、礼堂、医院和住宅等建筑物内外墙面装饰，能镶嵌出各种艺术图案和大型壁画，也可用于厨房、浴室和卫生间的地面装饰。玻璃马赛克的特点：

图 3－59 玻璃马赛克

1. 色泽绚丽多彩，典雅美观

赤、橙、黄、绿、青、蓝、紫诸色彩兼备，用户可根据不同的需要进行选择。特别是近年生产的金星玻璃马赛克产品，除了具有普通马赛克的特点外，还能随外界光线的变化映出不同的色彩，恰似金星闪烁，璀璨耀眼。不同色彩图案的马赛克可以组合拼装成各色壁画，装饰效果十分理想。

2. 质地坚硬，性能稳定

玻璃马赛克具有耐热、耐寒、耐候、耐酸碱等性能。由于玻璃马赛克的断面比普通陶瓷有所改进，黏结较好，不易脱落，耐久性较好。因而不变色、不积尘、容重轻、黏结牢、经久常新；并且其价格较低，施工也较为方便。

3. 施工方便

玻璃马赛克减少了材料堆放，减轻了工人的劳动强度，施工效率提高。

玻璃马赛克的技术性能要求应符合国家标准《玻璃锦砖》（GB/T 7697—1996）的规定。

（七）彩绘玻璃

彩绘玻璃也称喷绘玻璃。彩绘玻璃是一种应用广泛的高档玻璃。它是用特殊颜料直接着色于玻璃，或者在玻璃上喷雕成各种图案再加上色彩制成的，可逼真地复制原画，而且画膜附着力强、耐候性好，可进行擦洗。根据室内彩度的需要，选用彩绘玻璃可将绘画、色彩、灯光融于一体。如将山水、风景、滨海、丛林等画用于门庭、中厅，可将自然的生机与活力引入室内，给人以自然的美感体验（图 3－60）。

图 3－60 彩绘玻璃

（八）镶嵌玻璃

由各种优质金属嵌条、中空玻璃密封胶、钢化玻璃、浮法玻璃和彩色玻璃，经过雕刻、磨削、碾磨、焊接、清洗、干燥、密封等工艺制造的高档艺术镶嵌玻璃，广泛应用于家庭、宾馆、饭店和娱乐场所，如图 3－61 所示。

图 3－61　镶嵌玻璃

1. 特性

（1）样式新颖别致。

（2）隔热、隔音保暖。

（3）抗氧化，并具极强的抗撞击性。

（4）温差大，不挂霜。

2. 用途

镶嵌玻璃可用于艺术门、窗、隔断、屏风等高档装饰。

3. 重要的镶嵌材料

（1）金属条。铜条、锌条（含发黑锌条）、铅条等。

（2）密封材料。史维高胶条、超级胶条及进口高级玻璃密封胶。

（3）玻璃。一级（制镜级）浮法玻璃及各类国产或进口的压花玻璃、浮法玻璃、斜纹玻璃，各种花型的磨边玻璃，优质钢化玻璃。

（九）热熔玻璃

热熔玻璃又称水晶立体艺术玻璃，是目前开始在装饰行业中出现的新家族。热熔玻璃源于西方国家，近几年进入我国。以前，我国市场上均为国外产品，现在国内已有玻璃厂家引进国外热熔炉生产的产品。热熔玻璃以其独特的装饰效果成为设计单位、玻璃加工业主、装饰装潢业主关注的焦点。热熔玻璃跨越现有的玻璃形态，充分发挥了设计者和加工者的艺术构思，把现代或古典的艺术形态融入玻璃之中，使平板玻璃加工出各种凹凸有致、彩色各异的艺术效果，如图 3－62 所示。

热熔玻璃产品种类较多，目前已经有热熔玻璃砖、门窗用热熔玻璃、大型墙体嵌入玻璃、隔断玻璃、一体式卫浴玻璃洗脸盆、成品镜边框、玻璃艺术品等，其应用范围因其独特的玻璃材质和艺术效果而十分广泛。热熔玻璃是采用特制热熔炉，以平板玻璃和无机色料等作为主要原料，设定特定的加热程序和退火曲线，在加热到玻璃软化点以上，经特制成型模模压成型后退火而成。必要的话，再进行雕刻、钻孔、修裁等后道工序加工。

（十）乳白玻璃

乳白玻璃是含有高分散晶体的白色半透明玻璃，又称乳浊玻璃。由于晶粒的折射不

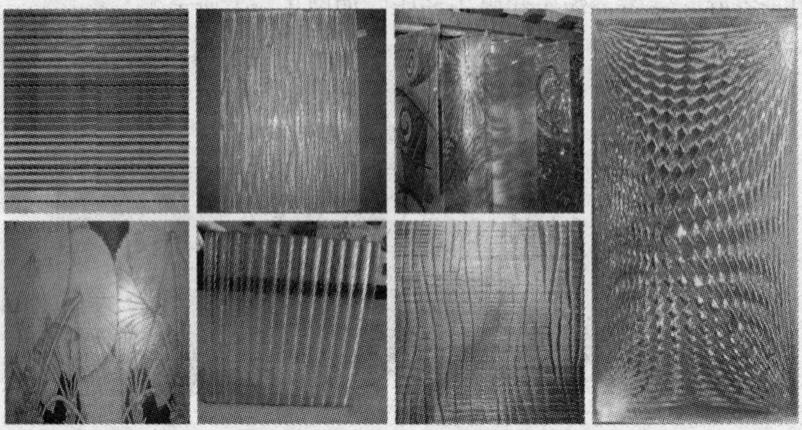

图3－62 热熔玻璃

同，在光线照射下使玻璃呈现乳浊。乳浊程度取决于析出晶粒的分散度以及晶粒与主体玻璃之间的折射率。一般适用于室内玻璃隔断、屋顶灯箱、灯具等，如图3－63所示。

图3－63 乳白玻璃灯罩

（十一）磨（喷）砂玻璃

1. 磨砂玻璃

磨砂玻璃又称为毛玻璃，它是将平板玻璃的表面经机械喷砂、手工研磨或用氢氟酸溶蚀等方法处理成均匀毛面，在普通平板玻璃上面再磨砂加工而成。厚度多在9 mm以下，以5 mm、6 mm厚居多。由于表面粗糙，只能透光而不能透视，多用于不受干扰或有私密性需要的房间，如浴室、卫生间和办公室的门窗等，也可用作黑板、灯具等（图3－64）。

图3－64 磨砂玻璃

（1）特点。加工工艺简单，可在工厂预制，也可在现场加工制作；由于毛玻璃表面粗糙，使光线发生漫射，具有透光不透视特点，可以起到私密保护的作用；玻璃质感简洁、雅致，同时使室内光线柔和，不刺目。

（2）用途。与压花玻璃相类似，适用于有透光不透视要求的私密空间门窗、隔断等，如卫生间、浴室等；也可用于衣橱、书柜等家具用品的推拉门。作为办公室等场所门窗玻璃时，应注意将毛面朝向室内，以便于清洗和使室内光线柔和；作为卫生间、浴室门窗玻璃使用时应将其毛面朝外，以避免淋湿或沾水后透明。

2. 喷砂玻璃

喷砂玻璃包括喷花玻璃和砂雕玻璃。它是经自动水平喷砂机或立式喷砂机在玻璃上加工成水平或凹雕图案的玻璃产品，也可在图案上加上色彩称为“喷绘玻璃”，或与电脑刻花机配合使用，深雕浅刻，形成光彩夺目、栩栩如生的艺术精品。喷砂玻璃用高科技工艺使平面玻璃的表面造成侵蚀，从而形成半透明的雾面效果，具有一种朦胧的美感。性能基本上与磨砂玻璃相似，不同的是改磨砂为喷砂。在居室的装修中，主要用在表现界定区域却互不封闭的地方，如在餐厅与客厅之间，可用喷砂玻璃制成一道精美的屏风，如图 3 – 65 所示。

图 3 –65　喷砂玻璃隔断

（十二）烤漆玻璃

烤漆玻璃是在浮法玻璃的表面，经过一系列的加工后呈现不同色彩的一种装饰玻璃，如图 3 – 66 所示。烤漆玻璃主要应用于墙面、背景墙的装饰，并且适用于任何场所的室内外装饰。烤漆玻璃具有极强的装饰效果和良好的市场前景。

图 3 –66　烤漆玻璃

烤漆玻璃具有装饰性、耐水性、耐酸碱性、耐候性等特性。

（1）装饰性。烤漆玻璃具有超强的装饰性，绚丽鲜艳的颜色无论是应用在室内还是室外，在视觉上都会让人觉得耳目一新。

（2）耐水性。烤漆玻璃的漆面具有防水性能，无论在水中浸泡多久，漆面都始终如一，不会褪掉。

（3）耐酸碱性。烤漆玻璃不会受到酸碱的侵蚀，这是普通装饰玻璃无法做到的。

（4）耐候性。烤漆玻璃不受环境以及地域的影响，一年四季都可以保证良好的装饰性。

四、节能玻璃

目前，建筑能耗占总能耗的比例将要超越工业、交通、农业等其他行业，成为能耗的首位，建筑节能已成为提高全社会能源利用效率的首要方面。新型环保多功能节能玻璃的开发和利用，对建筑节能有着积极的意义。

（一）吸热玻璃

吸热玻璃是能吸收大量红外线辐射并保持较高可见光透过率的平板玻璃。生产吸热玻璃的方法有两种：一种是在普通钠钙硅酸盐玻璃的原料中加入一定量的有吸热性能的着色剂；另一种是在平板玻璃表面喷镀一层或多层金属或金属氧化物薄膜。

吸热玻璃有灰色、茶色、蓝色、绿色、古铜色、青铜色、粉红色和金黄色等。我国目前主要生产前三种颜色的吸热玻璃。厚度有 2 mm、3 mm、5 mm、6 mm 四种。吸热玻璃还可以进一步加工制成磨光、钢化、夹层或中空玻璃。

吸热玻璃具有如下特点。

（1）吸收太阳光辐射。6 mm 蓝色吸热玻璃能挡住50%左右的太阳辐射能。普通玻璃及蓝色吸热玻璃的太阳能透热率见表3－29。

表3－29 普通玻璃及吸热玻璃的热工性能比较

品种	透过热值/（W/m^2）	透热率/%
空气（暴露空间）	879	100
普通玻璃（3 mm）	726	82.56
普通玻璃（6 mm）	663	75.53
蓝色吸热玻璃（3 mm）	551	62.70
蓝色吸热玻璃（6 mm）	423	49.20

（2）吸收可见光。6 mm 普通玻璃可见光透过率为78%，同样厚度的古铜色玻璃仅为26%。吸热玻璃能使刺目的阳光变得柔和，起到反眩作用。特别是在炎热的夏天，能有效地改善室内光照，使人感到舒适凉爽。

（3）吸收太阳光中的紫外线。能有效减轻紫外线对人体和室内物品的损害。特别是有机材料，如塑料和家具油漆等，在紫外线作用下易产生老化及褪色。

（4）具有一定的透明度。能清晰地观察室外的景物。

（二）热反射玻璃

热反射玻璃就是通常所说的镀膜玻璃。热反射玻璃对太阳辐射能具有较高反射能力而又保持良好透光性。通常在玻璃表面镀一至三层膜组成。其遮阳系数 SC 为0.2～0.6。镀膜玻璃就是在玻璃表面涂敷一层金属、合金或金属氧化物，使玻璃呈现出不同色彩，如图3－67所示。

图3－67 镀膜玻璃

由于膜层强度较差，镀膜玻璃一般都制成中空玻璃。由于镀膜玻璃表面镀了一层薄膜，所以能改变玻璃对太阳辐射的反射率和吸收率，保持需要可见光的透光率，减少进入室内的太阳辐射，提高远红外线的反射率，减少室内热量的散失。用于装饰时，玻璃表面可反映周围的景物，衬托出蓝天白云，可以节约空调的能耗和费用。

资源的紧缩，污染的恶化，温室效应的出现，使人类开始越来越自觉地审视自身的行为，对赖以生存的环境更加重视。资源的可持续生产，物质世界的循环再利用成为21世纪必须解决的重要问题。大多数的建筑能耗是通过窗玻璃外散的，镀膜玻璃节能、高效，可以控制太阳光辐射、光线的透入程度，以及热量的传导，是倡导绿色环保节能的必要建筑材料。节能降耗的镀膜玻璃的广泛应用，在倡导绿色可持续发展的今天，有着不可忽视的重要意义。

1. 分类

热反射玻璃从颜色上分有灰色、青铜色、茶色、金色、浅蓝色、棕色、古铜色和褐色等，从性能结构上分有热反射、减反射、中空热反射、夹层热反射玻璃等。

2. 性能特点

（1）对太阳辐射热有较强的反射能力。普通平板玻璃的辐射热反射率为7%～8%，而热反射玻璃可达30%左右。

（2）具有单向透像的特性。热反射玻璃表面的金属膜极薄，使它在迎光面具有镜子的特性，而在背光面则又像窗玻璃那样透明。当人们站在镀膜玻璃幕墙建筑物前，展现在眼前的是一幅连续的反映周围景色的画面，却看不到室内的景象，对建筑物内部起到遮蔽及帷幕的作用，因此建筑物内可不设窗帘。但当进入内部时，人们看到的是内部装饰与外部景色融合在一起，形成一个无限开阔的空间。由于热反射玻璃具有以上两种可贵的特性，它为建筑设计的创新和立面设计的灵活性提供了优异的条件。

（三）低辐射镀膜玻璃

低辐射镀膜玻璃是镀膜玻璃的一种。低辐射镀膜玻璃又称LOW－E玻璃。

LOW－E玻璃是镀膜玻璃家族中重要的一员，是在优质的浮法玻璃基片表面上用磁控溅射的方法，镀制一至多层特殊的金属或金属氧化物、金属氮化物薄膜，由此形成各种视觉效果和具有不同光学和热学性能特点的镀膜玻璃，如图3－68所示。该产品集装饰、控制光线、调节热量、节约能源、改善环境等多种功能为一体。

图3－68　低辐射镀膜玻璃

太阳光的热能主要是可见光热（短波热）和不可见光热（长波热，即红外线），可见光占46%，红外线占52%，另有2%为紫外线。

夏天，LOW－E玻璃可以令可见光热（阳光）注入室内，同时把外部的不可见光热（红外辐射热）阻挡在外；冬天，LOW－E玻璃则可以使可见光热传递到内部，同时把室内的不可见光热反射回室内，极好地保持了室内温度。不仅提高了空调的效用，使热能不易流失，同时保持了光线的充足介入，不影响正常的采光功能。

LOW－E玻璃不仅具有较好的透光率、安全性、隔音性和舒适性，而且具有防雾功能，即便室内外温差大也不容易结雾。

1. 性能特点

（1）热学性能。具有良好的夏季隔热、冬季保温的特性，能有效地降低能耗。

（2）美学性能。膜层均匀、色彩丰富、有极佳的装饰效果。

（3）具有隐形性能或单向透视功能。由于膜层的反射率高，人在室外1 m远的地方便看不到室内的人或物，室内的人却可以清楚地看到室外景物。

2. 种类

LOW－E玻璃主要有高透型LOW－E玻璃、遮阳型LOW－E玻璃、双银型LOW－E

玻璃、可钢化型 LOW－E 玻璃等。产品颜色有无色透明、海洋蓝、浅蓝、翡翠绿、金色等几十种，能满足各种建筑物的不同需求。

（四）中空玻璃

中空玻璃由两层或两层以上普通平板玻璃构成。四周用高强度、高气密性复合胶黏剂，将两片或多片玻璃与密封条、玻璃条密封，中间充入干燥气体，框内充以干燥剂，以保证玻璃片之间空气的干燥度。其特性，因留有一定的空腔，从而具有良好的保温、隔热、隔音等性能。主要用于采暖、空调、消音设施的外层玻璃装饰。其光学性能、导热系数、隔音系数均应符合国家标准。高性能中空玻璃除在两层玻璃之间封入干燥空气之外，还要在外侧玻璃中间空气层侧，涂上一层热性能好的特殊金属膜，它可以阻隔太阳光中的紫外线射入到室内的能量，如图 3－69 所示。

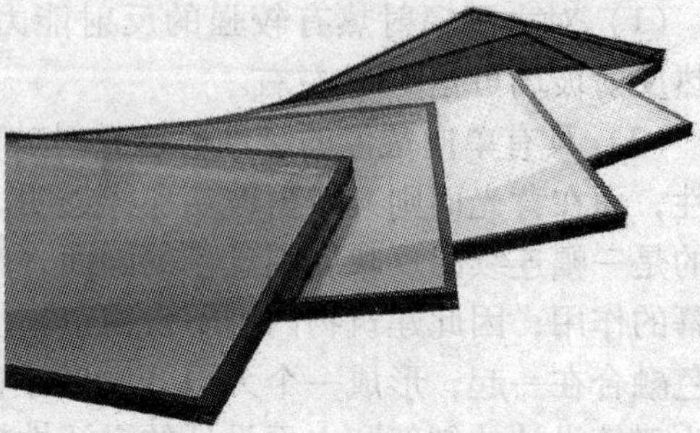

图 3－69 镀膜中空玻璃

中空玻璃具有隔音、隔热、节能、保温、防寒、防霜露、降低辐射的特点，主要用于宾馆、饭店、医院，以及室内需要恒温、恒湿和隔音条件的空间。双层中空玻璃常用规格见表 3－30。中空玻璃、单片玻璃以及其他墙体材料的传热系数见表 3－31。

表 3－30 双层中空玻璃常用规格

种类/mm	构造		尺寸/mm	质量/（kg/m²）
	玻璃厚度/mm × 片数	空气层厚/mm		
10 厚单层中空玻璃	2 厚钢化玻璃 ×2	6	500 ×400	10.5
12 厚单层中空玻璃	3 厚钢化玻璃 ×2	6	1 200 ×600	15.5
	3 厚普通玻璃 ×2	6	900 ×600	15.5
14 厚单层中空玻璃	4 厚钢化玻璃 ×2	6	1 633 ×1 100	20.5
	4 厚普通玻璃 ×2	6	1 300 ×900	20.5
16 厚单层中空玻璃	5 厚钢化玻璃 ×2	6	1 700 ×900	25.5
	5 厚普通玻璃 ×2	6	1 500 ×900	25.5
22 厚单层中空玻璃	5 厚钢化玻璃 ×2	12	1 600 ×1 100	25.8

表 3－31 中空玻璃、单片玻璃以及其他墙体材料的传热系数

材质名称	传热系数/（W/m² · K）	厚度/mm
中空玻璃	3.59	3 + A6 + 3
中空玻璃	3.22	3 + A12 + 3
中空玻璃	3.17	3 + A12 + 5
单片平板玻璃	6.84	3
单片平板玻璃	6.72	5

续表

材质名称	传热系数/（$W/m^2 \cdot K$）	厚度/mm
单片平板玻璃	6.69	6
混凝土墙	3.26	100
木板	2.67	20
砖墙	2.09	270

（五）光致变色玻璃

光致变色玻璃是在玻璃基料中加入感光剂卤化银或在玻璃与有机层中加入钼和钨的感光化合物，又称为光敏玻璃，变色玻璃。光致变色玻璃的装饰特性是玻璃的颜色和透光度随日照强度自动变化。日照强度高，玻璃的颜色深，透光率低；反之，日照强度低，玻璃的颜色浅，透光率高。用光致变色玻璃装饰建筑物，可使室内光线柔和、色彩多变；建筑物色彩斑斓，变幻莫测，与建筑物的日照环境协调一致，一般用于建筑物幕墙等，如图 3－70 所示。

图 3－70　光致变色玻璃

（六）泡沫玻璃

泡沫玻璃是一种以玻璃碎屑为原料，经发泡炉发泡后脱模退火而成的一种多孔轻质玻璃，如图 3－71 所示。其孔隙率可达 80%～90%，气孔多为封闭型，孔径一般为 0.1～5.0 mm。具有防火、防水、无毒、耐腐蚀、防蛀、不老化、无放射性、绝缘、防电磁波、防静电、机械强度高，与各类泥浆黏结性好的特性，是一种性能稳定的建筑外墙和屋面隔热、隔音、防水材料。泡沫玻璃可以运用于烟道、窑炉和冷库的保温工程，各种气、液、油输送管道的隔热、防水、防火工程，以及地铁、图书馆、写字楼、歌剧院、影院等各种需要隔音、隔热设备的场所。

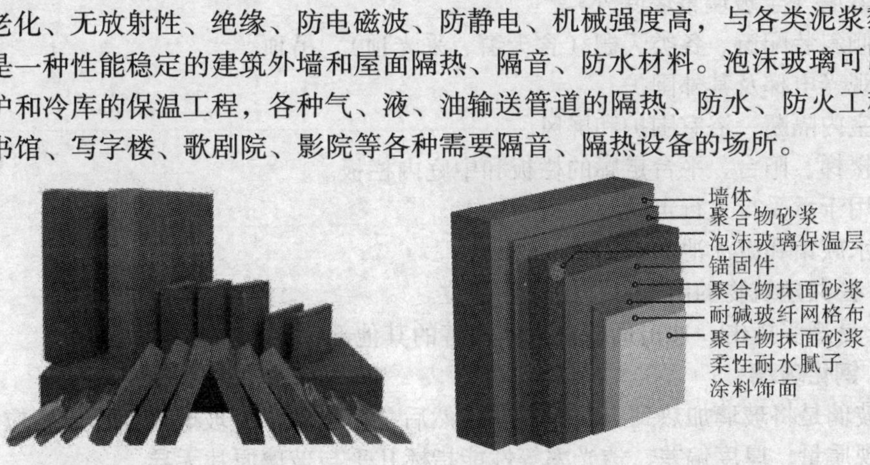

图 3－71　泡沫玻璃

（七）自发光玻璃

自发光玻璃是 EVA 结构的夹胶玻璃，原料玻璃为清玻璃，中间所夹的原料为自发光物体。它在亮处吸光，暗处发光。能吸收日光、灯光、环境杂散光等各种可见光，在黑暗处即可自动持续发光，给人们在黑暗中以更多的信息指示。无须电源，无毒、无放射性、化学性能稳定。激发条件低，阳光、普通照明光、环境杂散光都可作为激发光源。发光亮度高，发光时间长，远远超过消防疏散的要求，如图 3－72 所示。

图 3－72　自发光玻璃

五、安全玻璃

在人们的传统记忆中，玻璃是脆性材料，总是与易碎联系在一起。虽然它的抗压强度与许多石材相比均有过之而无不及，但是在冲击力和剪切力的作用下，便很容易裂成碎片。随着玻璃在屋顶及交通工具中的广泛应用，既要满足特殊质感的追求又要满足安全性能的客观要求成为当今人们急需解决的问题。皮尔金顿兄弟于 1896 年将金属丝网置于玻璃中，制造出了采光屋顶，是夹丝安全玻璃的最早形式。随着技术的不断发展，安全玻璃定义下的玻璃种类不断增多，譬如现在的钢化玻璃、夹层玻璃、双层钢化夹胶玻璃等。

2003 年，中华人民共和国国家发展和改革委员会和建设部联合发布的《建筑安全玻璃管理规定》中要求建筑物需要以玻璃作为建筑材料的下列部位必须使用安全玻璃：

（1）7 层及 7 层以上建筑物外开窗。

（2）面积大于 1.5 m^2 的窗玻璃或玻璃底边离最终装修面小于 500 mm 的落地窗。

（3）幕墙（全玻璃幕墙除外）。

（4）倾斜装配窗、各类天棚（含天窗、采光顶）、吊顶。

（5）观光电梯及其外围护。

（6）室内隔断、浴室围护和屏风。

（7）楼梯、阳台、平台走廊的栏板和中庭内栏板。

（8）用于承受行人行走的地面板。

（9）水族馆和游泳池的观察窗、观察孔。

（10）公共建筑物的出入口、门厅等部位。

（11）易遭受撞击、冲击而造成人体伤害的其他部位。

（一）钢化玻璃

钢化玻璃是将玻璃加热到 700 ℃左右，然后急速冷却，使玻璃表面形成压应力而制成的。其外观质量、厚度偏差、透光率等性能指标几乎与玻璃原片无异。

钢化玻璃是普通平板玻璃经过再加工处理而成的一种预应力玻璃。钢化玻璃相对于普通平板玻璃来说，具有两大特征：

（1）强度是普通平板玻璃的数倍，抗拉强度是普通平板玻璃的 3 倍以上，抗冲击强度是普通平板玻璃的 5 倍以上。

（2）不容易破碎，即使破碎也会以无锐角的颗粒形式碎裂，大大降低了对人体的伤害。

（二）弯钢化玻璃、热弯玻璃

普通热弯玻璃是将浮法玻璃原片加热至软化温度后，靠玻璃自重或外界作用力将玻璃弯曲成型并经自然冷却而成的玻璃成品。弯钢化玻璃是将普通玻璃根据一定的弯曲半径通过加热、急冷处理后，由于表面强度成倍增加，使玻璃原有平面形成曲面的安全玻璃。

1. 规格

弯钢化玻璃加工规格见表3－3，热弯玻璃加工规格表3－33。

表3－32　弯钢化玻璃加工规格　　（单位：mm）

加工最大尺寸	加工最小尺寸	加工厚度	最小弯曲半径	最大拱高
2 540×4 600	600×300	5～19	800（5～6 mm厚）	700

表3－33　热弯玻璃加工规格　　（单位：mm）

加工最大尺寸	加工厚度
3 000×6 000、弧长圆心角<90°	4～19

2. 特性和用途

（1）热弯玻璃的特点。曲面形状中间无连接驳口，线条优美，达到整体和谐的意境。可根据要求做成各种不规则弯曲面，如图3－73所示。

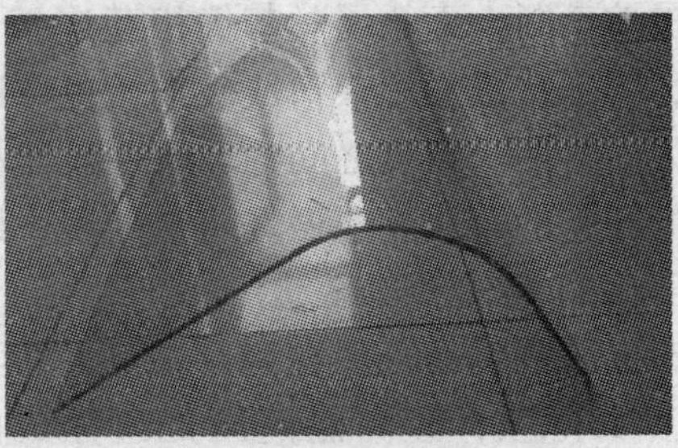

图3－73　热弯玻璃

（2）弯钢化玻璃的特点。破碎后呈类似蜂窝状的小钝角颗粒，对人体不会造成重大伤害，具有安全性。强度一般是普通玻璃的4～5倍，具有高强度。具有良好的热稳定性，能承受的温度是普通玻璃的3倍，可承受300 ℃温差变化。曲面形状中间无连接驳口，能满足建筑业对玻璃外形艺术美的追求。

（3）应用领域。热弯玻璃多用于家具、橱柜、双曲面及锥体形建筑。弯钢化玻璃多应用于弧面造型玻璃幕墙、采光天棚、观光电梯、室内弧形玻璃隔断、玻璃护栏、室内装饰、家具等。

（三）夹丝玻璃

夹丝玻璃又称防碎玻璃。它是将普通平板玻璃加热到红热软化状态时，再将预热处理过的铁丝或铁丝网压入玻璃中间而制成的一种玻璃产品，如图3－74所示。它的特性是抗折强度高，抗冲击能力强，耐温度剧变的性能比普通玻璃好，并且防火性能优越，可遮挡火焰，高温燃烧时不炸裂，破碎时不会造成碎片伤人。另外玻璃割破后有铁丝网阻挡，还有防盗功能。适用于公共建筑的走廊、防火门、楼梯、厂房天窗及各种采光屋顶等。

1. 夹丝玻璃的特性

（1）安全性好。夹丝玻璃由于钢丝网的骨架作用，不仅提高了玻璃的强度，而且抗冲击能力和抗温度骤变能力也得到提高。玻璃破裂后由于钢丝的拉扯作用，玻璃破碎不致脱落，不会对人体造成伤害。

（2）有一定的防火性。夹丝玻璃遇火炸裂后，由于钢丝网的作用，玻璃仍能保持固定，隔绝火焰，故可起到一定的防火作用。此外，夹丝玻璃外表具有朦胧细腻的花纹，内部有银亮有序的丝网，构成了独特的装饰功能，但在一定程度上也影响了透光性。

图 3－74　夹丝玻璃

2. 夹丝玻璃的应用

夹丝玻璃适用于对防火、防暴（坠落）、防震及采光隐蔽和装饰等多需求于一体的各类公共及个人场所，如公共建筑的走廊、防火门、楼梯、工业厂房天窗及各种采光屋顶等。

夹丝玻璃可以切割，但当切割时玻璃已断，而金属丝却仍相互连接，需反复弯折多次才能掰断。玻璃切口边缘相互挤压，容易造成微小缺口或破损。也可以采用双刀切法，即用玻璃刀相距 5～10 mm 平行切两刀，将两个刀痕之间的玻璃用锐器小心敲碎，然后用剪刀剪断金属丝，将玻璃分开。断口处裸露的金属丝要做好防锈处理，以免金属丝锈蚀后体积膨胀引进玻璃“锈裂”。

（四）夹胶玻璃

夹胶玻璃是一种在两片或多片玻璃之间夹以 PVB 薄膜，经高温高压处理而成的一种玻璃。它可由高级浮法玻璃、各色镀膜玻璃、钢化玻璃、热增强玻璃、热弯玻璃等制成，如图 3－75 所示。其特点是遇重力撞击破裂时，碎片被强韧的中间膜胶结，不会飞溅，且破裂后，不易被异物穿透，可以减少玻璃碎片对人身和财产的伤害。它具有透明、机械强度高、防紫外线、隔热、隔音、防弹、防暴等特性，并有耐光、耐热、耐湿、耐寒、隔音等特殊功能。夹胶玻璃还可起到降低噪声、节约能源、有效吸收太阳光中的紫外线，防止室内设施褪色的作用。可广泛用于防弹、防盗、橱窗、柜台、水族馆天窗、长廊、汽车及窗玻璃等方面。

图 3－75　夹胶玻璃

夹胶玻璃的厚度一般为 6～10 mm，规格为 800 mm × 1 000 mm、850 mm × 1 800 mm。

（五）钛化玻璃

钛化玻璃也称永不碎铁甲箔膜玻璃，是将钛金箔膜紧贴在任意一种玻璃基材之上，使之结合成一体的新型玻璃。钛化玻璃具有高抗碎能力，高防热及防紫外线等功能。不同的基材玻璃与不同的钛金箔膜，可组合成不同色泽、不同性能、不同规格的钛化玻璃。钛化玻璃常见的颜色有无色透明、茶色、茶色反光、铜色反光等。

（六）防弹玻璃

防弹玻璃是一种对枪弹具有特定阻挡能力的由多层玻璃和胶片组成的特殊玻璃，可以达到阻挡子弹穿透以及碎片飞溅伤人的目的。防弹玻璃实际上是夹层玻璃的一种，它由多层玻璃和胶片叠合制成，总厚度一般在 20 mm 以上，要求较高的防弹玻璃总厚度可以达到 50 mm 以上。防弹效果与防弹玻璃的结构因素有关。防弹玻璃的总厚度与防弹效果成正比。防弹玻璃结构中的胶片厚度与防弹效果有关，如 1.52 mm 胶片的防弹效果优于 0.76 mm 胶片的。防弹效果与玻璃强度有关，采用钢化玻璃制作的防弹玻璃，其防弹效果优于普通玻璃制作的防弹玻璃。防弹玻璃的使用安全效果主要有两个判断标准，第一是子弹不得贯穿，若贯穿即丧失了对子弹的阻挡作用；第二是玻璃背面不能掉渣，因为碎渣的飞溅也可能伤及人身。防弹玻璃广泛适用于银行、珠宝金行柜台、运钞车以及其他有特殊安全防范要求的区域。

六、新型玻璃

（一）微晶玻璃

微晶玻璃又称为玻璃陶瓷，微晶体结构是由结晶相和玻璃相组成的，质地致密均匀、无气孔、不透气、不吸水。由于晶化，机械强度高于玻璃、陶瓷和天然石材，能作为建筑物内墙贴面、墙基贴面、分隔墙和屋顶等墙面装饰，也可用于地面、电梯内部和路面标志等交通频繁区域，可代替贵重石材、不锈钢和有色金属等建筑材料，如图 3－76 所示。外观豪华，光洁如镜，优美典雅，是当今流行的一种新型高档装饰材料。

图 3－76　微晶玻璃

（二）聚晶玻璃

聚晶玻璃具有独特的视觉效果，颜色和光泽度好。它有良好的防潮性、抗腐性、抗酸性、抗碱性及耐热性，玻璃背面层无须保养可永久耐潮湿。聚晶工艺能在同一面板上做成几种不同颜色，也可通过热弯造成曲折及半圆形，并可进行钢化处理，增加安全性能，如图 3－77 所示。

图 3－77　聚晶玻璃

聚晶玻璃可部分用来代替花岗岩、大理石等，也可与陶瓷砖、云石、花岗岩、镜子、织物、木板、油漆等一同使用。聚晶玻璃适合垂直及水平横线装饰用途，如墙体表面、厨房、浴室出入口处、楼梯间、大堂砌图点缀、桌台表面装饰，以及招牌、屏风、壁炉、直柱周围的装饰。

（三）玻璃百叶窗

在众人的眼中，百叶窗与玻璃几乎是绝缘的，这样的惯性思维缘于对玻璃特质的单纯认识。玻璃是透光的，而百叶窗的功能却主要在于遮光。而新型实用性设计——玻璃百叶窗，以创新的模式，将二者的完美结合变成了事实，如图3－78所示。

图3－78 玻璃百叶窗

玻璃百叶窗的百叶片是用镀膜或磨砂玻璃制成的，典雅大方，比普通百叶窗的遮阳性能好，也更舒适、自然。玻璃百叶窗的密封性能好（可以不留缝隙），通风量大（玻璃百叶片比其他材质的百叶片规格大），耐用，易清理，安全性能佳，对气流的控制及对风量、风向的调节也较普通百叶窗灵活。

（四）LED玻璃砖灯

玻璃砖加上LED功能，可以营造出光彩夺目的灯光效果，可取代传统的照明灯，也可作为隔墙，增强空间动感，如图3－79所示。

图3－79 LED玻璃砖灯

此外，还可利用反射错觉，制造无限深度的视觉感受，展现全新趣味。LED玻璃砖灯就是希望能将这样的全彩变化带进居家的、商业的环境中，搭配控制器后，不管是光彩夺目的闪耀效果，还是亮丽平顺的渐变光源，都可以增加环境与人的互动感。

LED光源镶嵌在平面玻璃砖中，使墙面、柜面晶莹剔透、满壁生辉，如同水晶皇宫。

（五）电致变色玻璃

电致变色玻璃是两层玻璃之间夹有液晶材料，在电场的控制下，液晶的排列方向发生变化，达到玻璃的透明与不透明的光相调节的目的。其装饰特性是玻璃的透明与否随着人的意志而定，人可随时改变室内光环境和建筑的色彩与外观。电致变色玻璃窗可在施加电压时变暗，去掉电压时变成透明。相当于装有电控装置的窗帘一样，非常隐蔽。切断电源，呈现磨砂玻璃状态，避免拉窗帘的麻烦，如图3－80所示。电致变色窗户也可以调节为不同的可见度。主要用于保密场所，也适用于广告牌、显示屏、门窗、室内隔断。

电致变色窗户也是在两块玻璃之间夹入特定材料制成的。一个基本的电致变色窗户系统内部的材料排列顺序是：玻璃或塑料板、导电氧化物、电致变色层，如氧化钨、离子导体/电解液、离子库、另一层导电氧化物、另一块玻璃或塑料板。

图 3-80　电致变色玻璃

（六）镭射玻璃

镭射玻璃是一种国际上十分流行的新型建筑装饰材料。它以平板玻璃为基材，采用高稳定性的结构材料，将玻璃表面经特殊工艺处理形成光栅，在复色可见光源照射下，呈现出色彩绚丽的七色光束或各种图案，随着光源入射角或视角不同产生五光十色的变幻，具有迷人的浪漫色彩，给人以神奇、华贵和迷人的感受。其绚丽的装饰效果是镭射玻璃其他材料无法比拟的，如图 3-81 所示。

镭射玻璃大体上可分为两类：一类是以普通平板玻璃为基材制成的，主要用于墙面、窗户和顶棚等部位的装饰；另一类是以钢化玻璃为基材制成的，主要用于地面装饰。此外，还有专门用于柱面装饰的曲面镭射玻璃，以及专门用于大面积幕墙的夹层镭射玻璃和镭射玻璃砖等。镭射钢化玻璃地砖的抗冲击、耐磨、硬度等性能均优于大理石，与花岗岩相近。镭射玻璃的耐老化寿命是塑料的 10 倍以上。在正常使用情况下，其寿命大于 50 年。

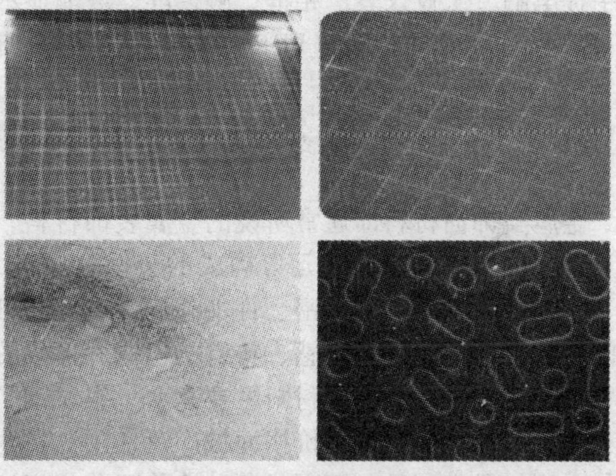

图 3-81　镭射玻璃

目前国内生产的镭射玻璃的最大尺寸为 1 000 mm×2 000 mm。在此范围内有多种产品可供选择，见表 3-34。

表 3-34　镭射玻璃的种类及特性

种类	特点	功能用途
单层无铝箔	背面无复合材料	室内装饰
单层有铝箔	背面复合铝箔	室外装饰
单层镭射玻璃	背面复合 0.5~1.00 mm 圆铝板	建筑外墙装饰
夹层镭射玻璃	多种颜色、半透明、半反射夹层	室外装饰
夹层钢化地砖	多种颜色、半透明、半反射夹层	地面装饰
安全夹层柱面	各种花色图案夹层	圆形柱面装饰

（七）视飘玻璃

视飘玻璃在没有任何外力情况下，玻璃色彩图案会随着观察者视角改变而发生飘动，图案线条清晰流畅，使居室平添一种神秘的动感。视飘玻璃所用的色料是无机玻璃色素，膨胀系数和玻璃基片相近，所以色彩图案与基片结合牢固，无裂缝，不脱落。由于视飘玻璃是在500～680 ℃的高温下，将色素和玻璃基片烧结在一起，所以抗严寒、耐高温和耐风蚀能力强，永不变色，同时能热弯，可钢化，色彩图案丰富新颖，是一种最新的高科技产品，是对其他装饰玻璃只能是静止和无动感的一大突破。

（八）减反射玻璃

在普通玻璃表面镀上增透膜，降低玻璃表面的反射率，称为减反射玻璃。其装饰特性是投射影像清晰，好似没有玻璃的存在。最大限度地体现了玻璃的通透性。这种玻璃适用于临街橱窗、画框玻璃、展柜玻璃等。

减反射玻璃又称防眩玻璃或无反射玻璃，是一种将玻璃表面进行特殊处理的玻璃。其原理是把优质玻璃单面或双面进行工艺处理。使其与普通玻璃相比具有较低的反射比，使光的反射率降低到1%以下，从而降低环境光的干扰，提高画面的清晰度和能见度，减少屏幕反光，使图像更清晰、逼真，让观赏者享受到更佳的视觉效果。减反射玻璃已广泛用于手提电脑、工业仪表、相框、触摸屏、液晶显示器（LCD）、平板电视（CRT）、背投电视（PTV）、等离子电视（PDP）、DLP电视拼接墙等项目。

第五节　金属类饰面材料

金属类饰面材料即通常所说的金属装饰材料，是由一种金属元素构成，或由一种金属元素和其他金属或非金属元素构成的装饰材料的总称。金属装饰材料的优点主要有强度高、塑性好、材质均匀致密、性能稳定、易于加工、视觉效果好等。金属作为装饰材料，其闪亮的光泽、坚硬的质感、特有的色调和挺拔的线条，可使建筑室内外空间美观雅致。

用于建筑装饰的金属材料主要有金、银、钢、铝、铜及其合金，特别是钢和铝合金更以其优良的性能、较低的价格而被广泛使用。在建筑装饰工程中主要使用的是金属材料的板材、型材及其制品。而现代各种涂装工艺的产生和发展，不但改变了金属装饰材料的抗腐蚀能力，而且赋予金属材料以多变的、华丽的外表，更加确立了金属材料在室内外装饰工程中的地位。

各种金属作为建筑装饰材料，有着源远流长的历史。北京颐和园中的铜亭，山东泰山顶上的铜殿，云南昆明的金殿，西藏布达拉宫金碧辉煌的装饰等都是古代使用金属材料的典范。在现代建筑中，金属材料更是以它独特的性能——耐腐蚀、轻盈、高雅、有力度赢得了建筑师的青睐。从高层建筑的金属铝门窗到围墙、栅栏、阳台、入口、柱面等，金属材料无处不在。金属材料从点缀延伸到赋予建筑奇特的效果。如果说世界著名的建筑埃菲尔铁塔是以它的结构特征，创造了举世无双的奇迹，那么中国国家大剧院则是金属的技术与艺术有机结合的典范，是现代建筑史上独具一格的艺术佳作。金属作为一种广泛应用的装饰材料具有永久的生命力。

随着现代科技的不断发展，各种新型的金属装饰材料不断出现，越来越多的装饰手法不断产生，使建筑设计、室内设计、环境景观设计的成果不断地以最新颖、最特别的姿态展现在人们面前。

本节主要介绍金属装饰材料中的装饰钢材、装饰不锈钢、装饰铝合金、装饰用铜、新型金属装饰材料等。

一、金属类概述

（一）金属材料的分类

1. 按材料性质分类

金属装饰材料按材料性质可分为黑色金属装饰材料、有色金属装饰材料、复合金属装饰材料。

（1）黑色金属装饰材料是指铁和铁合金形成的金属装饰材料，如碳钢、合金钢、铸铁、生铁等。

（2）有色金属装饰材料是指铝及铝合金、铜及铜合金、金、银等。

（3）复合金属装饰材料是指金属与非金属复合材料，如塑铝板、不锈钢包覆钢板等。

2. 按装饰部位分类

金属装饰材料按装饰部位可分为金属天花装饰材料、金属墙面装饰材料、金属地面装饰材料、金属外立面装饰材料、金属景观装饰材料及金属装饰品。

（1）金属天花装饰材料是指用于吊顶装饰的金属装饰材料，主要有铝合金扣板、铝合金方板、铝合金格栅、铝合金格片、铝塑板天花、铝单板天花、彩钢板天花、轻钢龙骨、铝合金龙骨制品等。

（2）金属墙面装饰材料是指用于墙面装饰的金属装饰材料，主要有铝单板内外墙板、铝塑板内外墙装饰板、彩钢板内外墙板、金属内外墙装饰制品、不锈钢内外墙板等。

（3）金属地面装饰材料是指用于地面装饰的金属装饰材料，主要有不锈钢装饰条板、压花钢板、压花铜板等。

（4）金属外立面装饰材料是指用于建筑外立面装饰的金属装饰材料，主要有铝单板、铝塑板、钛锌板、金属型材、铜板、铸铁、金属装饰网、配合玻璃幕墙的铝合金型材和钢型材等。

（5）金属景观装饰材料是指用于室外景观工程中的金属装饰材料，主要有不锈钢、压型钢板、铝合金型材、铜合金型材、铸铁材料、铸铜材料等。

（6）金属装饰品是指用金属及金属合金材料制作的，用于室内外、能起到装饰作用的制品，主要有不锈钢装饰品、不锈钢雕塑、铸铜、铸铁雕塑、铸铁饰品、金属帘、金属网、金银饰品等。

3. 按材料形状分类

金属装饰材料按材料的形状可分为金属装饰板材、金属装饰型材、金属装饰管材等。

（1）金属装饰板材是指平板类的，以金属及金属合金、金属材料及非金属材料制成的金属装饰材料，主要有钢板、不锈钢板、铝合金单板、铜板、彩钢板、压型钢板等。

（2）金属装饰型材是指金属及金属合金材料经热轧等工艺制成的异型断面的材料，主要有铝合金型材、型钢、铜合金型材等。

(3) 金属装饰管材指金属及金属合金经加工制成的有矩形、圆形、椭圆形、方形等截面的材料，主要有铝合金方管、不锈钢方管、不锈钢圆管、钢圆管、方钢管、铜管等。

(二) 金属材料的性质

1. 力学性质

(1) 抗拉性能。拉伸是金属材料主要的受力形式，因此抗拉性能是表示金属材料性质和选用金属装饰材料最重要的指标。

金属材料受拉直至破坏一般经历四个阶段。

①弹性阶段。在此阶段，金属材料的应力和应变成正比关系，产生的变形是弹性变形。

②屈服阶段。随着拉力的增加，应力和应变不再是正比关系，金属材料产生了弹性变形和塑性变形。当拉力达到一定值时，即使应力不再增加，塑性变形仍明显增长，金属材料出现了屈服现象，此点对应的应力值被称为屈服点（或称屈服强度）。

③强化阶段。拉力超过屈服点以后，金属材料又恢复了抵抗变形的能力，故称为强化阶段。强化阶段对应的最高应力称为抗拉强度或强度极限。抗拉强度是金属材料抵抗断裂破坏能力的指标。

④颈缩阶段。超过了抗拉强度以后，金属材料抵抗变形的能力明显减弱，在受拉试件的某处，会迅速发生较大的塑性变形，出现颈缩现象，直至断裂。

(2) 冲击韧性。冲击韧性是指在冲击荷载作用下，金属材料抵抗破坏的能力。金属材料的冲击韧性受下列因素影响：

①金属材料的化学组成与组织状态。

②金属材料的轧制、焊接质量。

③金属材料的环境温度。

④金属材料的时效。

2. 工艺性能

(1) 冷弯性能。冷弯性能是指金属材料在常温下承受弯曲变形的能力。金属材料在弯曲过程中，受弯部位会产生局部不均匀塑性变形，这种变形在一定程度上比伸长率更能反映金属材料的内部组织状况、内应力及杂质等情况。

(2) 可塑性。建筑工程中，金属材料绝大多数是采用各种连接方法连接的，这就要求金属材料要有良好的可塑性。

(3) 水密性。金属材料的咬合方式为立边单向双重折边并依靠机械力量自动咬合，板块连接紧密，水密性强，能有效防止毛细雨入侵。不需要用化学嵌缝胶密封防水，免除了胶体老化带来的污染和漏水问题。

(4) 耐腐蚀性。金属材料的耐腐蚀性比较差，一般要经过防腐处理才能提高金属装饰材料的耐腐蚀性。

二、钢材类饰面材料

(一) 碳素结构钢（非合金结构钢）

1. 牌号

国家标准规定，碳素结构钢（简称碳素钢）的牌号由代表屈服点的符号（Q）、屈服点值（195、215、235、275，单位为 MPa）、质量等级（A、B、C、D）和脱氧程度（F、b、Z、TZ）构成。其中 A、B 为普通质量钢；C、D 为磷、硫杂质控制较严格的优质钢。脱氧程度符号 F 代表沸腾钢；B 代表半镇静钢；Z 和 TZ 分别代表镇静钢和特殊镇静钢，可不标。如 Q235 – AF，表示屈服点值为 235 MPa、质量为 A 级的沸腾钢。

2. 选用

建筑工程中主要应用的碳素钢是 Q235 号钢。它之所以应用普遍，主要是由于它的机械强度、韧性和塑性及加工等综合性能好，而且冶炼方便，成本较低。Q215 号钢机械强度低、可塑性大，受力后变形大，经加工及处理后可代替 Q235 号钢使用。在选用钢的牌号时，还必须熟悉钢的质量。通常平炉钢和氧气转炉钢较好；质量等级为 D、C 的钢优于 B、A 的钢；特殊镇静钢和镇静钢优于半镇静钢，更优于沸腾钢。

（二）低合金高强度结构钢

1. 牌号

低合金高强度结构钢的牌号由代表屈服点的 Q、屈服点数值、质量等级符号（A、B、C、D、E）三个部分按顺序排列构成。

2. 性能

低合金结构钢比碳素结构钢强度高，塑性和韧性要好，尤其是抗冲击、耐低温、耐腐蚀能力强，并且质量稳定，可节省钢材。在钢结构中，常采用低合金结构钢轧制的型钢、钢板和钢管来建造桥梁、高层及大跨度钢结构建筑。在预应力钢筋混凝土中，二、三级钢筋即是由普通质量低合金钢乳制的。

（三）彩色钢板

为了提高普通钢板的防腐性能，增加装饰效果，往往在钢板表面涂饰一层保护性的装饰彩膜，这样的钢板称为彩色钢板。

彩色钢板按形状可分为彩色压型钢板、彩色涂层钢板、彩色条板、扣板、方形平面板及特殊加工的板材。尺寸及颜色可根据设计要求生产。

1. 彩色压型钢板

彩色压型钢板是以镀锌钢板为基材，经成型轧制，并在表面涂饰各种防腐蚀涂层与彩色烤漆而制成的轻型维护结构材料，如图 3 – 82 所示。它属于轻型板材，具有质量轻、抗震性能好、耐久性强、色彩鲜艳、易加工及施工方便等优点。适用于建筑的屋盖、墙板及墙面装贴。

图 3 – 82　彩色压型钢板

2. 彩色涂层钢板

彩色涂层钢板是在热轧或镀锌钢板表面加有机涂层而成的。涂层可分为有机涂层、无机涂层和复合涂层三种，可配置各种不同的花纹和色彩，如图 3 – 83 所示。

彩色涂层钢板具有良好的装饰性，涂层附着力强，可长期保持鲜艳的色彩，加工性能好，可切、弯曲、钻孔、铆接、卷边等。

彩色涂层钢板有一涂一烘、二涂二烘两类产品，上表面涂有聚酯硅改性树脂，下表面涂有环氧树脂、聚酯树脂、丙烯酸酯、透明清漆等。

彩色涂层钢板具有耐污染、耐热、耐低温等多种性能，可作为建筑外墙板、屋面板、护壁板等。

图 3－83 彩色涂层钢板

3. 彩色条板、扣板及方形平面板

由于彩色钢板颜色品种繁多、易清洁且美观，并且根据内材的不同，可具有不同的特质。它在外观和性能上均有设计师和建筑单位所青睐。彩色钢板广泛应用于厂房、仓库、净化间、冷库、冷藏箱，特别是应用于对空间环境要求特别高的电子和医药行业净化室的隔墙、平顶及门窗等。

彩色条板、扣板及方形平面板以普通钢板为基材，表面经防腐处理后，涂饰各类油漆。条板及方形平面板一般可用螺钉固定在背后的龙骨上，扣板则不用螺钉固定，它利用自身断面卡在龙骨上。扣板多用于室内墙面、顶面的处理，如图 3－84 所示。

图 3－84 彩色扣板

彩色条板、扣板及方形平面板施工方便，具有耐污染、耐热、耐低温等特点，并且装饰效果好。

彩色条板尺寸规格一般为：3 000 mm × 120 mm、3 000 mm × 75 mm、3 000 mm × 150 mm 等。

（四）不锈钢

不锈钢是指在钢中加入大量的铬元素，且形成钝化状态，具有不锈特性的钢材。一般不锈钢的含铬量在 12% 以上。含铬量越高，钢的耐腐蚀性越好。除铬外，不锈钢中还含镍（Ni）、锰（Mn）、钛（Ti）、硅（Si）等元素，它们都影响着不锈钢的强度、塑性、韧性及耐腐蚀性。

不锈钢的耐腐蚀性原理是由于铬元素比铁元素的性质活泼。在不锈钢中，铬首先和环境中的氧发生化合反应，生成一种与钢基体牢固结合的致密的氧化铬膜层，称为钝化膜。钝化膜能使合金钢得到保护，不致锈蚀。

1. 不锈钢的分类

（1）按照化学成分，不锈钢可分为铬不锈钢、铬镍不锈钢和高锰低铬不锈钢等。

（2）按照耐腐蚀特点，不锈钢可分为普通不锈钢和耐酸不锈钢。

（3）按照经 900～1 100 ℃高温淬火处理的反应和微观组织，不锈钢可分为淬火后硬化的马氏体不锈钢、淬火后不硬化的铁素体不锈钢及高铬镍型不锈钢。

（4）按制品类别，不锈钢可分为不锈钢薄板、不锈钢型材、不锈钢异型材、不锈钢管材等，如图 3－85 所示。

图 3-85　不锈钢型材

2. 不锈钢制品的装饰特点

不锈钢与所有的其他金属装饰部件一样，具有金属的光泽和质感，特别是不锈钢不易锈蚀，因此可以较长时间地保持最初的装饰效果；同时不锈钢的强度高、硬度大，在施工过程中不易变形。

装饰用不锈钢制品主要是不锈钢薄板，且厚度大多在 2 mm 以下。根据不同的设计要求，不锈钢饰面板可加工成光面不锈钢板（镜面不锈钢板）、砂面不锈钢板、拉丝面不锈钢板、腐蚀雕刻不锈钢板、凹凸不锈钢板和弧形板等。

不锈钢表面的光泽度是根据其反射率来决定的。反射率达到 90% 的称为镜面不锈钢，反射率达到 50% 的称为亚光不锈钢。近几年装饰行业使用的亚光不锈钢的反射率都为 24%～28%。还可根据设计对不锈钢板进行腐蚀处理，腐蚀深度一般为 0.015～0.5 mm。经腐蚀处理后的不锈钢装饰效果比较好。

3. 彩色不锈钢板

彩色不锈钢板是在普通不锈钢板上进行技术及艺术加工，使其表面具有各种绚丽色彩的钢板，如图 3-86 所示。彩色不锈钢板具有抗腐蚀性强、机械性能高、彩色面层耐久、色泽不会随光线变换等特点，且彩色面层能耐 200 ℃ 的高温，耐腐蚀性超过一般不锈钢。彩色不锈钢板可用于建筑厅堂的墙壁、天花、电梯轿厢、柱面、车厢等的装饰。

图 3-86　彩色不锈钢板

4. 不锈钢的规格

（1）不锈钢薄板。不锈钢薄板是指厚度小于 2 mm 的不锈钢板。它广泛用于装饰装潢行业，如不锈钢包柱、不锈钢门、不锈钢窗、不锈钢操作台、不锈钢橱窗等。不锈钢板的宽度一般为 500～1 000 mm，长度一般为 2 000～3 000 mm，厚度一般有 0.35 mm、0.4 mm、0.5 mm、1.0 mm、1.2 mm、1.4 mm、1.5 mm、1.8 mm、2.0 mm 等。

（2）镜面不锈钢板。镜面不锈钢板是指有一定光泽度的不锈钢板。它具有光洁豪华、坚固耐用、永不生锈、容易清洗等特点，广泛用于宾馆、商场、办公楼、机场等建筑的柱、墙、天花、橱窗、柜台等的装饰。镜面不锈钢。厚度一般为 0.6～1.5 mm。

(3) 不锈钢管材。不锈钢管材有圆管、方管、矩形管三种，它们主要用作门拉手、五金配件、楼梯扶手等部件，也可作为水管。不锈钢管的壁厚一般有 0.5 mm、0.6 mm、0.8 mm、1.0 mm、1.2 mm、2.0 mm、2.5 mm、3.0 mm、3.5 mm、4.0 mm、5.0 mm、6.0 mm 等。圆形管外径一般有 11 mm、12.7 mm、19 mm、38 mm、45 mm、50 mm、80 mm、102 mm、108 mm、114 mm等。方管的规格一般有 10 mm × 10 mm、20 mm × 20 mm、38 mm × 38 mm、40 mm × 40 mm、50 mm ×50 mm、60 mm × 60 mm、80 mm × 80 mm 等。矩形管的规格一般有 20 mm × 10 mm、25 mm × 13 mm、40 mm × 20 mm、50 mm × 25 mm、60 mm × 30 mm、80 mm × 45 mm、90 mm ×45 mm、100 mm ×45 mm 等。

(4) 彩色不锈钢板材：彩色不锈钢板的厚度一般有 0.2 mm、0.3 mm、0.4 mm、0.5 mm、0.6 mm、0.8 mm 等，长 × 宽一般为 2 000 mm × 1 000 mm 和 1 000 mm × 500 mm 两种。

三、铝及铝合金类饰面材料

铝是银白色有光泽金属，密度为 2.702 g/m^3，熔点为 660.37 ℃，沸点为 2 467 ℃。铝具有良好的导热性、导电性和延展性，电离能 5.986 eV（电子伏特），虽是较活泼的金属，但在空气中其表面会形成一层致密的氧化膜，使之不能与氧、水继续作用。在高温下能与氧反应，放出大量热。

（一）分类

铝按其化学成分可分为纯铝及铝合金。

1. 纯铝

纯铝按其纯度可分为高纯铝、工业高纯铝和工业纯铝三类。焊接主要使用工业纯铝。工业纯铝的纯度为 99.7%、98.8%，其牌号有 L1、L2、L3、L4、L5、L6 等六种。

纯铝很软，强度不大，有着良好的延展性，可拉成细丝和轧成箔片，大量用于制造电线、电缆，无线电工业以及包装业。它的导电能力约为铜的 2/3，但由于其密度仅为铜的 1/3，因而将等质量和等长度的铝线和铜线相比，铝的导电能力约为铜的两倍，且价格较铜要低。所以，野外高压线多用铝做成，既节约了大量成本，又缓解了铜材的紧张局面。

铝的导热能力比铁大三倍，工业上常用铝制造各种热交换器、散热材料等，家庭使用的许多炊具也由铝制成。与铁相比，它还不易锈蚀，延长了使用寿命。铝粉具有银白色的光泽，常和其他物质混合用作涂料，刷在铁制品的表面，保护铁制品免遭腐蚀，而且美观。

冶金工业中，常用铝热剂来熔炼难溶金属。例如，将铝粉和氧化铁粉混合，引发后即发生剧烈反应，常用此法来焊接钢轨。光洁的铝板具有良好的光反射性能，可用来制造高质量反射镜、聚光碗等。铝还具有良好的吸音性能，根据这一特点，一些演播室、现代化大型建筑外立面及室内的天花板等有的采用了铝及铝合金制品。

2. 铝合金

在纯铝中加入合金元素就得到了铝合金。为了克服纯铝较软的特性，可在铝中加入少量镁、铜，就可制成坚韧的铝合金。铝合金既保持了铝质量轻的特性，同时机械性能明显提高（屈服强度可达 210 ~ 500 MPa，抗拉强度可达 380 ~ 550 MPa），因而大大提高了其使用价值，不仅可用于建筑装修，还可用于结构方面。人们根据不同的需要，研制出了许多铝合金，在许多领域起着非常重要的作用。比如，在某些金属中加入少量铝，便可大大改善其性能。青铜（含铝 4% ~15%），该合金具有很强的耐腐蚀性，硬度与低碳钢接近，且有着不易变暗的金属光泽，常用于珠宝饰物和建筑工业中，也用于制造机器的零件和工具。在铝中加入镁，便制成铝镁合金，其硬度比纯的镁和铝都大许多，而且保留了其质轻的特点，常用于制造飞机的机身、火箭的箭体，以及门窗、建筑室内外装饰工程、船舶制造等。

图 3 -87 铝合金型材

根据铝合金的加工工艺特性，可将它们分为形变铝合金和铸造铝合金两类。形变铝合金塑性好，适宜于压力加工，可制成各种铝合金型材，如图 3 -87 所示。形变铝合金按照其性能特点和用途可分为防锈铝（LF）、硬铝（LY）、超硬铝（LC）和锻锦（LD）四种。铸造铝合金按加入的主要合金元素，可分为铝硅系（Al - Si）、铝铜系 Al - Cu）、铝镁系（Al - Mg）和铝锌系（Al - Zn）四种。

（二）常用铝及铝合金装饰制品

1. 铝合金门窗

20 世纪 80 年代末，门窗是以铝为主的合金型材做的铝合金门窗，虽然解决了钢窗的一些缺点，但型材本身为金属材料，冷热传导快，没有从根本上解决密封、保温等问题。即使配上中空玻璃，但整窗 K 值也只能达到 4.5 W/（m^2 · K）左右。

20 世纪 90 年代中后期，门窗市场出现断桥铝合金隔热门窗，是当时门窗市场上的高档产品。型材设计中间采用高强度绝缘、绝热合成材料，表面处理采用粉末喷涂、氟碳喷涂及树脂热印等高新技术，可以满足建筑设计及室内装修设计对色彩的需求。

断桥铝合金隔热门窗的突出优点是质量轻、强度高、水密性和气密性好，防火性佳，耐腐蚀、使用寿命长，装饰效果好，环保性能好。断桥式铝塑复合窗的原理是利用塑料型材将室内外两层铝合金既隔开又紧密连接成一个整体，构成一种新的隔热型的铝型材。

用这种型材做门窗，彻底解决了铝合金传热快、不符合节能要求的缺点。

2. 铝及铝合金装饰板

（1）铝单板。铝单板幕墙由原质铝板加工而成，表层采用氟碳喷涂，能耐受紫外线照射、温度变化和大气侵蚀，具有良好的抗弯强度及优良的抗风压性能，并且能够二次开发使用。

铝型材表面经氟碳喷涂，具有颜色众多、性能出色、使用寿命长、美观大方、环保及永不褪色等优点，在现代建筑外立面、装修工程中被广泛应用，如图 3 -88 所示。

（2）铝塑板。铝塑板（又称铝塑复合板）以铝板制作表层，聚乙烯制作中层，经过一系列的高科技工艺复合而成，具有隔音、防火、防水、耐腐蚀、防震性强、可减轻建筑负荷、密度小、刚性强、易加工、高档华丽、耐持久等特点，如图 3 -89 所示。铝塑复合

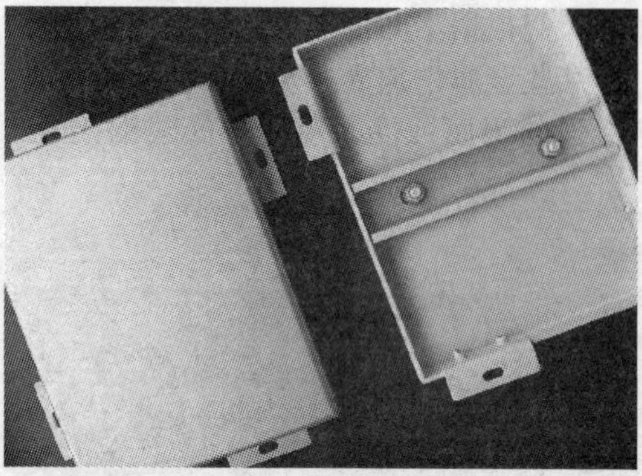

图3-88 铝单板

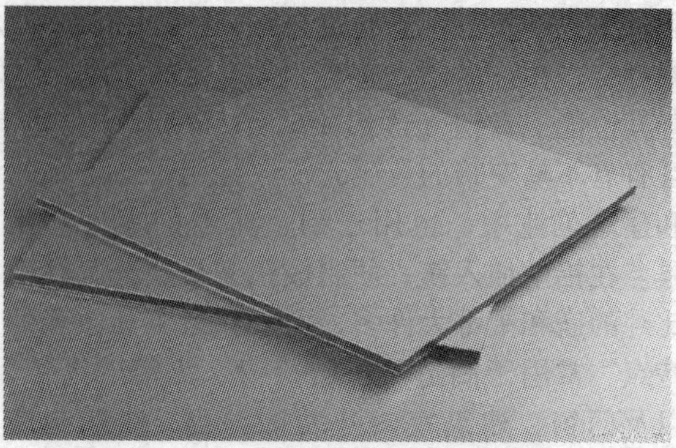

图3-89 铝塑板

板本身所具有的独特性能，决定了其用途广泛，它可以用于大楼外墙、帷幕墙板、旧楼改造翻新、室内墙壁及天花板装修、广告招牌、展示台架、净化防尘工程等。铝塑复合板在国内已大量使用，属于一种新型建筑装饰材料。铝塑复合板作为一种新型装饰材料，自20世纪80年代末90年代初从韩国和我国台湾地区引进，便以其经济性、可选色彩的多样性、便捷的施工方法、优良的加工性能、绝佳的防火性及高贵的品质，迅速受到人们的青睐。铝塑复合板是由多层材料复合而成的，上下层为高纯度铝合金板，中间层为无毒低密度聚乙烯（PE）芯板，其正面还粘贴一层保护膜。用于室外时，铝塑复合板正面可涂覆氟碳树脂（PVDF）涂层，用于室内时，其正面可采用非氟碳树脂涂层。铝塑复合板是易于加工、成型的好材料，更是追求效率、争取时间的优良产品，它能缩短工期、降低成本。铝塑复合板可以切割、裁切、开槽、带锯、钻孔，也可以冷弯、冷折、冷轧，还可以铆接、螺钉连接或胶合黏结等。

图3-90 铝合金花纹板

（3）铝合金花纹板。铝合金花纹板采用防锈铝合金坯料，用具有一定花纹的轧辊轧制而成，如图3-90所示。其花纹美观大方，筋高适中而不易磨损，防滑性能好，耐腐蚀性好；通过表面处理可获得美丽的色彩，装饰效果好。因其加工方便，易裁剪和安装，被广泛应用在建筑物的室内墙面装饰工程及楼梯踏板的防滑处理上。

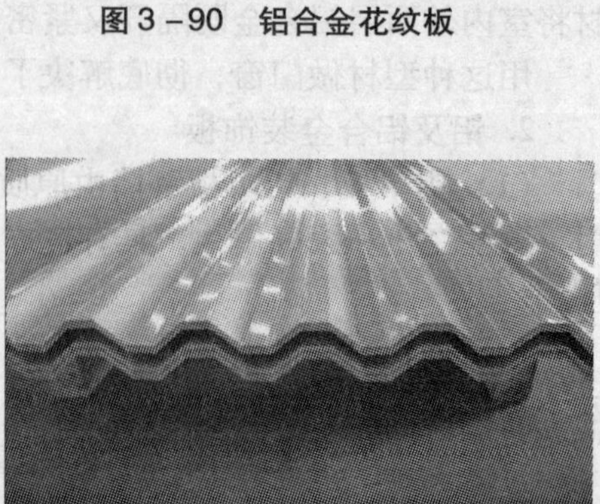

图3-91 铝合金波纹板

（4）铝合金波纹板。铝合金波纹板采用强度高、耐腐蚀性好的防锈铝制成，颜色有多种，装饰效果比较好，如图3-91所示。铝合金波纹板外立面系统适用于各种建筑物外墙，具有别具一格的建筑曲线美感，将通风、防水、保温、隔音等建筑功能融为一体。材料选择防腐蚀性能强，使用寿命长的铝镁锰合金，系统使用寿命可达50年以上。

（5）铝合金孔板。铝合金孔板采用各种铝合金平板经机械加工穿孔而成，如图3－92所示。孔型及孔径可根据设计需要而定，一般有圆孔、方孔、条孔、三角孔、多角形孔等。铝合金孔板具有耐腐蚀性好、吸声效果好、光洁度高、材质轻、造型美观、装饰效果好、立体感强等优点，大量应用于建筑室内外装饰及吸声效果要求高的工程中。

图3－92　铝合金孔板

（6）铝合金扣板。铝合金扣板又称为铝合金条板，主要有开放式条板和插入式条板两种，有银白色、茶色、彩色（烤漆）等，如图3－93所示。其简单、方便、灵活的组合可为现代建筑提供更多的设计构思。扣板吊顶由可卡进特殊龙骨的铝合金条板组成。扣板分针孔型和无孔型，有数十种标准颜色系列，特别适合机场、地铁、商业中心、宾馆、办公室、医院和其他建筑使用。所使用的小型配件可和其他各种吊顶型号的吊顶通用。具有良好的性能，能防火、防潮、防腐蚀、耐久、易清洗。且色彩高雅、富于立体感，可根据时代要求来选择花色。

图3－93　铝合金扣板

（7）铝合金格栅天花。格栅天花造型新颖，通风性好，立体感极强，适用于超级市场、酒吧或商场等场所，如图3－94所示。常规厚度为0.5 mm，可根据要求加厚。有75 mm×75 mm、100 mm×100 mm、110 mm×110 mm、120 mm×120 mm、125 mm×125 mm、200 mm×200 mm、250 mm×250 mm等规格，高度为30 mm、40 mm、50 mm。

图3－94　铝合金格栅天花

（8）铝合金方板。铝合金方板吊顶的装饰效果非常独特，而且，方板的规格尺寸与很多灯具的尺寸协调一致，能使吊顶表面组成一个有机整体，如图3－95所示。在装修时，一般吊顶板用铝合金方板，墙边补缺处采用铝合金靠墙板。方板平面尺寸为300 mm×300 mm、500 mm×500 mm或600 mm×600 mm。按方板边缘不同可分为嵌入式方板和浮搁式方板。铝合金方板吊顶也可采用T形断面的中龙骨，但必须配装浮搁式方板。龙骨分为大龙骨和中龙骨，大龙骨断面呈U形，中龙骨断面呈Y形。铝合金方板吊顶根据大龙骨承受荷载能力的不同分为轻型、中型和重型三类。

图3－95　铝合金方板

（9）铝合金挂片。铝合金条形挂片天花适用于大面积公共场合使用，结构美观大方，线条明快，并可根据不同环境，使用相应规格的天花挂片，在图形组合上变化多样，且安装方便，如图3－96所示。

图3－96 铝合金挂片吊顶

四、其他金属类饰面材料

（一）铜及铜合金

1. 分类

铜是古代就已经知道的金属之一。人类知道的第一种金属是金，其次就是铜。铜在自然界中以化合物的状态存在，属于易冶炼的金属，所以古人很早就掌握了铜的冶炼技术，开始使用铜及铜合金。一般铜的表面会形成一层紫红色氧化铜的薄膜，所以纯铜也称为紫铜。它的密度为8.92 g/cm^3，熔点为1 083 ℃，沸点为2 576 ℃。具有良好的导热、导电、耐腐蚀性，导电性为64%，耐腐蚀性为23%，结构强度为12%，装饰性系数为1%，而且延展性好。利用其延展性及锻铜工艺，可制作锻铜雕塑及浮雕。其强度较低，所以不能作为结构材料。铜若加入锌则为黄铜，若加入锡即成青铜。

（1）纯铜。纯铜常被称为紫铜，具有良好的导电性、导热性和耐腐蚀性。纯铜用T（铜）表示，如T_1、T_2、T_3等，氧的含量极低。氧含量不大于0.01%的纯铜称为无氧铜，用TU（铜无）表示，如TU_1、TU_2等。

（2）黄铜。以锌为主要合金元素的铜合金称为黄铜。如果只是由铜、锌组成的黄铜就称为普通黄铜。如果是由两种以上的元素组成的多种合金就称为特殊黄铜，如由铅、锡、锰、锌、铁、铝组成的铜合金。特殊黄铜（特种黄铜）有较强的耐磨性能，其强度高、硬度大、耐化学腐蚀性强，切削加工的机械性能也较突出。由黄铜所拉成的无缝铜管，质软、耐磨性能强，可用于热交换器和冷凝器、低温管路、海底运输管等；可制造板料、条材、棒材、管材，铸造零件等。黄铜中含铜62%～68%，塑性强，可制造耐压设备等。普通黄铜用H（黄）表示，如H80、H70、H68等。

（3）青铜。以前把铜与锡的合金称为青铜，现在则把除了黄铜以外的铜合金称为青铜。常用的有锡青铜、铝青铜等。

2. 焊接特点

铜及铜合金的焊接特点有：

（1）难熔合、易变形。

（2）容易产生热裂纹。

（3）容易产生气孔。

铜及铜合金焊接主要采用气焊、惰性气体保护焊、埋弧焊、钎焊等方法。铜及铜合金导热性能好，所以焊接前一般应预热，并采用大线能量焊接。气焊时，紫铜采用中性焰或弱碳化焰，黄铜则采用弱氧化焰，以防止锌的蒸发。

3. 铜及铜合金装饰制品

欧洲采用铜板制作屋顶和漏檐已有传统。北欧国家中甚至用它做墙面装饰。铜耐大气腐蚀性能很好、经久耐用、可以回收；有良好的加工性，可以方便地制作成复杂的形状；而且还有美观的色彩，因而很适合于房屋装修。它在教堂等古建筑物屋顶上的应用已有悠久历史，于1966年开放的水晶宫运动中心，就曾用60吨铜做成波浪形的屋顶。据统计，做屋顶用的铜板，在德国平均每人每年消费0.8 kg，美国为0.2 kg。此外，家居用品如门把手（图3-97）、锁、百叶、灯具、墙饰以及厨房用具等都离不开它。另外，还应用于铜柱、铜塔、铜殿、铜家具、金属装饰工程、铜建筑工程、铜城雕工程、铜景区工程、铜寺庙装饰工程以及铜工艺美术品等。铜制品不但经久耐用，消毒卫生，而且能散发出高雅的气息，深受人们喜爱。

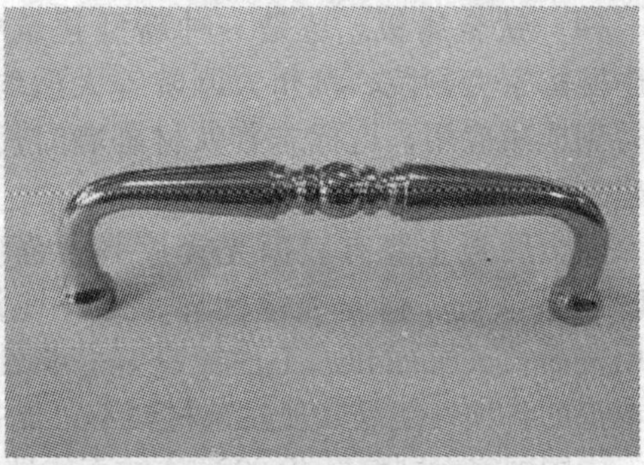

图3-97 铜合金门把手

（二）新型金属类材料

1. 新型金属板材类

（1）钛锌板。有原色、预钝化板（蓝灰色、青铜色）等。钛锌金属板作为室外的建材已经应用得非常广泛，如图3-98所示，而作为室内的装饰材料目前也越来越得到建筑师和业主的青睐。欧美各国将锌辊轧金属板用于建筑屋面已有200年的历史，锌在中国的使用已经有超过400年的历史。

图3-98 钛锌板屋面系统

（2）太古铜板。包括原铜（紫色）、预钝化板（咖啡色、绿色）、镀锡铜太古铜板等。具有极佳的加工适应性，特别适合采用平锁扣和立边咬合的金属屋面，如图3-99所示。

图3-99 太古铜板屋面系统

其优点如下：

①具有耐久性，因为它自身具有抗侵蚀能力，特别适合用在日渐受到污染侵蚀的大气中。

②具有良好的韧性，加工性强，可满足各种造型的屋面。

③生命周期长，维护费用少，经济、耐用。

④可循环利用，具有环保性。

（3）铝锰镁合金板。包括原色、垂纹氧化、不锈铝板、普通涂层、预辊涂氟碳涂层等，如图3-100所示。

(4) 钛金属板。这是一种新型建筑材料，在中国国家大剧院、杭州大剧院等大型建筑上已得到成功应用，这标志着钛材幕墙时代在我国建筑领域的开始。

图3－100 铝锰镁合金板

钛金属板主要有表面光泽度高、强度高、热膨胀系数低、耐腐蚀性优异、无环境污染、使用寿命长、机械和加工性能良好等特性。钛材本身的各项性能是其他建筑材料不可比拟的。

中国国家大剧院近40 000 m^2 的壳体外饰面，有30 800 m^2 是钛金属板，6 700 m^2 是玻璃幕墙。2 000多块尺寸约2 000 mm×800 mm×4 mm的钛金属板是由0.3 mm厚的钛加3.4 mm厚的氧化铝加0.3 mm厚的不锈钢复合而成，如图3－101所示。

图3－101 国家大剧院钛金属板外饰面

(5) 镀铝锌钢板。有普通涂层、预辊涂氟碳涂层等，如图3－102所示。

(6) 钛铝复合板。钛板与铝合金板用防火聚合物高温挤压而成。

(7) 铜铝复合板。铜板与铝合金板用防火聚合物高温挤压而成。

2. 新型金属网材类

新型金属网材类主要包括金属网、金属布和金属帘。

(1) 金属网。是一种新型建筑装饰材料，采用优质不锈钢、铝合金、黄铜、紫铜等合金材料，经特殊工艺编制而成。因其具有金属丝和金属线条特有的柔韧性和光泽度，被广泛应用于建筑物的立面、隔断、吊顶以及机场、车站、宾馆、酒店、歌剧院、展厅等高档室内外装饰，效果十分显著，彰显典雅气质，非凡个性，高贵品位。

图3－102 镀铝锌钢板

用于建筑装饰的金属网多用于展厅、酒店、豪华客厅的屏风，高级办公楼、豪华舞厅、营业大厅、大型购物中心、体育中心等的室内外装饰，以及特色建筑的屋顶、墙壁、楼梯、栏杆等。它有很好的装饰效果，同时也能起到一定的防护作用，如图3－103所示。

图3－103 金属网

金属网被应用于室外幕墙时，由于金属材料独有的坚固性，使它具有很强的抵御风暴等气候灾害侵袭的能力，同时易于维护。单纯从观赏角度看，金属网具有丝织品的特点，给人以视觉享受，用作室内的屋顶或隔断墙时，其材质特有的通透性和光泽感可赋予空间更多的审美乐趣。

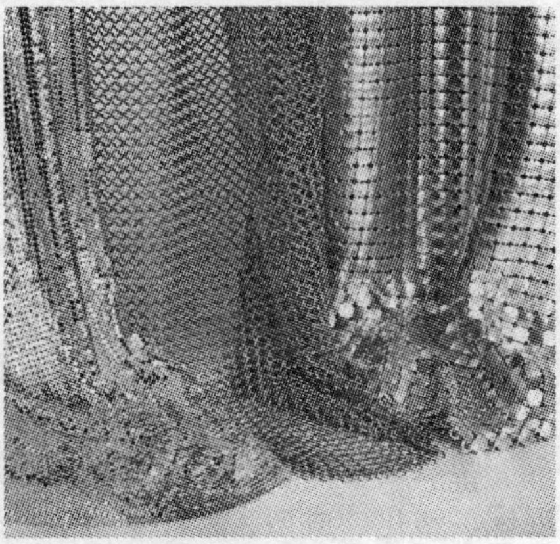

图 3-104　金属布

（2）金属布。由多个小铝片结合而成，颜色多样，可用作酒店、咖啡厅、宾馆等的屏风隔断、吊顶等，也可用于橱窗装饰，有很好的装饰效果，如图 3-104所示。

（3）金属帘。颜色多变，在光的折射下，想象空间无限，美丽尽收眼底。金属帘分为金属垂帘和金属珠帘两种。金属垂帘常用于墙面的掩盖装饰，室内的隔断装饰，柱子的覆面装饰，天花的立体装饰。金属垂帘透明、能打折、可以让光和空气通过，利用光和颜色，想象空间无限，大小任意，色彩很广。金属珠帘色彩齐全，光泽艳丽，线条明快，能烘托出展示物冷暖对应的双面性格，自然大方地融入展示空间，充分营造出现代金属装饰的前卫艺术风格，如图 3-105 所示。

图 3-105　金属帘

金属珠帘有 2.3 mm、3.0 mm、4.5 mm、6.0 mm、8.0 mm、10 mm 等几种规格，还可根据使用要求定做，材质有铜、铁、不锈钢等，表面可电镀铜、铬等，有仿金、古铜、咖啡等颜色，广泛用于窗帘及酒店装饰装修。

3. 新型金属马赛克类

金属马赛克是由不同金属材料制成的特殊马赛克，有光面和亚光面两种。新型金属马赛克还包括不锈钢马赛克、金属拼花马赛克等，如图 3-106 所示。

图 3-106　金属马赛克

金属马赛克可在一个装饰面上，灵活运用各色各样精美的几何排列，既可是颜色的渐变，也可以作为其他装饰材料的点缀，将材料本身的典雅气质和浪漫情调演绎得淋漓尽致。但这种时尚、前卫的马赛克多用于充满现代感的卫生间中。一般的金属马赛克表面烧有一层金属釉；也有的在马赛克表面紧贴一层金属薄片，上面则是水晶玻璃。前者是陶瓷质地，后者是玻璃质地，二者都较为常见，但并非真正意义上的金属马赛克。真正的金属马赛克的材料是纯金属，金属马赛克因其独有的厚重质感可以彰显其尊贵风范。豪华的装饰和时尚前卫的商业空间因金属马赛克而更显奢侈和新潮，无论装饰在哪里都给人一种强有力的视觉冲击和诱惑力；加上其环保、无辐射等特性，使其正式成为越来越多追求高品质生活的人追捧的对象。

随着金属装饰材料的发展，金属马赛克的工艺也得到了一定改进，在建筑装饰中也被广泛应用。金属马赛克颗粒的一般尺寸有：20 mm × 20 mm、25 mm × 25 mm、30 mm × 30 mm、50 mm × 50 mm、100 mm × 100 mm 等。

第六节　塑料类饰面材料

塑料是指以合成树脂或天然树脂为主要基料，加入一些辅助添加剂，在一定条件下经混炼、塑化、成型，且在常温下能保持制品形状不变的材料。它与合成橡胶、合成纤维并称为三大合成高分子材料。

现代塑料工业形成于20世纪30年代，近40年来获得了飞速发展。树脂这一名称是由树木分泌出的脂质而得名的。人类最早使用的天然树脂是松香、虫胶等。天然树脂的生产受到地区的限制而产量不大，质量也不高，使用受到限制。人们为了寻求天然树脂的代用品，1846年用纤维素（棉花）和硝酸制得硝酸纤维素，将潮湿的硝酸纤维素和樟脑混合，制成虫胶的代用品，于1872年建厂生产。虽然从发现至今已有一百余年，但目前仍在广泛使用。随着人类对塑料材料需求的增长和科学技术水平的提高，人们开发出了比天然树脂用途广泛得多的合成树脂。合成树脂是由低分子质量的化合物经过化学反应制得的高分子质量的树脂状物质，在常温常压下一般是固体，也有一些为黏稠状液体。第一个合成的树脂品种为热固性酚醛树脂（俗名电木），它是由苯酚和甲醛在催化剂作用下制得的。从1907年建立了第一个酚醛树脂厂算起，便开始进入合成高分子时期。1931年开始了第一个热塑性树脂聚氯乙烯树脂的工业生产，此后合成高分子工业发展迅速，聚苯乙烯、聚丙烯、聚甲基丙烯酸甲酯等陆续工业化生产。目前有工业生产的约三十大类树脂。在三大合成材料（合成树脂、合成橡胶、合成纤维）中，以合成树脂生产最早、产量最大、应用最广。

塑料作为一种新型材料，以其质轻、绝缘、耐腐、耐磨、绝热、隔声等优良性能逐步得到人们越来越多的认可，广泛应用于国民经济的各个领域。在建筑装饰行业，塑料也成为一种必不可少的装饰材料，几乎遍及室内装饰的各个部位。最常见的有塑料地板、铺地卷材、塑料地毯、塑料装饰板、塑料壁纸、塑料门窗型材、塑料管材等。2004年，我国塑料制品年产量达到1 846万吨，从塑料制品产量的地区分布上看，广东、浙江、江苏三省位居全国之首列，塑料制品产量合计为1 041.8万吨，占全国塑料制品总产量的56%。

一、塑料类概述

（一）塑料的组成

塑料是以合成树脂（或天然树脂）为基本材料，再按一定比例加入填料、增塑剂、固化剂、着色剂及辅助剂等，经加工而成的材料。

1. 合成树脂

树脂是塑料的基本组成材料，可分为天然树脂（如松香、虫胶等）和合成树脂，目前使用的塑料中多为合成树脂。合成树脂按生成时化学反应的不同，可分为聚合树脂（如聚氯乙烯、聚苯乙烯等）和缩聚树脂（如酚醛、环氧、聚酯等）；按受热时性能变化的不同，又可分为热塑性树脂和热固性树脂。

由热塑性树脂制成的塑料为热塑性塑料。热塑性树脂受热软化，温度升高逐渐熔融，冷却时重新硬化，这一过程可以反复进行，对其性能及外观均无重大影响，聚合树脂属于热塑性树脂，其耐热性较低，刚度较小，抗冲击韧性较好。

由热固性树脂制成的塑料为热固性塑料。热固性树脂在加工时受热变软，但固化成型后，即使再加热也不能软化或改变其形状，只能塑制一次，缩聚树脂属于热固性树脂，其耐热性能高，刚度较大，质地硬而脆。

在单组分的塑料中树脂含量几乎达100%，在多组分塑料中树脂成分占30% ~70%。树脂在塑料中主要起胶结作用，把填充料等其他部分胶结成一个整体。因此，树脂是决定塑料性质的主要因素。

2. 填料

填料是为了改善塑料制品的某些性质，如提高塑料制品的强度、硬度和耐热性及降低成本等而在塑料制品中加入的一些材料。填料在塑料组成材料中占40% ~70%。常用的填料有滑石粉、硅藻土、石灰石粉、铝粉、炭黑、云母、石墨、二硫化钼、石棉、玻璃纤维等。其中纤维填料可提高塑料的结构强度；石棉填料可改善塑料的耐热性；云母填料能增强塑料的电绝缘性；石墨、二硫化钼填料可改善塑料的耐磨性能等。此外，由于填料一般都比合成树脂便宜，故填料的加入也能降低塑料的成本。

目前，由于建材市场的不规范，某些PVC建材生产厂家在PVC塑料中掺加过量的碳酸钙填料可以使成本大大降低，但产品质量也会严重下降，主要表现就是使塑料制品变脆，强度、抗冲击韧性下降，加工性能变差。

3. 增塑剂

掺入增塑剂的目的是增加塑料的可塑性、柔软性、弹性、抗震性、耐寒性及伸长率等，但会降低塑料的强度与耐热性。对增塑剂的要求是要与树脂的混溶性好，无色、无毒、挥发性小。增塑剂一般用一些不易挥发的高沸点的液体有机化合物或低熔点的固体，常用的增塑剂有邻苯二甲酸二甲酯、邻苯二甲酸二丁酯、邻苯二甲酸二辛酯、磷酸三苯酯等。

4. 固化剂

固化剂又称硬化剂，其主要作用是使线型高聚物交联成体型高聚物，使树脂具有热固性。如环氧树脂常用胺类（乙二胺、二乙烯三胺、间苯二胺），某些酚醛树脂常用六亚甲基四胺（乌洛托品）、酸酐类（邻苯二甲酸酐、顺丁烯二酸酐）及高分子类（聚酰胺树脂）固化剂。

5. 着色剂

着色剂又称色料。加入的目的是将塑料染制成所需要的颜色。着色剂的种类按其在着色介质中或水中的溶解性分为染料和颜料两大类。

6. 其他助剂

为了改善或调节塑料的某些性能，以适应使用和加工的特殊要求，可在塑料中掺加各种的助剂，如稳定剂、阻燃剂、发泡剂、润滑剂、抗老化剂等。

由于各种助剂的化学组成、物质结构的不同，对塑料的作用机制及作用效果各异，因而由同种型号树脂制成的塑料，其性能会因助剂的不同而不同。

（二）建筑装饰塑料的基本品种

塑料按用途可分为通用塑料、工程塑料（包括特种塑料、增强塑料等）。

通用塑料主要有五大品种，即聚乙烯、聚丙烯、聚氯乙烯、聚苯乙烯及 ABS。它们在一般情况下均属于热塑性塑料。

1. 聚乙烯（PE）

聚乙烯由乙烯单体聚合而成，是不透明或半透明、质轻、无臭、无毒的塑料。它具有优良的耐低温性能（最低使用温度可达 -100 ~ -70 ℃），电绝缘性、化学稳定性好，能耐大多数酸碱的侵蚀，但不耐热。它是塑料工业中产量最高的品种。根据密度不同分为三类：高密度聚乙烯、中密度聚乙烯、低密度聚乙烯。高密度聚乙烯强度、刚性、熔点都比较高，适合做强度、硬度较高的塑料制品，如桶、瓶、管、棒等；低密度聚乙烯性软，熔点也低，适合做食品包装袋、奶瓶等软塑料制品。

聚乙烯在建筑上常用于制造防渗防潮薄膜、给水排水管道，在装修工程中，可用于制作组装式散光格栅、拉手件等。

2. 聚氯乙烯（PVC）

聚氯乙烯是由氯乙烯聚合而得的塑料。它机械强度较高，电性能优良，耐酸碱，化学稳定性好，尤其是具有自熄性（遇火时可燃，但火源移走后能自动熄灭），PVC 塑料在建筑工程领域有非常广泛的应用。PVC 塑料可分软质 PVC 和硬质 PVC（也有半硬质 PVC 和发泡 PVC 等）。软质 PVC 通常在塑料中加入增塑剂，材质柔软；硬质 PVC 通常加入较多的填料，而不添加增塑剂。因此这种 PVC 塑料也称未增塑 PVC、硬质 PVC 或 UPVC、PVC -U。软质材料用于壁纸、地板革装饰膜及封边材料，硬质材料用于各种板材、管材、异形材和门窗，目前建材市场以硬质 PVC 应用居多。

聚氯乙烯是建筑装饰行业用量最大的塑料品种。

3. 聚丙烯（PP）

聚丙烯是由丙烯聚合而得的热塑性塑料，通常为无色、半透明固体，无毒无臭，密度为 0.90 ~ 0.919 g/cm³，是最轻的通用塑料，其突出优点是具有在水中耐蒸煮的特性，耐腐蚀，强度、刚性和透明性都比聚乙烯好，缺点是耐低温冲击性差，易老化，但可分别通过改性和添加助剂来加以改进。聚丙烯在建筑行业中主要用作给水管，尤其是热水管制作。如目前使用较多的 PP - R 管，其耐热性能好，长期使用温度高于 70 ℃，最高使用温度高于 95 ℃。

4. 聚苯乙烯（PS）

聚苯乙烯是苯乙烯的聚合物，具有一定的机械强度和化学稳定性，电性能优良，透光性好，着色性佳，并且易成型。缺点是材质脆、不耐冲击，制品易老化出现裂纹，易燃烧，燃烧时会冒出大量黑烟，有特殊气味。聚苯乙烯的透光性仅次于有机玻璃，大量用于低档灯具、灯格板及各种透明、半透明装饰件。硬质聚苯乙烯泡沫塑料大量用于轻质板材芯层和泡沫包装材料。

5. ABS 塑料

ABS 塑料是由丙烯腈、丁二烯和苯乙烯三种单体共聚而成的。ABS 为不透明的塑料，呈浅象牙色，具有良好的综合力学性能：硬而不脆，尺寸稳定，易于成型和机械加工，表面能镀铬，耐化学腐蚀。缺点是不耐高温，耐热温度为 96 ~ 116 ℃，易燃、耐候性差。ABS 塑料可用于压制有美丽花纹图案的塑料装饰板材及室内装饰用的构配件；可制作电冰箱、洗衣机、食品箱、文具架等现代日用品：ABS 树脂泡沫塑料尚能代替木材，制作高雅而耐用的家具等。

（三）建筑上常用的工程塑料

1. 聚甲基丙烯酸甲酯（PMMA）

PMMA 俗称“有机玻璃”“亚克力”，很多光学镜片均是用此种材制得。

PMMA 的抗冲击韧性好，不像玻璃那么易碎，而且它的透光率相当高，达 92%，比普通玻璃透光性还要好：玻璃厚度增加后透明度就变差了，而 PMMA 可以厚达 33 cm 仍保持透明。可用于制造飞机、汽车用玻璃，光学仪器，医疗器械等。水族馆的橱窗需要耐数吨的压力，如果用玻璃的话，必须用很厚的玻璃，这样透明性就差了，而用厚的 PMMA，就可以解决这个问题。世界上最大的橱窗，美国加利福尼亚州的蒙特雷湾水族馆就是用的一块 6.6 m 长，5.5 m 高，33 cm 厚的 PMMA。但 PMMA 的表面硬度比无机玻璃差得多，容易划伤。

PMMA 塑料在建筑中大量用作窗玻璃的代用品，用在容易破碎的场合。此外，PMMA 还广泛用于浴缸，整体浴室，盥洗盆，室内墙板，中、高档灯具等。

2. 酚醛塑料

酚醛塑料是用苯酚和甲醛聚合而成的热固性树脂加入各种添加剂混合而成的材料，具有很好的绝缘性、化学稳定性和黏附性，俗称“电木”。主要用于生产层压制品及配制胶黏剂和涂料等。酚醛塑料的主要缺点为色深，装饰性差，抗冲击强度小。

3. 不饱和聚酯树脂

不饱和聚酯树脂是交联网状或体型结构。具有优良的耐有机溶剂性能，良好的耐热、隔热性，但不耐浓酸与碱。液态不饱和聚酯树脂用作涂料和胶黏剂，也可以用来制造玻璃钢和人造大理石等树脂型混凝土。固化后的不饱和聚酯树脂具有优良的装饰性能和耐溶剂性能。

塑料的品种繁多，准确鉴别较为困难，一般可根据外观及其燃烧特征大致进行鉴别，其方法如表 3 - 35 和表 3 - 36 所示。

表 3 - 35 根据塑料外观特征鉴别

种类	形状	常见制品
PE	未着色时呈乳白色半透明，蜡状；用手摸制品有滑腻的感觉，柔而韧；稍有伸长。一般低密度聚乙烯较软，透明度较好；高密度聚乙烯较硬	地膜、手提袋、水管、油桶、饮料瓶（钙奶瓶）、日常用品等
PVC	本色为微黄色半透明状，有光泽。透明度胜于聚乙烯、聚苯烯，逊于聚苯乙烯，随助剂用量不同，分为软、硬聚氯乙烯，软制品柔而韧，手感黏，硬制品的硬度高于低密度聚乙烯，而低于聚丙烯，在曲折处会出现白化现象	板材、管材、鞋底、玩具、门窗、电线外皮、文具等

续表

种类	形状	常见制品
PP	未着色时呈白色半透明，蜡状；比聚乙烯轻。透明度也较聚乙烯好，比聚乙烯刚硬	盆、桶、家具、薄膜、编织袋、瓶盖、汽车保险杠等
PS	在未着色时透明。制品落地或敲打，有金属似的清脆声，光泽和透明很好，类似于玻璃，性脆易断裂，用指甲可以在制品表面划出痕迹。改性聚苯乙烯为不透明	文具、杯子、食品容器、家电外壳、电气配件等
ABS 塑料	不透明呈象牙色的粒料，无毒、无味、吸水率低，其制品可上成各种颜色。并具有90%高光泽度。属易燃聚合物，火焰呈黄色，有黑烟，烧焦但不滴落，并发出特殊的肉桂味	电视机、复印机、管材、仪表盘、文具、仿古制品、镀金制品等用于机械、电气、纺织、汽车和造船等工业和家用产品
PMMA	呈镜面效果，底座无褶皱，无接缝，所有铆固件不外露	制造飞机、汽车用玻璃，光学仪器，医疗器械等。此外，PMMA 还广泛用于浴缸，整体浴室，盥洗盆，室内墙板，中、高档灯具等
酚醛塑料	一种硬而脆的热固性塑料	广泛用作电绝缘材料、家具零件、日用品、工艺品等

表 3－36 常用塑料燃烧特征鉴别

名称	燃烧难易	离火自熄	火焰状态	塑料变化状态	气味
PE	易	继续燃烧	上黄下蓝	烧熔	石蜡燃烧味
PVC	难	离火自熄	黄、下端绿、白烟	软化	特殊气味
PP	易	继续燃烧	上黄下蓝少量黑烟	烧熔滴落	石油味
PS	易	继续燃烧	橙黄、深黑烟炭束黄	软化、起泡	特殊苯乙烯单体味
ABS	易	继续燃烧	黄、黑烟	软化烧焦	特殊气味
PMMA	易	继续燃烧	浅蓝、顶端白	熔化、起泡	强花果臭、腐烂蔬菜臭

（四）塑料的特性

塑料在国民经济的各个领域得以广泛应用，与塑料的优越性能是密不可分的。

1. 优点

（1）加工性能好。塑料可以根据使用要求加工成多种形状的产品，且加工工艺简单，宜于采用机械化大规模生产。

（2）质轻。塑料的密度为 0.9～2.2 g/cm^3，平均为 1.45 g/cm^3，约为铝的 1/2、混凝土的 1/3、钢的 1/5，与木材相近。用于装饰装修工程，可以减轻施工强度和降低建筑物的自重。

（3）比例强度高。即材料强度与体积密度的比值，由于塑料的质地很轻，所以其比强度很高，塑料的比强度远超过水泥混凝土，是一种典型的轻质高强材料。

（4）导热系数小。塑料的导热系数很小，为金属的 1/500 ~ 1/600。泡沫塑料的导热系数只有 0.02 ~ 0.046 W/（m · K），约为金属的 1/1 500，水泥混凝土的 1/40，普通黏土砖的 1/20，是理想的绝热材料。例如，塑料钢窗替代钢铝窗可大大节省空调费用。

（5）化学稳定性好。塑料在通常环境下具有很高的化学稳定性。对酸、碱、盐及油脂等腐蚀介质具有较强的抵抗作用，比金属材料和一些无机材料好得多。特别适合做化工厂的门窗、地面、墙体等。如用塑料水管替代传统的铸铁管，不易锈蚀渗漏，且价格低廉。

（6）电绝缘性好。一般塑料都是电的不良导体，其电绝缘性可与陶瓷、橡胶媲美。

（7）性能设计好。可通过改变配方、加工工艺，制成具有各种特殊性能的工程材料。如高强的碳纤维复合材料，隔音、保温复合板材，密封材料，防水材料等。

（8）装饰适应性高。在塑料中掺入不同的着色剂，可使塑料制品具有不同的色彩，且表面富有光泽。近年来，由于塑料表面处理技术的成熟与发展，其装饰性已远远超越了原有的装饰范畴，不仅可以在色彩上实现多样性，同时还可以利用印刷、电镀、热压、烫金等技术，使其表面在质感上模仿天然石材、木材、金属等多种材料，纹理足以达到以假乱真的程度，这就为许多不能或不宜使用石材、木材、金属材料的环境提供了新的选择。

2. 缺点

（1）易老化。塑料制品的老化是指制品在阳光、空气、高热及酸、碱、盐等环境介质中，分子结构产生递变，增塑剂等组分挥发，产生断裂，从而使力学性能变差，甚至发生硬脆、破坏等现象。通过配方和加工技术等的改进，塑料制品的使用寿命可以大大延长。例如，塑料管至少可使用 20 ~ 30 年，最高可达 50 年，比铸铁管使用寿命还长。又如德国生产的塑料门窗实际应用 30 多年，仍完好无损。

（2）耐热性差。塑料一般都具有受热变形的问题，甚至产生分解，因此在使用中要注意它的限制温度。

（3）易燃。塑料不仅可燃，而且在燃烧时发烟量大，甚至产生有毒气体。但通过改进配方，如加入阻燃剂、无机填料等，也可制成自熄（如 PVC 具有自熄性，建筑中很多塑料制品均采用此种材料）、难燃甚至不燃的产品。不过其防火性能仍比无机材料差，在使用中应予以注意。在建筑物某些容易蔓延火焰的部位需考虑不使用塑料制品。

（4）刚度小。塑料是一种黏弹性材料，弹性模量低，只有钢材的 1/20 ~ 1/10，且在荷载长期作用下会产生蠕变，所以用作承重结构时应慎重。

塑料及其制品的优点大于缺点，且其缺点是可以采取措施改进的。随着石油化工的发展，塑料在建筑业，特别是在建筑装饰方面的应用将越来越广泛，必将成为今后建筑材料发展的趋势之一，并将在诸多方面取代木材、水泥及钢材，成为建筑工程的四大建筑材料之一。

二、塑料板材

塑料装饰板材是指以树脂为浸渍材料或以树脂为基材，采用一定的生产工艺制成的具有装饰功能的普通或异形断面的板材。塑料装饰板材以其重量轻、装饰性强、生产工艺简单、施工简便、易于保养、适于与其他材料复合等特点在装饰工程中得到愈来愈广泛的应用。

塑料装饰板材按原材料的不同可分为硬质 PVC 板、塑料金属复合板、玻璃钢板、聚碳酸酯采光板、有机玻璃装饰板、三聚氰胺层压板等类型。按结构和断面形式可分为平板、波形板、实体异形断面板、中空异形断面板、格子板、夹芯板等类型。

(一) PVC 板材

PVC 塑料板材可分为软质 PVC 板（片）材、硬质 PVC 板材、发泡 PVC 板材等。硬质 PVC 板有透明和不透明两种。硬质 PVC 板按其断面形式可分为平板、波形和异形板等。按用途可制成 PVC 塑料扣板、吊顶格子板、塑料地板及其他部位装饰板材。

硬质 PVC 异形板表面可印刷或复合各种仿木纹、仿石纹装饰几何图案，有良好的装饰性。而且防潮、表面光滑、易于清洁、安装简单。常用作墙板和潮湿环境（盥洗室、卫生间）的吊顶板。

1. PVC 塑料扣板

PVC（或 UPVC、PVC - U）塑料扣板也称 PVC 吊顶板，它是以 PVC 为原料，经加工成为企口式的型材。具有重量轻、安装简便、防水、防潮、防蛀虫、耐污染、耐擦洗等特点，它表面的花色图案变化也非常多。它成本低、装饰效果好，因此在家庭装修吊顶材料中占有重要位置，成为卫生间、厨房、阳台等吊顶的主导材料，如图 3 - 107 所示。但也存在一些不足，如塑料扣板可燃、不耐热。

图 3 - 107　PVC 塑料扣板

选购 PVC 吊顶型材时，可从以下几个方面大致判断板材的好坏：

(1) 外观质量。目测外观质量，板面及接口处应平整光滑，色泽清晰均匀，底板色泽呈纯白色为佳。

(2) 测量壁厚。扣板的壁厚一般不低于 0.7 mm，特别是使用面，一般厂家的合格产品必须达到这个要求。

(3) 用手弯折。取一段扣板，用手抓住横向、纵向折弯。如果是劣质板材，则很容易折断崩裂；而优质的板材则不会出现这种情况，即使产生永久变形也不会折断或崩裂。这是检查扣板内在质量最简单有效的办法。

(4) 用指甲试划印花面。印花扣板的印刷图案上面有一层光膜，起保护图案和花纹的作用，该光膜必须有一定硬度，才能耐摩擦。要检查光膜的硬度，可以用指甲在光膜面上来回划，然后观察是否会留下划痕，说明保护印刷图案的上光膜的硬度不好，使用中容易划伤或碰花。

(5) 用胶带撕光膜面。用胶黏带沿扣板长度方向均匀粘贴在扣板表面，板与胶黏带中尽量不留气泡，紧密贴合，粘贴长度 0.5 m 左右，然后将胶带迅速从板面撕下。若光膜不被剥离，则说明扣板表面附着力较好，使用中对印刷图案保护效果好；反之，则说明扣板表面上光层附着力较差，使用时，表面光膜容易剥落。

(6) 查看锯口情况及板内表面的粗糙程度。质量好的扣板，强度及韧性都好，板面及内筋等部位在锯断时，不会出现崩口，且锯口平齐，无毛刺、裂纹等现象，内表面及内筋断面平滑，不会有明显的气泡。但劣质扣板锯口就会出现毛刺、内筋及板的上下面容易出现崩口、裂纹，且内表面粗糙，内筋上气泡多。

此外，很多扣板生产厂家在产品宣传资料上也有相关产品鉴别方法。

2. 格栅板

格栅板具有空间体形结构，可大大提高其刚度，不但可减少板面的翘曲变形而且可以吸收 PVC 塑料板面在纵横两方面的热伸缩。格栅板立体感，层次感强，可形成迎光面和背光面的强烈反差，使空间气氛活跃，极富光影装饰效果，如图 3 – 108 所示。冷气口、排风口、灯具可直接装在格栅上面，不影响整体效果。通风性好。

图 3 – 108　PVC 格栅板

格栅板常用的规格为 500 mm × 500 mm，厚度为 2 ~ 3 mm。

格栅板常用作体育馆、图书馆、展览馆或医院等公共建筑的墙面或吊顶。

3. PVC 塑料地板

PVC 塑料地板（图 3 – 109）通常有硬质 PVC 块状地板、软质 PVC 卷材地板、发泡 PVC 地板等几种。硬质 PVC 块状地板特点为：硬度较大，脚感略有弹性，行走无噪声；耐沾污，易清洗，保养方便；色彩丰富，图案组合性强；价格较低，安装方便。但耐刻画性较差，机械强度低，不耐折。市场上常见的规格为 300 mm × 300 mm，厚度一般为 2 ~ 3 mm。国家标准《半硬质聚氯乙烯块状塑料地板》（GB 4085—83）对该类地板的规格、尺寸偏差、外观和物理性能均做出了规定。

图 3 – 109　PVC 塑料地板装饰效果

（二）三聚氰胺层压板

三聚氰胺层压板亦称纸质装饰层压板或塑料贴面板，是以厚纸为骨架，面层浸渍三聚氰胺树脂，而底层浸渍酚醛树脂，多层叠合经热压固化而成的薄型贴面材料。

酚醛树脂的成本低于三聚氰胺甲醛树脂，但由于为棕黄色不透明，不宜在表面层使用。三聚氰胺甲醛树脂清澈透明、耐磨性优良，常用作表面层的浸渍材料，故通常以此作为该种板材的命名。

三聚氰胺层压板的结构为多层结构，即表层纸、装饰纸和底层纸。表层纸的主要作用是保护装饰纸的花纹图案，增加表面的光亮度，提高表面的坚硬性、耐磨性和耐腐蚀性。要求该层吸收性能好，洁白干净，浸树脂后透明，有一定的强度。一般耐磨性层压板通常采用25～30 kg/m²、厚度0.04～0.06 mm的纸。第二层装饰纸主要起提供图案花纹的装饰作用和防止底层树脂渗透的覆盖作用，要求具有良好的覆盖性、吸收性、湿强度和适于印刷性。通常采用100～200 kg/m²。由精致化学木浆和棉木混合浆制成的纸。

第三层底层纸是层压板的基层，其主要作用是增加板材的刚性和强度。一般采用80～250 kg/m²的单层或多层厚纸。对于有防火要求的层压板还需对底层纸进行阻燃处理，可在纸浆中加入5%～15%的阻燃剂如磷酸盐、硼砂或水玻璃等。除以上的三层外，根据板材的性能要求，有时还在装饰纸下加一层覆盖纸。

三聚氰胺层压板由于采用的是热固性塑料，所以耐热性优良，经100 ℃以上的温度不软化、开裂和起泡，具有良好的耐烫、耐燃性，因此有时也称为防火装饰板。由于骨架是纤维材料厚纸，所以有较高的机械强度，其抗拉强度可达90 MPa，且表面耐磨。三聚氰胺层压板表面光滑致密，具有较强的耐污性，耐湿、耐擦洗，耐酸、碱、油脂及酒精等溶剂的侵蚀，经久耐用。

三聚氰胺层压板的常用规格为：915 mm×915 mm、915 mm×1 830 mm、1 220 mm×2 440 mm等。厚度有0.5 mm、0.8 mm、1.0 mm、1.2 mm、1.5 mm和2.0 mm及其以上等。厚度在0.8～1.5 mm的常用作贴面板，粘贴在基材（纤维板、刨花板、胶合板上）而厚度在2 mm以上的层压板可单独使用。

国家标准《热固性树脂装饰层压板技术条件》（GB 7911.1—87）规定了三聚氰胺层压板的技术要求，主要有几何尺寸、翘曲度、外观质量等，对平面和立面类层压板按外观质量规定分一等、二等两个等级。同时也规定了物理力学性能指标（耐沸水煮、耐干热、耐冲击、滞燃性等）。三聚氰胺层压板常用于墙面、柱面、台面、家具、吊顶等饰面工程。

（三）铝塑板

铝塑复合板简称铝塑板，是由经过表面处理并用涂层烤漆的铝板作为表面，聚氯乙烯塑料板作为芯层，经过一系列工艺过程加工复合而成的新型材料。

铝塑板是由德国的阿卢辛根公司（ALUSINGEN）最先研制生产的，后经过荷兰富克航空公司与美国铝业公司（ALOCA）的改进，20世纪90年代后，产品质量逐渐稳定，达到了较高的水平。由于铝塑板是由性质截然不同的两种材料（金属与非金属）组成，它既保留了原组成材料（金属铝、非金属聚氯乙烯塑料）的主要特性，又克服了原组成材料的不足，进而获得了众多优异的材料性能。如豪华美观、艳丽多彩的装饰性；耐候、耐蚀、耐冲击、防火、防潮、隔声、隔热、抗震性；质轻、易加工成型、易搬运安装、可快速施工等特性，这些性能为铝塑板开辟了广阔的运用前景。

1. 铝塑板的特点

（1）经济性。铝塑板采用各种优质涂层，无须长期保养，免除了现代高层大型建筑物在保养及维修方面的花费。

（2）耐用性。由于经过阳极氧化和着色、涂装表面处理，具有良好的耐久性、耐候性、耐高温、耐磨性、耐污性等优良性能。

（3）平整性。铝塑板提供卓越的平整性表面，满足了现代建筑对高级质感的追求。

（4）质轻性。铝塑板采用铝合金及可塑性塑料复合而成，重量比其他装饰材料轻，减少材料本身重量负担，方便施工，可以大大缩减工期。

（5）易施工性。铝塑板易切割、剪裁、刨沟，可自由弯曲成圆弧、直角等各种形状，弯曲后不反弹，因此成型方便，沿弧面基体弯曲时，不需特殊固定，即可与基体良好地贴紧，便于粘贴固定，可充分配合装修业，设计各种造型变化。

（6）防火性。铝塑板不可燃的外层铝片可保护聚乙烯芯材料，并能于燃烧初期阻隔热传导。

（7）设计发挥性。铝塑板能够根据客户要求制造出特定的色泽和形态，能满足建筑师独具匠心的设计。

2. 铝塑板的应用

（1）各类室内外墙面装饰。

（2）机场、车站、宾馆、娱乐场所、高档住宅及写字楼的幕墙装饰和室内装饰。

（3）大型广告牌等广告宣传品的制作。

（4）天花板、厨房和卫生间的精装修。

（5）店面、展示厅的装修。

（6）家具制作。

（7）为保护其表面在运输和施工时不被擦伤，铝塑板表面都贴有保护膜，施工完毕后再行揭去。

（四）聚碳酸酯（PC）板

聚碳酸酯板是以聚碳酸酯塑料为基材，采用挤出成型工艺制成的栅格状中空结构异形断面板材，是由国外引进的优质透光装饰板材，通常用作建筑采光板，如图 3－110 所示。厚度有 6 mm、8 mm、10 mm 和 16 mm 等不同规格。采光板的两面都覆有透明保护膜，有印刷图案的一面经紫外线防护处理，安装时应朝外；另一面无印刷图案的安装时应朝内。常用的板面规格为 5 800 mm × 1 210 mm。

图 3－110　聚碳酸酯（PC）板

聚碳酸酯采光板的特点为：轻、薄、刚性大。其单位面积质量为 1.70～2.94 kg/m^2，厚度虽不超过 16 mm，但由于采用了多层空间栅格结构，所以刚性大，不易变形，能抵抗暴风雨、冰雹、大雪引起的破坏性冲击；色调多，外观美丽，有透明、蓝、绿、茶、乳白等多种色调，极富装饰性；基本不吸水，有良好的耐水性和耐湿性；透光性好，6 mm 厚的无色透明板透光率可达 80%；隔热、保温，由于采用中空结构，充分发挥了干燥空气导热系数极小的特点；阻燃性好，该种板材有良好的阻燃性，被火燃烤不产生有毒气体，符合环保标准；耐候性好，板材表面经特殊的耐老化处理，长时间使用不老化，不变形，不褪色，长期使用的允许温度范围为 −40～120 ℃；有足够的变形性，作为拱形屋面最小弯曲半径可达 1 050 mm（6 mm 厚的材板）。

聚碳酸酯板材的用途有：

（1）采光系统。

（2）办公室大楼、百货大楼、宾馆、别墅、学校、医院、体育场馆、娱乐中心及公用设施的采光顶棚。

（3）高速公路、轻便铁路及城市高架路隔音屏障。

(4) 现代植物温室及室内游泳池的天幕。

(5) 地铁出口、车站、停车场、商场、凉亭、休息厅、走廊的雨篷。

(6) 银行防盗柜台、珠宝店防盗橱窗、警用防暴盾牌。

(7) 飞机场、工厂的安全采光材料。

(8) 广告灯箱的面板、广告展示牌。

(9) 家居、办公室的室内隔断，人行通道、护栏、阳台、淋浴房的拉门。

(五) 玻璃钢 (GRP) 板

玻璃钢是以合成树脂为基体，以玻璃纤维或其制品为增强材料，经成型、固化而成的固体材料。

玻璃钢采用的合成树脂有不饱和聚酯、酚醛树脂或环氧树脂。不饱和聚酯工艺性能好，可制成透光制品，可在室温常压下固化。目前制作玻璃钢装饰材料大多采用不饱和聚酯。

玻璃纤维是熔融的玻璃液拉制成的细丝，是一种光滑柔软的高强无机纤维，直径9~18 μm，可与合成树脂良好结合而成为增强材料。在玻璃钢中常应用玻璃纤维制品，如玻璃纤维织物或玻璃纤维。

玻璃钢装饰制品具有良好的透光性和装饰性，可制成色彩艳丽的透光或不透光构件或饰件，其透光性与PVC接近，但具有散射光性能，故用屋面采光时，光线柔和均匀；其强度高（可超过普通碳素钢）、质量轻（密度 = 1.4 ~ 2.2 g/cm^3，仅为钢的1/5 ~ 1/4，铝的1/3左右），是典型的轻质高强材料；其成型工艺简单灵活，可制作造型复杂的构件；具有良好的耐化学腐蚀性和电绝缘性；耐湿、防潮，可用于有耐湿要求的建筑物的某些部位。玻璃钢制品的最大缺点是表面不够光滑。

常用的玻璃钢装饰板材有波形板、格栅板、折板等，也可作为桌椅家具材料，如图3-111所示。

图3-111 玻璃钢蜂窝板

三、塑料壁纸

塑料壁纸是以纸为基材，以聚氯乙烯塑料为面层，经压延或涂布及印刷、轧花、发泡等工艺而制成的，通过胶黏剂贴于墙面或天花板上的饰面材料。因为塑料壁纸所用的树脂为聚氯乙烯，所以也称聚氯乙烯壁纸。该壁纸的特点是：

(1) 具有一定的伸缩性和耐裂强度。因此允许底层结构（如墙面、顶棚面等）有一定的裂缝。

(2) 装饰效果好。由于塑料壁纸表面可以进行印花、压花发泡处理，能仿天然石材、木纹及锦缎，可印制适合各种环境的花纹图案，色彩也可任意调配，做到自然流畅，清淡高雅。

(3) 性能优越。根据需要可加工成具有难燃、隔热、吸音、防霉性，且不易结露，不怕水洗，不易受机械损伤的产品。

(4) 粘贴方便。塑料壁纸的湿纸状态强度仍较好，耐拉耐拽，易于粘贴，可用108胶黏剂或乳白胶黏剂粘贴，且透气性能好，可在尚未完全干燥的墙面粘贴，而不致造成起鼓、剥落，施工简单，陈旧后易于更换。

(5) 使用寿命长，易维修保养。表面可清洗，对酸碱有较强的抵抗能力，易于保持墙面的清洁。

总之，塑料壁纸是目前国内外使用广泛的一种室内墙面装饰材料，也可用于顶棚、梁柱等处的贴面装饰。

(一) 常用的塑料壁纸

1. 纸基塑料壁纸

纸基塑料壁纸又称普通壁纸，是以80 g/m^2的纸作基材，涂以100 g/m^2左右的聚氯乙烯糊状树脂，经印花、压花等工序制成。分为单色压花，印花压花，平光、有光印花等，花色品种多，生产量最大，经济适宜，是使用最为广泛的一种壁纸。

2. 发泡壁纸

发泡壁纸可分低发泡壁纸、发泡压花印花壁纸和高发泡壁纸。发泡壁纸以100 g/m^2 纸作基材，上涂PVC糊状树脂300～400 g/m^2，经印花、发泡处理制得。与压花壁纸相比，这种发泡壁纸更富有弹性的凹凸花纹或图案，色彩多样，立体感更强，浮雕艺术效果及柔光效果良好，并且有吸音作用，如图3－112所示。但发泡的PVC图案易落灰和烟尘，易脏污陈旧，不宜用在烟尘较大的候车室场所。

图3－112 发泡塑料壁纸

3. 特种壁纸

特种壁纸也称专用壁纸，是指具有特种功能的壁纸。

(1) 耐水壁纸。耐水壁纸用玻璃纤维毡作为基材，其他工艺与塑料壁纸相同，配以具备耐水性的胶黏剂，适应卫生间、浴室等墙面的装饰要求，它能进行洒水清洗，但使用时若接缝处渗水，则水会将胶黏剂溶解，导致耐水壁纸脱落。

(2) 防火壁纸。防火壁纸是用100～200 g/m^2 的石棉纸作为基材，同时面层的PVC中掺有阻燃剂，使该种纸具有很好的阻燃防火功能，适用于防火要求很高的建筑室内装饰，但是，防火壁纸燃烧时，也会放出浓烟或毒气。

(3) 特殊装饰效果壁纸。特殊装饰效果壁纸是面层采用金属彩砂、丝绸、麻毛棉纤维等制成的特种壁纸。可使墙面产生光泽、散射、珠光等艺术效果，使被装饰墙面四壁生辉，可用于门厅、柱头、走廊、顶棚等局部装饰。

(4) 风景壁画型壁纸。壁纸的面层印刷风景名胜、艺术壁画，常由若干幅拼接而成，适用于装饰厅堂墙面。

与其他各种装饰材料相比，壁纸的艺术性、经济性和功能性综合指标最佳。壁纸的图案色彩千变万化，适应不同用户所要求的丰富多彩的个性。选用时应以色调和图案为主要指标，综合考虑其价格和技术性质，以保证其装饰效果。

（二）塑料壁纸的规格与技术要求

1. 规格

（1）幅宽 530 ~ 600 mm，长 10 ~ 12 m，每卷为 5 ~ 6 m^2 的窄幅小卷。

（2）幅宽 760 ~ 900 mm，长 25 ~ 50 m，每卷为 20 ~ 45 m^2 的中幅中卷。

（3）幅宽 920 ~ 1 200 mm，长 50 m，每卷 46 ~ 90 m^2 的宽幅大卷。

小卷壁纸是生产最多的一种规格，它施工方便，选购数量和花色灵活，比较适合民用，一般用户可自行粘贴。中卷、大卷粘贴工效高，接缝少，适合公共建筑，由专业人员粘贴。

2. 技术要求

表 3－37　壁纸的外观质量（GB 8945—88）

名称	优等品	一等品	合格品
色差	不允许有	不允许有明显差异	允许有差异，但不影响使用
伤痕和皱褶	不允许有	不允许有	允许纸基有明显折印，但壁纸表面不允许有死褶
气泡	不允许有	不允许有	不允许有影响外观的气泡
套印精度	偏差≤0.7 mm	偏差≤1 mm	偏差：≤2 mm
露底	不允许有	不允许有	允许有 2 mm 的露底，但不允许密集
漏印	不允许有	不允许有	不允许有影响使用的漏印
污染点	不允许有	不允许有目视明显的污染点	允许有目视明显的污染点，但不允许密集

塑料壁纸的外观质量及物理性能应分别满足表 3－37 和表 3－38 的要求。

表 3－38　壁纸的物理性能

检验项目			技术指标		
			优	一等品	合格品
褪色性（级）			>4	≥4	≥3
耐摩擦色牢度试验（级）	干摩擦	纵向 横向	>4	≥4	≥3
	湿摩擦	纵向 横向	>4	≥4	≥3
遮蔽性（级）			4	≥3	≥3
湿润拉伸负荷（N/15 mm）		纵向 横向	>2.0	≥2.0	≥2.0
黏合剂可拭性		横向	20 次无外观上的损伤和变化		

注：可拭性是指粘贴墙纸的黏合剂附在墙纸的正面，在黏合剂未干时，应有可能用湿布或海绵拭去，而不留下明显痕迹。

四、塑钢门窗

塑钢门窗是 20 世纪 50 年代末，首先由联邦德国研制开发，并于 1959 年开始生产的新型建筑产品。最初的塑钢门窗均采用单腔结构，比较简单、粗糙，伴随着 1972 年世界性的能源危机。20 世纪 70 年代初节能效果较好的塑钢门窗得到了大量使用，推动了型材生产技术的提高，日臻完善，由原来的单腔型材发展到三腔、四腔型材，带动了欧洲乃至亚洲塑钢门窗的发展。根据不完全统计，德国塑钢门窗的使用量已占门窗市场的52%，奥地利为48%，瑞士、英、法、意等发达国家也有 10% ~20% 的；美国的塑钢门窗在 20 世纪 70 年代末开始起步，每年使用量增长率达 15% 以上，目前亚洲地区使用塑钢门窗的有日本、韩国、新加坡和泰国等。

我国的塑钢门窗生产起步较晚，20 世纪 70 年代生产的钙塑门窗，质量不过关，已基本淘汰。真正的塑钢门窗生产是从 1983 年由引进设备开始的，当时的技术不是很先进，均采用单腔或双腔结构型材，1981 年行业好转，国内纷纷涌现了一批具有挤出设备、模具、型材、组装设备等的生产厂商；1986 年在国家大力提倡下，新组建的引进 20 世纪 90 年代先进设备的厂商的诞生，大大地推动了行业的发展。现在国内有型材挤出生产线 2 000多条，型材厂 400 多家，组装厂 3 000 多家，1999 年型材生产能力为 80 万吨，年组装门窗能力为6 000 万 m^2。目前，芜湖海螺、大连实德是国内塑钢门窗型材实力较强的生产企业。

塑钢门窗以其优良的性能正被广大用户所接受。在我国的建筑门窗产品市场上，铝合金门窗产品占的比例最大为 55%；其次是塑钢门窗，占的比例为 35%；钢门窗产品有 6% 的份额；其他材料的产品占了剩余的 4%。塑钢门窗被誉为继木、钢、铝之后崛起的新一代建筑门窗，在我国，近年来塑钢门窗也有逐步取代铝合金门窗的趋势。

1. 塑钢门窗的概念

塑钢门窗是以聚氯乙烯（PVC）树脂为主要原料，加上一定比例的稳定剂、改性剂、填充剂、紫外线吸收剂等助剂，经挤出加工成型材，然后通过切割、焊接的方式制成门窗框、扇，配装上橡塑密封条、五金配件等附件而成。为增加型材的刚性，在型材空腔内添加钢衬（加强筋），所以塑钢门窗也称之为塑料门窗。塑钢门窗型材如图 3 - 113 所示。

图 3 - 113 各种规格的塑钢型材

目前塑钢门窗的种类很多，按开启方式分类，可分为平开窗、平开门、推拉窗、推拉门、固定窗、旋窗等。按构造分类，可分为单玻、双玻、三玻门窗。按颜色分类，可分为单色（白色或彩色）、双色（共挤、覆膜或喷涂）门窗。

2. 产品型号

产品型号由产品的名称代号、特征代号、主参数代号如下：

（1）名称代号。固定塑钢窗：CSGO；平开塑钢窗：CSP；推拉塑钢窗：CST。

（2）特殊代号。玻璃层数：A、B、C（分别为一、二、三层）；中空玻璃：K；带纱窗：S。

3. 塑钢门窗的主要性能

（1）保温节能性。塑料本身导热系数很小，因此其保温效果比钢门窗、铝合金门窗要好。另一方面塑钢门窗型材为多腔式结构，使其保温性能进一步提升，传热系数甚小，仅为钢材的1/357，铝材的1/1 250。根据有关部门调查比较：使用塑钢门窗比使用木窗的房间，冬季室内温度提高4~5 ℃。因此，塑钢门窗在我国北方的普及率比南方更高。不同结构窗框具有不同的保温性能，型材分腔较多的保温性能会更好。单腔结构和双腔结构窗框设计已逐步淘汰，目前大多选用三腔结构和四腔结构的窗框设计。

（2）气密性（空气渗透性能）。塑钢门窗在安装时所有缝隙处均装有橡塑密封条和毛条，所以其气密性远远高于铝合金门窗。而塑钢平开窗的气密性又高于推拉窗的气密性，一般情况下，平开窗的气密性可达一级，推拉窗可达二级至三级。

（3）水密性（雨水渗透性能值）。因塑钢型材具有独特的多腔式结构，均有独立的排水腔，无论是框还是扇的积水都能有效排出。塑钢平开窗的水密性远高于推拉窗，一般情况下，平开窗的水密性可达到二级，推拉窗可达到三级。

（4）抗风压性能值。抗风压性能是受力杆件相对挠度为1/300时的抗风压强度值，大小取决于型材壁厚和塑料型腔内钢衬。德国型材及国内知名品牌型材壁厚一般为2.5~3.0 mm，而由于目前国内塑钢门窗行业的混乱，一些小厂生产的型材壁厚仅有1.5 mm左右，抗风压性能较差。在选择门窗时可根据当地的风压值、建筑物的高度、洞口大小、窗型设计来选择型材系列及加强筋的厚度，以保证建筑对门窗的要求。一般高层建筑可选择大断面推拉窗或内平开窗，抗风压强度可达一级或特一级，低层建筑可选用外平开窗或小断面推拉窗，抗风压强度一般在三级。

（5）隔音性。塑钢型材本身具有良好的隔音效果，如采用双玻结构其隔音效果更理想，特别适用于闹市区噪声干扰严重，需要安静的场所，如医院、学校、宾馆、写字楼等，如图3－114所示。

图3－114 双玻结构塑钢窗

（6）耐候性。塑钢型材采用独特的配方，提高了其耐寒性。塑钢门窗可长期使用于温差较大的环境中（－50~70 ℃）烈日暴晒、潮湿都不会使其出现变质、老化、脆化等现象，最早的塑钢门窗已使用30年，其材质完好如初，按此推算，正常环境条件下塑钢门窗使用寿命可达50年以上。

（7）防火性能。塑钢门窗不易燃、不助燃、能自熄，安全可靠。

4. 塑钢门窗的选购

（1）型材。UPVC型材是塑钢门窗的质量与档次的决定性因素，好的UPVC型材应该是合理设计的多腔体，一般为三腔或四腔。型材壁较厚，一般为2.5 mm以上，左侧型材壁较薄，且切割后断面不平滑，质量较差，右侧型材壁较厚，较好。UPVC塑料配方中含抗老化、防紫外线助剂，从外表上看应该是表面光洁、颜色青白。

（2）五金件。五金件对于门窗非常重要。门窗的五金件都是金属制造的，其内在强度、外观、使用性都直接影响着门窗的性能。许多中低档塑钢窗选用的是塑料五金件，其质量及寿命存在极大隐患。

（3）门窗的组装质量。主要就是外观是否光洁无损，焊角是否清洁整齐，推拉窗是否推拉灵活，平开窗是否开启自如，门窗是否密封严实，五金件是否配齐，有无钢衬等。

5. 塑钢门窗的应用及前景

我国生产塑钢门窗有平开门、窗，推拉门、窗，以及地弹簧门五大类，二十多个尺寸系列的产品，还可生产满足特殊需要的工业建筑用的防腐蚀门窗、中悬窗。经过多年使用，塑钢门窗在越来越多的用户心目中树立起了良好的形象。在严寒的东北三省安装的塑钢门窗，使用了多年，用户对产品的保温效果和质量反映良好。

塑钢门窗行业迅速发展的原因，除其本身的优良性能外，也与世界性能源危机有着密切的关系。塑钢门窗无论是在节约制造能耗和使用能耗方面，还是在保护环境方面，都比木、钢、铝窗有明显的优越性。

五、塑料管材

塑料管材一般是以合成树脂为原料，加入稳定剂、润滑剂、填充剂、紫外线吸收剂、改性剂等，以注塑的方法在制管机内经挤压加工而成。由于它具有质量轻、耐腐蚀、外形美观、无不良气味、加工容易、施工方便等特点，在建筑工程中获得了越来越广泛的应用。主要用作房屋建筑的自来水管，排水、排气和排污卫生管，地下排水管系统，雨水管，燃气管，以及电线安装配套用的穿线管。

（一）塑料管材的特性

塑料管材的原料组成决定了塑料管材的特性。

1. 塑料管材的主要特点

（1）化学稳定性好，不受环境因素和管道内介质组分的影响，耐腐蚀性好。

（2）导热系数小，热传导率低，绝热保温，节能效果好。

（3）水力性能好，管道内壁光滑，阻力系数小，不易积垢，管内流通面积不随时间发生变化，管道阻塞概率小。

（4）相对于金属管材，密度小，材质轻，运输、安装方便、灵活、简捷，维修容易。

（5）可自然弯曲或具有冷弯性能，可采用盘管供货方式，减少管接头数量。

2. 塑料管材的主要缺点

（1）力学性能差，抗冲击性不佳，刚性差，平直性也差，因而管卡及吊架设置密度高。

（2）阻燃性差，大多数塑料制品可燃，且燃烧时热分解，会释放出有毒气体和烟雾。

（3）耐热性差，尤其是用于热水管的管材，需要对其适用温度给予特别的关注。

（4）热膨胀系数大，伸缩补偿必须十分强调。

基于以上特点，为保证城市供水管网的水质，改善配水压力，减少镀锌钢管锈蚀对居民健康和生活质量的影响，有些地区依据《国家化学建材产业“十一五”计划和2010年发展规划纲要》文件精神率先发起，自2001年1月1日起新扩与改建的各类建筑物、构筑物、住宅小区的给水管道停止使用镀锌钢管，取而代之的是采用塑料给水管。

在《国家化学建材产业“十一五”计划和2015年发展规划纲要》中也提出2015年发

展目标：全国建筑排水管80%采用塑料管，基本淘汰铸铁管，建筑电线穿线护套管90%采用塑料管，建筑雨水排水管80%采用塑料管，建筑冷水、热水供应和供暖管85%采用塑料管，基本淘汰镀锌管。城市供水管道（DN400以下）80%采用塑料管，村镇供水管90%采用塑料管，城市燃气管40%以上采用塑料管，城市排水管道的塑料管使用量达50%以上。

综上所述，建筑塑料管材的应用前景是非常广阔的，但也需要注意在推广塑料管材的同时，发展相关技术以克服其缺点。

（二）常用建筑给水管材

建筑管材的种类繁多，在众多管材当中建筑给水管材需要考虑管材的承压性能、耐冷耐热性、耐腐蚀性、卫生性、热变形性、连接性能等，在应用环境上较为复杂。以下只着重介绍常用塑料给水管材。

建筑给水管材按使用环境可分为室外给水塑料管材和室内给水塑料管材。

1. 室外给水塑料管材

近些年，陆续出现了品种繁多的室外给水塑料管材。主要有聚乙烯（PE）管、硬聚氯乙烯（PVC－U）管、丙烯腈－丁二烯－苯乙烯（ABS）管等。

（1）PE管。PE管材根据生产管道的聚乙烯原材料不同，分为PE63级（第一代）、PE80级（第二代）、PE100级（第三代）及PE112级（第四代）聚乙烯管材。目前给水管材中应用较广的主要是PE80级和PE100级，PE112级是今后应用的发展方向，如图3－115。由于PE63级承压较低，较少用于给水材料。PE管也分为高密度HDPE型管和中密度MDPE型管，高密度HDPE型管要比中密度MDPE型管刚性增强、拉伸强度提高、剥离强度提高、软化温度提高，但脆性增加、柔韧性下降、抗应力开裂性下降。由于高密度HDPE型管应用较多，通常用高密度HDPE型管代表PE管。

图3－115 PE给水管

其性能特点是：

①卫生条件好，PE管无毒，不含重金属添加剂，不结垢，不滋生细菌。

②柔韧性好，抗冲击强度高，耐强震、扭曲。

③独特的电熔焊接和热熔对接技术使接口强度高于管材本体，保证了接口的安全可靠。

据已有的资料可知，HDPE给水管道国内产品分PE80及PE100两级，又各分为SDR11、SDR13.6，SDR17.6，SDR26和SDR33等系列，工作压力有0.40 MPa、0.60 MPa、0.80 MPa、1.00 MPa、1.25 MPa、1.60 MPa等档次。公称通径有DN16、DN20多种。

连接方式主要有电热熔、热熔对接焊和热熔承插连接。管道敷设既可采用通常使用的直埋方式施工，也可采取插入管敷设（主要用于旧管道改造中的插入新管，省去大开挖）。

（2）PVC－U管。PVC－U管是由硬聚氯乙烯（未增塑聚氯乙烯）塑料通过一定工艺制成的管材。目前积累了较多的使用经验，技术也比较成熟。PVC－U管材不导热，不导电，阻燃。突出应用于高腐蚀性水质的管道输送，质量和经济效益良好，如图3－116所示。在价格上，PVC－U管比HDPE管有优势，但它的柔韧性差，硬度高，不易煨弯加工。

国内产品PVC－U给水管材主要规格有公称通径DN15～DN700。管材最高许可压力为0.6 MPa、0.9 MPa和1.6 MPa三种规格。管道主要连接方法有承插式连接和胶黏剂黏结。

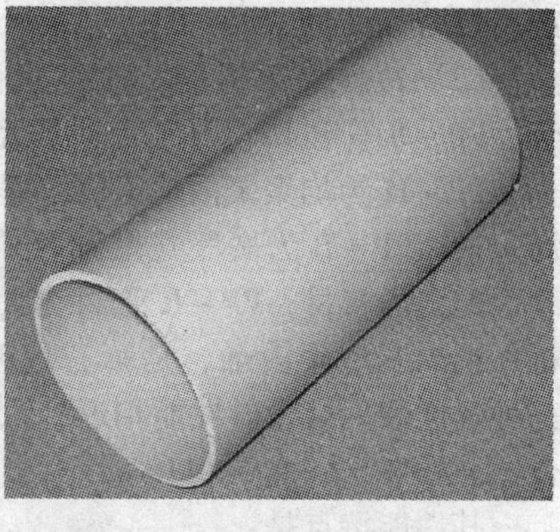

图3－116　PVC－U排水管

（3）ABS管。ABS工程塑料是丙烯腈、丁二烯、苯乙烯三种化学材料的聚合物，如图3－117所示。

其性能特点是：

（1）耐腐蚀性极强。

（2）耐撞击性极好，ABS管道能在强大外力撞击下，材质不破裂。

（3）韧性强。

ABS管主要规格有公称通径DN15～DN400。管材最高许可压力为0.6 MPa、0.9 MPa和1.6 MPa三种规格。应用于高标准水质的管道输送，质量和经济效果佳。ABS管连接方式主要为冷胶熔接法。

图3－117　ABS管

2. 室内给水塑料管材

室内给水塑料管材主要有：交联聚乙烯（PE－X，也称PEX）管、改性聚丙烯（PP－R、PP－B、ZP－H）管、氯化聚氯乙烯（PVC－C）管、硬聚氯乙烯（PVC－U）管、聚乙烯（PE，也分为高密度HDPE型管和中密度MDPE型管，常用高密度HDPE）管、聚丁烯（PB）管、丙烯腈－丁二烯－苯二乙烯（ABS）管等。其中PVC－U管、HDPE管和ABS管在室外给水管中介绍较详细，在此就不再赘述。

图3－118　PE－X地暖管

（1）PE－X管。交联聚乙烯管材PE－X，是以密度>0.94 g/cm³的聚乙烯或乙烯共聚物，添加适量助剂，使其线型的大分子交联成三维网状的大分子结构的塑料管材，如图3－118所示。其交联度可达到60%～90%。

其性能特点是：

①优良的耐温性能，使用的温度为－70～100 ℃。

②优良的隔热性能和耐压性能。PE－X管导热系数低，热量损失小，节约能源。

③较长的使用寿命。可安全使用50年以上。

④抗振动，耐冲击。

⑤无污染环境的绿色环保管材，不含任何毒素，也不释放有害物质，焚烧后只产生水和二氧化碳。

管外径规格为16～63 mm。管道连接有卡箍式、卡套式、专用配件式。生产企业常规产品压力等级为1.25 MPa。

(2) 改性聚丙烯管。改性聚丙烯管分PP－R管、PP－B管和PP－H管三种类型。

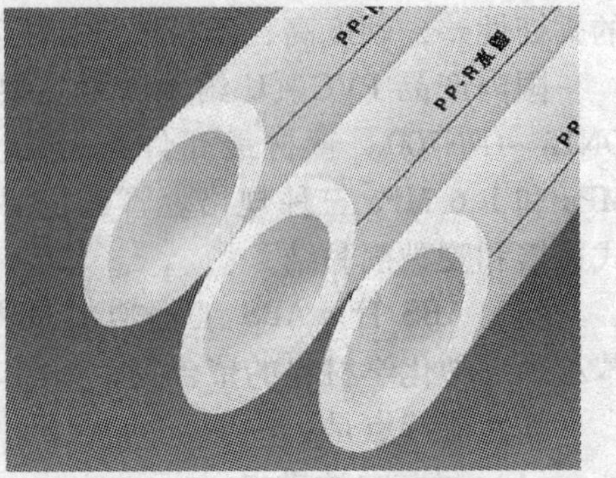

图3－119 PP－R热水管

PP－H为均聚聚丙烯管材，是第二代改性聚丙烯管材；PP－B为嵌段共聚聚丙烯管材，属第二代改性聚丙烯管材；PP－R管材为无规共聚聚丙烯管材，也叫三型聚丙烯，是第三代改性聚丙烯管材。三种改性聚丙烯管材性能相近，且以PP－R管材综合性能最好，如图3－119所示。

其性能特点是：

①无毒、卫生。

②耐热、保温性能好。PP－R管的最高耐热可达131.3 ℃，最高使用温度为95 ℃，长期（50年）使用温度为70℃，完全可以满足常用的工业和用生活热水和空调供回水系统。同时，PP－R管的导热系数只有钢管的1/200，具有良好的保温和节能性能，还可减少保温管材的厚度。

③安装方便且是永久性的连接。

④原料可回收，不会造成环境的污染。

从PP－R管的特点可知，PP－R管不仅可用于建筑物内的冷热水系统，而且可用于建筑内的采暖系统、直饮用水供水系统、中央空调供回水系统、输送化学介质等。在进行设计时宜根据各产品的企业标准或技术规程选定合适的规格。

PP－R管道的连接方式主要有两种：热熔连接、电熔连接，也有专用丝扣连接或法兰连接。PP－R管常用有公称通径DN20～DN160的规格。

(3) PVC－C管。PVC－C管（又叫CPVC管）是氯化聚氯乙烯管，如图3－120所示。

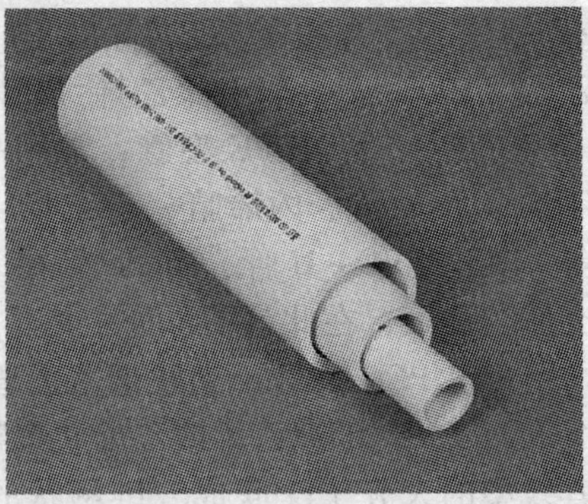
图3－120 PVC－C管

其性能特点：

①防腐性能很强。由于氯含量的增加，PVC－C管材较PVC管材的抗化学性及抗腐蚀能力进一步增强，能抗强酸、强碱、盐、脂肪酸盐、氧化剂及卤素等的化学腐蚀。无论是暴露在空气中、埋于腐蚀性土壤里。甚至在95 ℃高温下，内外均不会被腐蚀。

②良好的耐热性。PVC－C产品的使用温度最高可达93～100 ℃，较PVC提高30～40 ℃。

③良好的阻燃性。PVC－C的着火温度为482 ℃，PVC－C管道不自燃且不助燃，还具有限制烟雾的特性，不会产生有毒气体。

④保温性能佳，热膨胀小。PVC－C热传导率低，PVC－C管道夏天不易结露，冬天可节省大部分保温材料及施工费用，也不易扭曲变形。

⑤抗震性好。PVC－C管道具有较好的弹性模量，抗震性能良好。

⑥具有优异的耐老化性和抗紫外线性能。

常用规格有：公称通径 DN15 ~ DN300。

连接方式有承插黏结、塑料焊接，还有专用配件法兰连接、螺纹连接。

PVC - C 管优点比较多，且在热水管道上应用较好，但因为材料价格比较昂贵，在给水方面推广应用受到较大局限。

(4) PB 管。PB 管是由聚丁烯树脂通过一定的制管工艺生产而成的管材。

其性能特点：

①良好的耐温性能。其长期使用温度小于 90 ℃。

②耐压性能和抗蠕变能力极强。同样条件下其管壁最薄。其工作压力冷水时为 1.6 ~ 2.5 MPa；热水时为 1.0 MPa。

③极好的韧性和耐冲击力。

④极好的抗腐蚀能力。

⑤较好的隔热性能。材料的导热率较小。

⑥无毒、重塑性强。

常用的规格有：公称通径 DN15 ~ DN63。

PB 管主要采用热熔式或电熔式承插式接头连接，也采用胶圈密封连接。PB 材料属于易燃材料，安装加工或使用的场所必要时需采取防火措施。由于这种管材的原材料主要依赖于进口，价格昂贵，在国内应用的大多依赖进口成品管材及管件，包括施工连接的专用工具等，同时施工技术要求较高等原因，故在国内应用很有限。

（三）塑料复合管

塑料也可以和金属材料复合，从而制得复合型管材。塑料复合管按使用的骨架材料不同分为铝塑复合管（PEX - AL - PEX 或称 PAP）（图 3 - 121）和铜塑复合管和（钢骨架增强）塑料复合管等。

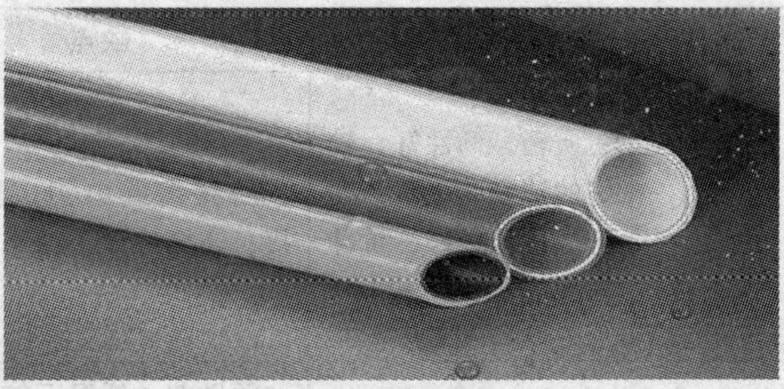

图 3 - 121　铝塑复合管

PAP 管是中间层采用焊接铝管，外层和内层采用中密度或高密度聚乙烯或交联高密度聚乙烯，经热熔胶黏合而复合成的一种管道。PAP 管按中间骨料层铝层的焊接方式区分为超声波焊接的搭接焊型和氩弧焊焊接的对接焊型。

PAP 管特性是：

(1) 良好的耐腐蚀性能，管壁内外均不存在锈蚀的问题，且不含有害成分，化学性能稳定。

(2) 优良的机械性能，防渗漏，耐压强度较高，工作压力完全可以满足多层建筑供水的需要。

(3) 抗振动、耐冲击，能有效缓冲管路中的水锤作用，减少管内水流噪声。

(4) 不用套丝，弯曲操作简单，管线连接施工方便。

PAP 管的规格公称外径有 DN12 ~ DN75。管道连接方式宜采用卡套式连接。管道宜采用管材生产企业配套的管件及专用工具进行施工安装。

（四）常用建筑给水管材选用

前面介绍了目前国内市场上常用的塑料管材品种。对于管材的选用材质至关重要，为便于综合了解和比较各类型管材的性能及用途，表3-39中列举了常用建筑给水管材的性能及用途，表3-40中列举了常用塑料管材的耐温性能指标，供大家参考。

选定了管材材质后，应注意管材上标注的执行标准是否为相应的国家标准，应尽量选购执行国家标准的产品。管材外观应光滑、平整、无起泡，色泽均匀一致，无杂质，壁厚均匀。同样的材质，应选购管壁较厚的管材。

表3-39 常用建筑给水管材的性能及用途

代号	材料名称	长期使用温度/℃	短期使用温度/℃	维卡软温度/℃
HDPE	高密度聚乙烯	60	80	121
PVC-U	硬聚氯乙烯	40	40	90
ABS	丙烯氰-丁二烯-苯乙烯共聚树脂	60	80	94
PE-X	交联聚乙烯	90	90	133
PP-R	无规共聚聚丙烯	60	90	140
PVC-C	氯化聚氯乙烯	90	95	124
PB	聚丁烯	90	95	124

表3-40 常用塑料管材的耐温性能指标

品种	优点	缺点	连接方式	主要用途
HDPE	质轻，韧性好，较好的抗疲劳强度，耐低温性能较好，抗冲击性能好	熔接需要电力；机械连接，连接件大	挤压夹紧、热熔合、电熔合	用途广泛，用于饮水管、雨水管、气体管道、工业耐腐蚀管道，尤其适用于寒冷地区室外的给水铺设
PVC-U	具有较好的抗拉、抗压强度，抗腐蚀力强，在各类塑料管材中价格最便宜	柔性差，低温下较脆；耐热性差，不适用于热水输送；某些管材中可能存在铅盐热稳定剂和邻苯二甲酸异辛酯或邻苯二甲酸异丁酯增塑剂，存在卫生安全隐患；接头黏合技术要求高，固化时间较长	黏结、承接胶圈连接、法兰螺纹连接	用于给水排水管、电工穿线管、雨水管、工业防腐管等；不宜作热水管或在冬季严寒地区使用
ABS	重量较轻；耐热性高于PE、PVC，可用于热水管；强度大，韧性好，耐冲击；耐腐蚀性优良	耐紫外线差，黏结固化时间较长，价格高于PE、PVC	黏合、螺纹、电熔合	卫生洁具用下水管气管、污水管、地下电缆管、高防腐工业管道等

续表

品种	优点	缺点	连接方式	主要用途
PE - X	耐温性能好，抗蠕变性能好	不能熔焊，只能用金属件通过机械压紧方式连接；塑料不能回收重复利用	挤压夹紧	建筑冷热水管
PP - R	耐腐蚀性好，具有较好的强度、较高的表面硬度、表面光洁度，具有一定的耐高温性能	在同等压力和介质温度的条件下，管壁最厚	热熔合	化学污水、海水、油和灌溉的管道，用于室内混凝土地坪作采暖系统加热管
PVC - C	耐腐性能、耐候性能及耐热性能突出	价格高	黏结、法兰螺纹连接	工业防腐管、热水管
PB	强度介于 PE 和 PP 之间，柔性介于 LDPE 和 HDPE 之间，其突出特点是抗蠕变性能（冷变形）好，反复绕缠而不断，耐温，化学性能也很好	国内还没有 PB 树脂原料，依赖进口，价格高	挤压夹紧、热熔合、电熔合	给水管、冷热水管、燃气管、地下埋高管道

第七节 织物类饰面材料

纤维织物与制品在室内环境装饰中是不可缺少的一部分。它主要包括地毯、墙布、窗帘、台布、沙发及靠垫等。这类制品从色彩、质地、柔软性及弹性等方面对室内的整体装饰效果产生直接影响。合理选用这些织物与制品，既能使室内环境优美，又给人温馨舒适的感觉。

追溯纤维装饰织物的历史，它的使用已有数个世纪。特别在出现了优质的合成纤维和改造的人造纤维后，它的使用更加广泛，如室内许多地方的墙面、地面、顶面等处都采用了优质纤维织物作为装饰材料、隔热材料和吸音材料。但因纤维织物的原料种类与材质不同，纤维的内部构造及化学、物理力学性能也不相同，加之使用形态与纺织方法存在着差异，所以，要正确恰当地选择纤维织品作为室内景观、光线、质感与色彩的烘托材料，必须了解其材料组成、性能特点及加工方法等。在我国，装饰纤维织物的应用对大多数人来说，还没有很多的经验。就此，本节将对其进行详细的讲解。

一、织物类概述

（一）织物的分类及其特点

织物按其纤维原料和性能的不同分为天然纤维和化学纤维两大类。这两类纤维各有其优点和特性，能适应多种装饰织物质地、性能的不同要求。由于现代化学工业的迅速发展，不少新原料、新纤维相继问世，给纤维装饰织品的发展及应用提供了丰富的原料来源和广阔的市场。

1. 天然纤维

天然纤维是一种传统的纺织原料，分棉、毛、丝、麻等。这类纤维使用舒适、外观自然优美，在现代纺织装饰面料中占有十分重要的地位，许多高档装饰用的织物及床上用纺织品大都选用天然纤维作原料，它们具有化学纤维所无法比拟的特性，但是它们的开发有一定的局限性，所以天然纤维的合理使用是值得我们重视的问题。

（1）棉纤维。棉纤维是纺织纤维中最重要的植物纤维。主要成分是纤维素，一般呈白色或淡黄色，也很容易被染成各种颜色。

（2）羊毛纤维。羊毛纤维的使用可追溯到3世纪，当时中亚地区就出现了毛纱制成的手工编织品，可以说，从那时起人们就开始利用羊毛制作纺织装饰品了。

（3）蚕丝纤维。蚕丝的使用在我国比较早，并且是我国利用较多的纺织原料之一。除一般长丝外，装饰面料使用较多的是绢丝。蚕丝有着较好的拉伸度，纤维细腻，其织物光泽好、手感滑爽、吸湿透气，是全球公认最华贵的纤维。

（4）麻纤维。目前我国装饰织物生产中，麻的应用也比较广泛，所用的麻纺织原料主要有亚麻、苎麻和黄麻。麻纤维是将麻茎进行一定加工而制成的纺织原料。

2. 各类天然纤维的实际应用

（1）棉纤维。具有良好的物理性质和化学性质，纤维表面呈螺旋状及内部的多孔性结构，使其具有很好的吸湿性和透气性。以棉花为原料制成的床上用品（如床单、被套、枕套及毛巾类织物等），具有手感柔软、保暖性能好等优点，是最适合目前我国人民的经济状况和卫生要求的纤维。棉纤维还具有较好的拉伸和恢复弹性，耐疲劳性能也较好，是制作靠垫、沙发的良好原料，棉织品的窗帘有良好的耐日晒性能。

棉纤维对染料具有天然的亲和性，故装饰印花布可以印染出变化丰富、色彩鲜艳的图案。另外，棉织物耐久性较好，不易卷缩，是室内装饰布的理想材料，如坚固的躺椅帆布、柔软的被服绒布、细密光滑的缎纹餐巾等。棉纤维多方面的适应性是其他纤维无可比拟的，使用量也是很大的。

（2）羊毛纤维。柔软而富有弹性，羊毛织物手感丰润、色泽柔和，具有良好的保暖性，是制作传统防寒织物的高档原料，所以冬天的大衣、围巾、西装等衣服，几乎少不了羊毛纤维。在装饰织物中，常用于织制毛毯（绒毯）、床罩、家具铺设织物、帷幕等。羊毛纱也是制作地毯、壁挂的主要原料。目前常用品种有各种绵羊毛（如澳毛）、马海毛（又称安哥拉山羊毛）等。除毛纱外，各类绒线也是装饰编织品的主要材料。但羊毛纤维水洗会缩水。由于羊毛价格较高，常采用羊毛与其他原料混纺，这样既降低成本，又可以提高原料的综合性能。

（3）蚕丝纤维。可以织成夏天透明的纱，也可以制成冬天丝质的厚外套。但蚕丝的耐日光性较差，长时间的阳光照射会逐渐变黄，丝质脆化，强度降低。千万不能用力拉扯或刮伤。

（4）麻纤维。长期以来多用于生产粗犷、牢固的帆布及茶巾、台布类织物。近年来，随着现代审美情趣的变化，以亚麻制作各种装饰面料的趋势正在发展，比较突出的有墙布面料。此外，在现代装饰纤维艺术品中亚麻也被广泛地选用。

（5）苎麻。是麻纤维中品质最好的纺织纤维，可以纯纺，也可混纺，有一定的加工深度。苎麻纱具有凉爽、挺括、透气、吸湿等优点，可制成漂白织物、印花织物、染色织物及高级餐巾、台布、床单、被套等，还可用于制作风格新颖的定型片式窗帘。苎麻也是刺绣工艺品的理想原料。麻纤维的特性是十分通风凉爽，适合做夏天的衣服。

（6）黄麻纤维。较粗，可纺性能不如亚麻与苎麻，目前只限于织制低档的黄麻地毯和地毯底布等。

3. 化学纤维

在化学纤维工业十分发达的今天，装饰纤维织物中化学纤维已占有极大的比重。现在不仅广泛用于中低档织物，在许多高档和混纺品种中也运用较多。

化学纤维的优点是资源广泛，易于制造，具备多种性能，物美价廉。它不像天然纤维那样受到土地、气候及生产能力的多方面限制，石化工业的发展及先进的化纤制造技术，使各类化学纤维相继产生。

多年来的生产研究、技术改进，使化学纤维的外观性能和理化性能都有了很大的改进。不少原料在性能上都力图模仿天然纤维的效果和功能，不仅在光泽手感方面具有天然纤维的特点，而且在吸湿、透气、印染等方面都具有良好的性能。并且化学纤维在外观造型方面有很大的可塑性。利用这一特点，加之生产化学纤维的原料丰富，且成本低廉，可以加工纺制许多新颖奇特的花式线、装饰线。

目前，装饰织物常用的化学纤维有人造纤维、合成纤维。

（1）人造纤维。人造纤维是采用天然纤维素纤维或蛋白质纤维为原料，经化学处理和机械加工而成的纤维，它可分为醋酸纤维、尼龙纤维、聚酯纤维、亚克力纤维等几种类型。

①醋酸纤维模仿丝纤维，常用于裙子或外套的里布。

②尼龙纤维也是人造纤维家族成员，拉力特别好，也不容易起皱，只是不太吸水，所以穿起来有点闷热不透气。尼龙纤维最常制成游泳衣等需要弹性的衣服。

③聚酯纤维是人造纤维中使用最广泛的。聚酯纤维犹如千面女郎般，可以呈现多种流行材质效果，而且亲和力佳的它常常和天然纤维家族成员混纺在一起。例如，60%棉+40%聚酯纤维，即可彼此取长补短，呈现美观、耐用、舒适又容易洗整的纤维特质，你可以在T恤、内衣、运动休闲裤中发现聚酯纤维和棉的合作。

④亚克力纤维外观看起来与羊毛极为相似，所以常常有人把亚克力纤维与羊毛纤维搞错。其实亚克力纤维比羊毛纤维容易清洗、不易缩水，但是容易起小毛球且保暖性较差。

（2）合成纤维。在合成纤维中，涤纶、锦纶、腈纶、丙纶、维纶和氯纶被称为“六大纶”。它们具有强度高、弹性好、耐磨、耐化学腐蚀、不发霉、不怕虫蛀、不缩水等优点，用途广泛。

①涤纶：是聚酯纤维的商品名称，市场上又称为“的确良”。它先从石油和炼焦副产品中提取原料聚合成聚苯甲酸乙二酯树脂，然后熔融纺丝成为涤纶。涤纶是装饰织物中运用比较广泛的合成纤维，具有强度高、耐日光、耐摩擦、不霉不蛀、不易折皱的优点。涤纶长丝常用作为各种丝织物经线和制作窗纱织物。

涤纶短纤维在装饰纺织品中也有较大的适用性，除纯纺外，大量地同棉、毛、丝、麻、人造纤维等原料混纺，改进了原材料的外观和性能，适用于包括地毯织物在内的所有装饰织物领域。低级品的涤纶短纤维是制作无纺墙布的理想原料。

②锦纶：是聚酰胺纤维的商品名称，通常纺织品所用的聚酰胺纤维有锦纶 6 和锦纶 66（又称尼龙）。锦纶纤维具有抗张力强、耐屈曲、耐磨、强度高、弹性好、染色容易、耐寒、耐蛀、耐腐蚀等优点。

锦纶短纤维除纯纺外，常与天然纤维棉、毛混纺。前者经特殊加工，能够织成在性能和外观上可与羊毛媲美且价格便宜的装饰织物，目前在欧洲汽车用的织物中这类织物受到普遍的欢迎。混纺纤维能够充分利用天然纤维良好的舒适性能和锦纶纤维的高强度特性，广泛应用于铺垫型织物之中。

③腈纶：是聚丙烯腈纤维的商品名称。国外又称奥纶、开司米纶等。有长纤维和短纤维两种，长纤维像蚕丝，短纤维像羊毛，称人造毛。

腈纶纤维表现蓬松、保暖性强、手感柔软，具有良好的耐气候性和不受微生物侵蚀的性能。由于它有特殊的耐日光性，很适宜制作窗帘和户外装饰织物，也可利用它的热性能，制成膨体纱、纺制绒线、毛毯等，另外还可制造人造皮毛。

目前涤腈、棉腈、毛腈混纺原料在机织、针织装饰织物中均有一定的使用，规格与棉、毛相仿，并已发展为白织、色织、印花等许多种类。腈纶膨体纱原料在现代装饰织物应用中有了较大的发展。膨体纱特别是高膨体聚丙烯纱，具有良好的柔软度、蓬松感、保暖性，最重要的是有极好的覆盖性能，而且原料成本低廉，主要用于簇绒地毯、簇绒床罩、装饰编织工艺品等。在国外市场，腈纶已被广泛用于织制装饰织物，并成为当前市场使用增长率最高的纤维。以往人们认为腈纶最适用生产机织平绒，随后，由于腈纶织物在手感、外观丰满度、回弹性能、染色牢度等方面的优点，经多种多样的应用后，证明了它的广泛适用性。

④丙纶：是聚丙烯纤维的商品名称，用石油精炼的副产物丙烯为原料制得。原料来源丰富，生产工艺简单，价格比其他合纤低廉。丙纶纤维的密度（$0.91\ g/cm^3$）是合成纤维中最轻的，具有耐磨损、耐腐蚀、强度高、蓬松性与保暖性好等特点。品种有长丝（包括未变形长丝和膨体变形长丝）、短纤维、异形纤维、中空纤维、复合纤维及无纺织物等。

（二）织物纤维的识别鉴别方法

1. 鉴别的方法

织物纤维的鉴别方法有手感法、目测法、燃烧法、显微镜法、溶解法、药品着色法及红外光谱法等。在实际鉴别时，常常需要用多种方法，综合分析和研究以后得出结果。其中，用燃烧法鉴别各种纤维的特征如表 3－41 所示。

表 3－41　用燃烧法鉴别各种纤维的特征

纤维	燃烧特征
棉	燃烧很快，发出黄色火焰，有烧纸般的气味，灰末细软，呈深灰色
麻	燃烧起来比棉花慢，发出黄色火焰与烧纸般气味，灰烬颜色比棉花深些
丝	燃烧比较慢，且缩成一团，有烧头发的气味，烧后呈黑褐色小球，用指一压即碎
羊毛	不燃烧，冒烟而起泡，有烧头发的气味，灰烬多，烧后成为有光泽的黑色脆块，用指一压即碎

续表

纤维	燃烧特征
粘胶、富强纤维	燃烧很快，发出黄色火焰，有烧纸的气味，灰烬极少，细软，呈深灰或浅灰色
醋酯纤维	燃烧时有火花，燃烧很慢，发出扑鼻的醋酸气味，而且迅速熔化，滴下深褐色胶状液体；这种胶体液体不燃烧，很快凝结成黑色、有光泽块状，可以用手指压碎
锦纶	燃烧时没有火焰，稍有芹菜气味，纤维迅速卷缩，熔融成胶状物，趁热可以把它拉成丝，一冷就成为坚韧的褐色硬球，不易研碎
涤纶	点燃时纤维先蜷缩、熔融，然后再燃烧。燃时火焰呈黄白色，很亮、无烟，但不延燃，灰烬成黑色硬块，但能用手压碎
腈纶	点燃后能燃烧，但比较慢。火焰旁边的纤维先软化、熔融，然后燃烧，有辛酸气味，然后成脆性小黑硬球
维纶	燃烧时纤维发生很大收缩，同时发生熔融，但不延燃。开始时，纤维端有一点火焰，待纤维都熔化成胶状物之后，就燃成熊熊火焰，有浓色黑烟。燃烧后剩下黑色小块，可用手指压碎
丙纶	燃烧时可发出黄色火焰，并迅速蜷缩，熔融，燃烧后呈熔融状胶体，几乎无灰烬，如不待其烧尽，趁热时也可拉成丝，冷却后成块不易研碎
氯纶	燃烧时发生收缩，点燃中几乎不能起燃，冒黑烟，并发出氯气的刺鼻

2. 一般鉴别方法的步骤

（1）首先用燃烧法鉴别出天然纤维和化学纤维。

（2）如果是天然纤维，则用显微镜观察法鉴别属于哪类植物纤维或动物纤维。如果是化学纤维，则结合纤维的熔点、密度、折射率、溶解性能等方面的差异逐一区别出来。

（3）在鉴别混合纤维和混纺纱时，一般可用显微镜观察确认其中包含几种纤维然后再用适当方法逐一鉴别。

（4）对于经过染色或整理的纤维，一般是先要进行染色剥离或其他适当的预处理才可能保证鉴别结果可靠。

（三）纤维纤度的定义和表示方法

纤维的粗细程度称为纤度（细度）。纤度有三种表示方法，即公制支数（Nm），英制棉纺支数（Neb）和旦尼尔。

公制支数表示1 g重的纤维的长度，单位为米，支数越大，纱越细。英制棉纺支数是采用英制单位，与公制支数换算关系为1Neb = 0.59 Nm。人造丝的纤度用旦尼尔表示，定义为900 m长的丝的重量，用克数表示，旦数越大，丝越粗。

二、墙面装饰织物

墙面装饰织物是装饰材料家族中较高级的品种。它作为内墙装饰材料之一，有着其他装饰材料所不具有的优点，其中最具代表性的墙面装饰织物是壁纸与壁布，其图案漂亮，款式多，富有艺术性，并能随心所欲营造不同的居室风格和品味，体现个性；施工便捷，成本低，易于更换；耐刷洗，易保养。所以在家居生活中，壁纸与壁布已成为名副其实装点家庭的重点材料。

（一）壁纸

1. 壁纸的类型

壁纸是以纸为基材，以聚氯乙烯塑料、纤维等为面层，经压延或涂布、印刷、轧花或发泡而制成的一种墙体装饰材料。

常见的壁纸有塑料墙纸、全纸墙纸、织物壁纸、木纤维壁纸、金属壁纸等类型。

2. 壁纸的常见符号

有些壁纸的背面，特别是进口壁纸，常用一些符号表示壁纸的一些性能，使用户可以快速了解壁纸的特点及施工处理方法。壁纸的常见符号及意义见图3－122。

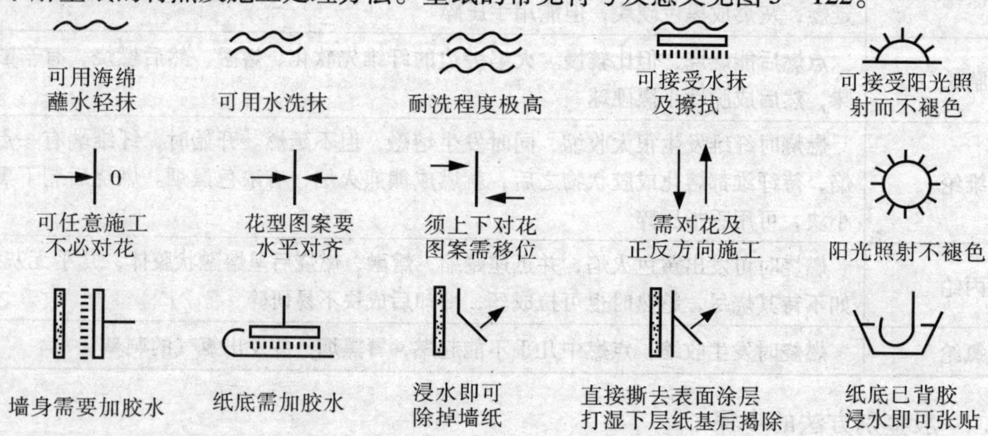

图3－122 壁纸的常见符号及意义

3. 不同类型壁纸的区别及使用范围

（1）塑料壁纸。目前市面上常见的壁纸，所用塑料绝大部分为聚氯乙烯（或聚乙烯），简称PVC塑料壁纸。塑料壁纸通常分为普通壁纸和发泡壁纸等。

①普通壁纸：用80 g/m^{2}的纸作基材，涂塑100 g/m^{2}左右的PVC糊状树脂，再经印花、压花而成。这种壁纸常分为平光印花、有光印花、单色压花、印花压花几种类型。

②发泡壁纸：用100 g/m^{2}的纸作基材，涂塑300～400 g/m^{2}掺有发泡剂的PVC糊状树脂，印花后再发泡而成。这类壁纸比普通壁纸显得厚实、松软。表面呈富有弹性的凹凸状，如在发泡平面上印有花纹图案，形成浮雕、木纹等效果。

（2）全纸墙纸。主要由草、树皮等及现代高档新型天然加强木浆（含10%的木纤维丝）加工而成，花色自然、大方、纯朴，无异味，环保性能高，透气性强，为儿童房间专用型壁纸，尤其是现代新型加强木浆壁纸更有耐擦洗、防静电、不吸尘等特点。

（3）纺织物壁纸。以丝、羊毛、绵、麻等纤维织成面层，具有吸音效果好、无静电、耐磨等特点，色泽高雅、质地柔和，富有羊绒毛感的特性，较适合铺装在书房、卧室以带给人亲切、安宁的氛围。

（4）木纤维壁纸。实用型高档壁纸。由北欧特殊树种中提取的木质精纤维丝面聚酯合成，柔和自然，花色品种繁多；对人体没有任何化学侵害，透气性能良好，墙面的湿气、潮气都可透过壁纸，是健康家居的首选。它经久耐用，可用水擦洗，更可以用刷子清洗。抗拉效果优于普通壁纸8～10倍。防霉、防潮、防蛀，使用寿命是普通壁纸的2～3倍。

(5) 金属壁纸。将金、银、铜、锡、铝等金属，经特殊处理后，制成薄片贴于壁纸表面。繁富典雅、高贵华丽，这是金属墙纸的特点。不过，通常这种感受只有在酒店、餐厅里才能拥有。现代家居特殊效果墙面可小部分采用。

(二) 壁布

壁布实际上是壁纸的另一种形式，也称墙布，可直接贴于墙面。基层衬以海绵，可作墙面软包材料。壁布同样有变幻多彩的图案、瑰丽无比的色泽，但在质感上则比壁纸更胜一筹。

常见壁布有棉纺装饰墙布、无纺贴墙布、化纤墙布、织物墙布、玻璃纤维印花墙布、锦缎墙布、丝绸墙布等类型。

1. 不同类型壁布的区别及使用范围

(1) 棉纺墙布。将纯棉平布经过处理、印花、涂层制作而成的。这种墙布强度大、静电小、无味、无毒、吸音、花型繁多、色泽美观大方，可用于宾馆、饭店等公共建筑及较高级的民用住宅的装修。可在砂浆、混凝土、石膏板、胶合板、纤维板及石棉水泥板等多种基层上使用。缺点是表面易起毛，不耐擦洗。

(2) 无纺贴墙布。采用棉、麻等大然纤维或涤纶、腈纶等合成纤维，经过无纺成型、上树脂、印花而成的一种新型贴墙材料。特点是挺括、有弹性、不易折断、耐老化、对皮肤无刺激作用等，而且色彩鲜艳、粘贴方便，具有一定的透气性和防潮性，能擦洗而不褪色。无纺贴墙布适用于各种建筑物的内墙装饰。其中，涤纶棉无纺贴墙布还具有质地细洁、光滑等特点，尤其适用于高档宾馆及住宅的装修。

(3) 化纤墙布。以涤纶、腈纶、丙纶等化纤布为基材，经处理后印花而成。这种墙布具有无毒、无味、透气、防潮等特点。适用于各类建筑的室内装修。缺点是质地疏松，不宜常擦洗。

(4) 织物墙布。又称艺术墙布，是用棉、麻等植物纤维或与化学纤维混合织成。特点是拉力较好，色彩典雅文静，自然感强，透气性好。缺点是表面容易起毛，不能擦洗。

(5) 玻璃纤维墙布。也称玻纤壁纸。它是以玻璃纤维布作为基材，表面涂树脂、印花而成的新型墙壁装饰材料。玻纤墙布花样繁多，色彩鲜艳，在室内使用不褪色、可擦洗，防火、防潮性能良好，缺点是容易断裂和老化，如图 3－123 所示。

图 3－123 玻璃纤维墙布

(6) 锦缎墙布。以锦缎制成，特点是花纹艳丽多彩，质感光滑细腻，不易长霉，但价格昂贵。

(7) 丝绸墙布。用丝绸织物与纸张胶合而成的，特点是质地柔软，色彩华丽，豪华高雅，如图 3－124 所示。

2. 装饰墙布的质量鉴别

(1) 平挺性能。墙布织物需平挺而有一定弹性，无收缩率或收缩率较小，尺寸稳定性好，织物边缘整齐平直，不弯曲变形，花纹拼接准确不走样。这些织物本身品质性能的优劣直接影响到裱贴施工的效果。多幅墙布拼接粘贴于墙面后需达到平整一致、“天衣无缝”的视觉效应。

墙布还应具有相当密度与适当厚度，若织物过于稀疏单薄，一些水溶性的胶黏剂就可能渗透织物表面，形成色斑。

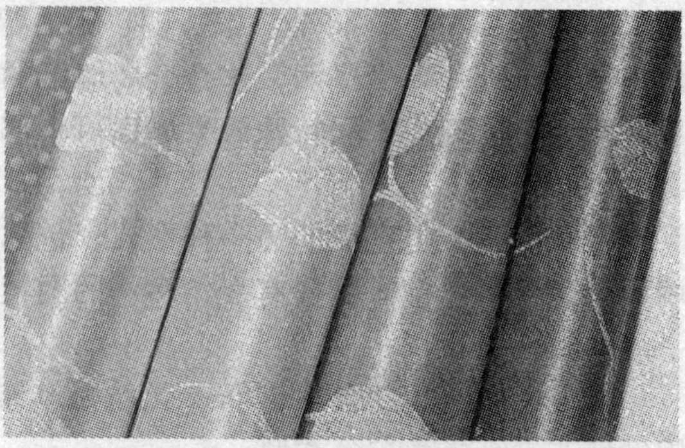

图 3-124 丝绸墙布

（2）粘贴性能。墙布必须具备较好的粘贴性，粘贴后织物表面平整挺括，拼缝齐整，无翘起剥离现象产生。墙布粘贴性除要求足够的粘敷牢度，使织物与墙面结合平滑牢固外，还应具有重新施工时易于剥离的性能。因为墙布使用一段时间后需更换新的花色品种，这就要求旧墙布在剥脱时方便，易于清除。

（3）耐污、易于除尘。墙布大面积暴露于空气中，极易积聚灰尘，易受霉变虫蛀等自然污损。为此要求墙布具有较好的防腐耐污性能，能经受空气中细菌、微生物的侵蚀不发霉，纤维有较强的抗污染能力，日常去污除尘需方便易行，一般以软刷子和真空吸尘器应能有效除尘。有些墙布为达到较好的除尘耐污要求，可做拒水、拒油处理，经处理后不易沾尘，也能进行揩擦清洗，但对墙布的保温性能及织物表面风格有一定影响。

（4）耐光性。墙布虽然装饰于室内，但也经常受到阳光的照射，为了保持织物的牢度和花纹色彩的鲜艳，要求纤维具有较好的耐光性，不易老化变质。染料的化学稳定性好，日光照晒后不褪色。

（5）吸音、阻燃性。有些特殊需要的墙布还需具备良好的吸音、阻燃性能。需要纤维材料能吸收音波，使噪声得以衰减；同时利用织物组织结构使墙布表面具有凹凸效应，增强吸音性能。墙布的阻燃防火性则根据不同的环境做出规定。这需将墙布粘贴在假设的墙壁基材上进行实验，根据墙布的发热量、发烟系数、燃烧所产生的气体毒性进行测试判断，以确定阻燃性的优劣。

3. 壁纸、壁布的选择

无论是选择壁纸还是壁布，主要应考虑三个方面：防燃、色彩、清理难易度。近年来的壁纸及壁布，添加防火质材的不在少数，还有的添加了防虫、防霉、吸音材料，这些对于想要提升家居档次的消费者而言，无疑是非常重要的。墙面是居室中使用装饰材料面积最大的空间，因此壁纸的色系、花样是选择的主攻方向。相融的色调，能传达整体的美感，而鲜艳对比的搭配，会让空间活泼有变化。

除了以上两点，好不好清理，是选择壁纸时的又一个主要考虑。壁纸的易清理特性，包括防积尘和防水性。比如是否可以直接用湿抹布擦拭壁纸表面的污渍，也是使用者比较关心的。

4. 壁纸、壁布的上墙效果

（1）竖条纹状图案增加居室高度。长条状的花纹壁纸具有恒久性、古典性、现代性与传统性等各种特性，是最成功的选择之一，长条状的设计可以把颜色用最有效的方式散布在整个墙面上，而且简单高雅，非常容易与其他图案相互搭配。这一类图纹的设计很多，长宽大小兼有，因此必须选适合自己房间尺寸的图案。较宽型的长条花纹适合用在流畅的大空间中，而较窄型的图纹用在小房间里比较妥当，如图 3－125 所示。

由于长条状的花纹设计有将视线向上引导的效果，因此会对房间的高度产生错觉，非常适用在较矮的房间使用。如果你的房间原本就显得高挑，那么选择宽度较大的长条图案会很不错，因为它可以将视线向左右延伸。

图 3－125　长条花纹壁纸装饰效果

（2）细小规律的图案增添居室秩序感。有规律的小图案壁纸可以为居室提供一个既不夸张又不会太平淡的背景，居室中的家具会在这个背景前充分显露其特色。选择这种壁纸最为安全，如图 3－126 所示。

图 3－126　细小规律的图案壁纸装饰效果

选择壁纸要考虑居室的面积、空间尺度、房间的朝向等方面的问题。从原则上讲，壁纸适用于任何房间的张贴，从客厅到卧室到厨房，都可以找到适合的壁纸。壁纸的优点是用不同的壁纸装饰房间，会很容易地分辨出哪间是卧室，哪间是儿童房。

（3）大花朵图案降低居室拘束感。在壁纸展示厅中，鲜艳炫目的图案与花朵最抢眼，有些花朵图案逼真、色彩浓烈，远观有呼之欲出的感觉，这种壁纸可以降低房间的拘束感，适合格局较为平淡无奇的房间，如图3－127所示。

图 3－127　大花朵图案壁纸装饰效果

5. 国内外壁纸的现状及发展动态

壁纸作为一种重要的墙体装饰材料，因其色彩丰富、极具艺术表现力、施工简便等优点，在各种大型装饰装修工程中得到广泛应用，并开始逐步进入家庭装修领域。

来自国家质量监督检验检疫总局的最新信息显示，由于强制性国家标准《室内装饰装修材料　壁纸中有害物质限量》（GB 18585—2001）的颁布实施，我国壁纸产品的安全性能比过去有了明显提高，总体质量值得信赖。相当多的国产壁纸无论是在安全性能方面，还是在外观质量方面，皆可与进口产品媲美。尽管相当多的国产壁纸符合国际绿色环保要求，但与国外同行业相比，我国壁纸工业总体规模仍然较小，国产壁纸在墙体装饰装修材料市场上的占有率依然偏低。目前我国壁纸的年设计能力约为 4 亿 m^2，实际产量为 1.3 亿 m^2，普及率不到 1%。而在经济发达的欧美和日本等国，壁纸在墙体装修中始终占据着主导地位，普及率达到 50% 以上。

此外，产品结构不合理的问题也十分突出。国产壁纸中，低档聚氯乙烯壁纸所占比例过大，而阻燃壁纸、防霉壁纸等受市场欢迎的多功能产品开发还不够，不能很好地满足各个层次消费者的需要。

总之，我国的壁纸行业要想在产品质量及销量上赶超国际先进水平，依然任重而道远。

国外新型壁纸主要有如下几种。

（1）报火警壁纸。这种壁纸在高温下会发生一种无味、无色、无害的气体，触发离子型烟雾探测器，从而发出火灾警报。

（2）消毒杀菌壁纸。在胶面布壁纸上再涂上一层特殊处理的薄膜，壁纸就能防酸、防污染，细菌就不能在表面上滋生，特别适用于医院手术室、无菌病房等。

（3）戒烟壁纸。由于纸质中含有某些化学物质，当空气中有烟味时，壁纸便散发出一种特殊气味，能使吸烟者对香烟“大倒胃口”，从而达到戒烟的目的。

（4）吸味壁纸。壁纸中不但含有一定量的化学物质，可以吸收和分解一些异味，而且还掺有芳香物质，使房间总是芳香四溢，尤其适用于厕所和厨房。

（5）发光壁纸。这种壁纸在衬托纸上端镶有一条很薄的嵌条，嵌条是用发光物质制成的，能在夜晚发出亮光。

（三）门帘、窗帘和帷幔

门帘、窗帘是室内布置的一个普通却又不容忽视的内容，对墙面装饰有一定的作用。它对于协调整个房间的气氛，起着重要的作用。在选配门帘、窗帘时，应注意以下几点。

1. 选料

名贵的布料可使房间产生豪华感，但我们没必要花很多钱去追求华丽，只要注意到与房内陈设相配就行了。另外，布料的质地对室内布置的风格和气氛有着重要的影响，如薄透的材料使人觉得凉爽，粗实的质料则使居室产生温暖感。

2. 色彩

巧妙地运用色彩，可以改变屋中的气氛。一般来说，深暗的色调会使人感到空间缩小，而明亮的浅颜色则会使矮小的空间显得宽大舒展。色彩搭配得当，会造出安定舒适的感觉；色调如不协调，人就会紧张烦躁；颜色太杂，也会给人带来混乱。简而言之，窗帘的颜色不宜太突出。

3. 窗帘的形状与图案

恰当的窗帘设计，有利于纠正窗户的不良比例，从而获得良好的空间印象。窗帘的图案不论是选择几何抽象形状，还是采用自然景物图案，均应把握简捷、明快、素雅的原则。

作为室内装饰的一部分，窗帘必须注意与室内的其他陈设相协调，尤其要注意与床罩、地毯、沙发套等面积较大的布质物品的协调关系，最好能在颜色或图案上安排一些共同点，使其内在和谐，增强室内的整体凝聚感。

三、地面装饰织物

地面装饰织物主要是指地毯，地毯是装饰材料中的一种高级地面装饰品，也是一种世界通用的装饰材料。它不仅具有隔热、保温、吸音、挡风及弹性好等特点，而且铺设后可以使室内具有高贵、华丽、悦目的氛围。所以，自古至今一直使用，并广泛应用于现代建筑和民用住宅中。

（一）地毯的分类与等级

1. 地毯的分类

按原料，地毯可分为纯毛地毯、混纺地毯、合成纤维地毯、塑料地毯、植物纤维地毯。按图案，地毯可分为京式地毯、美术式地毯、东方式地毯、彩花式地毯、素凸式地毯、古典式地毯。按结构款式，地毯可分为方块地毯、花式方块地毯、草垫地毯、小块地毯、圆形地毯、半圆形地毯、椭圆形地毯。按织造方法，地毯可分为栽绒地毯、针扎地毯、机织地毯、编织地毯、黏结地毯、静电植绒地毯。

2. 地毯的等级

根据地毯的内在质量、使用性能和适用场所将地毯分为6个等级。

（1）轻度家用级。适用于不常使用的房间。

（2）中度家用或轻度专业使用级。可用于主卧室和餐厅等。

（3）一般家用或中度专业使用级。起居室、交通频繁部分、楼梯、走廊等。

（4）重度家用或一般专业使用级。家中重度磨损的场所。

（5）重度专业使用级。家庭一般不用，用于客流量较大的公用场合。

（6）豪华级。通常其品质至少相当于中度专业级以上，毛纤维加长，有一种豪华气派。

地毯作为室内陈设不仅具有实用价值，还具有美化环境的功能。地毯具有防潮、保暖、吸音与柔软舒适的特性，能给室内环境带来安适、温馨的气氛。在现代化的厅堂宾馆等大型建筑中，地毯已是不可缺少的实用装饰品；随着社会物质、文化水平的提高，地毯以其实用性与装饰性的和谐统一也已步入一般家庭的居室之中。

（二）地毯的基本功能

1. 保暖、调节功能

地毯织物大多由保温性能良好的各种纤维织成，大面积地铺垫地毯可以减少室内通过地面散失的热量，阻断地面寒气的侵袭，使人感到温暖舒适。测试表明，在装有暖气的房内铺以地毯后，保暖值将比不铺地毯时增加12%左右。

地毯织物纤维之间的空隙具有良好的调节空气湿度的功能，当室内湿度较高时，它能吸收水分；室内较干燥时，空隙中的水分又会释放出来，使室内湿度得到一定的调节平衡，令人舒爽怡然。

2. 吸音功能

地毯的丰满质地与毛绒簇拥的表面具备良好的吸音效果，并能适当降低噪声影响。由于地毯吸音后，减少了声音的多次反射，从而改善了听音的清晰程度，故室内的收录音机等音响设备，其音乐效果更为丰满悦耳。此外，在室内走动时的脚步声也会消失，减少了周围杂乱的音响干扰，有利于形成一个宁静的居室环境。

3. 舒适功能

人们在硬质地面上行走时，脚掌着力于地，地面的反作用力使人感觉不舒适并容易疲劳。铺垫地毯后，由于地毯为富有弹性纤维的织物，有丰满、厚实、松软的质地，所以在上面行走时会产生较好的回弹力，令人步履轻快，感觉舒适柔软，有利于消除疲劳和紧张。

在现代居室中，由于钢材、水泥、玻璃等建筑材料的性质生硬与冷漠，使人们十分注意如何改变它们，以追求触觉与视觉的柔软感和舒适度。地毯的铺垫给人们以温馨的感觉，起着极为重要的作用。

4. 审美功能

地毯质地丰满，外观华美，铺设后地面能显得端庄富丽，获得极好的装饰效果。生硬平板的地面一旦铺了地毯便会满室生辉，令人精神愉悦，给人一种美感的享受。

地毯在室内空间中所占面积较大，决定了居室装饰风格的基调。选用不同花纹、不同色彩的地毯，能造成各具特色的环境气氛。大型厅堂的庄严热烈，学馆会室的宁静优雅，家居房舍的亲切温暖，地毯在这些不同居室气氛的环境中扮演了举足轻重的角色。

（三）地毯的质量鉴别

地毯既是一种铺地材料，也是一种装饰织物，因此对地毯织物的性能要求就兼具这两方面内容。

1. 耐磨性

地毯需承受的压力很大，家具器物的压置，人们频繁走动时的踩踏，使纤维常处于疲劳状态。因此要求地毯具有良好的耐磨、耐压性能。绒头需有较好的回弹力及较高的密度，不易倒伏。日常清洁地毯灰尘多数用吸尘器等电动机具吸附，因此地毯的纤维和组织结构编结都需具有一定的牢度，不易脱绒，从而达到耐磨的要求。

地毯长时间暴露于空气中，因光合作用尤其是阳光的照晒，色泽会受影响所以在纤维色牢度方面也有一定的标准和要求。

2. 保暖性

地毯的保暖性能是由它的厚度、密度及绒面使用的纤维类型来决定的。地毯由无数簇拥的绒头或绒圈形成厚实柔软的绒面，绒头、绒圈长而密，蓬松度好的地毯保暖性尤佳。在选用纤维时要考虑其保暖性，合成纤维的保暖性一般都优于天然纤维，而天然纤维中羊毛又优于蚕丝、麻。此外，地毯的保暖性同地毯下面是否有衬垫物及衬垫的结构也有很大关系，故使用衬垫物能加强地毯的保暖性能。

3. 舒适性

地毯的舒适性主要指行走时的脚感舒适性。这里包括纤维的性能，绒面的柔软性、弹性和丰满度。天然纤维在脚感舒适性方面比合成纤维好，尤其是羊毛纤维，柔软而有弹性，举步舒爽轻快。化纤地毯一般都有脚感发滞的缺陷。绒面高度在 10 ~ 30 mm 的地毯柔软性与弹性较好，丰满而不失力度，行走脚感舒适。绒面太短虽耐久性好，步行容易，但缺乏松软弹性，脚感欠佳。

4. 吸音隔音性

地毯需具有良好的吸音、隔音性能，这就要求在确定纤维原料、毯面厚度与密度时进行认真的选择，考虑吸音率的大小，以满足不同环境需达到的吸音、隔音性能要求。剧院、大型会议厅等场所十分注重音响质量，力求避免噪声侵扰，对地毯的吸音、隔音性能要求较高，一般居家使用则适当掌握即可。

5. 抗污性

地毯使用时呈大面积暴露状态，人们经常行走其上，休憩其间，尘埃杂物极易污损地毯；因此要求地毯有不易污染、易去污清洗的性能。家庭居室使用的地毯更需耐污并便于进行日常清扫。

地毯还需具备较好抗菌、抗霉变、抗虫蛀的性能，尤其是以羊毛纤维织制的地毯在温度、湿度较高的环境中使用，极易霉蛀，因此需进行防蛀性处理，以确保地毯的良好性能与使用寿命。

6. 安全性

地毯的安全性包括抗静电性与阻燃性两个方面。

人们在地毯上行走时，鞋底与绒面摩擦后易产生静电，一旦手指与金属物体接触，会有一种轻微的电击感。静电也使毯面绒头易于沾尘，并产生缠脚的感觉，这对化纤地毯来说尤为明显。为此目前正在研究抗静电的一些方法，如在绒头纤维中混入金属纤维、碳素与导电性纤维材料，或将极细微的炭黑混入地毯背面的胶黏剂内，这样可防止、减轻静电的产生。

现代的地毯需具有阻燃性。燃烧时低发烟并无毒气。目前羊毛地毯阻燃性较好，而合成纤维制作的地毯都极易燃烧熔化。改善合纤地毯阻燃性能所采取的方法是在合纤生产过程中的聚合体阶段，使其与具有阻燃性的共聚物反应，然后纺丝，这种方法在腈纶纤维生产中应用较多。在聚合体阶段添加阻燃剂，然后纺丝，此种方法在涤纶纤维生产中应用较多。上述方法均可提高合纤地毯的阻燃性能。

（四）纯毛地毯

纯毛地毯可以分为手工编织和机织地毯两种。手工编织的纯毛地毯是我国传统纯毛地毯中的高档品，机织纯毛地毯是现代发展起来的比较高级的纯毛地毯品种。

1. 手工编织纯毛地毯

手工编织纯毛地毯是采用优质绵羊毛纺纱，用现代染色技术染出牢固的颜色，通过精湛的技巧织成瑰丽图案后，再以专用机械平整毯面或剪凹花地毯周边，最后用化学方法洗出丝光，如图 3－128 所示。

图 3－128 手工编织纯毛地毯

手工编织的纯毛地毯具有图案优美、色泽鲜艳、富丽堂皇、质地厚实、富有弹性、柔软舒适、保温隔热、吸音隔音、经久耐用等特点。手工编织纯毛地毯由于做工精细，产品名贵，因此常用于国际性、国家级的大会堂、星级宾馆、高级饭店、高级住宅、会客厅、舞台及其他重要的装饰性要求高的场所。

2. 机织纯毛地毯

机织纯毛地毯具有毯面平整、光泽好、富有弹性、脚感柔软、抗磨耐用等特点，其性能与纯毛手工地毯相似，但价格远低于手工地毯。其回弹性、抗静电、抗老化、耐燃性等都优于化纤地毯，如图 3－129 所示。

机织纯毛地毯最适合于宾馆、饭店的客房、楼梯、楼道、宴会厅、酒吧间、会客室，以及体育馆、居室等满铺使用。另外，这种地毯还有阻燃性产品，可用于防火性能要求较高的建筑室内地面。

图 3－129 机织纯毛地毯

图 3－130 纯毛挂毯

3. 纯毛地（挂）毯的主要规格及性能

纯毛挂毯质地细腻，具有极高的艺术价值，常作为高档室内装饰选用，如图 3－130 所示。纯毛地（挂）毯的主要规格及性能如表 3－42 所示。

表 3－42 纯毛地（挂）毯的主要规格及性能

品名	规格/mm	性能特点
全羊毛手工地毯	有各种规格	用优质国产羊毛和新西兰羊毛加工而成。具有弹性好、抗静电、阻燃、隔音、防潮、保暖等特点
90 道手工栽绒地毯，提花地毯、艺术挂毯	有各种规格	用西宁优质羊毛加工而成。产品有北京式、美术式、彩花式、素凸式及东方式和古典式等。古典式图案分青铜、画像、蔓草、花鸟、锦绣五大类
机织纯毛地毯	幅宽：＜5 000 mm 长度：按需要加工	用上等纯羊毛机织而成，图案优美，质地优良
90 道手工栽绒纯毛地毯	尺寸规格按需要加工	产品有北京式、美术式、彩花式和素凸式
120 道艺术挂毯	尺寸规格按需要加工	图案有秦始皇陵铜车马、大雁塔、半坡纹样、昭陵六骏等
纯毛无纺织条纹地毯	宽度：2 000 mm 厚度：（6 ±0.5） mm 单位面积质量：（2.7 ±0.2） kg/m²	日晒牢度：＞6 级 摩擦牢度：干磨多 2 级，湿磨＞3 级 断裂强度：径向 650 N，50 mm；纬向 700 N，50 mm 剥离强度：40 N，40 mm
羊毛满铺地毯，电针绣地毯，艺术壁毯	有各种规格	由优质羊毛加工而成，电绣地毯可仿制传统手工地毯图案，古色古香，现代图案富有时代气息。壁毯图案粗犷朴实，风格多样，价格为手工编织地毯的 1/10～1/5
90 道手工打结羊毛地毯，素凸式羊毛地毯，艺术挂毯	610 mm×910 mm ～3 050 mm×4 270 mm 等各种规格	用优质羊毛加工而成，图案华丽、柔软舒适、牢固耐用

续表

品名	规格/mm	性能特点
90 道羊毛地毯，120 道羊毛艺术挂毯	厚度：6～15 mm 宽度：按要求加工 长度：按要求加工	用上等纯羊毛手工编织而成，经化学处理，防潮、防蛀、图案美观、柔软耐用
90 道机拉洗高级羊毛手工地毯，120、140 道高级艺术挂毯	任何尺寸与形状	产品有北京式、美术式、彩花式和素凸式及风景式、京彩式、京美式等
高级羊毛手工栽绒地毯	各种形状与规格	用上等羊毛加工而成，产品有北京式、美术式、彩花式、素凸式、敦煌式、仿古式等

4. 纯毛地毯的选购

（1）看脚感：优质纯毛地毯脚感舒适，不黏不滑，回弹性很好，踩后很快便能恢复原状。劣质地毯的弹力往往很小，踩后复原极慢，脚感粗糙，且常常伴有硬物感觉。

（2）看工艺：优质纯毛地毯的工艺精湛，毯面平直，纹路有规则。劣质地毯则做工粗糙，漏线和露底处较多，其重量也因密度小而明显低于优质品。

（3）看原料：优质纯毛地毯的原料一般是精细羊毛纺织而成，其毛长而均匀，脚感柔软，富有弹性，无硬根。劣质地毯的原料往往混有发霉变质的劣质毛以及腈纶、丙纶、纤维等，其毛短且根粗细不匀，手摸时无弹性，有硬根。

（4）看外观：优质纯毛地毯图案清晰美观，绒面富有光泽，色彩均匀，花纹层次分明，下面毛绒密柔软，倒顺一致。而劣质地毯则色泽黯淡，图案模糊，毛绒稀疏，容易起球。

（五）化纤地毯

化纤地毯是以聚酰胺纤维（又称尼龙或锦纶）、聚丙烯纤维（又称丙纶）、聚丙烯腈纤维（又称腈纶）、聚酯纤维（又称涤纶）等化学纤维为原料，经过机织法、簇绒法等加工成面层织物，再经背衬进行复合处理而制成的。

化纤地毯是从传统的羊毛地毯发展而来的。虽然羊毛堪称纤维之王，但它价格高，资源有限，而且易受虫蛀、霉变。化学纤维有易燃、老化等缺点，但经适当处理后可以得到与羊毛接近耐燃、防污、耐老化性能，加上其价格远低于羊毛，资源丰富，因此化纤地毯已成为常用的地毯品种。随着化纤地毯加工方法的发展，能制成品种繁多的化纤地毯，颜色从鲜艳到淡雅，毯面从柔软到强韧，质感从平绒到浮雕感，使用从室内到室外，结构形式和原料纤维种类繁多，超越了传统的羊毛地毯。

化纤地毯按其织法不同，可分为簇绒地毯、针刺地毯、机织地毯、编结地毯、黏结地毯、静地植绒地毯等。

化纤地毯以尼龙地毯居多，用尼龙织造的地毯耐久性好，耐拉伸、耐曲折、耐破损性能较好，价格低廉，比较适合铺在走廊、楼梯、客厅等走动频繁的区域。但尼龙地毯容易产生静电，而且不耐热、易燃烧、易污染，如图3－131所示。

（六）化纤地毯的选购

1. 鉴定材质

丙纶在燃烧时有黄色火焰，纤维迅速卷缩、熔融，几乎无灰烬，冷却后成不易研碎的硬块。锦纶燃烧时无火焰，纤维迅速卷缩，熔融成胶状物，冷却后成坚韧的褐色硬块。有淡淡的芹菜气味；腈纶点燃时，纤维先蜷缩，熔融，有辛辣的气味，灰烬为黑色硬块。

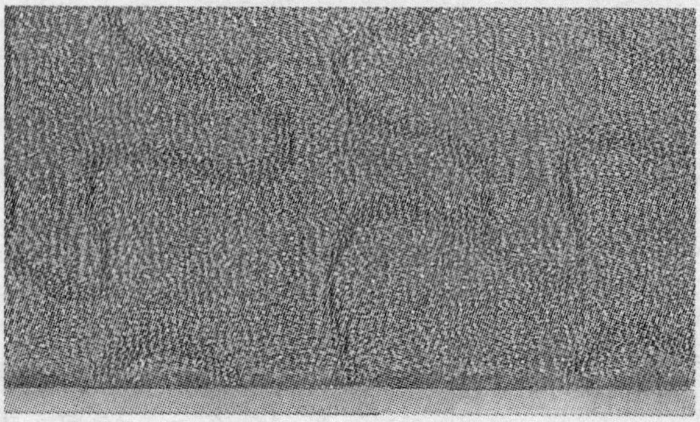

图 3－131　尼龙地毯

2. 检查生产质量

检查质量时，应注意地毯的背面与底布的黏结是否牢固，有无开胶现象，底衬的材料是棉麻还是化纤，这都关系到地毯的舒适程度，还应看是否有厂家提供的防尘、防污、防损等保证。

（七）国内外地毯的现状及发展动态

1. 地毯市场的消费热点

羊毛地毯具有保暖性，且弹性好，但价格昂贵，原料资源少，不易清洁，不易洗涤，且易掉毛和滋生虫菌；丙纶地毯成本较低，但弹性差、易倒伏、染色性差，不适宜用作高档次地毯；腈纶地毯则具有良好的耐磨性和耐污性，染色性能优良，色泽鲜艳。因此锦纶地毯现在已成为国内外公认的理想材料，当今世界上地毯业使用的锦纶占世界锦纶总产量的 35% ~40%，而世界地毯总产量中又约有 50% 的地毯是锦纶地毯。目前锦纶地毯的生产能力主要集中在欧美地区。北美地区的腈纶地毯市场以美国为主。在美国市场上，锦纶簇绒地毯的销售额达地毯总额的 90% 以上，说明锦纶地毯是地毯市场的消费主流。这种消费趋势同样也反映在欧洲市场上。欧洲家庭对地毯的消费需求日益旺盛，并且对地毯的颜色、设计有更高的要求。由于只有锦纶才能同时满足这些要求，使锦纶地毯成为消费的热点，因而有力地推动了锦纶地毯的生产。

2. 地毯的主要生产国和消费国

美国是地毯的主要消费国，也是世界上最大的地毯生产国和消费国，历年来美国的地毯产量均占世界产量的一半左右。比利时、英国和德国是欧洲的三大簇绒地毯制造国。近年来，它们发展速度各不相同。

3. 国内地毯的生产和消费

我国于 20 世纪 80 年代开始引进技术发展地毯工业。先后引进了簇绒地毯织机和编织地毯织机 90 台左右，簇绒地毯和编织地毯的年生产能力已达 0.532 亿 m^2，需原料 BCF 丝 3.4 万 t；还引进了针刺地毯生产线 50 条，加上 20 余条国产针刺地毯生产线，针刺地毯的三产能力已达 0.6 亿 m^2，需原料短纤维 30 万 t，使我国形成了一定的地毯生产能力。但我国化纤地毯多以丙纶为原料，丙纶地毯占 95% ~98%，锦纶地毯很少。据资料介绍，我国每年建筑竣工面积达 7.5 亿 m^2，民用建筑和公共建筑的铺地材料以及其他装饰材料的市场需求量一直较大。由于丙纶地毯的品质性能在许多方面不能满足实用需求，所以每年都要从国外大量进口锦纶地毯。为此，国内许多地毯厂家纷纷转向开发生产锦纶地毯。

4. 地毯业的研究发展动向

开发抗静电、阻燃双功能锦纶地毯。目前世界地毯业的主要发展对象是锦纶地毯。各种应用环境对锦纶地毯的功能性提出了更高的要求，如抗静电、阻燃、抗菌、防污、耐发黄等，使锦纶地毯的设计和生产开始向着功能性方向转移。研制并生产多功能锦纶地毯必将成为地毯业目前的主攻方向。

5. 回收处理旧地毯

地毯分类后的处理过程是：把地毯粉碎降解，通过离心或机械搅拌等方法分离有效组分，再把有效组分转化为热塑料切片，以供于各种应用场合，最常见的用途是用作工业材料、汽车材料和建筑材料。

6. 旧地毯的最新用途

用旧地毯的纤维组分制造新的地毯纤维，是地毯业热切期望的一个主要目标。但这种回收工艺的生产成本一直居高不下，使大量旧地毯纤维无法进入这个闭合回收系统。经过美国地毯业的不断努力，终于由 DSM 公司开发出一个经济合算的闭合回收工艺。现在建筑行业都在广泛应用混凝土纤维增强法。剪碎的废地毯纤维也能有效改善混凝土的韧性和收缩性，并能延长混凝土的浇灌前的等待时间。美国还有一些公司在把旧地毯修整翻新，然后作为廉价产品重新上市。Milliken 地毯公司把用过的旧地毯进行清洗、剪切、重新上色或罩印，并把旧地毯的单色表面用有趣的彩色图案重新印染。其成本仅为同尺寸新地毯的一半。

四、顶棚装饰织物

（一）矿渣棉装饰吸音板

矿渣棉是以矿渣为主要原料，经熔化、高速离心或喷吹等工序制成的一种棉状人造无机纤维，矿渣棉的直径为 4 ~ 8 μm，它具有优良的隔热、保温、吸音、抗震、不燃等性能。

矿渣棉装饰吸音板作为吊顶材料，广泛应用于影剧院、音乐厅、商场、播音室、录音室，医院、办公室、会议室及噪声较大的工厂车间等，以改善室内音质，消除回声，提高语音的清晰程度，并降低噪声，改善生活和劳动条件。

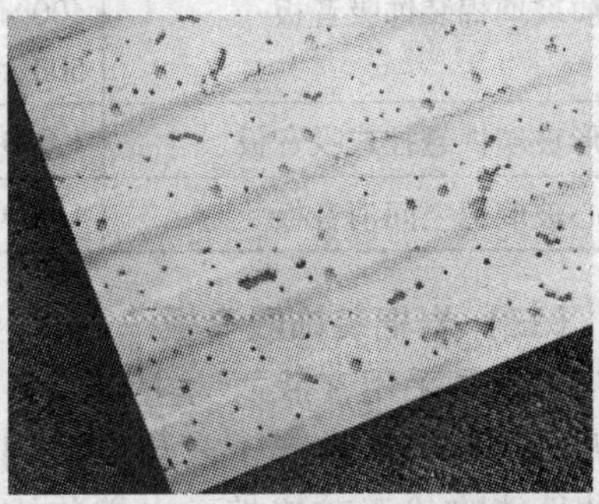

图 3 - 132 矿渣棉装饰吸音板

矿渣棉装饰吸音板类型，如图 3 - 132 所示，物理力学性质如表 3 - 43 所示。

表 3 - 43 矿渣棉装饰吸音板的物理力学性质

体积密度/（kg/m ）	抗折强度/MPa 板厚/mm 9	12 ~ 15	19	含水率/%	吸音系数	导热系数/［W/（m · K)］	燃烧性
500	0.744	0.846 ~ 0.795	0.653	<3	0.4 ~ 0.6	<0.087 5	A 级（不燃）

（二）玻璃棉装饰吸音板

本品以石英砂、长石、硅酸钠、硼酸等为主要原料，经高温熔化制得的小于 2 μm 的棉状纤维，再经高温定型制造出各种形状、规格的制品，如图 3－133 所示。

主要技术指标：体积密度为 24～74 kg/m^3；纤维直径 <6 μm；安全使用程度为－120～400；规格为 1 200 mm×1 200 mm×（20～80）mm 和 1 200 mm×600 mm×（20～80）mm。

用途：屋顶保温、保冷、吸音材料；建筑物保温，保冷；娱乐场所影剧院、电视台、广播电台、实验室、吸音处理。

图 3－133 玻璃棉装饰吸音板

不同类型玻璃棉装饰吸音板的规格和尺寸如表 3－44 所示。

表 3－44 不同类型玻璃棉装饰吸音板的规格和性能

品名	规格/mm	技术性能
玻璃纤维棉吸音板	300×300×10 300×300×18 300×300×20	导热系数：0.047 W/（m·K）； 吸音系数：500～4 000 Hz/0.7
半硬质玻璃棉装饰吸音板	500×500×50	
硬质玻璃棉装饰吸音板	300×400×16 400×400×16 500×500×30	
船形玻璃棉悬挂式吸音板	1 000×1 000×20	
离心玻璃棉空间消音板	1 000×600×8	

（三）岩棉装饰吸音板

岩棉是采用玄武岩为主要原料生产的人造无机纤维，其生产工艺与矿渣棉相同。岩棉的性能略优于矿渣棉。岩棉装饰吸音板的生产工艺与矿渣棉装饰吸音板相同，其板材的规格、性能与应用也相同，如图 3－134 所示。

图 3－134 岩棉装饰吸音板

（四）吸音棉

吸音棉是一种人造无机纤维。采用石英砂、石灰石、白云石等天然矿石为主要原料，配合一些纯碱、硼砂等化工原料熔成玻璃。在熔化状态下，借助外力吹制式甩成絮状细纤维，纤维和纤维之间为立体交叉，互相缠绕在一起，呈现出许多细小的间隙，如图 3－135 所示。

（五）软膜吊顶

软膜吊顶特点：造型随意，色彩多样；防霉、抗菌、抗老化；良好的绝缘防水功能；

隔音、隔热，节省供冷供热能源费用；不挂尖、防油烟、防火阻燃，已达到 A 级；无毒无味，安全环保；安装、拆卸方便；理想的声学效果。

图 3－135　吸音棉

软膜吊顶是可以随意变换形状的材料，设计时利用龙骨的安装变换来确定它的形状。所以造型随意、多样，产生意想不到的奇特效果，使设计有更广阔的创造空间，其造型能力是其他吊顶材料所无法比拟的。更令人称道的是其色彩的变幻，软膜吊顶色彩匀称，光面膜光滑如缎，有很强的光感，有类似镜面的反射效果。哑光膜整体效果强，有安定沉稳的效果。透光膜，透光效果极强，弥补了玻璃的沉重、易碎、危险，有机玻璃的变形等诸多弊端。并可以大面积使用，其完美、独特的灯光装饰效果令人称道。鲸皮面，表面呈绒状，吸光、吸音性能强，用来营造特殊的场合和温馨的室内效果。冲孔膜有多种孔径可以选择。利用冲孔的特殊效果，如果是在冲孔膜上面设置灯光的话，其独特效果真是令人叫绝。彩绘膜，如木纹、大理石纹、花岗石纹、皮纹、金属纹等以满足各种不同风格的要求，避免了某些材料使用的沉重荷载和昂贵代价，使用途更广泛，更经济。喷绘膜可以根据要求，按指定的图案和文字以达到特殊的要求。因此软膜吊顶以时尚、新颖、变幻无穷的特色而闻名。只要是想得出的造型，它就可以做得出，如图 3－136 所示。

图 3－136　软膜吊顶

软膜吊顶不影响灯具、灯光标牌、喷淋头、烟感、空调出回风口、监控等设备的安装使用。软膜吊顶是周边扩张式的安装，依靠固定扣条系统依吊顶的造型在十几种款式中选用合适的可见式或隐蔽式固定扣条以达到对吊顶的组装或拆卸。软膜吊顶是可以拆卸和更换的，在拆卸和更换中允许有新的创意，可以做出完美的组合和艺术效果。

透光膜吊顶可配合各种灯光系统（如霓虹灯、荧光灯）营造梦幻般、无影的室内灯光效果。同时摒弃了玻璃或有机玻璃的很多缺点，已逐步成为新的装饰亮点。

第八节　涂料类饰面材料

涂料是一种兼具灵活性和个性的装饰品，它应用于我们生活的每一个角落。无论是在家中还是走在街道上徜徉于城市楼宇之间，你都会感受到涂料给生活带来的多姿多彩。

涂料产品也在跟随时代的进步不断更新换代，它除了具有安全无毒、施工方便、干燥快、保色性及透气性好等优点，而且还具有不同的颜色，可根据不同的部位以及和家具颜色的匹配性等加以选择，甚至可以采用各色颜料调配自己喜欢的颜色。涂料在国民经济和人民生活中起到重要作用。

一、涂料类概述

1. 涂料的概念

涂饰于物体表面能与基体材料很好黏结并形成完整而坚韧保护膜的材料，称为涂料。实际上，涂料与油漆是同一概念，油漆是人们沿用已久的习惯名称。

涂料的作用可以概括为三个方面：保护作用，装饰作用，特殊功能作用。

涂料的一般组成：一般涂料的组成中包含成膜物质、颜填料、溶剂、助剂共四类成分。简述如下：

（1）成膜物质。成膜物质是组成涂料的基础，它对涂料的性质起着决定作用。可作为涂料成膜物质的品种很多，主要可分为转化型和非转化型两大类。转化型涂料成膜物主要有干性油和半干性油，如氨基树脂、聚氨酯树脂、醇酸树脂、热固型丙烯酸树脂、酚醛树脂等。非转化型涂料成膜物主要有硝化棉、氯化橡胶、沥青、改性松香树脂、热塑型丙烯酸树脂、乙酸乙烯树脂等。

（2）颜料、填料。颜料可以使涂料呈现出丰富的颜色，使涂料具有一定的遮盖力，并且具有增强涂膜机械性能和耐久性的作用。颜料的品种很多，在配制涂料时应注意根据所要求的不同性能和用途仔细选用。填料也可称为体质颜料，特点是基本不具有遮盖力，在涂料中主要起填充作用。填料可以降低涂料成本，增加涂膜的厚度，增强涂膜的机械性能和耐久性。常用填料品种有滑石粉、碳酸钙、硫酸钡、二氧化硅等。

（3）溶剂。除了少数无溶剂涂料和粉末涂料外，溶剂是涂料不可缺少的组成部分。一般常用的有机溶剂主要有脂肪烃、芳香烃、醇、酯、酮、卤代烃、萜烯等。溶剂在涂料中所占比重大多在50%以上。溶剂的主要作用是溶解和稀释成膜物，使涂料在施工时易于形成比较完美的漆膜。溶剂在涂料施工结束后，一般都挥发至大气中，很少残留在漆膜里。从这个意义上来说，涂料中的溶剂既是对环境的极大污染，也是对资源的很大浪费。所以，现代涂料行业正在努力减少溶剂的使用量，开发出了高固体涂料、水性涂料、乳胶涂料、无溶剂涂料等环保型涂料。

（4）助剂。形象地说，助剂在涂料中的作用，就相当于维生素和微量元素对人体的作用一样——用量很少，作用很大，不可或缺。现代涂料助剂主要有四大类的产品：一是对涂料生产过程发生作用的助剂，如消泡剂、润湿剂、分散剂、乳化剂等。二是对涂料储存过程发生作用的助剂，如防沉剂、稳定剂，防结皮剂等。三是对涂料施工过程起作用的助剂，如流平剂、消泡剂、催干剂、防流挂剂等。四是对涂膜性能产生作用的助剂，如增塑剂、消光剂、阻燃剂、防霉剂等。

2. 涂料的名称和编号

涂料的名称由颜料或颜色名称、成膜物质名称加基本名称组成。基本名称采用了部分过去已有的习惯名称叫法。如清漆、调和漆、磁漆、底漆等。涂料的编号分三部分，第一部分是成膜物质，用汉语拼音首字母表示；第二部分是基本名称，用两位数字表示；第三部分为序号。例如：

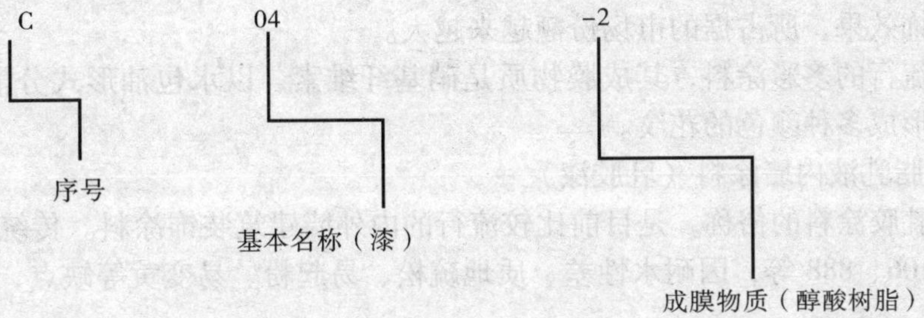

3. 涂料的分类

建筑的装饰和保护有各种途径，但采用涂料是最简便、最经济的方法。它具有色彩丰富、质感逼真、施工方便、维修容易、自重轻、环保、节能等特点。现对建筑用涂料的分类做一个简单介绍。

（1）按部位不同，油漆主要分为墙漆、木器漆和金属漆。墙漆包括了外墙漆、内墙漆和顶面漆，它主要是乳胶漆等品种；木漆主要有硝基漆、聚氨脂漆等，金属漆主要是磁漆。

（2）按状态不同，油漆又可分为水性漆和油性漆。乳胶漆是主要的水性漆，而硝基漆、聚氨脂漆等多属于油性漆。

（3）按功能效果不同，油漆又可分为很多种，如防水漆、防火漆、防霉漆、防蚊漆、绝缘漆、防锈漆、防污漆及具有多种功能的多功能漆等。

（4）按作用形态，可分为挥发性漆和不挥发性漆。

（5）按表面效果上，可分为透明漆、半透明漆和不透明漆。

（6）按涂料的施工方法，可分为喷漆、浸漆、烘漆、电泳漆等。

（7）按涂料的施工工序，可分为底漆、腻子、二道漆、面漆、罩面漆。

（8）按其成膜物质类别，可分为醇酸树脂、丙烯酸、硝基漆、乳胶漆。

二、内墙涂料

内墙涂料在众多的装饰材料中，以其色彩丰富、自然淡雅的装饰效果及施工方便、易于翻新等优势赢得广大消费者的青睐。本节将对其重点讲解。

1. 内墙涂料的类型

第一类是低档水溶性涂料，第二类是合成树脂乳液内墙涂料（乳胶漆），第三类是目前十分流行的多彩涂料。

2. 不同类型内墙涂料的区别

水溶性涂料由聚乙烯醇溶解在水中，再在其中加入颜料等其他助剂而成，如“106”“107”“831”“803”涂料等；包括目前农村广泛使用的“801”“仿瓷”“钢化”涂料等均属水性涂料。

这种涂料的缺点是不耐水、不耐碱，涂层受潮后容易剥落，属低档内墙涂料，多为中低档居室或临时居室室内墙装饰选用。

合成树脂乳液内墙涂料（乳胶漆）是一种以水为介质，以丙烯酸酯类、苯乙烯－丙烯酸酯共聚物、醋酸乙烯酯类聚合物的水溶液，耐水性和耐候性比第一类大大提高，湿擦洗后不留痕迹，并有平光、高光等不同装饰类型，属中高档涂料。虽然价格较贵，但因其优良的性能和装饰效果，所占据的市场份额越来越大。

目前十分流行的多彩涂料，其成膜物质是硝基纤维素，以水包油形式分散在水相中，一次喷涂可以形成多种颜色的花纹。

3. 合成树脂乳液内墙涂料（乳胶漆）

乳胶漆是乳胶涂料的俗称，是目前比较流行的内外墙建筑装饰涂料。传统用于涂刷墙面的石灰水、106、888 等，因耐水性差、质地疏松、易起粉、易变黄等缺点，已被乳胶漆逐步替代。

乳胶漆又称合成树脂乳液涂料，是一种有机水性涂料。根据生产原料的不同可分为聚酯酸乙烯乳胶漆、丙烯酸酯乳胶漆、乙－丙乳胶漆、苯－丙乳胶漆、聚氨酯乳胶漆等。

具体使用时，内墙漆刷外墙，从环保角度讲没问题，而外墙漆用来涂刷内墙就不一定行了。内、外墙乳胶漆有各自的特殊要求，外墙乳胶漆用于涂刷建筑外立面，所以最重要的一项指标是抗紫外线照射，要达到长时间照射不变色。而内墙漆用于室内墙面粉刷，对抗紫外线要求比起外墙漆就低得多。内墙乳胶漆对耐擦洗的性能要求高，家居生活中较易弄脏墙面，可随时用水擦拭。

4. 不同类型乳胶漆的区别

（1）聚酯酸乙烯乳胶漆的主要成膜物质是由醋酸乙烯单体通过乳液聚合得到的均聚乳液。在乳液中加入着色颜料、填料和各种助剂，经研磨或分散处理而制成的一种乳液涂料。这种涂料无毒、无味，涂膜细腻、平光、透气性好，色彩多样，施工方便，装饰效果良好，耐水、耐碱、耐候性较其他共聚乳液差，是一种中档内墙涂料。

（2）丙烯酸酯乳胶漆涂料的主要成膜物质是丙烯酸酯共聚乳液，它是由甲基丙烯酸甲酯、丙烯酸乙酯、丁酯及丙烯酸、甲基丙烯酸为单体，进行乳液共聚而得到的纯丙烯酸系共聚乳液。丙烯酸酯乳胶漆的涂膜光泽柔和，耐候性、保旋光性、保色性优异，耐久性好，是一种高档的内墙涂料。

（3）乙－丙乳胶漆是醋酸乙烯－丙烯酸酯共聚乳液涂料的简称。这种涂料的耐碱性、耐水性均优于聚酯酸乙烯乳胶漆。

（4）苯－丙乳胶漆是苯乙烯－丙烯酸酯共聚乳液涂料的简称。它的主要成膜物质是苯乙烯、丙烯酸酯、甲基丙烯酸酯等三元共聚乳液，其着色颜料中的白色原料常用耐旋光性、耐碱性较好的金红石型钛白粉，配以沉淀硫酸钡、硅灰石粉等体质颜料，以提高遮盖力和着色性。这种涂料的耐碱性、耐水性、耐洗刷性及耐久性稍低于纯丙烯酸酯乳液涂料，但优于其他品种的内墙涂料。

合成树脂乳液内墙涂料的技术性能应符合表 3－45 的要求。

表 3－45 合成树脂乳液内墙涂料的技术性能

项目	指标		
	优等品	一等品	合格品
容器中状态	无硬块，搅拌后呈均匀状态		
施工性	刷涂二道无障碍		
低温稳定性	不变质		

续表

项目	指标		
	优等品	一等品	合格品
干燥时间（表干）/h≤	2		
涂膜外观	正常		
对比率（白色和浅色）	≥0.95	≥0.93	≥0.90
耐碱性	24 h 无异常		
耐洗刷性/次	≥5 000	≥1 000	≥300

5. 内墙乳胶漆表面特征鉴别

（1）哑光漆。该漆具有无毒、无味、较高的遮盖力、良好的耐洗刷性、附着力强、耐碱性好、安全环保施工方便、流平性好的特点，适用于工矿企业、机关学校、安居工程、民用住房。

（2）丝光漆。涂膜平整光滑、质感细腻，具有丝绸光泽、遮盖力高、附着力强、抗菌及防霉性能极佳、耐水耐碱性能优良、涂膜可洗刷、光泽持久，适用于医院、学校、宾馆、饭店、住宅楼、写字楼等。

（3）有光漆。色泽纯正、光泽柔和、漆膜坚韧、附着力强、干燥快、防霉耐水、耐候性好、遮盖力高，是各种内漆首选之品。

（4）高光漆。具有超卓遮盖力，坚固美观，光亮如瓷，很高的附着力，较高的防霉抗菌性能，耐洗刷，涂膜耐久且不易剥落，坚韧牢固，是高档豪华宾馆、寺庙、公寓、住宅楼、写字楼等理想的内墙装饰材料。

6. 乳胶漆的特性

（1）覆遮性。覆遮性和遮蔽性是高质量乳胶漆的组成部分，代表了效果更好，时间消耗更少，用量更省的粉刷工作。

（2）附着力和易清洗性。良好的附着力可以避免出现裂缝和瑕疵，易清洗性确保了光泽和色彩的保持，是选择乳胶漆时的重要参考指标。

（3）适用性。适用性好的乳胶漆在操作过程中不会引起气泡四处流溢、飞溅等状况，会带给居室光滑的墙面。

（4）防水功能。弹性乳胶漆具有优异的防水功能，防止水渗透墙壁、损坏水泥，从而保护墙壁，并具抗菌功能。它具有良好的抗炭化、抗菌、耐碱性能。

（5）可弥盖细微裂纹。弹性乳胶漆具有的特殊“弹张”性能，能延伸及弥盖细微裂纹。

7. 乳胶漆的选购

（1）要根据自身的经济实力，确定对内墙乳胶漆的性能、装饰效果及价位的要求后再行选择。

（2）尽量购买国内外知名品牌产品。目前国内生产内墙乳胶漆的企业很多，有独资、合资、国有和私营企业，这些企业技术力量、质量管理水平和质量控制能力均存在较大差异，因此要谨慎使用，最好选择一些知名品牌和信誉良好的企业的产品。

售价也能辨真伪。从国内内墙乳胶漆的生产成本来分析，内墙乳胶漆的最低售价应为

4~5元/kg，市场上那些标价仅为1~2元/kg的产品实际上是水溶性内墙涂料，其产品质量较乳胶漆相差较大。

（3）购买乳胶漆时应注意生产日期及标号。按产品标准规定，内墙乳胶漆的有效储存期为6个月，如超过储存期应检查其是否有沉降、结块、发臭等现象，如符合要求仍可使用。此外，乳胶的包装桶上至少应标注以下事项：产品型号、名称、批号、标准号、重量、生产厂商及生产日期。从标准号的标志中也可了解产品的质量情况：如标号为"JC/T 423—91"则该产品为水溶性内墙涂料；如标号为"GB/T 9756—1995"则该产品为内墙乳胶漆且符合国家标准；若标号为"Q/xxxtxxxx"则该产品符合企业标准，这时就应了解企业标准的具体技术指针，以此判断产品质量。

8. 鉴别真假乳胶漆的简单方法

首先，真正的乳胶漆没有刺激性气味，而假冒乳胶漆的低档水溶性涂料可能会含有甲醛，因此有很强的刺激性味道。

其次，可将少许涂料刷到水泥墙上。涂层干后用湿抹布擦洗，真正的乳胶漆耐擦洗性很强。擦一二百次对涂层外观不会产生明显影响，而低档水溶性涂料只擦十几次即发生掉粉、露底的现象。

9. 乳胶漆中可能含有的有害物质

（1）甲醛。甲醛可刺激眼睛、喉部及皮肤，导致过敏，浓度过高时对人体会造成呼吸困难，甚至引发哮喘。

（2）其他有机溶剂。包括二氯甲烷、氯仿、四氯化碳、苯、甲苯、二甲苯，都会对人体造成毒害。

据专家介绍，内墙乳胶漆的主要成分是树脂、溶剂（水）、颜填料和少量的助剂，唯一可能对人体产生毒害的物质是其中少量的助剂，因为助剂中部份有机挥发物含有毒性，但如果这些挥发物的挥发量不超过一定程度，就不会对人体产生危害。真正的内墙乳胶漆是一种安全无毒的建筑装饰材料。

此外，市场上其他的建筑涂料冒用"乳胶漆"的名义进行销售或者施工过程违反操作说明在乳胶漆中添加有机溶剂，都有可能带来有害成分，对人体健康构成危害。建议选用名牌大厂生产的乳胶漆。

10. 住宅空间选择涂料注意事项

首先应选择不含铅、汞、苯等对人体有害的化学物质和没有刺激性气味的健康环保漆。其次，不同功能、不同朝向的房间，所选择墙面漆的倾向也应有所不同。

客厅的色彩可用明亮、温暖、舒适的暖色调，书房的色彩适宜安静的冷色调，卧室的风格则完全由个人的喜好而定，儿童房总是倾向五彩缤纷；朝东的房间，日落较早，容易变暗，用浅暖色系为宜；朝南的房间，日照时间长，用冷色系使人感到更舒服；朝西的房间，受到强烈的落日西照，适宜深冷色；朝北的房间，无日光直射，适宜暖色系，且色度要浅。另外，冷色可使较低的天花板看上去变高。在房间远处墙上用深颜色系，会产生空间的纵深感。

11. 乳胶漆用量的计算

用房间面积就可算出整个房间涂刷乳胶漆的用量：房间面积（m^2）除以4，需要粉刷的墙壁高度（dm）除以4，两者的商数相加便是所需乳胶漆的千克数。

例如，一间房间的面积为 20 m²，墙壁高度为 16 dm，那么 20/4 + 16/4 = 9，即 9 kg 可以涂刷两遍。

12. 建筑内墙涂料对室内环境的影响

根据内墙涂料的类型、组成及性质，能够造成室内空气质量下降并有可能影响人体健康的有害物质主要为挥发性有机化合物、游离甲醛、可溶性铅、可溶性镉、可溶性铬和可溶性汞等重金属。挥发性有机化合物对人体总是有毒的，严重时使人头痛、咽喉痛。游离甲醛对皮肤、眼睛及呼吸道具有很强的刺激性，国际癌症中心已将游离甲醛列为人类可疑致癌物质。可溶性铅、可溶性镉、可溶性铬和可溶性汞等重金属是常见的有毒物质，它们分别能损害神经、造血和生殖系统，肾或肺功能，引起接触性皮炎或湿疹及影响中枢神经系统。所以国家对室内有害物质制定了十项强制性标准，从 2002 年 1 月 1 日开始发布执行。

（1）中华人民共和国国家标准《室内装饰装修材料内墙涂料有害物质限量》（GB 8582—2001）规定。

①挥发性有机化合物（VOC）200 g/L。

②游离甲醛 0.1 g/kg。

③重金属：可溶性铅 90 mg/kg，可溶性镉 75 mg/kg，可溶性铬 60 mg/kg，可溶性汞 60 mg/kg。

（2）国家及行业现行建筑涂料主要标准如表 3－46 所示。

表 3－46 内、外墙涂料（包括内外墙腻子）主要标准

序号	国家标准	编号	备注
1	合成树脂乳液外墙涂料	GB/T 9755—2014	
2	合成树脂乳液内墙涂料	GB/T 9756—2009	
3	溶剂型外墙涂料	GB/T 9757—88	
4	复层建筑涂料	GB/T 9779—2005	主要指浮雕涂料
5	合成树脂乳液砂壁状建筑涂料	JG/T 24—2000	真石漆
6	外墙无机建筑涂料	JG/T 26—2002	
7	水溶性内墙涂料	JC/T 423—91	
8	建筑室内用腻子	JG/T 298—2010	
9	环境标志产品技术要求水性涂料	HJ 2537—2014	绿色标志
10	室内装饰装修材料内墙涂料中有害物质限量	GB 18582—2008	强制标准

三、外墙涂料

外墙涂料起装饰和保护建筑物的外墙面的作用，使建筑物外貌整洁美观，达到美化城市环境的目的，其特点有装饰性好、耐候性好、耐沾污性好、耐水性好。目前，市场上的外墙涂料有苯丙、纯丙、硅丙等合成树脂乳液型外墙涂料，其中有平光、半光、有光、高

光等不同品种的涂料，此外还有弹性外墙涂料、砂壁状外墙涂料、真石漆外墙涂料、复层花纹外墙涂料等合成树脂乳液型涂料及低毒性溶剂型外墙涂料。

（一）合成树脂乳液型外墙涂料

合成树脂乳液型外墙涂料是以合成树脂乳液作为主要成膜物质，加入着色颜料、体质颜料和助剂，经过混合、研磨而制得的外墙涂料。按涂料的质感可分为薄质乳液涂料（乳胶漆）、厚质涂料及彩色砂壁状涂料等。

合成树脂乳液型外墙涂料的主要技术指标必须符合国家标准《合成树脂乳液外墙涂料》（GB/T 9755—2014），见表 3-47。

表 3-47　合成树脂乳液型外墙涂料技术指标

序号	检验项目	技术指标		
		优等品	一等品	合格品
1	在容器中的状态	无硬块，搅拌后呈均匀状态		
2	施工性	刷涂二道无障碍		
3	涂膜外观	涂膜外观正常		
4	干燥时间	≤2 h		
5	对比率（白色和浅色）	≥0.93	≥0.90	≥0.87
6	耐洗刷性/次	≥2 000	≥1 000	≥500
7	耐水性	96 h 无异常		
8	耐碱性	48 h 无异常		
9	耐人工老化性 粉化，≤1 级 变色，≤2 级	600 h 不起泡、不剥落、无裂纹	400 h 不起泡、不剥落、无裂纹	250 h 不起泡、不剥落、无裂纹
10	耐沾污性（白色和浅色）	15%	15%	20%
11	低温稳定性	不变质		
12	涂层耐温变性	5 次循环无异常		

（二）溶剂型外墙涂料

溶剂型外墙涂料是以高分子合成树脂为主要成膜物质，有机溶剂为分散介质，加入一定量的着色颜料、体质颜料和助剂，经混合、搅拌、溶解、研磨而配制成的涂料。

目前常用的溶剂型外墙涂料有氯化橡胶外墙涂料、聚氨酯丙烯酸酯外墙涂料、丙烯酸酯有机硅外墙涂料等，其中聚氨酯丙烯酸酯外墙涂料和丙烯酸酯有机硅外墙涂料的耐候性、装饰性、耐沾污性都很好，涂料的耐久性都在 10 年以上。

溶剂型外墙涂料的技术性能应符合国家标准《溶剂型外墙涂料》（GB/T 9757—2001）的规定，见表 3-48。

表3-48　溶剂型外墙涂料的技术性能

序号	检验项目	技术指标		
		优等品	一等品	合格品
1	容器中状态	无硬块、搅拌后呈均匀状态		
2	施工性	刷涂二道无障碍		
3	干燥时间	表干≤2 h		
4	涂膜外观	正常		
5	对比率	≥0.93	≥0.90	≥0.87
6	耐水性	168 h 无异常		
7	耐碱性	48 h 无异常		
8	耐洗刷性/次	≥5 000	≥3 000	≥2 000
9	耐人工气候老化性 粉化，≤1 级 变色，≤2 级	1 000 h 不起泡、不剥落、无裂纹	500 h 不起泡、不剥落、无裂纹	300 h 不起泡、不剥落、无裂纹
10	耐沾污性	10%	10%	15%
11	涂层耐温变性	5 次循环无异常		

（三）乳液型外墙涂料与溶剂型外墙涂料的区分

乳液型外墙涂料品种比较多，涂刷后无污染，施工方便。但其光泽较差，耐沾污性能较差。溶剂型外墙涂料涂刷后，随着涂料中所含的溶剂的挥发，成膜物质与其他不挥发组分共同形成均匀连续的涂层薄膜。因其涂膜致密，具有较高的光泽、硬度、耐水性、耐酸性及良好的耐候性、耐污染性等特点，因而主要用于建筑物的外墙涂饰。但由于施工时有大量易燃的有机溶剂挥发，容易污染环境，且涂料价格一般比乳液型涂料贵。由于这些原因，国内外这类外墙涂料的用量低于乳液型外墙涂料的用量。

（四）外墙漆与内墙漆的区分

外墙漆注重耐晒，内墙漆注重耐擦洗。外墙漆要求有抗水性能，要求有可洗涤性。漆膜要硬而平整，脏污一冲就掉。

外墙乳胶漆用于涂刷建筑外立面，所以最重要的一项指标就是抗紫外线照射，要求达到长时间照射不变色。而内墙漆用于室内墙面粉刷，对抗紫外线要求比外墙漆低得多。内墙乳胶漆对耐擦洗的性能要求高，家居生活中较易弄脏墙面，可随时用水擦拭。内、外墙漆的弹性都很重要。有弹性可防止由于温度、气候变化引起的开裂。

（五）外墙涂料常见问题及处理方法

1. 起泡现象

（1）原因。

①由于水分透入漆面内或墙体表面潮湿，导致漆层失去了黏附性，以致在物体表面上起成泡状。

②施工过程中未按施工要求进行施工，未等底漆表面干透就进行第二遍或第三遍涂

刷，造成底漆的水分或溶剂无法挥发出来。

③涂装在阳光直射下的表面进行。

④在潮湿的表面上涂装溶剂型或醇酸涂料。

⑤乳胶漆干后不久，特别是表面预处理不够充分时，就暴露在露水、湿汽或雨水中。

(2) 处理方法。

①要预防起泡现象，可先刷上一层优质底漆，水分就无法透入墙体内。

②若漆面有严重的起泡现象，必须将全部漆面刮除，让表面干透后再上漆。若是局部性起泡，则将个别的起泡刮除，把刮涂部分的边缘磨平滑，先涂刷一至二遍底漆，然后才刷面漆。

③ 基层充分干燥后再上漆。

2. 水印现象

(1) 原因。

①由于物体有水分，导致漆面出现斑块，其颜色通常比原色较深。若物体表面未干燥就上漆，就会出现水印。要避免此种现象，需待墙面干透后才上漆。

② 漆出现水印极可能是外墙或管道渗透，应立即查明原因。

③ 使用耐水性差的乳液或配方中表面活性剂加量太大。

(2) 处理方法。若水印的幅度相当大，宜将漆面刮除。将导致水印的水分隔除，待墙面干透后才重新上漆。选用耐水性好的乳液。

3. 咬底现象

(1) 原因。这是一种面漆溶胀底漆的弊病，是由于底漆未彻底干透就涂刷面漆，或前道漆与后道漆不配套所引起的漆膜鼓起移位、溶解、起皱、收缩、脱落等。多见于溶剂型涂料。

(2) 处理方法。涂层施工必须按指定的时间间隔，头道漆要彻底干透后再涂第二层，用配套体系的漆涂装。

4. 流挂现象

(1) 原因。涂料在非平面上施工产生向下流淌的现象，形成眼泪或波纹状的外观。引起此现象的原因是涂料稀释过度或涂料本身黏度太低，一次性涂刷过厚，喷枪嘴与被涂表面靠得太近。

(2) 处理方法。把墙体重新打磨平整，按正确的比例稀释重新正确施工或调整涂料本身黏度。

5. 剥落现象

(1) 原因。这是涂层从物体表面上脱落的现象。导致剥落有下面诸多原因：涂层下面水分凝结，物体表面扩张或收缩，旧涂面上有水分、污垢、油脂或粉化，基层本身不结实等。

(2) 处理方法。要避免涂面剥落，涂刷之前物体表面必须彻底清洁及干燥，将旧涂面上的粉尘全部清除。为确保表面绝对平滑，凡有孔隙之处需补平。

6. 变色现象

(1) 原因。涂料过早的颜色变淡，这种现象通常出现在阳面被充足阳光暴晒的表面上。常因使用耐候性差的颜料，基层未充分干燥，湿度过大，pH 值过高等都会引起褪色。

（2）处理方法。选用特别配制、质量上乘、耐候性好的颜料，并保证基层充分干燥。

7. 缩孔现象

（1）原因。在涂料施工和干燥过程中产生了气泡，当气泡在涂膜中破裂后，形成了小而圆的凹坑。

（2）处理方法。所有涂料在涂装时都会产生一定程度的泡沫，而优质涂料会使气泡在涂料未干时破裂，从而得到良好的流平性和外观。应避免过度辊涂或刷涂，或不要使用存放一年以上的涂料。涂装高光或半光涂料时要用短毛辊筒，而且在多孔的表面上涂装时，要上一道封闭剂或底漆。有问题的地方在重新涂装前要先打磨。

8. 刷痕现象

（1）原因。涂料施工涂膜表干层后产生未能淹平的痕迹，明显地影响涂膜的外观，产生的原因有：第一，施工黏度过高，涂膜干燥过快，涂料假稠性能过强；第二，产品本身质量不高，流平性不好。

（2）处理方法。选用合适的辊筒，避免对涂料和基础使用太长的绒毛。涂装乳胶漆的辊筒要先湿润，并甩去多余的水分，不要让涂料堆积在辊筒的两端。从靠近天花板的拐角处开始辊涂，并在向下 0.3 m 墙面区域内涂装。锯齿辊筒从下向上移动以减少涂料的飞溅，然后不要让辊筒离开墙面，连贯而平行地涂满整个锯齿图形。

9. 接痕现象

（1）原因。接痕现象是指涂装时干湿涂层搭接处的颜色加深或光泽度提高的现象。成因主要是涂料稀释比例波动过大，或涂装时未能保持“湿边”状态。

（2）处理方法。

①涂装前向前涂完一块区域后，再反向涂装刚上过漆的区域以保持“湿边”。这种方法有助于得到均匀平滑的外观效果。最好的方法是缩小待涂区域的面积，且在自然连接处中断。

② 保持统一的稀释比例。

（六）外墙涂料的前景

建筑涂料是目前国内外广泛使用的建筑装饰装修材料之一。在经济发达国家和地区，如欧洲和美国，用建筑涂料来装饰居室、楼宇，已成为一种时尚和通用的方法。我国是发展中国家，建设项目多，对外墙涂料需求量大，外墙涂料前景广阔。

我国目前许多建筑商采用外墙砖进行装饰，不是理智型消费。在欧美等发达国家，建筑外墙采用高级涂料装饰的已占到了 90%，日本高层建筑采用外墙涂料的约占 80%，新加坡、马来西亚等国家还立法规定，高层建筑外墙不允许用面砖装饰。事实上，近 10 年来，我国建筑涂料的应用量以每年大约 10% 的数量增长，它已成为建筑装饰材料大家族中的主导材料之一。

在外墙装饰材料中，玻璃、石材过于沉重，造价昂贵，维护费用高；贴面砖存在脱落问题，对都市的安全影响大；而涂料则以其施工简便、造价低廉、装饰效果多样的优势逐渐赢取更大的市场。涂料取代瓷砖外墙是建筑装饰必然趋势。

四、油性涂料

门窗、家具涂料在整个空间装饰中占了很大的比重，对空间环境也有影响。其主要成膜物质以油脂、分散于有机溶剂中的合成树脂或混合树脂为主，一般人们常称之为“油漆”。

1. 油漆的分类

目前市场上营销的油漆有千余种，花色繁多，名称也不一致，但按成分属性归纳，目前常用的油漆分为以下几种：大漆、清油、厚漆、调和漆、清漆等。

2. 不同类型油漆的区分及相应的适用范围

（1）大漆。又称天然漆，有生漆、熟漆之分。生漆有毒，漆膜粗糙，很少直接使用，经加工成熟漆或改性后制成各种精制漆。熟漆适于在潮湿环境中干燥，所生成漆膜光泽好、坚韧、稳定性高，耐酸性强，但干燥慢。经改性的快干推光漆、提庄漆等毒性低、漆膜坚韧，可喷可刷，施工方便，耐酸、耐水，适于高级涂装。

（2）清油。又称熟油、调漆油。可作为原漆和防锈漆调配时使用的油料，也可单独使用。有的清油（调薄厚漆与红丹）可单独涂于木材或金属防锈防腐。加入适量颜料可配成带色清油。

（3）厚漆。又称铅油。它是颜料与土性油混合研磨而成，需要加油、溶剂等稀释后才能使用，被广泛用于面层的打底，也可单独作为面层涂饰。适用于要求不高的建筑物及木质打底漆，水管接头的填充材料。

（4）调和漆。是最常用的一种油漆。质地较软，均匀，稀稠适度，耐腐蚀，耐晒，长久不裂，遮盖力强，耐久性好，施工方便。它分油性调和漆和磁性调和漆两种，后者现名多丹调和漆。在室内适宜于磁性调和漆，这种调和漆比油性调和漆好，漆膜较硬，光亮平滑，但耐候性较油性调和漆差。

（5）清漆。分为油基清漆和树脂清漆两大类，前者俗称“凡立水”，后者俗称“泡立水”，是一种不含颜料的透明涂料。

3. 不同类型清漆的特性及不同的使用范围

（1）酯胶清漆。又称耐水清漆。漆膜光亮，耐水性好，但光泽不持久，干燥性差。适宜于木制家具、门窗、板壁的涂刷和金属表面的罩光。

（2）酚醛清漆。俗称永明漆。干燥较快，漆膜坚韧耐久，光泽好，耐热，耐水，耐弱酸碱；缺点是漆膜易泛黄、较脆。适用于木制家具门窗、板壁的涂刷和金属表面的罩光。

（3）醇酸清漆。又称三宝漆。这种漆的附着力、光泽度、耐久性比前两种好。它干燥快，硬度高，可抛光、打磨，色泽光亮。但膜脆，耐热、抗大气性较差。适于涂刷室内门窗、地面、家具等。

（4）硝基清漆。又称清喷漆、腊克。具有干燥快、坚硬、光亮、耐磨、耐久等特点，是一种高级涂料，适于木材、金属表面的涂覆装饰，用于高级的门窗、板壁、扶手。

（5）虫胶清漆。又称泡立水、酒精凡立水，也简称漆片。它是用虫胶片溶于95°以上的酒精中制得的溶液。这种漆使用方便，干燥快，漆膜坚硬光亮。缺点是耐水性、耐候性差，日光暴晒会失光，热水浸烫会泛白。一般用于室内木器家具的涂饰。

（6）丙烯酸清漆。可常温干燥，具有良好的耐候性、耐旋光性、耐热性、防霉性及附着力，但耐汽油性较差。适于喷涂经阳极氧化处理过的铝合金表面。在木材涂饰中用作封闭剂，漆膜坚硬光亮，能绝缘，干燥迅速，遇热水易泛白，附着力较好，主要适用于木器、家具等。易受潮受热影响的对象不宜适用。

4. 常用的木器漆

家庭装饰，使用最多的是聚氨酯木器漆，以及门窗用醇酯磁漆、醇酸调和漆。聚氨酯木器漆中含有甲苯二异氨酸酯，它是一种有害物质，具有催泪作用，也会使皮肤轻度着色，它的蒸气会对呼吸道有强烈的刺激，即使在低浓度的蒸气下也会有2%～5%的人产生类似于过敏性气喘的过敏反应。醇脂、醇酸类漆使用的有机溶剂如松节油、松节水、汽油、丙酮、乙醚等气味难闻，甚至熏得人难受。有些假冒伪劣产品以涤纶废丝代替醇酸树脂，并使用超强溶剂和纯苯，后果就更为严重。使用时要特别注意选择优质产品。居室涂刷过后要适时通风，新居装修过后最好空置1～2个月，经通风后才能入住。

5. 环保型油漆

解读环保型油漆这个问题，首先我们要了解油漆的组成。聚酯漆都是双组分的，分为主剂与固化剂两部分。油漆固化剂里含有大量游离的TDI。TDI在国家标准GB 5044—85中被列为高度危害级物质，能诱发皮疹、头晕、免疫力下降、呼吸道受损、哮喘等过敏反应。油漆主剂里一般都含有50%以上的有机溶剂，主要为工业“三苯”（苯、甲苯、二甲苯）、丁醇、醋酸乙酯等物质，这些有机化合物能破坏人的造血功能，诱发白血病，均为行业严格限制的物质。

各油漆厂家目前所宣传的环保产品，无非就是低TDI、低VOC产品。以现在的工艺技术，游离TDI是不可避免的，所以厂家将主要精力集中在降低VOC含量上。所谓的环保型油漆，只是指达到了国家的VOC含量标准，属于合格产品。但合格产品不等同于环保产品。因为油漆对健康的危害并没有降低。

由于油漆的毒害性主要来自于有机溶剂，如果能以水溶液来替代有机溶剂，就能从根本上消除涂料的毒害物质。水性化，是涂料的最终解决方案。近几年，经过业内人士的努力，国内水漆市场已渐成气候，水漆概念已逐渐深入人心。所谓水漆，特指用于木器表面涂饰的涂料品种，用于墙面的乳胶漆不属于水漆概念范畴。目前市场上出现的水漆，大都是丙烯酸类产品。丙烯酸类水漆不含工业“三苯”，没有刺激性气味。

常用水性木器漆的区别如下：

(1) 性能区别。常用水性木器漆有以下三类。

第一类以丙烯酸为主要成分的，主要特点是附着力好，不会加深木器的颜色，但耐磨及抗化学性较差，漆膜硬度较软，铅笔法测试为HB，丰满度较差，综合性能一般，施工易产生缺陷。因其成本较低且技术含量不高，是大部分水性漆企业推向市场的主要产品。这也是形成大多数人认为水性漆不好的原因所在。

第二类是以丙烯酸与聚氨酯的合成物为主要成分的水性木器漆，其特点除了秉承丙烯酸漆的特点外，又增加了耐磨及抗化学性强的特点，有些企业标为水性聚酯漆。漆膜硬度较好，铅笔法测试为1H，丰满度较好，综合性能接近油性漆。

第三类是聚氨酯水性漆，其综合性能优越，丰满度高，漆膜硬度可达到1.5～2.0H，耐磨性能甚至超过油性漆，使用寿命、色彩调配方面都有明显优势，为水性漆中的高级产品，该技术在全球只有少数几家专业公司掌握。

(2) 价格区别。以丙烯酸为主要成分的水性木器漆价格便宜，160～200元/桶（2.5 kg）。以丙烯酸与聚氨酯的合成物为主要成分的水性木器漆，其价格260～350元/桶不等（2.5 kg）。聚氨酯水性漆是水性漆中的高级产品，该技术在全球只有少数几家专业公司掌握。在其他类型的水性木器漆种价格也最高。

种类虽然清楚了，想要分清市面上的水性木器漆也不是轻而易举的事。因各厂家在水性漆的名称及成分标志上并不统一，容易让消费者产生混淆。如以丙烯酸为主要成分的水性漆就有丙烯酸和丙烯酸酯两种标法。更有甚者把以丙烯酸与聚氨酯的合成物为主要成分的水性漆标成水性聚酯漆。消费者最好能够通过鼻闻的方法来辅助判断：丙烯酸有点酸的味道，聚氨酯则有些淡淡的油脂香味。当然，最可靠的办法是购买专业水性木器漆厂家生产的产品。

6. 选购水性木器漆的注意事项

由于水性油漆是一种新型环保型涂料，目前市场上所能见到的产品还不很多，所以水性油漆的选择可以从以下几个方面进行辨别。

第一，当然是从外观上，水性油漆一般标注有水性或者水溶性字样，而且在使用说明中会标明它是可以用清水进行稀释的。

第二，就是看颜色，根据目前水性技术，水性油漆一般采用乳液技术或分散液技术生产。通常使用的乳液多为丙烯酸型，水性的无色漆一般呈乳白色或半透明浅乳白色或浅黄色，而普通的清漆往往是这种透明色。

第三，就是闻气味，水性油漆区别于溶剂型木器漆最大也是最明显的一个特点就是在气味上。水性油漆的气味非常小，略带一点芳香，而普通油漆都有比较强的刺激性气味。

五、功能性涂料

涂料除了具有装饰和保护两种基本功能外，还具有某种特殊的功能，具有特殊功能的涂料称为功能性建筑涂料。例如，防水涂料、防火涂料、建筑保温隔热涂料、防霉涂料等。功能性建筑涂料是建筑涂料的重要组成部分，它伴随着现代涂料的发展而逐步发展起来，其应用也得到各个方面的重视，并得到了相应的开发，其用途不断拓宽，性能不断提高。

1. 功能性建筑涂料的类型

功能性建筑涂料主要品种有防火涂料、防水涂料、防霉防腐涂料、耐温耐湿涂料、保温隔热涂料等，其中防火涂料、防水涂料用量较大。以下逐一介绍。

（1）防火涂料。防火涂料又称阻燃涂料，它是一种涂刷在建筑物某些易燃材料表面上，能够提高易燃材料的耐火能力，为人们提供一定的灭火时间的一类涂料。

防火涂料按其组成的材料不同一般可分为非膨胀型防火涂料和膨胀型防火涂料两大类。非膨胀型防火涂料是由难燃性或不燃性的树脂作为主要成膜物质，与难燃剂、防火填料等组成。膨胀型防火涂料是由难燃树脂、难燃剂及成炭化剂、脱水成碳催化剂、发泡剂等组成。涂层在高温作用下会发生膨胀，形成比原来涂层厚度大几十倍的泡沫碳质层，能有效地阻挡外部热源对底材的作用，从而阻止燃烧的进一步扩展。其阻止燃烧的效果优于非膨胀型防火涂料。国内目前膨胀型防火涂料的主要品种是膨胀型丙烯酸乳胶防火涂料。该涂料是以丙烯酸乳液为主要成膜物质。

（2）防水涂料。建筑防水涂料是指形成的涂膜能够防止雨水或地下水渗漏的一类涂料。可分为三类：乳液型、溶剂型和反应型。

乳液型防水涂料的主要品种有水乳型再生胶沥青防水涂料、阳离子型氯丁胶乳沥青防水涂料、丙烯酸乳液沥青防水涂料、氯－偏共聚乳液系防水涂料和近年来发展的 VAE 乳液防水涂料等。溶剂型防水涂料是以溶解于有机溶剂中的高分子合成树脂为主要成膜物质，加入颜料、填料及助剂等组成的一种涂料，其品种有氯丁橡胶防水涂料、氯磺化聚乙烯防水涂料等。反应型防水涂料一般是由涂料中主要成膜物质与固化剂进行反应形成防水涂膜。主要品种有聚氨酯系防水涂料、环氧树脂系防水涂料等。

2. 功能性建筑涂料的应用状况

（1）防火涂料。一方面，随着建筑物火灾的频繁发生，人们对建筑防火安全有了高度重视，并制定相应的法规和规范；另一方面，现代建筑中钢结构的大量使用，也为防火涂料提供了广阔的应用市场。

防火涂料在建筑防火领域因其可靠的防火功能、低价的成本、简便的施工、无结构空间的限制或约束等因素，已经成为建筑钢结构、混凝土楼板、木质隔墙等的首选防火材料而在建筑防火设计中得到选用。其中，得到广泛应用的是饰面型、钢结构和预应力混凝土三大类防火涂料。随着市场的发展，建筑防火涂料也开始向新的应用领域扩展，如用于地下隧道和地下工程结构的防火保护。

（2）防水涂料。防水涂料是在数量上应用最大的功能性建筑涂料。使用较多、应用量较大的品种是双组分聚氨酯防水涂料（沥青型或煤焦油型）。这类涂料在地下室外墙、底板、卫生间等场合的防水工程中成为首选的防水材料品种，在屋面也得到大量应用。水性丙烯酸防水涂料中，单组分型的涂料主要应用于屋面，应用量不大，而以丙烯酸乳液改性硅酸盐水泥的聚合物水泥防水涂料，商品名称为“弹性水泥”，在有些地区的屋面或其他结构部位的防水工程中得到大量应用。

一些性能上没有特色的防水涂料或者性能得不到可靠保证的防水涂料，如焦油型聚氨酯防水涂料，因焦油的成分复杂，产品性能得不到保证，再加上政府部门从政策上予以限制，因而近年来的用量锐减。水性聚氯乙烯焦油防水涂料则是因为其没有性能特色及政策上予以淘汰，在市场上几乎已销声匿迹。硅橡胶乳胶防水涂料虽然涂膜性能和环保性能比较优异，但因为价格较高等原因一直没有像聚氨酯、丙烯酸等类防水涂料那样得到广泛的应用。

（3）防腐、防锈涂料。随着混凝土构筑物（如污水处理设施、排污管道）的大量出现及化学工业、食品工业、造纸和饮料等工业建筑防腐的需求，防腐涂料得到大量应用。建筑防腐涂料是在防腐涂料的基础上，通过引用新型涂料原料（如高性能基料、功能性填料等）对性能进行改进，能够适应和满足新的应用场合的要求，并在应用过程中显示出优越的技术经济综合性能。建筑防腐涂料在钢结构防腐、防锈、混凝土输送管道防腐和一些混凝土储存容器防腐中的应用伴随着功能需要和新型高效防腐涂料的研究开发而越来越多，得到应用的建筑防腐涂料品种有聚氨酯类、环氧树脂类、氯化橡胶类及无机类或者外加功能性防腐填料（如玻璃片）的高性能防腐涂料等。

（4）防霉涂料。与其他功能性涂料一样，防霉涂料也是实用很强的建筑涂料。在很多方面如饮料、食品、奶制品、烟草和易受霉菌侵蚀的场所，广谱、高效的防霉涂料大受欢迎。在这些场合，防霉涂料已经成为其他材料所无法替代的功能性材料，对于生产环境和卫生安全起到重要作用。

3. 功能性涂料的发展趋势

由于市场需求、经济效益驱使和工业技术的进步，特别是人们对建筑涂料所形成的高装饰性兼功能化的新观念，都会成为功能性建筑涂料发展的推动力，推动功能性建筑涂料的发展。功能性建筑涂料的发展将会体现在两个方面，一是现有品种性能上的提高，二是涂料品种的增多。例如，国外出现的一种应用于柱子及落水管、沟、槽等建筑物结构或部位的不干性防攀爬涂料，在我国尚未出现，随着安全防范的要求，可能会在我国出现并得到应用。

第二部分

建筑装饰施工工艺

第四章 建筑装饰施工基础知识

建筑装饰装修工程施工已成为一门独立的新兴学科和行业，其技术的发展与建材、轻工、化工、机械、电子、冶金、纺织及建筑设计、施工、应用和科研等众多的领域密切相关。随着建筑装饰装修工程规模和复杂程度的不断扩大和加深，对建筑装饰装修工程施工的要求也越来越高。

建筑装饰工程的施工，不仅关系到美学效果，而且还涉及强电弱电、给水排水、空调电梯、设备安装等专项技术设计；涉及许多工种的互相配合；涉及质量控制和验收标准；涉及空气及环境质量；涉及建筑物的长期使用及使用安全等重大问题。所有涉及的工种和技术都有各自独特的专业要求，需要经过认证的专业技术人员的专业操作。各项施工技术与工艺等都有严格的技术标准和检验规范。因此，在建筑装饰装修工程施工中要严格遵循国家制定的一系列规范与标准，由专门的技术人员来执行专门的工种和技术，不能随心所欲，随意为之。

建筑装饰装修工程的施工工序繁多，工种也十分复杂，如水、电、暖、卫、木、泥水、玻璃、油漆、金属、幕墙等。对于较大规模的工程，还要加上消防系统、音响系统、保安系统、通信系统等。一个普通的工程通常有几十道工序。这些工种和工序还经常需要交叉或轮流作业。因此经常会出现施工现场拥挤混乱的复杂局面，严重影响施工质量、进度和效率。为此，必须依靠具备专门知识和经验的施工组织管理人员，并以施工组织设计为指导，实行科学管理，使各工序和各工种之间有序衔接，人工、材料和施工机具科学调度，并严格执行各工种的施工操作规程、质量检验标准和施工验收规范。

随着科学技术和社会经济的不断发展，新材料、新技术、新工艺和新设备的不断涌现，人们对建筑的要求越来越高，随之而来建筑装饰装修工程造价也快速攀升。建筑装饰装修工程施工费用是整个建筑造价的重要组成部分。因此，必须科学地做好建筑装饰装修工程的预算和估价工作，认真研究工程材料、设备及施工技术和施工工艺的经济性、安全性、操作简易性和建筑装饰装修工程质量的耐久性等诸因素，严格控制工程施工的成本，加强施工企业的经济管理和经济活动的分析，节约投资，提高经济效益和建筑装饰装修工程的质量和水平。

建筑装饰装修工程施工同样必须把节能、节约资源、环境保护作为一个重要的要求。彻底改变建筑工程施工中使用高耗能、高污染、高浪费、高维护、使用周期短、循环利用差、管理粗放的施工工艺和手段各项施工措施应符合国家《民用建筑室内环境污染控制规范》的要求，避免选择含有毒性物质和放射性物质的建筑装饰材料，防止对使用者和施工者造成身体伤害。

第一节　建筑装饰工程施工概述

建筑装饰工程是现代建筑工程的有机组成部分，是现代建筑工程的延伸、深化和完善。其定义为："为保护建筑物的主体结构、完善建筑物的使用功能和美化建筑物，采用装饰材料或饰物，对建筑物的内外表面及空间进行的各种处理过程。"换句话讲，建筑是创造空间，而建筑装饰是空间的再创造。

建筑装饰工程施工应严格遵循国家现行的有关标准、规范和规定，按照装饰工程施工图的设计要求进行施工。要求施工技术人员充分理解和掌握设计图纸及其他的相关资料文件，在施工现场指导装修工人采用一定的装饰材料、运用各种装饰施工工具、按照合理的装饰构造，通过规范合理的施工工艺技术进行施工操作的过程，来正确实现设计师的构思设计意图和建设方的使用要求，并在工程竣工后顺利通过相关部门的工程质量验收程序而确认合格。

凡是与人的触觉和视觉相关的部位及其界面，都是建筑装饰装修施工的重要部位；楼地面、内外墙柱面、门窗、吊顶棚、幕墙和建筑细部的装修，均在建筑装饰装修施工的范围之内。对于建筑主体承重结构部分，如屋顶、楼板、墙体、柱子、楼梯等，均需要通过装饰装修施工来提高和改善其防水、保温、隔热、防潮、防渗、隔音、吸音、防火、防静电等功能；同时，通过对主体结构的装饰装修，可以保护建筑结构，提高其耐久年限；一些结构材料本身存在的不足，如混凝土材料的干缩裂缝、钢材的易锈蚀及防火能力差、木材的防潮防水能力差等缺陷，均可以通过装饰装修来提高它们适应和抵御所处环境侵蚀的能力。对于一些复杂结构和特殊的设备、设施，也可以通过装修手段加以适当处理和协调它们之间的关系，这些也均在建筑装饰装修施工的范围之内。

一、建筑装饰的等级及施工标准

1. 建筑装饰等级标准

建筑装饰的等级，一般是根据建筑物的类型、性质、使用功能和耐久性等因素，综合考虑确定其装饰标准，相应定出建筑物的装饰等级。在通常情况下，建筑物的等级越高，其整体装饰标准和等级随之也越高。结合我国的国情，考虑到不同建筑类型对装饰的不同要求，划分出三个建筑装饰等级（表 4－1），可以根据这三个装饰等级限定各等级所使用的装饰材料和装饰标准。

2. 建筑装饰施工标准

在国家标准《建筑装饰装修工程质量验收规范》（GB 50210—2001）和行业标准《建筑装饰工程施工及验收规范》（JGJ 73—91）中，对于建筑装饰工程的各分项工程的施工标准做了详细规定，对材料的品种、配合比、施工程序、施工质量和质量标准等都做了具体说明，使建筑装饰工程具有法规性。

表 4－1　建筑装饰的等级

建筑装饰等级	建筑物类型
一级	高级宾馆，别墅，纪念性建筑物，交通与体育建筑，一级行政机关办公楼，高级商场等
二级	科研建筑，高级建筑，交通、体育建筑，广播通信建筑，医疗建筑，商业建筑，旅馆建筑，局级以上的行政办公大楼等
三级	中小学、幼托建筑，生活服务性建筑，普通行政办公楼，普通居民住宅建筑等

除以上之外，各地区根据地方的特点，还制定了一些地方性的标准。在进行建筑装饰施工时，应认真按照国家、行业和地方的标准所规定的各项条款操作与验收。

二、建筑装饰施工的任务和特征

1. 建筑装饰施工的主要任务

建筑装饰施工的主要任务，是按照国家、行业和地方有关的施工及验收规范，完成装饰工程设计图纸中的各项内容，即将设计人员在图纸上反映出来的设计意图，通过施工过程加以实现。

为了使建筑装饰在一定的条件下取得最好的装饰效果，这就要求装饰设计人员对建筑装饰的工艺、构造、材料、机具等有充分了解，施工人员应对装饰设计的一般知识也有所了解，弄懂设计意图，并对设计中所要求的材料性质、来源、配比、施工方法等有较深的了解，精心施工，并做好施工后服务。

2. 建筑装饰装修工程施工的特征

（1）建筑装饰工程施工的艺术特征。环境艺术设计通过一定的组织、围合手段，对空间界面（室内外墙柱面、地面、顶棚、门窗等）进行艺术处理（形态、色彩、质地等），运用自然光、人工照明、家具、饰物的布置、造型等设计语言，以及植物花卉、水体、小品、雕塑等的配置，使建筑物的室内外空间环境体现出特定的氛围和一定的风格，来满足人们的功能使用及视觉审美上的需要。

环境艺术设计作为现代艺术设计学科中的一员，其设计艺术风格的形成和变化，同建筑学的关系是密不可分的。建筑作为整个环境空间的主体，是环境艺术的载体，环境艺术设计的发展变化离不开建筑主体空间。环境艺术是人为创造的，是人类生活艺术化的生存环境空间。而通常意义上的室内环境艺术设计即是指室内设计。

建筑装饰设计主要是从环境艺术的角度，研究室内外空间中墙柱面、顶棚、家具、地面等界面的艺术设计及饰面材料的选择使用。应该说建筑装饰设计是建筑室内外环境艺术的一个组成部分。

建筑装饰装修包容于建筑环境艺术设计之中，建筑装饰装修侧重于从装修材料、装修构造和装饰施工工艺的角度来研究建筑室内外空间的界面构成。建筑装饰装修工程是建筑工程的主要组成部分，建筑装饰装修施工是建筑施工的延续和深化，在装饰施工中应注重对建筑主体结构的保护，而不能片面追求装饰艺术在建筑上的表现形式。在装修工程实践中，特别是老建筑的二次装修施工中，任意拆除建筑局部结构构件、野蛮开洞施工、随意接移建筑设备管线、封堵消防通道、拆除消防楼梯等，都会影响建筑物的正常使用功能而造成安全隐患。

（2）建筑装饰装修工程施工的规范特征。建筑装饰装修工程是建筑工程中的分部工程，其装饰施工的工艺操作和施工工序，均应遵循国家现行的有关工程施工和工程验收的规范规定，而不能随心所欲地进行相关部位的装修施工。

对于较为重要、较大规模的装饰装修工程，从装修工程设计、装修工程招投标、装修工程施工、装修工程监理到装修工程竣工验收等一系列过程，必须按照国家相应的建筑法规和相应规定操作运行，必须确认施工队伍的资质水平和施工能力，以确保工程的质量，并避免相应工程腐败现象的发生。工程监理、工程质量的检查验收制度应贯穿装修工程的始终，每一道工序操作，每一道工序所采用的各种主、辅材料，施工工艺质量均应严格符合国家的各项标准规定。

（3）建筑装饰装修工程施工的专业特征。建筑装饰装修工程施工是一项综合性很强的生产活动，其施工具有施工工期较短、手工操作技术要求较高、装饰材料耗费较大、装饰装修工程造价占用建筑工程总造价比例较高等专业特征。目前，随着装饰装修行业施工工艺的进步、施工装备的改善提高及建筑装饰装修材料工业的迅速发展，我国装饰装修行业的施工现状得到了较大改善。在装饰装修工程施工中大量采用了干法作业和装配化施工工艺，极大地改进了传统装修工艺中湿作业多、作业条件差、费工费料的缺陷。目前装修工艺中的各种射钉技术、自攻螺钉、抽芯铆钉、螺栓锚固等连接技术，新型环保胶黏剂的黏结技术，装饰施工小型电动、气动工具的普及和发展，都使建筑装饰装修工程施工工艺得到了极大的简化和提高。

装饰装修工程施工同其他建筑设备的关系较为密切，同中央空调管道系统、风口位置、电气照明管线系统、各种灯具安装、给排水管道系统、卫生洁具安装等存在相互衔接配合的施工作业关系。同时装饰装修工程施工的工序项目类别复杂，还有许多处于隐蔽部位的操作工序通常被表面的饰面装修所覆盖，大量的预埋铁件、锚固件、连接件、基层骨架的处理，各种防火、防水、防潮、防腐、防渗、隔音、保温隔热等的构造处理措施，如果措施不当、偷工减料、削减工序、野蛮操作等，均有可能给正常使用留下隐患。因此，作为装饰装修行业的从业人员，必须是经过各种正规专业培训的各类持证上岗的技术人员。为了和目前国际上通行的注册建造师制度接轨，我国在2004年开始进行一级注册建造师的全国统一注册考试，这为提高我国装饰装修工程施工企业技术人员的业务素质水平，起到极大的推动作用。

（4）建筑装饰装修工程施工的复杂特征。建筑装饰装修工程施工的工序复杂，各工序中所需的工种也非常多，具体装修施工中需要他们之间相互协调配合。这些工种通常由木工、抹灰工、玻璃工、油漆工、水暖工、电工等组成。由于室内装修工程的空间受限，场地狭小，容易出现窝工拥堵现象，因此应做好施工组织设计及确定科学的施工方案，使装修施工现场各个工序和工种之间衔接紧凑，有条不紊，把握好人工、材料、施工机具和工期的流水设计，每道工序和工艺操作的完成，特别是隐蔽工程，均需甲方、监理方和施工方的现场验收会签证明，以保证现场装修施工质量和合同工期。

（5）建筑装饰装修工程施工的经济特征。建筑装饰装修工程的工程造价，很大程度上受装饰装修材料和建筑设备上的声、光、电、消防、空调等系统的制约。在过去的建筑工程中，装饰装修工程造价所占比例较小，而现在的在建工程造价中的比例关系通常为：土建结构: 设备安装: 装饰装修 =3:3:4。这通常还要根据建筑装饰装修的档次高低和建筑设备的配置完善程度来确定比例关系，如高档星级酒店的装修造价有可能占到酒店工程总造价的50%以上，而普通的办公建筑装修则可能仅占办公建筑工程总造价的20%左右。

现代建筑的装饰装修工程应在满足建筑空间基本使用功能和安全环保的前提下，充分考虑人们对空间环境艺术的审美要求及造价合理的原则来控制装饰装修工程的造价成本。在装修工程实践中，必须做好工程估算、预算、结算和后期造价审计工作，认真分析研究装修工程材料、建筑设备及施工工艺的经济性、安全牢固性、施工的简易性和装修质量的耐久性等全面因素，控制工程成本，加强装饰装修施工企业的经济管理和经济活动分析，进一步提高经济效益和装饰装修工程质量，更高标准地提升现代建筑的装饰装修施工技术水平。

三、建筑装饰施工的顺序与方法

1. 装饰施工的顺序安排

装饰工程由于工序繁多，工程量大，所占工期比较长（一般占工程总工期的30% ~40%，高级装饰甚至占工程总工期的50% ~60%），占建筑物总造价的比例较高（一般装饰工程占总造价的30%左右，高级装饰工程占总造价的50%以上），因此妥善安排装饰工程的施工顺序、对加快施工进度、确保工程质量、降低工程成本具有特殊的意义。

根据现代建筑装饰的施工经验，一般可按下列的流水顺序进行作业。

（1）按自上而下的流水顺序进行施工。按自上而下的流水顺序进行施工，是待主体工程完成以后，装饰工程从顶层开始到底层依次逐层自上而下进行。这种流水顺序有以下优点。

①可以使房屋在主体工程结构完成后进行，这样有一定的沉降时间，可以减少沉降对装饰工程的损坏。

②屋面完成防水工程后，可以防止雨水的渗漏，确保装饰工程的施工质量。

③可以减少主体工程与装饰工程的交叉作业，便于进行组织施工。

但是，采用这种施工顺序时，必须在主体结构全部完成后，装饰工程才能安排施工，不能提早插入进行，这样就会拖延工期。因此，一般高层建筑在采取一定措施之后，可分段由上而下地进行施工。

（2）按自下而上的流水顺序进行施工。按自下而上的流水顺序进行施工，是在建筑主体结构的施工过程中，装饰工程在适当时机插入，与主体结构施工交叉进行，由底层开始逐层向上施工。

为了防止雨水和施工用水渗漏对装饰工程的影响，一般要求在上层的地面工程完工后，方可进行下层的装饰工程施工。

按自下而上的流水顺序进行施工，在高层建筑中应用较多，其主要优点是：总工期可以缩短，甚至有些高层建筑的下部可以提前投入使用，及早发挥投资效益。但这种流水顺序对成品保护要求较高，否则不能保证工程质量。

（3）室内装饰与室外装饰施工先后顺序。为了避免因天气原因影响工期，加快脚手架的周转时间，给施工组织安排留有足够的回旋余地，一般采用先做室外装饰再做室内装饰的方法，在冬季施工时，则可先做室内装饰，待气温升高后再做室外装饰。

（4）室内装饰工程各分项工程施工顺序。室内装饰工程各分项工程施工顺序，原则上应遵循以下顺序。

①抹灰、饰面、吊顶和隔断等分项工程，应待隔墙、钢木门窗框、暗装的管道、电线管和预埋件、预制混凝土楼板灌缝等完工后进行。

②钢木门窗及玻璃工程，根据地区气候条件和抹灰工程的要求，可在湿作业前进行；铝合金、塑料、涂色镀锌钢板门窗及其玻璃工程，宜在湿作业完成后进行，如果需要在湿作业完成后进行，必须加强对成品的保护。

③有抹灰基层的饰面板工程、吊顶工程及轻型饰花安装工程，应待抹灰工程完工后进行，以免产生污染。

④涂料、刷浆工程，以及吊顶、罩面板的安装，应在塑料地板、地毯、硬质纤维板等地面的面层和明装电线施工前，以及管道设备试压后进行。木地板面层的最后一遍涂料，应待裱糊工程完工后进行。

⑤裱糊与软包工程，应待顶棚、墙面、门窗及建筑设备的涂料和刷浆工程完工后进行。

（5）顶棚、墙面与地面装饰工程施工顺序，一般有以下两种做法。

①先做地面，后做墙面和顶棚。这种做法可以减少大量的清理用工，并容易保证地面质量，但应对已完成的地面采取保护措施。

②先做顶棚和墙面，后做地面。这种做法的弊端是基层的落地灰不易清理，地面的抹灰质量不易保证，易产生空鼓、裂缝，并且地面施工时，墙面下部易遭沾污或损坏。

上述两种做法，一般采取先做地面，后做顶棚和墙面的施工顺序，这样有利于保证施工质量。

总之，装饰工程的施工，应考虑在施工顺序合理的前提下，组织安排各个施工工序之间的先后、平行、搭接，并应注意不致被后继工程损坏和沾污，以保证工程施工质量。

2. 装饰施工的方法

随着国民经济和建筑技术的发展，我国的装饰施工技术也有较大的发展。除对已沿用多年的传统施工方法进行改进和提高外，随着化学建材的发展，墙体改革工作的推行及国外现代装饰材料的引进，装饰施工技术也产生了巨大的变更。从目前装饰工程施工来看，建筑装饰施工中所经常使用的方法，大体上包括：抹、嵌、钉、刻、挂、搁、抛、卡、磨、钻、压、滚、印、刮、涂、粘、喷、裱、弹、焊、铆、拴、镶等23种基本方法。

以上这些基本方法，从原理上分析，可以大致概括为四种类型，即现制的方法、粘贴式的方法、装配式的方法和综合式的方法。

（1）现制的方法。凡是在施工现场制作成整体式装饰面层效果的做法，都属于现制的方法。适用于这种方法的装饰材料主要包括水泥砂浆、水泥石子浆、装饰混凝土以及各种灰浆、石膏和涂料等。可以用于这类装饰的方法有：抹、压、滚、磨、抛、涂、喷、刷、弹、刮、刻等，其成型的方法主要分为人工成型和机械成型两种。

（2）粘贴式的方法。凡是采用一定的胶凝材料将工厂预制具有一定面层效果的成品或半成品材料粘贴于建筑物之上的方法，均属于粘贴式的方法。适用于这种方法的装饰材料，主要有壁纸、面砖、马赛克、微薄木及部分人造石材和木质饰面。其原理是通过在基层和装饰层之间加入一层胶结材料，利用胶黏剂和胶凝材料的黏结作用，将基层和面层装饰材料牢固地联系在一起，将小块或小卷的面层装饰材料牢固地附着在基层的表面。可以用于这类装饰的方法有：抹、压、涂、刮、粘、裱、镶等。

（3）装配式的方法。装配式的方法包括一切采用柔性或刚性的连接方式，原则上可拆卸（少数不可）的饰面做法。近年来，由于建筑材料的效能和强度普遍提高，建筑物已向着轻质高强的方向发展，但建筑物变轻的不利后果，是它对风荷载、振动、意外冲击及类似的破坏作用的承受能力相应减弱。因此，固定件在建筑中的作用变得越来越重要，如果一个固定件使用不当，很可能对生命财产造成不可估量的损失。

在建筑装饰工程施工中，使用的固定件大致可分为机械固定件和化学固定件两大类，每种固定件的材料和使用方法一定要满足设计要求，以确保工程安全。适用于这种方法的材料，包括铝合金扣板、压型钢板、异型塑料墙板以及石膏板、矿棉保温板等，也包括一部分石材饰面和木质饰面所用的材料。其常用的方法主要有钉、搁、挂、卡、钻、绑等。

（4）综合式的方法。综合式的方法，简单地讲是将以上几种方法，甚至多种不同类型的方法混合在一起使用，以期获得某种特定的效果。在建筑装饰工程施工中，经常采用综合式的方法。

第二节　建筑装饰工程的基本规定

根据国家标准《建筑装饰装修工程质量验收规范》（GB 50210—2001），建筑装饰装修工程应遵循以下几个方面的基本规定。

一、设计方面的基本规定

（1）建筑装饰装修工程必须进行设计，并出具完整的施工图设计文件。

（2）承担建筑装饰装修工程设计的单位应具备相应的资质，并应建立质量管理体系。由于设计原因造成的质量问题，应由设计单位负责。

（3）建筑装饰装修工程的设计，应符合城市规划、消防、环保、节能等有关规定。

（4）承担建筑装饰装修工程设计的单位，应对建筑物进行必要的了解和实地勘察，设计深度应满足施工的要求。

（5）建筑装饰装修工程的设计必须保证建筑物的结构安全和主要使用功能。当涉及主体和承重结构改动或增加荷载时，必须由原结构设计单位或具备相应资质的设计单位核查有关原始资料，对既有建筑结构的安全性进行核验、确认。

（6）建筑装饰装修工程的防火、防雷和抗震设计，应符合现行国家标准的规定。

（7）当墙体或吊顶内的管线可能产生冰冻或结露时，应进行防冻或防结露的设计。

以上第（1）条、第（5）条是国家标准规定的强制性条文，必须严格执行。

二、材料方面的基本规定

（1）建筑装饰装修工程所用材料的品种、规格和质量，应符合设计要求和国家标准的规定。当设计无要求时，应符合现行标准的规定。严禁使用国家明令淘汰的材料。

（2）建筑装饰装修工程所用材料的燃烧性能，应符合现行国家标准《建筑内部装修设计防火规范》（GB 50222—1995）、《建筑设计防火规范》（GB 50016—2014）。

（3）建筑装饰装修工程所用材料应符合国家有关建筑装饰装修材料有害物质限量标准的规定。

（4）所有材料进场时应对品种、规格、外观和尺寸进行验收。材料包装应完好，应有产品合格证书、中文说明及相关性能的检测报告；进口产品应按规定进行商品检验。

（5）进场后需要进行复验的材料种类及项目，应符合国家标准的规定。同一厂家生产的同一品种、同一类型的进场材料，应至少抽取一组样品进行复验，当合同另有约定时应按合同执行。

（6）当国家规定或合同约定对材料进行见证检测时，或对材料的质量发生争议时，应进行见证检测。

（7）承担建筑装饰装修材料检测的单位，应具备相应的资质，并应建立质量管理体系。

（8）建筑装饰装修工程所使用的材料，在运输、储存和施工过程中，必须采取有效措施防止损坏、变质和污染环境。

（9）建筑装饰装修工程所使用的材料，应按设计要求进行防火、防腐和防虫处理。

（10）现场配制的材料如砂浆、胶黏剂等，应按照设计要求或产品说明书配制。

以上第（3）条、第（9）条是国家标准规定的强制性条文，必须严格执行。

三、施工方面的基本规定

（1）承担建筑装饰装修工程施工的单位应具备相应的资质，并应建立质量管理体系。施工单位应编制施工组织设计并应经过审查批准。施工单位应按有关的施工工艺标准或经审定的施工技术方案施工，并应对施工全过程实行质量控制。

（2）承担建筑装饰装修工程施工的人员应有相应岗位的资格证书。

（3）建筑装饰装修工程的施工质量，应符合设计要求和规范规定，由于违反设计文件规范的规定施工造成的质量问题应由施工单位负责。

（4）建筑装饰装修工程施工中，严禁违反设计文件擅自改动建筑主体、承重结构或主要使用功能，严禁未经设计确认和有关部门批准擅自拆改水、暖、电、燃气、通信等配套设施。

（5）施工单位应遵守有关环境保护的法律法规，并应采取有效措施控制施工现场的各种粉尘、废气、废弃物、噪声、振动等对周围环境造成的污染和危害。

（6）施工单位应遵守有关施工安全、劳动保护、防火和防毒的法律法规，应建立相应的管理制度，并应配备必要的设备、器具和标识。

（7）建筑装饰装修工程应在基体或基层的质量验收合格后施工。对既有建筑进行装饰装修前，应对基层进行处理并达到规范的要求。

（8）建筑装饰装修工程施工前，应有主要材料的样板或做样板间（件），并应经有关各方确认。

(9) 墙面采用保温材料的建筑装饰装修工程，所用保温材料的类型、品种、规格及施工工艺应符合设计要求。

(10) 管道、设备等的安装及调试，应在建筑装饰装修工程施工前完成，当必须同步进行时，应在饰面层施工前完成。建筑装饰装修工程不得影响管道、设备等的使用和维修。涉及燃气管道的建筑装饰装修工程必须符合有关安全管理的规定。

(11) 建筑装饰装修工程的电器安装，应符合设计要求和国家现行标准的规定。严禁不经穿管直接埋设电线。

(12) 室内外建筑装饰装修工程施工的环境条件应满足施工工艺的要求。施工环境温度应大于或等于5 ℃。当必须在小于5 ℃气温下施工时，应采取保证工程质量的有效措施。

(13) 建筑装饰装修工程在施工过程中，应做好半成品、成品的保护，防止污染和损坏。

(14) 建筑装饰装修工程验收前，应将施工现场清理干净。

以上第（4）条、第（5）条是国家标准规定的强制性条文，必须严格执行。

第三节　建筑装饰工程的施工要求

国家标准《住宅装饰装修工程施工规范》（GB 50327—2001）中，对住宅装饰装修工程施工基本要求、材料和设备基本要求、成品保护以及防火安全、防水工程等，均做了明确规定。特别是国家建设部通过第110号令颁布的《住宅装饰装修管理办法》，于2002年5月1日开始施行，对于加强住宅室内装饰装修管理，保证装饰装修工程质量和安全，维护公共安全和公共利益，规范住宅室内装饰装修施工，并实施对住宅室内装饰装修活动的管理，具有十分重要的现实意义和住宅建设健康发展的战略意义。

一、施工方面的基本要求

(1) 施工前应进行设计交底工作，并应对施工现场进行核查，了解物业管理的有关规定。

(2) 各工序、各分项工程应进行自检、互检及交接检。

(3) 施工中，严禁损坏房屋原有隔热设施；严禁损坏受力钢筋；严禁超荷载集中堆放物品；严禁在预制混凝土空心楼板上打孔安装埋件。

(4) 施工中，严禁擅自改动建筑主体、承重结构或改变房间主要使用功能，严禁擅自拆改燃气、暖气、通信等配套设施。

(5) 管道、设备工程的安装及调试，应在建筑装饰装修工程施工前完成，必须同步进行时，应在饰面层施工前完成。装饰装修工程不得影响管道、设备的使用和维修。涉及燃气管道的装饰装修工程必须符合有关安全管理的规定。

(6) 施工人员应遵守有关施工安全、劳动保护、防火、防毒的法律法规。

(7) 施工现场用电应符合下列规定：

①施工现场用电应从户表以后设立临时施工用电系统。

②安装、维修或拆除临时施工用电系统，应由电工完成。

③临时施工供电开关箱中应当装设漏电保护器。进入开关箱的电源线，不得使用插销连接。

④临时用电线路应避开易燃、易爆物品堆放地。

⑤暂停施工时应切断电源。

(8) 施工现场用水应符合下列规定：

①不得在未做防水的地面蓄水。

②临时用水管不得有破损、滴漏。

③暂停施工时应切断水源。

(9) 文明施工和现场环境应符合下列要求：

①施工人员应衣着整齐。

②施工人员应服从物业管理或治安保卫人员的监督、管理。

③应控制粉尘、污染物、噪声、振动对相邻居民、居民区和城市环境的污染及危害。

④施工堆料不得占用楼道内的公共空间，不得封堵紧急出口。

⑤室外的堆料应当遵守物业管理的规定，避开公共通道、绿化地、化粪池等市政公用设施。

⑥不得堵塞、破坏上下水管道、垃圾道等公共设施，不得损坏楼内各种公共标识。

⑦工程垃圾宜密封包装，并堆放在指定的垃圾堆放地。

⑧工程验收前应将施工现场清理干净。

以上第（3）条、第（7）条是国家标准规定的强制性条文，必须严格执行。

二、防火安全的基本要求

1. 一般规定

(1) 施工单位必须制定施工安全制度，施工人员必须严格遵守。

(2) 住宅装饰装修材料的燃烧性能的等级要求，应符合现行国家标准《建筑内部装修设计防火规范》(GB 50222—95) 的规定。

2. 材料防火处理

(1) 对装饰织物进行阻燃处理时，应使其被阻燃剂浸透，阻燃剂的干含量应符合产品说明书的要求。

(2) 对木质装饰装修材料进行防火涂料涂布前，应对其表面进行清洁。涂布至少分两次进行，且第二次涂布应当在第一次涂布的涂层表面干燥后进行，涂布量应大于或等于 500 g/m^2。

3. 施工现场防火

(1) 易燃物品应相对集中放置在安全区域内，并应有明显的标识。施工现场不得大量积存可燃材料。

(2) 使用易燃易爆材料的施工，应避免敲打、碰撞、摩擦等可能出现火花的操作。配套使用的照明灯、电动机、电气开关应有安全防爆装置。

(3) 使用涂料等挥发性材料时，应随时封闭其容器。擦拭后的棉纱等物品应集中存放且远离热源。

(4) 施工现场动用电气焊等明火时，必须清除四周以及焊渣滴落区的可燃物，并设专人进行监督。

(5) 施工现场必须配备灭火器、沙箱或其他灭火工具。

(6) 严禁在施工现场吸烟。

(7) 严禁在运行中的管道、装有易燃易爆品的容器和受力构件上进行焊接和切割。

4. 电气防火

(1) 照明、电热器等设备的高温部位靠近A级材料或导线穿越B2级以下装修材料时，应采用岩棉、瓷管或玻璃棉等A级材料隔热。当照明灯具或镇流器嵌入可燃装饰装修材料中时，应采取隔热措施予以分隔。

(2) 配电箱的壳体和底座宜采用A级材料制作。配电箱不得安装在B2级以下（含B2级）的装修材料上。开关、插座应安装在B1级以上的材料上。

(3) 卤钨灯灯管附近的导线，应采用耐热绝缘材料制成的护套，不得直接使用具有延燃性绝缘的导线。

(4) 明敷塑料导线应穿管或加线槽板加以保护，吊顶内的导线应穿金属管或B1级PVC管保护，导线不得裸露。

5. 消防设施保护

(1) 住宅装饰装修不得遮挡消防设施、疏散指示标志及安全出口，并且不得妨碍消防设施和疏散通道的正常使用。不得擅自改动防火门。

(2) 消火栓门四周的装饰装修材料的颜色，应与消火栓门的颜色有明显的区别。

(3) 住宅内部火灾报警系统的穿线管，自动喷淋灭火系统的水管线，应用独立的吊管架固定。不得借用装饰装修用的吊杆和放置在吊顶上固定。

(4) 当装饰装修重新分割了住宅房间的平面布局时，应根据有关设计规范针对新的平面调整火灾报警探测器与自动灭火喷头的布置。

(5) 喷淋管线、报警器线路、接线箱及相关器件一般宜暗装处理。

三、室内环境污染控制

(1) 根据国家标准《住宅装饰装修工程施工规范》(GB 50327—2001) 的规定，控制的室内环境污染物有氡、甲醛、氨、苯和挥发性有机物（TVOC）。

(2) 住宅装饰装修室内环境污染控制除应符合GB 50327—2001规范外，还应符合《民用建筑工程室内环境污染控制规范》(GB 50325—2002) 等现行国家标准的规定。设计、施工应选用低毒性、低污染的装饰装修材料。

(3) 对室内环境污染控制有要求的，可按有关规定对以上两条内容全部或部分进行检测，其污染物浓度限值应符合表4-2的要求。

表 4－2　住宅装饰装修后室内环境污染物浓度限值

室内环境污染物	浓度限值
氡/（Bq/m^3）	≤200
甲醛/（mg/m^3）	≤0.08
苯/（mg/m^3）	≤0.09
氨/（mg/m^3）	≤0.20
总挥发性有机物 TVOC/（mg/m^3）	≤0.50

第五章　建筑装饰基础工程施工工艺

第一节　抹灰工程施工

一、抹灰工程施工概述

将水泥、砂子、石灰膏、水等一系列材料拌和起来，直接涂抹在建筑物的表面，形成连续均匀抹灰层的做法称为抹灰工程。抹灰工程是给建筑物的结构表面形成一个连续均匀的硬质保护膜，不仅可以保护建筑结构，而且为进一步装饰提供基础条件，有的抹灰工程可直接作为装饰层。

（一）装饰抹灰工程的种类

装饰基层抹灰，通常按照建筑工程中一般抹灰的施工方法及质量要求进行施工。根据使用要求及装饰效果的不同，抹灰工程可分为一般抹灰、装饰抹灰和特种砂浆抹灰。

1. 一般抹灰

一般抹灰通常是指用石灰砂浆、水泥砂浆、水泥混合砂浆、聚合物水泥砂浆、膨胀珍珠岩水泥砂浆、麻刀灰、纸筋灰、石膏灰等材料的抹灰。根据质量要求和主要工序的不同，抹灰一般又分为高级抹灰、中级抹灰和普通抹灰三个级别。其适用范围、主要工序及外观质量要求，如表 5-1 所示。

2. 装饰抹灰

装饰抹灰是指应用不同施工方法和不同面层材料形成不同装饰效果的抹灰。装饰抹灰可分为以下两类。

（1）水泥石灰类装饰抹灰主要包括拉毛灰、洒毛灰、搓毛灰、扫毛灰和拉条灰等。

（2）水泥石粒类装饰抹灰主要包括水刷石、干黏石、斩假石、机喷石等。

3. 特种砂浆抹灰

特种砂浆抹灰指有特殊功能要求的抹灰，即在普通砂浆中添加特种性能材料的抹灰。

为了使抹灰层与基层黏结牢固，防止产生起鼓、开裂等质量问题，并使抹灰层的表面平整，抹灰应当分层进行涂抹。抹灰一般分为底层、中层和面层。底层为黏结层，主要起到黏结兼初步找平的作用；中层主要起到找平的作用；面层则起到美化装饰的作用。当饰面用其他装饰材料（如瓷砖、金属板等）时，抹灰工程只有底层和中层。抹灰的组成、作用、基材料和一般做法，如表 5-2 所示。

抹灰应采用分层分遍涂抹，必须注意控制每遍的厚度。如果一次涂抹太厚，会因为自重和内外收缩快慢不同，使墙面干裂、起鼓和脱落。水泥砂浆和水泥混合砂浆的抹灰层，应在第一层抹灰凝结后，方可涂抹下一层；石灰砂浆抹灰层，应待其达到七八成干后，方可涂抹下一层。

表 5－1　一般抹灰的适用范围、主要工序及外观质量要求

级别	适用范围	主要工序	外观质量要求
高级抹灰	适用于大型公共建筑、纪念性建筑物（如影剧院、礼堂、宾馆、展览馆和高级住宅等）以及有特殊要求的高级建筑等	一层底层、数层中层和一层面层。阴阳角找方，设置标筋，分层赶平，表面压光	表面光滑、洁净，颜色均匀，无抹纹，灰线平直方正，清晰美观
中级抹灰	适用于一般居住、公共和工业建筑（如住宅、宿舍、办公楼、教学楼等）以及高级建筑物中的附属用房等	一层底层、一层中层和一层面层（或一层底层和一层面层）。阴阳角找方，设置标筋，分层赶平、修整，表面压光	表面光滑、洁净，接搓平整，灰线清晰顺直
普通抹灰	适用于简易住宅、大型设施和非居住性的房屋（如汽车库、仓库、锅炉房等）以及建筑物中的地下室、储藏室等	一层底层和一层面层（或不分层一遍成活）。分层赶平、修整，表面压光	表面光滑、洁净，接搓平整，装饰抹灰

表 5－2　抹灰的组成、作用、基层材料和一般做法

层次	作用	基层材料	一般做法
底层	主要起与基层牢固黏结的作用，兼起到初步找平的作用。砂浆稠度为 10～12 cm	砖墙基层	室内墙面一般采用石灰砂浆、混合砂浆。室外墙面、门窗洞口的外侧壁、屋檐、勒脚、压檐墙等及湿度较大的房间和车间，宜采用水泥砂浆或水泥混合砂浆
		混凝土基层	宜先刷素水泥浆一道，采用水泥砂浆或水泥混合砂浆打底高级装饰顶板宜采用乳胶水泥砂浆打底
		加气混凝土基层	宜用水泥混合砂浆或聚合物水泥砂浆打底，打底前先刷一道界面剂
		硅酸盐砌块基层	宜用水泥混合砂浆打底
中层	主要起找平作用，砂浆稠度为 7～8 cm		基本与底层相同。根据施工质量要求可以一次抹灰，也可以分次进行
面层	主要起装饰作用，砂浆稠度为 10 cm 左右		要求大面平整、无裂纹，颜色均匀。室内一般采用麻刀灰、纸筋灰、玻璃丝灰。高级墙面用石膏灰浆。装饰抹灰采用拉毛灰、拉条灰、扫毛灰等。保温、隔热墙面用膨胀珍珠岩灰室外常用水泥砂浆、水刷石、干黏石等

（二）抹灰工程施工常用的机具

在抹灰工程正式施工前，应根据工程特点准备好抹灰工具和机械设备。

1. 常用手工工具

抹灰工程常用的手工工具，主要包括各种抹子、辅助工具和刷子等其他工具。

（1）各种抹子。抹灰用的各种抹子主要有方头铁抹子（用于抹灰）、圆头铁抹子（用于压光罩面灰）、木抹子（用于搓平底灰和搓毛砂浆表面）、阴角抹子（用于压光阴角）、圆弧阴角抹子（用于有圆弧阴角部位的抹灰面压光）和阳角抹子（用于压光阳角）。

（2）辅助工具。抹灰工程所用的辅助工具很多，常用的有托灰板、木杠、八字靠尺、钢筋卡子、靠尺板、托线板和线锤等。

（3）其他工具。抹灰工程所用的其他工具种类更多，常用的有长毛刷、猪鬃刷、鸡腿刷、钢丝刷、茅草帚、小水桶、喷壶、水壶、粉线包、墨斗等。

2. 常用的机械

抹灰工程施工常用的机械，主要包括砂浆搅拌机、纸筋灰搅拌机、粉碎淋灰机和喷浆机等。砂浆搅拌机主要搅拌抹灰的砂浆，常用规格有200L和325L两种；纸筋灰搅拌机主要用于搅拌纸筋石灰膏、玻璃丝石灰膏或其他纤维石灰膏；粉碎淋灰机主要淋制抹灰砂浆用的石灰膏；喷浆机主要用于喷水或喷浆，有手压和电动两种。

二、楼地面抹灰工程

（一）楼地面抹灰工艺要求

为确保抹灰工程的施工质量，在抹灰工程正式施工之前，要切实做好准备工作，其中最关键的准备工作是基体及基层处理，主要包括作业条件、基层处理和浇水湿润等。

1. 作业条件

作业条件，即抹灰工程施工必须具备的条件，也就是其前期的一些工程的完成情况，主要包括以下几个方面。

（1）建筑主体工程已经检查验收，并达到了相应的质量标准要求。

（2）屋面防水工程或上层楼面面层已经完工，确实无渗漏问题。

（3）门窗框安装位置正确，与墙连接牢固，连接处缝隙填嵌密实。连接处缝隙可采用1:3水泥砂浆或1:1:6水泥石灰混合砂浆分层嵌塞密实。若缝隙较大时，窗口的填塞砂浆中应掺加少量麻刀，门口则应设铁皮进行保护。

（4）各种管道安装完毕并检查验收合格。管道穿越的墙洞和楼板洞已填嵌密实，散热器和密集管道等背后的墙面抹灰，宜在散热器和管道安装前进行。

（5）冬季进行施工时，若不采取防冻措施，抹灰的环境温度不宜低于5 ℃。

2. 基层处理

对于抹灰工程的基层处理，应当注意以下几个方面。

（1）砖石、混凝土等基体的表面，应将灰尘、污垢和油渍等清除干净，并洒水湿润。

（2）对于平整光滑的混凝土表面，如果设计中无要求时，可不进行抹灰，用刮腻子的方法处理。如果设计要求抹灰时，凿毛处理后，才能进行抹灰施工。

（3）木结构与砖石结构、混凝土结构等相接处基体表面的抹灰，应先铺钉金属网，并绷紧钉牢，金属网与各基体的搭接宽度应不小于100 mm，然后再进行抹灰。

（4）预制钢筋混凝土楼板顶棚，在抹灰施工之前，应剔除灌缝混凝土凸出部分及杂物，然后用刷子蘸水把表面残渣和浮灰清理干净，刷掺水10%（质量分数）的107胶水泥浆一道，再用1:0.3:3水泥混合砂浆将顶缝抹平，过厚部分应分层勾抹，每遍厚度宜在

5 ~7 mm。

3. 浇水湿润

为确保抹灰砂浆与基体表面黏结牢固，防止干燥的抹灰基体吸水过快而造成抹灰砂浆脱水形成干裂，影响底层砂浆与墙面的黏结力，致使抹灰层出现空鼓、裂缝、脱落等质量问题，在抹灰之前，除对基层进行必要的处理外，还需要进行浇水湿润。

浇水的方法是：将水管对着砖墙上部缓缓左右移动，使水沿砖墙面缓缓流下，渗水深度以 8 ~10 cm 为宜，厚度 12 cm 以上的砖墙，应在抹灰的前一天浇水。在一般湿度的情况下，12 cm 厚的砖墙浇水一遍，24 cm 以上厚的砖墙浇水两遍，6 cm 厚砖墙用喷壶喷水湿润即可，但一律不准使墙吸水达到饱和状态。

混凝土墙体吸水率低，浇水可以少一些。此外，各种基层的浇水程度，还与施工季节、气候和室内操作环境有关，因此应根据施工环境条件酌情掌握。

水泥砂浆地面面层是以水泥作胶凝材料，以砂作骨料，按配合比配制抹压而成。水泥砂浆地面的优点是造价较低、施工简便、使用耐久，但容易出现起灰、起砂、裂缝、空鼓等质量问题。

（二）楼地面抹灰组成材料的要求

1. 胶凝材料

水泥砂浆（楼）地面所用的胶凝材料为水泥，应优先选择硅酸盐水泥、普通硅酸盐水泥，其强度等级一般不得低于32.5 MPa。以上品种的水泥与其他品种水泥相比，具有早期强度高、水化热较高、干缩性较小等优点。如果采用矿渣硅酸盐水泥，其强度等级应大于32.5 MPa，在施工中要严格按施工工艺操作，并且要加强养护，这样才能保证工程质量。

2. 细骨料

水泥砂浆面层所用的细骨料为砂，一般多采用中砂和粗砂，含泥量不得大于3%（质量分数）。因为细砂的级配不好，拌制的砂浆强度比中砂、粗砂拌制的强度低25%，不仅耐磨性较差，而且干缩性较大，容易产生收缩裂缝等质量问题。

（三）水泥砂浆地面的施工工艺

水泥砂浆地面的施工比较简单，其施工工艺流程为：基层处理→弹线、找规矩→水泥砂浆抹面→养护。

1. 基层处理

水泥砂浆面层多铺抹在楼地面混凝土垫层上，基层处理是防止水泥砂浆面层发生空鼓、裂纹、起砂等质量通病的关键工序。因此，要求基层具有粗糙、洁净、潮湿的表面，必须仔细清除一切浮灰、油渍、杂质，否则形成一层隔离层，会使面层结合不牢。表面比较光滑的基层，应进行凿毛，并用清水冲洗干净，冲洗后的基层，最好不要上人。在现浇混凝土或水泥砂浆垫层、找平层上做水泥砂浆地面面层时，其抗压强度达到 1.2 MPa，才能铺设面层，这样不致破坏其内部结构。

2. 弹线、找规矩

（1）弹基准线。地面抹灰前，应先在四周墙上弹出一道水平基准线，作为确定水泥砂浆面层标高的依据。做法是以地面 ±0.00 为依据，根据实际情况在四周墙上弹出 0.5 m 或 1.0 m 作为水平基准线。据水平基准线量出地面标高并弹于墙上（水平辅助基准线），作为地面面层上皮的水平基准。要注意按设计要求的水泥砂浆面层厚度弹线。

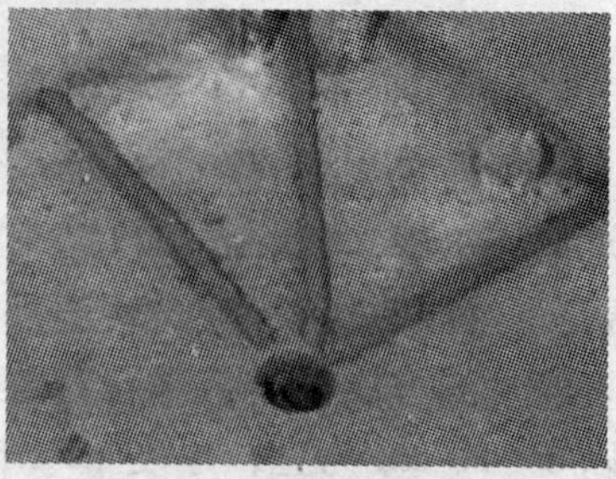

图5-1 地面抹灰标筋

（2）做标筋。根据水平辅助基准线，从墙角处开始沿墙每隔1.5~2.0 m用1∶2水泥砂浆抹标志块；标志块大小一般是8~10 cm见方。待标志块结硬后，再以标志块的高度做出纵横方向通长的标筋以控制面层的标高。地面标筋用1∶2水泥砂浆，宽度一般为8~10 cm（图5-1）。做标筋时，要注意控制面层标高与门框的锯口线吻合。

（3）找坡度。对于厨房、浴室、厕所等房间的地面，要找好排水坡度。有地漏的房间，要在地漏四周做出不小于5%的泛水，以避免地面“倒流水”或产生积水。抄平时要注意各室内地面与走廊高度的关系。

（4）校核找正。地面铺设前，还要将门框再一次校核找正。其方法是先将门框锯口线抄平找正，并注意当地面面层铺设后，门扇与地面的间隙应符合规定要求，然后将门框固定，防止松动、位移。

3. 水泥砂浆抹面

面层水泥砂浆的配合比应符合有关设计要求，一般不低于1∶2，水灰比为1∶(0.3~0.4)，稠度不大于3.5 cm。水泥砂浆要求拌和均匀，颜色一致。

铺抹前，先将基层浇水湿润，第二天先刷一道水灰比为0.4~0.5的素水泥浆结合层，随即进行面层铺抹。如果素水泥浆结合层过早涂刷，则起不到与基层和面层两者黏结的作用，反而易造成地面空鼓，所以，一定要随刷随抹。

地面面层的铺抹方法是：在标筋之间铺上砂浆，并随铺随用木抹子拍实，用短木杠按标筋标高刮平。在刮平时要从室内由里往外刮到门口，符合门框锯口线的标高，然后再用木抹子搓平，并用铁皮抹子紧跟着压光一遍。压光时用力要轻一些，使抹子的纹浅一些，以压光后表面不出现水纹为宜。如果面层上有多余的水分，可根据水分的多少适当均匀撒一层干水泥或干拌水泥砂浆来吸收面层上多余的水分，再压实压光。但是，当表层无多余水分时，不得撒干水泥。

当水泥砂浆开始初凝时，即人踩上去有脚印但不塌陷，即可开始用铁皮抹子压第二遍。这一遍是确保面层质量最关键的环节，一定要压实、压光、不漏压，并要把死坑、砂眼和脚印全部压平，要做到清除气泡、孔隙、平整光滑。待水泥砂浆达到终凝前，即人踩上去有细微脚印，抹子抹上去不再有纹时，再用铁皮抹子压第三遍。抹压时用力要稍微大一些，并把第二遍留下的抹子纹、毛细孔压平、压实、压光。

水泥地面压光要三遍成活，每遍抹压的时间要掌握适当，以保证工程质量。压光过早或过迟，都会造成地面起砂的质量问题。

4. 养护

面层抹压完毕后，在常温下铺盖草垫或锯木屑进行洒水养护，使其在湿润的状态下进行硬化。养护洒水要适时，如果洒水过早容易起皮，过晚则易产生裂纹或起砂。一般夏天在24 h后进行养护，春秋季节应在48 h后进行养护。当采用硅酸盐水泥和普通硅酸盐水泥时，养护时间不得少于7 d；当采用矿渣硅酸盐水泥时，养护时间不得少于14 d。面层强度达到5 MPa以上后，才允许人在地面上行走或进行其他作业。

三、内墙抹灰工程

（一）内墙抹灰的工艺流程

内墙抹灰的工艺流程为：交验→基层处理→找规矩→做灰饼→做标筋→抹门窗护角→抹大面（底、中层灰）→面层抹灰。

1. 交验

交验即交接验收。对上一道工序进行检查、验收、交接，检验主体结构表面垂直度、平整度、厚度、尺寸等，若不符合设计要求，应进行修补。同时，检查门窗框、各种预埋件及管道安装是否符合设计要求。

2. 基层处理

基层处理是为了保证基层与抹灰砂浆的黏结强度，根据情况对基层进行清理、凿毛、浇水等处理。

3. 找规矩

找规矩即将房间找方或找正。找方后将线弹在地面上，然后依据墙面的实际平整度和垂直度及抹灰总厚度规定，与找方线进行比较，决定抹灰的厚度，从而找到一个抹灰的假想平面。将此平面与相邻墙面的交线弹于相邻的墙面上，作为墙面抹灰的基准线和标筋厚度标准。

4. 做灰饼

做灰饼即做抹灰标志块。在距顶棚、墙阴角约20 cm处，用水泥砂浆或混合砂浆各做一个标志块，厚度为抹灰层厚度，大小为5 cm见方。以这两个标志块为标准，再用托线板靠、吊垂直确定墙下部对应的两个标志块的厚度，其位置在踢脚板上口，使上下两个标志块在一条垂直线上。标准标志块做好后，再在标志块的附近墙面钉上钉子，拉上水平通线，然后按间距1200～1500 mm做若干标志块，如图5－2所示。要注意，凡窗口、垛角处必须做标志块。

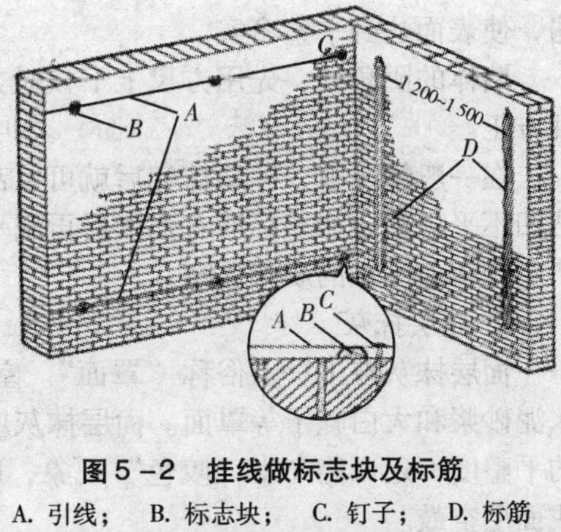

图5－2　挂线做标志块及标筋

A. 引线；　B. 标志块；　C. 钉子；　D. 标筋

5. 做标筋

标筋也叫"冲筋""出柱头"，就是在上下两个标志块之间先抹出一长条梯形灰埂，其宽度为10 cm左右，厚度与标志块相平，作为墙面抹灰填平的标准（图5－3）。其做法是：在上下两个标志块中间先抹一层，再抹第二遍凸出成八字形，要比标志块凸出1 cm左右。然后用木杠紧贴标志块上下左右搓，直到把标筋搓得与标志块一样平为止，同时要将标筋的两边用刮尺修成斜面，使其与抹灰面接搓顺平。

图5－3　墙面抹灰标筋

标筋所用的砂浆，应与抹灰底层砂浆相同。做完标筋后应检查灰筋的垂直度和平整度误差在 0.5 mm 以上者，必须重新进行修整。当层高大于3.2 m时，要两人分别在架子上下协调操作。抹好标筋后，两人各执硬尺一端保持通平。在操作过程中，应经常检查木尺，防止受潮变形，影响标筋的平整垂直度。

6. 抹门窗护角

室内墙角、柱角和门窗洞口的阳角抹灰要线条清晰、挺直，并应防止碰撞损坏。因此，凡是与人、物经常接触的阳角部位，不论设计有无规定，都需要做护角，并用水泥浆捋出小圆角（图5-4）。

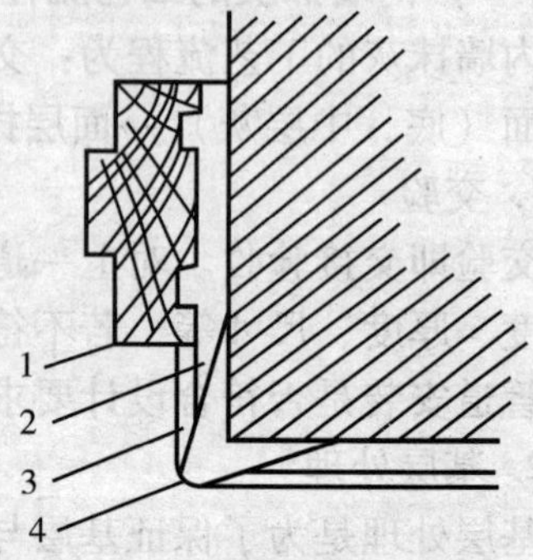

图5-4 门窗洞口护角抹灰

1. 门框 2. 嵌缝砂浆 3. 墙面砂浆 4. 1:2 水泥砂浆护角

7. 抹大面（底、中层灰）

在标志块、标筋及门窗洞口做好护角后，底层与中层抹灰即可进行。其方法是：将砂浆抹于墙面两条标筋之间，底层要低于标筋的1/3，由上而下抹灰，一手握住灰板，一手握住铁抹子，将灰板靠近墙面，铁抹子横向将砂浆抹在墙面上。灰板要时刻接在铁抹子下边，以便托住抹灰时掉落的灰。

底层灰凝结后再抹中层灰，依灰筋厚度装满砂浆为准，然后用中、短木杠按标筋刮平。用木杠刮砂浆时，双手紧握木杠，均匀用力，由下往上移动，并使木杠前进方向的一边略微翘起。对于凹陷处要补填砂浆，然后再刮，直至刮平为止。紧接着用木抹子搓磨一遍，使表面达到平整密实。

墙体的阴角处，先用方尺上下核对方正，然后用阴角器上下抽动抹平，使室内四角达到方正。

在一般情况下，标筋抹完后就可以刮平，要注意，如果标筋较软，容易将其刮坏产生凸凹不平现象。如果标筋有强度后再刮平，待墙面砂浆收缩后，会使标筋高于墙面，从而产生抹灰面不平的质量通病。

8. 面层抹灰

面层抹灰在工程上俗称“罩面”。室内面层抹灰常用纸筋石灰、石灰砂浆、麻刀石灰、水泥砂浆和大白腻子等罩面。面层抹灰应在底层灰稍干后进行，底层灰太湿会影响抹灰面的平整度，还可能产生“咬色”现象；底层灰太干则容易使面层脱水太快而影响黏结，造成面层空鼓。

（1）纸筋石灰面层抹灰。纸筋石灰面层抹灰，一般应在中层砂浆六至七成干后进行。如果底层砂浆过于干燥，应先洒水湿润，再抹面层。抹灰操作一般使用钢皮抹子或塑料抹子，两遍成活，厚度为2～3 mm。抹灰习惯由阴角或阳角开始，自左向右依次进行，两人配合操作，一人先竖向（或横向）薄薄抹上一层，要使纸筋石灰与中层紧密结合，另一人横向（或竖向）抹第二遍，两人抹的方向应相互垂直。在抹灰的过程中，要注意抹平、压实、压光。在抹平后，可用排笔或扫帚蘸水横扫一遍，使表面色泽一致，再用钢皮抹子压实、揉平、抹光一次，面层会更加细腻光滑。

阴阳角分别用阴阳角抹子捋光，随后用毛刷蘸水将门窗边口阳角、墙裙和踢脚板上口刷净。纸筋石灰罩面的另一种做法是：第二遍抹完后，稍干就用压子式塑料抹子顺抹子纹压光，经过一段时间，再进行认真检查，若出现起泡再重新压平。

（2）麻刀石灰面层抹灰。麻刀石灰面层抹灰的操作方法，与纸筋石灰面层抹灰基本相同。但麻刀与纸筋纤维的粗细有很大区别，纸筋很容易捣烂，能形成纸浆状，故制成的纸筋石灰比较细腻，用它做罩面灰厚度可达到不超过 2 mm 的要求。而麻刀的纤维比较粗，且不易捣烂，用它制成的麻刀石灰抹面厚度按要求不得大于 3 mm 比较困难。如果面层的厚度过大，容易产生收缩裂缝，严重影响工程质量。

（3）石灰砂浆面层抹灰。石灰砂浆面层抹灰，应在中层砂浆五至六成干时进行。如果中层抹灰较干，必须洒水湿润后再抹灰。石灰砂浆面层抹灰施工比较简单，先用铁抹子抹灰，再用刮尺由下向上刮平，然后用木抹子搓平，最后用铁抹子压光成活。

（4）刮大白腻子。内墙面的面层可以不抹罩面灰，而采用刮大白腻子。其优点是操作简单，节约用工。面层刮大白腻子，一般应在中层砂浆干透，表面坚硬呈灰白色，没有水迹及潮湿痕迹，用铲刀刻划显白印时进行。大白腻子的配合比为：大白粉∶滑石粉∶聚醋酸乙烯乳胶∶羧甲基纤维素溶液（含量5%）=60∶40∶(2～4)∶75（质量比）。调配时，大白粉、滑石粉、羧甲基纤维素溶液，应提前按配合比搅匀浸泡。

面层刮大白腻子一般不得少于两遍，总厚度在 1 mm 左右。头道腻子刮后，在基层已修补过的部位应进行复补找平，待腻子干透后，用 0 号砂纸磨平，扫净浮灰。待头道腻子干燥后再进行第二遍。

（二）内墙抹灰的分层做法及施工要点

根据墙体基层（基体）的不同，内墙抹灰的分层做法及施工要点如表 5－3 所示。

表 5－3 常见内墙抹灰的分层做法及施工要点

名称	适用范围	项次	分层做法	厚度/mm	施工要点	注意事项
石灰砂浆抹灰	砖墙基层	1	①1∶2∶8（石灰膏∶砂∶黏土）砂浆（或 1∶3 石灰黏土草秸灰）抹底层、中层 ②1∶(2～2.5) 石灰砂浆面层压光（或纸筋石灰）	13 (13～15) 6 (2 或 3)	石灰砂浆的抹灰层，应待前一层七至八成干后，方可涂抹后一层	
		2	①1∶2∶5 石灰砂浆底层 ②1∶2∶5 石灰砂浆抹底层 ③在中层还潮湿时刮石灰膏	7～9 7～9 1	①中层石灰砂浆用木抹子搓平稍干后，立即用铁抹子来回刮石灰膏，达到表面光滑平整，无砂眼、无裂纹，愈薄愈好 ②石灰膏刮后 2 h，未干前再压光一次	待底层六至七成干后，方可涂抹中层
		3	①1∶3 石灰砂浆抹底层 ②1∶3 石灰砂浆抹中层 ③1∶1 石灰木屑（或谷壳）抹底层	7 7 10	①锯木屑过 5 mm 孔筛，使用前石灰膏与木屑拌和均匀，经钙化 24 h，使木屑纤维软化 ②适用于有吸声要求的房间	

续表

名称	适用范围	项次	分层做法	厚度/mm	施工要点	注意事项
石灰砂浆抹灰	砖墙基层	4	①1:2 石灰砂浆抹底、中层 ②待中层稍干后，用1:1 石灰砂浆随抹随搓平	13 6		
	加气混凝土基层	5	①1:3 石灰砂浆抹底层 ②1:3 石灰砂浆抹中层 ③刮石灰膏	7 7 1	墙面浇水湿润，刷一道107 胶: 水 =1:（3~4）溶液后，即抹灰	底层灰一定要达到七至八成干后，再湿润墙抹中层
水泥混合砂浆抹灰	砖墙基层	6	①1:1:6 水泥白灰砂浆抹底层 ②1:1:6 水泥白灰砂浆抹中层 ③刮石灰膏	7~9 7~9 1	刮石灰膏见第3项	水泥混合砂浆的抹灰层，应待前一层抹灰层凝结后，方可涂抹后一层
		7	1:1:3:5（水泥: 石灰膏: 砂: 木屑）砂浆分两遍成活，木抹子搓平	15~18	①适用于有吸音要求的房间 ②木屑的要求同第3项	
		8	①1:0.3:3 水泥石灰砂浆抹底层 ②1:0.3:3 水泥石灰砂浆抹中层 ③1:0.3:3 水泥石灰砂浆抹面层	7 7 5	如为混凝土基层，要先刮水泥浆（水灰比为0.37~0.40）或撒水泥砂浆处理，随即抹灰	用于做油漆墙面抹灰
	混凝土基层、石墙基层	9	①1:3 水泥砂浆抹底层 ②1:3 水泥砂浆抹中层 ③1:2.5 水泥砂浆抹罩面层	5~7 5~7 5	①混凝土表面先刮水泥浆（水灰比0.37~0.40）或撒水泥砂浆处理 ②抹灰方法与砖墙基层相同	
	砖墙基层	10	①1:3 水泥砂浆抹底层 ②1:3 水泥砂浆抹中层 ③1:2.5 或1:2 水泥砂浆罩面	5~7 5~7 5	①适用于潮湿较大的砖墙，如墙裙、踢脚线等 ②底层灰要压实，找平层（中层）表面要扫毛，待中层五至六成干时抹面层 ③抹成活后要浇水养护	

续表

名称	适用范围	项次	分层做法	厚度/mm	施工要点	注意事项
水泥砂浆抹灰	砖墙基层	11	①1:2.5 水泥砂浆抹底层 ②1:2.5 水泥砂浆抹中层 ③1:2 水泥砂浆罩面	5~7 5~7 5	①适用于水池、窗台等部位抹灰 ②水池抹灰要找出泛水 ③水池罩面时侧面、底面要同时抹完，阳角要用阳角抹子捋光，阴角要用阴角抹子捋光	①水泥砂浆抹灰层应待前一层抹灰层凝结后，方可涂抹后一层 ②水泥砂浆不得涂抹在石灰砂浆层上
	加气混凝土基层	12	①1:5＝107 胶:水 ②1:3 水泥砂浆打底 ③1:2.5 水泥砂浆罩面	 5 5	①抹灰前墙面要浇水湿润 ②107 胶溶液要涂刷均匀 ③薄薄刮一层后再抹底子灰 ④打后间隔 2 d 后罩面	
聚合物水泥砂浆抹灰	加气混凝土砌块基层	13	①1:1:4 水泥石灰砂浆用 107 胶水溶液拌制聚合物砂浆抹底层、中层 ②1:3 水泥石灰砂浆用含 7% 的 107 胶水溶液拌制聚合物砂浆抹面层	10 8	①抹灰前，将加气混凝土表面清扫干净，并涂刷一遍 107 胶水溶液［胶:水＝1:(3~4)］，随即抹灰。涂刷的目的是封闭基层的毛细孔，同时又增强了砂浆抹灰层与加气混凝土表面的黏结能力 ②严格控制抹灰分层厚度，底层灰要先抹薄薄一层，表面应“刮糙”，底层抹后接着抹中层灰，待五至六成干时，再抹罩面，适当干燥后要及时压实压光	加气混凝土基层表面均较干燥且吸水率大，如基层不事先进行处理，不但抹灰操作困难，而且会因砂浆抹灰层早期脱水而产生干缩裂缝，因此凡加气混凝土基层（包括下述加气混凝土条板基层），必须认真涂刷胶水溶液

续表

<table>
<tr><th>名称</th><th>适用范围</th><th>项次</th><th>分层做法</th><th>厚度/mm</th><th>施工要点</th><th>注意事项</th></tr>
<tr><td rowspan="6">纸筋灰（或麻刀、玻璃丝灰）抹灰</td><td rowspan="3">加气混凝土砌块基层或加气混凝土条板基层</td><td>14</td><td>①1∶3∶9 水泥砂浆抹底层
②1∶3 水泥砂浆抹中层
③筋石灰或麻刀石灰罩面</td><td>3
7～9
2 或 3</td><td rowspan="3">①基层处理同第 13 项
②抹灰操作时，分层抹灰厚度应严格按左列数值控制，不要过厚，因为砂浆层越厚，产生空鼓、裂缝的可能性越大
③小拉毛完成后，用喷雾器喷水养护 2～3 d
④待找平层六七成干后，喷水润湿，进行罩面
⑤罩面时高装饰宜分两遍成活</td><td rowspan="3">①抹灰砂浆稠度要适宜
②抹灰后避免风干过快，要将外门窗封闭，加强养护</td></tr>
<tr><td>15</td><td>①1∶0.2∶3 水泥砂浆喷涂成小拉毛
②1∶3 水泥砂浆抹中层
③纸筋石灰或麻刀石灰罩面</td><td>3～5
7～9
2 或 3</td></tr>
<tr><td>16</td><td>①1∶3 水泥砂浆抹底层
②1∶3 水泥砂浆抹中层
③纸筋石灰或麻刀石灰罩面</td><td>4
4
2 或 3</td></tr>
<tr><td rowspan="3">砖墙基层</td><td>17</td><td>①1∶3∶9 水泥石灰砂浆找平
②1∶5（107 胶∶水）溶液涂刷表面
③抹纸筋灰罩面</td><td>3～5
2</td><td rowspan="3">①用水泥石灰砂浆补好缺棱掉角及不平处
②将墙面湿润
③涂刷 107 胶水，亦可采用将 107 胶与纸筋灰拌和（掺量为 10%）进行打底
④罩面，灰宜分两遍成活，第一遍薄薄刮一遍，第二遍找平压光</td><td rowspan="3"></td></tr>
<tr><td>18</td><td>①1∶2.5 水泥砂浆抹底层
②1∶2.5 水泥砂浆抹中层
③纸筋石灰或麻刀石灰罩面</td><td>7～9
7～9
2 或 3</td></tr>
<tr><td>19</td><td>①1∶1∶6 水泥砂浆抹底层
②1∶1∶6 水泥砂浆抹中层
③筋石灰或麻刀石灰罩面</td><td>7～9
7～9
2 或 3</td></tr>
</table>

续表

名称	适用范围	项次	分层做法	厚度/mm	施工要点	注意事项
纸筋灰（或麻刀、玻璃丝灰）抹灰	板条苇箔基层	20	①麻刀石灰掺10%水泥打底 ②1:2.5石灰砂浆（砂子过3 mm筛）紧压入底灰中（木身无厚度） ③1:2:5石灰砂浆找平层 ④纸筋石灰或麻刀石灰罩面	3 6 2	①板条抹灰时，底子灰要横着板条方向抹。苇箔抹灰时，底子灰要顺着苇箔方向抹，并挤入缝隙中 ②第二道小砂子灰要紧跟头道底子灰抹，并压入底子灰中，无厚度 ③第二道灰六至七成干时，开始抹第三道找平层，顺着板条、苇箔的方向，用软刮尺刮平、冲筋、刮杠 ④第四道灰待第三道六至七成干时，顺着板条苇箔方向抹，接搓平整，抹纹顺直 ⑤在大面积的板条顶棚抹灰时，要加麻钉，即用25 cm的麻丝拴在钉子上，每30 cm一颗，每两根龙骨麻钉错开15 cm，并用砂浆把麻粘成燕尾形	①抹灰砂浆稠度要适宜 ②抹灰后避免风干过快，要将外门窗封闭，加强养护
	混凝土基层	21	①1:0.3:3水泥石灰砂浆抹底层（或用1:3:9，1:0.5:4，1:1:6水泥石灰砂浆视具体情况而定） ②用上述配合比抹中层 ③纸筋或麻刀石灰罩面	7~9 7~9 2或3	①当前混凝土多使用钢模板，尤其大板和大模板混凝土施工时，由于涂刷各种隔离剂，表面光滑而影响抹灰与基层黏结，因此要对基层进行处理，即用107胶水（胶:水＝1:20）处理，方法是将基层表面喷匀不漏喷，使胶水渗入基体表面1~1.5 mm ②基层处理后再抹灰或用挤压式砂浆泵喷毛打底	
		22	①聚合物水泥砂浆或水泥混合砂浆喷毛打底 ②纸筋石灰或麻刀石灰罩面	1~3 2或3		

续表

名称	适用范围	项次	分层做法	厚度/mm	施工要点	注意事项
膨胀珍珠岩水泥砂浆抹灰	混凝土大板或模板内墙	23	①聚合物水泥砂浆或水泥混合砂浆喷毛打底 ②水泥石灰膏膨胀珍珠岩用中级粗细颗粒经混合级配，其重力密度为80～150 kg/m³ 罩面	1～3 2		膨胀珍珠岩水泥砂浆要随抹随压，抹灰层愈薄愈好，并且用铁压子压至平整光滑为止
大白腻子罩面	混凝土基层、大模板或大板混凝土基层	24	①石膏腻子［石膏：聚醋酸乳液：甲基纤维素溶液（含量为5%）=100：（5～6）：60（质量比）］填绽补角 ②大白腻子［大白粉：滑石粉：乳液：含量5%的甲基纤维素溶液=60：40：（2～4）：75］	0～1 2～3	①基层处理同第22、23、24项 ②施工流程是：基层处理→基层修补→满刮大白腻子→修补→打磨→腻子成活 ③基层处理后，找补石膏腻子，方法是用钢片刮板或胶皮刮板将基层表面0.5 mm以上的蜂窝麻面及高低不平处刮实，再横抹竖起满刮一遍（表面光滑的可以不刮） ④满刮大白腻子时，要用胶皮刮板，分遍刮平，操作时按同一方向往返刮，刮板要拿稳，吃灰量要一致，注意上下左右接搓时，两刮板间要干净，不允许留浮腻子，甩搓都赶到阴角处，且要找直阴角和阳角，要用直尺和方尺检查，不要有小弯 ⑤头道腻子刮后干燥后，要用0号砂纸打磨至平整光滑，两遍腻子同样要磨平	①基层处理时胶水比例要根据基层光滑程度灵活掌握用胶量，即越光滑的基层，用胶量越大 ②刮腻子时要防止粘上或混进砂粒等杂物

续表

名称	适用范围	项次	分层做法	厚度/mm	施工要点	注意事项
大白腻子罩面	砖墙基层	25	①1:1.5石灰砂浆（或1:1:6水泥石灰砂浆）抹底层、中层 ②面层刮大白腻子	10~15 1	①底层和中层抹灰如第3项 ②刮大白腻子如第24项	①基层处理时胶水比例要根据基层光滑程度灵活掌握用胶量，即越光滑的基层，用胶量越大 ②刮腻子时要防止粘上或混进砂粒等杂物
粉刷石音抹灰	高级装饰墙（顶面）	26	①厚度小于5 mm可直接用面层型粉刷石音 ②厚度为5~20 mm时，先用底层型打底，再抹面层型		料浆采用质量比。面层型水灰比为0.40，先搅拌2~5 min，静置15 min左右，再二次搅拌使用。底层型配合比为水:粉刷石膏:砂=(0.5~0.6):1:1，先用水与粉刷石膏搅拌均匀，再加砂子搅拌，至完全均匀才能使用	
石膏灰抹灰	高级装饰墙面	27	①1:(2~3)麻刀石灰抹底层和中层 ②13:6:4（石膏粉:水:石灰音）罩面分两遍成活，在第一遍未收水时即进行第二遍抹灰，随即用铁抹子修补压光两遍，最后用铁抹子溜光至表面密实光滑为止		①底层、中层抹灰用麻刀石灰，应在20 d前化好备用，其中麻刀为白麻丝，石灰宜用2:8的块灰，配合比为：麻刀:石灰=7.5:1 300（质量比） ②石膏一般宜用乙级建筑石膏，结硬时间为5 min左右，4 900孔筛余量不大于10%	罩面石膏灰不得涂抹在水泥砂浆层上

续表

名称	适用范围	项次	分层做法	厚度/mm	施工要点	注意事项
石膏灰抹灰	高级装饰墙面	27			③罩面石灰浆配制时，先将石灰膏做缓凝剂加水搅拌均匀，随后按比例加入石膏粉，随加随拌和，稠度为 10 ~ 12 cm 即可使用。其缓凝剂为： (a) 按石膏质量加入 1% ~2% 硼砂 (b) 牛皮胶水溶液：1 kg 牛皮胶完全溶解后加入 70 kg 水拌匀即可 ④抹灰前，基层表面应清扫并浇水湿润 ⑤石音浆应随用随拌、随抹，墙面抹灰要一次成活，不得留接搓 ⑥基层不宜用水泥砂浆或混合砂浆打底，亦不得掺用氯盐，以防泛潮使面层脱落	罩面石膏灰不得涂抹在水泥砂浆层上

四、顶棚抹灰工程

（一）顶棚抹灰施工工艺

顶棚抹灰施工工艺流程为：交验→基层处理→找规矩→抹底、中层灰→抹面层灰。

1. 交验及基层处理

顶棚抹灰的交验及基层处理基本同内墙抹灰，另外需要注意以下几个方面。

（1）屋面防水层与楼面面层已施工完毕，穿过顶棚的各种管道已经安装就绪，顶棚与墙体之间及管道安装后遗留空隙已经清理并填堵严实。

（2）现浇混凝土顶棚表面的油污已经清除干净，用钢丝刷已满刷一遍，凹陷处已经填平或凿去。预制板顶棚除以上工序外，板缝应已清扫干净，并且用 1∶3 水泥砂浆填补刮平。

（3）木板条基层顶棚板条间隙在 8 mm 以内，无松动翘曲现象，污物已经清除干净。

（4）板条钉钢丝网基层，应铺钉可靠、牢固、平直。

2. 找规矩

顶棚抹灰通常不做标志块和标筋，而用目测的方法控制其平整度，以无高低不平及接搓痕迹为准。先根据顶棚的水平面确定抹灰厚度，然后在墙面的四周与顶棚交接处弹出水平线，作为抹灰的水平标准。

3. 底、中层抹灰

一般底层砂浆采用配合比为水泥: 石灰膏: 砂 = 1: 0. 5: 1 的水泥混合砂浆，底层抹灰厚度为 2 mm。底层抹灰后紧跟着就抹中层砂浆，其配合比一般采用水泥: 石灰膏: 砂 = 1: 3: 9 的水泥混合砂浆，抹灰厚度 6 mm 左右。抹后用软刮尺刮平赶匀，随刮随用长毛刷子将抹印顺平，再用木抹子搓平。顶棚管道周围用小工具顺平。

抹灰的顺序一般是由前往后退，并注意其方向必须同基体的缝隙（混凝土板缝）成垂直方向。这样，容易使砂浆挤入缝隙与基底牢固结合。

抹灰时，厚薄应掌握适度，随后用软刮尺赶平。如平整度欠佳，应再涂抹和赶平，但不宜多次修补，否则容易搅动底灰而引起掉灰。如底层砂浆吸水快，应及时洒水，以保证与底层黏结牢固。

在顶棚与墙面的交接处，一般是在墙面抹灰完成后再补做，也可在抹顶棚时，先将距顶棚 20 ~ 30 cm 的墙面同时完成抹灰，方法是用铁抹子在墙面与顶棚交角处填上砂浆，然后用木阴角器抹平压直即可。

4. 面层抹灰

待中层抹灰达到六至七成干，即用手按不软有指印时（要防止过干，如过干应稍洒水），再开始面层抹灰。如使用纸筋石灰或麻刀石灰时，一般分两遍成活。其涂抹方法及抹灰厚度与内墙抹灰相同。第一遍抹得越薄越好，紧跟着抹第二遍。抹第二遍时，抹子要稍平，抹完后待灰浆稍干，再用塑料抹子或压子顺着抹纹压实压光。

各抹灰层受冻或急剧干燥，都能产生裂纹或脱落，因此需要加强养护。

（二）分层做法及施工要点

根据顶棚基层的不同，顶棚抹灰的分层做法及施工要点见表 5 - 4。

表 5 - 4 常见的顶棚抹灰的分层做法及施工要点

<table>
<tr><th>名称</th><th>项次</th><th>分层做法</th><th>厚度/mm</th><th>施工要点</th><th>注意事项</th></tr>
<tr><td rowspan="2">现浇混凝土楼板顶棚抹灰</td><td>1</td><td>①1: 0. 5: 1 水泥石灰混合砂浆抹底层
②1: 3: 9 水泥石灰砂浆抹中层
③纸筋石灰或麻刀石灰抹面层</td><td>2
6
2</td><td>纸筋石灰配合比为：白灰膏: 纸筋 = 100: 1. 2（质量比）；麻刀石灰配合比为：白灰膏: 细麻刀 = 100: 1. 7（质量比）</td><td rowspan="2">①现浇混凝土楼板顶棚抹头道灰时，必须与模板木纹的方向垂直，并用钢皮抹子用力抹实，越薄越好。底子灰抹完后，紧跟着抹第二遍找平，待六至七成干时，即抹罩面
②无论现浇或预制楼板顶棚，如用人工抹灰，都应进行基层处理</td></tr>
<tr><td>2</td><td>①1: 0. 2: 4 水泥纸筋石灰砂浆抹底层
②1: 0. 2: 4 水泥纸筋石灰砂浆抹底层
③纸筋石灰罩面层</td><td>2 ~ 3
10
2</td><td></td></tr>
</table>

续表

名称	项次	分层做法	厚度/mm	施工要点	注意事项
预制混凝土楼板	3	底、中、面层抹灰配合比同第1项	厚度同第1项	抹前要先将预制板缝勾实勾平	
	4	①1:0.5:4水泥石灰混合砂浆抹底层 ②1:0.3:4水泥石灰砂浆抹中层 ③纸筋石灰或麻刀石灰抹面层	4 4 2	底层与中层抹灰要连续操作	①现浇混凝土楼板顶棚抹头道灰时，必须与模板木纹的方向垂直，并用钢皮抹子用力抹实，越薄越好。底子灰抹完后，紧跟抹第二遍找平，待六至七成干时，即抹罩面 ②无论现浇或预制楼板顶棚，如用人工抹灰，都应进行基层处理
	5	①1:1:6水泥纸筋石灰砂浆抹底层和中层 ②1:1:6水泥纸筋石灰罩面压光	7 6	适用于机械喷涂抹灰	
	6	①1:1水泥砂浆（加水泥质量2%的聚醋酸乙烯乳液）抹底层 ②1:3:9水泥石灰砂浆抹中层 ③纸筋石灰罩面	2 6 2	①适用于高级装饰抹灰 ②底层抹灰需养护2～3 d后再做找平层	
板条、苇箔、秫秸或金属网顶棚抹灰	7	①纸筋石灰或麻刀石灰砂浆抹底层 ②纸筋灰或麻刀石灰砂浆抹中层 ③1:2.5石灰砂浆（少掺些麻刀）找平 ④纸筋石灰或麻刀石灰罩面	3～6 3～6 2～3 2或3	①板条顶棚板条间的缝隙应为7～10 mm，板条端面间应有3～5 mm空隙，板条应钉牢固，不准活动 ②金属网顶棚的金属网应拉平、拉紧、钉牢 ③抹时应用墨斗在靠近顶棚四周墙面上弹出水平线，板条应洒水湿润，抹灰应从墙角顶棚开始，并沿板条方向抹底层。抹时铁抹子要来回压抹，将砂浆挤入板条缝内，形成转角，紧接着再抹一层并压入底层中去	

续表

名称	项次	分层做法	厚度/mm	施工要点	注意事项
板条、苇箔、秫秸或金属网顶棚抹灰	7			④底部两层抹好后，稍停一会儿，再抹石灰砂浆。用软刮尺前后左右刮平，不必压光，只用木抹子搓平，待六至七成干时，方可抹罩面层。抹时用铁抹子顺板条方向进行，要接搓平整、抹纹顺直，揉实压光。一般分两遍成活，即头遍薄薄抹一层，二遍抹平压光 ⑤苇箔、秫秸顶棚抹灰时，也要将砂浆抹压挤入苇箔或秫秸缝隙内形成转角，抹时先顺着苇箔或秫秸，然后再横向抹，要比板条抹灰稍微用力 ⑥金属网顶棚抹灰时，底层灰应使劲挤压，把砂浆挤到网眼中	
钢板网顶棚抹灰	8	①1:(1.5~2)石灰砂浆（略掺麻刀）抹底层，灰浆要挤入网眼中 ②挂麻钉，将小束麻丝每隔300 mm左右挂在钢板网的网眼上，两端纤维垂下，长250 mm ③1:2.5石灰砂浆抹中层，分两遍成活，每遍将挂的麻钉向四周散1/2，抹入灰浆中 ④纸筋石灰罩面	3 3 2	①抹灰时分两遍将麻丝按放射状梳理进中层砂浆中，麻丝要分布均匀 ②其他分层抹灰方法同第7项	①钢板网吊顶龙骨以400 mm × 400 mm方木为宜 ②为避免木龙骨收缩变形使抹灰层开裂，可使用间距为400 mm、直径为6 mm的钢筋，拉直钉在木龙骨上，然后用铅丝把钢板网撑紧，绑扎在钢筋上 ③适用于大面积厅、室等高级装饰工程

注：表中所列配合比未注明者，均为体积比。

五、外墙抹灰工程

（一）外墙抹灰施工工艺

外墙抹灰施工工艺流程为：交验、基层处理→找规矩→挂线、做灰饼→做标筋→铺抹底、中层灰→弹线、黏结分格条→铺面层灰→勾缝。

1. 交验、基层处理

（1）主体结构施工完毕，外墙上所有预埋件、嵌入墙体内的各种管道已安装，并符合设计要求，阳台栏杆已装好。

（2）门窗安装完毕并检查合格，框与墙间的缝隙已经清理，并用砂浆分层分遍堵塞严密。

（3）采用大板结构时，外墙的接缝防水已处理完毕。

（4）砖墙的凹处已用1∶3的水泥砂浆填平，凸处已按要求剔凿平整，脚手架孔洞已堵塞填实，墙面污物已经清理，混凝土墙面光滑处已经凿毛。

2. 找规矩

外墙面抹灰与内墙面抹灰一样，也要挂线做标志块、标筋。其找规矩的方法与内墙基本相同，但要在相邻两个抹灰面相交处挂垂线。

3. 挂线、做灰饼

由于外墙抹灰面积大，另外还有门窗、阳台、明柱、腰线等。因此外墙抹灰找规矩比内墙更加重要，要在四角先挂好自上而下的垂直线（多层及高层楼房库用钢丝线垂下），然后根据抹灰的厚度弹上控制线，再拉水平通线，并弹水平线做标志块，然后做标筋。标志块和标筋的做法与内墙相同。

4. 弹线、黏结分格条

室外抹灰时，为了增加墙面的美观，避免罩面砂浆收缩而产生裂缝，或大面积膨胀而空鼓脱落，要设置分格缝，分格缝处粘贴分格条。分格条在使用前要用水泡透，这样既便于施工粘贴，又能防止分格条在使用中变形，同时也利于本身水分蒸发收缩易于起出。

水平分格条宜粘贴在水平线下口，垂直分格条宜粘贴在垂直线的左侧。黏结一条横向或竖向分格条后，应用直尺校正平整，并将分格条两侧用水泥浆抹成八字形斜角（图5－5）。当天抹面的分格条，两侧八字斜角可抹成45°。当天不抹面的“隔夜条”，两侧八字形斜角应抹得陡一些，可抹成60°。分格条要求横平竖直、接头平整，不得有错缝或扭曲现象，分格缝的宽窄和深浅应均匀一致。

图5－5　外墙抹灰分格条两侧用水泥浆抹成八字形斜角

5. 抹灰

（1）外墙抹灰层要求有一定的耐久性。若采用水泥石灰混合砂浆，配合比为：水泥∶石灰膏∶砂＝1∶1∶6；若采用水泥砂浆，配合比为：水泥∶砂＝1∶3。底层砂浆具有一定强度后，再抹中层砂浆，抹时要用木杠、木抹子刮平压实，扫毛、浇水养护。在抹面层时，先用1∶2.5的水泥砂浆薄薄刮一遍；第二遍再与分格条抹齐平，然后按分格条厚度刮平、搓实、压光，再用刷子蘸水按同一方向轻刷一遍，以达到颜色一致，并清刷分格条上的砂浆，以免起条时损坏抹面。起出分格条后，随即用水泥砂浆把缝勾齐。

（2）室外抹灰面积比较大，不易压光罩面层的抹纹，所以一般用木抹子搓成毛面，搓平时要用力均匀，先圆圈形搓抹，再上下抽拉，方向要一致，以使面层纹路均匀。在常温情况下，抹灰完成 24 h 后，开始淋水养护 7 d 为宜。

（3）外墙抹灰时，在窗台、窗楣、雨棚、阳台、檐口等部位应做流水坡度。设计无要求时，流水坡度 10% 为宜；流水坡下面应做滴水槽，滴水槽的宽度和深度均不应小于 10 mm（图 5－6）。要求棱角整齐、光滑平整，起到挡水的作用。

图 5－6　外墙抹灰窗楣滴水槽

第二节　骨架基层工程

一、型钢骨架施工

型钢骨架在建筑装饰工程中常作为石材干挂和吊顶转换层施工工程的承重部位，在石材干挂和吊顶转换层施工中占据着至关重要的位置，钢结构构件制作安装的质量将直接影响石材干挂和吊顶转换层的安全和后续工程的进行，因此对钢结构构件的制作安装应按照钢结构工程施工及验收规范进行非常严格的监控和施工组织管理。

1. 材料

钢材的理化指标应符合国家标准，钢板为 Q235 号钢，钢材须有出厂合格证，并需经过实验室进行材料检验，钢材断口不得有分层、表面锈蚀、麻点、裂缝、划痕等缺陷，钢管壁厚和钢板厚不得有负偏差；焊条 E4303，须有出厂合格证等质量证明，所有焊条焊接之前必须烘干，否则不允许使用，因为使用受潮焊条会使电弧的稳定性变差，焊渣飞溅增大，且易产生气孔、裂纹等焊接缺陷，凡药皮脱落、焊芯生锈的焊条严禁使用；涂料、防腐调和漆应符合国家标准的规定，并须有产品质量证明书，油漆颜色与建设单位商定后再定。

2. 现场作业准备

（1）工具准备。交流电焊机、各种锤子、样冲、凿子、划针、粉线圈、撬杠、螺栓板、钳子、弓形夹具及调直器、夹头等常用工具。

（2）技术准备。焊接工人进行焊接考核，并将试件抽样按照设计要求进行材料抗压和抗拉实验，焊接工人须持焊工证方可上岗操作。

3. 放样下料、制作安装

放样和下料是整个钢结构制作工艺中的第一道工序，也是至关重要的一道工序，钢骨架应严格按照图纸的材料型号、尺寸进行下料，钢材下料时要反复核实，每一种规格应一次完成下料，下料完后要挂牌成堆放置，特别是钢材型号和壁厚不得出现差错，下料钢管必须顺直，不得有弯折现象，下料表已考虑钢管之间的焊口间隙和焊接收缩量，均为1.5 mm，为了保证型材端面与型材轴的垂直，需采用机械切割下料。型材在运输过程中不得发生变形，严禁任何扔下和野蛮装卸，运到现场后要按加工标牌成堆放置，地面应干燥，不得受潮生锈，放入指定的库房内。制作时应注意，选择适合于母材的焊丝牌号，坡口的加工应保证精度要求，坡口在焊接前清理干净，去除坡口附近的铁锈、油污、水分等其他妨碍焊接的物质，多层焊接时，应清除每层焊接的熔渣及飞溅等。

4. 焊接质量

（1）T形接头、十字接头、角接头等，要求其熔透的对接和角对接焊缝，其焊脚尺寸不应小于4 mm，且不应大于10 mm，焊脚尺寸的允许偏差为0～4 mm。

（2）焊缝表面不得有裂纹、焊腐等缺陷。一、二级焊缝不得有表面气孔夹渣，弧坑裂纹，电弧擦伤等缺陷，且一级焊缝不得有咬边，未焊接满根部收缩等缺陷。

（3）二、三级焊缝外观质量标准，应达到《钢结构工程质量验收规范》中的相关规定，三处对接焊缝应按二级焊缝标准进行外观质量检验。

（4）焊缝尺寸允许偏差应符合《钢结构工程质量验收规范》中的相关规定。

（5）焊缝观感应达到外形均匀，成型较好，焊道与焊道、焊道与基本包层间进度较平滑，焊渣和飞溅物基本清除干净。

焊缝外观质量标准及尺寸允许偏差符合表5－5中的规定。对接焊缝及完全熔透组合焊缝尺寸允许偏差应符合表5－6的规定。

表5－5 二级、三级焊缝外观质量标准 （单位：mm）

项目	允许偏差	
缺陷类型	二级	三级
未焊满（指不足设计要求）	$\leqslant 0.2+0.02t$，且$\leqslant 1.0$	$\leqslant 0.2+0.04t$，且$\leqslant 2.0$
	每100.0焊缝内缺陷总长$\leqslant 25.0$	
根部收缩	$\leqslant 0.2+0.02t$，且$\leqslant 1.0$	$\leqslant 0.2+0.04t$，且$\leqslant 2.0$
	长度不限	
咬边	$\leqslant 0.05t$，且$\leqslant 0.5$；连续长度$\leqslant 100.0$，且焊缝两侧咬边总长$\leqslant 10\%$焊缝全长	$\leqslant 0.1t$且$\leqslant 1.0$，长度不限
弧坑裂纹	—	允许存在个别长度$\leqslant 5.0$的弧坑裂纹
电弧擦伤	—	允许存在个别电弧擦伤
接头不良	缺口深度$0.05t$，且$\leqslant 0.5$	缺口深度$0.1t$，且$\leqslant 1.0$
	每1000.0焊缝不应超过1处	
表面夹渣	—	深$\leqslant 0.2t$长$\leqslant 0.5t$，且$\leqslant 20.0$
表面气孔	—	每50.0焊缝长度内允许直径$\leqslant 0.4t$，且$\leqslant 3.0$的气孔2个，孔距$\geqslant 6$倍孔径

注：表内t为连接处较薄的板厚。

表 5－6　对接焊缝及完全熔透组合焊缝尺寸允许偏差（单位：mm）

序号	项目	图例	允许偏差	
			一、二级	三级
1	对接焊缝余高 C	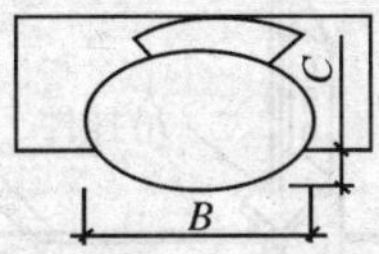	$B<20$ 时：0～3.0 $B\geqslant20$ 时：0～4.0	$B<20$ 时：0～4.0 $B\geqslant20$ 时：0～5.0
2	对接焊缝错边 d	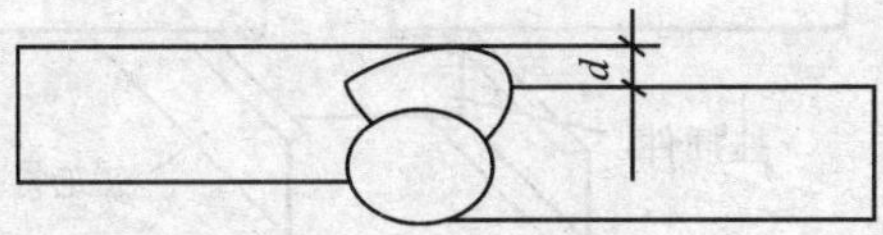	$d<0.15t$， 且≤2.0	$d<0.15t$， 且≤3.0

5. 注意事项

（1）焊接人员在施工时必须穿焊接防护服和绝缘鞋，戴焊接手套，正确使用防护焊接面罩。

（2）高空作业要系好安全带，防止高空坠落。

（3）在高空焊接作业时，在焊接下方设置随身附带的防电火花坠落火盆，以防止电火花到处飘落造成火灾，并在作业区域随带灭火器。

（4）对后置埋件使用的固定埋件的化学膨胀螺钉时，要按规定进行拉拔实验。

二、轻钢龙骨骨架施工

轻钢龙骨在建筑装饰施工工程中主要用于各种轻质隔墙（图 5－7）和吊顶施工（图 5－8）的基层骨架。

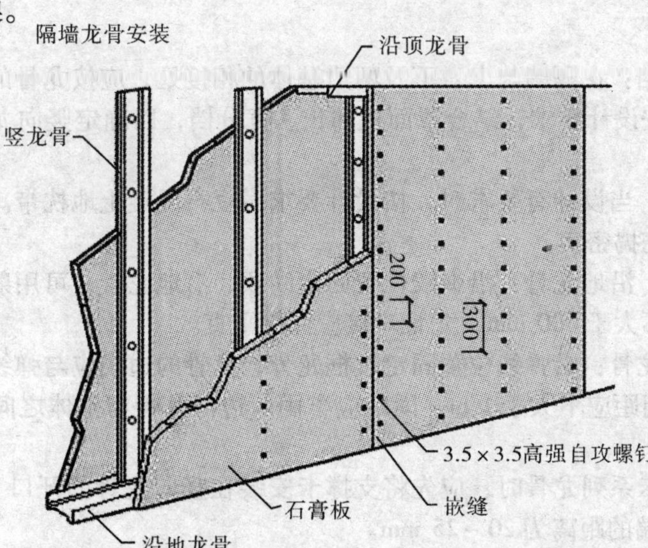

图 5－7　隔墙的轻钢龙骨骨架连接（单位：mm）

（一）用作隔墙的轻钢龙骨骨架施工要求

1. 作业条件

（1）主体结构已验收，屋面已做完防水层。

（2）室内弹出 +50 cm 标高线。

（3）作业的环境温度不应低于 5 ℃。

（4）熟悉图纸，并向作业班组做详细的技术交底。

（5）根据设计图和提出的备料计划，查实隔墙全部材料，使其配套齐全。

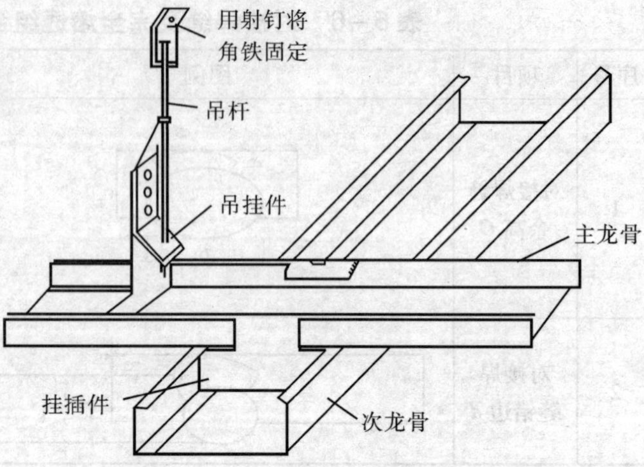

图 5-8 吊顶的轻钢龙骨骨架安装

（6）主体结构墙、柱为砖砌体时，应在隔墙交接处，按 1 000 mm 间距预埋防腐木砖。

（7）设计要求隔墙有地枕带时，应先将 C20 细石混凝土地枕带施工完毕，强度达到 10 MPa 以上，方可进行轻钢龙骨的安装。

（8）先做样板墙一道，经鉴定合格后再大面积施工。

2. 工艺流程

弹线、分档→做地枕带（设计有要求时）→固定沿顶、沿地龙骨→固定边框龙骨→安装竖向龙骨→安装门、窗框→安装附加龙骨→安装支撑龙骨→检查龙骨安装→电气铺管、安装附墙设备→安装一面罩面板→填充隔音材料→安装另一面罩面板→接缝及护角处理→质量检验。

3. 操作工艺

（1）弹线、分档：在隔墙与上、下及两边基体的相接处，应按龙骨的宽度弹线。弹线清楚，位置准确。按设计要求，结合罩面板的长、宽分档，以确定竖向龙骨；横撑及附加龙骨的位置。

（2）做地枕带：当设计有要求时，按设计要求做豆石混凝土地枕带。做地枕带时应支模，豆石混凝土应浇捣密实。

（3）固定沿顶、沿地龙骨：沿弹线位置固定沿顶、沿地龙骨，可用射钉或膨胀螺栓固定，固定点间距应不大于 600 mm，龙骨对接应保持平直。

（4）固定边框龙骨：沿弹线位置固定边框龙骨，龙骨的边线应与弹线重合。龙骨的端部应固定，固定点间距应不大于 1 m，固定应牢固。边框龙骨与基体之间，应按设计要求安装密封条。

（5）选用支撑卡系列龙骨时，应先将支撑卡安装在竖向龙骨的开口上，卡距为 400 ~ 600 mm，距龙骨两端的距离为 20 ~ 25 mm。

（6）安装竖向龙骨应垂直，龙骨间距应按设计要求布置。设计无要求时，其间距可按板宽确定，如板宽为 900 mm、1 200 mm 时，其间距分别为 453 mm、603 mm。

（7）选用通贯系列龙骨时，低于 3 m 的隔断安装一道；3 ~ 5 m 隔断安装两道；5 m 以上安装三道。

(8) 罩面板横向接缝处，如不在沿顶、沿地龙骨上，应加横撑龙骨固定板缝。

(9) 门窗或特殊节点处，使用附加龙骨，安装应符合设计要求。

(10) 对于特殊结构的隔墙龙骨安装（如曲面、斜面隔断等），应符合设计要求。

(11) 电气铺管、安装附墙设备：按图纸要求预埋管道和附墙设备。要求与龙骨的安装同步进行，或在另一面石膏板封板前进行，并采取局部加强措施，固定牢固。电气设备专业在墙中铺设管线时，应避免切断横、竖向龙骨，同时避免在沿墙下端设置管线。

(12) 龙骨检查校正补强：安装罩面板前，应检查隔断骨架的牢固程度，门窗框、各种附墙设备、管道的安装和固定是否符合设计要求。如有不牢固处，应进行加固。龙骨的立面垂直偏差应≤3 mm，表面不平整应≤2 mm。

(二) 用作吊顶的轻钢龙骨骨架施工要求

1. 作业条件

(1) 结构施工时，应在现浇混凝土楼板或预制混凝土楼板缝中，按设计要求间距预埋 ϕ6 ~ 10 mm 钢筋吊杆，一般间距为 900 ~ 1 200 mm。

(2) 当吊顶房间的墙、柱为砖砌体时，应在砌筑时按顶棚标高预埋防腐木砖，木砖沿墙间距 900 ~ 1 200 mm，木砖在柱中每边应埋设两块以上。

(3) 顶棚内的各种管线及设备已安装完毕并通过验收。确定好灯位、通风口及各种明露孔口位置。

(4) 墙面、地面的湿作业已做完，屋面防水施工完。

(5) 各种吊顶材料，尤其是各种零配件经过进场验收，各种材料应配套齐全。

(6) 操作平台架子或液压升降台已通过安全验收。

(7) 轻钢骨架顶棚大面积施工前，应做样板间，对顶棚的起拱度、灯槽、通风口等处进行构造处理，通过做样板间决定分块及固定方法，经鉴定认可后方可开始大面积施工。

2. 工艺流程

轻钢龙骨吊顶施工工艺流程：弹标高水平线→画龙骨分档线→固定吊挂杆件→安装主龙骨→安装次龙骨→龙骨骨架全面校正→安装罩面板→安装压条。

3. 操作工艺

(1) 弹线。用水平仪在房间内每个墙（柱）角上抄出水平点，弹出水平线（水平线一般距地面 500 mm），用水准线量至吊顶设计高度加上一层板的厚度，用粉线沿墙（柱）弹出水准线，即为吊顶次龙骨的下皮线。同时，按吊顶平面图在混凝土顶板弹出主龙骨的位置。主龙骨应从吊顶中心向两边分，最大间距为 1 000 mm，并标出吊杆的龙骨应从吊顶中心向两边分，吊杆的固定点间距为 900 ~ 1 000 mm。如遇到梁和管道固定点大于设计和规程要求，应增加吊杆的固定点。

(2) 固定吊挂杆件。采用膨胀螺栓固定吊挂杆件。用冲击电锤在顶板上打孔，安装膨胀螺栓，吊杆的一端同∠30 mm × 30 mm × 3 mm 角码焊接（角码的孔径应根据吊杆和膨胀螺栓的直径确定），另一端与螺纹杆焊接，制作好的吊杆应做防锈处理。不上人吊顶，吊杆长度小于 1 000 mm 时，可采用 ϕ6 的吊筋；大于 1 000 mm 时，应采用 ϕ8 的吊筋。上人吊顶，吊杆长度小于 1 000 mm 时，可采用 ϕ8 的吊筋；大于 1 000 mm 时，应采用 ϕ10 的吊筋，大于 1 500 mm 时，还应设反向支撑。安装吊杆时还应注意：吊挂杆件应通直并有足够的承载力，当杆件需要接长时，必须搭接焊牢，焊缝要均匀饱满；吊顶灯具、风口及检修口等处应增设吊杆。

（3）安装边龙骨。边龙骨的安装应按设计要求弹线，沿墙（柱）上的水平龙骨线把L形镀锌轻钢条用自攻螺钉固定在预埋木砖上；如为混凝土墙（柱），可用射钉固定，射钉的间距应小于次龙骨间距。

（4）安装主龙骨。主龙骨吊挂在吊杆上，应平行于房间长向安装，间距应为900～1 000 mm，安装时应起拱，起拱的高度为房间跨度的1/200～1/300。主龙骨的悬臂段不应大于300 mm，否则应增设吊杆。主龙骨的接长应采取对接，相邻龙骨的对接接头要相互错开，主龙骨挂好后应基本调平。

注：跨度大于15 m以上的吊顶，应在主龙骨上每隔15 m加一道大龙骨，并与垂直主龙骨焊接牢固；如大的造型顶棚，造型部分应用角钢或方钢焊接成框架，并与楼板连接牢固。

（5）安装次龙骨。次龙骨分为明龙骨和暗龙骨两种。次龙骨分为T形烤漆龙骨和T形铝合金龙骨。次龙骨应紧贴主龙骨安装，间距为300～600 mm，用T形镀锌铁片连接件把次龙骨固定在主龙骨上。

（6）龙骨骨架全面校正。对安装到位的吊顶龙骨骨架进行全面检查校正，其主次龙骨的结构位置及水平度等合格后，将所有的吊挂件及连接件拧紧，夹挂牢固，使整体骨架稳定可靠。

三、木龙骨骨架施工

木龙骨骨架适用于民用建筑装修中的各种轻质隔墙（图5－9）和吊顶（图5－10）的基层骨架。

图5－9 隔墙的木龙骨骨架施工

图5－10 吊顶的木龙骨骨架施工

（一）用作隔墙的木龙骨骨架施工要求

1. 作业条件

（1）木龙骨板材隔断工程所用的材料品种、规格、颜色以及隔断的构造、固定方法，均应符合设计要求。

（2）隔断的龙骨和罩面板必须完好，不得有损坏、变形弯折、翘曲、边角缺损等现象，并要注意避免被碰撞和受潮。

（3）电气配件的安装，应嵌装牢固，表面应与罩面板的底面齐平。

（4）门窗框与隔断相接处应符合设计要求。

(5) 隔断的下端如用木踢脚板覆盖，隔断的罩面板下端应离地面 20～30 mm；如用大理石、水磨石踢脚时，罩面板下端应与踢脚板上口齐平，接缝要严密。

(6) 做好隐蔽工程和施工记录。

2. 工艺流程

弹隔墙定位线→划龙骨分档线→安装大龙骨→安装小龙骨→防腐处理→安装罩面板→安装压条。

3. 操作工艺

(1) 弹线。在基体上弹出水平线和竖向垂直线，以控制隔断龙骨安装的位置、格栅的平直度和固定点。

(2) 墙龙骨的安装。沿弹线位置固定沿顶和沿地龙骨，各自交接后的龙骨，应保持平直。固定点间距应不大于 1 m，龙骨的端部必须固定，固定应牢固。边框龙骨与基体之间，应按设计要求安装密封条。门窗或特殊节点处，应使用附加龙骨，其安装应符合设计要求。

(二) 用作吊顶的木龙骨骨架施工要求

1. 作业条件

(1) 对吊顶用的木龙骨按设计要求进行防火、防腐处理。

(2) 顶棚内各种管线及通风管道均应安装完毕并办理手续。

(3) 吊顶房间需完成墙面及地面的湿作业和台面防水等工程。

(4) 搭好顶棚施工操作平台架。

2. 工艺流程

顶棚标高弹水平线→划龙骨分档线→安装水电管线设施→安装大龙骨→安装小龙骨→防腐处理→安装罩面板→安装压条。

3. 操作工艺

(1) 弹线。根据楼层标高水平线，顺墙高量到顶棚设计标高，沿墙四周弹顶棚标高水平线，并在四周的标高线上划好龙骨的分档位置线。

(2) 安装大龙骨。将预埋钢筋弯成环形圆钩，穿 8 号镀锌铁丝或用 $\phi6\sim8$ mm 螺栓将大龙骨固定，并保证其设计标高。吊顶起拱按设计要求，设计无要求时一般为房间跨度的 1/200～1/300。

(3) 安装小龙骨。

①小龙骨底面刨光、刮平、截面厚度应一致。小龙骨间距应按设计要求，设计无要求时，应按罩面板规格决定，一般为 400～500 mm。

②按分档线先定位安装通长的两根边龙骨，拉线后各根龙骨按起拱标高，通过短吊杆将小龙骨用圆钉固定在大龙骨上，吊杆要逐根错开，吊杆钉不得在龙骨的同一侧面上。通长小龙骨对接接头应错开，采用双面夹板用圆钉错位钉牢，接头两侧各钉两个钉子。

③安装卡档小龙骨。按通长小龙骨标高，在两根通长小龙骨之间，根据罩面板材的分块尺寸和接缝要求，在通长小龙骨底面横向弹分档线，以底找平钉固卡档小龙骨。

(4) 防腐处理。顶棚内所有露明的铁件，钉罩面板前必须刷防防腐漆，木骨架与结构接触面应进行防腐处理。

(5) 安装管线设施。在弹好顶棚标高线后，应进行顶棚内水、电设备管线安装，较重吊物不得吊于顶棚龙骨上。

（6）安装罩面板。在木骨架底面安装顶棚罩面板的品种较多，应按设计要求品种、规格和固定方式施工。罩面板与木骨架的固定方式用木螺钉拧固法。

四、铝合金龙骨骨架施工

铝合金龙骨骨架吊顶，只能是无附加荷载的装饰性单层轻型吊顶，它适用于室内大面积平面吊顶的装饰，与轻钢龙骨单层吊顶的主要区别在于：它可以比较灵活地将饰面材料平放搭装，而不必进行封闭式钉固安装，饰面板与龙骨可采用明装形式，形成外露纵横骨架（图5－11）；也可采用暗装（板材边部为企口、嵌装后骨架隐藏）的形式。

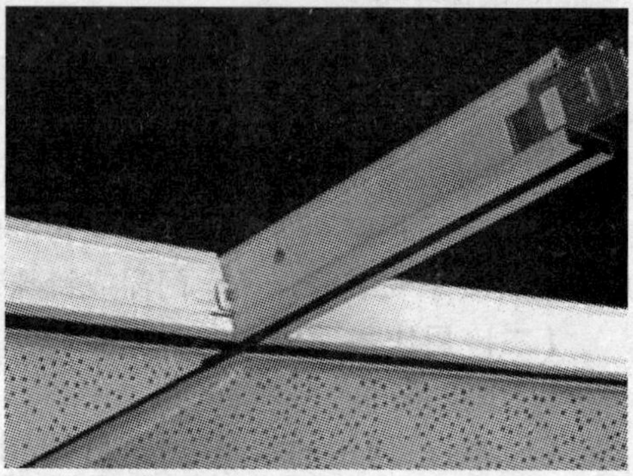
图5－11 明装铝合金龙骨吊顶

当必须满足吊顶的一定承载能力时，则需要与轻钢承载龙骨相配合，即成为双层吊顶构造，吊顶的施工准备同轻钢龙骨吊顶。铝合金龙骨吊顶的施工工艺比较简单。铝合金龙骨吊顶的具体施工工艺如下。

1．放线定位

铝合金龙骨吊顶的放线定位，主要是弹标高线和龙骨的布置线。这是吊顶施工的主要依据和标准，必须符合设计的重点。

根据设计图纸，结合具体情况，将龙骨及吊点位置弹到楼板底面上。吊顶龙骨间距和吊杆间距，一般都控制在1 m左右。弹出的所有线，均应当条理清晰，位置准确无误。

（1）确定吊顶标高。利用墙面水平基准线将设计标高线弹到四周墙面或柱面上；如果吊顶有不同标高，那么应将不同标高的位置线弹到墙面上。然后，再将角铝或其他封口材料固定在墙面或柱面，封口材料的底面与标高线重合。角铝常用的规格为25 mm×25 mm，铝合金板吊顶的角铝应同板的色彩一致。角铝多用高强水泥钉固定，亦可用射钉固定。

（2）龙骨分格定位。需根据饰面板的尺寸进行龙骨分格的布置。为了安装方便，龙骨中心线的间距尺寸一般大于饰面板尺寸2 mm左右。在进行龙骨分格布置时，尽量保证龙骨分格的均匀性和完整性，以保证吊顶有规整的装饰效果。由于室内的吊顶面积一般都不可能按龙骨分格尺寸正好等分，则吊顶上会出现与标准分格尺寸不等的分格，也称收边分格。

收边分格一般有两种处理方法：一种是把标准分格设置在吊顶中部，而收边分格在吊顶四周；另一种是将标准分格布置在人流活动量大或较显眼的部位，而把收边分格置于不被人注意的次要位置。

当确定好分格位置后，可先按比例在纸上画出吊顶面积，再按龙骨布置的原则在纸上对吊顶龙骨进行分格安排。确定好后，再将定位的位置弹在墙面上。

2. 固定悬吊件

固定悬吊件可通过固定在楼板的预留钢筋固定，也可用角铁、膨胀螺栓固定悬吊件，也可将吊挂钢筋焊在结构上。具体固定方法可采用以下几种形式。

（1）镀锌铁丝悬吊。铝合金龙骨吊顶的吊件，也可以使用膨胀螺钉或射钉固定角钢块，通过角钢块上的孔，将吊挂龙骨用的镀锌铁丝绑牢在吊件上。镀锌铁丝不能太细，如使用双股，可用18号铁丝，如果用单股，使用不宜小于14号铁丝，这种方式适于不上人的活动式装配吊顶，较为简单。

（2）伸缩式吊杆悬吊。悬吊也可以用伸缩式吊杆。伸缩式吊杆的形式较多，用得较为普遍的是将铅丝首先调直，用一个带孔的弹簧钢片将两根铅丝连接起来，调节与固定主要是靠弹簧钢片。用力压弹簧钢片时，将弹簧钢片两端的孔中心重合，吊杆就可伸缩自由。当手松开后，孔中心错位，与吊杆产生剪力，将吊杆固定，操作非常方便。

（3）简易伸缩吊杆悬吊。简易伸缩吊杆悬吊，只是在弹簧钢片的形状上有些差别。除了以上几种固定形式，也可采用成品通扣镀锌吊杆，与膨胀螺栓配合使用，施工方法较为简单，施工速度快。

3. 安装调平龙骨

铝合金龙骨安装时，应根据已确定的主龙骨（大龙骨）位置及确定的标高线，先将各条主龙骨吊起后，在稍高于标高线的位置上临时固定，如果吊顶面积较大，可分成几个部分吊装。然后在主龙骨之间安装次（中）龙骨，也就是横撑龙骨。次龙骨（中、小龙骨）应紧贴主龙骨安装就位（图5－12）。

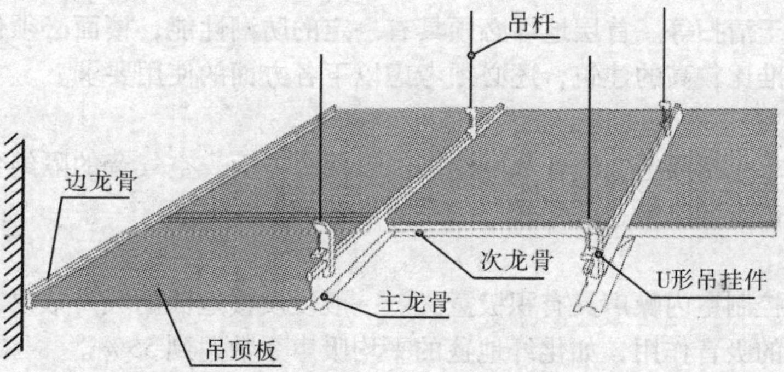

图5－12　吊顶的铝合金龙骨骨架安装

龙骨就位后，再满拉纵横控制标高线（十字中心线），从一端开始，一边安装，一边调整，全部安装完毕后，最后再精调一遍，直到龙骨调平、调直为止。

边龙骨宜沿墙面或柱面标高线钉牢。固定时，一般常用高强水泥钉，钉的间距一般不宜大于50 cm。如果基层材料强度较低，紧固力不满足时，应采取相应的措施加强，如改用膨胀螺栓或加大水泥钉的长度等办法。

主龙骨的接长。一般选用连接件进行接长，主龙骨方孔相连。主龙骨接长完成后，应全面校正主、次龙骨的位置及水平度，需要接长的主龙骨，连接件应错位安装。

4. 安装饰面板

铝合金龙骨吊顶安装饰面板，可分为明装、暗装和半明半隐（简称半隐）三种形式，明装即纵横T形龙骨骨架均外露，饰面板只需搁置在T形两翼上即可。其安装方法简单，施工速度较快，维修比较方便，但装饰性稍差。暗装即饰面板边部有企口，嵌装后骨架不暴露，安装方法比明装稍复杂，维修时不太方便，但装饰效果较好。半明半隐即饰面板安装后外露部分骨架，即将点介于明装与暗装之间。吊顶饰面板的边角在安装时也有不同的处理方法。

第六章　建筑装饰饰面工程施工工艺

第一节　楼地面工程

一、楼地面工程概述

楼地面是房屋建筑底层地坪与楼层地坪的总称，它必须满足使用要求，同时满足一定的装饰要求。

建筑物的楼地面所应满足的基本使用要求是具有必要的强度，耐磨、耐磕碰，以及表面平整光洁、便于清扫等。首层地坪必须具有一定的防潮性能，楼面必须保证一定的防渗漏能力。对于标准比较高的建筑，还必须考虑以下各方面的使用要求。

1. 隔音要求

这一使用要求包括隔绝空气音和隔绝撞击音两个方面。空气音的隔绝主要与楼地面的质量有关；对撞击音的隔绝，效果较好的是弹性地面。

2. 吸音要求

这一要求对控制室内噪声具有积极意义。一般硬质楼地面的吸声效果较差，而各种软质楼地面有较大的吸音作用，如化纤地毯的平均吸声系数达到55%。

3. 保温性能要求

一般石材楼地面的热传导性较高，而木地板之类的热传导性较低，宜结合材料的导热性能和人的感受等综合因素加以考虑。

4. 弹性要求

弹性地面可以缓冲地面反力，让人感到舒适，一般装饰标准高的建筑多采用弹性地面。

楼地面的装饰效果是整个室内装饰效果的重要组成部分，要结合室内装饰的整体布局和要求加以综合考虑。

5. 楼地面装饰的一般要求

（1）楼面与地面各层所用的材料和制品，其种类、规格、配合比、强度等级、各层厚度、连接方式等，均应根据设计要求选用，并应当符合国家和行业的有关标准及地面、楼面施工验收规范的规定。

（2）位于沟槽、暗管上面的地面与楼面工程的装饰，应当在以上工程完工经检查合格后方可进行。

（3）铺设各层地面与楼面工程时，应在其下面一层检查符合有关规定后，方继续施工，并应做好隐蔽工程验收记录。

(4) 铺设的楼地面的各类面层，一般宜在其他室内装饰工程基本完工后进行。当铺设菱苦土、木地板、拼花木地板和涂料类面层时，必须待基层干燥后进行，尽量避免在气候潮湿的情况下施工。

(5) 踢脚板宜在楼地面的面层基本完工、墙面最后一遍抹灰前完成。木质踢脚板，应在木地面与楼面刨（磨）光后进行安装。

(6) 当采用混凝土、水泥砂浆和水磨石面层时，同一房间要均匀分格或按设计要求进行分缝。

(7) 在钢筋混凝土板上铺设有坡度的地面与楼面时，应用垫层或找平层找坡。

(8) 铺设沥青混凝土面层及用沥青玛蹄脂做结合层铺设块料面层时，应将下一层表面清扫干净，并涂刷同类冷底子油。结合层、块料面层填缝和防水层，应采用同类沥青、纤维和填充材料配制。纤维、填充料一般采用 6 级石棉和锯木屑。

(9) 凡用水泥砂浆做结合层铺砌地面时，均应在常温下养护，一般不得少于 10 d。菱苦土面层的抗压强度达到不少于设计强度的 70%，水泥砂浆和混凝土面层强度达到不低于 5.0 MPa。当板块面层的水泥砂浆结合层的强度达到 1.2 MPa 时，方可在其上面行走或进行其他轻微动作的作业。达到设计强度后，才可投入使用。

(10) 用胶黏剂粘贴各种地板时，室内的施工温度不得低于 10 ℃。

二、石材、瓷砖面层的铺设

（一）天然大理石与花岗石地面铺贴施工

1. 施工准备工作

大理石、花岗石板材楼地面施工，为避免产生二次污染，一般是在顶棚、墙面饰面完成后进行，先铺设楼地面，后安装踢脚板。施工前要清理现场，检查施工部位有没有水、电、暖等工种的预埋件，是否会影响板块的铺贴，要检查板块材料的规格、尺寸和外观要求，凡有翘曲、歪斜、厚薄偏差过大以及裂缝、掉角等缺陷的应予以剔除，同一楼地面工程采用同一厂家、同一批号的产品，不同品种的板块材料不得混杂使用。

(1) 基层处理。板块地面铺贴之前，应先挂线检查楼地面垫层的平整度，然后，清扫基层并用水冲刷干净。如果是光滑的钢筋混凝土楼面，应凿毛，凿毛深度一般为 5 ~ 10 mm,间距为 30 mm 左右。基层表面应提前 1 d 浇水湿润。

(2) 找规矩。根据设计要求，确定平面标高位置。对于结合层的厚度，水泥砂浆结合层应控制在 10 ~ 15 mm，沥青玛蹄脂结合层应控制在 2 ~ 5 mm。平面标高确定之后，在相应的立面墙上弹线。

(3) 初步试拼。根据标准线确定铺贴顺序和标准块的位置。在选定的位置上，按图案、色泽和纹理进行试拼。试拼后按两边方向编号排列，然后按编号码放整齐。

(4) 铺前试排。在房间的两个垂直方向，按标准线铺两条干砂，其宽度大于板块。根据设计图要求把板块排好，以便检查板块之间的缝隙。平板之间的缝隙如果无设计规定时，大理石与花岗石板材一般不大于 1 mm。根据试排结果，在房间主要部位弹上互相垂直的控制线，并引到墙面的底部，用以检查和控制板块的位置。

2. 铺贴施工工艺

大理石与花岗石板材楼地面的铺贴，其构造和做法基本相同。

（1）板块浸水预湿。为保证板块的铺贴质量，板块在铺贴之前应先浸水湿润，晾干后擦去背面的浮灰方可使用。这样可以保证面层与板材黏结牢固，防止出现空鼓和起壳等质量通病，影响工程的正常使用。

（2）铺砂浆结合层。水泥砂浆结合层也是基层的找平层，关系到铺贴工程的质量，应严格控制其稠度，既要保证黏结牢固，又要保证平整度。结合层一般应采用干硬性水泥砂浆，因这种砂浆含水量少、强度较高、变形较小、成型较早，在硬化过程中很少收缩。干硬性水泥砂浆的配合比常用1:（1~3）（体积比），水泥的强度等级不低于32.5 MPa。铺抹时砂浆的稠度以2~4 cm为宜，或以手捏成团颠后即散为度。摊铺水泥砂浆结合层前，还应在基层上刷一遍水灰比为0.4~0.5的水泥浆，随刷随摊铺水泥砂浆结合层。待板块试铺合格后，还应在干硬性水泥砂浆上再薄薄浇上一层水泥浆，以保证上下层之间结合牢固。

（3）进行正式铺贴。石材楼地面的铺贴，一般由房间中部向两侧退步进行。凡有柱子的大厅宜先铺柱子与柱子的中间部分，然后向两边展开。砂浆铺设后，将板块安放在铺设位置上，对好纵横缝，用橡皮锤轻轻敲击板块，使砂浆振实振平，待到达铺贴标高后，将板块移至一旁，再认真检查砂浆结合层是否平整、密实，如有不实之处应及时补抹，最后浇上很薄的一层水灰比为0.4~0.5的水泥浆，正式将板块铺贴上去，再用橡皮锤轻轻敲击至平整。

（4）对缝及镶条。在板块安放时，要将板块四角同时平稳下落，对缝轻敲振实后用水平尺进行找平。对缝要根据拉出的对缝控制线进行，注意板块尺寸偏差必须控制在1 mm以内，否则后面的对缝越来越难。在锤击板块时，不要敲击边角，也不要敲击已铺贴完毕的板块，以免产生空鼓的质量问题。

对于要求镶嵌铜条的地面，板块的尺寸要求更精确。在镶嵌铜条前，先将相邻的两块板铺贴平整，其拼接间隙略小于镶条的厚度，然后向缝隙内灌抹水泥砂浆，灌满后将表面抹平，而后将镶条嵌入，使外露部分略高于板面（手摸水平面稍有凸出感为宜）。

（5）水泥浆灌缝。对于不设置镶条的大理石与花岗石地面，应在铺贴完毕24 h后洒水养护，一般2d后无板块裂缝及空鼓现象，方可进行灌缝。素水泥灌缝应为板缝高度的2/3，溢出的水泥浆应在凝结之前清除干净，再用与板面颜色相同的水泥浆擦缝，待缝内水泥浆凝结后，将面层清理干净，并对铺贴好的地面采取保护措施，一般在3 d内禁止上人及进行其他工序操作。

（二）碎拼大理石地面铺贴施工

1. 碎拼大理石地面的特点

碎拼大理石地面也称冰裂纹地面，是采用不规则的并经挑选的碎块大理石铺贴在水泥砂浆结合层上，并用水泥砂浆或水泥石粒浆填补块料间隙，最后进行磨平抛光而成为碎拼大理石地面面层。

碎拼大理石地面在高级装饰工程中，利用色泽鲜艳、品种繁多的大理石碎块，无规则地拼镶在一起，由于花色不同、形状各异、造型多变，给人一种乱中有序、清新自然的感觉。碎拼大理石的构造做法如图6-1所示。

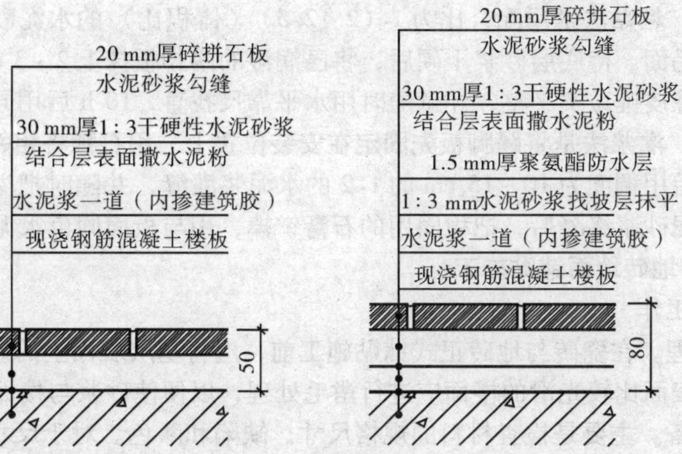

图6－1　碎拼大理石地面构造做法（单位：mm）

2. 碎拼大理石的基层处理

碎拼人理石的基层处理比较简单，先将基层进行湿润，再在基层上抹1∶3水泥砂浆（体积比）找平层，厚度掌握在20～30 mm。

3. 碎拼大理石的施工工艺

（1）在找平层上刷素水泥浆一遍，用1∶2的水泥砂浆（体积比）镶贴大理石块标筋，间距一般为1.5 m，然后铺贴碎大理石块，用橡皮锤轻轻敲击大理石面，使其与水泥砂浆黏结牢固，并与标筋面平齐，随时用靠尺检查表面平整度。

（2）在铺贴施工中要留足碎块大理石间的缝隙，并将缝内挤出的水泥砂浆及时剔除。

（3）碎块大理石之间的缝隙，如无设计要求，又为碎块状材料时，一般控制不太严格，可大可小，互相搭配成各种图案。

（4）如果缝隙间灌注石渣浆时，应将大理石缝间的积水、浮灰消除后，刷素水泥浆一遍，缝隙可用同色水泥浆嵌抹做成平缝，也可嵌入彩色水泥石渣浆，嵌抹应凸出大理石面2 mm，抹平后撒一层石渣，用钢抹子拍平压实，次日养护。

（5）碎拼大理石面层的磨光一般分为四遍完成，即分别采用80～100号金刚砂、100～160号金刚砂、240～280号金刚砂和750号以上金刚砂进行研磨。

待研磨完毕后，将其表面清理干净，便可进行上蜡抛光工作。

（三）踢脚板的镶贴施工

大理石和花岗石的踢脚板，是楼地面与墙面连接的装饰部位，对于工程的整体装饰效果起着重要的作用。踢脚板的高度一般为100～150 mm，厚度为15～20 mm，一般可采用胶粘法和灌浆法施工。

1. 施工准备工作

在踢脚板正式施工前，应认真清理墙面，提前浇水湿润，按需要将阳角处踢脚板一端锯切成45°角。镶贴时从阳角处开始向两侧试贴，并检查是否平直，缝隙是否严密，合格后才能实贴。无论采用何种方法铺贴，均应在墙面两端先各镶贴一块踢脚板，作为其他踢脚板铺贴的标准，然后在上面拉通线以控制上沿平直和平整度。

2. 镶贴施工工艺

（1）粘贴法。粘贴法是用配合比为1∶(2～2.5)（体积比）的水泥砂浆打底，并用木抹子将表面搓成毛面。待底层砂浆干硬后，将已润湿的踢脚板抹上2～3 mm厚的素水泥浆进行粘贴，并用橡皮锤敲实平整，注意随时用水平靠尺找直，10 h后用同色水泥浆擦缝。

（2）灌浆法。灌浆法是将踢脚板先固定在安装位置上，用石膏将相邻两块板及板与地面之间稳固，然后用稠度为10～15 cm的1∶2的水泥浆灌缝，并随时把溢出的水泥砂浆擦除。待灌入的水泥砂浆终凝后，把稳固用的石膏铲掉，用与板面同色水泥浆擦缝。

（四）瓷砖与地砖地面铺贴施工

1. 施工准备工作

（1）基层处理。在瓷砖与地砖正式铺贴施工前，应将基层表面上的砂浆、油污、垃圾等清除干净，对表面比较光滑的楼面应进行凿毛处理，以便使砂浆与楼面牢固黏结。

（2）材料准备。主要是检查材料的规格尺寸、缺陷和颜色。对于尺寸偏差过大，表面残缺的材料应剔除，对于表面色泽对比过大的材料不能混用。

2. 铺贴施工工艺

瓷砖与地砖楼地面构造做法和瓷砖与地砖室外地面构造基本相同，如图6－2所示。

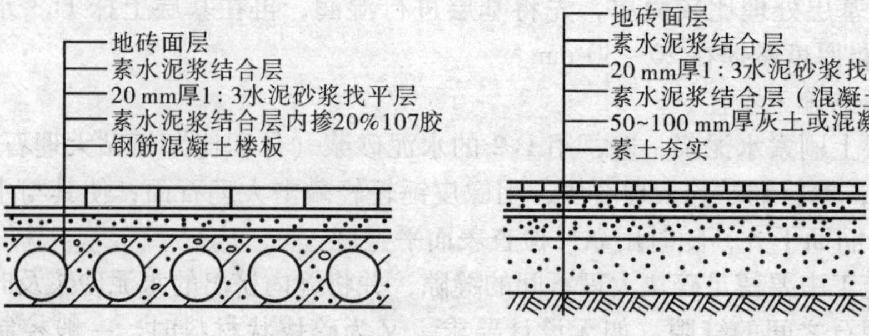

图6－2 瓷砖与地砖地面构造做法

（1）瓷砖及墙地砖浸水。为避免瓷砖及墙地砖从水泥砂浆中过快吸水而影响黏结强度，在铺贴前应在清水中充分浸泡，一般为2～3 h，然后晾干备用。

（2）铺抹结合层的砂浆。基层处理完毕后，在铺抹结合层水泥砂浆前，应提前1 d浇水湿润，然后再做结合层，一般做法是摊铺一层厚度不大于10 mm的1∶3.5水泥砂浆。

（3）对砖进行弹线定位。根据设计要求的地面标高线和平面位置线，在墙面标高点上拉出地面标高线及垂直交叉定位线。

（4）设置标准高度面。根据墙面标高线以及垂直交叉定位线铺贴瓷砖或地砖。铺贴时用1∶2水泥砂浆摊抹在瓷砖、地砖的背面，再将瓷砖、地砖铺贴在地面上，用橡皮锤轻轻敲实，并且标高与地面标高线吻合。一般每贴8块砖用水平尺检校一次，发现质量问题及时纠正。铺贴的程序：对于小房间来说，一般做成T形标准高度面；对于较大面积的房间，通常按房间中心做十字形标准高度面，以便扩大施工面；使多人同时施工，或有地漏和排水孔的部位时，应做放射状标筋，其坡度一般为0.5%～1.0%。

（5）进行大面积铺贴。在大面积铺贴时，以铺好的标准高度面为基准进行，紧靠标准高度面向外逐渐延伸，并用拉出的对缝控制线使对缝平直。铺贴时水泥砂浆应饱满地抹于瓷砖、地砖的背面，放入铺贴位置后用橡皮锤轻轻敲实。要边铺贴边用水平尺检校。整幅地面铺贴完毕后，养护2 d再进行抹缝施工。抹缝时，将白水泥调成干性团在缝隙上擦抹，使缝内填满白水泥，最后将施工面擦洗干净。

（五）陶瓷锦砖地面铺贴施工

1. 施工准备工作

（1）基层处理。陶瓷锦砖地面基层处理与瓷砖、地砖相同。

（2）材料准备。对所用陶瓷锦砖进行检查，校对其规格、颜色，对掉块的锦砖用胶水补贴，将选用的锦砖按房间部位分别存放，铺贴前在背面刷水湿润。

（3）铺抹水泥砂浆找平层。陶瓷锦砖地面铺抹水泥砂浆找平层，是对不平基层处理的关键工序，一般先在干净湿湿的基层上刷上一层水灰比为0.5的素水泥砂浆（不得采用干撒水泥洒水扫浆的办法）。然后及时铺抹1∶3干硬性水泥砂浆，大杠刮平，木抹子搓毛。找平层厚度根据设计地面标高确定，一般为25～30 mm。有泛水要求的房间应事先找出泛水坡度。

（4）弹线分格。陶瓷锦砖地面找平层砂浆养护2～3 d后，根据设计要求和陶瓷锦砖规格尺寸，在找平层上用墨线弹线。

2. 陶瓷锦砖铺贴

（1）陶瓷锦砖楼地面构造做法与陶瓷锦砖室外地面构造基本相同，如图6－3所示。

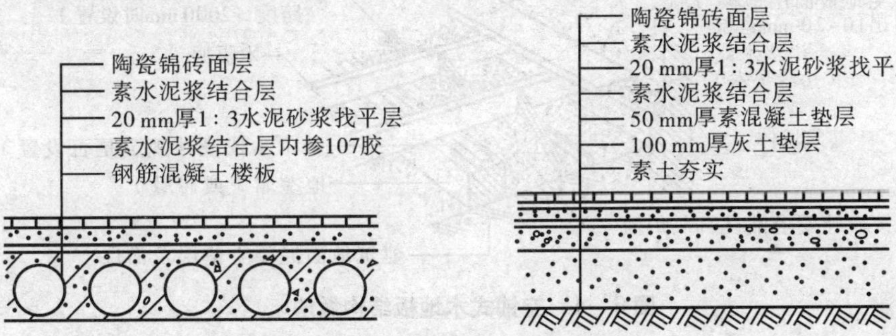

图6－3 陶瓷锦砖地面构造做法

（2）铺贴施工。

①铺贴前首先湿润找平层砂浆，刮一遍水泥浆，随即抹3～4 mm厚1∶1.5水泥砂浆，随刮随抹随铺陶瓷锦砖。

②按弹线对位后铺上，用木拍板拍实，使锦砖黏结牢固并且与其他锦砖平齐。

③揭纸拨缝：铺砖铺完后20～30 min，即可用水喷湿面纸，面纸湿透后，手扯纸边把面纸揭去，不可提拉以防锦砖松脱。洒水应适量，过多则易使锦砖浮起，过少则不易揭起。揭纸后，用开刀将缝隙调匀，不平部分再行揩平拍实，用1∶1水泥细砂灌缝，适当淋水后，再次调缝拍实。

④擦缝：用白水泥素浆嵌缝擦实，同时将表面灰痕用锯末或棉纱擦干净。

⑤养护：陶瓷锦砖地面铺贴24 h后，铺锯木屑等养护，3～4 d后方可上人。

三、木材、竹材面层的铺设

木地板面层是指采用木板铺设，再用地板漆饰面的木板地，具有质量轻、弹性好、热导率低、易于加工、脚感舒适等优点，但也有容易随环境中的温度与湿度变化而变化，易表生裂缝、翘曲变形等缺点，易燃、不耐火是其最大缺陷。

木地板面层一般可分为普通木地板、硬木地板和复合木地板三大类。普通木地板一般是指用松木、杉木等木材制成的板材，其质地较软、易于加工，不易开裂和变形；硬木地板一般是指用水曲柳、柞木、柚木、榆木、核桃木等木材制成的板材，其质地坚硬、耐磨，不易加工，易开裂和变形，施工要求高；复合木地板又称层压木地板，是近年来发展起来的一种新型铺地材料。

（一）木地面的铺贴种类

木地面铺贴可分为空铺式木地板、实铺式木地板、硬木锦砖地面和实铺式复合木地板。

1. 空铺式木地板

一般用于底层，其龙骨两端搁在基础墙挑台上，龙骨下放通长的压沿木。当木龙骨跨度较大时，在跨中设地垄墙或砖墩。木龙骨上铺设双层木地板或单层木地板。为解决木地板的通风，在地垄墙和外墙上设通风洞，如图6－4所示。

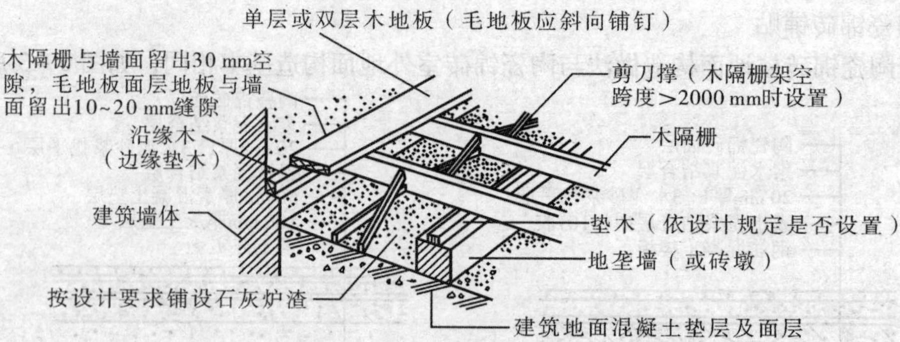

图6－4 空铺式木地板结构做法

2. 实铺式木地板

直接在实体基层上铺设的地板，分为有龙骨式与无龙骨式两种。有龙骨式实铺木地板将木龙骨直接放在结构层上，由预埋铁件固定在基层上，如图6－5所示。在底层地面，为了防潮，须在结构层上涂刷冷底子油和热沥青各一道。无龙骨式实铺木地板采用粘贴式做法，将木地板直接粘贴在结构层的找平层上。实铺式木地板的拼缝形式如图6－5所示。

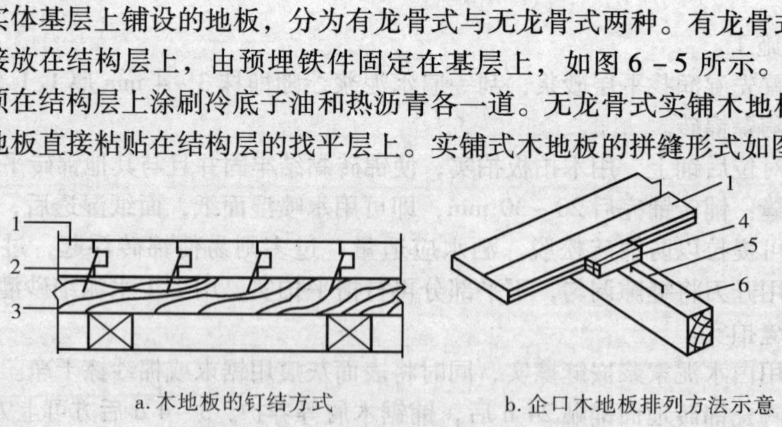

a. 木地板的钉结方式　　b. 企口木地板排列方法示意

图6－5 有龙骨实铺式木地板结构做法

1. 企口条形木地板；2. 地板钉；3. 木龙骨

4. 木楔；5. 扒钉（扒锔）；6. 木隔栅

3. 实铺式复合木地板

在结构找平层上先铺上一层泡沫塑料，上铺复合木地板，采用企口缝，抹白乳胶或配套胶拼接，板底面不铺胶，如图 6-6 所示。

图 6-6　实铺式复合木地板施工做法

（二）木地板施工工艺

有龙骨实铺式木地板的施工工艺流程为：基层处理→弹线、找平→修理预埋铁件→安装木龙骨、剪刀撑→弹线、钉毛地板→找平、刨平→墨斗弹线、钉硬木面板→找平、刨平→弹线、钉踢脚板→刨光、打磨—油漆。

无龙骨实铺式木地板的施工工艺流程为：基层处理→弹线、试铺→铺贴→面层刨光打磨→安装踢脚板→刮腻子→油漆。

1. 实铺木地板龙骨安装

按弹线位置，用双股 12 号镀锌铁丝将龙骨绑扎在预埋“几”形铁件上，垫木应做防腐处理，宽度不小于 50 mm，长度为 70～100 mm。龙骨调平后用铁钉与垫木钉牢。

龙骨铺钉完毕，检查水平度合格后，钉卡横挡木或剪刀撑，中距一般 600 mm。

2. 弹线、钉毛地面

（1）在龙骨顶面弹毛地板铺钉线，铺钉线与龙骨成 30°～45°角。

（2）铺钉时，使毛地板留缝约 3mm。接头设在龙骨上并留 2～3 mm 缝隙，接头应错开。

（3）铺钉完毕，弹方格网线，按网点抄平，并用刨子修平，达到标准后，方能钉硬木地板。

3. 铺面层板

拼花木地板的拼花形式有席纹、人字纹、方格和阶梯式等。

铺钉前，在毛地板弹出花纹施工线和圈边线。

铺钉时，先拼缝铺钉标准条，铺出几个方块作为标准。再向四周按顺序拼缝铺钉。每条地板钉 2 颗钉子。钉孔预先钻好。每钉一个方块，应找方一次。中间钉好后，最后圈边。末尾不能拼接的地板应加胶钉牢。

粘贴式铺设地板，拼缝可为裁口接缝或平头接缝，平头接缝施工简单，更适合沥青胶和胶黏剂铺贴。

4. 面层刨光、打磨

户花木地板宜采用刨光机刨光（转速在 5 000 r/min 以上），与木纹成 45°角斜刨。边角部分用手刨。刨平后用细刨净面，最后用磨地板机装砂布磨光。

5. 油漆

将地板清理干净，然后补凹坑，刮批腻子、着色，最后刷清漆（详见地面涂料施工）。

木地板用清漆，有高档、中档、低档三类。高档地板漆是日本水晶油和聚酯清漆。其漆膜强韧，光泽丰富，附着力强、耐水、耐化学腐蚀，不需上蜡。中档清漆为聚氨酯，低档清漆为醇酸清漆、醇醛清漆等。

6. 上软蜡

当木地板为清漆罩面时，可上软蜡进行装饰。软蜡一般有成品供应，只需要用煤油调制成糨糊状后便可使用。小面积的一般采用人工涂抹，大面积可采用抛光机上蜡抛光。

（三）竹地板施工工艺

竹地板面层的铺设同木地板面层的铺设与工艺做法较雷同，竹地板最常用的铺贴方法是有龙骨实铺式，其工艺同实木地板有龙骨实铺式完全一致。竹地板由于稳定性好，也可用于地热地板的铺设，地热竹地板的施工工艺做法同空铺式木地板施工做法。

（四）复合木地板施工工艺

复合木地板是用原木经粉碎、添加胶黏剂、防腐处理、高温高压制成的中密度板材，表面刷涂高级涂料，再经过切割、刨槽刻榫等工序加工制成拼块复合木地板。地板规格比较统一，安装极为方便，是国内目前较为广泛应用的地板装饰材料，在国外已有 20 多年的应用历史。

1. 复合地板规格与品种

（1）复合地板的规格。目前，在市场上销售的复合木地板无论国产或进口产品，其规格都是统一的，宽度为 120 mm、150 mm 和 195 mm；长度为 1 500 mm 和 2 000 mm；厚度为 6 mm、8 mm 和 14 mm；用的胶黏剂有白乳胶、强力胶、立时得等。

（2）复合地板的品种。

①以中密度板为基材，表面贴天然薄木片（如红木、橡木、桦木、水曲柳等），并在其表面涂结晶三氧化二铝耐磨涂料。

②以中密度板为基材，底部贴硬质 PVC 薄板作为防水层，以增强防水性能，在表面涂结晶三氧化二铝耐磨涂料。

③表面为胶合板，中间设塑料保温材料或木屑，底层为硬质 PVC 塑料板，经高压加工制成地板材料，表面涂耐磨涂料。

上述三种板材按标准规格尺寸裁切，经刨槽、刻榫后制成地板块，每 10 块为一捆，包装出厂销售。

2. 复合木地板施工工艺

复合木地板铺贴和普通企口缝木地板铺贴基本相同，只是其精度更高一些。复合木地板的施工工艺流程为：基层处理→弹线、找平→铺设垫层→试铺预排→铺木地板→铺踢脚板→清洗表面。

（1）基层处理。复合木地板的基层处理与前面相同，要求平整度 3 m 内误差不得大于 2 mm，基层应当干燥。铺贴复合木地板的基层一般有：楼面钢筋混凝土基层、水泥砂浆基层、木地板基层等，不符合要求的要进行修补。木地板基层要求毛板下木龙骨间距要密一些，一般情况下不得大于 300 mm。

（2）铺设垫层。复合木地板的垫层为聚乙烯泡沫塑料薄膜，为宽 1 000 mm 的卷材，铺时按房间长度净尺寸加 100 mm 裁切，横向搭接 150 mm。垫层可增加地板隔潮作用，增加地板的弹性并增加地板稳定性，减少行走时产生的噪声。

（3）试铺预排。在正式铺贴复合木地板前，应进行试铺预排。板的长缝应顺入射光方向沿墙铺放，槽口对墙，从左至右，两板端头企口插接，直到第一排最后一块板，切下的部分若大于 300 mm，可以作为第二排的第一块板铺放，第一排最后一块的长度不应小于 500 mm，否则可将第一排第一块板切去一部分，以保证最后的长度要求。木地板与墙留

8～10 mm缝隙，用木楔进行调直，暂不涂胶。拼铺三排进行修整，检查平整度，符合要求后，安排编号拆下放好。

(4) 铺木地板。按照预排板块的顺序，对缝涂胶拼接，用木槌敲击挤紧。复验平直度，横向用紧固卡带将三排地板卡紧，每1 500 mm左右设一道卡带，卡带两端有挂钩，卡带可调节长短和松紧度。从第四排起，每拼铺一排卡带移位一次，直至最后一排。每排最后一块地板端部与墙仍留8～10 mm缝隙。在门的洞口，地板铺至洞口外墙皮与走廊地板平接。如果为不同材料时，留出5 mm缝隙，用卡口盖缝条盖缝。

(5) 清扫擦洗。每铺贴完一个房间并待胶干燥后，对地板表面进行认真清理，扫净杂物、清除胶痕，并用湿布擦净。

(6) 安装踢脚板。复合木地板可选用仿木塑料踢脚板、普通木踢脚板和复合木踢脚板。在安装踢脚板时，先按踢脚板高度弹水平线，清理地板与墙缝隙中杂物，标出预埋木砖的位置，按木砖位置在踢脚板上钻孔，孔径应比木螺钉直径小1～1.2 mm，用木螺钉进行固定，如图6－7所示。踢脚板的接头尽量设在不明显的地方。

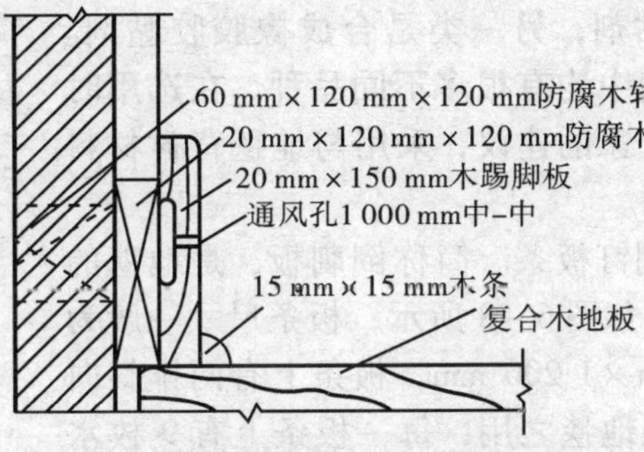

图6－7　踢脚板安装做法

3. 复合木地板施工注意事项

(1) 按照设计要求购进复合木地板，放入准备铺装的房间，在适应铺贴环境48 h后方可拆包铺贴。

(2) 复合木地板与四周墙之间必须留缝，以备地板伸缩变形，地板面积如果超过30 m²，中间也需要留缝。

(3) 如果木地板底面基层有微小的不平，不必用水泥砂浆进行修补，可用橡胶垫垫平。

(4) 拼装木地板从缝隙中挤出的余胶，应随时擦净，不得遗漏。

(5) 复合木地板铺完后不能立即使用，在常温下48 h后方可使用。

(6) 预排时要计算最后一排板的宽度，如果小于50 mm，应削减第一排板的宽度，以使二者均等。

(7) 铺装预排时应将所需用的木地板混放一起，搭配出最佳效果的组合。

(8) 铺装时要用3 m直尺按要求随时找平找直，发现问题及时纠正。

(9) 铺装时板缝涂胶，不能涂在企口槽内，要涂在企口舌部。

四、地毯、塑胶面层的铺设

(一) 地毯的施工准备

1. 材料的准备工作

(1) 地毯材料。地毯是一种现代建筑地面高级装饰材料，具有隔音、隔热、保温、柔软舒适、色泽艳丽和施工方便等优点。地毯的规格与种类繁多，价格和效果差异也很大，因此正确选择地毯十分重要。根据材质不同进行分类，可分为羊毛地毯、混纺地毯、化纤地毯、塑料地毯和剑麻地毯等；根据使用场合及性能不同分类，可分为轻度家用级、中度家用级（轻度专业使用级）、一般家用级（一般专业使用级）、重度家用级（中度专业使用级）、重度专业使用级及豪华级等6个等级。在一般情况下，应根据铺贴部位、使用要求及装饰等级进行综合选择。选择得当不仅可以更好地满足地毯的使用功能，同时也能延长地毯的使用寿命。

（2）垫料材料。对于无底垫的地毯，如果采用倒刺板固定，应当准备垫料材料。垫料一般采用海绵材料作为底垫料，也可以采用杂毛毡垫。

（3）地毯胶黏剂。地毯在固定铺设时，需要用胶黏剂的地方通常有两处：一处是地毯与地面黏结时用；另一处是地毯与地毯连接拼缝用。地毯常用的胶黏剂有两类：一类是聚醋酸乙烯胶黏剂；另一类是合成橡胶胶黏剂。这两类胶黏剂中均有很多不同品种，在选用时宜参照地毯厂家的建议，采用与地毯背衬材料配套的胶黏剂。

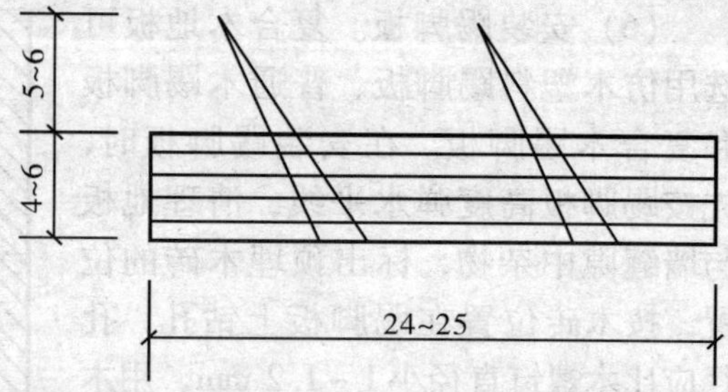

图6－8　地毯倒刺板示意（单位：mm）

（4）倒刺钉板条。简称倒刺板，是地毯的专用固定件，如图6－8所示，板条尺寸一般为6 mm×24 mm×1 200 mm，板条上有两排斜向铁钉，为钩挂地毯之用，每一板条上有9枚水泥钢钉，以打入水泥地面起固定作用，钢钉的间距为35～40 mm。

（5）铝合金收口条。铝合金收口条用于地毯端头露明处，以防止地毯外露毛边影响美观，同时也起到固定作用。在地面有高差的部位，如室内卫生间或厨房地面，一般均低于室内房间地面20 mm左右，在这样的两种地面的交接处，地毯收口多采用L形铝合金收口条，如图6－9所示。

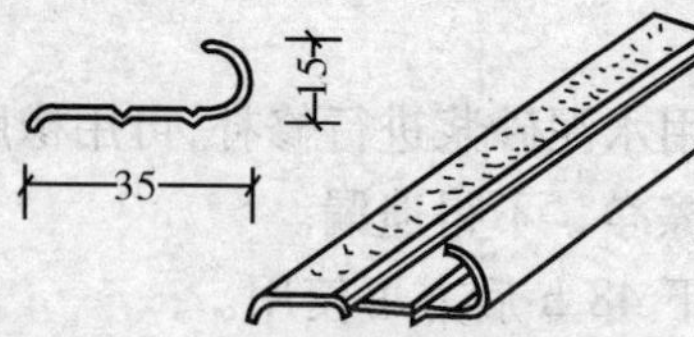

a. 铝合金L形倒刺收口条

b. 固定地毯示意

图6－9　地毯收口示意（单位：mm）

2. 基层的准备工作

对于铺设地毯的基层要求是比较高的，因为地毯大部分为柔性材料，有些是价格较高的高级材料，如果基层处理不符合要求，很容易造成对地毯的损伤。对基层的基本要求有以下方面。

（1）铺设地毯的基层要求具有一定的强度，待基层混凝土或水泥砂浆层达到强度后才能进行铺设。

（2）基层表面必须平整，无凹坑、麻面、裂缝，并保持清洁。如果有油污，用丙酮或松节油擦洗干净。对于高低不平处，应预先用水泥砂浆抹平。

（3）在木地板上铺设地毯时，应注意钉头或其他凸出物，以防止损坏地毯。

3. 地毯铺设的机具准备

地毯铺设的专用工具和机具，主要有裁毯刀、张紧器、扁铲、墩拐和裁边机等，如图6－10所示。

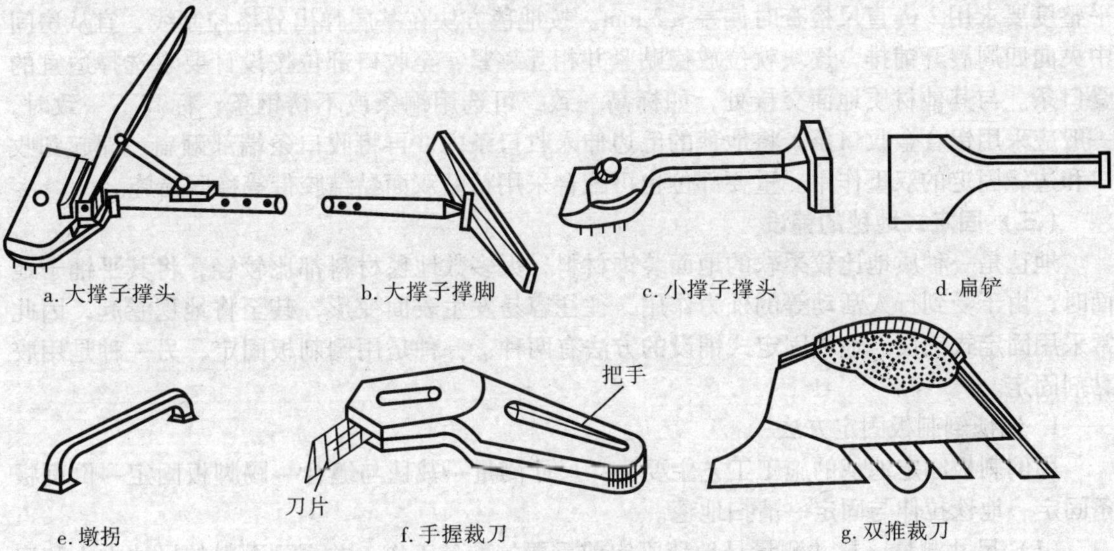

图6－10　地毯铺设的专用工具和机械

（1）张紧器。即地毯撑子，分大小两种。大撑子用于大面积撑紧铺毯，操作时通过可伸缩的杠杆撑头及铰接承脚将地毯张拉平整，撑头与承脚之间可加长连接管，以适应房间尺寸，使承脚顶住对面墙。小撑子用于墙角或操作面狭窄处，操作者用膝盖顶住撑子尾部的空心橡胶垫，两手自由操作。地毯撑子的扒齿长短可调，以适应不同厚度的地毯，不用时可将扒齿缩回。

（2）裁毯刀。有手握裁刀和手推裁刀，手握裁刀用于地毯铺设操作时的少量裁割；手推裁刀用于施工前较大批量的剪裁下料。

（3）扁铲。扁铲主要用于墙角处或踢脚板下端的地毯掩边。

（4）墩拐。用于钉固倒刺钉板条，如果遇到障碍不易敲击，即可用墩拐垫砸。

（5）裁边机。裁边机用于施工现场的地毯裁边，可以高速转动并以3 m/min的速度向前推进。地毯裁边机使用非常方便，裁割时不会使地毯边缘处的纤维硬结而影响拼缝连接。

（二）活动式地毯的铺设

所谓活动式地毯的铺设，是指将地毯明摆浮搁在地面基层上，不需要将地毯同基层固定的一种铺设方式。这种铺设方式施工简单，容易更换。

根据《建筑地面工程施工质量验收规范》（GB 50209—2002）的规定，活动式地毯铺设应符合下列规定。

1. 规范规定

（1）地毯拼成整块后直接铺在洁净的地面上，地毯周边应塞入踢脚线下。

（2）与不同类型的建筑地面连接时，应按照设计要求做好收口。

（3）小方块地毯铺设，块与块之间应当挤紧贴牢。

2. 施工操作

地毯在采用活动式铺贴时，尤其要求基层的平整光洁，不能有突出表面的堆积物，其平整度要求用2 m直尺检查时偏差≤2 mm。按地毯方块在基层弹出分格控制线，宜从房间中央向四周展开铺排，逐块就位放稳贴紧并相互靠紧，至收口部位按设计要求选择适宜的受口条。与其他材质地面交接处，如标高一致，可选用铜条或不锈钢条；标高不一致时，一般应采用铝合金收口条，将地毯的毛边伸入收口条内，再将收口条端部砸扁，即起到收口和边缘固定的双重作用。重要部位也可配合采用粘贴双面黏结胶带等稳固措施。

（三）固定式地毯的铺设

地毯是一种质地比较柔软的地面装饰材料，大多数地毯材料都比较轻，将其平铺于地面时，由于受到行人活动等的外力作用，往往容易发生表面变形，甚至将地毯卷起，因此常采用固定式铺设。地毯固定式铺设的方法有两种：一种是用倒刺板固定，另一种是用胶黏剂固定。

1. 地毯倒刺板固定方法

用倒刺板固定地毯的施工工艺主要为：尺寸测量→裁毯与缝合→踢脚板固定→倒刺板条固定→地毯拉伸与固定→清扫地毯。

（1）尺寸测量。尺寸测量是地毯固定前重要的准备工作，关系到下料的尺寸大小和房间内铺贴质量。测量房间尺寸一定要精确，长宽净尺寸即为裁毯下料的依据，要按房间和所用地毯型号统一登记编号。

（2）裁毯与缝合。精确测量好所铺地毯部位尺寸及确定铺设方向后，即可进行地毯的裁切。化纤地毯的裁切应在室外平台上进行，按房间形状尺寸裁下地毯。每段地毯的长度要比房间的长度长20 mm，宽度要以裁去地毯边缘线后的尺寸计算。先在地毯的背面弹出尺寸线，然后用手推裁刀从地毯背面剪切。裁好后卷成卷编上号，运进相应的房间内。如果是圈绒地毯，裁切时应从环毛的中间剪开；如果是平绒地毯，应注意切口处绒毛的整齐。

加设垫层的地毯，裁切完毕后虚铺于垫层上，然后再卷起地毯，在拼接处进行缝合。在进行地毯接缝处缝合时，先将其两对齐，再用直针隔一段先缝几针临时固定，然后再用大针进行满缝。如果地毯的拼缝较长，宜从中间向两端缝，也可以分成几段，几个人同时作业。背面缝合完毕，在缝合处涂刷5～6 cm宽的白胶，然后将裁好的布条贴上，也可用塑料胶纸粘贴于缝合处，保护接缝处不被划破或勾起。将背面缝合完毕的地毯平铺好，再用弯针在接缝处做绒毛密实的缝合，经弯针缝合后，在表面可以做到不显拼缝。

（3）踢脚板固定。铺设地毯房间的踢脚板，常见的有木质踢脚板和塑料踢脚板。塑料踢脚板一般是由工厂加工成品，用胶黏剂将其黏结到基层上。木质踢脚板一般有两种材料：一种是夹板基层外贴柚木板一类的装饰板材，然后表面刷漆；另一种是木板，常用的有柚木板、水曲柳、红白松木等。

踢脚板不仅保护墙面的底部，同时也作为地毯的边缘收口处理部位。木质踢脚板的固定，较好的办法是用平头木螺钉拧到预埋木砖上，平头沉进0.5～1 mm，然后用腻子补平。如果墙体上未预埋木砖，也可以用高强水泥钉将踢脚板固定在墙上，并将钉头敲扁沉入1～1.5 mm，然后用腻子刮平。踢脚板要离地面8 mm左右，以便于地毯掩边。踢脚板的涂料应于地毯铺设前涂刷完毕，如果在地毯铺设后再刷涂料，地毯表面应加以保护。木质踢脚板表面涂料可按设计要求，清漆或混色涂料均可。但要特别注意，在选择涂料做法时，应根据踢脚板材质情况，扬长避短。如果木质较好、纹理美观，宜选用透明的清漆；如果木质较差、节疤较多，宜选用调和漆。

（4）倒刺板条固定。采用地毯铺设地面时，以倒刺板将地毯固定的方法很多。将基层清理干净后，便可沿踢脚板的边缘用高强水泥钉将倒刺板钉在基层上，钉的间距一般为40 cm左右。如果基层空鼓或强度较低，应采取措施加以纠正，以保证倒刺板固定牢固。可以加长高强水泥钉，使其穿过抹灰层而固定在混凝土楼板上；也可将空鼓部位打掉，重新抹灰或下木楔，等强度达到要求后，再将高强水泥钉打入。倒刺板条要离开踢脚板面8～10 mm，便于用锤子砸钉子。如果铺设部位是大厅，在柱子四周也要钉上倒刺板条，一般的房间沿着墙钉，如图6－11所示。

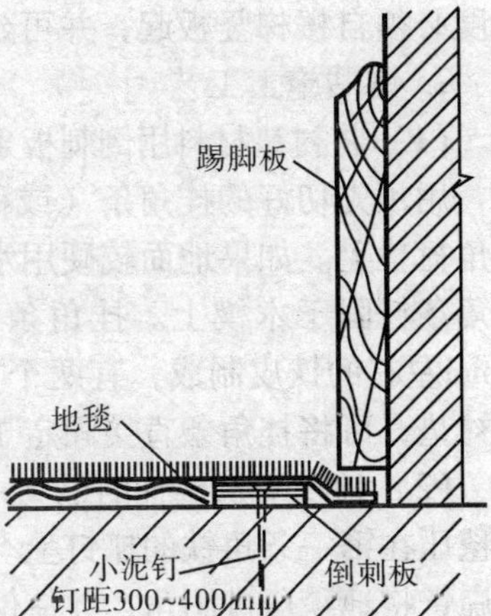

图6－11　倒刺板条固定示意

（5）地毯拉伸与固定。对于裁切与缝合完毕的地毯，为保证其铺贴尺寸准确，要进行拉伸。先将地毯的一条长边放在倒刺板条上，将地毯背面牢挂于倒刺板朝天小钉钩上，把地毯的毛边掩到踢脚下面。为使地毯保持平整，应充分利用地毯撑子（张紧器）对地毯进行拉伸。用手压住地毯撑子，再用膝盖顶住地毯撑子，从一个方向，一步一步推向另一边。如果面积较大，可以几个人同时操作。若一遍未能将地毯拉平，可再重复拉伸，直至拉平为止，然后将地毯固定于倒刺板条上，将毛边掩好。对于长出的地毯，用裁毯刀将其割掉。一个方向拉伸完毕，再进行另一个方向的拉伸，直至将地毯四个边都固定于倒刺板条上。

（6）清扫地毯。在地毯铺设完毕后，表面往往有不少脱落的绒毛和其他东西，待收口条固定后，需用吸尘器认真地清扫一遍。铺设后的地毯，在交工前应禁止行人大量走动，否则会加重清理量。

2. 地毯胶黏剂固定方法

用胶黏剂黏结固定地毯，一般不需要放垫层，只需将胶黏剂刷在基层上，然后将地毯固定在基层上。涂刷胶黏剂的做法有两种，一是局部刷胶，二是满刷胶。人不常走动的房间地毯，一般多采用局部刷胶，如宾馆的地面，家具陈设能占去50%左右的面积，供人活动的地面空间有限，且活动也较少，所以可采用局部刷胶做法固定地毯。在人活动频繁的公共场所，地毯的铺贴固定宜采用满刷胶。

（四）楼梯地毯的铺设

由于楼梯上的行人来往非常频繁，且上上下下与安全有关，因此楼梯地毯的铺设必须严格施工，使其质量完全符合国家有关标准的规定。

1. 施工准备工作

施工准备的材料和机具主要包括：地毯固定角铁及零件、地毯胶黏剂、设计要求的地毯、铺设地毯用钉及铁锤等工具。如果选用的地毯是背后不加衬的无底垫地毯，则应准备海绵衬垫料。

测量楼梯每级的深度与高度，以估计所需要地毯的用量。将测量的深度与高度相加乘以楼梯的级数，再加上 45 cm 的余量，即估算出楼梯地毯的用量。准备余量的目的是为了在使用时可挪动地毯，因转移常受磨损损坏。

对于无底垫地毯，在地毯下面使用楼梯垫料以增加吸音功能和延长使用寿命。衬垫的深度必须自楼梯竖板起，并可延伸至每级踏板外 5 cm 以便包覆。

2. 铺贴施工工艺

（1）将衬垫材料用倒刺板条分别钉在楼梯阴角两边，两木条之间应留出 15 mm 的间隙。

用预先切好的挂角条（或称无钉地毯角铁），以水泥钉钉在每级踏板与压板所形成的转角衬垫上。如果地面较硬用水泥钉钉固困难时，可在钉位处用冲击钻打孔埋入木楔，将挂角条钉固于木楔上。挂角条的长度应小于地毯宽度 20 mm 左右。挂角条是用厚度为 1 mm左右的铁皮制成，有两个方向的倒刺抓钉，可将地毯不露痕迹地抓住，如果不设地毯衬垫，可将挂角条直接固定于楼梯梯级的角处。

（2）地毯要从楼梯的最高一级铺起，将始端翻起在顶级的竖板上钉住，然后用扁铲将地毯压在第一条角铁的抓钉上。把地毯拉紧包住楼梯梯级，顺着竖板而下，在楼梯阴角处用扁铲将地毯压进阴角，并使倒刺板木条上的朝天钉紧紧勾住地毯，然后铺设第二条固定角铁。这样连续下来直到最后一个台阶，将多余的地毯朝内摺转钉于底级的竖板上。

（3）所用地毯如果已有海绵衬底，即可用地毯胶黏剂代替固定角铁，将胶黏剂涂抹在压板与踏板面上粘贴地毯。在铺设前，把地毯的绒毛理顺，找出绒毛最为光滑的方向，铺设时以绒毛的走向朝下为准。在梯级阴角处先按照前面所述钉好倒刺板条，铺设地毯后用扁铲敲打，使倒刺钉将地毯紧紧抓住。在每级压板与踏板转角处，最后用不锈钢钉拧固铝角以防滑条。

（五）塑胶面层的铺设

由于众多现代建筑物地面的特殊使用需求，塑料类装饰地板材料的应用日益广泛。产品种类及材料品质不断发展，已成为不可缺少的当代建筑楼地面铺装材料。无论是用于现代办公楼及大型公共建筑物（如宾馆、医院、商场等），还是用于有防尘超净、降噪超静、防静电等要求的室内楼地面（如电教室、实验室、影剧院等），不仅在艺术效果方面富有高雅的质感，而且可以最大可能地节约自然资源，促进环境保护。

塑料地板以其脚感舒适、不易沾尘、噪声较小、防滑耐磨、保温隔热、色彩鲜艳、图案多样、施工方便等优点，在世界各国得到广泛应用。据日本有关测试资料表明，塑料地板的耐磨性仅次于花岗石和瓷质地砖。可以通过彩色照相制版技术印制出各种色彩丰富的图案，各种仿花岗石、大理石、天然木纹、锦缎等花纹的塑料地板，可以达到以假乱真的效果。在装饰工程中常用的塑料地板有：半硬质聚氯乙烯塑料地板（简称 PVC 塑料地板）、氯乙烯－醋酸乙烯塑料地板（简称 EAV 塑料地板）、聚氯乙烯卷材（简称 PVC 卷材）、氯化聚乙烯地板（简称 CPE 橡胶地板）、塑胶地板等。

1. 半硬质聚氯乙烯塑料地板

半硬质聚氯乙烯塑料地板产品，是以聚氯乙烯共聚树脂为主要原料，加入适量的填料、增塑剂、稳定剂、着色剂等辅料，经压延、挤出或热压工艺所生产的单层和复合半硬质 PVC 铺地装饰材料。

（1）品种与规格。根据国家标准《半硬质聚氯乙烯块状地板》（GB 4085—2005）的规定，其品种可分为单层和同质复合地板。半硬质聚氯乙烯地板的厚度为1.5 mm，长度为300 mm，宽度为300 mm，也可由供需双方议定其他规格产品。

（2）施工工艺。

①料具的准备：

A. 材料的准备：半硬质聚氯乙烯塑料地板铺贴施工常用的主要材料有：塑料地板、塑料踏脚以及适用于板材的胶黏剂。

a. 塑料地板：可以选用单层板或同质复合地板，也可以选用由印花面层和彩色基层复合成的彩色印花塑料地板，它不但具有普通塑料地板的耐磨、耐污染等性能，而且图案多样，高雅美观。

b. 胶黏剂：胶黏剂的种类很多，但性能各不相同，因此在选择胶黏剂时要注意其特性和使用方法。常用胶黏剂的特点如表6－1所示。

表6－1　常用胶黏剂的特点

胶黏剂名称	性能特点
氯丁胶	需双面涂胶、速干、初黏力大、有刺激性挥发气味，施工现场要注意防毒、防燃
202胶	速干、黏结强度大，可用于一般耐水、耐酸碱工程，使用双组分要混合均匀，价格较贵
JY－7胶	需双面涂胶、速干、初黏力大、毒性低、价格相对较低
水乳型氯乙胶	不燃、无味、无毒、初黏力大、耐水性好，对较潮湿基层也能施工，价格较低
聚醋酸乙烯胶	使用方便、速干、黏结强度好，价格较低，有刺激性，必须防燃，耐水性差
405聚氨酯胶	固化后有良好的黏结力，可用于防水、耐酸碱等工程，初黏力差，黏结时必须防止位移
6101环氧胶	有很强的黏结力，一般用于地下室、地下水位高或人流量大的场合，黏结时要预防胺类固化剂对皮肤的刺激，其价格较高
立时得胶	日本产，黏结效果好，干燥速度快
VA黄胶	美国产，黏结效果好

胶黏剂在使用前必须经过充分拌和，均匀后才能使用。对双组分胶黏剂要先将各组分别搅拌均匀，再按规定的配合比准确称量，然后将两组分混合，再次搅拌均匀后才能使用。胶黏剂不用时，千万不能打开容器盖，以防止溶剂挥发，影响其质量。使用时每次取量不宜过多，特别是双组分胶黏剂配量要严格掌握，一般使用时间不超过4 h。另外，溶剂型胶黏剂易燃且带有刺激性气味，所以在施工现场严禁明火和吸烟，并要求有良好的通风条件。

B. 施工工具准备塑料地板的施工工具主要有：涂胶刀、划线器、橡胶辊筒、橡胶压边辊筒。另外还有裁切刀、墨斗线、钢直尺、皮尺、刷子、磨石、吸尘器等。

②基层处理：基层不平整、含水率过高、砂浆强度不足或表面有油迹、尘灰、砂粒等，均会产生各种质量弊病。塑料地板最常见的质量问题有：地板起壳、翘边、鼓泡、剥落及不平整等。因此，要求铺贴的基层平整、坚固、有足够的强度，各阴阳角必须方正，无污垢灰尘和砂粒，含水率不得大于8%。不同的材料的基层，要求是不同的。

A. 水泥砂浆和混凝土基层在水泥砂浆和混凝土基层上铺贴塑料地板，基层表面用2 m直尺检查，允许空隙不得超过2 mm。如果有麻面、孔洞等质量缺陷，必须用腻子进行修补，并涂刷乳液一遍；腻子应采用乳液腻子，其配合比可参考表6-2。

表6-2 乳液及腻子配合比

名称	配合比例（质量比）							
	聚醋酸乙烯乳液	107胶	水泥	水	石膏	滑石粉	土粉	竣甲基纤维素
107胶水泥乳液		0.5~0.8	1.0	6~8				
石膏乳液腻子	1.0			适量	2.0		2.0	
滑石粉乳液腻子	0.20~0.25			适量		1.0		0.10

修补时，先用石膏乳液腻子嵌补找平，然后用0号钢丝纱布打毛，再用滑石粉腻子刮第二遍，直至基层完全平整、无浮灰后，刷107胶水泥乳液，以增加胶结层的黏结力。

B. 水磨石和陶瓷锦砖基层：水磨石和陶瓷锦砖基层的处理，应先用碱水洗去其表面污垢，再用稀硫酸腐蚀表面或用砂轮进行推磨，以增加此类基层的粗糙度。这种地面宜用耐水胶黏剂铺贴。

C. 木质地板基层：木板基层的木格栅应坚实，地面突出的钉头应敲平，板缝可用胶黏剂加老粉配制成腻子，进行填补平整。

③塑料地板的铺贴工艺：

A. 弹线分格：按照塑料地板的尺寸、颜色、图案进行弹线分格。塑料地板的铺贴一般有两种方式：一种是接缝与墙面成45°角，称为对角定位法；另一种是接缝与墙面平行，称为直角定位法。

a. 弹线。以房间中心点为中心，弹出相互垂直的两条定位线。同时，要考虑到板块尺寸和房间实际尺寸的关系，尽量少出现小于1/2板宽的窄条。相邻房间之间出现交叉和改变面层颜色，应当设在门的裁口线处，而不能设在门框边缘处。在进行分格时，应距墙边留出200~300 mm距离作为镶边。

b. 铺贴。以上面的弹线为依据，从房间的一侧向另一侧进行铺贴，这是最常用的铺贴顺序。也可以采用十字形、T形、对角形等铺贴方式。

B. 裁切试铺：为确保地板粘贴牢固，塑料地板在裁切试铺前，应首先进行脱脂除蜡处理，将其表面的油蜡清除干净。

a. 将每张塑料板放进75 ℃左右的热水中浸泡10~20 min，然后取出晾干，用棉丝蘸溶剂（丙酮∶汽油=1∶8的混合溶液）进行涂刷，脱脂除蜡，以保证塑料地板在铺贴时表面平整，不变形和粘贴牢固。

b. 塑料地板铺贴前，对于靠墙处不是整块的塑料板应加以裁切，其方法是在已铺好的塑料板上放一块塑料板，再用一块塑料板的右边与墙紧贴，沿另一边在塑料板上划线，按线裁下的部分即为所需尺寸的边框。

c. 塑料板脱脂除蜡并裁切以后，即可按弹线进行试铺。试铺合格后，应按顺序编号，以备正式铺贴。

C. 刮胶：塑料地板铺贴刮胶前，应将基层清扫干净，并先涂刷一层薄而匀的底子胶。

涂刷要均匀一致，越薄越好，且不得漏刷。底子胶干燥后，方可涂胶铺贴。

a. 应根据不同的铺贴地点选用相应的胶黏剂。如象牌 PVA 胶黏剂，适宜于铺贴二层以上的塑料地板；而耐水胶黏剂，则适用于潮湿环境中塑料地板的铺贴，也可用于 -15 ℃环境中。不同的胶黏剂有不同的施工方法。

如用溶剂型胶黏剂，一般应在涂布后晾干到手触不粘手，再进行铺贴。用 PVA 等乳液型胶黏剂时，则不需要晾干过程，即可将塑料地板的黏结面打毛，涂胶后即可铺贴。用 E-44 环氧树脂胶黏剂时，则应按配方准确称量固化剂（常用乙二胺）加入调和，涂布后即可铺贴。若采用双组分胶黏剂，如聚氨酯和环氧树脂等，要按组分配比正确称量，预先进行配制，并即时用完。

b. 通常施工温度应在 10～35 ℃，暴露时间为 5～15 min。低于或高于此温度，不能保证铺贴质量，最好不进行铺贴。

c. 若采用乳液型胶黏剂，应在塑料地板的背面刮胶。若采用溶剂型胶黏剂，只在地面上刮胶即可。

d. 聚醋酸乙烯溶剂胶黏剂，甲醇挥发速度快，故涂刮面不能太大，稍加暴露就应马上铺贴。聚氨酯和环氧树脂胶黏剂都是双组分固化型胶黏剂，即使有溶液也含量很少，可稍加暴露再铺贴。

D. 铺贴：铺贴塑料地板主要控制三个方面的问题：一是塑料地板要粘贴牢固，不得有脱胶、空鼓现象；二是缝格顺直，避免发生错缝；三是表面平整、干净，不得有凹凸不平及破损与污染。在铺贴中注意以下几个方面。

a. 塑料地板接缝处理，黏结坡口做成同向顺坡，搭接宽度不小丁 300 mm。

b. 铺贴时，切忌整张一次贴上，应先将边角对齐黏合，轻轻地用橡胶辊筒将地板平伏地粘贴在地面上，在准确就位后，用橡胶辊筒压实将气赶出，或用锤子轻轻敲实。用橡胶锤子敲打应从一边向另一边依次进行，或从中心向四边敲打。

c. 铺贴到墙边时，可能会出现非整块地板，应准确量出尺寸后，现场裁割。裁割后再按上述方法一并铺贴。

E. 清理。铺贴完毕后，应及时清理塑料地板表面，特别是施工过程中因手触摸留下的胶印。对溶剂胶黏剂用棉纱蘸少量松节油或 200 号溶剂汽油擦去从缝中挤出来的多余胶，对水乳胶黏剂只需要用湿布擦去，最后上地板蜡。

F. 养护：塑料地板铺贴完毕，要有一定的养护时间，一般为 1～3 d。养护内容主要有两个方面：一是禁止行人在刚铺过的地面上大量行走；二是养护期间避免沾污或用水清洗表面。

2. 塑胶地板的施工工艺

（1）材料及其特点。塑胶地板也称塑胶地砖，是以 PVC 为主要原料，加入其他材料经特殊加工制成的一种新型塑料。其底层是一种高密度、高纤维网状结构材料，坚固耐用，富有弹性。表面为特殊树脂，纹路逼真，超级耐磨，光而不滑。这种塑料地板具有耐火、耐水、耐热胀冷缩等特点，用其装饰的地面脚感舒适、富有弹性、美观大方、施工方便、易于保养，一般用于高档地面装饰。

（2）施工准备工作。

①基层准备工作：在地面上铺设塑胶地板时，应在铺贴之前将地面进行强化硬化处

理，一般是在素土夯实后做灰土垫层，然后在灰土垫层上做细石混凝土基层，以保证地面的强度和刚度。细石混凝土基层达到一定强度后，再做水泥砂浆找平层和防水防潮层。在楼地面上铺设塑胶地板时，首先应在钢筋混凝土预制楼板上做混凝土叠合层，为保证楼面的平整度，在混凝土叠合层上做水泥砂浆找平层，最后做防水防潮层。

②铺贴准备工作：铺贴准备工作主要包括弹线、试铺和编号。

A. 弹线：根据具体设计和装饰物的尺寸，在楼地面防潮层上弹出互相垂直，并分别与房间纵横墙面平行的标准十字线，或分别与同一墙面成45°角且互相垂直交叉的标准十字线。根据弹出的标准十字线，从十字线中心开始，将每块（或每行）塑胶地板的施工控制线逐条弹出，并将塑胶楼地面的标高线弹于两边墙面上。弹线时还应将楼地面四周的镶边线一并弹出（镶边宽度应按设计确定，设计中无镶边者不必弹此线）。

B. 试铺和编号按照弹出的定位线，将预先选好的塑胶地板按设计规定的组合造型进行试铺，试铺成功后逐一进行编号，堆放在合适位置备用。

（3）塑胶地板的铺贴工艺。

①清理基层：基层表面在正式涂胶前，应将其表面的浮砂、垃圾、尘土、杂物等清理干净，待铺贴的塑胶地板也要清理干净。

②试胶黏剂：在塑胶地板铺贴前，首先要进行试胶工作，确保采用的胶黏剂与塑胶地板相适应，以保证粘贴质量。试胶时一般取几块塑胶地板用拟采用的胶黏剂涂于地板背面和基层上，待胶稍干后（以不粘手为准）进行粘铺。在粘铺 4 h 后，如果塑胶地板无软化、翘边或黏结不牢等现象，则认为这种胶黏剂与塑胶地板相容，可以用于铺贴，否则应另选胶黏剂。

③涂胶黏剂：用锯齿形涂胶板将选用的胶黏剂涂于基层表面和塑胶地板背面，注意涂胶的面积不得少于总面积的80%。涂胶时应用刮板先横向刮涂一遍，再竖向刮涂一遍，必须刮涂均匀。

④粘铺施工：在涂胶稍停片刻后，待胶膜表面稍干些，将塑胶地板按试铺编号水平就位，并与所弹定位线对齐，把塑胶地板放平粘铺，用橡胶辊将塑胶地板压平粘牢，同时将气泡赶出，并与相邻各板抄平调直，彼此不得有高度差。对缝应横平竖直，不得有不直之处。

⑤质量检查：塑胶地板粘铺完毕后，应进行严格的质量检查。凡有高低不平、接搓不严、板缝不直、黏结不牢及整个楼地面平整度超过 0.50 mm 者，均应彻底进行修正。

⑥镶边装饰：设计有镶边者应进行镶边，镶边材料及做法按设计规定办理。

⑦打蜡上光：塑胶地板在铺贴完毕经检查合格后，应将表面残存的胶液及其他污迹清理干净，然后用水蜡或地板蜡打蜡上光。

第二节　墙柱面工程

一、石材、瓷砖墙柱面的施工

（一）石材墙柱面

1. 材料准备工作

（1）对已到场的石材饰面材料进行检查。检查内容主要包括以下几个方面：

①由于天然石材，有色差是难免的，但要控制在不影响美观的范围内。

②各种饰面材料的规格是否符合质量标准规定的尺寸和公差要求。

③各种饰面材料是否有表面缺陷或破损现象。

（2）检测饰面材料所含污染物是否符合规定。天然石材会存在放射性指标超标的现象，要检查合格指标和现场进行抽样复查，以满足设计要求。

2. 石材饰面绑扎固定灌浆法

绑扎固定灌浆法又称钢筋网挂贴湿作业法，这是一种传统的施工方法，但至今仍在采用，可用于混凝土墙和砖墙。由于其施工费用较低，所以很受施工单位的欢迎。但是，其存在着施工进度慢、工期比较长，对工人的技术水平要求高，饰面板容易变色、锈斑、空鼓、裂缝等，而且对不规则及几何形体复杂的墙面不易施工等缺点。

绑扎固定灌浆法，其施工方法比较复杂，主要的施工工艺流程为：墙体基层处理→绑扎钢筋网片→饰面石板选材编号→石板钻孔剔槽→绑扎铜丝→安装饰面板→临时固定→灌浆→清理→嵌缝。

（1）绑扎钢筋网片。按施工大样图要求的横竖距离焊接或绑扎安装用的钢筋骨架。其方法是先剔凿出墙面或柱面结构施工时的预埋钢筋，使其外露于墙、柱面，然后连接绑扎（或焊接）直径 8 mm 竖向钢筋（竖向钢筋的间距，如设计无规定，可按饰面板宽度距离设置），随后绑扎好横向钢筋，其间距要比饰面板竖向尺寸低 2 ~ 3 cm 为宜，如图 6 - 12所示。

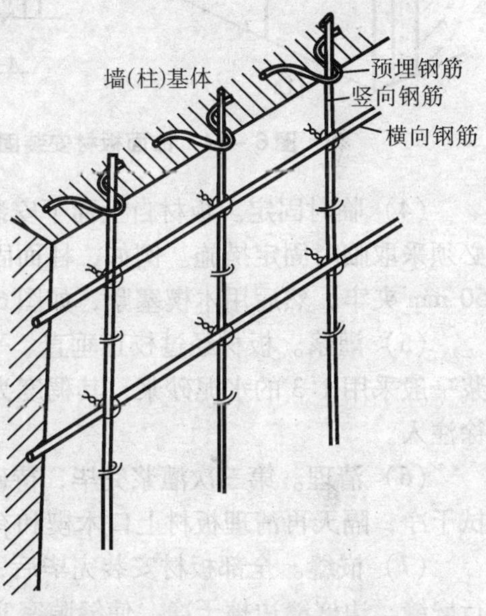

图 6 - 12　墙面、柱面绑扎钢筋网

（2）钻孔、剔槽、挂丝。在板材截面上钻孔打眼，孔径 5 mm 左右，孔深 15 ~ 20 mm，孔位一般距板材两端 L/3 ~ L/4，L 为边长。

钻孔后，用合金钢錾子在板材背面与直孔正面轻打凿，剔出深 4 mm 小槽，以便挂丝时绑扎丝不露出，以免造成拼缝间隙。近年来，亦有在装饰板材厚度面上与背面的边长 L/3 ~ L/4 处锯三角形锯口，在锯口内挂丝。各种钻孔如图 6 - 13 所示。

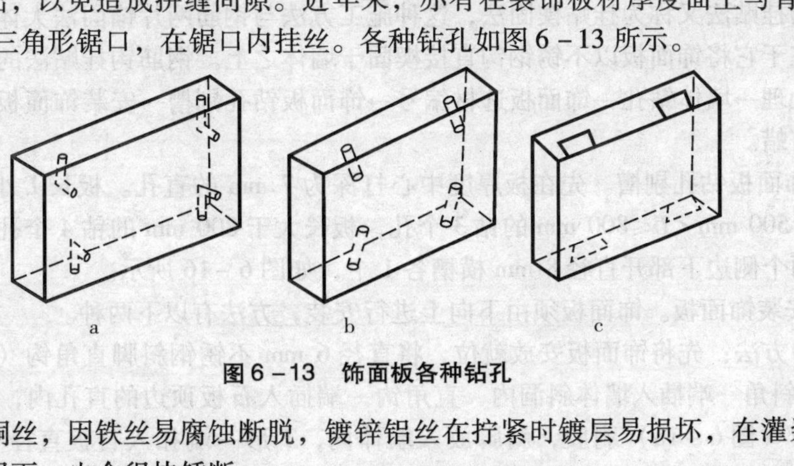

图 6 - 13　饰面板各种钻孔

挂丝宜用铜丝，因铁丝易腐蚀断脱，镀锌铝丝在拧紧时镀层易损坏，在灌浆不密实、勾缝不严的情况下，也会很快锈断。

（3）安装饰面板。安装饰面板时应首先确定下部第一层板的安装位置，如图 6－14 所示。

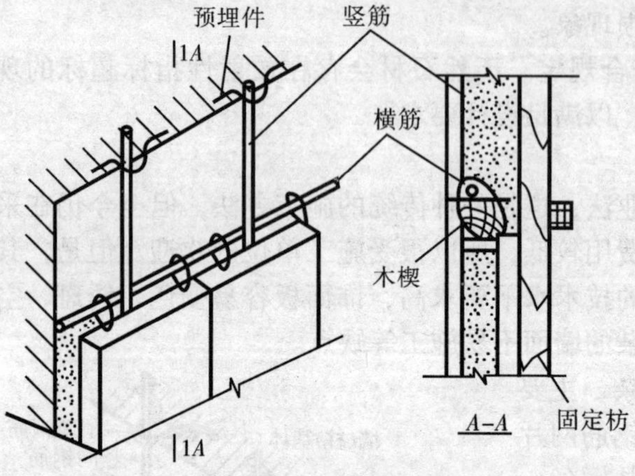

图 6－14 饰面板材安装固定

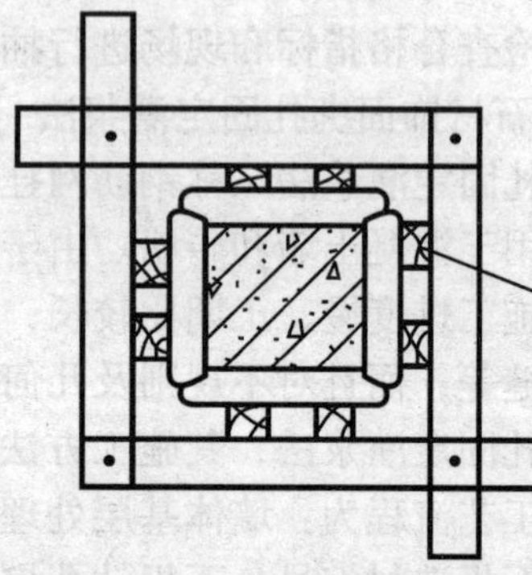

图 6－15 柱饰面临时固定夹具

（4）临时固定。板材自上而下安装完毕后，为防止水泥砂浆灌缝时板材游走、错位，必须采取临时固定措施。例如，柱面固定可用方木或小角钢，依柱饰面截面尺寸略大 30～50 mm 夹牢，然后用木楔塞紧，如图 6－15 所示。

（5）灌浆。板材经过校正垂直、平整和方正，并临时固定完毕后，即可进行灌浆。灌浆一般采用 1∶3 的水泥砂浆，其稠度为 5～15 cm，将砂浆向板材背面与基体间的缝隙中徐徐注入。

（6）清理。第三次灌浆完毕，待砂浆初凝后，即可清理板材上口的余浆，并用棉丝擦拭干净，隔天再清理板材上口木楔和有碍安装上层板材的石膏。

（7）嵌缝。全部板材安装完毕后，应将表面清理干净，并按板材颜色调制水泥砂浆进行嵌缝，边嵌缝边擦干净，使缝隙密实干净，颜色一致。安装固定后的板材，如面层光泽受到影响，要重新打蜡上光，并采取临时措施保护其棱角，直至交付使用。

3. 石材饰面钢筋钩挂贴施工法

钢筋钩挂贴法又称为挂贴楔固法，这种施工方法与钢筋网片锚固法大体是相同的，其不同之处在于它将饰面板以不锈钢钩直接楔固于墙体之上。钢筋钩挂贴法的施工工艺流程为：基层处理→墙体钻孔→饰面板选材编号→饰面板钻孔剔槽→安装饰面板→灌浆→清理→灌缝→打蜡。

（1）饰面板钻孔剔槽。先在板厚度中心打深为 7 mm 的直孔。板长 L 小于 500 mm 的钻 2 个孔，500 mm $< L \leqslant$ 800 mm 的钻 3 个孔，板长大于 800 mm 的钻 4 个孔。钻孔后，再在饰面板两个侧边下部开直径 8 mm 横槽各 1 个，如图 6－16 所示。

（2）安装饰面板。饰面板须由下向上进行安装，方法有以下两种。

第一种方法：先将饰面板安放就位，将直径 6 mm 不锈钢斜脚直角钩（图 6－17）刷胶，把 45°斜角一端插入墙体斜洞内，直角钩一端插入石板顶边的直孔内，同时将不锈钢斜角 T 形钉（图 6－18）刷胶，斜脚放入墙体内，T 形一端扣入石板直径 8 mm 横槽内，最后用大头硬木楔楔入石板与墙体之间，将石板固定牢靠，石板固定后将木楔取出。

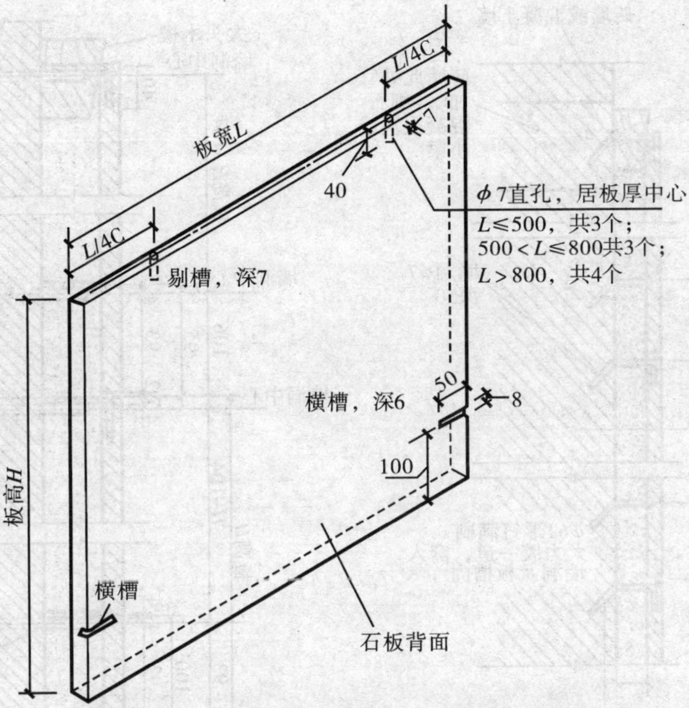

图6－16　石板上钻孔剔槽示意（单位：mm）

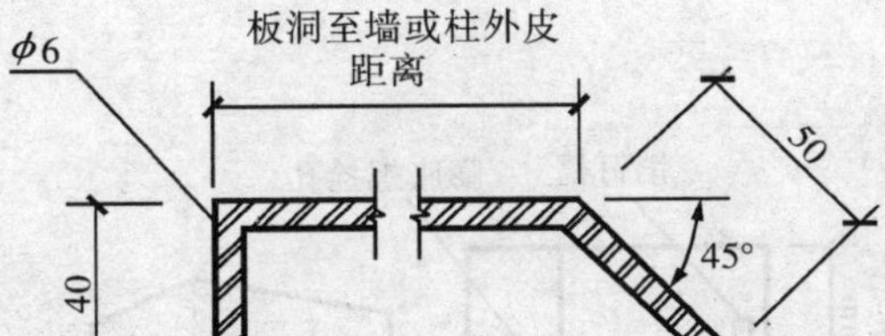

图6－17　不锈钢斜角直角钩（单位：mm）

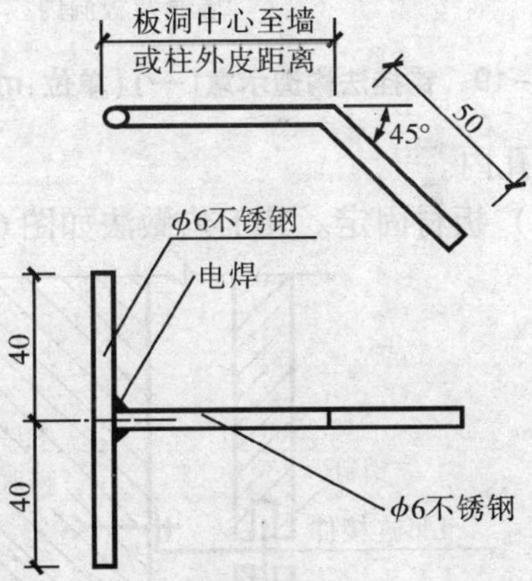

图6－18　不锈钢斜角T形钉（单位：mm）

第二种方法：将不锈钢斜脚直角钩改为不锈钢直角钩，不锈钢斜角T形钉改为不锈钢T形钉，一端放入石板内，一端与预埋在墙内的膨胀螺栓焊接。其他工艺不改变，图6－19、图6－20所示。

4. 石材饰面膨胀螺栓锚固施工法

膨胀螺栓锚固施工法施工工艺包括：选材、钻孔、基层处理、弹线、板材铺贴和固定五道工序。这种方法除钻孔和板材固定工序外，其余做法均与钢筋钩挂法相同。

（1）板材钻孔。由于膨胀螺栓锚固施工法相邻板材是用不锈钢销钉连接的，因此钻孔位置一定要准确，以便使板材之间的连接水平一致、上下平齐。钻孔前应在板材侧面按要求定位后，用电钻钻成直径为5 mm、深度为12～15 mm的圆孔，然后将直径为5 mm的销

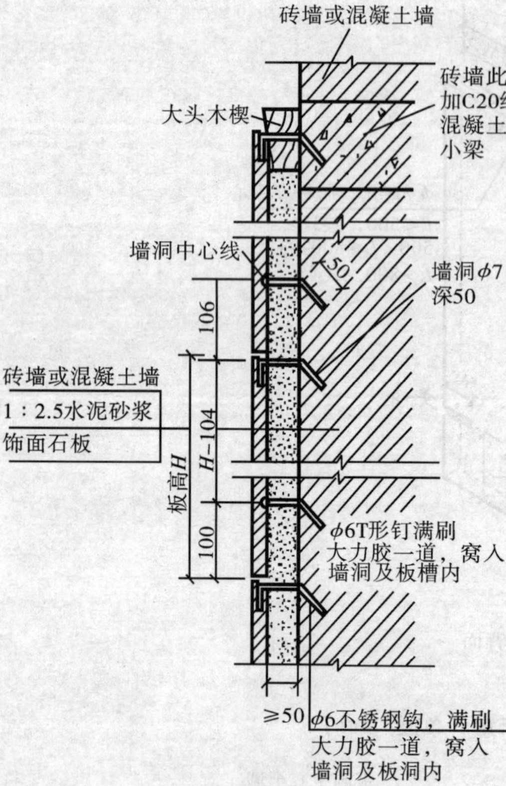

图6－19 钩挂法构造示意(一)(单位:mm)

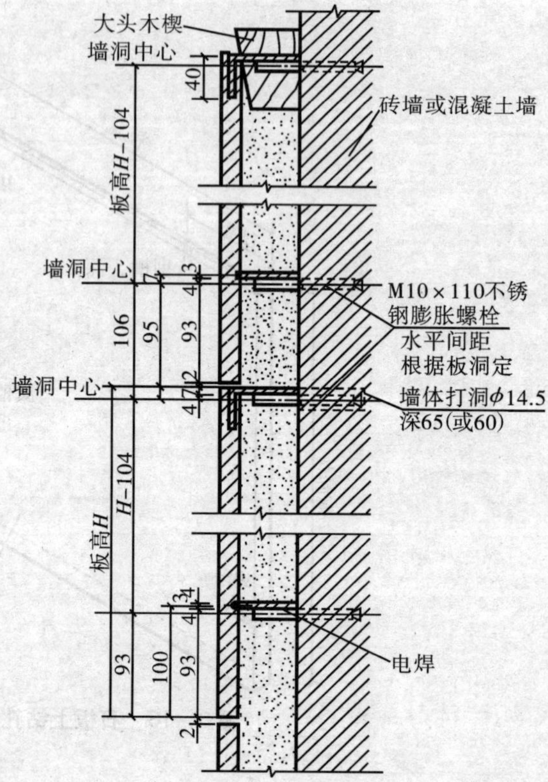

图6－20 钩挂法构造示意(二)(单位:mm)

钉插入孔内。

（2）板材固定。其工艺做法如图6－21所示。

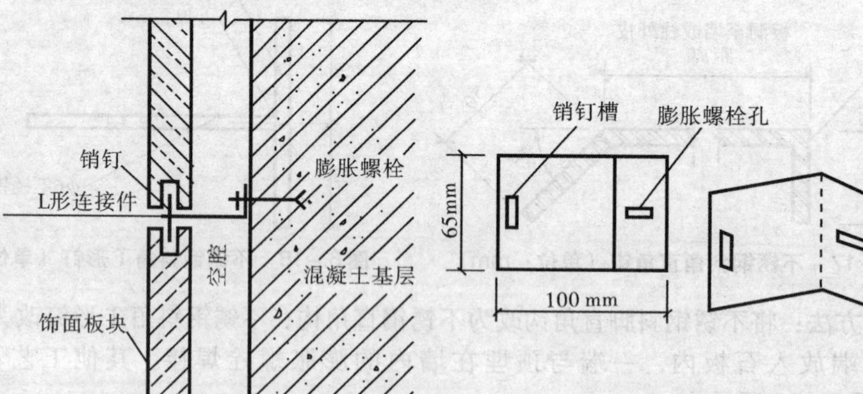

a. 板块的固定　　b. L形连接件

图6－21 膨胀螺栓锚固法固定板块

5. 大理石胶粘贴施工法

大理石胶粘贴法是当代石材饰面装修简捷、经济、可靠的一种新型装修施工工艺，它摆脱了传统粘贴施工方法中受板块面积和安装高度限制的缺点。

饰面板与墙面距离仅5 mm左右，从而也缩小了建筑装饰所占空间，增加了使用面积；施工简便、速度较快，综合造价比其他工艺低。

大理石胶粘贴施工法的施工工艺流程为：基层处理→弹线、找规矩→选板预拼→打磨→调涂胶→铺贴→检查、校正→清理嵌缝→打蜡上光。

当装修高度虽然不大于9 m，但饰面板与墙面净距离大于5 mm（或小于20 mm）时，须采用加厚粘贴法施工，如图6－22所示。

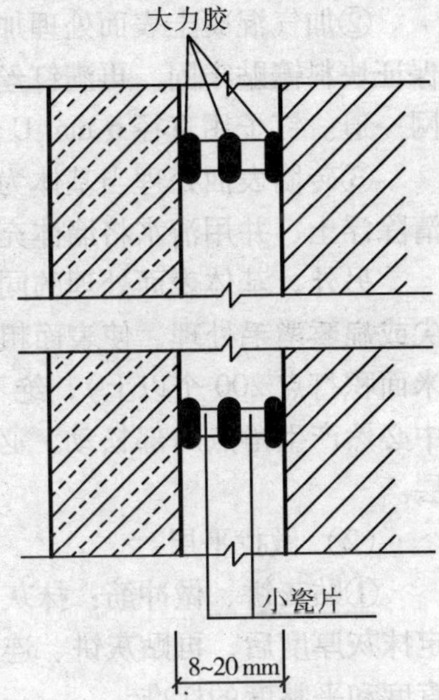

图6－22　大理石胶加厚处理示意

当贴面高度超过9 m时，应采用粘贴锚固法。即在墙上设计位置钻孔、剔槽，埋入直径为10 mm的钢筋，将钢筋与外面的不锈钢板焊接，在钢板上满涂大理石胶，将饰面板与之粘牢，如图6－23所示。

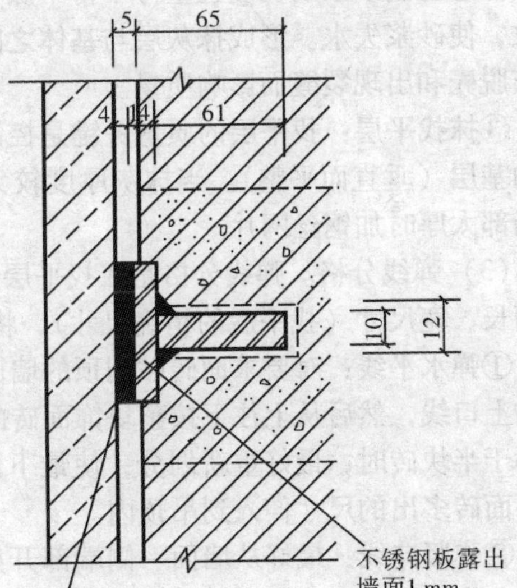

图6－23　粘贴锚固法示意（单位：mm）

（二）瓷砖墙柱面

1. 材料准备工作

（1）对已到场的饰面材料进行数量清点核对。

（2）按设计要求，进行外观检查。检查内容主要包括以下几个方面：

①进料与选定样品的图案、花色、颜色是否相符，有无色差。

②各种饰面材料的规格是否符合质量标准规定的尺寸和公差要求。

③各种饰面材料是否有表面缺陷或破损现象。

（3）检测饰面材料所含污染物是否符合规定。

应当强调的是，以上检查必须开箱进行全数检查，不得抽样或部分检查，防止以劣充优。因为大面积装饰贴面，如果有一块不合格，就会破坏整个装饰面的效果。

2. 内墙面砖镶贴施工工艺

内墙面砖镶贴的施工工艺流程为：基层处理→抹底、中层灰找平→弹线分格→选面砖→浸砖→做标志块→铺贴→勾缝→清理。

（1）基层处理。镶贴饰面砖需先做找平层，而找平层的质量是保证饰面层镶贴质量的关键，基层处理又是做好找平层的前提，要求基层不产生空鼓而又满足面层粘贴要求。以下为各种材质基层表面处理方法，主要解决的是找平层与基层的粘贴问题，同时为初步找平打下基础。

①混凝土表面处理当基体为混凝土时，先剔凿混凝土基体上凸出部分，使基体基本保

持平整、毛糙，然后刷一道界面剂，在不同材料的交接处或表面有孔洞处，需用1:2或1:3水泥砂浆找平。填充墙与混凝土地面结合处，还应用钢板网压盖接缝，射钉钉牢。

②加气混凝土表面处理加气混凝土砌块墙应在基体清理干净后，先刷界面剂一道，为保证块料镶贴牢固，再满钉丝径为0.7 mm、孔径为32 mm×32 mm或以上的机制镀锌钢丝网一道。钉子用直径6 mm U形钉，钉距不大于600 mm，梅花形布置。

③砖墙表面处理当基体为砖砌体时，应用钢錾子剔除砖墙面多余灰浆，然后用钢丝刷清除浮土，并用清水将墙体充分润湿，使润湿深度为2~3 mm。

另外，基体表面处理的同时，需将穿墙洞眼封堵严实。光滑的混凝土表面，必须用钢尖或扁錾凿毛处理，使表面粗糙。打点凿毛应注意两点：一是受凿面积≥70%（即每平方米面积打点200个以上），绝不能象征性地打坑；二是凿点后，应清理凿点面，由于凿打中必然产生凿点局部松动，必须用钢丝刷清洗一遍，并用清水冲洗干净，防止产生隔离层。

（2）做找平层。

①贴灰饼、做冲筋：抹灰前需先挂线、贴灰饼。内墙面应在四角吊垂线、拉通线，确定抹灰厚度后，再贴灰饼、连通灰饼（竖向、水平向）进行冲筋，作为墙面找平层砂浆垂直度和平整度的标准。

②打底：用1:3的水泥砂浆或1:1:4混合砂浆，在已充分润湿的基层上涂抹。涂抹时必须注意控制砂浆的稠度且基体不得干燥，因为干燥的基体容易将紧贴它的砂浆层的水分吸收，使砂浆失水。形成抹灰层与基体之间的隔离层而水化不充分，无强度，引起基层拜抹灰脱壳和出现裂缝而影响质量。

③抹找平层：找平层的质量关键是控制好平整度和垂直度，为镶贴饰面层提供一个良好的基层（垂直而平整）。当抹灰厚度较大时，应分层涂抹，一般一次抹灰厚度≤7 mm，当局部太厚时加钢丝网片。

（3）弹线分格。弹线分格是在找平层上用墨线弹出饰面砖分格线。弹线前应根据镶贴墙面长、宽尺寸（找平后的精确尺寸），将纵、横面砖的皮数划出皮数杆，定出水平标准。

①弹水平线：对要求面砖贴到顶的墙面，应先弹出顶棚边或龙骨下标高线，确定面砖铺贴上口线，然后从上往下按整块饰面砖的尺寸划分到最下面的饰面砖。当最下面砖的高度小于半块砖时，最好重新划分，使最下面一层面砖高度大于半块砖。重新排砖划分后，可将面砖多出的尺寸伸入到吊顶内。

②弹竖向线：最好从墙面一侧端部开始，以便将不足模数的面砖贴于阴角或阳角处。弹线分格示意如图6-24所示。

（4）选面砖。选面砖是保证饰面砖镶贴质量的关键工序。必须在镶贴前按颜色的深浅、尺寸的大小不同进行分选。对于饰面砖的几何尺寸大小，可以采用自制模具，这种模具是根据饰面砖几何尺寸及公差大小，做成“凵”形木框钉在木板上，将面砖逐块放入木框，即能分选出大、中、小，分别堆放备用。在分选饰面砖的同时，还要注意砖的平整度如何，不合格者不得使用于工程。最后挑选配件砖，如阴角条、阳角条、压顶等。

（5）浸砖。如果用陶瓷釉面砖作为饰面砖，在铺贴前应充分浸水润湿，防止用干砖铺贴上墙后，吸收砂浆（灰浆）中的水分，致使砂浆中水泥不能完全水化，造成黏结不牢或面砖浮滑。一般浸水时间不少于 2 h，取出后阴干到表面无水膜再进行镶贴，通常为 6 h 左右，以手摸无水感为宜。

（6）做标志块。用面砖按镶贴厚度，在墙面上下左右合适位置做标志，并以砖棱角作为基准线，上下靠尺吊垂直，横向用靠尺或细线拉平。标志块的间距一般为1 500 mm。阳角处除正面做标志块外，侧面也相应有标志块，即所谓双面挂直，如图 6－25 所示。

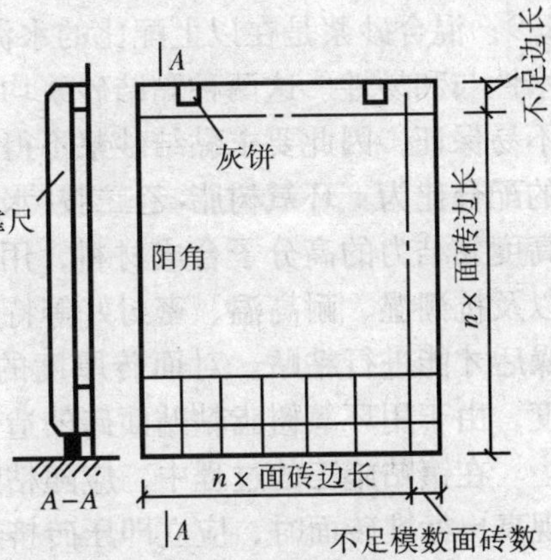

图 6－24　饰面砖弹线分格示意

（7）镶贴方法。

①预排饰面砖：为确保装饰效果和节省面砖用量，在同一墙面只能有一行与一列非整块饰面砖，非整块砖应排在紧靠地面处或不显眼的阴角处。排砖时可用适当调整砖缝宽度的方法解决，一般饰面砖的缝宽可在 1 mm 左右变化。凡有管线、卫生设备、灯具支撑等时，面砖应裁成 U 形口套入，再将裁下的小块截去一部分，与原砖套入 U 形口嵌好，严禁用几块其他零砖拼凑。内墙面砖镶贴排列方法，主要有直缝镶贴和错缝镶贴两种，如图 6－26 所示。

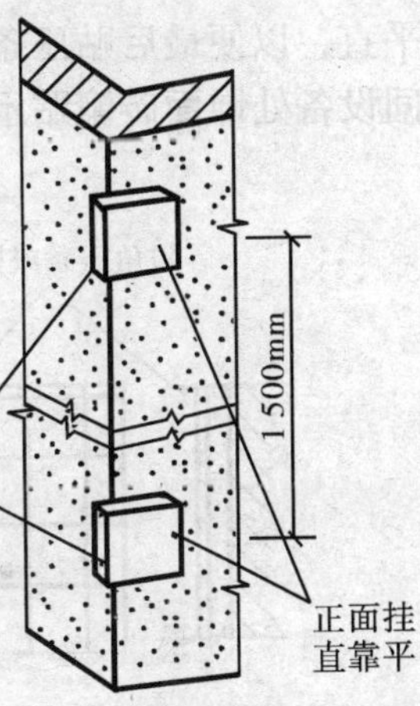

图 6－25　双面挂直示意

②掌握镶贴顺序：每一施工层必须由下往上镶贴，而整个墙面可采用从下往上，也可采用从上往下的施工顺序。

一个施工层由下往上，从阳角开始沿水平方向逐一铺贴，以弹好的地面水平线为基准，嵌上直靠尺或八字形靠尺条，第一排饰面砖下口应紧靠直靠尺条上沿，保

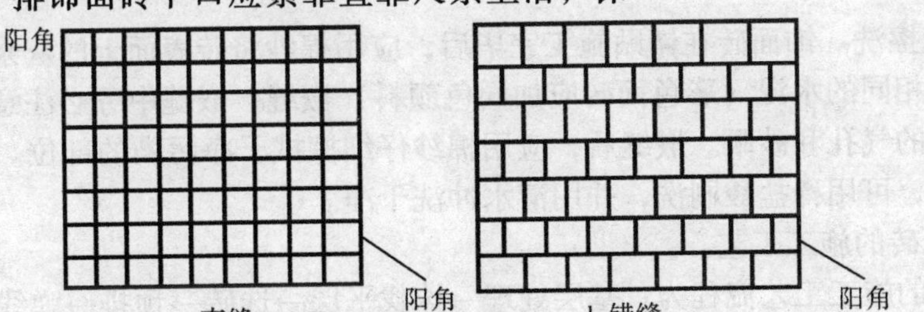

图 6－26　内墙饰面砖贴法示意

证基准行平直。如地面有踢脚板，靠尺条上口应为踢脚板上沿位置，以保证面砖与踢脚板接缝的美观。镶贴时，用铲刀在面砖背面满刮砂浆，再准确镶嵌到位，然后用铲刀木柄轻轻敲击饰面砖表面，使其落实镶贴牢固，并将挤出的砂浆刮净。

饰面砖黏结砂浆的厚度应大于 5 mm，但不宜大于 8 mm。砂浆可以是水泥砂浆，也可以是混合砂浆。水泥砂浆的配合比以 1:（2～3）（体积比）为宜，砂的细度模数应小于

2.9；混合砂浆是在以上配比的水泥砂浆中加入少量的石灰膏即可，以增加黏结砂浆的保水性与和易性。这两种黏结砂浆均比较软，如果砂浆过厚，饰面砖很容易下坠，其平整度不易保证，因此要求黏结砂浆不得过厚。另外，也可以采用环氧树脂粘贴法，环氧水泥胶的配合比为：环氧树脂∶乙二胺∶水泥 =100∶(6~8)∶(100~150)。环氧树脂是一种具有高度黏结力的高分子合成材料，用它来粘贴面砖，具有操作方便，工效较高，黏结性强，以及抗潮湿、耐高温、密封好等特点，但要求基层或找平层必须平整坚实，并需要待其干燥后才能进行粘贴。对面砖厚度的要求也比较高，要求厚度均匀，以便保证表面的平整度，由于用环氧树脂粘贴面砖的造价较高，一般在大面积面砖粘贴中不宜采用。

在镶贴施工的过程中，应随粘贴随敲击，随用靠尺检查表面平整度和垂直度。检查发现高出标准砖面时，应立即压砖挤浆；如果已形成凹陷，必须揭下重新抹灰再贴，严禁从面砖边缘塞砂浆造成空鼓。如果遇到面砖几何尺寸差异较大，应在铺贴中注意随时调整。最佳的调整方法是将相近尺寸的饰面砖贴在一排上，但镶最上面一排时，应保证面砖上口平直，以便最后贴压条砖。无压条砖时，最好在上口贴圆角面砖，如图 6-27 所示。卫生间设备处饰面砖镶贴示意图，如图 6-28 所示。

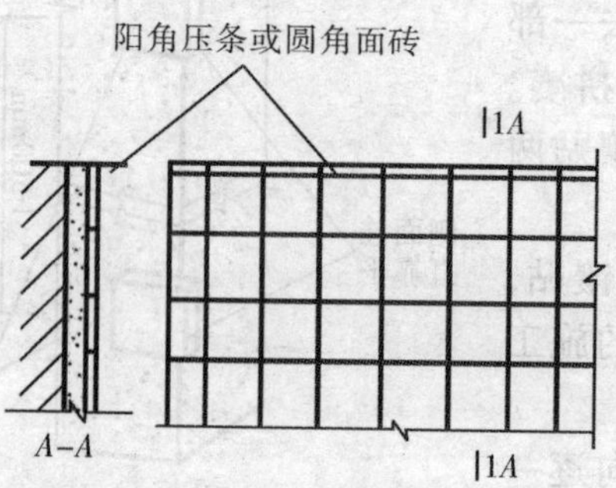

图 6-27 圆角面砖铺贴示意

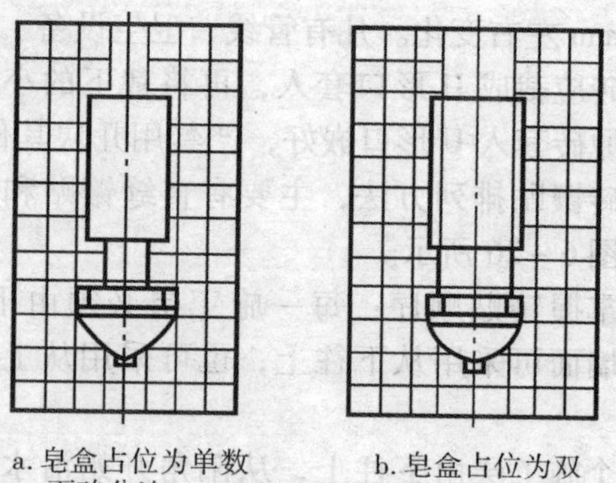

a. 皂盒占位为单数面砖分法

b. 皂盒占位为双数面砖分法

图 6-28 卫生间设备处饰面砖镶贴示意

（8）勾缝擦洗。饰面砖在镶贴施工完毕后，应用棉纱将砖表面上的灰浆拭净，同时用与饰面砖颜色相同的水泥（彩色面砖应加同色颜料）嵌缝，嵌缝中务必注意应全部封闭缝中镶贴时产生的气孔和砂眼。嵌缝后，应用棉纱仔细擦拭干净污染的部位。如饰面砖砖面污染比较严重，可用稀盐酸刷洗，并用清水冲洗干净。

3. 外墙面砖的施工工艺

外墙面砖的施工工艺流程为：基层处理→抹找平层→选砖→预排→弹线分格→镶贴→勾缝。

（1）基层处理。外墙面砖的基层处理与内墙面砖的基层处理相同。

（2）抹底中层灰。抹底层和中层灰的做法同内墙抹灰。只是应特别注意各楼层的阳台和窗口的水平向、竖向和进出方向必须“三向”成线。墙面的窗台腰线、阳角及滴水线等部位饰面层镶贴排砖方法和换算关系，如正面砖要往下突 3 mm 左右，底面砖要做出流水坡度等，如图 6-29 所示。

（3）选砖与预排。

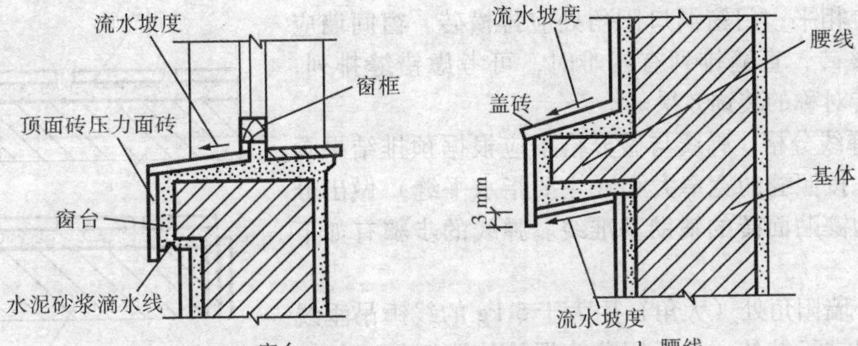

a. 窗台　　b. 腰线

图 6-29　窗台、腰线找平示意

①选择面砖：根据设计图样的要求，对面砖要进行分选。首先找一遍颜色一致的，然后用自制模具对面砖的尺寸大小、厚薄进行分选归类。经过分选的面砖要分别存放，以便在镶贴施工中分类使用，确保面砖的施工质量。

②预排面砖：按照立面分格的设计要求进行预排，以确定面砖的皮数、块数和具体位置，作为弹线和细部做法的依据。当无设计要求时，预排要确定面砖在镶贴中的排列方法。外墙面砖镶贴排砖的方法较多，常用的矩形面砖排列方法有矩形长边水平排列和竖直排列两种。按砖缝的宽度，又可分为密缝排列（缝宽 1 ~ 3 mm）与疏缝排列（大于 4 mm、小于 20 mm）。此外，还可采用密缝与疏缝，按水平、竖直方向排列。图 6-30 所示为外墙矩形面砖排缝示意图。

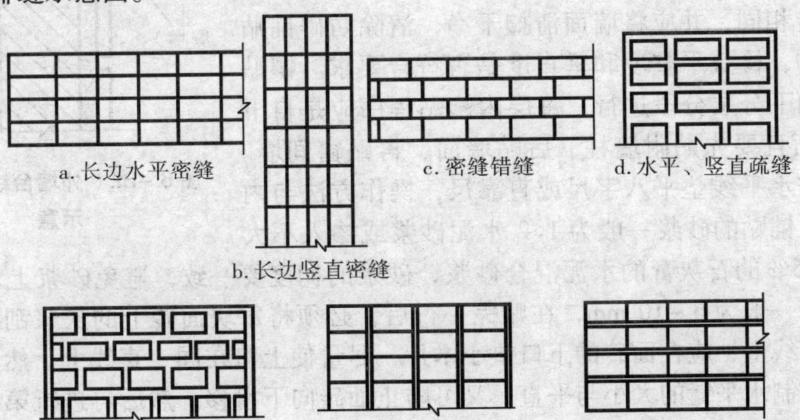

a. 长边水平密缝　b. 长边竖直密缝　c. 密缝错缝　d. 水平、竖直疏缝　e. 疏缝错缝　f. 水平密缝、竖直疏缝　g. 水平疏缝、竖直密缝

图 6-30　外墙矩形面砖排缝示意

在外墙面砖的预排中应遵循如下原则：阳角部位都应当是整砖，且阳角处正立面整砖应盖住侧立面整砖。对大面积墙面砖的镶贴，除不规则部位外，其他部位不允许裁砖。除柱面镶贴外，其余阳角不得对角粘贴，如图 6-31 所示。

在预排中，对突出墙面的窗台、腰线、滴水槽等部位的排砖，应注意台面砖必须做出一定的坡度（一般为 3%），台面砖应盖立面砖。底面砖应贴成滴水鹰嘴，如图 6-32 所示。

预排外墙面砖还应当核实外墙的实际尺寸，以确定外墙找平层厚度，控制排砖模数（即确定竖向、水平、疏密缝宽度及排列方法）。此外，还应注意外墙面砖的横缝应与门窗贴脸和窗台相平；门窗洞口阳角处应排横砖。窗间墙应尽可能排整砖，直缝排列有困难时，可考虑错缝排列，以求得墙砖对称的装饰效果。

（4）弹线分格。弹线与做分格条应根据预排结果画出大样图，按照缝的宽窄大小（主要指水平缝）做出分格条，作为镶贴面砖的辅助基准线。弹线的步骤有如下几步。

①在外墙阳角处（大角）用大于 5 kg 的线锤吊垂线并用经纬仪进行校核，最后用花篮螺栓将线锤吊正的钢丝固定绷紧上下端，作为垂线的基准线。

②以阳角基线为准，每隔 1 500 ~ 2 000 mm 做标志块，定出阳角方正，抹灰找平。

③在找平层上，按照预排大样图先弹出顶面水平线，在墙面的每一部分，根据外墙水平方向面砖数，每隔约 1 000 mm弹一垂线。

④在层高范围内，按照预排面砖实际尺寸和面砖对称效果，弹出水平分缝、分层皮数（或先做皮数杆，再按皮数杆弹出分层线）。

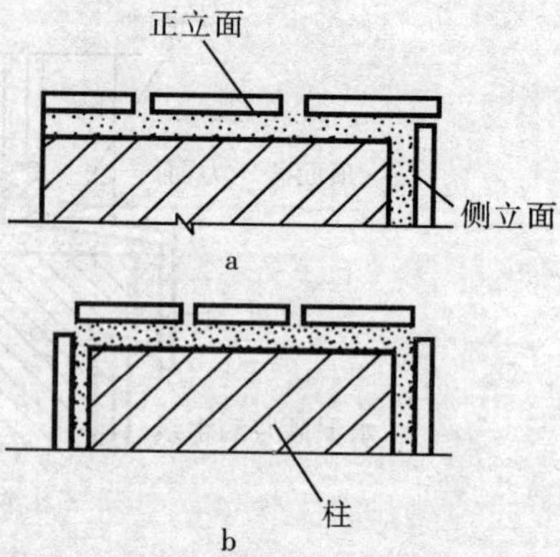

图 6－31 外墙阳角镶贴排砖示意

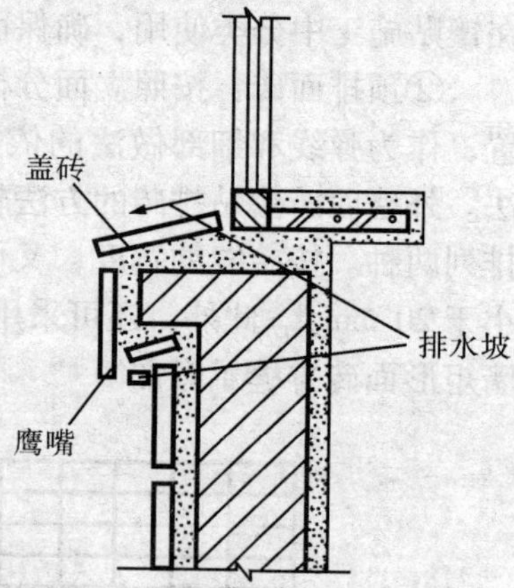

图 6－32 外墙台线角面镶砖示意

（5）镶贴施工。镶贴面砖前也要做标志块，其挂线方法与内墙面砖相同，并应将墙面清扫干净，清除妨碍铺贴面砖的障碍物，检查平整度和垂直度是否符合要求。镶贴顺序应自上而下分层分段进行，每层内镶贴程序应是自下而上进行，而且要先贴附墙柱、后贴墙面、再贴窗间墙。镶贴时，先按水平线垫平八字尺或直靠尺，操作方法与内墙面砖相同。铺贴的砂浆一般为 1∶2 水泥砂浆或掺入不大于水泥质量 15% 的石灰膏的水泥混合砂浆，砂浆的稠度要一致，避免砂浆上墙后产生流淌。砂浆厚度一般为 6 ~ 10 mm，在贴完一行后，必须将每块面砖上的灰浆刮净。如果上口不在同一直线上，应在面砖的下口垫小木片，尽量使上口在同一直线上，然后在上口放分格条，既控制水平缝的大小与平直，又可防止面砖向下滑移，然后再进行第二皮面砖的铺贴。

竖缝的宽度与垂直度，应当完全与排砖时一致，所以在操作时要特别注意随时进检查，除依靠墙面的控制线外，还应当经常用线锤检查。如果竖缝是离缝（不是密缝），在黏结时对挤入竖缝处的灰浆要随手清理干净。

门窗套、窗台及腰线镶贴面砖时，要先将基体分层抹平，并随手划毛，待七八成干时，再洒水抹 2 ~ 3 mm 厚的水泥浆，随即镶贴面砖。为了使面砖镶贴牢固，应采用 T 形托板做临时支撑，在常温下隔夜后拆除。窗台及腰线上盖面砖镶贴时，要先在上面用稠度较小的砂浆刮一遍，抹平后撒一层干水泥灰面（不要太厚），略停一会儿待灰面湿润时，随即进行铺贴，并按线找直揉平（不撒干水泥灰面，面砖铺后吸收砂浆中的水，面砖与黏结层离缝必造成空鼓）。垛角部位，在贴完面砖后，要用方尺找方。

（6）勾缝、擦洗。在完成一个层段的墙面铺贴并经检查合格后，即可进行勾缝。勾缝用1∶1水泥砂浆，砂子要进行筛或水泥浆分两次进行嵌实，第一次用一般水泥砂浆，第二次按设计要求用彩色水泥浆或普通水泥浆勾缝。勾缝可做成凹缝（尤其是离缝分格），深度一般为3 mm左右。面砖密缝处用与面砖相同颜色的水泥擦缝。完工后应将面砖表面清洗干净，清洗工作在勾缝材料硬化后进行，如果面砖上有污染，可用含量为10%的盐酸刷洗，再用清水冲洗干净。夏季施工应防止暴晒，要注意遮挡养护。

4. 陶瓷锦砖的施工工艺

陶瓷锦砖又称陶瓷马赛克，其施工工艺流程为：基层处理→抹找平层→排砖、分格、放线→镶贴→揭纸→调整→擦缝。

（1）基层处理。陶瓷锦砖的基层处理与内墙面砖的基层处理相同。

（2）排砖、分格和放线。陶瓷锦砖的施工排砖、分格，是按照设计要求，根据门窗洞口横竖装饰线条的布置，首先明确墙角、墙垛、出檐、线条、分格、窗台、窗套等节点的细部处理，按整砖模数排砖确定分格线。排砖、分格时应使横缝与窗台相平，竖向要求阳角窗口处都是整砖。根据墙角、墙垛、出檐等节点细部处理方案，首先绘制出细部构造详图，然后按排砖模数和分格要求，绘制出墙面施工大样图，以保证墙面完整和镶贴各部位操作顺利。

底子灰处理完成后，根据节点细部详图和施工大样图，先弹出水平线和垂直线，水平线按每方陶瓷锦砖一道，垂直线最好也是每方一道，也可以2～3方一道，垂直线要与房屋大角以及墙垛中心线保持一致。如果有分格时，按施工大样图规定的留缝宽度弹出分格线，按缝宽备好分格条。

（3）镶贴施工。镶贴陶瓷锦砖饰面时，一般由下而上进行，按已弹好的水平线安放八字靠尺或直靠尺，并用水平尺校正垫平。一般是两个人协同操作，一个人在前洒水湿润墙面，先刮一道素水泥浆，随即抹上2 mm厚的水泥浆为黏结层；另一个人将陶瓷锦砖铺在木垫板上，纸面向下，锦砖背面朝上，先用湿布把底面擦净，用水刷一遍，再刮素水泥浆，将素水泥浆刮至陶瓷锦砖的缝隙中，砖面不要留上砂浆，再将陶瓷锦砖沿尺粘贴在墙上。

另一种操作方法是：一个人在润湿后的墙面上抹纸筋混合砂浆（其配合比为纸筋∶石灰∶水泥=1∶1∶8，制作时先把纸筋与石灰膏搅匀，过3 mm筛，再与水泥浆搅匀制成）2～3 mm，用靠尺板刮平，再用抹子抹平整；另一个人将陶瓷锦砖铺在木垫板上，底面朝上，缝里灌细砂，用软毛刷子刷净底面，再用刷子稍刷一点水，抹上薄薄一层灰浆，如图6－33所示。

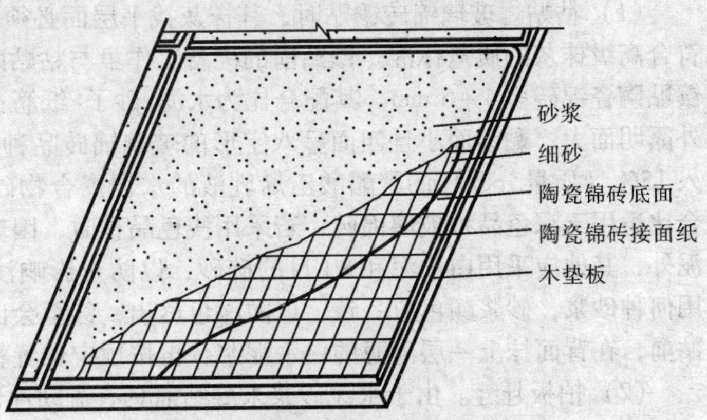

图6－33　陶瓷锦砖缝中灌砂做法示意

上述工作完成后，即可在黏结层上铺贴陶瓷锦砖。铺贴时，双手执在陶瓷锦砖上方，使下口与所垫的八字靠尺（或靠尺）齐平。由下往上铺贴，缝要对齐，并注意使锦砖之间的距离基本与小块陶瓷锦砖缝隙相同，不宜过大或过小，以免造成明显的接搓，影响装饰效果。控制接搓宽度一般用薄铜片或其他金属片，即将铜片放在接搓处，在陶瓷锦砖贴完后，再取下铜片。如果设分格条，其方法同外墙面砖。

（4）揭纸。陶瓷锦砖贴于墙面后，一手将硬木拍板放在已贴好的陶瓷锦砖面上，一手用小木槌敲击木拍板，将所有的陶瓷锦砖满敲一遍，使其平整，然后将陶瓷锦砖护面纸用软刷子刷水润湿，等护面纸吸水泡开（立面镶贴纸面不易吸水，可往盛清水的桶中撒几把干水泥并搅匀，再用刷子蘸水润纸，纸面较易吸水，可提前泡开），即可揭纸。揭纸时要仔细，按顺序慢慢地撕，如发现有小块陶瓷锦砖随纸带下（如只是个别几块），在揭纸后要重新补上；如随纸带下的数量较多，说明护面纸还未充分泡开，胶水尚未溶化，这时应用抹子将其重新压紧，继续刷水润湿护面纸，直到撕纸时无掉块为止。

（5）调整。揭纸后要检查缝的大小，不合要求的缝必须拨正，调整砖缝的工作，要在黏结层砂浆初凝前进行。拨缝的方法是一手将开刀放于缝间，一手用小抹子轻敲开刀，将缝拨匀、拨正，使陶瓷锦砖的边口以开刀为准排齐，拨缝后用小锤子敲击木拍板将其拍实一遍，以增强与墙面的黏结。

（6）擦缝。待黏结水泥浆凝固后，用素水泥浆找补擦缝。其方法是先用橡胶刮板将水泥浆在陶瓷锦砖表面刮一遍，嵌实缝隙，接着加些干水泥，进一步找补擦缝，全面清理擦干净后，次日喷水养护。擦缝用水泥，如为浅色陶瓷锦砖应使用白水泥。

5. 玻璃锦砖的施工工艺

玻璃锦砖又称玻璃马赛克，因其表面光滑、吸水率极低，其粘贴施工与陶瓷锦砖有所不同，尤其是有的玻璃锦砖外露明面大，黏结面小，且四面呈八字形，给粘贴带来一定困难。另外，玻璃锦砖的施工选材很重要，应有专人负责逐张剔选，要按颜色、规格、棱角等分类装箱，其余准备工作与陶瓷锦砖相同。

玻璃锦砖的施工工艺流程为：基层处理→抹找平层→弹线、分格→马赛克刮浆→铺贴→拍板赶缝→揭纸、调整→勾缝。

（1）粘贴。玻璃锦砖镶贴时，其抹灰找平层面必须平整——横平竖直、棱角方正，要符合高级抹灰的质量标准。镶贴前的准备工作虽与粘贴陶瓷锦砖相同，但黏结层砂浆应较镶贴陶瓷锦砖多4～5 mm，其配合比为水泥∶砂子∶纸筋石灰为1∶1∶(0.15～0.20)。如果用外露明面大、黏结面小且四面呈八字形的玻璃锦砖品种，最好采用水泥∶细砂为1∶1并加入15%（质量分数）的聚醋酸乙烯乳液的水泥聚合物砂浆为黏结层。以上黏结层砂浆配合比适用于深色品种玻璃锦砖，若采用浅色品种时，因玻璃透明度高，除底灰采用普通水泥外，其他应采用白水泥和80目的硅砂，以防止影响浅色玻璃锦砖饰面的美观。无论采用何种砂浆，砂浆颜色应一致，以防深色透出，甚至会出现一片片不均匀的颜色。整张粘贴前，在背面抹上一层薄薄的白水泥浆，再按预定位置粘贴，用木拍板拍实贴牢。

（2）拍板赶缝。由于水泥砂浆未凝结前具有流动性，砖贴上墙后在自重的作用下会有少许下坠。又由于是手工操作，砖与砖之间横竖缝易导致误差，故铺贴后应用木拍板赶缝，进行调整。

（3）揭纸、调缝。用刷子蘸水润湿纸面，待纸面吸湿后依次把纸轻轻撕下来，清理干净。撕纸时用力方向尽量与墙面平行，否则易拉掉单粒锦砖。对个别掉落的玻璃锦砖以及扭歪偏斜的，要用开刀拨正，补上贴好。

（4）擦缝。玻璃锦砖擦缝工作只在缝隙部位仔细刮浆，不能在块材表面满涂满刮，以防水泥浆将晶体毛面填满而失去表面光泽；同时，应用面纱及时擦净，以防污染。

二、木质墙柱面的施工

（一）施工准备及材料要求

1. 施工准备工作

施工准备工作主要应注意以下事项：

（1）对于未进行饰面处理的半成品实木护墙板及其配套的细木装饰制品（如装饰线脚、木雕图案镶板、横档冒头及边框或压条等），应预先涂刷一遍干性底油，以防止受潮变形，影响装饰施工质量。

（2）护墙板制品及其安装配件在包装、运输、堆放和搬动过程中，要轻拿轻放，不得暴晒和受潮，防止开裂变形。

（3）检查结构墙面质量，其强度、稳定性及表面的垂直度、平整度应符合装饰面的要求。有防潮要求的墙面，应按设计要求进行防潮处理。

（4）根据设计要求，安装护墙板骨架需要预埋防腐木砖时，应事先埋入墙体；当工程需要有其他后置埋件时，也应准确到位。埋件的位置、数量，应符合龙骨布置的要求。

（5）对于采用木楔进行安装的工程，应按设计弹出标高和竖向控制线、分格线，打孔埋入木楔，木楔的埋入深度一般应≥50 mm，并应做防腐处理。

2. 材料选用工作

（1）工程中使用的人造木板和胶黏剂等材料，应检测甲醛及其他有害物质含量。

（2）各种木制材料的含水率，应符合国家标准的有关规定。

（3）所用木龙骨骨架以及人造木板的板背面，均应涂刷防火涂料（防火涂料一般也具有防潮性能），按具体产品的使用说明确定涂刷方法。

（二）木质墙柱面的安装施工

1. 墙面木骨架的安装施工

（1）结构基体和基层表面质量，对于墙柱面龙骨与罩面的安装方法及安装质量有着重要关系，特别是当不采用预埋木砖而采用木楔圆钉、水泥钢钉及射钉等方式方法固定木龙骨时，要求建筑墙体基面层必须具有足够的刚性和强度，否则应采取必要的补强措施。

（2）对于有特殊要求的墙面，尤其是建筑外墙的内立面护墙板工程，应首先按设计规定进行防潮、防渗漏等功能性保护处理；同时，建筑外窗的窗台流水坡度、洞口窗框的防水密封等，均对该部位护墙板工程具有重要影响。

（3）对于有预埋木砖的墙体，应检查防腐木砖的埋设位置是否符合安装的要求。

2. 木龙骨的固定

墙面有预埋防腐木砖的，即将木龙骨钉固于木砖部位，并且要钉平、钉牢，使其立筋（竖向龙骨）保证垂直。龙骨间距应符合设计要求，一般竖向间距宜为400 mm，横向间距宜为300 mm。

当采用木楔圆钉法固定龙骨时，可用16 ~ 20 mm的冲击钻头在墙面上钻孔，钻孔深度最小应等于 40 mm，钻孔位置按事先所做的龙骨布置分格弹线确定，在孔内打入防腐木楔，再将木龙骨与木楔用圆钉固定。

在龙骨安装操作过程中，要随时吊垂线和拉水平线校正骨架的垂直度及水平度，并检查木龙骨与基层表面的靠平情况，然后再将木龙骨钉牢。

3. 木质板材罩面铺装施工

（1）采用显示木纹图案的饰面板作为罩面时，安装前应进行选配板材，使其颜色、木纹自然协调、基本一致；有木纹拼花要求的罩面应按设计规定的图案分块试排，按照预排编号上墙就位铺装。

（2）为确保罩面板接缝落在龙骨上，罩面铺装前可在龙骨上弹好中心控制线；板块就位安装时，其边缘应与控制线吻合，并保持接缝平整、顺直。

（3）胶合板用圆钉固定时，钉长根据胶合板的厚度选用，一般为 25～35 mm，钉距宜为 80～150 mm，钉帽应敲扁冲入板面 0.5～1 mm，钉眼用油性腻子抹平。当采用钉枪固定时，钉枪钉的长度一般采用 15～20 mm，钉距宜为 80～100 mm。

（4）硬质纤维板应预先用用水浸透，自然晾干后再进行安装。纤维板用圆钉固定时，钉长一般为 20～30 mm，钉距宜为 80～120 mm，钉帽应敲扁冲入板面内 0.5 mm，钉眼用油性腻子抹平。

（5）当采用胶黏剂固定饰面板时，应按照胶黏剂产品的使用要求进行操作。

（6）安装封边收口条时，钉的位置应在线条的凹槽处或背视线的一侧，以保证其装饰的美观。

（7）在曲面墙或弧形造型体上固定胶合板时（一般选用材质优良的三夹板），应先进行试铺。如果胶合板弯曲有困难或设计要求采用较厚的板块（如五夹板）时，可在胶合板背面用刀割竖向的卸力槽，等距离划割槽深 1 mm，在木龙骨表面涂胶，将胶合板横向（整幅板的长边方向）围住龙骨骨架进行包覆粘贴，而后用圆钉或钉枪从一侧开始向另一侧顺序铺钉。圆柱体罩面铺装时，圆曲面的包覆应准确交圈。

（8）采用木质企口装饰板罩面时，可根据产品配套材料及其应用技术要求进行安装，使用其异形板卡或带槽口的压条（上下横板、压顶条、冒头板条）等对板块进行嵌装固定。对于硬木压条或横向设置的腰带，应先钻透眼，然后再用钉固定。

三、金属墙柱面的施工

金属饰面板装饰是采用一些轻金属，如铝、铝合金、不锈钢、铜等制成薄板，或在薄钢板的表面进行搪瓷、烤漆、喷漆、镀锌、覆盖塑料的处理做成的墙面饰面板，这类墙面饰面板不但坚固耐用，而且美观新颖，不仅可用于室内，也可用于室外。

金属饰面板的形式可以是平板，也可以制成凹凸形花纹，以增加板的刚度并使施工方便，金属饰面板可以用螺钉直接固定在结构层上，也可以采用锚固件悬挂或嵌卡的方法。

（一）铝合金墙板的安装施工

铝合金板装饰是一种较高档次的建筑装饰，也是目前应用最广泛的金属饰面板。它比不锈钢、铜质饰面板的价格便宜，易于成型，表面经阳极氧化处理可以获得不同颜色的氧化膜。这层薄膜不仅可以保护铝材不受侵蚀，增加其耐久性，同时由于色彩多样，也为装饰提供了更多的选择余地。

1. 铝合金品种规格

用于装饰工程的铝合金板，其品种和规格很多。按表面处理方法不同，可分为阳极氧化处理及喷涂处理。按几何形状不同，有条形板和方形板，条形板的宽度多为 80 ~ 100 mm，厚度多为 0.5 ~ 1.5 mm，长度为 6.0 m 左右。按装饰效果不同，有铝合金花纹板、铝质浅花纹板、铝及铝合金波纹板、铝及铝合金压纹板等。

2. 施工前的准备工作

（1）施工材料的准备：铝合金墙板的施工材料准备比较简单，因为金属饰面板主要是由铝合金板和骨架组成，骨架的横竖杆均通过连接件与结构固定。铝合金板材可选用生产厂家的各种定型产品，也可以根据设计要求，与铝合金型材生产厂家协商订货。承重骨架由横竖杆件拼成，材质为铝合金型材或型钢，常用的有各种规格的角钢、槽钢、V 形轻金属墙筋等。因角钢和槽钢比较便宜，强度较高，安装方便，在工程中采用较多。连接构件主要有铁钉、木螺钉、镀锌自攻螺钉和螺栓等。

（2）施工机具的准备：铝合金饰面板安装中所用的施工机具也较简单，主要包括小型机具和手工工具。小型机具有型材切割机、电锤、电钻、风动拉铆枪、射钉枪等，手工工具主要有锤子、扳手和螺钉旋具等。

3. 铝合金墙板安装工艺

铝合金墙板安装施工工艺流程为：弹线→固定骨架连接件→固定骨架→安装铝合金板→细部处理。

（1）弹线。首先要将骨架的位置弹到基层上，这是安装铝合金墙板的基础工作。在弹线前先检查结构的质量，如果结构的垂直度与平整度误差较大，势必影响到骨架的垂直与平整，必须进行修补。弹线工作最好一次完成，如果有差错，可随时进行调整。

（2）固定骨架连接件。骨架的横竖杆件是通过连接件与结构进行固定的，而连接件与结构的连接可以与结构的预埋件焊牢，也可以在墙面上打膨胀螺栓固定。因膨胀螺栓固定方法比较灵活，尺寸误差小，准确性高，容易保证质量，所以在工程中采用较多。连接件施工应保证连接牢固，型钢类的连接件，表面应当镀锌，焊缝处应刷防锈漆。

（3）固定骨架。骨架应预先进行防腐处理。安装骨架位置要准确，结合要牢固。安装后，检查中心线、表面标高等，对多层或高层建筑外墙，为了保证铝合金板的安装精度，要用经纬仪对横竖杆件进行贯通，变形缝、沉降缝、变截面处等应妥善处理，使之满足使用要求。

（4）安装铝合金板。铝合金板的安装固定办法多种多样，不同的断面、不同的部位，安装固定的办法可能不同。从固定原理上分，常用的安装固定办法主要有两大类：一种是将板条或方板用螺钉拧到型钢骨架上，其耐久性能好，多用于室外；另一种是将板条卡在特制的龙骨上，板的类型一般是较薄的板条，多用于室内。

①用螺钉固定的方法：

A. 铝合金板条的安装固定：如果是用型钢材料焊接成的骨架，可先用电钻在拧螺钉的位置钻孔（孔径应根据螺钉的规格决定），再将铝合金板条用自攻螺钉拧牢。如果是木骨架，则可用木螺钉将铝合金板拧到骨架上。

型钢骨架可用角钢或槽钢焊成，木骨架可用方木钉成。骨架同墙面基层多用膨胀螺栓连接，也可预先在基层上预埋铁件焊接。两者相比，用膨胀螺栓比较灵活，在工程中使用比较多。骨架除了考虑同基层固定牢固外，还需考虑如何适应板的固定。如果板条或板的面积较大，宜采用横竖杆件焊接成骨架，使固定板条的构件垂直于板条布置，其间距宜在500 mm左右。固定板条的螺钉间距与龙骨的间距应相同。

B. 铝合金蜂窝板的安装固定：铝合金蜂窝板不仅具有良好的装饰效果，而且还具有保温、隔热、隔音等功能。图6－34所示为断面加工成蜂窝空腔状的铝合金蜂窝板，图6－35所示为用于外墙装饰的蜂窝板。铝合金蜂窝板的固定与连接的连接件，在铝合金制造过程中，同板一起完成，周边用图6－35所示的封边框进行封堵，封边框同时也是固定板的连接件。

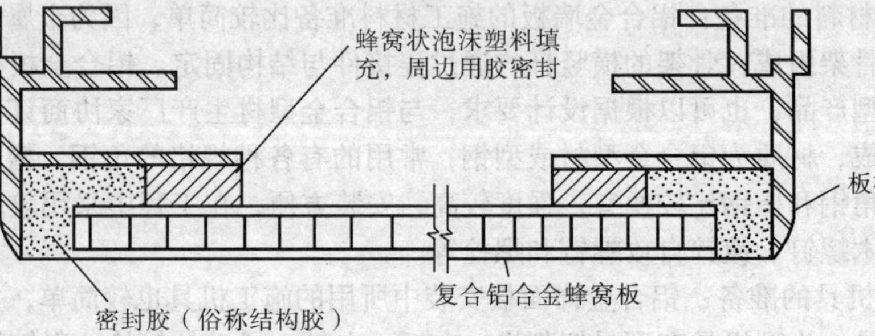

图6－34 铝合金蜂窝板示意

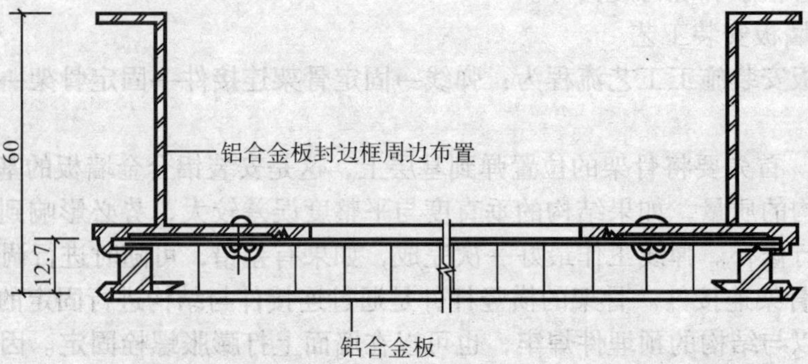

图6－35 铝合金外墙板示意（单位：mm）

安装时，两块板之间有20 mm的间隙，用一条挤压成型的橡胶带进行密封处理。两板用一块5 mm的铝合金板压住连接件的两端，然后用螺钉拧紧，螺钉的间距一般为300 mm左右，其固定节点如图6－36所示。

当铝合金蜂窝板用于建筑窗下墙面时，在铝合金板的四周，均用图6－37所示的连接件与骨架进行固定。这种周边固定的方法，可以有效地约束板在不同方向的变形，其安装构造如图6－38所示。

从图6－40中可以看出，墙板是固定在骨架上，骨架采用方钢管，通过角钢连接件与结构连接成整体。方钢管的间距应根据板的规格确定，骨架断面尺寸及连接板的尺寸，应进行计算选定。这种固定办法安全系数大，适用于多层建筑和高层建筑中。

C. 柱子外包铝合金板的安装固定：柱子外包铝合金板的安装固定，考虑到室内柱子的高度一般不大，受风荷载的影响很小等客观条件，在固定办法上可进行简化。一般在板的上下各留两个孔，然后在骨架相应位置上焊钢销钉，安装时，将板穿到销钉上，上下板之间用聚氯乙烯泡沫填充，然后在外面进行注胶，如图6－39所示。这种办法简便、牢

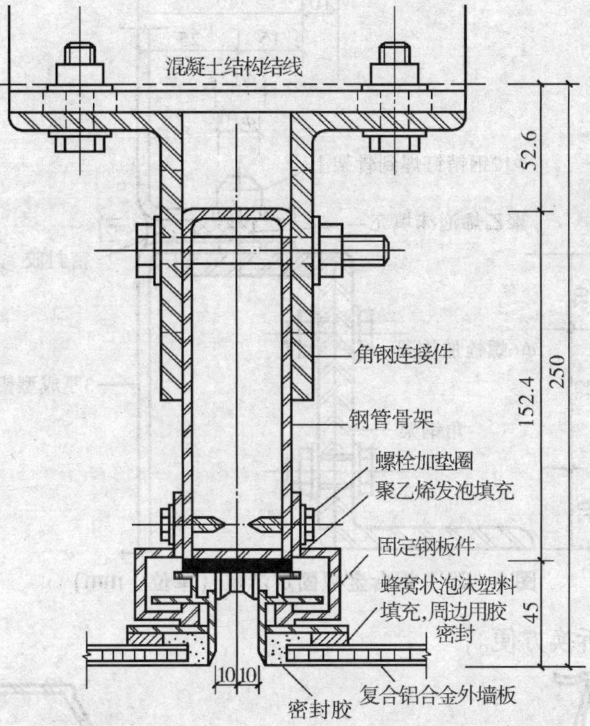

图 6 - 36　固定节点大样（单位：mm）

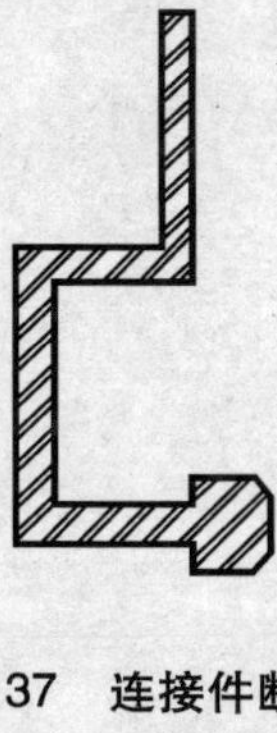

图 6 - 37　连接件断面

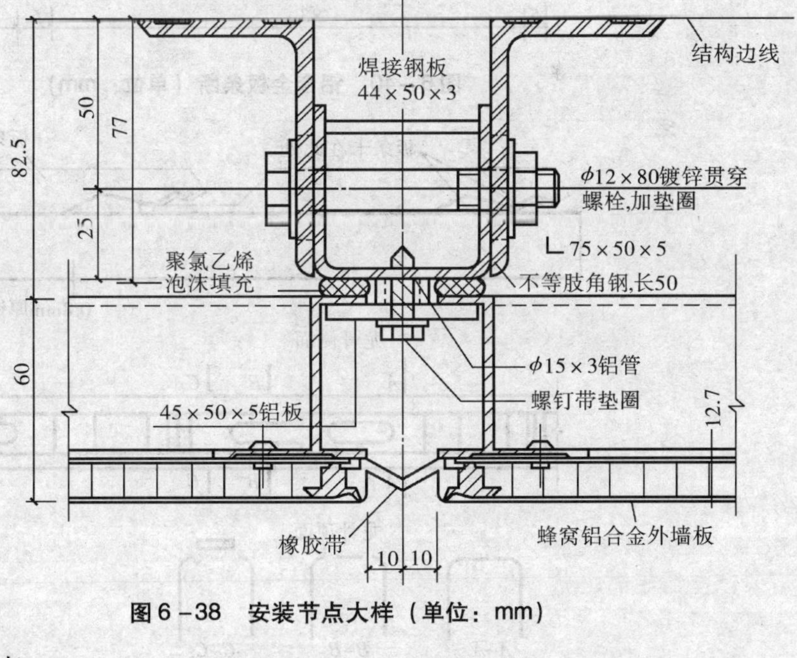

图 6 - 38　安装节点大样（单位：mm）

固，加工、安装都比较省事。

②将板条卡在特制的龙骨上的安装固定方法。图 6 - 40 所示的铝合金板的固定同以上介绍的几种板条在固定方法上截然不同，该种板条是卡在图 6 - 41 所示的龙骨上，龙骨与基层固定牢固。龙骨由镀锌钢板冲压而成，在安装板条时，将板条上下在龙骨上的顶面。

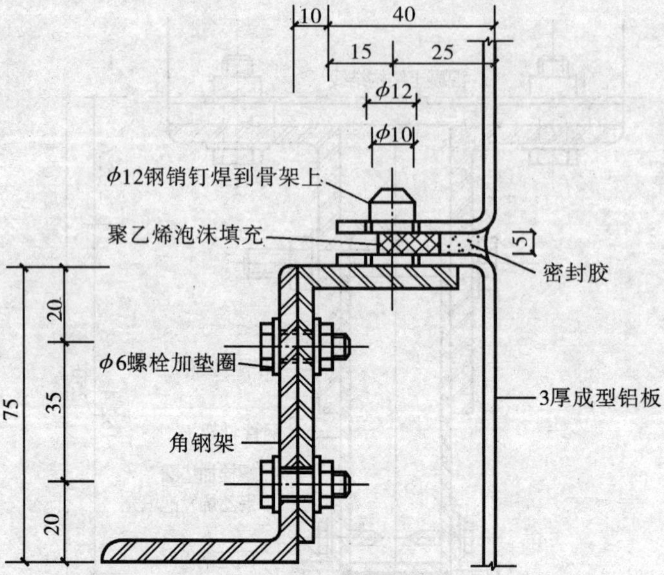

图 6-39 铝合金板固定示意（单位：mm）

此种方法简便可靠，拆换方便。

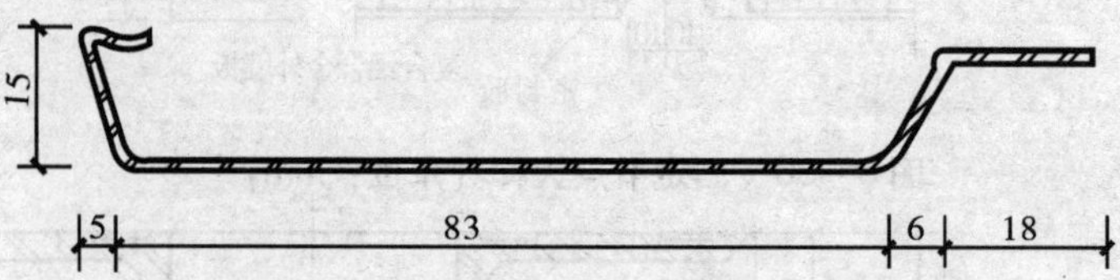

图 6-40 铝合金板条断（单位：mm）

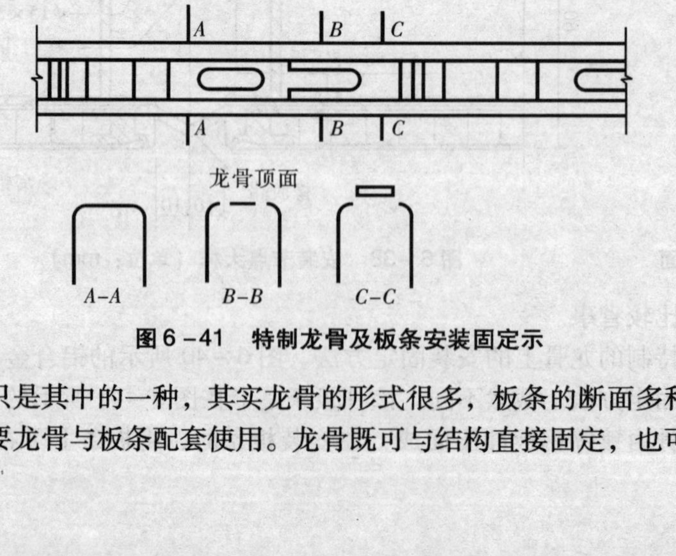

图 6-41 特制龙骨及板条安装固定示

上述所讲的只是其中的一种，其实龙骨的形式很多，板条的断面多种多样，但是不管何种断面，均需要龙骨与板条配套使用。龙骨既可与结构直接固定，也可将龙骨固定在构架上，也就是说，未安龙骨之前，应将构架安好，然后将龙骨固定在构架上。

（5）收口细部的处理。虽然铝合金装饰墙板在加工时，其形状已经考虑了防水性能，但如果遇到材料弯曲、接缝处高低不平，其形状的防水功能可能会失去作用，在边角部位这种情况尤为明显，如水平部位的压顶、端部的收口处、伸缩缝、沉降缝等处，两种不同材料的交接处等。这些部位一般应用特制的铝合金成型板进行妥善处理。

①转角处收口处理转角部位：常用的处理手法如图 6－42 所示。图 6－43 所示为转角部位详细构造，该种类型的构造处理比较简单，用一条 1.5 mm 厚的直角形铝合金板，与外墙板用螺栓连接。如果一旦发生破损，更换起来也比较容易。直角形铝合金板的颜色应当与外墙板相同。

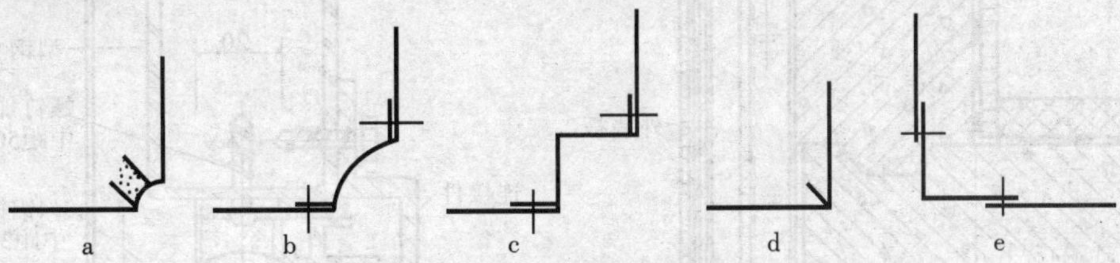

图 6－42　转角部位的处理方法

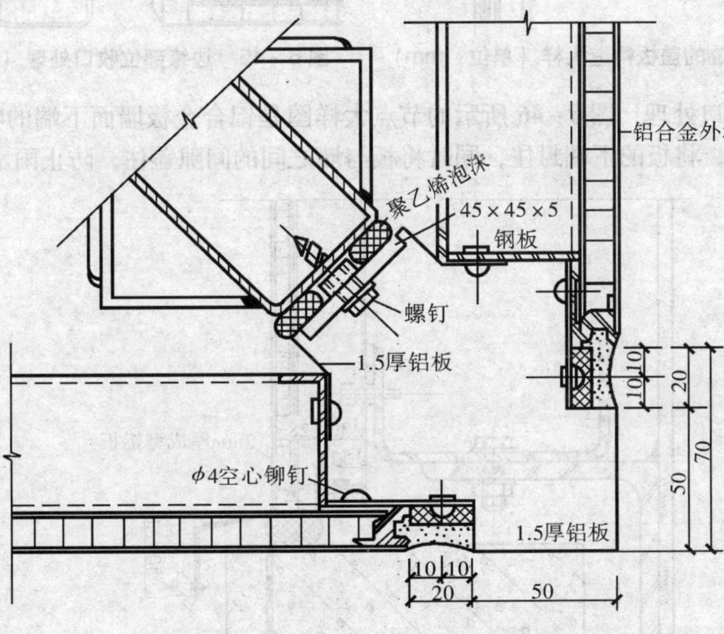

图 6－43　转角部位节点大样（单位：mm）

②窗台、女儿墙上部处理：窗台、女儿墙的上部，均属于水平部位的压顶处理，即用铝合金板盖住顶部，如图 6－44 所示，使之阻挡风雨的浸透。水平盖板的固定，一般先在基层上焊上钢骨架，然后用螺栓将盖板固定在骨架上，板的接长部位宜留 5 mm 左右的间隙，并用胶进行密封。

③墙面边缘部位收口处理：图 6－45 所示的节点大样图是墙边缘部位的收口收理，是利用铝合金成型板将墙板端部及龙骨部位封住。

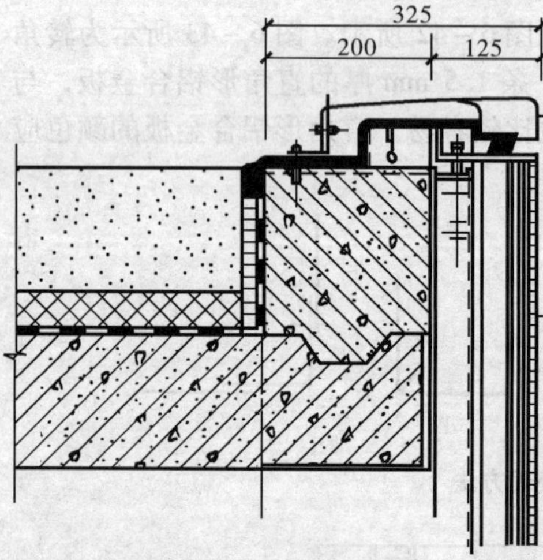

图6－44　水平部位的盖板构造大样（单位：mm）

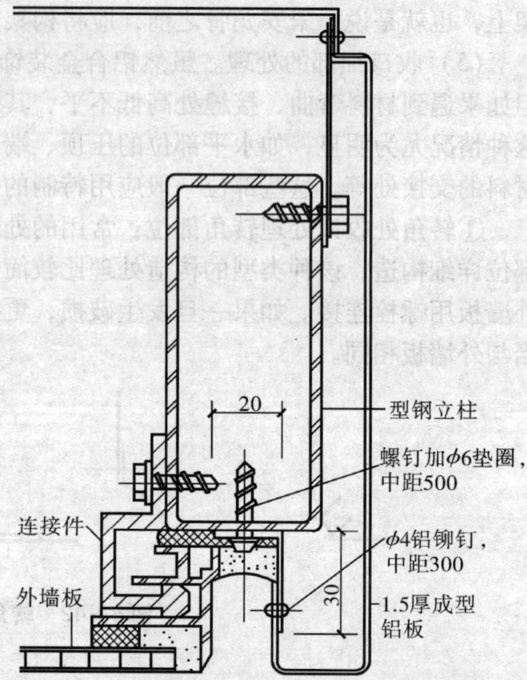

图6－45　边缘部位收口处理（单位：mm）

④墙面下端收口处理：图6－46所示的节点大样图是铝合金板墙面下端的收口处理，用一条特制的披水板，将板的下端封住，同时将板与墙之间的间隙盖住，防止雨水渗入室内。

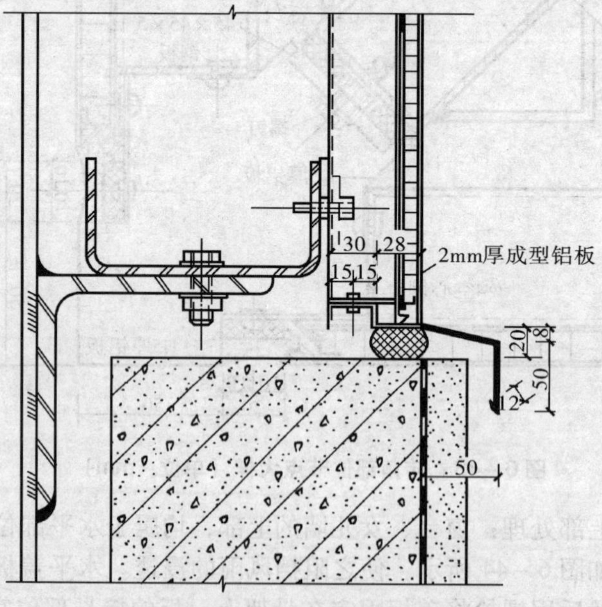

图6－46　铝合金板墙下端收口处理（单位：mm）

⑤伸缩缝与沉降缝的处理：在适应建筑物的伸缩与沉降的需要时，也应考虑其装饰效果，使之更加美观。另外，此部位也是防水的最薄弱环节，其构造节点应周密考虑。在伸

缩缝或沉降缝内，氯丁橡胶带起到连接、密封的作用。橡胶这一类制品，是伸缩缝与沉降缝的常用密封材料，最关键是如何将橡胶带固定。

4. 施工中的注意事项

（1）施工前应检查所选用的铝合金板材料及型材是否符合设计要求，规格是否齐全，表面有无划痕，有无弯曲现象。选用的材料最好一次进货（同批），这样可保证规格型号统一、色彩一致。

（2）铝合金板的支承骨架应进行防腐（木龙骨）、防锈（型钢龙骨）处理。

（3）连接杆及骨架的位置，最好与铝合金板的规格尺寸一致，以减少施工现场材料的切割。

（4）施工后的墙体表面应做到表面平整，连接可靠，无起翘、卷边等现象。

（二）彩色涂层钢板的安装施工

为了提高普通钢板的防腐蚀性能并使其具有鲜艳色彩及光泽，近几年来出现了各种彩色涂层钢板。这种钢板的涂层大致可分为有机涂层、无机涂层和复合涂层三类，其中以有机涂层钢板发展最快。

1. 彩色涂层钢板的特点及用途

彩色涂层钢板也称塑料复合钢板，是在原材钢板上覆以 0.2 ~0.4 mm 软质或半硬质聚氯乙烯塑料薄膜或其他树脂。塑料复合钢板可分为单面覆层和双面覆层两种，有机涂层可以配制成各种不同的色彩和花纹。

彩色涂层钢板具有绝缘、耐磨、耐酸碱、耐油、耐醇的侵蚀等特点，并且具有加工性能好，易切断、弯曲、钻孔、铆接、卷边等优点，其用途十分广泛，可用作样板、屋面板等。

2. 彩色涂层钢板的施工工艺

彩色涂层钢板的安装施工工艺流程为：预埋连接件→立墙筋→安装墙板→板缝处理。

（1）预埋连接件。在砖墙中可埋入带有螺栓的预制混凝土块或木砖。在混凝土墙体中可埋入直径为 8 ~10 mm 的地脚螺栓，也可埋入锚筋的铁板。所有预埋件的间距应按墙筋间距埋入。

（2）立墙筋。在墙筋表面上拉水平线和垂直线，确定预埋件的位置。墙筋材料可选用角钢∟30 mm×30 mm×3 mm、槽钢⊏25 mm×12 mm×14 mm、木条 30 mm×50 mm。竖向墙筋间距为 900 mm，横向墙筋间距为 500 mm。竖向布板时可不设置竖向墙筋。横向布板时可不设置横向墙筋，将竖向墙筋间距缩小到 500 mm。施工时要保证墙筋与预埋件连接牢固，连接方法为钉、拧、焊接。在墙角、窗口等部位必须设置墙筋，以免端部板悬空。

墙板的安装是非常重要的一道工序，其安装顺序和方法如下。

①按照设计节点详图，检查墙筋的位置，计算板材及缝隙宽度，进行排板、划线定位，然后进行安装。

②在窗口和墙转角处应使用异形板，以简化施工，增加防水效果。

③墙板与墙筋用铁钉、螺钉及木卡条连接。其连接原则是：按节点连接做法沿一个方向顺序安装，安装方向相反则不易施工。如墙筋或墙板过长，可用切割机切割。

（3）板缝处理。尽管彩色涂层钢板在加工时其形状已考虑了防水性能，但如果遇到材料弯曲、接缝处高低不平，其形状的防水功能可能失去作用，在边角部位这种情况尤为明显，因此一些板缝填入防水材料是必要的。

（三）彩色压型钢板的安装施工

彩色压型钢板复合墙板是以波形彩色压型钢板为面板，轻质保温材料为芯层，经复合而制成的一种轻质保温墙板。彩色压型钢板原板材多为热轧钢板和镀锌钢板，在生产中镀以各种防腐蚀涂层与彩色烤漆，是一种新型轻质高效围护结构材料，其加工简单、施工方便、色彩鲜艳、耐久性强。

复合板的接缝构造基本有两种形式：一种是在墙板的垂直方向设置企口边，这种墙板看不见接缝，不仅整体性好，而且装饰美观；另一种是不设企口边，但美观性较差。保温材料可选聚氯乙烯泡沫板或矿渣棉板、玻璃棉板、聚氨酯泡沫塑料等。

1. 彩色压型钢板的施工要点

（1）复合板安装是用吊挂件把板材挂在墙身骨架条上，再把吊挂件与骨架焊牢，小型板材也可用钩形螺栓固定。

（2）板与板之间的连接。水平缝为搭接缝，竖缝为企口缝，所有接缝处，除用超细玻璃棉塞严外，还用自攻螺丝钉钉牢固，钉距为 200 mm。

（3）门窗孔洞、管道穿墙及墙面端头处，墙板均为异形板。女儿墙顶部，门窗周围均设防雨泛水板，泛水板与墙板的接缝处，用防水油膏嵌缝。压型板墙转角处，均用槽形转角板进行外包角和内包角，转角板用螺栓固定。

（4）安装墙板可采用脚手架，或利用檐口挑梁加设临时单轨，操作人员在吊篮上安装和焊接。板的起吊可在墙的顶部设滑轮，然后用小型卷扬机或人力吊装。

（5）墙板的安装顺序是从墙边部竖向第 1 排下部第 1 块板开始，自下而上安装。安装完第 1 排再安装第 2 排。每安装铺设 10 排墙板后，用吊线锤检查一次，以便及时消除误差。

（6）为了保证墙面的外观质量，必须在螺栓位置画线，按线开孔，采用单面施工的钩形螺栓固定，使螺栓的位置横平竖直。

（7）墙板的外、内包角及钢窗周围的泛水板，必须在施工现场加工的异形件等，应参考图样，对安装好的墙面进行实测，确定其形状尺寸，使其加工准确，便于安装。

2. 彩色压型钢板的施工注意事项

（1）安装墙板骨架之后，应注意参考设计图样进行一次实测，确定墙板和吊挂件的尺寸及数量。

（2）为了便于吊装，墙板的长度不宜过长，一般应控制在 10 m 以下。板材如果过大，会引起吊装困难。

（3）对于板缝及特殊部位异形板材的安装，应注意做好防水处理。

（4）复合板材吊装及焊接为高空作业，施工时应特别注意安全问题。

金属板材还包含有彩色不锈钢板、浮雕艺术装饰板、镁铝曲面装饰板等，它们的施工工艺都可以参考以上各种做法。

四、玻璃墙柱面的施工

（一）镜面玻璃墙柱面装饰施工

1. 镜面玻璃墙柱面木龙骨施工工艺

镜面玻璃墙柱面木龙骨施工工艺比较简单，其主要工艺流程为：墙面清理、修整→涂防潮层→装防腐、防火木龙骨→安装阻燃型胶合板→安装镜面玻璃→清理嵌缝→封边、收口。其主要工序做法如下：

（1）墙体表面涂防潮（水）层。墙体表面涂防潮层一道，非清水墙体的防潮层厚4～5 mm，至少3遍成活。清水墙体的防潮层厚6～12 mm，兼作找平层用，至少3～5遍成活。

（2）安装防腐、防火木龙骨。镜面玻璃内墙所用木龙骨，一般为30 mm×40 mm的木龙骨，正面刨光，背面刨一道通长防翘凹槽，并满涂氟化钠防腐剂一道，防火涂料三道。

（3）安装镜面玻璃。安装镜面玻璃常用紧固件镶钉法和胶粘法。

①紧固件镶钉法做法：紧固件镶钉法做法，主要包括弹线、安装、修整表面和封边收口等主要工序。

A. 弹线。

B. 安装。按照具体设计用紧固件及装饰压条等，将镜面玻璃固定于胶合板及木龙骨上。如图6－47～图6－50所示。

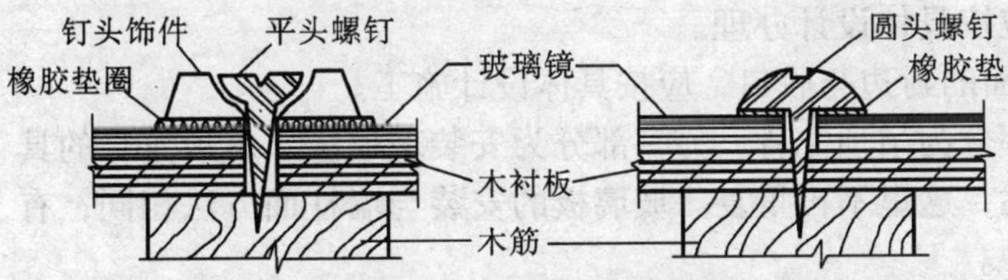

图6－47　螺钉固定示意

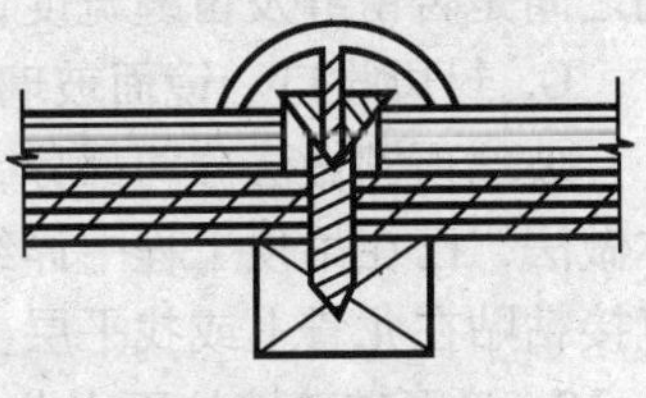

图6－48　玻璃钉固定示意

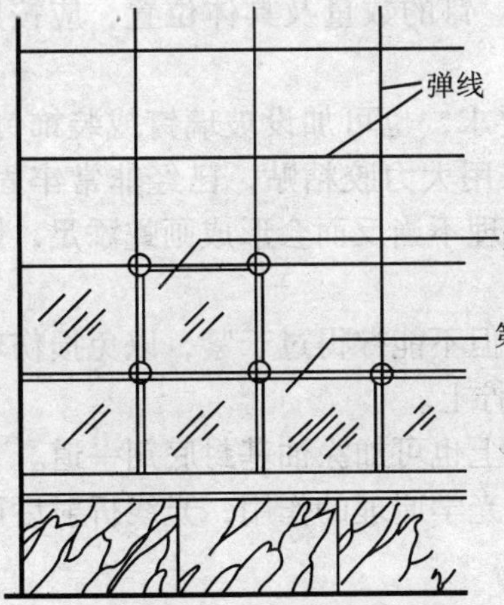

图6－49　嵌钉固定示意

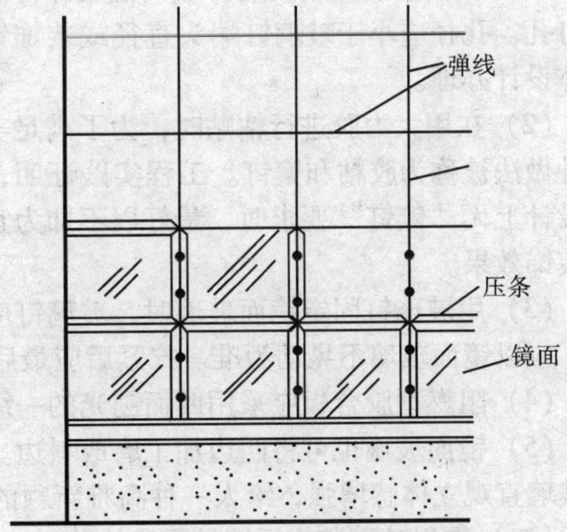

图6－50　托压固定示意

C. 修整表面。整个镜面玻璃墙面安装完毕后，应当严格检查装饰质量是否符合规范要求。如果发现不牢、不实、不平、松动、倾斜、压条不直及平整度、垂直度、方正度偏差不符合质量要求之处，均应彻底进行修正，必须符合规范规定。

D. 封边收口。整个镜面玻璃墙面装饰的封边、收口及采用何种封边压条、收口装饰条等，均按照具体设计办理。

②胶粘法做法：胶粘法做法的施工工艺为：弹线→做保护层→打磨、磨糙→上胶→上墙胶贴→清理嵌缝→封边收口。

A. 弹线。胶粘法做法的弹线，与紧固件镶钉法相同。

B. 做保护层。做保护层即做镜面玻璃保护层，将镜面玻璃背面清扫干净，所有尘土、砂粒、杂物、碎屑等彻底清除。在背面满涂白乳胶一道，满堂粘贴薄牛皮纸保护层一层，并用塑料薄板（片）将牛皮纸刮贴平整。也可以在准备点胶处，刷一道混合胶液，粘贴上铝箔保护层，周边铝箔宽150 mm，与四边等长。其余部分铝箔均为150 mm见方。

C. 打磨、磨糙。凡胶合板表面与大力胶点黏结之处，均须预先打磨净，将浮松物、垃圾、杂物、碎屑等，以及不利于黏结之物清除干净，以利于黏结。

D. 上胶（涂胶）。上胶即在镜面玻璃背面保护层上进行点式涂胶，也就是将大力胶点涂于玻璃背面。

E. 上墙胶贴。将镜面玻璃按胶合板上之弹线位置，按照预先编号依次上墙就位，逐块进行粘贴。待大力胶硬化后将固定设备拆除。

F. 清理嵌缝。待镜面玻璃全部安装和粘贴完毕后，将镜面玻璃的表面清理干净，玻璃之间是否留缝及留缝宽度，均应按具体设计办理。

G. 封边收口。镜面玻璃装饰面的封边与收口，应按具体设计施工。

玻璃顶棚做法分两部分，一部分为吊顶龙骨，另一部分为安装玻璃板。吊顶龙骨的具体做法，已在吊顶工程中详细叙述，这里不再重复。玻璃板的安装与墙柱面方法相同，有直接粘贴在龙骨上或找平层上两种。

2. 镜面玻璃墙柱面木龙骨施工注意事项

（1）镜面玻璃如用玻璃钉或其他装饰钉镶钉于木龙骨上时，应当预先在镜面玻璃上加工打孔。孔径应小于玻璃钉端头直径或装饰钉直径3 mm。钉的数量及具体位置，应按照具体设计办理。

（2）在用大力胶进行粘贴时，为了满足美观方面的要求，也可加设玻璃钉或装饰钉。这种做法被称为胶粘和镶钉。工程实践证明，镜面玻璃采用大力胶粘贴，已经非常牢固，如设计上无“镶钉”要求时，最好以不加为宜；否则，处理不当反而会形成画蛇添足，影响装饰效果。

（3）用玻璃钉固定镜面玻璃时，玻璃钉应对角拧紧，但不能拧得过于紧，以免损伤玻璃，应以镜面玻璃不晃动为准。拧紧后应最后将装饰钉帽拧上。

（4）阻燃型胶合板应采用两面刨光的一级产品，板面上也可加涂油基封底剂一道。

（5）镜面玻璃也可将四边加工磨成斜边。这样，由于光学原理的作用，光线折射后可使玻璃直观立体感增强，给人一种高雅新颖的感受。

（二）镭射玻璃装饰板墙柱面装饰施工

镭射玻璃装饰板建筑装饰的做法，一般有铝合金龙骨贴墙做法、直接贴墙做法和离墙吊挂做法三种。

1. 铝合金龙骨贴墙做法

镭射玻璃装饰板铝合金龙骨贴墙做法，是将铝合金龙骨直接粘贴于建筑墙体上，再将镭射玻璃装饰板与龙骨黏牢固，如图6－51、图6－52所示。铝合金龙骨贴墙做法施工简便、快捷，造价也比较经济。

铝合金龙骨贴墙做法还是比较复杂的，其主要施工工艺流程为：墙体表面处理→抹砂浆找平层→安装贴墙龙骨→镭射玻璃装饰板试拼编号→上胶处打磨净、磨糙→调胶→涂胶

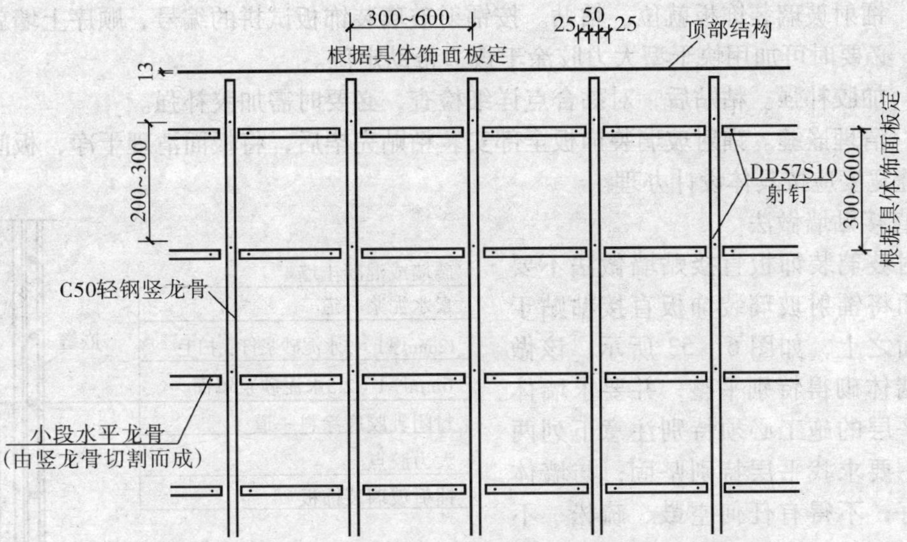

图 6-51 龙骨贴墙做法布置、锚固示意（单位：mm）

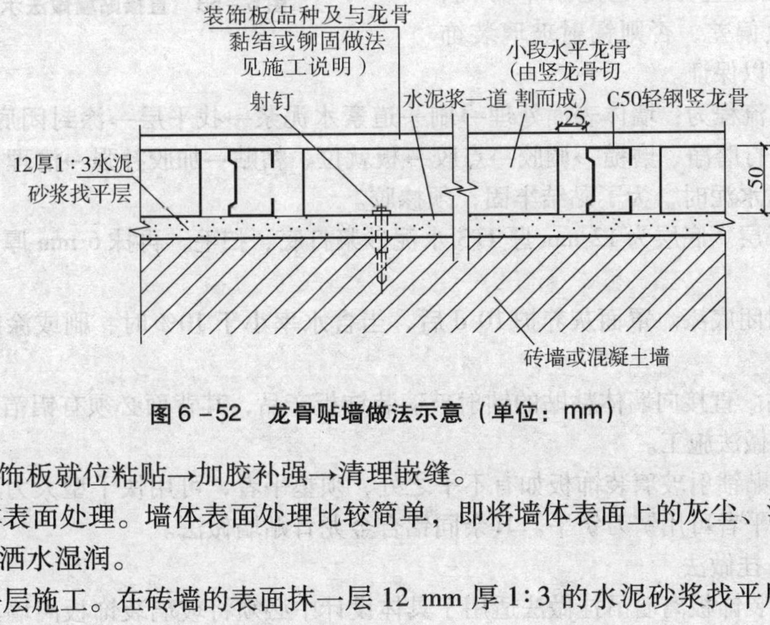

图 6-52 龙骨贴墙做法示意（单位：mm）

→镭射玻璃装饰板就位粘贴→加胶补强→清理嵌缝。

（1）墙体表面处理。墙体表面处理比较简单，即将墙体表面上的灰尘、污垢、油渍等清除干净，并洒水湿润。

（2）找平层施工。在砖墙的表面抹一层 12 mm 厚 1∶3 的水泥砂浆找平层，这是整个工程施工质量高低的基础，必须保证十分平整。

（3）安装贴墙龙骨。用射钉将龙骨与墙固定，射钉的间距一般为 200～300 mm，小段水平龙骨与竖直龙骨之间应留 25 mm 的缝隙，竖龙骨顶端与顶层结构之间（如地面）均应留 13 mm 缝隙，用作通风。全部龙骨安装完结后，须进行抄平、修整。

（4）试拼、编号。按具体设计的规格、花色、几何图形等翻制施工大样图，排列编号，进行试拼，校正尺寸，四角套方。

（5）调胶。随调随用，超过施工时效时间的胶，不得继续使用。

（6）涂胶。在镭射玻璃装饰板背面沿竖向及横向龙骨位置，点涂胶，胶点厚 3～4 mm，各胶点面积总和按每 50 kg 玻璃板为 120 cm^2 掌握。

（7）镭射玻璃装饰板就位、粘贴。按镭射玻璃装饰板试拼的编号，顺序上墙就位，进行粘贴。必要时可加用快干型大力胶涂于板边帮助定位。

（8）加胶补强。粘贴后，对黏合点详细检查，必要时需加胶补强。

（9）清理嵌缝。镭射玻璃装饰板全部安装粘贴完毕后，将板面清理干净，板间是否留缝及留缝宽度应按具体设计办理。

2. 直接贴墙做法

镭射玻璃装饰板直接贴墙做法不要龙骨，而将镭射玻璃装饰板直接粘贴于墙体表面之上，如图 6－53 所示。该做法要求墙体砌得特别平整，并要求墙体表面找平层的施工必须特别注意下列两点：第一要求找平层特别坚固，与墙体要黏结好，不得有任何空鼓、疏松、不实、不牢之处；第二要求找平层须十分平整，不论在垂直方向还是水平方向，均不得有正负偏差，否则镭射玻璃装饰板装饰质量难以保证。

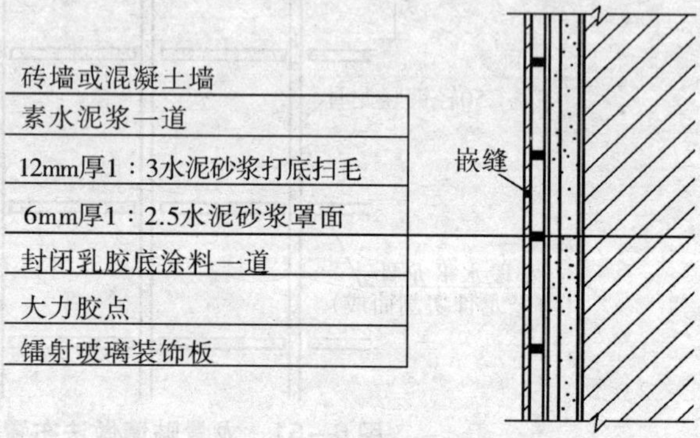

图 6－53 直接贴墙做法示意

施工工艺流程为：墙体表面处理→刷一道素水泥浆→找平层→涂封闭底漆→板编号、试拼→上胶处打磨净、磨糙→调胶→点胶→板就位、粘贴→加胶补强→清理、嵌缝。

（1）刷素水泥时，为了黏结牢固，须掺胶。

（2）找平层。底层为 12 mm 厚 1∶3 水泥砂浆打底、扫毛，再抹 6 mm 厚 1∶2. 5 水泥砂浆罩面。

（3）涂封闭底漆。罩面灰养护 10 d 后，当含水率小于 10% 时，刷或涂封闭乳胶漆一道。

（4）粘贴。直接向墙体粘贴的镭射玻璃装饰板产品，其背面必须有铝箔。凡不加铝箔者，不得用本做法施工。

找平层粘贴镭射玻璃装饰板如有不平之处，须垫平者，可用快干型大力胶加细砂，调匀补平，须铲平者可用铲刀铲平。其余同铝合金龙骨贴墙做法。

3. 离墙吊挂做法

镭射玻璃装饰板离墙吊挂做法适用于具体设计中必须将玻璃装饰板离墙吊挂之处，如墙面突出部分、突出的腰线部分、突出的造型面部分、墙内须加温部分等。图 6－54、图 6－55 和图 6－56 为离墙吊挂做法及吊挂件示意图。

离墙吊挂做法也比较复杂，其主要施工工艺为：墙体表面处理→墙体钻孔打洞装膨胀螺栓→装饰板与胶合板基层粘贴复合→板试拼与编号→安装不锈钢挂件→上胶处打磨净、磨糙→调胶与点胶→板就位粘贴→清理嵌缝。

（1）镭射玻璃装饰板与胶合板基层的粘贴。镭射玻璃装饰板在上墙安装以前，须先与 12 ~ 15 mm 厚胶合板基层粘贴。在粘贴之前，胶合板满涂防火涂料三遍，防腐涂料一遍，且镭射玻璃装饰板必须用背面带有铝箔者。将胶合板的正面与大力胶黏结、接触之处，应预先打磨干净，将所有浮松物以及不利于黏结的杂物等清除彻底。镭射玻璃装饰玻璃板背

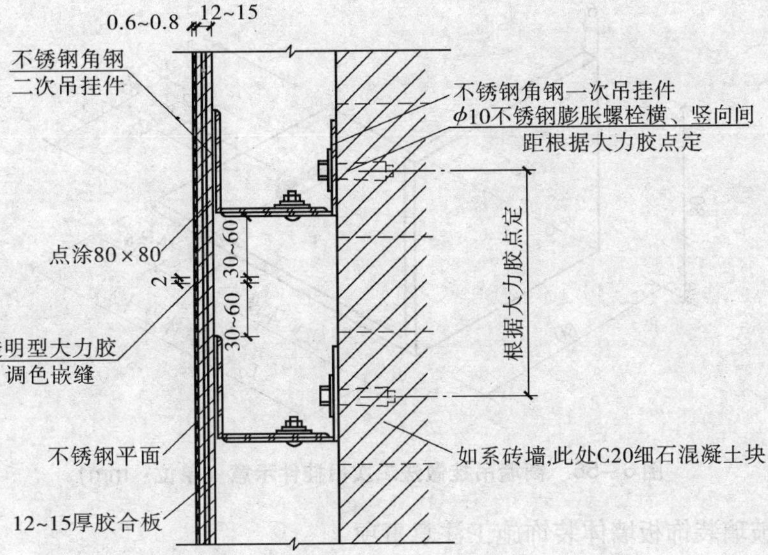

图6-54　离墙吊挂做法示意（单位：mm）

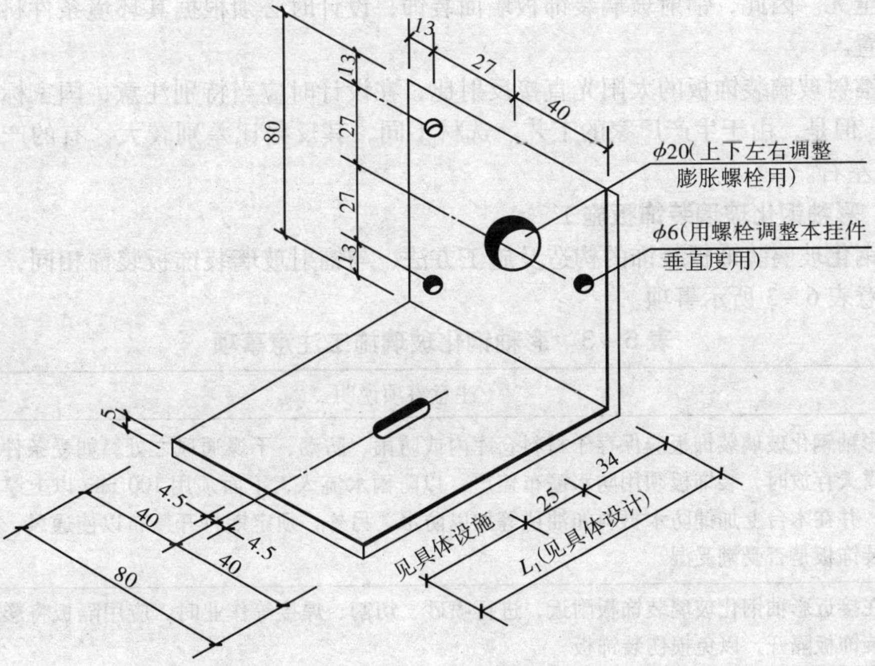

图6-55　离墙吊挂做法一次吊挂件示意（单位：mm）

面涂胶处，只需将浮松物及不利于黏结的杂物清除即可，不需打磨处理，也不得将铝箔损坏。

（2）将不锈钢一次吊挂件及二次吊挂件安装就绪，并借吊挂件的调整孔将一次吊挂件调垂直，上下左右的位置调准。按墙板高低前后要求，将二次吊挂件调正。

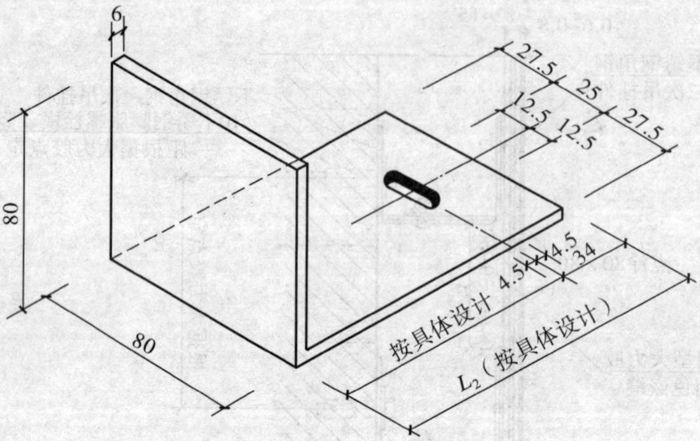

图6－56　离墙吊挂做法二次吊挂件示意（单位：mm）

4. 镭射玻璃装饰板墙体装饰施工注意事项

镭射玻璃装饰板的特点是具有较好的光栅效果，但光栅效果是随着环境条件的变化而变化的。同一块镭射玻璃装饰板放在某一处，可能是色彩万千，但如果放在另一处，也可能是光彩全无。因此，镭射玻璃装饰板墙面装饰，设计时必须根据其环境条件科学地选择其装饰位置。

普通镭射玻璃装饰板的太阳光直接反射比，在设计时应当特别注意，国家标准规定应大于4%。但是，由于生产厂家的工艺、选材不同，其反射比差别较大，有的产品最高可达到25%左右。

（三）彩釉钢化玻璃装饰板施工

彩釉钢化玻璃装饰板装饰的构造及施工方法，与镭射玻璃装饰板装饰相同，但在施工中应当注意表6－3所示事项。

表6－3　彩釉钢化玻璃施工注意事项

序号	注意事项说明
1	彩釉钢化玻璃装饰板应保存于材料仓库内或防雨、防潮、干燥通风之处，如受条件所限不得不露天存放时，装饰板须用防水篷布盖严，以防雨水流入，下面须用100 mm以上厚的木台垫高，并在木台上加铺防水材料如油毡等加以防水。另外，须定期打开篷布以使通风，并及时检查装饰板是否受潮受湿
2	在接近彩釉钢化玻璃装饰板附近，进行喷砂、切割、焊接等作业时，应用隔板将彩釉钢化玻璃装饰板隔开，以免损伤装饰板
3	在施工或风雨期间，混凝土浆、砌筑砂浆及抹灰砂浆和钢材受水湿后的流液等，对彩釉钢化玻璃装饰板均有腐蚀作用，应严防装饰板遭受到上述各种侵蚀、污染，以免腐蚀
4	彩釉钢化玻璃装饰板在安装之前，不要过早开箱，以免开箱后由于不能及时安装而在搬运及再存放过程中受到损伤
5	彩釉钢化玻璃装饰板不能进行切割、打眼等第二次加工。故在订货时必须提出准确的装饰板的几何图形、规格尺寸及所有切角、打孔等的位置尺寸，让生产单位按要求生产

续表

序号	注意事项说明
6	施工过程中对彩釉钢化玻璃装饰板上的指纹、油污、灰尘、胶迹、灰浆、残渣等，应随时清理干净，以免日久装饰板上产生霉迹，影响装饰效果。在保证不损坏密封胶及铝合金框架的前提下，可使用玻璃清洁剂进行清理
7	彩釉钢化玻璃装饰板在安装时须分清其正、反两面。千万不可用颠倒，光滑无釉的面为装饰板的正面
8	彩釉钢化玻璃装饰板虽然具有优良的热稳定性，但也不宜距蒸汽管过近，过近易发生性能变化，一般以距离管道 150～200 mm 为宜

第三节 室内隔墙与隔断工程

在室内装饰装修施工中，为了更好地对建筑物室内空间进行划分，既要满足功能要求，又要满足现代人们的生活和审美的需求，主要采用各种玻璃或罩面板与龙骨骨架组成隔墙或隔断。这些结构虽然不能承重，但由于其墙身薄、自重小，可以提高平面利用系数，增加使用面积，拆装非常方便，还具有隔音、防潮、防火等功能，在室内装修中经常采用。

隔墙与隔断的种类非常多。隔墙按照其构造方式不同，可分为砌块式、立筋式和板材式。隔断按照其外部形式不同，可分为空透式、移动式、屏风式、帷幕式和家具式。

用各种玻璃或轻质罩面板拼装制成的隔墙与隔断，为使得墙体的功能完善和外形比较美观，必须有相应骨架材料、嵌缝材料、接缝材料、吸音材料和隔音材料予以配套，并按照一定的构造要求和施工工艺施工，最常用的隔墙隔断主要有轻钢龙骨隔墙，木龙骨隔断隔墙、玻璃隔墙隔断和各种板式隔墙等。

一、轻钢龙骨石膏板隔墙施工

（一）概述

轻钢龙骨隔墙，也称为墙体轻钢龙骨，是以厚度为 0.5～1.5 mm 的镀锌钢带、薄壁冷轧退火卷带或彩色喷塑钢带为原料，经龙骨机辊压制成的轻质隔墙骨架支承材料。薄壁轻钢龙骨与玻璃或轻质板材组合，即可组成隔断墙体。

轻钢龙骨的分类方法很多，按其截面形状的不同，可以分为 C 形和 U 形两种；按其使用功能不同，可分为横龙骨、竖龙骨、通贯龙骨和加强龙骨四种；按其规格尺寸不同，主要可分为 Q50（也称 50 系列）、Q75（也称 75 系列）、Q100（也称 100 系列）和 Q150（也称 150 系列）。当采用纸面石膏板等板材作为轻钢龙骨隔墙罩面板时，还需有配套的龙骨附件。

横龙骨的截面呈 U 形，在墙体轻钢骨架中主要用于沿顶、沿地龙骨，多与建筑的楼板底及地面结构相连接，相当于龙骨框架的上下轨槽，与 C 形竖龙骨配合使用。其钢板的厚度一般为 0.63 mm，单位质量 0.63～1.12 kg/m。

竖龙骨的截面呈 C 形，用作墙体骨架垂直方向的支承，其两端分别与沿顶、沿地横龙骨连接。其钢板的厚度一般为0.63 mm，单位质量0.81～1.30 kg/m。

加强龙骨又称盒子龙骨，其截面呈不对称C形。可单独作为竖龙骨使用，也可用两件相扣组合使用，以增加其刚度。其钢板厚度一般为0.63 mm，单位质量0.62～0.87 kg/m。

（二）轻钢龙骨隔墙一般构造

轻钢龙骨一般用于现场装配纸面石膏板隔断墙，也可用于水泥刨花板隔墙、稻草板隔墙、纤维板隔墙等。不同类型、不同规格的轻钢龙骨，可以组成不同的隔墙骨架构造。一般是用沿地、沿顶龙骨与沿墙、沿柱龙骨（用竖龙骨）构成隔墙边框，中间立若干竖向龙骨，它是主要承重龙骨。有些类型的轻钢龙骨，还要加通贯横撑龙骨和加强龙骨；竖向龙骨间距根据石膏板宽度而定，一般在石膏板板边、板中各放置一根，间距不大于600 mm；当墙面装修层质量较大，如贴瓷砖，龙骨间距以不大于420 mm为宜；当隔墙高要增高，龙骨间距亦应适当缩小。

轻质隔墙有限制高度，根据轻钢龙骨的断面、刚度和龙骨间距、墙体厚度、石膏板层数等方面的因素而定。图6－57为隔墙的单、双排龙骨构造示意图。隔墙骨架构造由不同的龙骨类型构成不同体系，可根据隔墙要求分别确定。图6－58和图6－59为两种不同的龙骨布置形式。

a. 单排龙骨单层石膏板墙　　b. 双排龙骨双层石膏板墙

图6－57　隔墙的单、双排龙骨构造示意

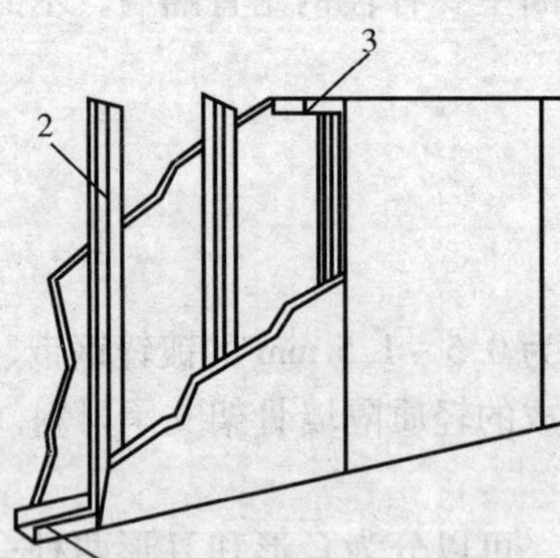

图6－68　隔墙龙骨布置示意（一）

1. 沿地龙骨；2. 竖龙骨；3. 沿顶龙骨

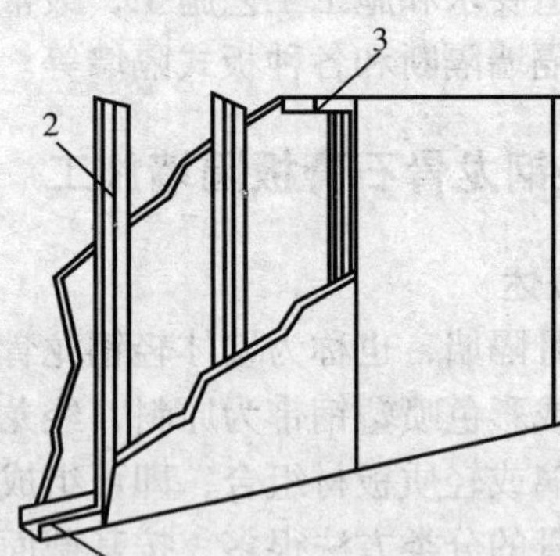

图6－59　隔墙龙骨布置示意（二）

1. 混凝土踢脚座；2. 沿地龙骨；3. 沿顶龙骨；

沿地龙骨、沿顶龙骨、沿墙龙骨和沿柱龙骨，统称为边框龙骨。边框龙骨和主体结构的固定，一般采用射钉法，即按间距不大于1 m打入射钉与主体结构固定，也可以采用电钻打孔打入膨胀螺栓或在主体结构上留预埋件的方法固定（图6－60）。竖龙骨用拉铆钉与沿地龙骨和沿顶龙骨固定（图6－61），也可以采用自攻螺钉或点焊的方法连接。

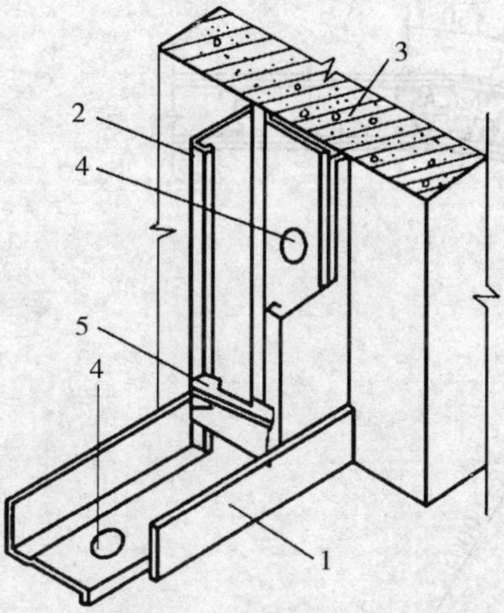

图6－60 沿地、沿墙龙骨与墙、地固定

1. 沿地龙骨；2. 竖向龙骨；3. 墙或柱；
4. 射钉及垫圈；5. 支撑卡

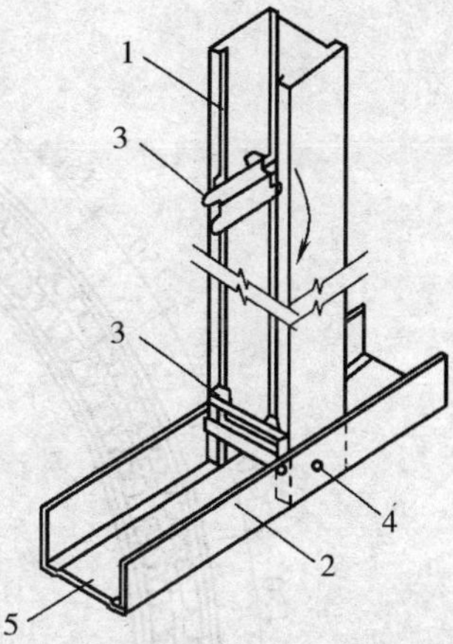

图6－61 竖向龙骨与沿地龙骨固定

1. 竖向龙骨；2. 沿地龙骨；3. 支撑卡；
4. 铆孔；5. 橡皮条

门框和竖向龙骨的连接，根据龙骨类型不同有多种做法，有采取加强龙骨与木门框连接做法的；也有用木门框两侧框向上延长，插入沿顶龙骨，然后固定于沿顶龙骨和竖龙骨上；还可采用其他固定方法（图6－62）。

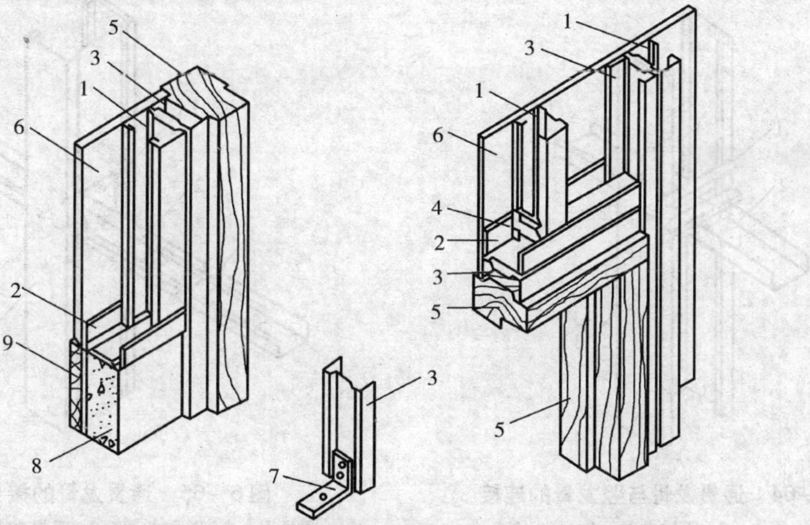

a. 木门框处下部构造　b. 用固定件与加强龙骨连接　c. 木门框处上部构造

图6－62 木门框处的构造

1. 竖向龙骨；2. 沿地龙骨；3. 加强龙骨；4. 支撑卡；5. 木门框；6. 石膏板；
7. 固定件；8. 混凝土踢脚座；9. 踢脚板

圆曲面隔墙墙体的构造，应根据曲面要求将沿地龙骨、沿顶龙骨切锯成锯齿形，固定在顶面和地面上，然后按较小的间距（一般为150 mm）排立竖向龙骨（图6－63）。

为增强隔墙轻钢骨架的强度和刚度，每道隔墙应保证最少设置一条通贯龙骨，通贯龙

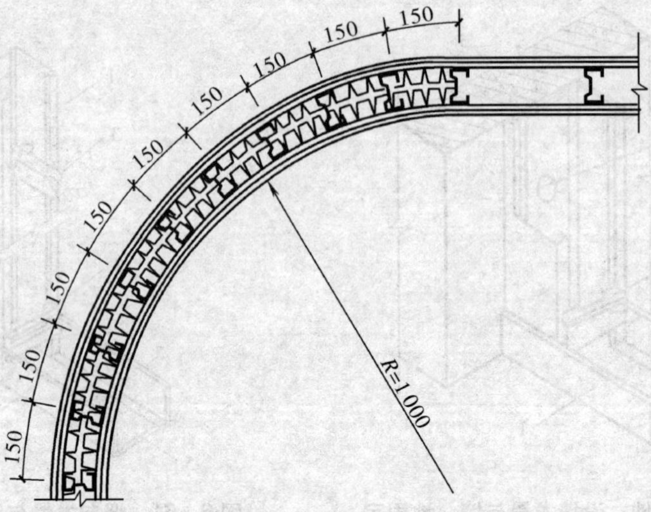

图6－63 圆曲面隔墙轻钢龙骨构造示意（单位：mm）

骨穿通竖龙骨而在隔墙骨架横向通长布置。图6－64为通贯龙骨与竖龙骨以支撑卡锁紧相交的构造示意图。通贯龙骨横穿隔墙的全宽，如果隔墙的宽度较大，势必采取接长措施，图6－65为通贯龙骨使用连接件（接长件）进行接长的示意图。

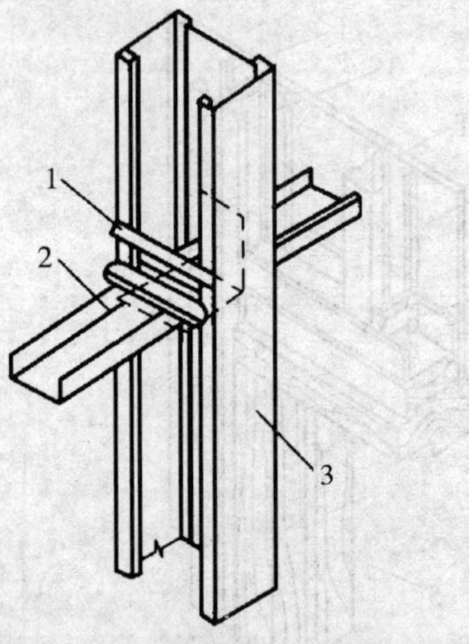

图6－64 通贯龙骨与竖龙骨的连接

1. 支撑卡；2. 通贯龙骨；3. 竖龙骨

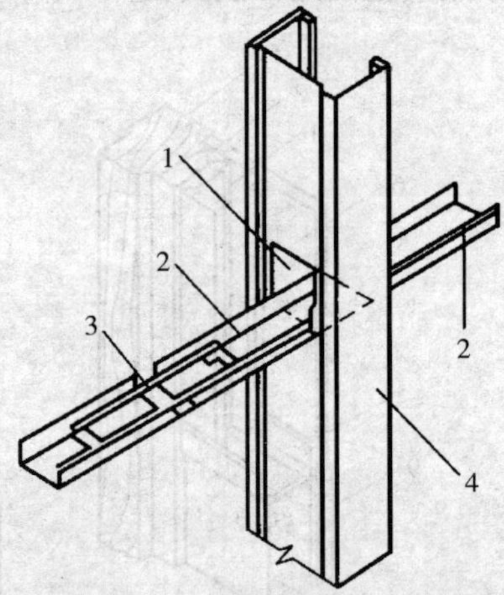

图6－65 通贯龙骨的接长

1. 贯通孔；2. 通贯龙骨；3. 通贯龙骨连接件；4. 竖龙骨（或加强龙骨）

隔墙龙骨在组装时，竖龙骨与横向龙骨（除通贯龙骨作横向布置外，往往需要设置加强龙骨）相交部位的连接采用角托（图6－66）。

对于轻钢龙骨隔墙内装设的配电箱和开关盒的构造做法，如图6－67所示。

（三）轻钢龙骨隔墙的安装

轻钢龙骨隔墙的安装顺序是：墙位放线→安装沿顶和沿地龙骨→安装竖向龙骨（包括门口加强龙骨）→安装横撑龙骨和通贯龙骨→各种洞口龙骨加强→安装墙内管线及其他设施。

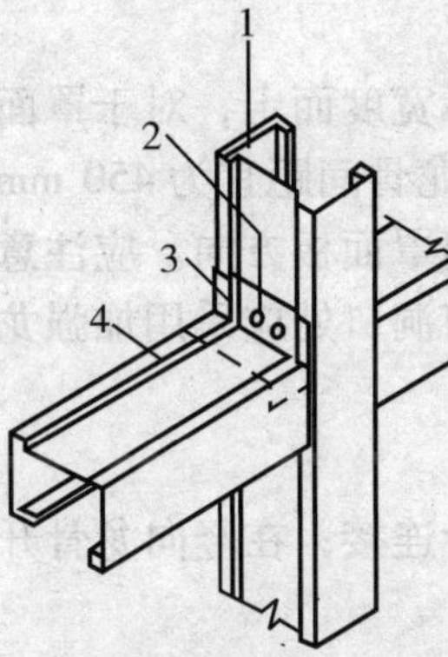

图 6－66　竖龙骨与横龙骨或加强龙骨的连接

1. 竖龙骨或加强龙骨；2. 拉铆钉或自攻螺栓；3. 角托；4. 横龙骨或加强龙骨

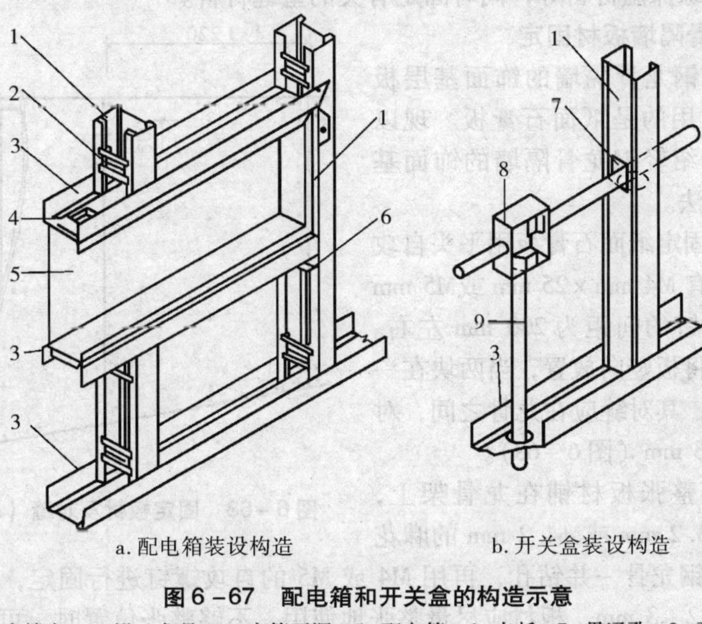

a. 配电箱装设构造　　b. 开关盒装设构造

图 6－67　配电箱和开关盒的构造示意

1. 竖龙骨；2. 支撑卡；3. 沿地龙骨；4. 穿管开洞；5. 配电箱；6. 卡托；7. 贯通孔；8. 开关盒；9. 电线管

1. 墙位放线

根据设计要求，在楼（地）面上弹出隔墙的位置线，即隔墙的中心线和墙的两侧线，并引到隔墙两端墙（或柱）面及顶棚（或梁）的下面，同时将门口位置、竖向龙骨位置在隔墙的上、下处分别标出，作为施工时的标准线，而后再进行骨架的组装。如果设计要求有墙基，应按准确位置先进行隔墙基座的砌筑。

2. 安装沿顶和沿地龙骨

地面和顶棚下分别摆好横龙骨，注意在龙骨与地面、顶面接触处应铺填橡胶条或沥青泡沫塑料条，再按规定的间距用射钉或用电钻打孔塞入膨胀螺栓，将沿地龙骨和沿顶龙骨固定于楼（地）面和顶（梁）面。射钉或电钻打孔按 0.6～0.8 m 的间距布置，水平方向应不大于 0.8 m，垂直方向不大于 1.0 m。射钉射入基体的最佳深度：混凝土为 22～32 mm，砖墙为 30～50 mm。

3. 安装竖向龙骨

龙骨的间距要依据罩面板的实际宽度而定，对于罩面板材较宽者，需要在中间加设一根竖龙骨，比如板宽900 mm，其竖龙骨间距宜为450 mm。将预先切截好长度的竖向龙骨推向沿顶，沿地龙骨之间，翼缘朝向罩面板方向。应注意竖龙骨的上下方向不能颠倒，现场切割时，只可从其上端切断。门窗洞口处应采用加强龙骨，如果门的尺寸大并且门扇较重时，应在门洞口处另加斜撑。

4. 安装横撑龙骨和通贯龙骨

向龙骨上安装支撑卡与通贯龙骨连接；在竖向龙骨开口面安装卡托与横撑连接；通贯龙骨的接长使用其龙骨接长件。

5. 安装墙内管线及其他设施

墙内轻钢龙骨主配件组装完毕，罩面板铺钉之前，要根据要求敷设墙内暗装管线、开关盒、配电箱及绝缘保温材料等，同时固定有关的垫缝材料。

（四）轻钢龙骨隔墙板材固定

如前所述，轻钢龙骨隔墙的饰面基层板有多种，其中最常用的是纸面石膏板。现以纸面石膏板为例介绍轻钢龙骨隔墙的饰面基层板的安装固定方法。

在轻钢龙骨上固定纸面石膏板用平头自攻螺丝，其规格通常有M4 mm×25 mm或M5 mm×25 mm两种，螺钉的间距为200 mm左右。固定纸面石膏板应将板竖向放置，当两块在一条竖龙骨上对缝时，其对缝应在龙骨之间，对缝的缝隙不得大于3 mm（图6－68）。

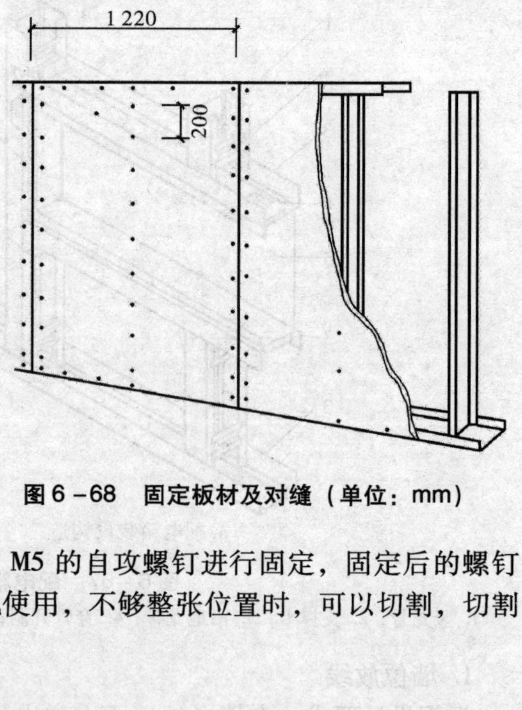

图6－68 固定板材及对缝（单位：mm）

固定时，先将整张板材铺在龙骨架上，对正缝位后，用ϕ3.2 mm或ϕ4.2 mm的麻花钻头，将板材与轻钢龙骨一并钻孔，再用M4或M5的自攻螺钉进行固定，固定后的螺钉头要沉入板材平面2～3 mm，板材应尽量整张地使用，不够整张位置时，可以切割，切割石膏板可用壁纸刀、钩刀、小钢锯条。

二、铝合金龙骨玻璃隔墙施工

铝合金隔墙与隔断，是用铝合金型材组成框架，再配以各种有机玻璃或其他材料装配而成。

（一）铝合金龙骨材料

铝合金材料是纯铝加入锰、镁等元素制成，具有质轻、耐蚀、耐磨、韧性好等特点。表面经氧化着色处理后，可得到银白色、金色、青铜色和古铜色等几种颜色，其外表色泽雅致美观，经久耐用，具有制作简单，与墙体连接牢固的特点，适合于写字楼办公室间隔、厂房间隔和其他隔断墙体。

（二）铝合金龙骨安装

铝合金隔墙是用铝合金型材组成框架。其主要施工工序：弹线定位→铝合金材料划线下料→固定及组装框架。

1. 弹线定位

（1）定位内容。弹线定位主要包括：

①根据施工图确定隔墙在室内的具体位置。

②确定隔墙的高度。

③竖向型材的间隔位置等。

（2）弹线定位顺序：弹线定位的顺序为：

①弹出地面位置线。

②用垂直法弹出墙面位置和高度线，并检查与铝合金隔墙相接墙面的垂直度。

③标出竖向型材的间隔位置和固定点位置。

2. 划线下料

划线下料是一项细致的工作，如果划线不准确，不仅使接口缝隙不美观，而且还会造成不必要的浪费。所以，划线的准确度要求很高，具精度要求为长度误差 ±0.5 mm。

划线时，通常在地面上铺一张干净的木夹板，将铝合金型材放在木夹板上，用钢尺和钢划针对型材划线。同时，在划线操作时注意不要碰伤型材表面。划线下料应注意以下几个方面。

（1）应先从隔断墙中最长的型材开始，逐步到最短的型材，并应将竖向型材与横向型材分开进行划线。

（2）划线前，应注意复核一下实际所需尺寸与施工图中所标注的尺寸有没有误差。如误差小于 5 mm，则可按施工图尺寸下料，如误差较大，则应按实量尺寸施工。

（3）划线时，要以沿顶和沿地型材的一个端头为基准，划出与竖向型材的各连接位置线，以保证顶、地之间竖向型材安装的垂直度和对位准确性。要以竖向型材的一个端头为基准，划出与横向型材的各连接位置线，以保证各竖向龙骨之间横档型材安装的水平度。划连接位置线时，必须划出连接部的宽度，以便在宽度范围以内安置连接铝角。

（4）铝合金型材的切割下料，主要用专门的铝材切割机，切割时应夹紧型材，锯片缓缓与型材接触，切不可猛力下锯。切割时应齐线切，或留出线痕，以保证尺寸的准确。切割中，进刀用力均匀才能使切口平滑。快要切断时，进刀用力要轻，以保证切口边部的光滑。

（三）安装固定

半高铝合金隔断墙，通常是先在地面组装好框架后，再竖立起来固定；全封铝合金隔断墙通常是先固定竖向型材，再安装横档型材来组装框架。铝合金型材相互连接主要是用铝角和自攻螺钉。铝合金型材与地面、墙面的连接则主要是用铁脚固定法。

（1）型材间的相互连接件。隔断墙的铝合金型材，其截面通常是矩形长方管，常用规格为 76 mm×45 mm 和 101 mm×45 mm（截面尺寸）。铝合金型材组装的隔墙框架，为了安装方便及效果美观，其竖向型材和横向型材一般都采用同一规格尺寸的型材。

型材的安装连接主要是竖向型材与横向型材的垂直结合，目前所采用的方法主要是铝角件连接法。铝角件连接的作用有两个方面：一方面是将两件型材通过第三者——铝角件互相接合；另一方面起到定位的作用，防止型材完装后产生转动现象。

所用的铝角通常是厚铝角，其厚度为 3 mm 左右，在一些非承重的位置也可以用型材的边角料来当作铝角连接件。对连接件的基本要求是：有一定的强度，尺寸要准确，铝角件的长度应是型材的内径长，铝角件正好装入型材管的内腔之中。铝角件与型材的固定，通常采用自攻螺钉。

（2）型材的相互连接方法。型材的相互连接方法，是沿竖向型材，在与横向型材相连接的划线位置上固定铝角，具体连接方法如下。

①在固定之前，先在铝角件上钻直径 3～4 mm 的两个孔，孔中心距铝角件端头 10 mm。然后用一小截型材（厚 10 mm 左右）放入竖向型材上，即固定横向型材的划线位置上。再将铝角件放入这一小截型材内，并用手电钻和用相同于铝角件上小孔直径的钻头，通过铝角件上小孔在竖向型材上打出两孔（图 6－69）。最后用 M4 或 M5 自攻螺钉，把铝角件固定在竖向型材上。用这种方法固定铝角件，可使两型材在相互连接后，保证垂直度和对缝的准确性。

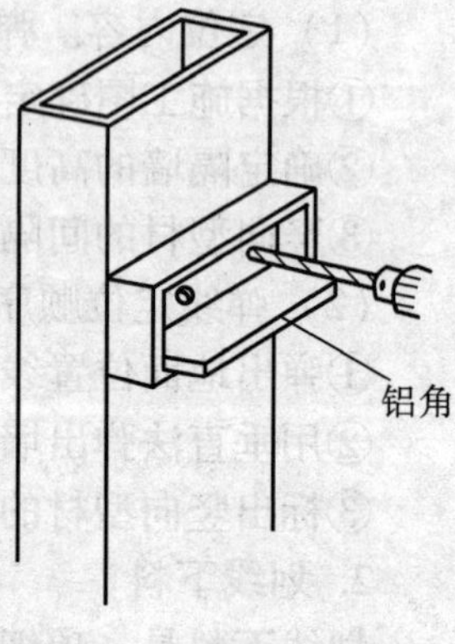

图 6－69　铝角件与竖向型材的连接

②横向型材与竖向型材连接时，先要将横向型材端头插入竖向型材上的铝角件，并使其端头与竖向型材侧面靠紧。再用手电钻将横向型材与铝角件一并打两个孔，然后用自攻螺钉固定，一般方法是钻好一个孔位后马上用自攻螺钉固定，再接着打下一个孔。

两型材接合的形式，如图 6－70 所示。所用的自攻螺钉通常为半圆头 M4 mm × 20 mm 或 M5 mm × 20 mm。

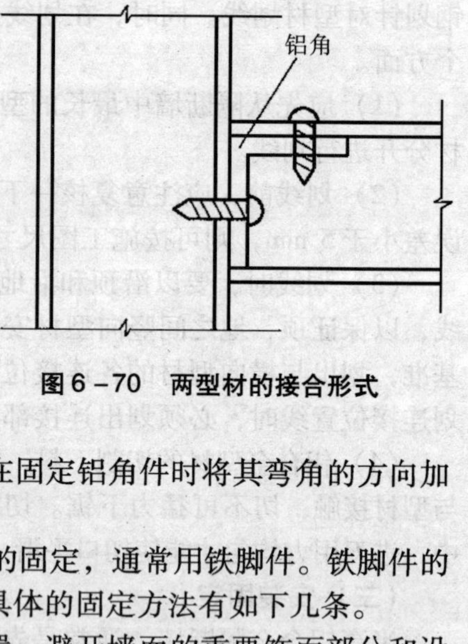

图 6－70　两型材的接合形式

③为了保证对接处的美观，自攻螺钉的安装位置应设置在较隐蔽处。通常的处理方法为：如果对接处在 1.5 m 以下，自攻螺钉头安装在型材的下方；如果对接处在 1.8 m 以上，自攻螺钉安装在型材的上方。这在固定铝角件时将其弯角的方向加以改变即可。

（3）框架与墙地面的固定。铝合金框架与墙、地面的固定，通常用铁脚件。铁脚件的一端与铝合金框架连接，另一端与墙面或地面固定。其具体的固定方法有如下几条。

①在固定之前，先找好墙面上和地面上的固定点位置，避开墙面的重要饰面部分和设备及线路部分，如果与木质墙面固定，固定点必须安装在有木龙骨的位置处。然后，在墙面或地面的固定位置上，做出可埋入铁脚件的凹槽。如果墙面或地面还将进行抹灰处理时，可不必做出此凹槽。

②按墙面或地面的固定点位置，在沿墙、沿地或沿顶型材上划线，再用自攻螺钉把铁脚件固定在划线位置上。

③铁脚件与墙面或地面的固定，可用膨胀螺栓或铁钉木楔方法，但前者的固定稳固性优于后者。如果是与木质墙面固定，铁脚件可用木螺钉固定于墙面内木龙骨上（图 6－71）。

（4）组装方法。铝合金隔断框架有两种组装方式：一种是先在地面上进行平面组装，

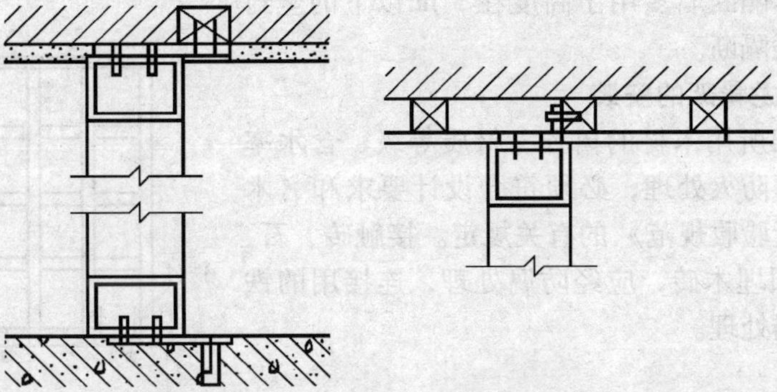

图 6－71　铝框架与墙地面的固定

然后将组装好的框架竖起进行整体安装；另一种是直接对隔断墙框架进行安装。但不论哪一种组装方式，在组装时都是从隔断墙框架的一端开始。通常，先将靠墙的竖向型材与铝角件固定，再将横撑型材通过铝角件与竖向型材连接，并以此方法组成框架。

以直接安装方法组装隔墙骨架时，要注意竖向型材与墙地面的安装固定。通常是先定位，再与横撑型材连接然后再与墙地面固定。

（四）安装饰面板和玻璃

铝合金型材隔墙在 1 m 以下部分，通常用铝合金饰面板，其余部分通常安装玻璃。

三、木龙骨板材隔墙施工

（一）木龙骨隔墙与隔断的施工

1. 木龙骨架结构形式

木龙骨隔断墙的木龙骨由上槛、下槛、主柱（墙筋）和斜撑组成。按立面构造，木龙骨隔断墙分为全封隔断墙隔、有门窗隔断墙和半高隔断墙三种类型。不同类型的隔断墙，其结构形式也不尽相同。

如图 6－72 所示，这种结构的木隔断墙，叫大木方结构，通常用 50 mm × 80 mm 或50 mm × 100 mm 的大木方制作主框架，框体的规格为 500 mm × 500 mm 左右的方框架或5 000 mm × 800 mm 左右的长方框架，再用 4 ~ 5 mm 厚的木夹板作为基面板。

图 6－72　大木方结构骨架

这种结构多用于墙面较高、较宽的木龙骨隔断墙。

2. 小木方双层结构

如图 6－73 所示，为了使木隔断墙有一定的厚度，常用25 mm × 30 mm 的带凹槽木方做成两片龙骨的框架，每片为规格 300 mm × 300 mm 或 400 mm × 400 mm 的框架，再将两个框架用木方横杆相连接，这种结构适用于宽度为 150 mm 左右的木龙骨隔断墙。

3. 小木方单层结构

这种结构常用 25 mm × 30 mm 的带凹槽木方组装，常用的框架规格为 300 mm × 300 mm。

此种结构的木隔断墙多用于高度在 3 m 以下的全封隔断或普通半高矮隔断。

（二）隔墙木龙骨架的安装

隔墙木龙骨架所用木材的树种、材质等级、含水率以及防腐、防虫、防火处理，必须符合设计要求和《木结构工程施工质量验收规范》的有关规定。接触砖、石、混凝土的骨架和预埋木砖，应经防腐处理，连接用的铁件必须经镀锌防锈处理。

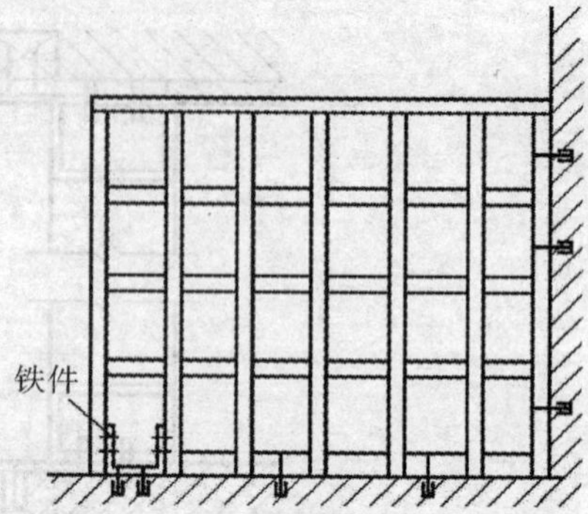

图 6－73　短隔断墙的固定

1. 弹线打孔

根据设计图纸的要求，在楼地面和墙面上弹出隔墙的位置线（中心线）和隔墙厚度线（边线）。同时按 300～400 mm 的间距确定固定点的位置，用直径 7. 8 mm 或 10. 8 mm 的钻头在中心线上打孔，孔深 45 mm 左右，向孔内放入 M6 或 M8 的膨胀螺栓。注意打孔的位置与骨架竖向木方错开。如果用木楔铁钉固定，就需打出直径 20 mm 左右的孔，孔深50 mm左右，再向孔内打入木楔。

2. 固定木龙骨

固定木龙骨的方式有多种。为保证装饰工程的结构安全，在室内装饰工程中，通常遵循不破坏原建筑结构的原则进行龙骨的固定。木龙骨的固定一般按以下步骤进行。

（1）固定木龙骨的位置，通常是在沿地、沿墙、沿顶等处。

（2）在固定木龙骨前，应按对应地面和顶面的隔墙固定点的位置，在木龙骨架上划线，标出固定点位置，进而在固定点打孔，打孔的直径略微大于膨胀螺栓的直径。

（3）对于半高矮隔墙来说，主要靠地面固定和端头的建筑墙面固定。如果矮隔断墙的端头处无法与墙面固定，常采用铁件来加固端头处。加固部分主要是地面与竖向木方之间，如图 6－75 所示。

3. 木龙骨架与吊顶的连接

在一般情况下，隔墙木龙骨架的顶部与建筑楼板底的连接可有多种选择，采用射钉固定连接件，采用膨胀螺栓连接或采用木楔圆钉连接等做法均可。若隔墙上部的顶端不是建筑结构，而是与装饰吊顶相接触时，其处理方法需要根据吊顶结构而确定。

对于不设开启门扇的隔墙，当其与铝合金或轻钢龙骨吊顶接触时，只要求与吊顶面之间的缝隙要小而平直，隔墙木骨架可独自与吊顶内建筑楼板以木楔圆钉固定。当其与吊顶的木龙骨接触时，应将吊顶木龙骨与隔墙木龙骨的沿顶龙骨钉接起来，如果两者之间有接缝，还应垫实接缝后再钉钉子。

对于设有开启门扇的隔墙，考虑到门的启闭振动及人的往来碰撞，其顶端应采取较牢靠的固定措施，一般做法是使竖向龙骨穿过吊顶面与建筑楼板底面固定，需采用斜角支撑。斜角支撑的材料可以是方木，也可以是角钢，斜角支撑杆件与楼板底面的夹角以 60°为宜。斜角支撑与基体的固定方法，可用木楔铁钉或膨胀螺栓连接（图 6－74）。

（三）固定板材

木龙骨隔断墙的饰面基层板，通常采用木夹板、中密度纤维板等木质板材。现以木夹板的钉装固定为例，介绍木龙骨隔断墙饰面基层板的固定方法。

木龙骨隔断墙上固定木夹板的方式，主要有明缝固定和拼缝固定两种。

明缝固定是在两板之间留一条有一定宽度的缝隙，当施工图无明确规定时，预留的缝宽以 8～10 mm 为宜。如果明缝处不用垫板，则应将木龙骨面刨光，使明缝的上下宽度一致。在锯割木夹板时，用靠尺来保证锯口的平直度与尺寸的准确性，锯完后用 0 号木砂纸打磨修边。

拼缝固定时，要对木夹板正面四边进行倒角处理（边倒角为45°），以便在以后的基层处理时可将木夹板之间的缝隙补平。钉板的方法是用 25 mm 射钉或铁钉，把木夹板固定在木龙骨上。要求布钉均匀，钉距掌握在 100 mm 左右。通常 5 mm 厚以下的木夹板用25 mm钉子固定，9 mm 厚左右的木夹板用 30～35 mm 的钉子固定。

对钉入木夹板的钉头，有两种处理方法。一种是先将钉头打扁，再将钉头打入木夹板内；另一种是先将钉头与木夹板钉平，待木夹板全部固定后，再用尖头冲子逐个将钉头冲入木夹板平面以内 1 mm。射钉的钉头可直接埋入木夹板内，所以不必再处理。但在用射钉时，要注意把射钉嘴压在板面上后再扣动扳机打钉，以保证钉头埋入木夹板内。

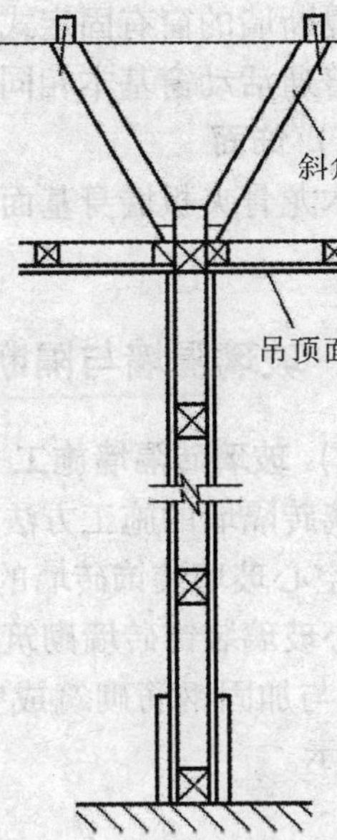

图 6－74　带木门隔墙与建筑顶面的连接固定

（四）木隔墙门窗的构造做法

1. 门框构造

木隔墙的门框是以门洞口两侧的竖向木龙骨为基体，配以挡位框、饰边板或饰边线组合而成的。传统的大木方骨架的隔墙门洞竖龙骨断面大，其挡位框的木方可直接固定于竖向木龙骨上。对于小木方双层构架的隔墙，由于其木方断面较小，应该先在门洞内侧钉固 12 mm 厚的胶合板或实木板之后，才可在其上固定挡位框。如若对木隔墙门的设置要求较高，其门框的竖向木方应具有较大断面，并采取铁件加固法（图 6－75），这样做可以保证不会由于门槛的频繁启闭振动而造成隔墙的颤动或松动。

图 6－75　木隔墙门框采用铁件加固的构造做法

木质隔墙门框在设置挡位框的同时，为了收边、封口和装饰美观，一般都采取包框饰边的结构形式，常见的有厚胶合板加木线包边、阶梯式包边、大木线条压边等。安装固定时可使用胶黏剂钉合，装设牢固，注意铁钉应冲入面层。

2. 窗框构造

木隔断中的窗框是在制作木隔断时预留出的，然后用木夹板和木线条进行压边或定位。木隔断墙的窗有固定式和活动窗扇式，固定式是用木条把玻璃定位在窗框中，活动窗扇式与普通活动窗基本相同。

(五) 饰面

在木龙骨夹板墙身基面上，可进行的饰面种类有：涂料饰面、裱糊饰面、镶嵌各种罩面板等。

四、玻璃隔墙与隔断施工

(一) 玻璃砖隔墙施工

玻璃砖隔墙的施工方法，基本上可以分为砌筑法和胶筑法两种。

1. 空心玻璃装饰砖墙的砌筑法

空心玻璃装饰砖墙砌筑法是将空心玻璃装饰砖用1:1 的白水泥石英彩色砂浆（白砂或彩砂），与加固钢筋砌筑成空心玻璃砖墙（或隔断）的一种构造做法，如图 6－76 和图 6－77所示。

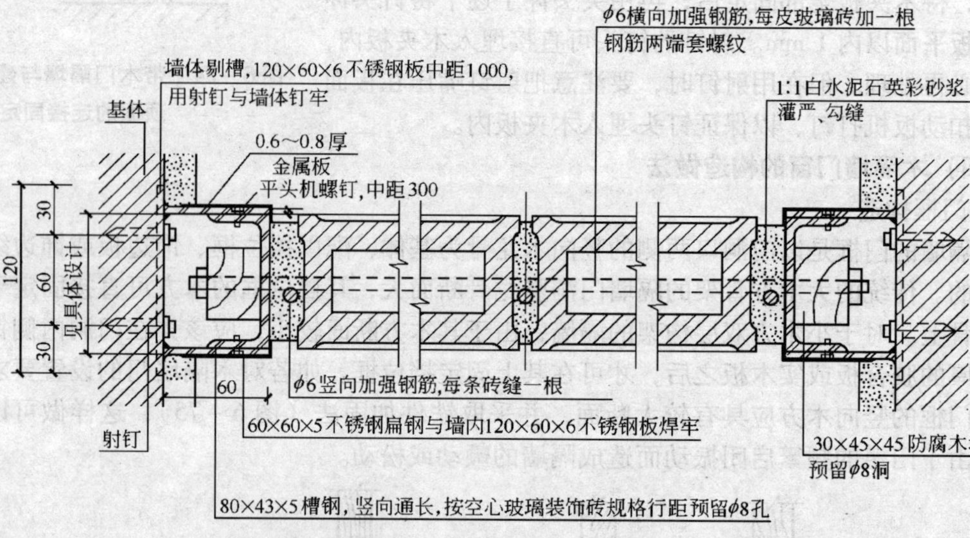

图6－76 砌筑法节点示意（一）（单位：mm）

(1) 砌筑法施工工艺。空心玻璃装饰砖墙砌筑法的施工还是比较复杂的，其主要的施工工艺流程为：基层处理→砌结合层→浇筑勒脚→玻璃砖选择→安装固定件→砌筑玻璃砖→砖缝勾缝→封口与收边→清理表面。

①基层处理：在要砌筑空心玻璃装饰砖墙之处，将所有的灰尘、垃圾、油污、杂物等均清理干净，并洒水洗刷，以便于玻璃砖与基层黏结牢固。

②砌结合层：在基层（地面）清理完毕后，涂上一道配合比为1:1 的素水泥浆接合层，每边应比勒脚宽度宽出150 mm。

③浇筑勒脚：先剔槽做埋件，在地（楼）面上剔槽，用射钉将120 mm × 60 mm × 6 mm的不锈钢钢板钉于槽内。间距1 000 mm用60 mm × h × 5 mm 不锈钢扁钢（两块）与以上钢板焊牢，每边焊上一块，供固定槽钢之用。扁钢的高度，由具体设计而确定。待以

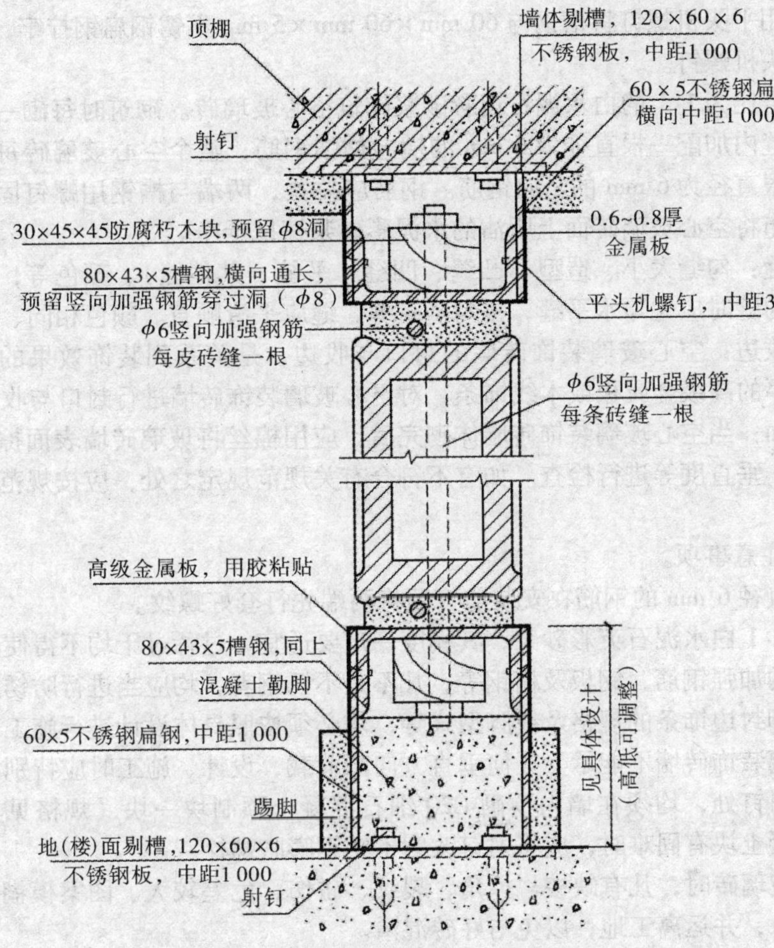

图 6－77　砌筑法节点示意（二）（单位：mm）

上工序完成后，浇筑混凝土勒脚，勒脚的高度及混凝土的强度等，按工程设计要求确定。

④玻璃砖选择：根据具体的设计要求和其所处的环境，认真进行空心玻璃装饰砖规格尺寸、花色图案的选择，并在施工现场进行干砌试摆检验设计效果。

如果对所选择的空心玻璃装饰砖确定后，应将空心玻璃装饰砖墙面按施工大样图排列编号，并再次在施工现场进行试拼，在试拼中要特别注意砖缝宽度及加强钢筋等，校正四边尺寸是否正确，是否与具体设计尺寸相吻合，分析在施工中会出现的砖的模数配套问题。

⑤安装固定件：在空心玻璃装饰砖墙两侧原有砖墙或混凝土墙上剔槽，槽的规格为长 120 mm、宽 60 mm、深 6 mm，在竖向每隔 1 000 mm 距离剔一个。

槽剔完毕后要清理干净，将 120 mm×60 mm×6 mm 不锈钢扁钢放入槽内，用两个射钉将该钢板与墙体钉牢，在每块 60 mm×60 mm×5 mm 不锈钢与该板焊牢，使之形成一个“卡”形固定件，用以固定槽钢之用。

空心玻璃装饰砖墙顶端与顶棚衔接之处，一般可参照上述程度施工。

⑥砌筑玻璃砖：在砌筑空心玻璃砖之前先安装槽钢，即将上下左右的 80 mm 槽钢一一

安装就位，并用平头机螺钉将槽钢与60 mm×60 mm×5 mm不锈钢扁钢拧牢，每块扁钢上一般拧4个平头机螺钉。

然后用配合比为1:1的白水泥石英彩砂浆砌筑空心玻璃砖。砌筑时每砌一皮空心玻璃砖，在横向砖缝内加配一根直径为6 mm的横向加强钢筋；整个空心玻璃砖每条竖向砖缝内，也加配一根直径为6 mm的竖向钢筋。钢筋应拉紧，两端与槽钢用螺钉固定。每砌完一层，须用湿布将空心玻璃砖面上所沾的水泥彩砂浆擦拭干净。

⑦砖缝勾缝：勾缝大小、造型（凸缝、凹缝、平缝、其他缝）、颜色等，均应按照具体设计进行。勾缝时应先勾水平缝，再勾竖直缝，缝应平滑顺直、颜色相同、深度一致。

⑧封口与收边：空心玻璃装饰砖墙的封口与收边，是关系到装饰效果的工序。即用0.6~0.8 mm厚的高级金属板或木线饰条，对空心玻璃装饰砖墙进行封口与收边处理。

⑨清理表面：当空心玻璃装饰砖墙体砌完后，应用棉丝将玻璃砖墙表面擦拭干净，并对墙身平整度、垂直度等进行检查。如有不符合有关规范规定之处，应按规范要求修正补救。

（2）施工注意事项。

①加配的直径6 mm的钢筋在安装前，须将两端先行套好螺纹。

②配制的1:1白水泥石英彩砂浆，其稠度一定要适宜，过稀过干均不得使用。

③所有用的加强钢筋、钢板及槽钢等，凡不是不锈钢者，均应当进行防锈处理。

④硬木线脚封边饰条的规格及线脚型式等，均必须按照具体设计进行施工。

⑤空心玻璃装饰砖墙不能承受任何垂直方向的荷载，设计、施工时应特别注意。

⑥凡砖墙射钉处，均须在墙内预砌C20细石混凝土预制块一块（规格见具体设计）。如预砌细石混凝土块有困难时，应将射钉改为不锈钢膨胀螺栓。

⑦选空心玻璃砖时，凡有缺棱、掉角、裂纹、碰伤、色差较大、图案模糊、四角不方者，应一律剔除，并运离工地，以免与好砖混淆。

⑧玻璃砖墙宜以1.5 m高为一个施工段，待下部施工段胶结材料达到设计强度后再进行上部施工。

2. 空心玻璃装饰砖墙的胶筑法

胶筑法是将空心玻璃装饰砖用胶黏结成空心玻璃砖墙（或隔断）的一种新型构造做法。其构造如图6－78、图6－79所示。

（1）安装四周固定件。

①将玻璃砖墙两侧原有砖墙或钢筋混凝土墙剔槽，槽剔完毕清理干净，将120 mm×60 mm×6 mm不锈钢板放入槽内，用射钉与墙体钉牢。

②在每块120 mm×60 mm×6 mm不锈钢板上，将80 mm×6 mm通长不锈钢扁钢与该板焊牢，使之形成固定件，供固定防腐木条及硬质泡沫塑料（胀缝）之用。

（2）安装防腐木条及胀缝、滑缝材料。

①将四周通长防腐木条用高强自攻螺钉与固定件上的不锈钢扁钢钉牢（扁钢先钻孔），自攻螺钉中距300~400 mm，胶点涂于防腐木条顶面（即与硬质泡沫塑料粘贴之面），沿木条两边每隔1 000 mm点涂直径20 mm胶点一个，边涂边将10 mm厚硬质泡沫塑料粘于木条之上，供作玻璃砖墙胀缝之用。

②在硬质泡沫塑料之上，干铺一层防潮层，以供作为玻璃砖墙滑缝之用。

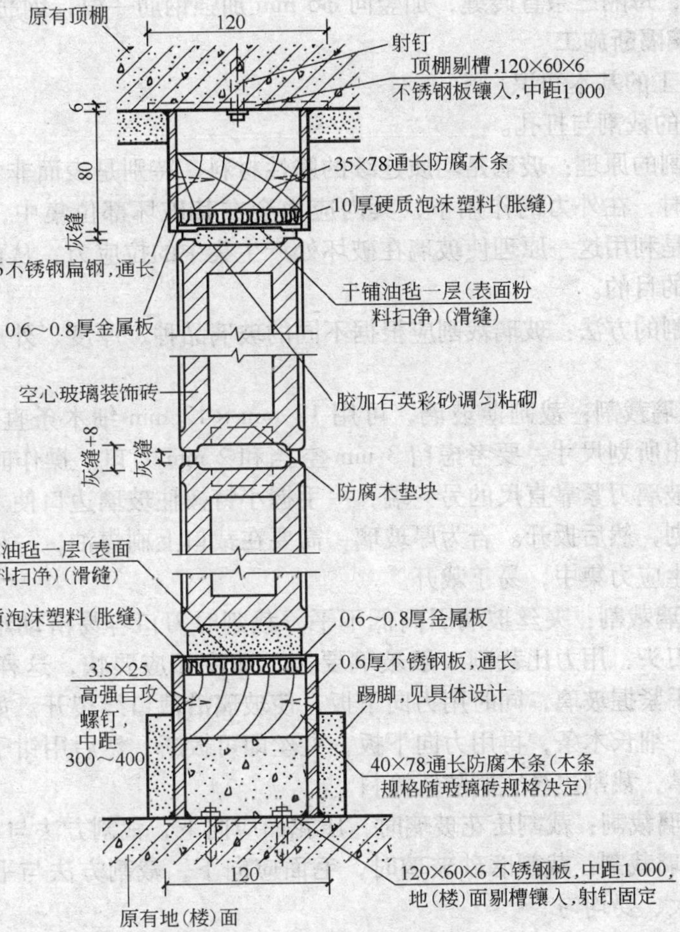

图6－78　胶筑法基本节点构造示意（单位：mm）

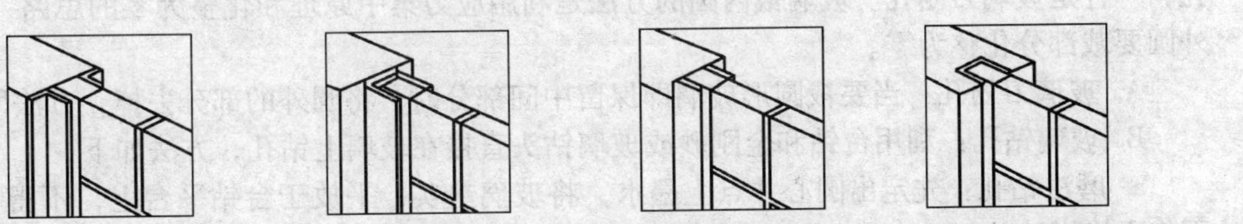

图6－79　胶筑法镶嵌示意

（3）胶筑空心玻璃装饰砖墙墙体。

①在空心玻璃装饰砖墙勒脚上皮防潮层上涂石英彩色砂浆（彩色砂浆中掺入胶拌匀）一道，厚度、胶砂配合比及彩砂颜色等均由具体设计决定，边涂边砌空心玻璃砖。

②木垫块顶面、底面及与空心玻璃砖凹槽接触面上，均应满涂胶一道，每块玻璃砖上应放木垫块2～3块，边放边砌上皮玻璃砖。如此继续由下向上一皮一皮地进行胶粘砌筑，直至砌至顶部为止。

③空心玻璃装饰砖墙四周（包括墙的两侧、顶棚底、勒脚上皮等处）均需增加ϕ6 mm

加强钢筋两根，每隔三条直砖缝，加竖向 ϕ6 mm 加强钢筋一根，钢筋两端套螺纹。

（二）玻璃隔断施工

1. 玻璃加工的基本知识

（1）玻璃的裁割与打孔。

①玻璃裁割的原理：玻璃是均质连续的脆性材料，特别是表面非常均匀连续，当其受到非连续破坏时，在外力的作用下，其内应力会在其破坏部位集中，这就是应力集中原理，而我们正是利用这一原理使玻璃在破坏处产生集中的拉应力，从而使玻璃发生脆性破坏，达到裁割的目的。

②玻璃裁割的方法：玻璃裁割应根据不同的玻璃品种、厚度、外形尺寸采用不同的操作方法。

A. 平板玻璃裁割：裁割薄玻璃，可用 12 mm × 12 mm 细木条直尺，量出裁割尺寸，再在直尺上定出所划尺寸。要考虑留 3 mm 空挡和 2 mm 刀口。操作时将直尺上的小钉紧靠玻璃一端，玻璃刀紧靠直尺的另一端，一手握小钉按住玻璃边口使之不松动，另一手握刀笔直向后退划，然后扳开。若为厚玻璃，需要在裁口上刷煤油，一可防滑，二可使划口渗油，容易产生应力集中，易于裁开。

B. 夹丝玻璃裁割：夹丝玻璃因高低不平，裁割时刀口容易滑动难以掌握，因此要认清刀口，握稳刀头，用力比裁割一般玻璃要大，速度相应要快，这样才不致出现弯曲不直。裁割后双手紧握玻璃，同时用力向下扳，使玻璃沿裁口线裂开。如有夹丝未断，可在玻璃缝口内夹一细长木条，再用力向下扳，夹丝即可扳断。然后用钳子将夹丝压平，以免搬运时划破手掌，裁割边缘宜刷防锈涂料。

C. 压花玻璃裁割：裁割压花玻璃时，压花面应向下，裁割方法与夹丝玻璃相同。

D. 磨砂玻璃裁割：裁割磨砂玻璃时，毛面应向下，裁割方法与平板玻璃相同，但向下扳时用力要大、要均匀。

③玻璃打孔的方法：玻璃打孔按所打孔径大小，一般采用两种方法，一种是台钻钻孔，一种是玻璃刀划孔。玻璃裁内圆的方法是利用应力集中原理和化整为零的思路，将内外圆要裁部分化整为零。

A. 玻璃刀划孔：当要裁圆形玻璃即保留中间部分时，将圆外的部分去掉，方法同上。

B. 玻璃钻孔：利用台钻和金刚砂或玻璃钻头直接在玻璃上钻孔，方法如下：

a. 磨法钻孔：先定出圆心并点上墨水，将玻璃垫实，平放于台钻平台上，不得移动，再将内掺煤油的 280～320 目金刚砂点在玻璃钻眼处，不断上下运动钻磨，边磨边点金刚砂。研磨自始至终用力要轻而均匀，尤其是接近磨穿时，用力更要轻，要有耐心。

b. 直接钻孔：孔也可以用专用的、不同直径的玻璃钻头直接钻孔，但注意钻孔过程中，要用水冷却。

④玻璃裁割中的注意事项：

A. 根据玻璃种类、厚薄和裁割要求的不同正确选用割切方法。

B. 玻璃应集中裁割，按先大后小，先宽后窄顺序进行。

C. 钢化玻璃严禁裁割，也不能局部取舍（钢化玻璃是普通玻璃先裁好后钢化而成的玻璃）。

D. 玻璃和框之间的配合变形间隙不小于玻璃的厚度。

E. 玻璃裁割的质量，关键在刀口。

(2) 玻璃的表面处理。玻璃的表面处理种类很多，在建筑装饰工程中常见到的主要有：喷砂、磨砂、磨边与倒角、镜面和铣槽等。

玻璃的磨边和倒角是利用专用设备将玻璃边按设计磨掉并抛光。镜面由平板玻璃经抛光而制成，有单面抛光和双面抛光两种，其表面光滑有光泽。

(3) 玻璃的热加工。将平板玻璃加热到一定温度，使玻璃产生一定的变形而不破坏，按需要的形状定型后逐渐冷却而固定成形，如圆弧玻璃的加工制作。

(4) 玻璃钢化处理。玻璃钢化可以提高普通玻璃的抗拉强度。方法是先按使用要求裁好，再放到加热炉中，加热到一定温度后急速冷却，这样就在玻璃内部产生了预压应力，使玻璃的抗拉强度提高到原来的3~5倍。钢化玻璃破碎后成为均匀小块，不会伤人，是安全玻璃的一种。

2. 玻璃安装的基本知识

(1) 玻璃脆性的处理。玻璃脆性决定其不能与其他硬质材料直接接触，接触处必须解决好缓冲过渡处理，一般可采用抗老化橡胶材料过渡。

(2) 玻璃热胀冷缩处理。玻璃的变形要在安装时给予充分的考虑，一般平面内变形余量不小于玻璃的厚度，故安装尺寸应小于设计尺寸。

(3) 玻璃牢固性处理。玻璃胶的黏结，处理可以使玻璃永远受到均匀一致的支承反力作用。

3. 玻璃屏风的施工

(1) 木骨架玻璃屏风施工。在木骨架玻璃屏风施工中，主要应注意以下事项：

①玻璃与骨架木框的结合不能过于紧密，玻璃放入木框后，在木框的上部和侧面应留有3 mm左右的缝隙，该缝隙是为玻璃热胀冷缩而设置的。对于大面积玻璃板来说，留缝是非常重要的，否则在受热膨胀时发生开裂。

②在玻璃正式安装时，要检查玻璃的四角是否方正，检查木框的尺寸是否准确，是否有变形的现象。在校正好的木框内侧，定出玻璃安装的位置线，并固定好玻璃板靠位线条，如图6－80所示。

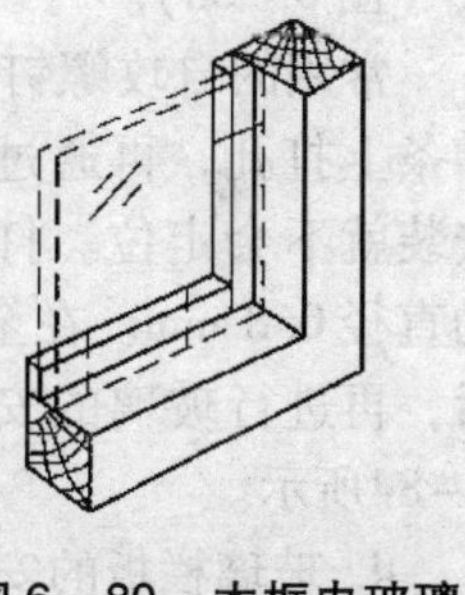

图6－80　木框内玻璃的安装方式

③把玻璃装入木框内，其两侧距木框的缝隙应当相等，并在缝隙中注入玻璃胶，然后钉上固定压条，固定压条最好用钉枪钉牢。对于面积较大的玻璃板，安装时应用玻璃吸盘器吸住玻璃，再用手握吸盘器将玻璃提起来进行安装，如图6－81所示。

(2) 金属骨架玻璃屏风的施工。

在金属骨架屏风的施工中，主要应当注意以下事项：

①玻璃与金属框架安装时，先要安装玻璃靠位线条，靠位线条可以是金属角线，也可以是金属槽线。

图6－81　大面积玻璃用吸盘器安装

固定靠位线条通常是用自攻螺钉。

②根据金属框架的尺寸裁割玻璃，玻璃与框架的结合不能太紧密，应该按小于框架3～5 mm的尺寸裁割玻璃。

③玻璃安装之前，在框架下部的玻璃放置面上，涂一层厚度为2 mm的玻璃胶（图6－82）。玻璃安装后，玻璃的底边压在玻璃胶层上，或者放置一层橡胶垫，玻璃底边压在橡胶垫上。

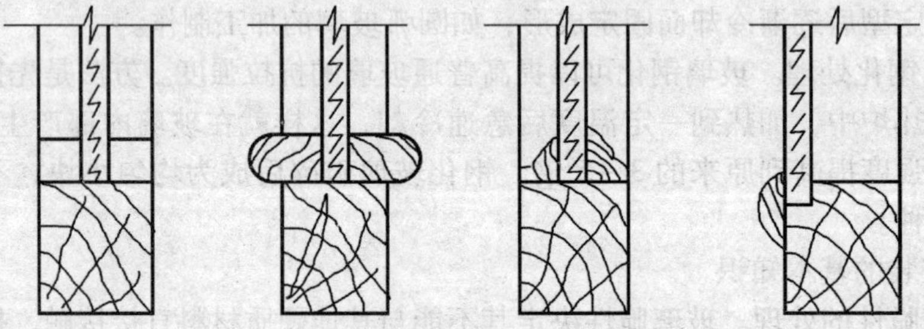

图6－82　木压条固定玻璃的常见形式

④把玻璃放入框内，并靠在靠位线条上。如果玻璃的面积比较大，应用玻璃吸盘器进行安装。玻璃板距金属框两侧的缝隙距离应当相等，并在缝隙中注入玻璃胶，然后安装封边压条（图6－83）。

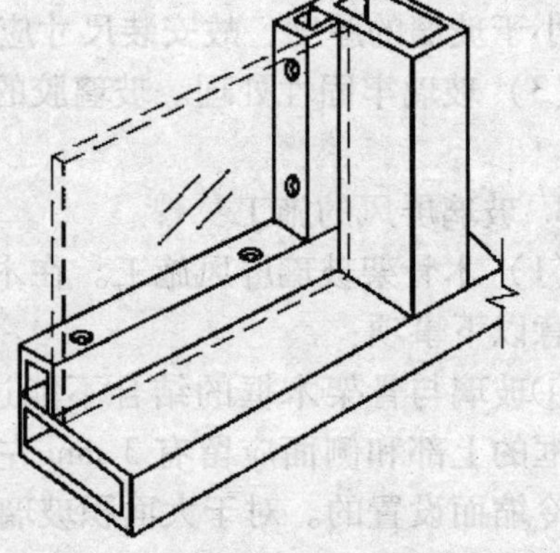

图6－83　木压条固定玻璃的常见形式

常用的自攻螺钉为M4或M5。安装时先在槽条上打孔，再通过此孔在框架上打孔，这样安装就不会走位。打孔的钻头要小于自攻螺钉的直径0.8 mm。在全部槽条的安装孔位都打好后，再进行玻璃的安装。玻璃的安装方式如图6－84所示。

4. 玻璃栏板的安装施工

（1）回廊栏板安装。回廊栏板由扶手、玻璃栏板、栏板底座三部分组成。

①扶手与玻璃的固定：木质扶手、不锈钢扶手和黄铜扶手与玻璃板的连接，一般做法是在扶手内加设型钢，如槽钢、角钢或H形型钢等。图6－85、图6－86所示为木扶手及金属扶手内部设置型钢与玻璃栏板相配合的构造做法。有的金属圆管扶手在加工成型时，即将嵌装玻璃的凹槽一次制成，这样可减少现场焊接工作量，如图6－87所示。

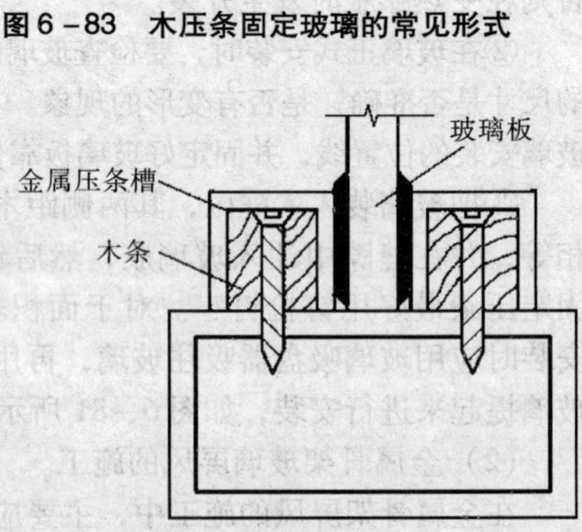

图6－84　金属框架上的玻璃安装

②玻璃栏板单块间的拼接：玻璃栏板单块与单块之间，不得拼接过于太紧，一般应留出8 mm的间隙。玻璃与其他材料的相交部位，也不能贴靠过紧，也要留出8 mm的间隙。但在间隙之间一定要注入硅酮系列密封胶。

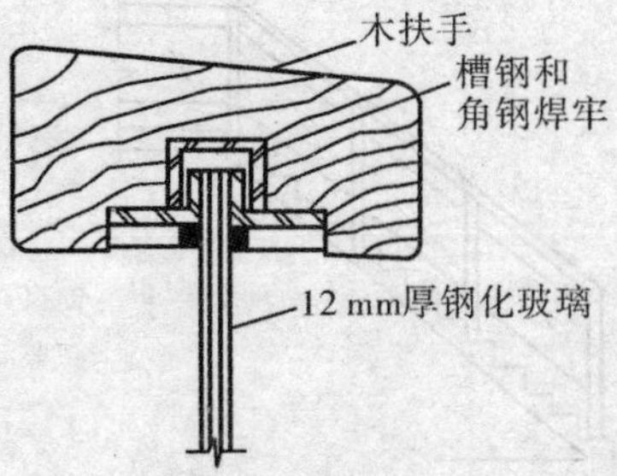

图 6－85　木扶手与玻璃栏板的连接

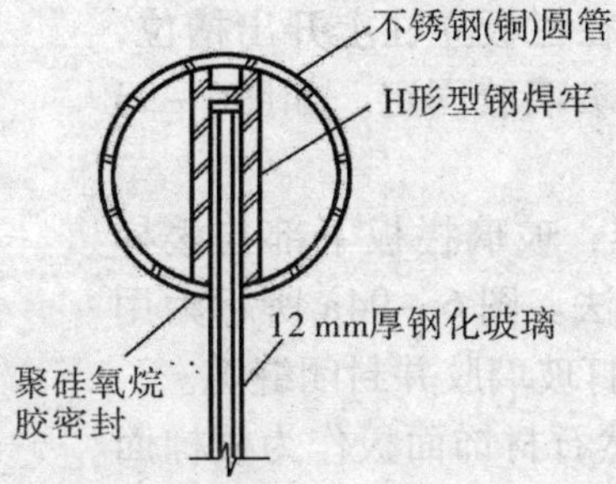

图 6－86　金属扶手加设型钢安装玻璃栏板

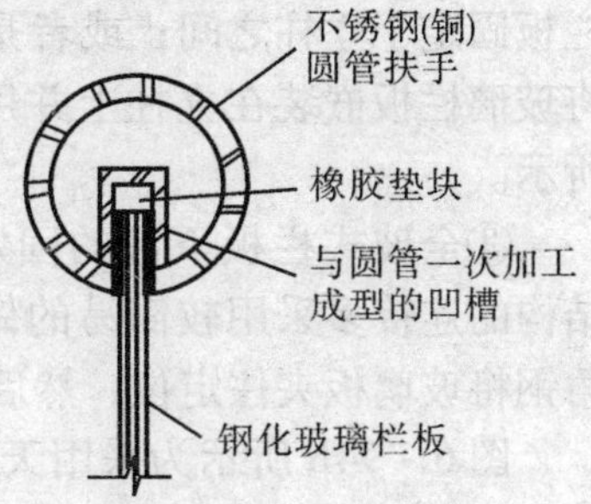

图 6－87　一次加工成型的金属扶手与玻璃栏板的安装固定

③栏板底座的做法：玻璃栏板底座的构造处理，主要是解决玻璃栏板的固定和踢脚部位的饰面处理。固定玻璃的做法非常多，一般是采用角钢焊成的连接铁件，两条角钢之间留出适当的间隙，即玻璃栏板的厚度再加上每侧 3 ~ 5 mm 的填缝间隙，如图 6－88 所示。

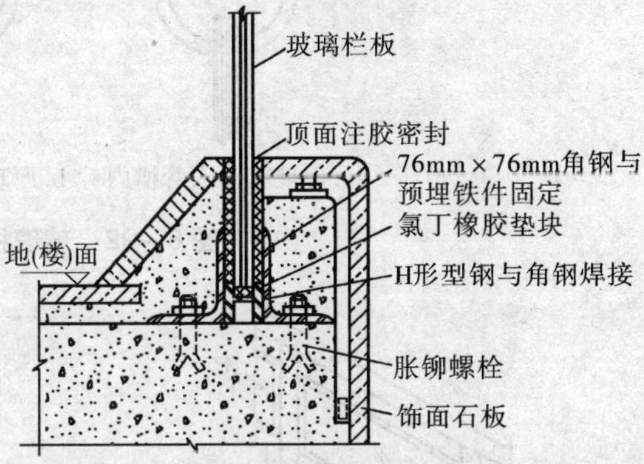

图 6－88　用角钢固定玻璃的底座做法示例

（2）楼梯玻璃栏板的安装。对于室内楼梯栏板，其形式可以是全玻璃，称为全玻式玻璃楼梯栏板，如图 6－89 所示；也可以是部分玻璃，称为半玻式玻璃楼梯栏板，如图 6－90 所示。

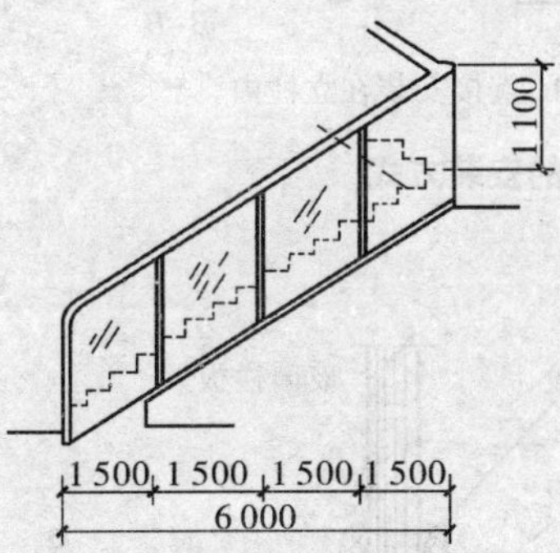

图 6－89　全玻式玻璃楼梯栏板（单位：mm）

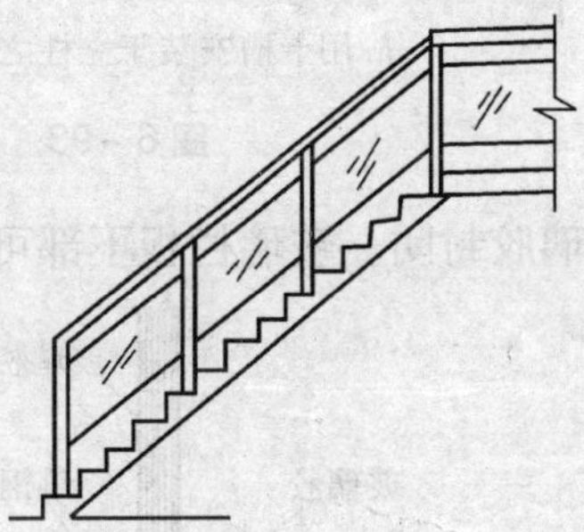

图 6－90　半玻式玻璃楼梯栏板

①全玻式栏板上部的固定：全玻式楼梯扶手结构比较简单，主要由不锈钢管、厚玻璃、角钢、玻璃胶等组成（图 6－91）。

全玻式楼梯栏板的上部与不锈钢或黄铜管扶手的连接，一般有三种方式：第一种是金属管的下部开槽，厚玻璃栏板插入槽内，以玻璃胶进行封口；第二种是在扶手金属管的下部安装卡槽，厚玻璃栏板嵌装在卡槽内；第三种是用玻璃胶将厚玻璃栏板直接与金属管黏结，如图 6－92 所示。

②半玻式玻璃栏板的固定：半玻式玻璃栏板的安装固定方式，多是用金属卡槽将玻璃

栏板固定于立柱之间；或者是在栏板立柱上开出槽位，将玻璃栏板嵌装在立柱上并用玻璃胶固定，如图6－93所示。

③全玻式栏板下部的固定：玻璃栏板下部与楼梯结构的连接多采用较简易的做法。图6－94a所示为用角钢将玻璃板夹住定位，然后打玻璃胶并封闭缝隙。

图6－94b所示为采用天然石材饰面板作为楼梯面装饰，在安装玻璃栏板的位置留槽，留槽宽度要大于玻璃厚度的5～8 mm，将玻璃栏板安放于槽内之后，

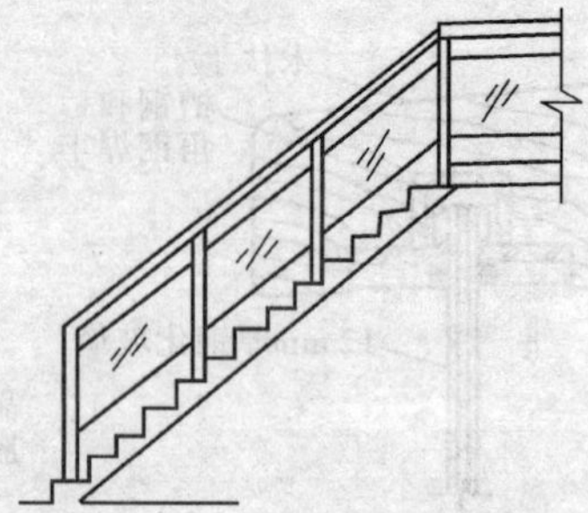

图6－91 全玻式楼梯扶手的结构

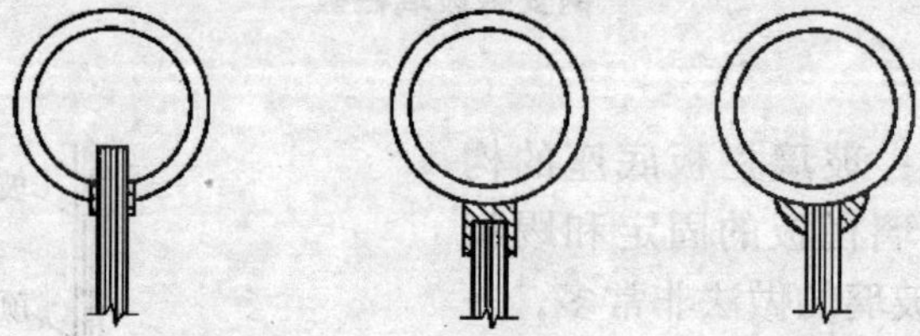

图6－92 玻璃栏板与金属扶手的连接

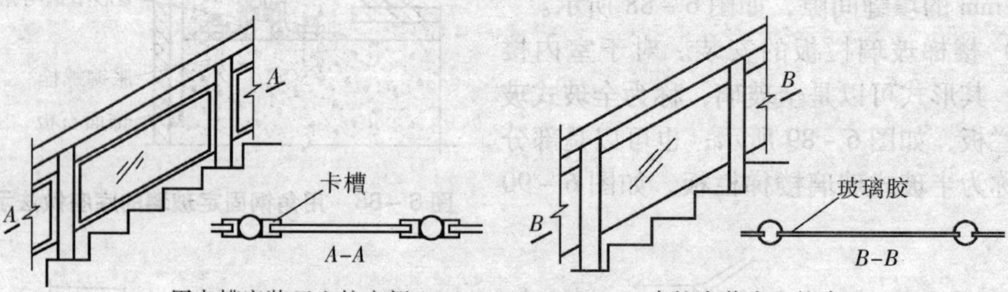

图6－93 半玻式楼梯栏板玻璃的安装方式

再加注玻璃胶封闭。玻璃栏板下部可加垫橡胶垫块。

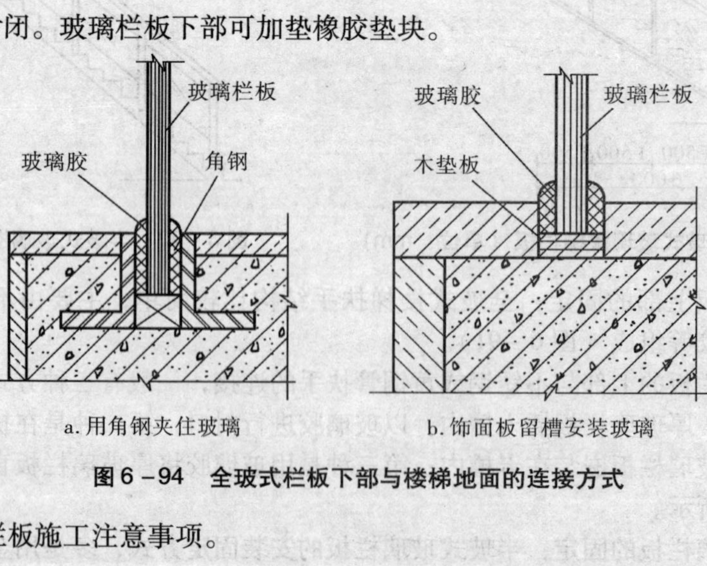

图6－94 全玻式栏板下部与楼梯地面的连接方式

（3）玻璃栏板施工注意事项。

①在墙、柱等结构进行施工时，应注意栏板扶手的预埋件埋设，并保证其位置准确。

②玻璃栏板底座在土建施工时，其固定件的埋设应符合设计要求。需加立柱时，应确定其准确位置。

③多层走廊部位的玻璃栏板，为保证人们靠近时的安全感，较合适的高度为1.10 m左右。

④栏板扶手安装后，要注意成品保护，以防止由于工种之间的干扰而造成扶手的损坏。对于较长的栏板扶手，在玻璃安装前应注意其侧向弯曲，应在适当部位加设临时支柱，以相应缩短其长度而减少变形。

⑤栏板底座部位固定玻璃栏板的铁件（角钢及钢板等），其高度不宜小于100 mm。固定件的中间距离，不宜大于450 mm。

⑥不锈钢及黄铜管扶手，其表面如果有油污或杂物等影响光泽时，应在交工前擦拭干净，必要时要进行抛光。

第四节　吊顶施工

吊顶是建筑内部的上部界面装饰工程，是室内装饰装修的重要部位，其装饰效果如何对室内的整体装饰效果有重要影响。

吊顶的形式和种类繁多。按骨架材料不同，可分为木龙骨吊顶、轻钢龙骨吊顶和铝合金龙骨吊顶等；按罩面材料的不同，可分为抹灰吊顶、纸面石膏板吊顶、纤维板吊顶、胶合板吊顶、塑料板吊顶和金属板吊顶等；按设计功能不同，可分为艺术装饰吊顶、吸音吊顶、隔音吊顶、发光吊顶等；按安装方式不同，可分为直接式吊顶、悬吊式吊顶等。在吊顶装饰工程施工中，主要是按安装方式不同进行分类的。

直接式吊顶按照施工方法和装饰材料不同，可以分为直接刷（喷）浆顶棚、直接抹灰顶棚和直接粘贴式顶棚。悬吊式吊顶，又称为天花板、天棚、平顶等，具有保温、隔热、隔音和吸音作用，既可以增加室内的亮度和美观，又能达到节约能耗的目的，是现代装饰设计中所提倡的。

吊顶除了要求具有优美的造型外，在功能和技术上常常要处理好声学（吸收和反射音响）、人工照明、空气调节（通风和换气）以及防火和消防等有关技术问题。由于顶棚表面的反射作用，不仅增加了室内的亮度，而且有防寒保温、隔热、隔音等功能，还为空调、灯具、管线提供了安装条件，为人们的工作、学习、生活创造了舒适的环境。吊顶的形式和种类虽然很多，但其功能和施工工艺大体相同。

一、木龙骨板材罩面吊顶施工

木龙骨便于加工，适合面积较小且造型复杂的吊顶工程，其装饰面层可以选用胶合板、纤维板、石膏板、塑料板和各种吸音装饰板，如图6－95、图6－96所示。

（一）胶合板罩面吊顶施工

1. 胶合板材的质量要求

根据国家标准《胶合板－普通胶合板通用技术条件》（GB/T 9846.4—2004）及国际标准《普通胶合板－通用技术条件》（ISO 1098—1975）的规定，胶合板材通用相邻两层

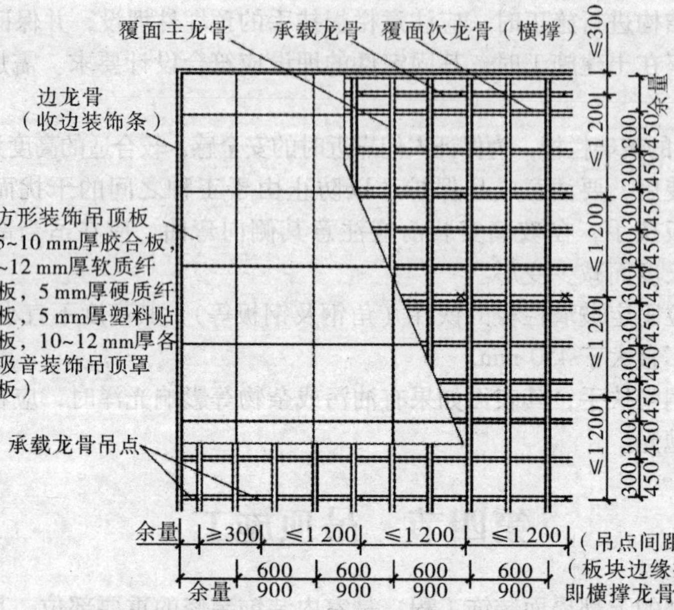

图 6－95　木龙骨双层骨架构造的吊顶设置平面布置（单位：mm）

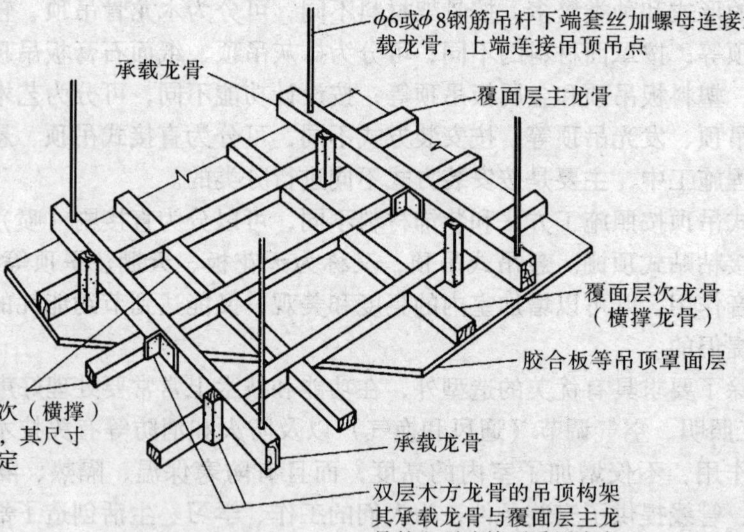

图 6－96　木龙骨双层骨架吊顶构造的做法示意（单位：mm）

板的木纹应互相垂直；中心层两侧对称层的单板与单板为同一厚度、同一树种或物理性能相似的树种，并用同一生产方法（旋切或刨切），且木纹配置方向也相同；同一表板应为同一树种，表板应面朝外。

拼缝应用无孔胶纸带，但不得用于胶合板内部。如用其拼接一、二等面板或修补裂缝，除不修饰外，事后应除去胶纸带且不留明显胶纸痕迹。对于针叶树材二等胶合板面板，允许留有胶纸带，但总长度应不大于板长的 15%。

树材在正常的干状条件下，阔叶树材胶合板的表层单板厚度应不大于 3.5 mm，内层单板厚度应不大于 5 mm；针叶树材胶合板的表层单板和内层单板厚度，均应不大于 6.5 mm。

2. 木龙骨的吊装施工

（1）放线。放线是吊顶施工的标准，放线的内容主要包括：标高线、造型位置线、吊点布置线、大中型灯位线等。放线的作用：一方面使施工有了基准线，便于下一道工序确定施工位置；另一方面能检查吊顶以上部位的管道等对标高位置的影响。

①确定标高线：如图 6－97 所示。

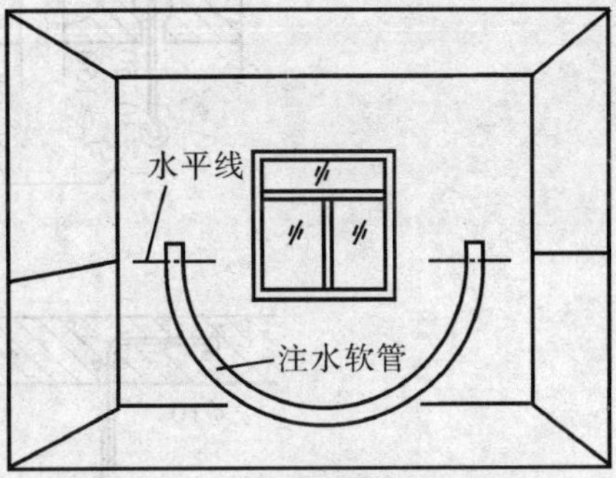

图 6－97　水平标高线的做法

②确定造型位置线：对于规则的建筑空间，应根据设计的要求，先在一个墙面上量出吊顶造型位置距离，并按该距离画出平行于墙面的直线，再从另外三个墙面，用同样的方法画出直线，便可得到造型位置外框线，再根据外框线逐步画出造型的各个局部的位置。

对于不规则的建筑空间，可根据施工图纸测出造型边缘距墙面的距离，运用同样的方法，找出吊顶造型边框的有关基本点，将各点连线形成吊顶造型线。

③确定吊点位置：在一般情况下，吊点按每平方米一个均匀布置，灯位处、承载部位、龙骨与龙骨相接处及叠级吊顶的叠级处应增设吊点。

（2）木龙骨处理。木龙骨需按照设计要求进行防火、防腐处理。

（3）龙骨拼装。拼装的方法常采用咬口（半榫扣接）拼装法，具体做法为：在龙骨上开出凹槽，槽深、槽宽以及槽与槽之间的距离应符合有关规定。然后，将凹槽与凹槽进行咬口拼装，凹槽处应涂胶并用钉子固定，如图 6－98 所示。

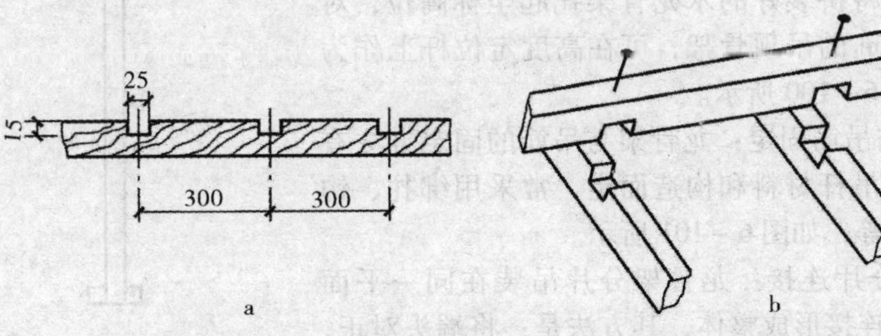

图 6－98　木龙骨利用槽口拼接示意（单位：mm）

（4）安装吊点、吊筋。

①吊点：常采用膨胀螺栓、射钉、预埋铁件等方法，具体安装方法如图 6－99 所示。

②吊筋：常采用钢筋、角钢、扁铁或方木，其规格应满足承载要求，吊筋与吊点的连接可采用焊接、钩挂、螺栓或螺钉的连接等方法。吊筋安装时，应做防腐、防火处理。

（5）固定沿墙龙骨。沿吊顶标高线固定沿墙龙骨，一般是用冲击钻在标高线以上 10 mm处墙面打孔，孔深 12 mm，孔距 0.5～0.8 m，孔内塞入木楔，将沿墙龙骨钉固在墙内木楔上，沿墙木龙骨的截面尺寸与吊顶次龙骨尺寸一样。沿墙木龙骨固定后，其底边与

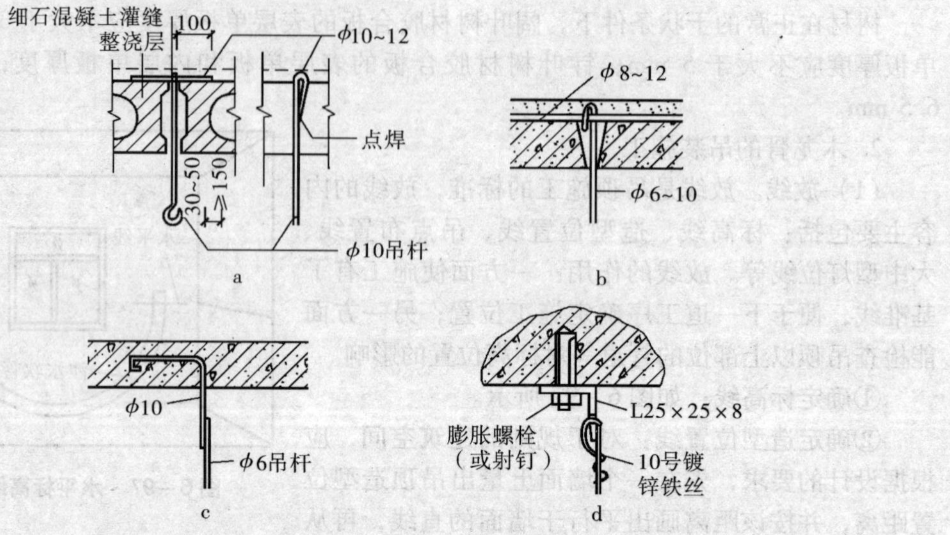

图6－99　木龙骨利用槽口拼接示意（单位：mm）

a. 预制楼板内浇筑细石混凝土时，埋设φ10～12 mm短钢筋，另设吊筋将一端打弯勾于水平钢筋，另一端从板缝中抽出；b. 预制楼板内埋设通长钢筋，另一端系其上，一端从板缝抽出；c. 预制楼板内预埋钢筋弯钩；d. 用膨胀螺栓或射钉固定角钢连接

其他次龙骨底边标高一致。

（6）龙骨吊装固定。木龙骨吊顶的龙骨架有两种形式，即单层网格式木龙骨架及双层木龙骨架。

①单层网格式木龙骨架的吊装固定：

A. 分片吊装：单层网格式木龙骨架的吊装一般先从一个墙角开始，将拼装好的木龙骨架托起至标高位，对于高度低于3.2 m的吊顶骨架，可在高度定位杆上作为临时支撑，如图6－100所示。

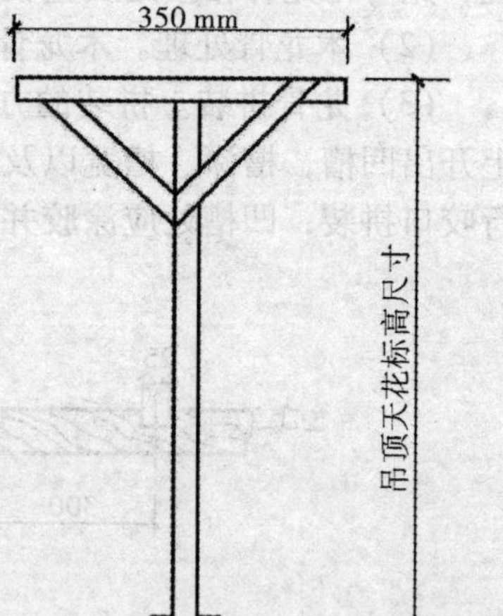

图6－100　吊顶高度临时定位杆

B. 龙骨架与吊筋固定：龙骨架与吊筋的固定方法有多种，视选用的吊杆材料和构造而定，常采用绑扎、钩挂、木螺钉固定等，如图6－101所示。

C. 龙骨架分片连接：龙骨架分片吊装在同一平面后，要进行分片连接形成整体，其方法是：将端头对正，用短方木进行连接，短方木钉于龙骨架对接处的侧面或顶面，对于一些重要部位的龙骨连接，可采用铁件进行连接加固（图6－102）。

D. 叠级吊顶龙骨架连接：对于叠级吊顶，一般是从最高平面（相对可接地面）吊装，其高低面的衔接，常用做法是先以一条方木斜向将上下平面龙骨架定位，而后用垂直的方木把上下两个平面龙骨架连接固定，如图6－103所示。

E. 龙骨架调平与起拱：对一些面积较大的木龙骨架吊顶，可采用起拱的方法来平衡吊顶的下坠，一般情况下，跨度在7～10 m起拱量为3/1 000，跨度在10～15 m起拱量为

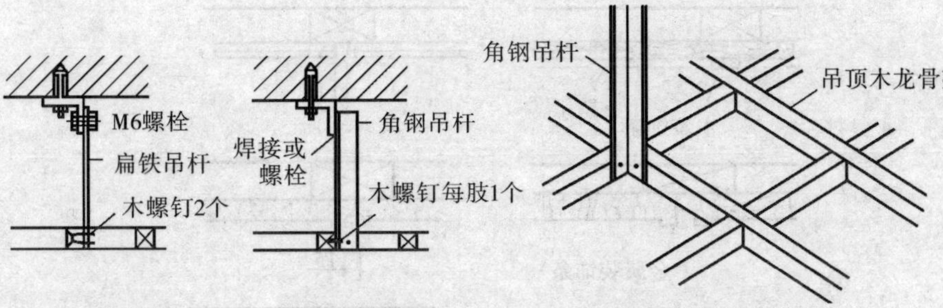

a. 用扁钢固定　b. 用角钢固定　c. 角钢与龙骨连接

图6－101　木龙骨架与吊筋的连接

5/1 000。

②双层木龙骨架的吊装固定：

A. 主龙骨架的吊装固定：按照设计要求的主龙骨间距（通常为 1 000 ~ 1 200 mm）布置主龙骨（通常沿房间的短向布置）并与已固定好的吊杆间距一致。连接时先将主龙骨搁置在沿墙龙骨（标高线木方）上，调平主龙骨，然后与吊杆连接并与沿墙龙骨钉接或用木楔将主龙骨与墙体楔紧。

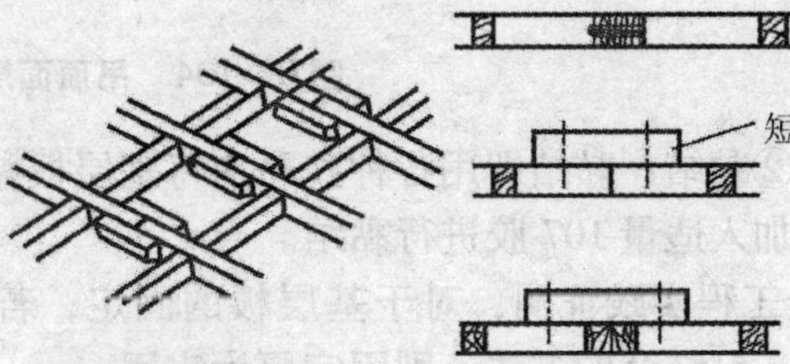

a. 短木方钉于龙骨架对接处的侧面　b. 顶面

图6－102　木龙骨对接固定

B. 次龙骨架的吊装固定：次龙骨即是采用小木方通过咬口拼接而成的木龙骨网格，其规格、要求及吊装方法与单层木龙骨吊顶相同。将次龙骨吊装至主龙骨底部并调平后，用短木方将主、次龙骨连接牢固。

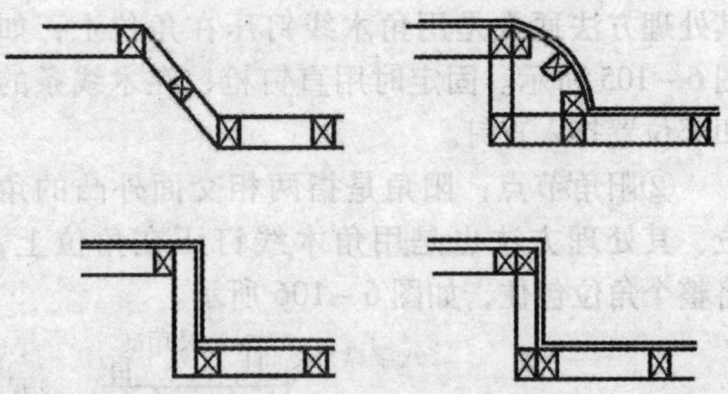

图6－103　木龙骨架叠级构造

3. 胶合板的罩面施工

（1）基层板的接缝的处理。基层板的接缝形式，常见的有对缝、凹缝和盖缝三种。

①对缝（密缝）：板与板在龙骨上对接，此时板多为粘、钉在龙骨上，缝处容易产生变形或裂缝，可用纱布或棉纸粘贴缝隙。

②凹缝（离缝）：在两板接缝处做成凹槽，凹槽有 V 形和矩形两种。凹缝的宽度一般不小于 10 mm。

③盖缝（离缝）：板缝不直接暴露在外，而是利用压条盖住板缝，这样可以避免缝隙宽窄不均的现象，使板面线型更加强烈。基层板的接缝构造如图 6－104 所示。

（2）基层板的固定。

①钉接：用铁钉将基层板固定在木龙骨上，钉距为 80 ~ 150 mm，钉长为 25 ~ 35 mm，钉帽砸扁并进入板面 0.5 ~ 1 mm。

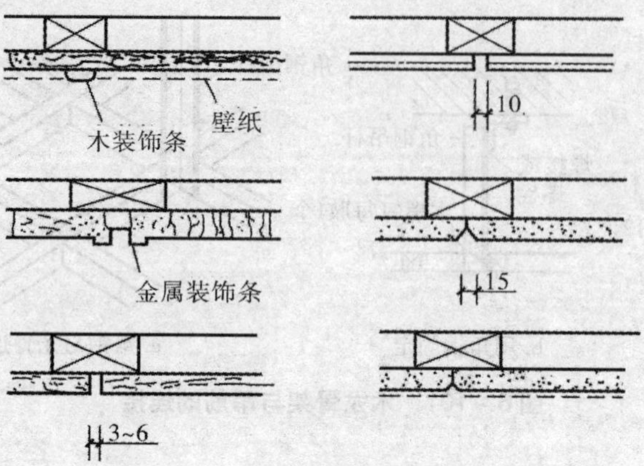

图 6－104 吊顶面层接缝（单位：mm）

②黏结：黏结即用各种胶黏剂将基层板黏结于龙骨上，如矿棉吸音板可用 1∶1 水泥石膏粉加入适量 107 胶进行黏结。

工程实践证明，对于基层板的固定，若采用黏、钉结合的方法，则固定更为牢固。

4. 木龙骨吊顶节点处理

（1）木吊顶各面之间节点处理。

①阴角节点：阴角是指两面相交内凹部分，其处理方法通常是用角木线钉压在角位上，如图 6－105 所示。固定时用直钉枪，在木线条的凹部位置打入直钉。

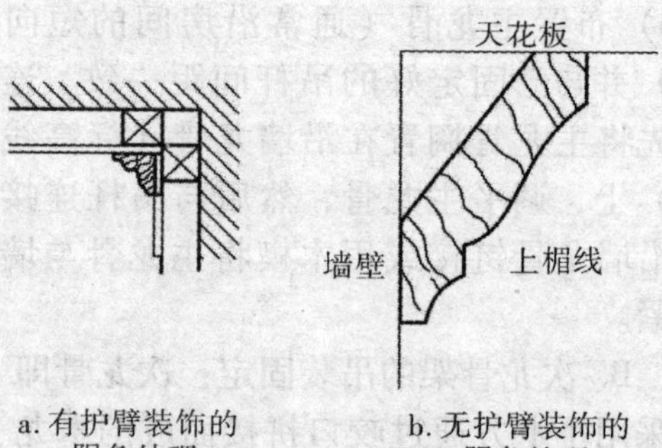

a. 有护臂装饰的阴角处理　b. 无护臂装饰的阴角处理

图 6－105 吊顶面阴角处理

②阳角节点：阳角是指两相交面外凸的角位，其处理方法也是用角木线钉压在角位上，将整个角位包住，如图 6－106 所示。

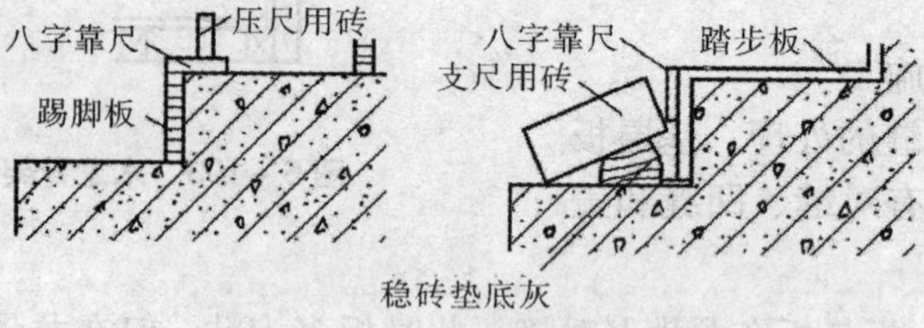

图 6－106 吊顶面阳角处理

③过渡节点：过渡节点是指两个落差高度较小的面接触处或平面上，两种不同材料的对接处。其处理方法通常用木线条或金属线条固定在过渡节点上。木线条可直接钉在吊顶面上，不锈钢等金属条则用粘贴法固定，如图 6－107 所示。

图 6－107 吊顶面过渡处理

（2）木吊顶与设备之间节点处理。

①吊顶与灯光盘节点：灯光盘在吊顶上安装后，其灯光片或灯光格栅与吊顶之间的接触处需做处理。其方法通常用木线条进行固定，如图6－108所示。

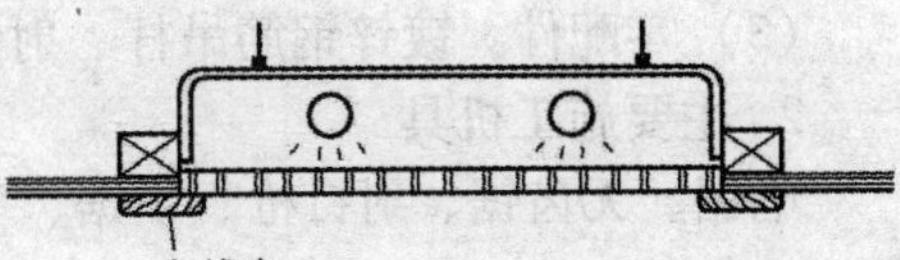

图6–108　灯光盘节点处理

②吊顶与检修孔节点处理，通常是在检修孔盖板四周钉木线条，或在检修孔内侧钉角铝，如图6－109所示。

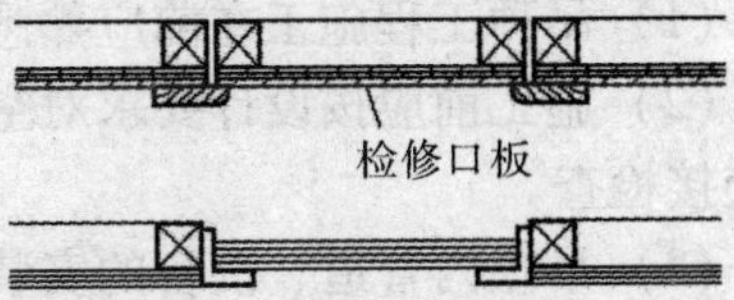

图6–109　检修孔与吊顶处理

（3）木吊顶与墙面间节点处理。木吊顶与墙面间节点，通常采用固定木线条或塑料线条的处理方法，线条的式样及方法有多种多样，常用的有实心角线、斜位角线、八字角线及阶梯形角线等，如图6－110所示。

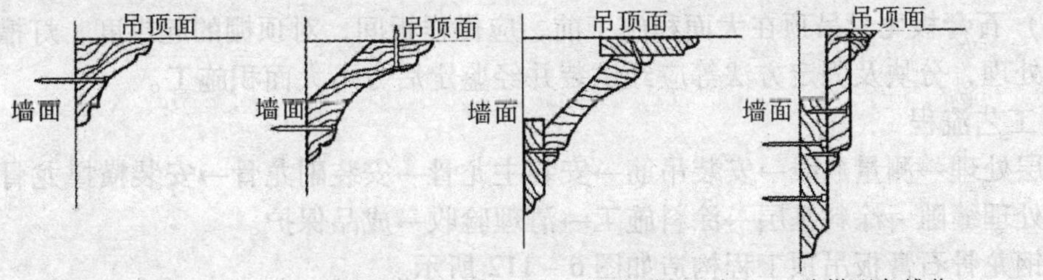

a. 实心角线收口　b. 斜位角线收口　c. 八字角线收口　d. 阶梯型角线收口

图6－110　木吊顶与墙面间节点处理

（4）木吊顶与柱面间的节点处理。木吊顶面与柱面间的节点处理方法同木吊顶与墙面间节点处理的方法基本相同，所用材料有木线条、塑料线条、金属线条等，如图6－111所示。

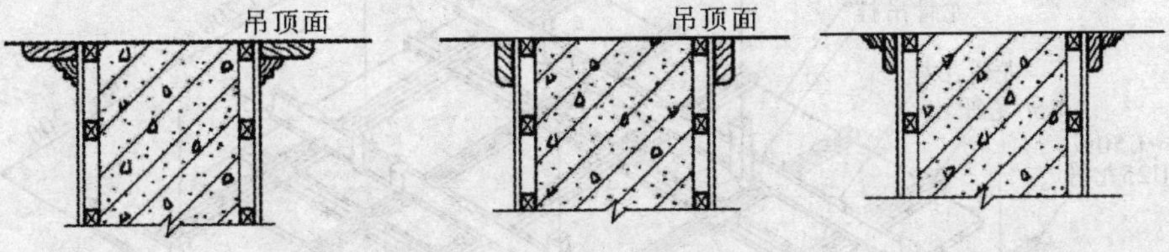

图6－111　吊顶与柱面间节点处理

（二）纤维板罩面吊顶施工

吊顶木龙骨骨架采用木质纤维板罩面的装饰工程，其固定方法与胶合板大致相同，应按具体采用的板材产品，由设计确定其安装固定方法。

二、轻钢龙骨石膏板吊顶施工

（一）轻钢龙骨石膏板吊顶施工工艺

1. 材料要求

（1）石膏板。材质、规格及质量性能指标符合设计及规范要求；品牌经过业主认可。

（2）龙骨。龙骨采用原厂产品配套镀锌龙骨，符合国标《建筑用轻钢龙骨》（GB11981—2008），承载龙骨不低于要求，双面镀锌量不少于120 g/m^2。

（3）零配件。镀锌钢筋吊杆、射钉、镀锌自攻螺钉。

2. 主要施工机具

电锯、无齿锯、射钉枪、手锯、手刨子、钳子、螺丝刀、扳子、方尺、钢尺、钢卷尺等。

3. 施工的相关条件

（1）吊顶工程施工在前应熟悉施工图纸及设计说明。

（2）施工前应按设计要求对空间尽高、洞口标高和吊顶内管道、设备及其支架标高进行交接检查。

（3）吊顶内管道、设备的安装及水管试压进行验收，确定好灯位、通风口及各种露明孔口位置，并核对吊顶高度与其内设备标高是否影响。

（4）检查所用的材料和配件是否准备齐全。在安装龙骨之前必须完成墙面的作业项目。搭设好顶棚施工的操作平台架子。

（5）石膏板龙骨吊顶在大面积施工前，应做样板间，对顶棚的起拱度、灯槽、通风口的构造处理，分块及固定方法等应经试装并经鉴定后方可大面积施工。

4. 工艺流程

基层处理→测量放线→安装吊筋→安装主龙骨→安装副龙骨→安装横撑龙骨→安装石膏板→处理缝隙→涂料基层→涂料施工→清理验收→成品保护。

轻钢龙骨石膏板吊顶工程构造如图 6－112 所示。

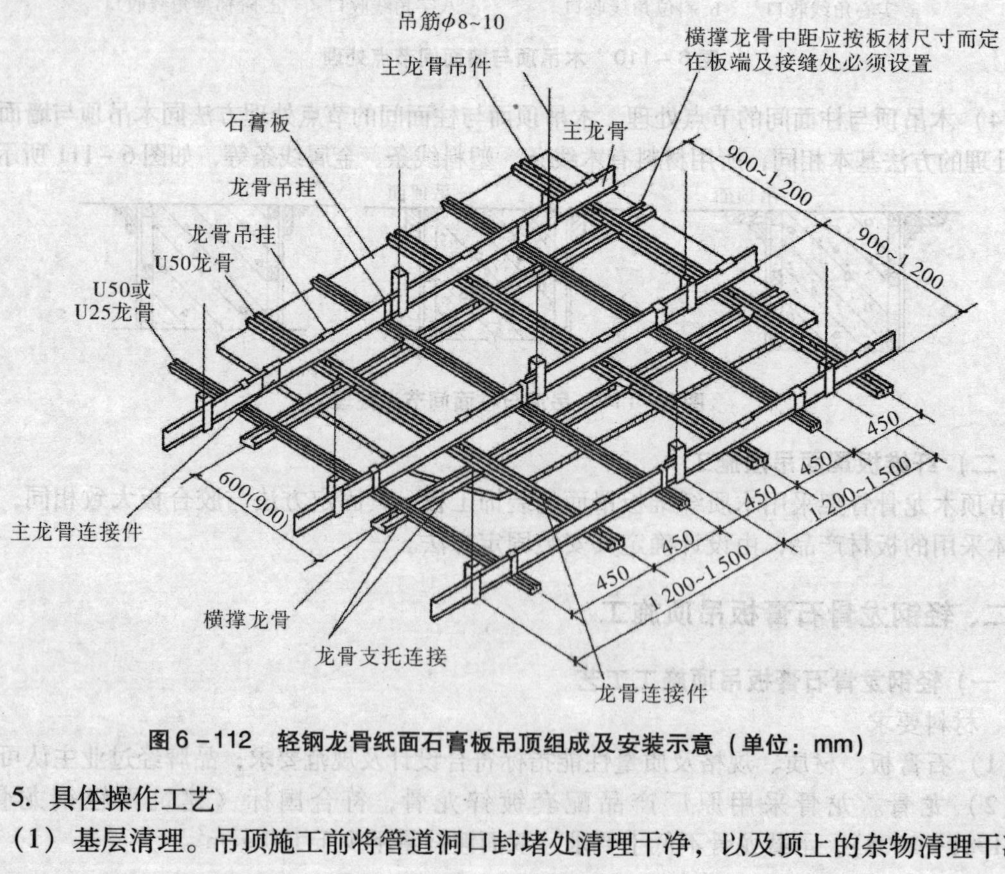

图 6－112　轻钢龙骨纸面石膏板吊顶组成及安装示意（单位：mm）

5. 具体操作工艺

（1）基层清理。吊顶施工前将管道洞口封堵处清理干净，以及顶上的杂物清理干净。

（2）测量放线。根据每个房间的水平控制线确定图示吊顶标高线，并在墙顶上弹出吊顶龙骨线作为安装的标准线，以及在标准线上划好龙骨分档间距位置线。

（3）安装吊筋。吊筋紧固件或吊筋与楼面板或屋面板结构的连接固定有以下四种常见方式（图6－113）：

①用M8或M10膨胀螺栓将∠25×3或∠30×3角钢固定在楼板底面上。注意钻孔深度应大于或等于60 mm，打孔直径略大于螺栓直径2～3 mm。

②用$\phi5$以上的射钉将角钢或钢板等固定在楼板底面上。

③浇捣混凝土楼板时，在楼板底面（吊点位置）预埋铁件，可采用150 mm×150 mm×6 mm钢板焊接$\phi8$铆钉，铆钉在板内铆固长度不小于200 mm。

④采用短筋法在现浇板浇筑时或预制板灌缝时预埋$\phi6$、$\phi8$或$\phi10$短钢筋，要求外露部分（露出板底）不小于150 mm。

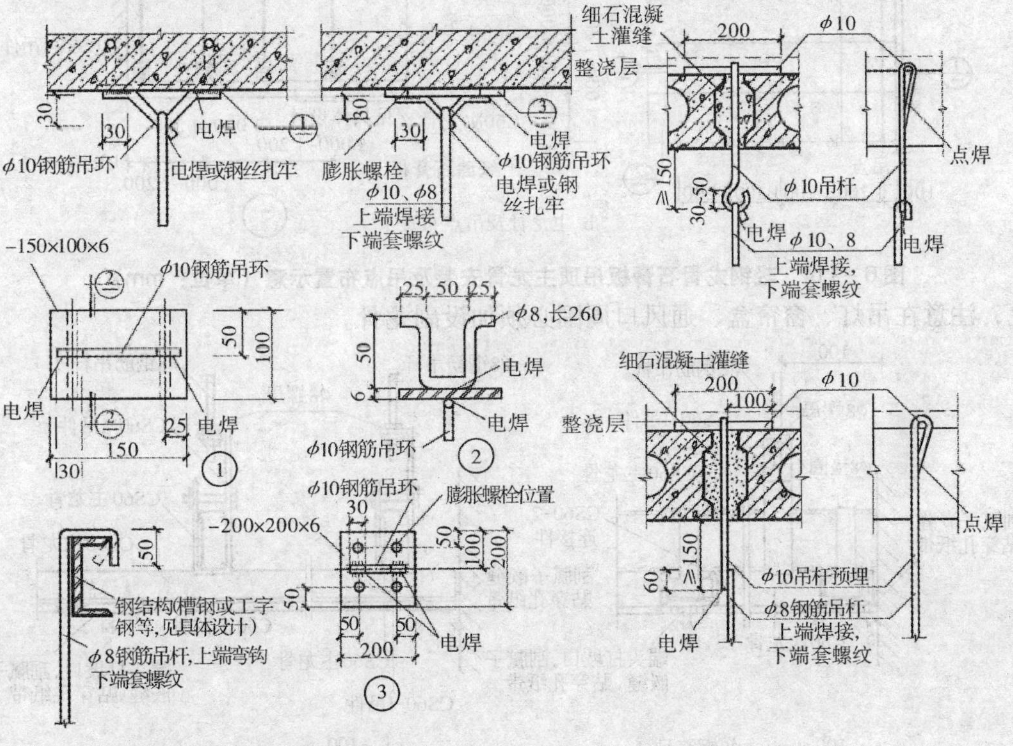

图6－113　轻钢龙骨纸面石膏板顶棚吊杆锚固节点示意（单位：mm）

（4）安装主龙骨。吊顶采用U50主龙骨，吊顶主龙骨间距为600 mm，沿房间长向安装，同时应起拱（房间跨度的1/500）。端头距墙300 mm以内，安装主龙骨时，将主龙骨用吊挂件连接在吊杆上，拧紧螺丝，要求主龙骨连接部分要增设吊点，用主龙骨接件连接，接头和吊杆方向也要错开。并根据现场吊顶的尺寸，严格控制每根主龙骨的标高。随时拉线检查龙骨的平整度，不得有悬挑过长的龙骨（图6－114）。

（5）安装副龙骨。副龙骨间距为400 mm，两条相邻副龙骨端头接缝不能在一条直线上，副龙骨采用其相应的吊挂件固定在主龙骨上，副龙骨分为U50型龙骨，根据吊顶的造型进行叠级安装，采用吊挂件挂在主龙骨上（图6－115），将副龙骨通过挂件吊挂在大龙

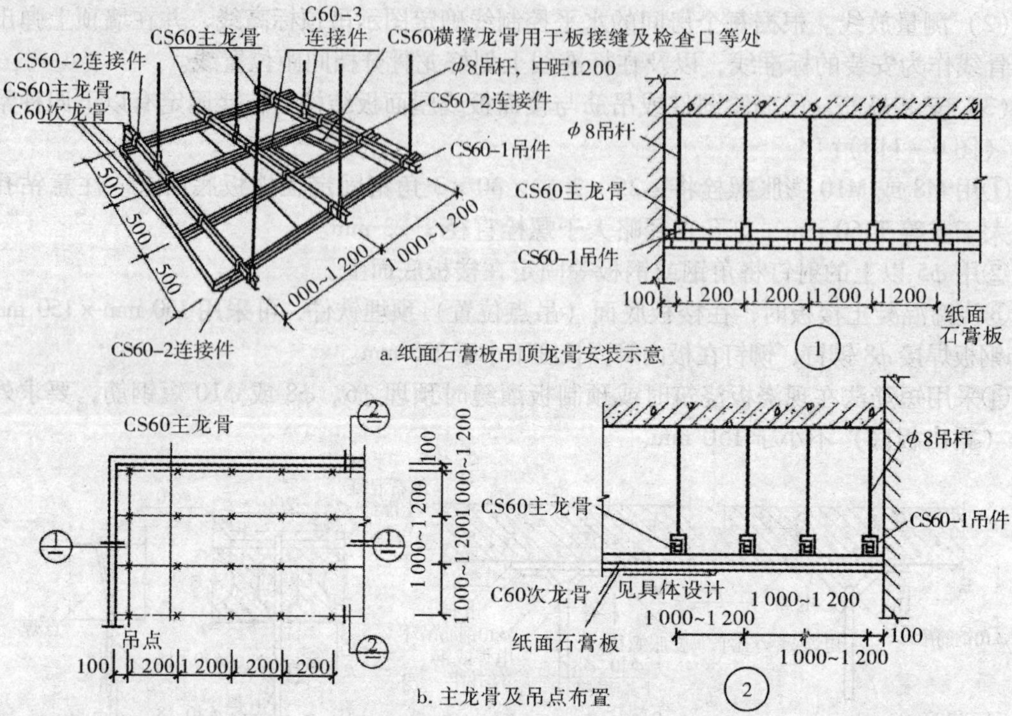

图6－114　轻钢龙骨石膏板吊顶主龙骨安装及吊点布置示意（单位：mm）

骨上，注意在吊灯、窗帘盒、通风口周围必须加设副龙骨。

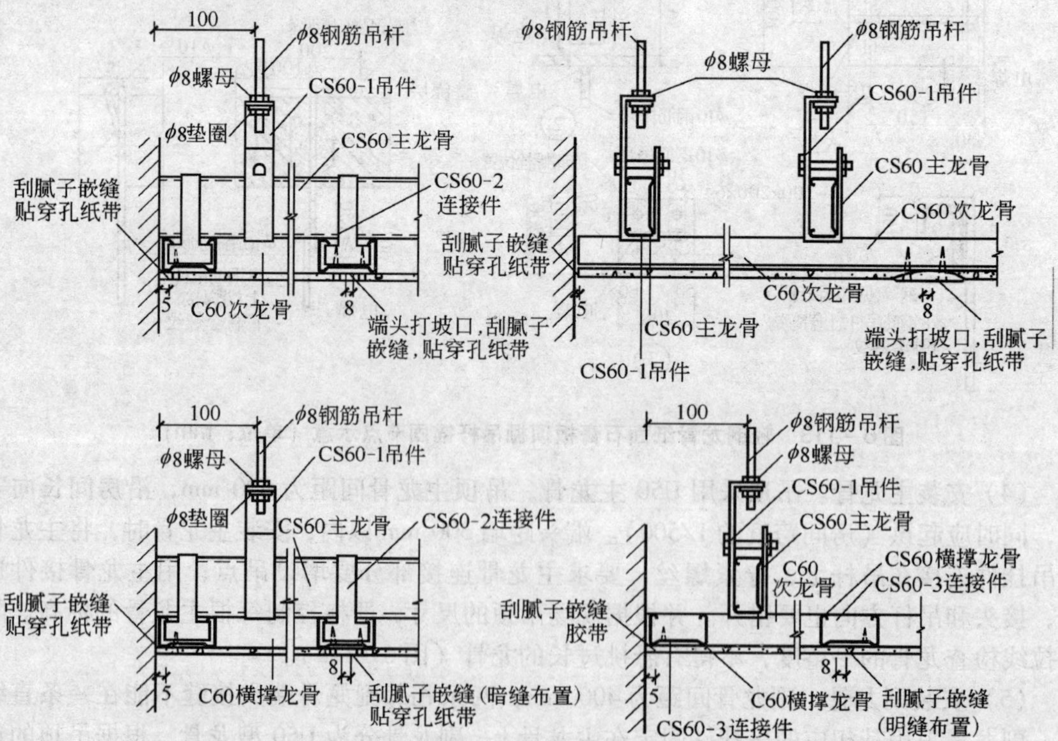

图6－115　轻钢龙骨石膏板吊顶主、副、横撑龙骨构造节点示意（单位：mm）

（6）安装横撑龙骨。在两块石膏板接缝的位置安装 U50 横撑龙骨，间距 1 200 mm。横撑龙骨垂直于副龙骨方向，采用水平连接件与副龙骨固定（图 6－115）。石膏板接头处必须增设横撑龙骨。

（7）石膏板安装。石膏板应在自由状态下固定，长边沿纵向龙骨铺设，自攻钉间距有纸包封边为 10～15 cm，切割边为 15～20 cm，自攻钉间距为 10～16 cm，自攻钉头略埋入板面，刷防锈，按设计要求处理板接缝（图 6－116）。

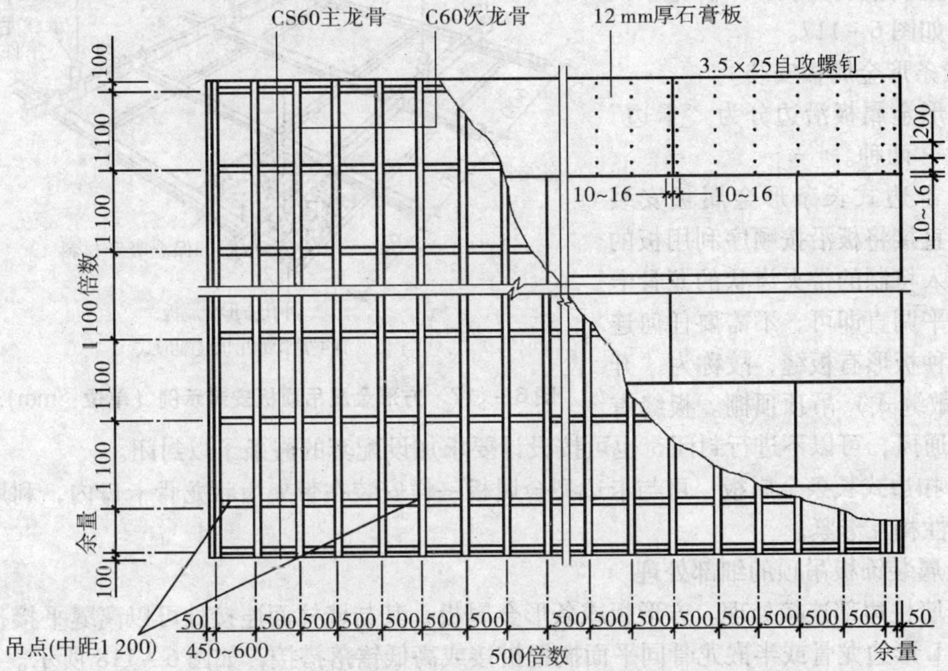

图 6－116　轻钢龙骨纸面石膏板罩面板安装示意

（二）轻钢龙骨石膏板吊顶施工注意事项

（1）顶棚施工前，顶棚内所有管线，如智能建筑弱电系统工程全部线路（包括综合布线、设备自控系统、保安监控管理系统、自动门系统、背景音乐系统等）、空调管道、消防管道、供水管道等必须全部安装就位并基本调试完成。

（2）吊筋、膨胀螺栓应当全部做防锈处理。

（3）为保证吊顶骨架的整体性和牢固性，龙骨接长的接头应错位安装，相邻三排龙骨的接头不应接在同一直线上。

（4）顶棚内的灯槽、斜撑、剪刀撑等，应按具体设计施工。轻型灯具可吊装在主龙骨或附加龙骨上，重型灯具或电扇则不得与吊顶龙骨连接，而应另设吊钩吊装。

（5）嵌缝石膏粉（配套产品）系以精细的半水石膏粉加入一定量的缓凝剂等加工而成，主要用于纸面石膏板嵌缝及钉孔填平等处。

（6）温度变化对纸面石膏板的线膨胀系数影响不大，但空气湿度则对纸面石膏板的线性膨胀和收缩产生较大影响。为了保证装修质量，避免干燥时出现裂缝，在湿度特大的环境下一般不宜嵌缝。

（7）大面积的纸面石膏板吊顶，应注意设置膨胀缝。

三、其他吊顶工程施工

（一）金属装饰板吊顶施工

1. 方形金属板安装

方形金属饰面板有两种安装方法：一种是搁置式安装；一种是卡入式安装，如图6－117。

2. 长条形金属板安装

长条形金属板沿边分为“卡边”与“扣边”两种。

（1）卡边式长条形金属板安装时，只需直接将板沿按顺序利用板的弹性，卡入特制的带夹齿状的龙骨卡口内，调平调直即可，不需要任何连接件。此种板形有板缝，故称为“开敞式”（敞缝式）吊顶顶棚。板缝有利于顶棚通风，可以不进行封闭，也可按设计要求加设配套的嵌条予以封闭。

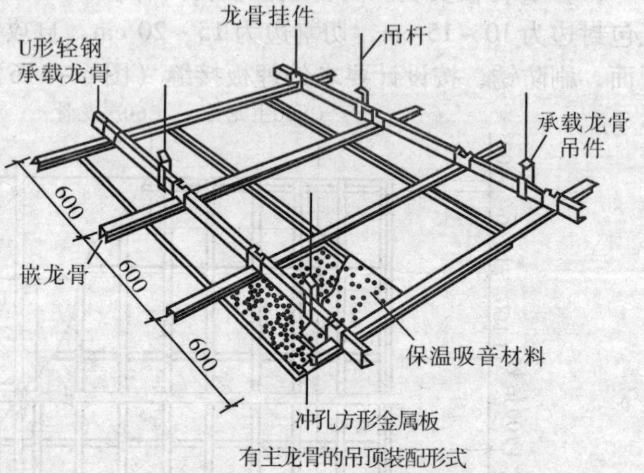

图6－117　方形金属吊顶板安装示例（单位：mm）

（2）扣边式长条金属板，可与卡边型金属板一样安装在带夹齿状龙骨卡口内，利用板本身的弹性相互卡紧。

3. 金属装饰板吊顶的细部处理

（1）墙柱边部连接处理。方形板或条形金属板，其与墙柱面连接处可以离缝平接，也可以采用L形边龙骨或半嵌龙骨同平面搁置搭接或高低错落搭接，如图6－118所示。

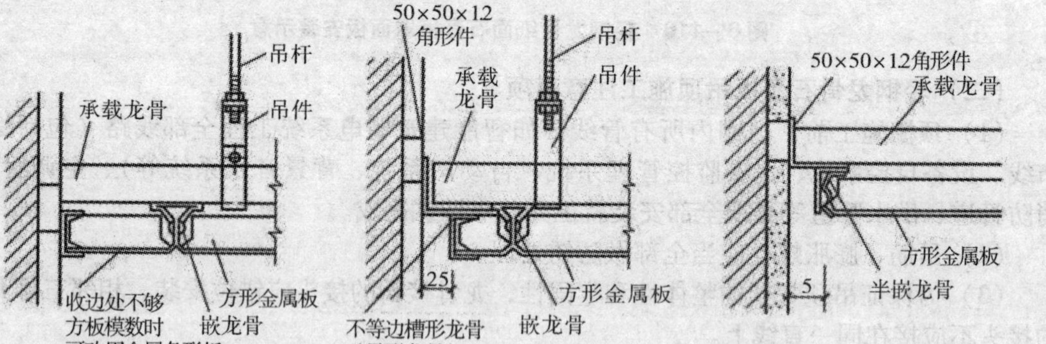

图6－118　金属吊顶板墙柱边部构造示例（单位：mm）

（2）与隔断的连接处理。隔断沿顶龙骨必须与其垂直的顶棚主龙骨连接牢固。当顶棚主龙骨不能与隔断沿顶龙骨相垂直布置时，必须增设短的主龙骨，此短的主龙骨再与顶棚承载龙骨连接固定。总之，隔断沿顶龙骨与顶棚骨架系统连接牢固后，再安装罩面板。

（3）变标高处连接处理。方形金属板可按图6－119所示进行处理。

(4) 窗帘盒等构造处理。以方形金属板为例，可按图6-120所示对窗帘盒及送风口的连接进行处理。当采用长条形金属板时，换上相应的龙骨即可。

(5) 吸音或隔热材料布置。当金属板为穿孔板时，在穿孔板上铺壁毡，再将吸音或隔热材料（如玻璃棉、矿棉等）满铺其上，以防止吸音材料从孔中漏出。

4. 金属装饰板施工注意事项

(1) 龙骨框格必须方正、平整，框格尺寸必须与罩面板实际尺寸相吻合。当采用普通T形龙骨直接搁置时，T形龙骨中至中的框格尺寸，应比方形板或矩形板尺寸稍大些，以每边留有2 mm间隙为准；当采用专用特制嵌龙骨时，龙骨中至中的框格尺寸，应与方形板或矩形板尺寸相同，不再留间隙。

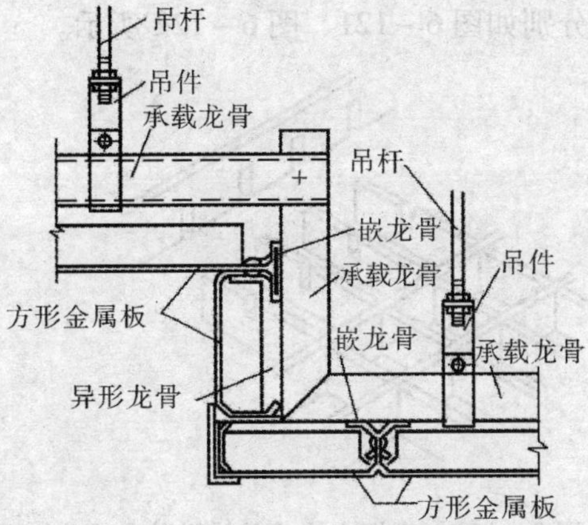

图6-119　方形金属吊顶板变标高构造做法示例

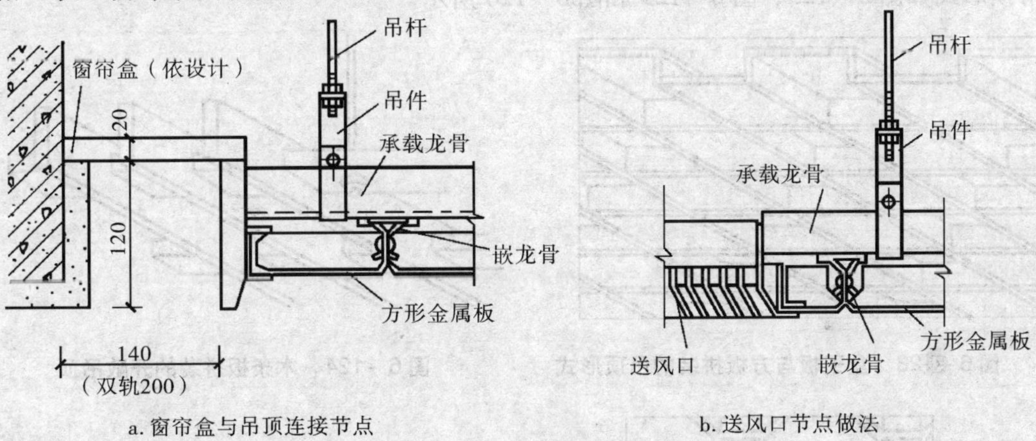

a. 窗帘盒与吊顶连接节点　　b. 送风口节点做法

图6-120　方形金属板吊顶窗帘盒与送风口构造做法示意（单位：mm）

(2) 龙骨弯曲变形者不能用于工程，特别是专用特制嵌龙骨的嵌口弹性不好、弯曲变形不直时不得使用。

(3) 纵横龙骨十字交叉处必须连接牢固、平整、交角方正。

（二）开敞式吊顶的施工工艺

1. 木质开敞式吊顶施工工艺

(1) 安装准备工作。安装准备工作除与前边的吊顶相同外，还需对结构基底底面及顶棚以上墙柱面进行涂黑处理，或按设计要求涂刷其他深色涂料。

(2) 弹线定位工作。

(3) 单体构件拼装。木质单体构件拼装成单元体形式多种多样，有板与板组合框格式、方木骨架与板组合框格式、侧平横板组合柜框格式、盒式与方板组合式、盒与板组合式等，分别如图 6－121、图 6－122 所示。

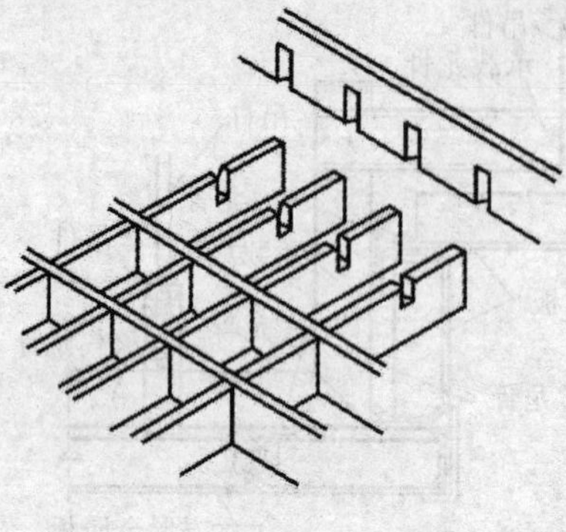

图 6－121 木板方格式单体拼装

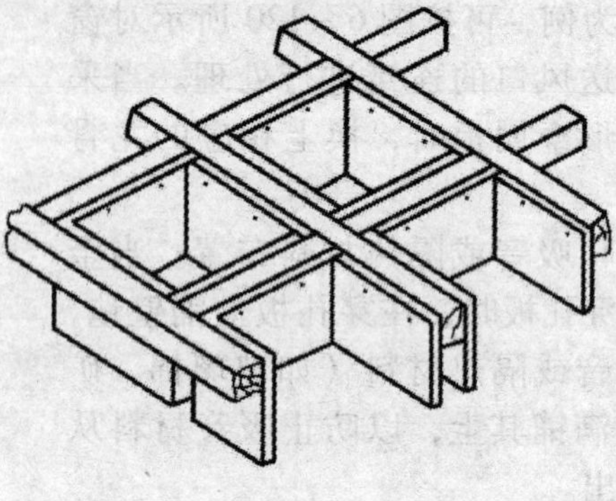

图 6－122 木骨架与木单板方格式单体拼装

板条及方木均需经刨平、刨光、砂纸打磨，使规格尺寸一致后方能开始拼装。拼装后的吊顶形式如图 6－123、图 6－125 和图 6－126 所示。

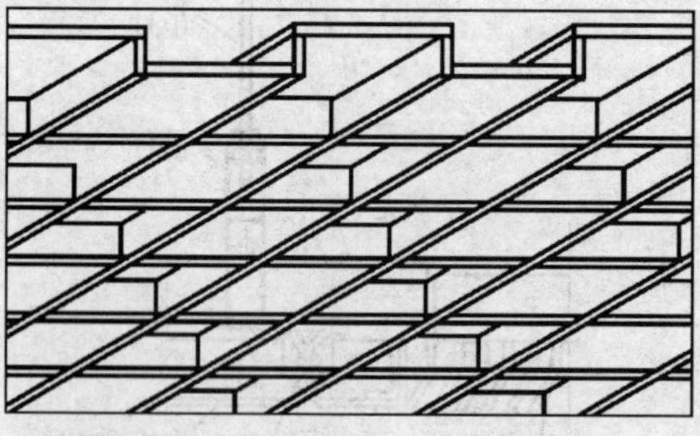

图 6－123 盒子板与方板拼装的吊顶形式

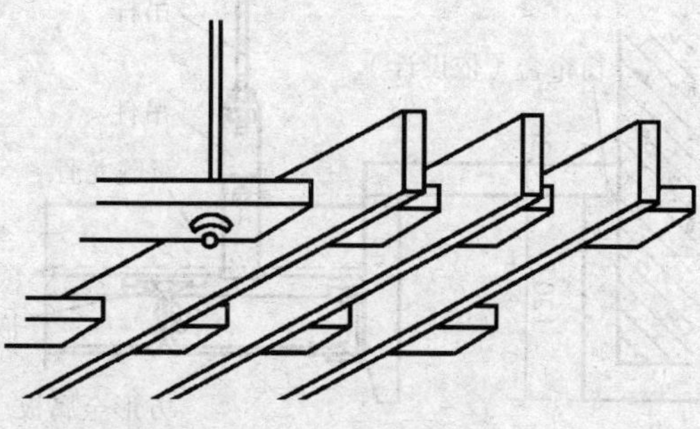

图 6－124 木条板拼装的开敞吊顶

图 6－125 多边形与方形单体组合构造示意

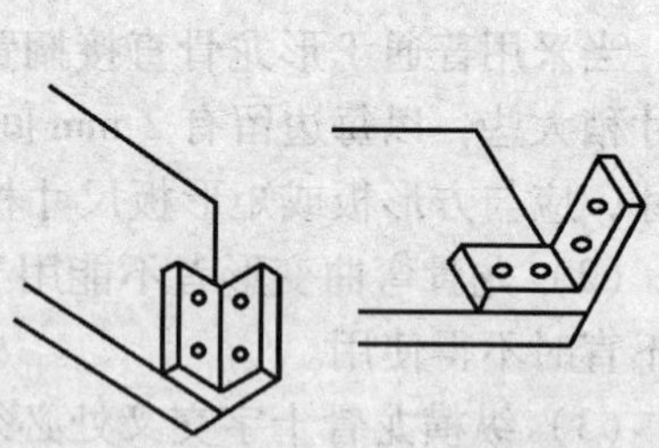

图 6－126 分片组装的端头连接件

木质单体构件拼装方法可按一般木工操作方法进行，即开槽咬接、加胶钉接、开槽开榫加胶拼接或配以金属连接件加木螺钉连接等。拼装后的木质单元体的外表应平整光滑、连接牢固、棱角顺直、不显接缝、尺寸一致，并在适当位置留出单元体与单元体连接用的直角铁或异形连接件，连接件的形式如图 6－126 所示。

其中盒板组装时应注意四角方正、对缝严密、接头处胶结牢固，对缝处最好采用加胶加钉的固定连接方式，使其不易产生变形，如图 6－127 所示。

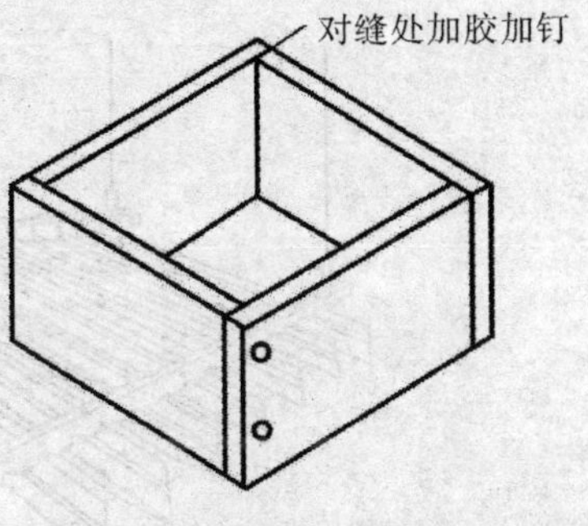

图 6－127 矩板对缝固定示意

（4）单元安装固定。

①吊杆固定：吊点的埋设方法与前面各类吊顶原则上相同，但吊杆必须垂直于地面，且能与单元体无变形的连接，因此吊杆的位置可移动调整，待安装正确后再进行固定。吊杆左右位置调整构造如图 6－128 所示，吊杆高低位置调整构造如图 6－129 所示。

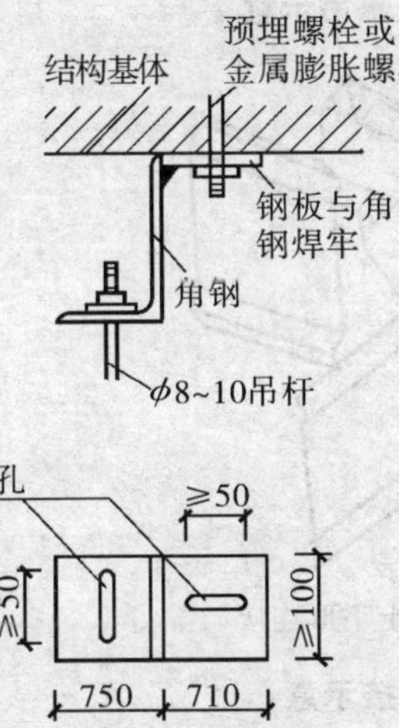

图 6－128 吊杆左右位置调整构造示意（单位：mm）

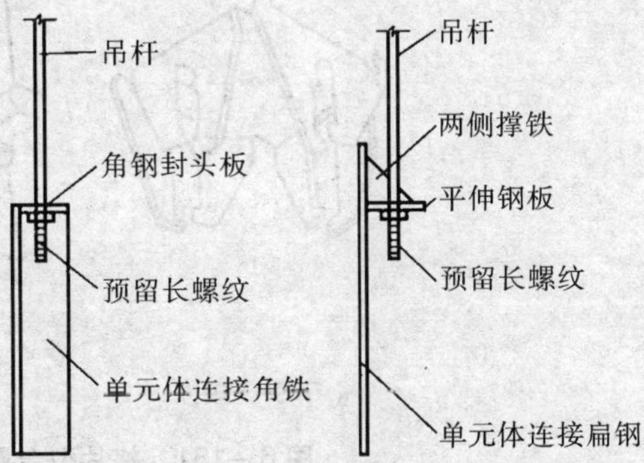

图 6－129 吊杆高低位置调整构造示意

②单元体安装固定。

（5）饰面成品保护。木质开敞式吊式顶棚均需要进行表面终饰。终饰一般是涂刷高级清漆，露出自然木纹。当完成终饰后安装灯饰等物件时，工人必须戴干净的手套进行仔细操作，对成品进行认真保护，以防止污染终饰面层。必要时应覆盖塑料布、编织布加以保护。

2. 金属格片型开敞式吊顶施工

（1）单体构件拼装。格片型金属单体构件拼装方式较为简单，只需将金属格片按排列图案先裁锯成规定长度，然后卡入特制的格片龙骨卡口内即可，如图 6－130 所示。十字交叉式格片安装时，须采用专用特制的十字连接件，并用龙骨骨架固定其十字连接件，其连接示意如图 6－131 所示。

（2）单元安装固定。格片型金属单元体安装固定一般用圆钢吊杆及专门配套的吊挂件（图 6－130）与龙骨连接。此种吊挂件可沿吊杆上下移动（压紧两片簧片即松、放松簧片即卡紧），对调整龙骨平整度十分方便。

安装时可先组成单元体（圆形、方形或矩形体），再用吊挂件将龙骨与吊杆连接固定并调平即可。也可将龙骨先安装好，一片片单独卡入龙骨口内。无论采用何种方法安装，

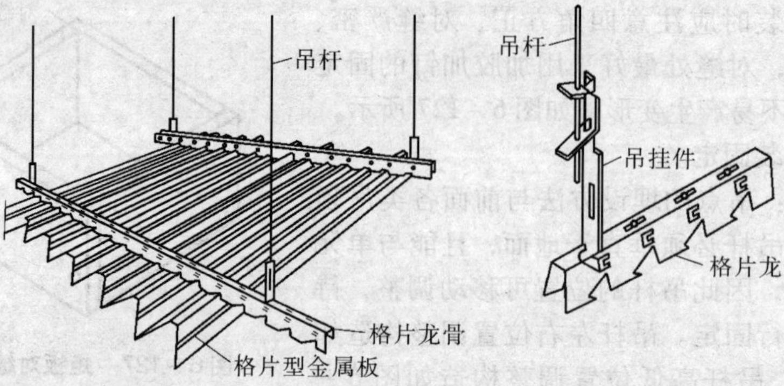

图 6－130　格片型金属板单体构件安装及悬吊示意

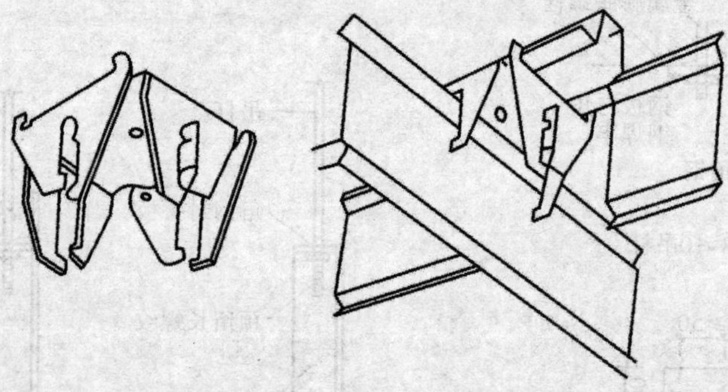

a. 十字连接件　　b. 格片金属板的十字形连接

图 6－131　格片型金属板的单体十字连接示意

均应将所有龙骨相互连接成整体，且龙骨两端应与墙柱面连接固定，避免整个吊顶棚晃动。安装宜从角边开始，最后一个单元体留下数个格片先不勾挂，待固定龙骨后再挂。

此种网络格栅单元体整体刚度较好，一般可以逐个单元体直接用人力抬举至结构基体上进行安装。安装时应从一角边开始，循序展开。

3. 铝合金格栅型吊顶施工

（1）施工准备工作。与前述各类开敞式吊顶顶棚施工准备工作相同。由于铝合金格栅形单元比前述木质、格片质、网络型单元体整体刚度较差，故吊装时多用通长钢管和专用卡具或不用卡具而采用带卡口的吊管，或预先加工好悬吊骨架，将多个单元体组装在一起吊装。

此时吊点位置及相应吊杆数量较少，所以，应按事先选定的吊装方案，设计好吊点位置，并埋设或安装好吊点连接件。

（2）单体构件拼装。当格栅型铝合金板采用标准单体构件（普通铝合金板条）时，其单体构件之间的连接拼装，使用与网络支架作用相似的托架及专用十字连接件连接，如图 6－132 所示。当采用铝合金格栅式标准单体构件时，通常是采用插接、挂接或榫接的方法，如图 6－133 所示。

（3）单元安装固定。

①吊杆固定。

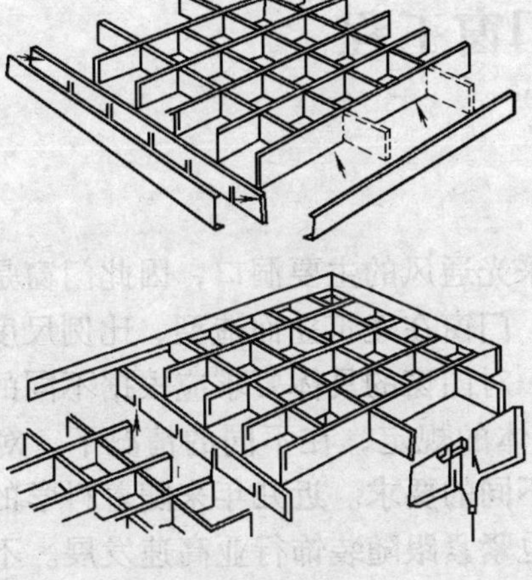

图 6－132　铝合金格栅以十字连接件进行组装示意

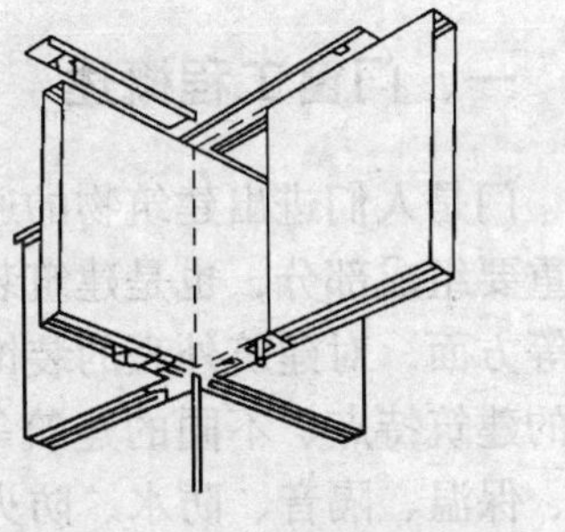

图 6－133　铝合金格栅型吊顶板拼装示意

②单元体安装：铝合金格栅型吊顶顶棚安装，一般有两种方法：第一种是将组装后的格栅单元体直接用吊杆与结构基体相连，不另设骨架支承，如图 6－134 所示。此种方法使用吊杆较多，施工速度较慢。第二种是将数个格栅单元体先固定在骨架上，并相互连接调平形成一局部整体，再整个举起，将骨与结构基体相连，如图 6－135、图 6－136 所示。

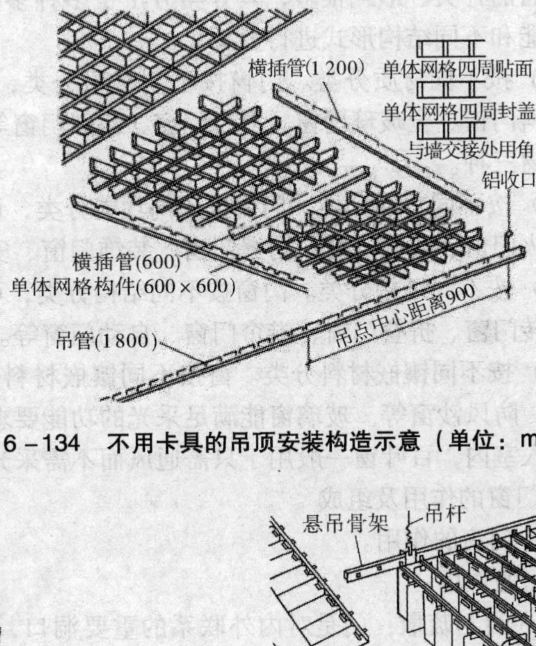

图 6－134　不用卡具的吊顶安装构造示意（单位：mm）

图 6－135　使用卡具和通长钢管安装示意（单位：mm）

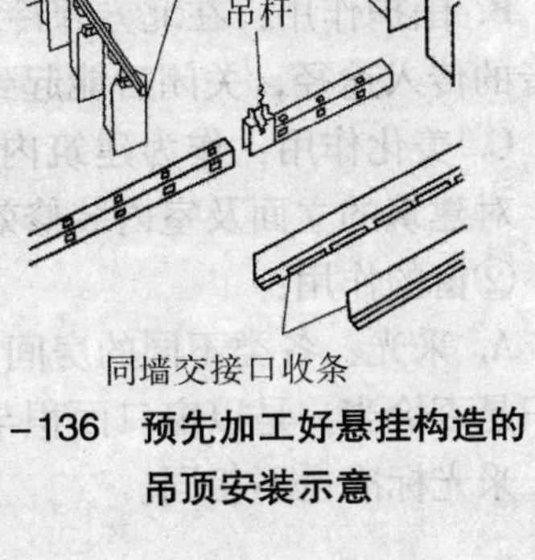

图 6－136　预先加工好悬挂构造的吊顶安装示意

第五节　门窗工程

一、门窗工程概述

门是人们进出建筑物的通道口，窗是室内采光通风的主要洞口，因此门窗是建筑工程的重要组成部分，也是建筑装饰工程中的重点。门窗在建筑立面造型、比例尺度、虚实变化等方面，对建筑外表的装饰效果有较大影响。对门窗的具体要求应根据不同的地区、不同的建筑特点、不同的建筑等级等有详细和具体的规定，在不同的情况下，对门窗的分隔、保温、隔音、防水、防火、防风沙等有着不同的要求。近几年来随着科学的进步，新材料、新工艺的不断出现，门窗的生产和应用也紧紧跟随装饰行业高速发展。不仅有满足功能要求的装饰门窗，而且还有满足特殊功能要求的特种门窗。

1. 门窗的分类

门窗的种类、形式很多，其分类方法也多种多样。在一般情况下，主要按不同材质、不同功能和不同结构形式进行分类。

（1）按不同材质分类。门窗按不同材质分类，可以分为木门窗、铝合金门窗、钢门窗、塑料门窗、全玻璃门窗、复合门窗、特殊门窗等。钢门窗又有普通钢窗、彩板钢窗和渗铝钢窗三种。

（2）按不同功能分类。门窗按不同功能分类，可以分为普通门窗、保温门窗、隔音门窗、防火门窗、防盗门窗、防爆门窗、装饰门窗、安全门窗、自动门窗等。

（3）按不同结构分类。门窗按不同结构分类，可以分为推拉门窗、平开门窗、弹簧门窗、旋转门窗、折叠门窗、卷帘门窗、自动门窗等。

（4）按不同镶嵌材料分类。窗按不同镶嵌材料分类，可分为玻璃窗、纱窗、百叶窗、保温窗、防风沙窗等。玻璃窗能满足采光的功能要求，纱窗在保证通风的同时，可以防止蚊蝇进入室内，百叶窗一般用于只需通风而不需采光的房间。

2. 门窗的作用及组成

（1）门窗的作用。

①门的作用：

A. 通行与疏散：门是对内外联系的重要洞口，供人通行，联系室内外和各房间；如果有事故发生，可以供人紧急疏散用。

B. 围护作用：在北方寒冷地区，外门应起到保温防寒作用；门要经常开启，是外界声音的传入途径，关闭后能起到一定的隔音作用；此外，门还起到防风沙的作用。

C. 美化作用：作为建筑内外墙重要组成部分的门，其造型、质地、色彩、构造方式等，对建筑的立面及室内装修效果影响很大。

②窗的作用：

A. 采光：各类不同的房间，都必须满足一定的照度要求。在一般情况下，窗口采光面积是否恰当，是以窗口面积与房间地面净面积之比来确定的，各类建筑物的使用要求不同，采光标准也不相同。

B. 通风：为确保室内外空气流通，在确定窗的位置、面积大小及开启方式时，应尽量考虑窗的通风功能。

(2) 门窗的组成。

①门的组成：门一般由门框（门樘）、门扇、五金零件及其他附件组成。门框一般是由边框和上框组成，当高度大于2 400 mm时，在上部可加设亮子，需增加中横框。当门宽度大于2 100 mm时，需增设一根中竖框。有保温、防水、防风、防沙和隔音要求的门应设下槛。

门扇一般由上冒头、中冒头、下冒头、边梃、门芯板、玻璃、百叶等组成。

②窗的组成：窗是由窗框（窗樘）、窗扇、五金零件等组成。

窗框是由边框、上框、中横框、中竖框等组成，窗扇是由上冒头、下冒头、边梃、窗芯子、玻璃等组成。

(3) 门窗制作与安装的要求。

①门窗的制作：在门窗的制作过程中，关键在于掌握好门窗框和扇的制作，应当把握好以下两个方面。

A. 下料原则：对于矩形门窗，要掌握纵向通长、横向截断的原则；对于其他形状门窗，一般应当需要放大样，所有杆件应留足加工余量。

B. 组装要点：保证各杆件在一个平面内，矩形对角线相等，其他形状应与大样重合。要确实保证各杆件的连接强度，留好扇与框之间的配合余量和框与洞的间隙余量。

②门窗的安装：安装是门窗能否正常发挥作用的关键，也是对门窗制作质量的检验，对于门窗的安装速度和质量均有较大的影响，是门窗施工的重点。因此，门窗安装必须把握下列要点。

A. 门窗所有构件要确保在一个平面内安装，而且同一立面上的门窗也必须在同一个平面内，特别是外立面，如果不在同一个平面内，就造成出进不一，颜色不一致，立面失去美观的效果。

B. 确保连接要求。框与洞口墙体之间的连接必须牢固，且框不得发生变形，这也是密封的保证。框与扇之间的连接必须保证开启灵活、密封，搭接量不小于设计的80%。

③防水处理：门窗的防水处理，应先加强缝隙的密封，然后再打防水胶防水，阻断渗水的通路；同时做好排水通路，以防在长期静水的渗透压力作用下破坏密封防水材料。门窗框与墙体是两种不同材料的连接，必须做好缓冲防变形的处理，以免产生裂缝而渗水。一般要在门窗框与墙体之间填充缓冲材料，材料要做好防腐处理。

④注意事项：门窗的制作与安装除满足以上要求外，安装时还应注意以下方面。

A. 在门窗安装前，应根据设计和厂方提供的门窗节点图、结构图进行全面检查。主要核对门窗的品种、规格与开启形式是否符合设计要求，零件、附件、组合杆件是否齐全，所有部件是否有出厂合格证书等。

B. 门窗在运输和存放时，底部均需垫200 mm×200 mm的方枕木，间距500 mm，同时枕木应保持水平、表面光洁，并应有可靠的刚性支撑，以保证门窗在运输和存放过程中不受损伤和变形。

C. 金属门窗的存放处不得有酸碱等腐蚀性物质，特别是不得有易挥发性的酸，如盐酸、硝酸等，并要求有良好的通风条件，以防止门窗被酸碱腐蚀。

D. 塑料门窗在运输和存放时，不能平码堆放，应竖直排放，樘与樘之间用非金属软质材料（如玻璃丝毡片、粗麻编织物、泡沫塑料等）隔开，并固定牢靠。由于塑料门窗是由聚氯乙烯塑料型材组装而成的，属于高分子热塑性材料，所以存放处应远离热源，以防止变形。塑料门窗型材是中空的，在组装成门窗时虽然插装轻钢骨架，但这些骨架未经铆固或焊接，整体刚性比较差，不能经受外力的强烈碰撞和挤压。

E. 门窗在设计和生产时，由于未考虑作为受力构件使用，仅考虑了门窗本身和使用过程中的承载能力。如果在门窗框和扇上安放脚手架或悬挂重物，轻者引起门窗的变形，重者可能引起门窗的损坏。因此，金属门窗与塑料门窗在安装过程中，都不得作为受力构件使用，不得在门窗框和扇上安放脚手架或悬挂重物。

F. 要切实注意保护铝合金门窗和彩色镀锌钢板门窗的表面。铝合金表面的氧化膜、彩色镀锌钢板表面的涂膜，都有保护金属不受腐蚀的作用，一旦薄膜被破坏，就失去了保护作用，易产生锈蚀，不仅影响门窗的装饰效果，而且影响门窗的使用寿命。

G. 塑料门窗成品表面平整光滑，具有较好的装饰效果，如果在施工中不注意保护，很容易磨损或擦伤其表面，影响门窗的美观。为保护门窗不受损伤，塑料门窗在搬、吊、运时，应用非金属软质材料衬垫并用非金属绳索捆绑。

H. 为了保证门窗的安装质量和使用效果，对金属门窗和塑料门窗的安装，必须采用预留洞口后安装的方法，严禁采用边安装边砌洞口或先安装后砌洞口的做法。金属门窗和塑料门窗与木门窗不一样，除实腹钢门窗外，其余都是空腹的，门窗壁比较薄，锤击和挤压易引起局部弯曲损坏。金属门窗表面都有一层保护装饰膜或防锈涂层，如果这层薄膜被磨损，是很难修复的。防锈层磨损后不及时修补，也会失去防锈的作用。

I. 门窗固定可以采用焊接、膨胀螺栓或射钉等方式。但砖墙不能用射钉方式，因砖受到冲击力后易碎。在门窗的固定中，普遍对地脚的固定重视不够，而是将门窗直接卡在洞口内，用砂浆挤压密实就算固定，这种做法非常错误、十分危险。门窗安装固定工作十分重要，是关系到在使用中是否安全的大问题，必须要有安装隐蔽工程记录，并应进行手扳检查，以确保安装质量。

J. 门窗在安装过程中，应及时用布或棉丝清理粘在门窗表面的砂浆和密封膏液，以免其凝固干燥后黏附在门窗的表面，影响门窗的表面美观。

二、木质门窗施工

自古至今，装饰木门窗在装饰工程中占有重要地位，在建筑装饰方面留下了光辉的一页，我国北京故宫就是装饰木门窗应用的典范。尽管新型装饰材料层出不穷，但木材的独特质感、自然花纹、特殊性能，是任何材料无法替代的。

（一）装饰木门窗的开启方式

1. 木门的开启方式

木门的开启方式主要是由使用要求决定的，通常有以下几种不同方式。

（1）平开门。平开门，即水平开启的门。其铰接安在门的侧边，有单扇和双扇、向内开和向外开之分。平开门的构造简单、开启灵活，制作安装和维修均比较方便，是一般建筑中使用最广泛的门，如图 6－137a 所示。

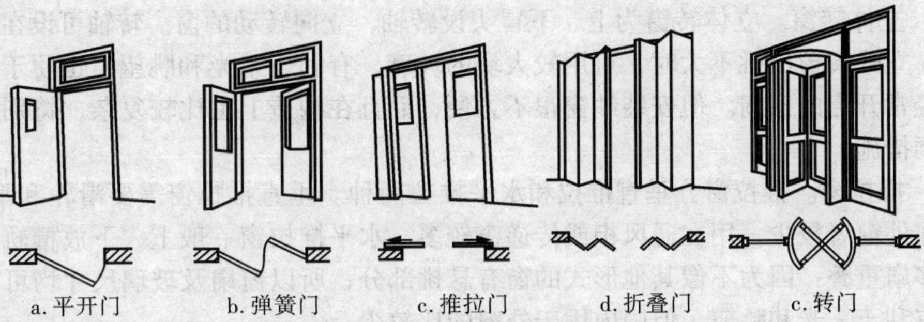

图 6-137　门的不同开启方式

(2) 弹簧门。弹簧门的形式同平开门，但其侧边用弹簧铰链或下面用地弹簧传动，开启后能自动关闭。多数为双扇玻璃门，能内、外弹动；少数为单扇或单向弹动的，如纱门。弹簧门的构造和安装比平开门稍复杂些，适用于出入频繁或有自动关闭要求的场所。门上一般都安装玻璃，如图 6-137b 所示。

(3) 推拉门。推拉门亦称拉门，在上下轨道上左右滑行。推拉门有单扇或双扇，可以藏在夹墙内或贴在墙面外，占用面积较少（图 6-137c）。推拉门构造较为复杂，一般用于两个空间需要扩大联系的门。在人流众多的地方，还可以采用光电管或触动式设施使推拉门自动启闭。

(4) 折叠门。折叠门多为扇折叠，可拼合折叠推移到侧边（图 6-137d）。传动方式简单者可以同平开门一样，只在门的侧边装铰链；复杂者在门的上边或下边需要装轨道及转动五金配件。一般用于两个空间需要更为扩大联系的门。

(5) 转门。转门为三或四扇门连成风车形，在两个固定弧形门套内旋转的门（图 6-137e）。对防止内外空气的对流有一定的作用，可以作为公共建筑及有空气调节房屋的外门。一般在转门的两旁另设平开门或弹簧门，以作为不需要空气调节的季节或大量人流疏散之用。转门构造复杂，造价较贵，一般情况下不宜采用。

其他尚有上翻门、升降门、卷帘门等，一般适用于较大活动空间，如车库、车间及某些公共建筑的外门。

2. 木窗的开启方式

窗的开启方式主要决定于窗扇的转动五金的部位和转动方式，可根据使用要求选用。通常有以下几种常用的开启方式。

(1) 固定窗。固定窗，即不能开启的窗，作采光及眺望之用，一般将玻璃直接安装在窗框上，尺寸可较大。

(2) 平开窗。平开窗为侧边用铰链转动、水平开启的窗，有单扇、双扇、多扇，以及向内开、向外开之分。平开窗构造简单，开启灵活，制作、安装和维修均较方便，在一般建筑中使用最为广泛。

(3) 横式悬窗。横式悬窗按转动铰链和转轴位置的不同，有上悬式、中悬式和下悬式旋窗之分。一般上悬式和中悬式旋窗向外开，其防雨效果较好，可用作外窗使用；而下悬式窗不能防雨，不适用于外窗。这三种形式的窗都有利于通风，常被用于高窗及门上窗，构造上较为简单。

（4）立体转窗。立体转窗为上、下冒头设转轴，立向转动的窗。转轴可设在中心或偏在一侧。立式转窗出挑不大时，可用较大块的玻璃，有利于采光和眺望，也便于擦窗，适用于不经常开启的窗扇。但安装纱窗很不方便，而且在构造上也比较复杂，特别要注意密封和防雨措施。

（5）推拉窗。推拉窗分垂直推拉和水平推拉两种。垂直推拉窗需要滑轮和平衡措施。国内用在外窗者较少，用在通风柜或传递窗较多。水平推拉窗一般上、下放槽轨，开启时两扇或多扇重叠：因为不像其他形式的窗有悬挑部分，所以窗扇及玻璃尺寸均可较平开窗为大，有利于采光和眺望，但国内用于外窗的比较少。

（6）百叶窗。百叶窗是构造最简单的窗子，可用木板、塑料或玻璃条制成，有固定百叶和转动百叶两种，主要用于通风和遮阳。

（二）装饰木门窗的制作

在现代装饰工程中，木门窗的制作仍占有很大比例，而且木门窗是室内装饰造型的一个重要组成部分，也是创造装饰气氛与效果的一个重要手段。

1. 装饰木门

（1）木门的基本构造。门是由门框（门樘）和门扇两部分组成的。当门的高度超过 2.1 m 时，还要增加上窗结构（又称亮子、幺窗），门的各部分名称如图 6－138 所示。各种门的门框构造基本相同，但门扇有较大的差别。

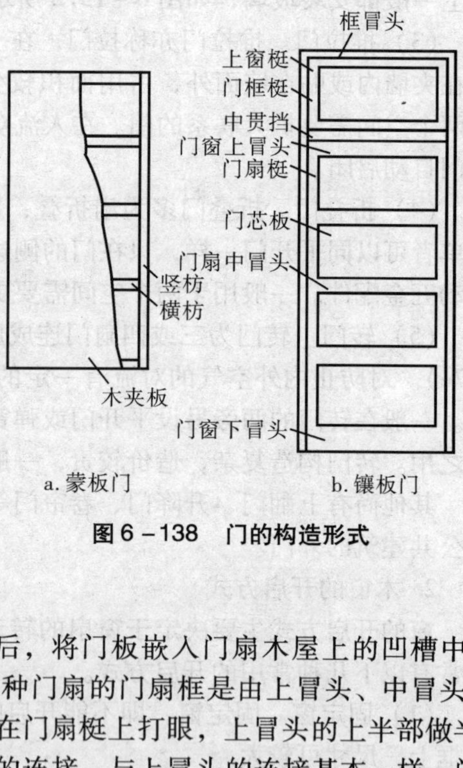

图 6－138 门的构造形式

①门框：门框是门的骨架，主要由冒头（横档）、框梃（框柱）组成。有门的上窗时，在门扇与上窗之间设有中贯横档。门框架各连接部位都是用榫眼连接的。按照传统的做法，框梃和冒头的连接，是在冒头上打眼，在框梃上做榫；框梃与中贯横档的连接，是在框梃上打眼，在中贯横档两端做榫。

②门扇：装饰木门的门扇，有镶板式门扇和蒙板式门扇两类。

A. 镶板式门扇：镶板式门扇是在做好门扇框后，将门板嵌入门扇木屋上的凹槽中。这种门扇框的木方用量较大，但板材用量较少。这种门扇的门扇框是由上冒头、中冒头、下冒头和门扇梃组成。门扇梃与上冒头的连接，是在门扇梃上打眼，上冒头的上半部做半榫，下半部做全榫（图 6－139）。门扇梃与中冒头的连接，与上冒头的连接基本一样。门扇梃与下冒头的连接，由于下冒头一般比上冒头和中冒头宽，为了连接牢固，要做两个全榫、两个半榫，在门扇梃上打两个全眼、两个半眼，如图 6－140 所示。

为了将门板安装于门扇梃、门扇冒头之间，而在门扇梃和冒头上开出宽为门板厚度的凹槽，在安装门板时，可将门芯板嵌入槽中。为了防止门芯板受潮发生膨胀而使门扇变形或芯板翘鼓，门芯板装入槽内后，还应有 2～3 mm 的间隙。

B. 蒙板式门扇：蒙板式门扇的门扇框，所使用的木方截面尺寸较小，而且是蒙在两块木夹板之间，所以又称为门扇骨架。门扇骨架是由竖向方木和横档方木组成，竖向方木

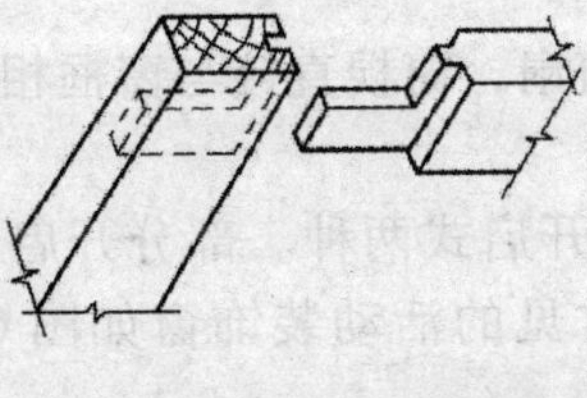

图 6－139　门扇梃与上冒头的连接

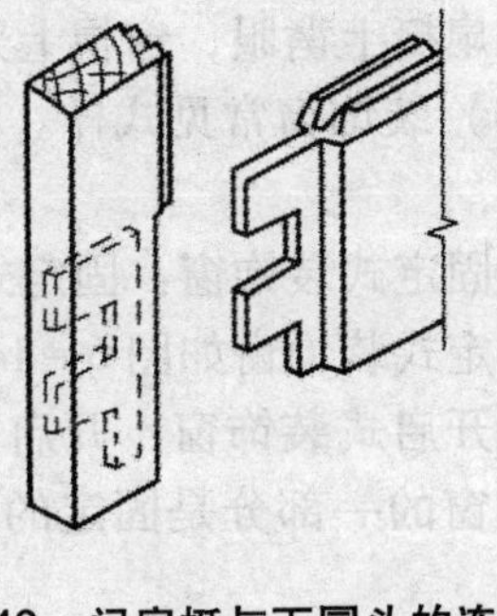

图 6－140　门扇梃与下冒头的连接

与横档方木的连接，通常采用单榫结构。在一些门扇较高、宽度尺寸较大，骨架的竖向与横向方木的连接，可用钉胶相结合的连接方法。门扇两边的蒙板，通常采用 4 mm 厚的夹板。

（2）装饰门常见形式。

①镶板式门扇：目前，在建筑装饰工程中常用的镶板式门扇，主要有全木式和木与玻璃结合式两类，实际中最常用的是木与玻璃结合式。

②蒙板式门扇：蒙板式门扇主要有平板式和木板与木线条组合式两类。将各种图案的木线条钉在板面上，从而组成饰面美观、图案多样的门扇，如图 6－141 所示。

2. 装饰木窗

（1）木窗的基本构造。木窗由窗框和窗扇组成，在窗扇上按设计要求安装玻璃（图6　142）。

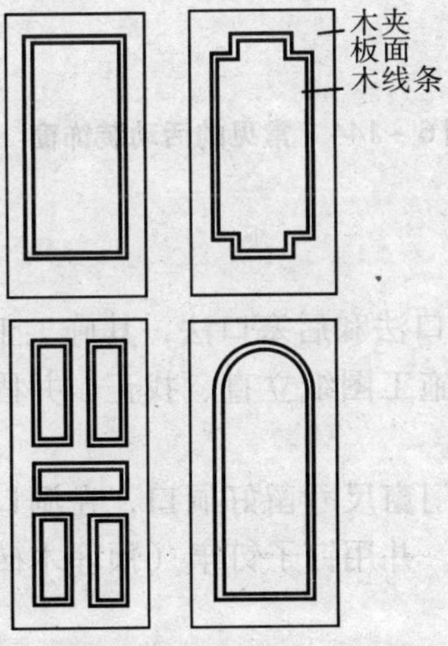

图 6－141　蒙板式门扇示意

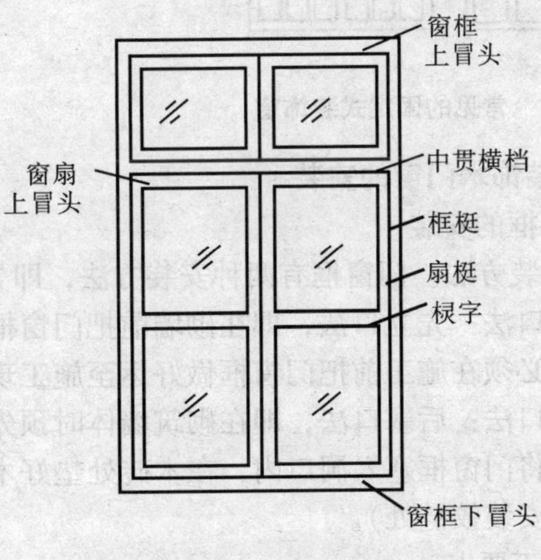

图 6－142　木窗的构造形式

①窗框：窗框由扇梃、上冒头、下冒头等组成，当顶部有上窗时，还要设中贯横档。

②窗扇：窗扇在上冒头、下冒头、扇梃、扇棂之间。

③玻璃：玻璃安装于冒头、窗扇梃、窗棂等之间。

（2）连接构造。木窗的连接构造与门的连接构造基本相同，都采用榫式结合。按照规矩，一般是在扇梃上凿眼，冒头上开榫。如果采用先立窗框再砌墙的安装方法，应在上冒头和下冒头两端留出走头（延长端头），走头的长度一般为 120 mm。窗框与窗棂的连接，也是在扇梃上凿眼，窗棂上开榫。

（3）装饰窗常见式样。在室内装饰工程中的装饰窗，通常主要有固定式和开启式两大类。

①固定式装饰窗：固定式装饰窗没有可以活动开闭的窗扇，窗棂直接与窗框相连。常见的固定式装饰窗如图 6－143 所示。

②开启式装饰窗：开启式装饰窗分为全开启式和部分开启式两种。部分开启式也就是装饰窗的一部分是固定的，另一部分是可以开闭的。常见的活动装饰窗如图 6－144 所示。

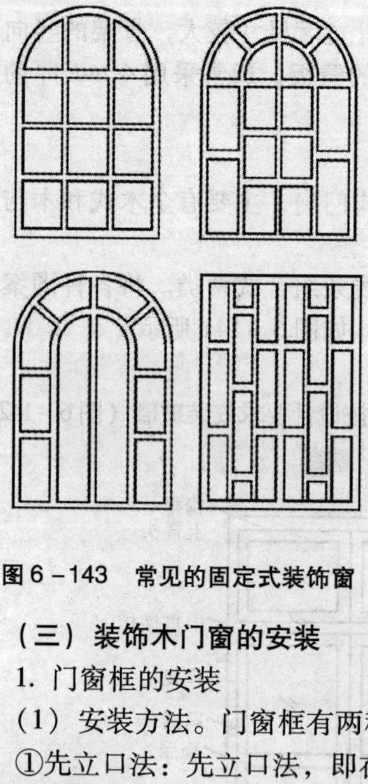

图 6－143　常见的固定式装饰窗

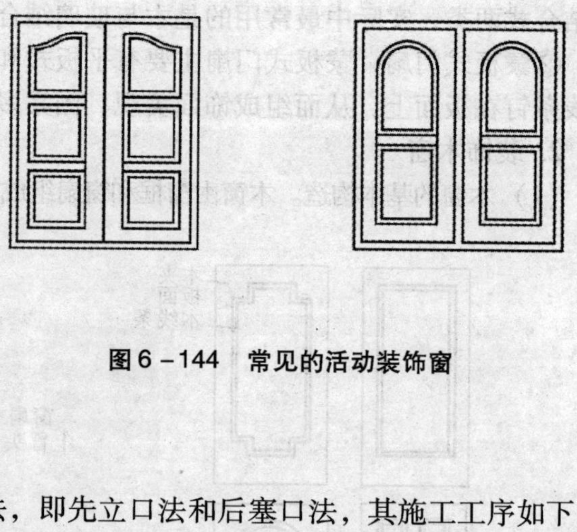

图 6－144　常见的活动装饰窗

（三）装饰木门窗的安装

1. 门窗框的安装

（1）安装方法。门窗框有两种安装方法，即先立口法和后塞口法，其施工工序如下。

①先立口法：先立口法，即在砌墙前把门窗框按施工图纸立直、找正，并固定好。这种施工方法必须在施工前把门窗框做好运至施工现场。

②后塞口法：后塞口法，即在砌筑墙体时预先按门窗尺寸留好洞口，在洞口两边预埋木砖，然后将门窗框塞入洞口内，在木砖处垫好木片，并用钉子钉牢（预埋木砖的位置应避开门窗扇安装铰链处）。

（2）施工要点。

①先立口安装施工：

A. 当砌墙砌到室内地坪时，应当立门框；当砌到窗台时，应当立窗框。

B. 立口之前，按照施工图纸上门窗的位置、尺寸，把门窗的中线和边线画到地面或墙面上。然后，把窗框立在相应的位置上，用支撑临时支撑固定，用线锤和水平尺找平找直，并检查框的标高是否正确，如有不平不直之处应随即纠正。不垂直可挪动支撑加以调整，不平处可垫木片或砂浆调整。支撑不要过早拆除，应在墙身砌完后拆除比较适宜。

C. 在砌墙施工过程中，千万不要碰动支撑，并应随时对门窗框进行校正，防止门窗框出现位移和歪斜等现象。砌到放木砖的位置时，要校核是否垂直，如不垂直，在放木砖时随时纠正。否则，木砖砌入墙内，将门窗框固定，就难以纠正。在一般情况下，每边的木砖不得少于 3 块。

D. 木门窗安装是否整齐，对建筑物的装饰效果有很大影响。同一面墙的木门窗框应安装整齐，并在同一个平、立面上。可先立两端的门窗框，然后拉一通线，其他的框按通线进行竖立。这样可以保证门框的位置和窗框的标高一致。

E. 在立框时，一定注意以下两个方面：

a. 特别注意门窗的开启方向，防止一旦出现错误难以纠正。

b. 注意施工图纸上门窗框是在墙中，还是靠墙的里皮。

如果是与里皮平的，门窗框应出里皮墙面（即内墙面）20 mm，这样抹完灰后，门窗框正好和墙面相平（图 6－145）。

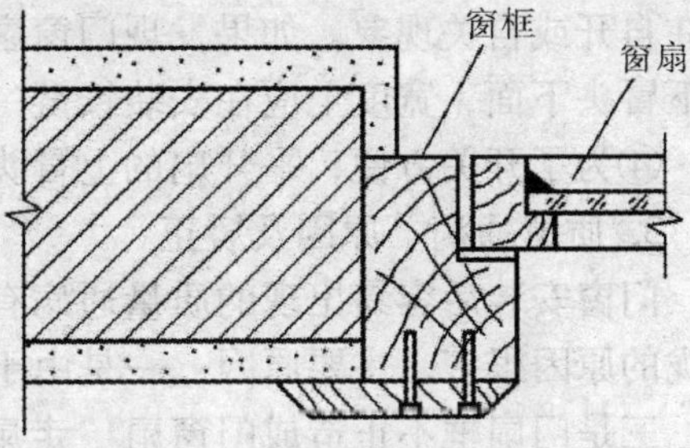

图 6－145　门窗框在墙里皮的做法

②后塞口安装施工：

A. 门窗洞口要按施工图纸上的位置和尺寸预先留出。洞口应比窗口大 30～40 mm（即每边大 15～20 mm）。

B. 在砌墙时，洞口两侧按规定砌入木砖，木砖大小约为半砖，间距不大于 1.2 m，每边 2～3 块。

C. 在安装门窗框时，先把门窗框塞进门窗洞口内，用木楔临时固定，用线锤和水平尺进行校正。待校正无误后，用钉子把门窗框钉牢在木砖上，每个木砖上应钉两颗钉子，并将钉帽砸扁冲入梃框内。

D. 在立口时，一定要注意以下两个方面：

a. 特别注意门窗的开启方向。

b. 整个大窗更要注意上窗的位置。

2. 门窗扇的安装

（1）施工准备。

①在安装门窗扇前，先要检查门窗框上、中、下三部分是否一样宽，如果相差超过 15 mm，就应当进行修整。

②核对门窗的开启方向是否正确，并打上记号，以免将扇安错。

③安装扇前，预先量出门窗框口的净尺寸，考虑风缝（松动）的大小，再进一步确定扇的宽度和高度，并进行修刨。应将门扇定于门窗框中，并检查与门窗框配合的松紧度。由于木材有干缩湿胀的性质，而且门窗扇、门窗框上都需要有油漆及打底层的厚度，所以在安装时要留缝。一般门扇对口处竖缝留 1.5～2.5 mm，窗的竖缝留 2.0 mm，并按此尺寸进行修整刨光。

（2）施工要点。

①将修刨好的门窗扇，用木楔临时立于门窗框中，排好缝隙后画出铰链位置。铰链位

置距上、下边的距离，一般宜为门扇宽度的1/10，这个位置对铰链受力比较有利，又可以避开榫头。然后把扇取下来，用扇铲剔出铰链页槽。铰链页槽应外边较浅、里边较深，其深度应当以把铰链合上后与框、扇平正为准。剔好铰链槽后，将铰链放入，上下铰链各拧一颗螺钉把扇挂上，检查缝隙是否符合要求，扇与框是否齐平，扇能否关住。检查合格后，再将剩余螺钉全部上齐。

②双扇门窗扇安装方法与单扇的安装方法基本相同，只是增加一道“错口”的工序。双扇应按开启方向看，右手是门盖口，左手是门等口。

③门窗扇安装好后要试开，要达到的标准是：以开到哪里就能停到哪里为合格，不能存在自开或自关现象。如果发现门窗扇在高、宽上有短缺的情况，高度上应补钉的板条钉在下冒头下面，宽度上应在安装铰链一边的梃上补钉板条。

④为了开关方便，平开扇的上冒头、下冒头最好刨成斜面。

3. 质量通病、原因及矫正

门窗安装后容易出现的质量通病有两种：一种是关不拢，另一种是坠扇。门窗出现关不拢的原因很多，主要原因：一是由于门窗扇与框之间的缝隙不均匀；二是门扇的坡口太小；三是门扇框不正造成门窗扇“走扇”（关上后自动打开）；四是门窗扇不平（皮楞），关上后和门窗框不吻合。

门窗安装中的质量通病、原因分析及矫正方法，如表6－4所示。

表6－4 装饰木门窗安装中质量通病、原因分析及矫正方法

质量通病	原因分析	矫正方法
关不拢	缝隙不匀造成的关不拢： （1）门窗扇制作尺寸有误差 （2）门窗安装存在误差 （3）门窗在侧边与门框蹭口，窗扇在侧边或底边与窗框蹭口	出现这种情况时，需对门窗和窗扇用细刨进行修正
	门窗扇坡口太小造成关不拢： （1）门窗扇开关时扇边蹭口 （2）安装铰链的扇边抗口（即扇边蹭到框的裁口边上）	（1）安装时，按规矩扇四边应当刨出坡口，这样门窗扇就容易关拢 （2）应把蹭口的扇边坡口再刨大一些，一般坡口刨大2°～3°
	门窗扇不平造成的关不拢： 这是由于门窗框安装得不正（不垂直），使得门窗扇安装后能自动打开，木工俗称为“走扇”	（1）必须把门窗框找正找直，否则这个毛病是不能完全除掉的 （2）向外移动门窗扇上的铰链，即能减少“走扇”的程度
	门窗扇不平造成的关不拢： （1）由于制作不当，门窗扇不丰（扭翘），关上后有一个角关不拢 （2）木材未干透，做成制品后木材干缩性质不均匀，门窗扇不平	（1）在扇的榫处再加一个楔 （2）调整铰链的位置，以减轻门窗的不平（扭翘）的程度 （3）严重者重新制作门窗扇

续表

质量通病	原因分析	矫正方法
坠扇	（1）门窗扇安装玻璃后质量增加，而门窗扇本身的结构出现变形而造成 （2）门窗安装的铰链强度不足而变形造成 （3）安装铰链的木螺钉较小或安装方法不对造成的；在制作时，榫头宽窄厚薄均小于划线尺寸，而加楔又不饱满造成	（1）在扇的边和冒头处设置铁三角，以增加抵抗下垂的能力 （2）装饰门必须采用尼龙无声铰链，装饰窗宜用大铰链 （3）安装铰链用的木螺钉宜采用粗长的规格，而且一定不能将木螺钉全部钉入木内，应将木螺钉逐丝拧入木内。在硬质木材上钉木螺钉时，先要钻眼，钻头直径比木螺钉直径小，孔深为木螺钉长度的2/3 （4）在榫眼位置再补加楔子，但只能临时改一下，不能保证长久有效

三、铝合金门窗施工

铝合金门窗是经过表面处理的型材，通过下料、打孔、铣槽等工序，制作成门窗框料构件，然后再与连接件、密封件、开闭五金件一起组合装配而成。尽管铝合金门窗的尺寸大小及式样有所不同，但是同类铝合金型材门窗所采用的施工方法都相同。由于铝合金门窗在造型、色彩、玻璃镶嵌、密封材料的封缝和耐久性等方面，都比钢门窗、木门窗有着明显的优势，因此，铝合金门窗在高层建筑和公共建筑中获得了广泛的应用。例如，日本98%的高层建筑采用了铝合金门窗。我国铝合金门窗于20世纪70年代末期开始被使用。目前，生产与安装厂家已超过1 500家，年设计生产能力可达2 000万m^2以上；铝型材生产厂家已达200多家，年综合配套生产能力达20多万吨。因此，铝合金门窗将成为建筑业与装饰业中一种不可缺少的新型门窗。

（一）铝合金门窗的特点、类型和性能

1. 铝合金门窗的特点

铝合金门窗是最近十几年发展起来的一种新型门窗，与普通木门窗和钢门窗相比，具有以下特点。

（1）质轻高强。铝合金是一种质量较轻、强度较高的材料，在保证使用强度的要求下，门窗框料的断面可制成空腹薄壁组合断面，减轻了铝合金型材的质量，一般铝合金门窗质量与木门窗差不多，比钢门窗轻50%左右。

（2）密封性好。密封性能是门窗质量的重要指标，铝合金门窗和普通钢、木门窗相比，其气密性、水密性和隔音性均比较好。推拉门窗比平开门窗的密封性稍差，因此推拉门窗在构造上加设尼龙毛条，以增加其密封性。

（3）变形性小。铝合金门窗的变形比较小，一是因为铝合金型材的刚度好，二是由于制作过程中采用冷连接。横竖杆件之间及五金配件的安装，均是采用螺钉、螺栓或铝钉，通过角铝或其他类型的连接件，使框、扇杆件连成一个整体。冷连接同钢门窗的电焊连接相比，可以避免在焊接过程中因受热不均而产生的变形现象，从而能确保制作的精度。

（4）表面美观。一是造型比较美观，门窗面积大，使建筑物立面效果简洁明亮，并增加了虚实对比，富有较强的层次感；二是色调比较美观，其门窗框料经过氧化着色处理，

可具有银白色、金黄色、青铜色、古铜色、黄黑色等色调或带色的花纹，外观华丽雅致，不需要再涂漆或进行表面维修装饰。

（5）耐蚀性好。铝合金材料具有很高的耐蚀性，不仅可以抵抗一般酸碱盐的腐蚀，而且在使用中不需要涂漆，表面不褪色、不脱落，不必要进行维修。

（6）使用价值高。铝合金门窗具有刚度好、强度高、耐腐蚀、美观大方、坚固耐用、开闭轻便、无噪声等优异性能，特别是对于高层建筑和高档的装饰工程，无论是从装饰效果、正常运行、年久维修，还是从施工工艺、施工速度、工程造价等方面综合权衡，铝合金门窗的总体使用价值都优于其他种类的门窗。

（7）实现工业化。铝合金门窗框料型材加工、配套零件的制作，均可以在工厂内进行大批量的工业化生产，有利于实现门窗设计的标准化、产品系列化和零配件通用化，也能有力推动门窗产品的商业化。

2. 铝合金门窗的类型

根据结构与开启形式的不同，铝合金门窗可分为推拉门、推拉窗、平开门、平开窗、固定窗、悬挂窗、回转门、回转窗等。按门窗型材截面的宽度尺寸的不同，可分为许多系列，常用的有25、40、45、50、55、60、65、70、80、90、100、135、140、155、170系列等。图6－146所示为90系列铝合金推拉窗的断面。

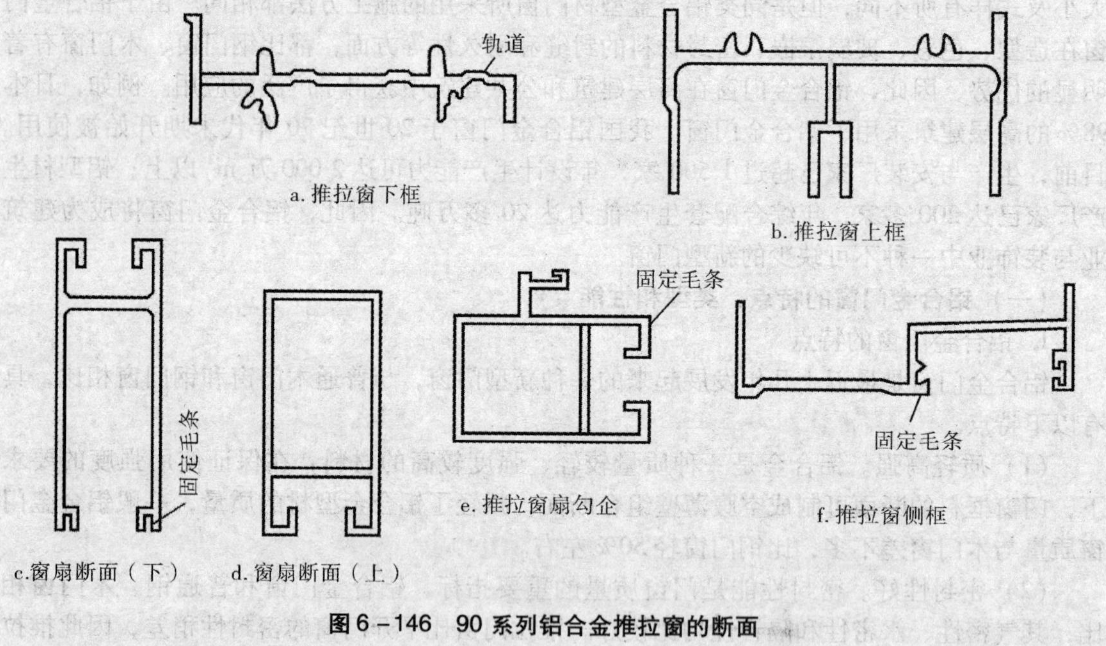

图6－146 90系列铝合金推拉窗的断面

铝合金门窗料的断面几何尺寸目前虽然已经系列化，但对门窗料的壁厚还没有硬性规定，而门窗料的壁厚对门窗的耐久性及工程造价影响较大。如果门窗料的板壁太薄，尽管是组合断面，也会因板壁太薄而易使表面受损或变形，影响门窗抗风压的能力。如果门窗的板壁太厚，虽然对抗变形和抗风压有利，但投资效益会受到影响。因此，铝合金门窗的板壁厚度应当合理，过厚和过薄都是不妥的。一般建筑装饰所用的窗料板壁厚度不宜小于1.6 mm，门壁厚度不宜小于2.0 mm。

根据氧化膜色泽的不同，铝合金门窗料有银白色、金黄色、青铜色、古铜色、黄黑色等几种，其外表色泽雅致、美观、经久、耐用，在工程上一般选用银白色、古铜色居多。氧化膜的厚度应满足设计要求，室外门窗的氧化膜应当厚一些，沿海地区与较干燥的内陆城市相比，沿海由于受海风侵蚀比较严重，氧化膜应当稍厚一些；建筑物的等级不同，氧化膜的厚度也要有所区别。所以，氧化膜厚度的确定，应根据气候条件、使用部位、建筑物的等级等多方面因素综合考虑。

3. 铝合金门窗的性能

铝合金门窗的性能主要包括气密性、水密性、抗风压强度、保温性能和隔音性能等。

（1）气密性。气密性也称空气渗透性能，是指空气透过处于关闭状态下门窗的能力。与门窗气密性有关的气候因素，主要是室外的风速和温度。在没有机械通风的条件下，门窗的渗透换气量起重要作用。不同地区气候条件不同，建筑物内部热压阻力和楼层层数不同，致使门窗受到风压相差很大。另外，空调房间又要求尽量减少外窗空气渗透量，于是就提出了不同气密等级门窗的要求。

（2）水密性。水密性也称雨水渗透性能，是指在风雨同时作用下，雨水透过处于关闭状态下门窗的能力。我国大部分地区对水密性要求不十分严格，对水密性要求较高的地区，主要以台风地区为主。

（3）抗风压强度。抗风压强度是指门窗抵抗风压的性能。门窗是一种围护构件，因此既需要考虑长期使用过程中，在平均风压作用下，保证其正常功能不受影响，又必须注意到在台风袭击下不遭受破坏，以免产生安全事故。

（4）保温性能。保温性能是指窗户两侧在空气存在温差条件下，从高温一侧向低温一侧传热的能力。要求保温性能较高的门窗，传热的速度应当非常缓慢。

（5）隔声性能。隔声性能是指隔绝空气中声波的能力。这是评价门窗质量好坏的重要指标，优良的门窗其隔声性能也是良好的。

四、塑钢门窗施工

塑钢门窗又称塑料门窗，是以聚氯乙烯或其他树脂为主要原料，以轻质碳酸钙为填料，添加适量助剂和改性剂，经双螺杆挤压机挤压成型的各种截面的空腹门窗异型材，再根据不同的品种规格选用不同截面异型材组装而成。由于塑料的刚度较差、变形较大，一般在空腹内嵌装型钢或铝合金型材进行加强，从而增强了塑料门窗的刚度，提高了塑料门窗的牢固性和抗风能力。因此，塑料门窗又称为“塑钢门窗”。

塑料门窗是目前最具有气密性、水密性、耐腐蚀性、隔热保温、隔音、耐低温、阻燃、电绝缘性、造型美观等优异综合性能的门窗制品。实践证明：其气密性为木窗的3倍，为铝合金门窗的1.5倍；热导率是金属门窗的1/12～1/8，可节约暖气费20%左右；其隔音效果也比铝合金门窗高30 dB以上。另外，塑料本身的耐腐蚀性和耐潮性优异，在化工建筑、地下工程、卫生间及浴室内都能使用，是一种应用广泛的建筑节能产品。

塑料门窗的种类很多，根据原材料的不同，塑料门窗可以分为以聚氯乙烯树脂为主要原料的钙塑门窗（又称“U－PVC门窗”），以改性聚氯乙烯为主要原料的改性聚氯乙烯门窗（又称“改性PVC门窗”），以合成树脂为基料、以玻璃纤维及其制品为增强材料的玻璃钢门窗。

（一）塑料门窗材料质量要求

1. 塑料异型材及密封条

塑料门窗采用的塑料异型材、密封条等原材料，应符合现行的国家标准《门、窗框用硬聚氯乙烯型材》（GB/T 8814—2004）和《塑料门窗用密封条》（GB 12002—89）的有关规定。

2. 塑料门窗配套件

塑料门窗采用的紧固件、五金件、增强型钢、金属衬板及固定片等，应符合以下要求。

（1）紧固件、五金件、增强型钢、金属衬板及固定片等，应进行表面防腐处理。

（2）紧固件的电镀金属及其厚度，应符合国家标准《螺纹紧固件电镀层》（GB/T 5627—85）的有关规定；紧固件的尺寸、螺纹、公差、十字槽及机械性能等技术条件，应符合国家标准《十字槽盘头自攻螺钉》（GB/T 845—85）、《十字槽沉头自攻螺钉》（GB/T 846—85）的有关规定。

（3）五金件的型号、规格和性能，均应符合国家现行标准的有关规定；滑撑铰链不得使用铝合金材料。

（4）全防腐型塑料门窗，应采用相应的防腐型五金件及紧固件。

（5）固定片的厚度≥1.5 mm，最小宽度≥15 mm，其材质应采用 Q235A 冷轧钢板，其表面应进行镀锌处理。

（6）组合窗及连窗门的拼樘料，应采用与其内腔紧密吻合的增强型钢作为内衬，型钢两端应比拼樘长出 10 ~ 15 mm。外窗的拼樘料截面尺寸及型钢形状、壁厚，应能使组合窗承受瞬时风压值。

3. 玻璃及玻璃垫块

塑料门窗所用的玻璃及玻璃垫块的质量，应符合以下规定。

（1）玻璃的品种、规格及质量，应符合国家现行产品标准的规定，并应有产品出厂合格证，中空玻璃应有检测报告。

（2）玻璃的安装尺寸，应比相应的框、扇（梃）内口尺寸小 4 ~ 6 mm，以便于安装并确保阳光照射膨胀不开裂。

（3）玻璃垫块应选用邵氏硬度为 70 ~ 90A 的硬橡胶或塑料，不得使用硫化再生橡胶、木片或其他吸水性材料；其长度宜为 80 ~ 150 mm，厚度应按框、扇（梃）与玻璃的间隙确定，一般宜为 2 ~ 6 mm。

4. 门窗洞口框墙间隙密封材料

门窗洞口框墙间隙密封材料，一般常为嵌缝膏（建筑密封胶），应具有良好的弹性和黏结性。

5. 材料的相容性

与聚氯乙烯型材直接接触的五金件、紧固件、密封条、玻璃垫块、嵌缝膏等材料，其性能与 PVC 塑料具有相溶性。

五、全玻璃门施工

在现代装饰工程中，采用全玻璃装饰门的施工日益普及。所采用玻璃多为厚度在 12 mm的厚质平板白玻璃、雕花玻璃及彩印图案玻璃等，有的设有金属扇框，有的活动门扇除玻璃之外，只有局部的金属边条。其门框部分通常以不锈钢、黄铜或铝合金饰面，从而展示出豪华气派（图 6－147）。

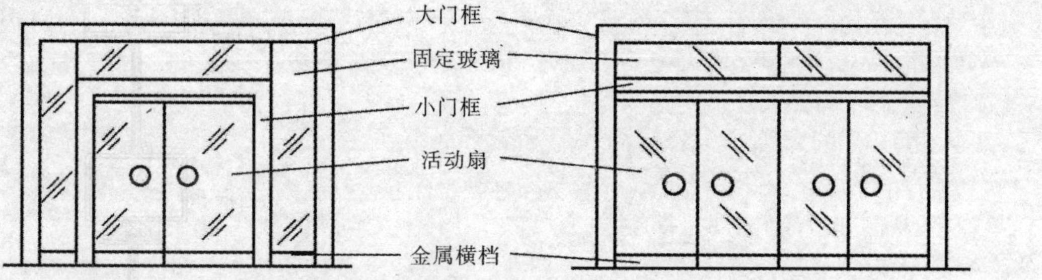

图 6－147　全玻璃装饰门的形式示例

（一）全玻璃门固定部分的安装

1. 施工准备工作

在正式安装玻璃之前，地面的饰面施工应已完成，门框的不锈钢或其他饰面包覆安装也应完成。门框顶部的玻璃限位槽已经留出，其槽宽应大于玻璃厚度 2 ~ 4 mm，槽深为 10 ~ 20 mm（图 6－148）。

不锈钢、黄铜或铝合金饰面的木底托，可采用木方条首先钉固于地面安装位置，然后再用黏结剂将金属板饰面黏结卡在木方上（图 6－149）。如果采用铝合金方管，可采用木螺钉将方管拧固于木底托上，也可采用角铝连接件将铝合金方管固定在框柱上。

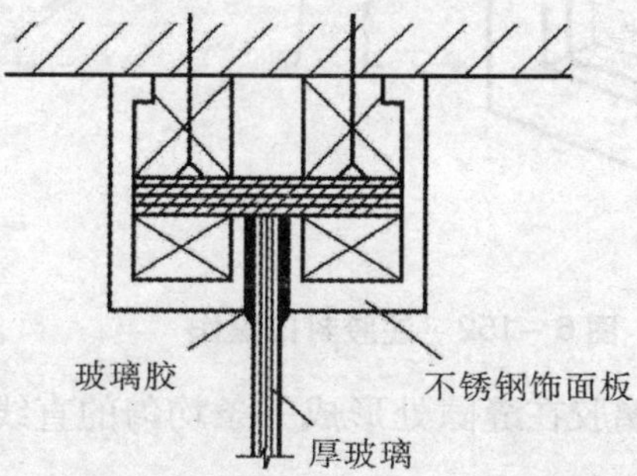

图 6－148　顶部门框玻璃限位槽构造

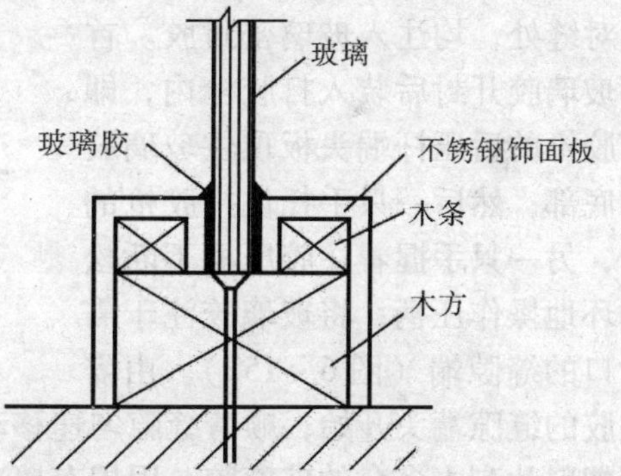

图 6－149　固定玻璃扇下部底托做法

厚玻璃的安装尺寸，应从安装位置的底部、中部和顶部进行测量，选择最小尺寸为玻璃板宽度的切割尺寸。如果上、中、下测得的尺寸一致，其玻璃宽度的裁割应比实测尺寸小 2 ~ 3 mm。玻璃板的高度方向裁割，应小于实测尺寸 3 ~ 5 mm。玻璃板裁割后，应将其四周进行倒角处理，倒角宽度为 2 mm，如若在施工现场自行倒角，应手握细砂轮做缓慢细磨操作，防止出现崩角、崩边现象。

2. 安装固定玻璃板

用玻璃吸盘将玻璃板吸起，由 2 ~ 3 人合力将其抬至安装位置，先将上部插入门顶框限位槽内，下部落于底托之上，而后校正安装位置，使玻璃板的边部正好封住侧框柱的金属板饰面对缝口（图 6－150）。在底托上固定玻璃板时，可先在底托木方上钉木条，一般距玻璃 4 mm 左右；然后在木条上涂刷胶黏剂，将不锈钢板或铜板黏结后卡在木方上。固定部分的玻璃安装构造如图 6 - 151 所示。

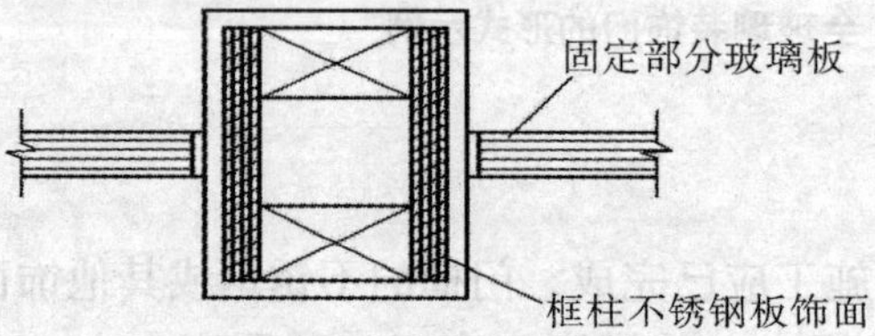

图 6 - 150　固定玻璃扇与框柱的配合

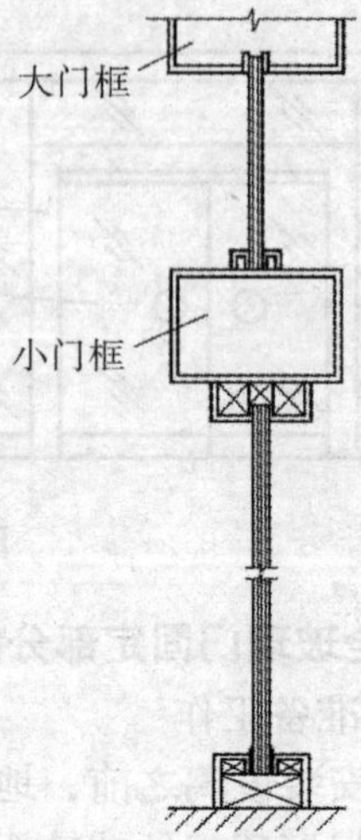

图 6 - 151　玻璃门竖向安装构造

3. 注胶封口

在玻璃准确就位后，在顶部限位槽处和底托固定处，以及玻璃板与框柱的对缝处，均注入玻璃密封胶。首先将玻璃胶开封后装入打胶枪内，即用打胶枪的后压杆端头板顶住玻璃胶罐的底部；然后一只手托住打胶枪的枪身，另一只手握着注胶压柄不断松压循环地操作压柄，将玻璃胶注于需要封口的缝隙端（图 6 - 152）。由需要注胶的缝隙端头开始，顺着缝隙匀速移动，使玻璃胶在缝隙处形成一条均匀的直线，最后用塑料片刮去多余的玻璃胶，用棉布擦净胶迹。

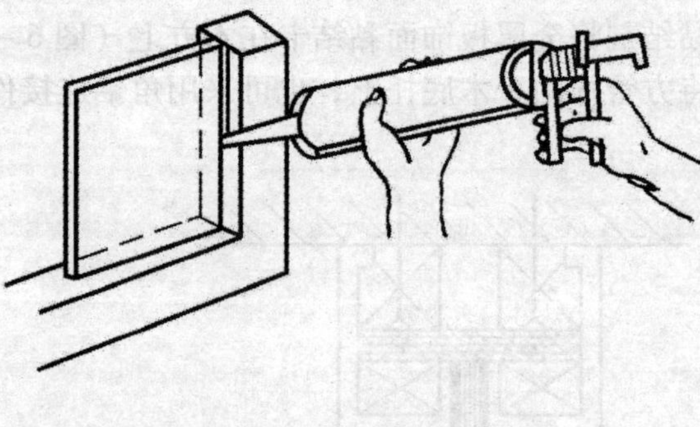

图 6 - 152　注胶封口操作

4. 玻璃板之间的对接

门上固定部分的玻璃需要对接时，其对接缝应有 2 ~ 4 mm 的宽度，玻璃板的边部都要进行倒角处理。当玻璃块留缝定位并安装稳固后，即将玻璃胶注入其对接的缝隙，用塑料片在玻璃板对缝的两边对缝的两面把胶刮平，用棉布将胶迹擦干净。

（二）玻璃活动门扇的安装

玻璃活动门扇的结构是不设门扇框，活动门扇的启闭由地弹簧进行控制。地弹簧同时又与门扇的上部、下部金属横档进行铰接，如图 6 - 153 所示。玻璃门扇的安装方法与步骤如下。

（1）活动门扇在安装前，应先将地面上的地弹簧和门扇顶面横梁上的定位销安装固定完毕，两者必须在同一轴线上，安装时应用吊锤进行检查，做到准确无误，地弹簧转轴与定位销为同一中心线。

（2）在玻璃门扇的上、下金属横档内划线，按线固定转动销的销孔板和地弹簧的转动轴连接板。具体操作可参照地弹簧产品安装说明书。

（3）玻璃门扇的高度，在裁割玻璃时应注意包括插入上、下横档的安装部分的尺寸。一般情况下，玻璃高度尺寸应小于实测尺寸 3 ~5 mm，以便安装时进行定位调节。

（4）把上、下横档（多采用镜面不锈钢成型材料）分别装在厚玻璃门扇的上、下端，并进行门扇高度的测量。如果门扇高度不足，即其上、下边距门横档及地面的缝隙超过规定值，可在上、下横档内加垫胶合板条进行调节（图 6 – 154）。如果门扇高度超过安装尺寸，只能由专业玻璃工将门扇多余部分切割去，但加工时要特别小心。

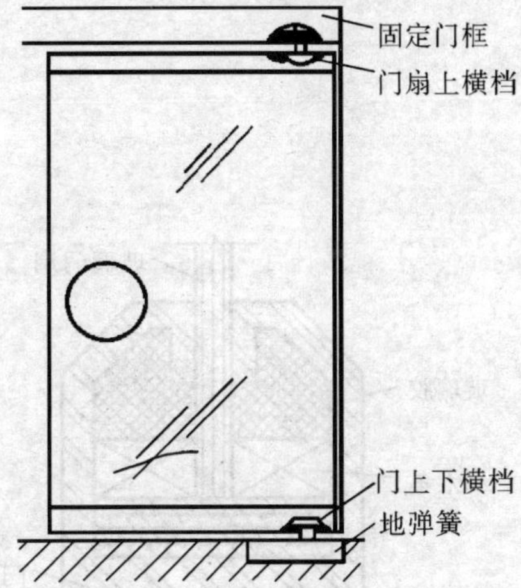

图 6 – 153　活动门扇的安装

（5）门扇高度确定后，即可固定上、下横档，在玻璃板与金属横档内的两侧空隙处，由两边同时插入小木条，轻敲稳固，然后在小木条、门扇玻璃及横档之间形成的缝隙中注入玻璃胶（图 6 – 155）。

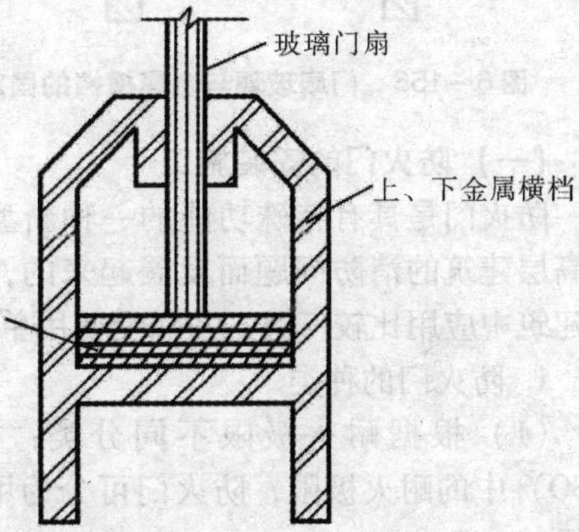

图 6 – 154　加垫胶合板条调节玻璃门扇高度

（6）进行门扇定位的安装。先将门框横梁上的定位销本身的调节螺钉调出横梁平面 1 ~2 mm，再将玻璃门扇竖起来，把门扇下横档内的转动销连接件的孔位对准地弹簧的转动销轴，并转动门扇将孔位套在销轴上。然后把门扇转动 90°使之与门框横梁成直角，把门扇上横档中的转动连接件的孔对准门框横梁上的定位销，将定位销插入孔内 15 mm 左右（调动定位销上的调节螺钉）（图 6 – 156）。

（7）安装门拉手。全玻璃门扇上扇拉手孔洞一般是订购时就加工好的，拉手连接部分插入孔洞时不能太紧，应当略有松动。安装前在拉手插入玻璃的部分涂少量的玻璃胶；如若插入过松可在插入部分裹上软质胶带。在拉手组装时，其根部与玻璃贴靠紧密后再拧紧螺钉（图 6 – 157）。

六、特种门窗施工

特种门窗的种类很多，除去以上几种门窗外，其他基本上都属于特种门窗的范畴。在建筑装饰工程中常用的有：卷帘防火、防盗窗，防火门，隔音门，金属转门，金属铰链门和弹簧门等。

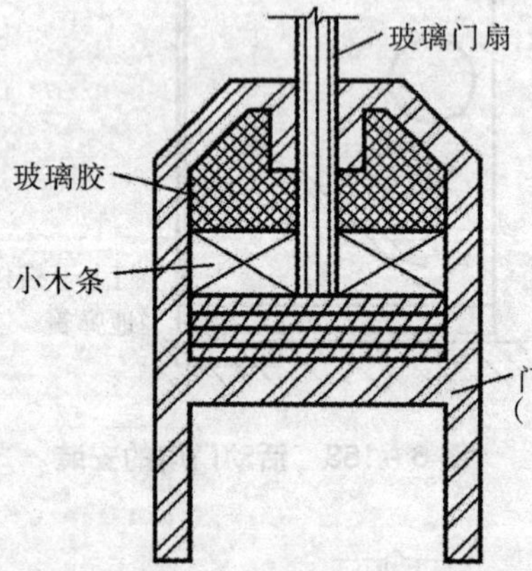

图6－155 门扇玻璃与金属横档的固定

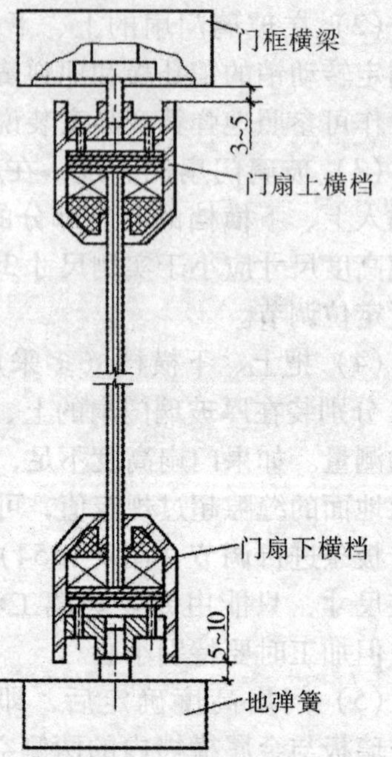

图6－156 门扇的定位的安装（单位：mm）

（一）防火门的安装施工

防火门是具有特殊功能的一种新型门，是为了解决高层建筑的消防问题而发展起来的，目前在现代高层建筑中应用比较广泛，并深受使用单位的欢迎。

1. 防火门的种类

（1）根据耐火极限不同分类：根据国际标准（ISO）中的耐火极限，防火门可分为甲、乙、丙三个等级。

①甲级防火门：以防止扩大火灾为主要目的，它的耐火极限为1.2 h，一般为全钢板门，无玻璃窗。

②乙级防火门：以防止开口部火灾蔓延为主要目的，它的耐火极限为0.9 h，一般为全钢板门，在门上开一个小玻璃窗，玻璃选用5 mm厚的夹丝玻璃或耐火玻璃。性能较好的木质防火门也可以达到乙级防火门。

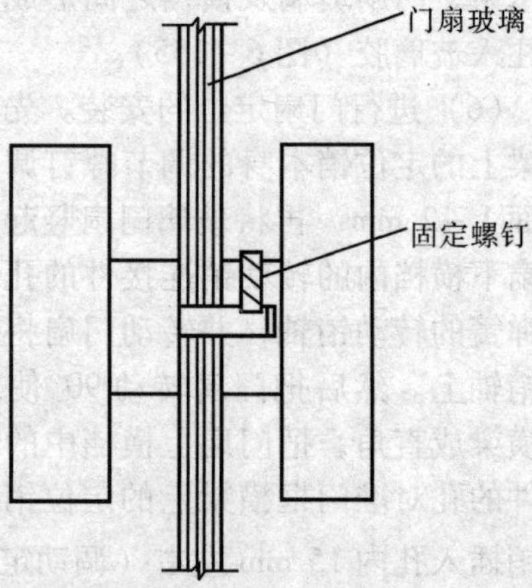

图6－157 玻璃门拉手的安装

③丙级防火门：耐火极限为0.6 h，为全钢板门，在门上开一小玻璃窗，玻璃选用5 mm厚夹丝玻璃或耐火玻璃。大多数木质防火门都在这一范围内。

（2）根据门的材质不同分类。根据防火门的材质不同，防火门可以分为木质防火门和钢质防火门两种。

①木质防火门：即在木质门表面涂以耐火涂料，或用装饰防火胶板贴面，以达到防火要求。其防火性能要稍差一些。

②钢质防火门：即采用普通钢板制作，在门扇夹层中填入岩棉等耐火材料，以达到防

火要求。

2. 防火门的特点

防火门具有表面平整光滑、美观大方、开启灵活、坚固耐用、使用方便、安全可靠等特点。防火门的规格有多种，除按国家建筑门窗洞统一模数制规定的门洞尺寸外，还可依用户的要求而定制。

3. 防火门的施工

(1) 划线。按设计要求尺寸、标高，画出门框框口位置线。

(2) 立门框。先拆掉门框下部的固定板，凡框内高度比门扇的高度大于 30 mm 者，洞两侧地面必须设预留凹槽。门框一般埋入 ±0.000 标高以下 20 mm，必须保证框口上、下尺寸相同，允许误差小于 1.5 mm，对角线允许误差小于 2 mm。将门框用木楔临时固定在洞内，经校正合格后，固定木楔，门框铁脚与预埋铁板件焊牢。

(3) 安装门扇及附件。门框周边缝隙，用 1:2 的水泥砂浆或强度不低于 10 MPa 的细石混凝土嵌塞牢固，应保证与墙体连接成整体；经养护凝固后，再粉刷洞口及墙体。

粉刷完毕后，安装门扇、五金配件及有关防火装置。门扇关闭后，门缝应均匀平整，开启自由轻便，不得有过紧、过松和反弹现象。

4. 防火门注意事项

为了防止火灾蔓延和扩大，防火门必须在构造上设计有隔断装置，即装设保险丝，一旦火灾发生，热量使保险丝熔断，自动关锁装置就开始动作进行隔断，达到防火目的。

金属防火门由于火灾时的温度使其膨胀，可能不好关闭；或是因为门框阻止门膨胀而产生翘曲，从而引起间隙；或是使门框破坏。必须在构造上采取措施，不使这类现象产生，这是很重要的。

(二) 隔音门的安装施工

1. 隔音门的类型

隔音门主要起隔音作用，常用于声像室、广播室、会议室等有隔音要求的房间。隔音门要求用吸音材料做成门扇，门缝用海绵橡胶条等具有弹性的材料封严。常见的隔音门主要有下列三种。

(1) 填芯隔音门。用玻璃棉丝或岩棉填充在门扇芯内，门扇缝口处用海绵橡胶条封严。

(2) 外包隔音门。在普通木门扇外面包裹一层人造革或其他软质吸音材料，内填充岩棉，并将通长压条用泡钉钉牢，四周缝隙用海绵橡胶条粘牢封严。

(3) 隔音防火门在门扇木框架中嵌填岩棉等吸音材料，外部用石棉板、镀锌铁皮及耐火纤维板镶包，四周缝隙用海绵橡胶条粘牢封严。

2. 隔音门的施工

(1) 在制作隔音门时，门扇芯内应用超细玻璃棉丝或岩棉填塞，但不宜挤压太密实，应保持其不太松动，而又有一定空隙，以确保其隔音效果。

(2) 门扇与门框之间的缝隙，应用海绵橡胶条等弹性材料嵌入门框上的凹槽中，并且一定要粘牢卡紧。海绵橡胶条的截面尺寸，应比门框上的凹槽宽度大 1 mm，并凸出框边 2 mm，保证门扇关闭后能将缝隙处挤紧关严。

(3) 双扇隔音门的门扇搭接缝，应做成双 L 形缝。在搭接缝的中间，应设置海绵橡胶条。门扇关闭时，搭接缝两边将海绵橡条挤紧，门扇之间应留 2 mm 的缝隙，接头处木材与木材不应直接接触。

（4）外包隔音门宜用人造革进行包裹。在人造革与木门窗之间应填塞岩棉毯，然后用双层人造革压条规则地压在门扇表面，再用泡钉钉牢，人造革表面应包紧、绷平。

（5）在隔音门扇底部与地面间应留 5 mm 宽的缝隙，然后将 3 mm 厚的橡胶条用通长扁铁压钉在门扇下部。与地面接触处的橡胶条应伸长 5 mm，封闭门扇与地面的缝隙。

（6）有防火要求的隔音防火门，门扇可用耐火纤维板制作，两面各镶钉 5 mm 厚的石棉板，再用 26 号镀锌铁皮满包，外露的门框部分亦应包裹镀锌铁皮。

（7）隔音门的五金应与隔音门的功能相适应，如合页应选用无音合页等。

（二）卷帘防火、防盗窗

1. 卷帘门窗的特点

卷帘门窗具有造型美观新颖、结构紧凑先进、操作方便简单、坚固耐用、刚性较强、密封性好、不占地面面积、启闭灵活、防风防尘、防火防盗等特点，主要适用于各类商店、宾馆、银行、医院、学校、机关、厂矿、车站、码头、仓库、工业厂房及变电室等。

2. 卷帘门窗的类型

（1）根据传动方式的不同，卷帘门窗可分为电动卷帘门窗、遥控电动卷帘门窗、手动卷帘门窗和电动手动卷帘门窗。

（2）根据外形的不同，卷帘门窗可分为全鳞网状卷帘门窗、真管横格卷帘门窗、帘板卷帘门窗和压花帘卷帘门窗四种。

（3）根据材质的不同，卷帘门窗可分为铝合金卷帘门窗、电化铝合金卷帘门窗、镀锌铁板卷帘门窗、不锈钢钢板卷帘门窗和钢管及钢筋卷帘门窗五种。

（4）根据门扇结构的不同，卷帘门可分为两种。

①帘板结构卷帘门窗：其门扇由若干帘板组成，根据门扇帘板的形状，卷帘门的型号有所不同。其特点是：防风、防砂、防盗，并可制成防烟、防火的卷帘门窗。

②通花结构卷帘门窗：其门扇由若干圆钢、钢管或扁钢组成。其特点是：美观大方，轻便灵活。

（5）根据性能的不同，卷帘门窗可分为普通型、防火型卷帘门窗和抗风型卷帘门窗三种。

3. 防火卷帘门的构造

防火卷帘门由帘板、卷筒体、导轨、电气传动等部分组成。帘板可用 1.5 mm 厚的冷轧带钢轧制成 C 形板重叠连锁，具有刚度好、密封性能优的特点；亦可采用钢质 L 形串联式组合结构。防火卷帘门配有温感、烟感、光感报警系统，水幕喷淋系统，遇有火情可自动报警、自动喷淋，门体自控下降，定点延时关闭，使受灾区域人员得以疏散。防火卷帘门全系统防火综合性能显著。

4. 防火卷帘门的安装

防火卷帘门的安装与配试是比较复杂的，一般应按如下顺序进行。

（1）按照设计型号，查阅产品说明书；检查产品零部件是否齐全；测量产品各部位的基本尺寸；检查门洞口是否与卷帘门尺寸相符；检查导轨、支架的预埋件位置和数量是否正确。

（2）测量洞口的标高，弹出两导轨的垂线及卷帘卷筒的中心线。

（3）将垫板电焊在预埋铁板上，用螺钉固定卷筒的左右支架，安装卷筒。卷筒安装完毕后，应检查其是否转动灵活。

（4）安装减速器和传动系统；安装电气控制系统。安装完毕后进行空载试车。

（5）将事先装配好的帘板安装在卷筒上。

（6）安装导轨。按施工图规定位置，将两侧及上方导轨焊牢于墙体预埋件上，并焊成一体，各导轨应在同一垂直面上。

（7）安装水幕喷淋系统，并使其与总控制系统连接。

（8）试车。先用手动方法进行试运行，再用电动机启动数次。全部调试完毕，安装防护罩，调整至无卡阻、阻滞及异常噪声即可。

（9）安装防护罩。卷筒上的防护罩可做成方形，也可做成半圆形。护罩的尺寸大小应与门的宽度和门条板卷起后的直径相适应，保证卷筒将门条板卷满后与护罩仍保持一定的距离，不相互碰撞，经检查无误后，再与护罩预埋件焊牢。

（10）粉刷或镶砌导轨墙体的装饰面层。

第六节　裱糊与软包工程

一、裱糊饰面工程施工

裱糊工艺是一种古老而传统的装饰工艺，同涂料工艺一样，随着科学的进步和工业的发展，新材料、新工艺和新技术使裱糊工程的内容向多样化发展。

裱糊饰面工程，简称“裱糊工程”，是指在室内平整光洁的墙面、顶棚面、柱体面和室内其他构件表面，用壁纸、墙布等材料裱糊的装饰工程。

当代高档壁纸新品种层出不穷，一般 PVC 塑料壁纸，由于对室内环境有影响，已被“绿色”壁纸替代。如不含毒素的荧光壁纸、金属壁纸、植绒壁纸、藤皮壁纸、熟麻壁纸、草丝壁纸和棉纱或棉麻加工而成的纱线墙布，具有耐燃功能的胶面布底墙布、EVA 豪华弹性墙布、珍贵微薄木墙布、瓷砖造型墙布、无纺贴墙布等，品种繁多，各具特点，豪华富丽，而且无毒无害。

壁纸有以下几个特点：

（1）装饰效果好。由于裱糊材料色彩鲜艳丰富、图案变化多样，有的壁纸表面凹凸不平，富有良好的质感和主体效果，因此只要通过精心设计、细致施工，裱糊饰面工程可以满足各种装饰要求，而且装饰效果较好。

（2）多功能性。墙布除具有较好的装饰效果外，还具有良好的吸音、隔热、防霉、耐水等多种功能，还具有较好的实用性。

（3）施工方便。壁纸施工一般采用胶黏材料粘贴，施工方便。

（4）维护保养简便。多数壁纸都有一定的耐擦性和防污染性，所以饰面容易保持清洁。用久后，调换翻新也很容易。

（5）使用寿命长。只要保养得当，多数壁纸的寿命要比传统性涂料长。

（一）裱糊饰面工程施工的常用胶黏剂与机具

1. 粉末壁纸胶

粉末壁纸胶的品种、用途和性能见表6－5。

2. 裱糊工程常用机具

（1）剪裁工具。

①剪刀：对于较重型的壁纸或纤维墙布，宜采用长刃剪刀。剪裁时先依直尺用剪刀背划出印痕，再沿印痕将壁纸或墙布剪断。

表6－5 粉末壁纸胶的品种、用途、性能

品种	用途	性能
BJ 8504 粉末壁纸胶	适用于纸基塑料壁纸的粘贴	（1）初始黏结力：粘贴壁纸不剥落、边角不翘起 （2）黏结力：干燥后剥离时，胶接面未剥离 （3）干燥速度：粘贴 10 min 后可取下 （4）耐潮性：在室温，相对湿度 85% 下 3 个月不翘边、不脱落、不鼓泡
SJ 8505 粉末壁纸胶	适用于纸基塑料壁纸的粘贴	（1）初始黏结力优于 BJ 8504 干胶 （2）干燥时间：刮腻子砂浆面 3 h 后基本干燥，涂料及桐油面为 2 h （3）除能用于水泥、抹灰、石灰板、木板等墙面外，还可用于涂料及刷底油等墙面

②裁刀：裱糊材料较多采用活动裁纸刀，即普通多用刀。另外，裁刀还有轮刀，分为齿形轮刀和刃形轮刀两种。齿形轮刀能在壁纸上需要裁割的部位压出连串小孔，能够沿孔线将壁纸很容易地整齐扯开；刃形轮刀通过对壁纸的滚压而直接将其切断，适用于质地较脆的壁纸和墙布的裁割。

（2）刮涂工具。

①刮板：刮板主要用于刮抹基层腻子及刮压平整裱糊操作中的壁纸墙布，可用薄钢片、塑料板或防火胶板自制，要求有较好的弹性且不能有尖锐的刃角，以利于抹压操作，但不至于损伤壁纸墙布表面。

②油灰铲刀：油灰铲刀主要用于修补基层表面的裂缝、孔洞及剥除旧裱糊面上的壁纸残留，如油漆涂料工程中的嵌批铲刀。

（3）刷具。用于涂刷裱糊胶黏剂的刷具，其刷毛可以是天然纤维或合成纤维，宽度一般为 15～20 mm；此外，涂刷胶黏剂较适宜的是排笔。另外，还有裱糊刷（也称墙纸刷），专用于在裱糊操作中将壁纸墙布与基面扫（刷）平、压平、粘牢，其刷毛有长短之分，短刷毛适宜扫（刷）压重型壁纸墙布，长刷毛适宜刷抹压平金属箔等较脆弱类型的壁纸。

（4）滚压工具。滚压工具主要是指辊筒，其在裱糊工艺中有三种作用：一是使用绒毛辊筒辊涂胶黏剂、底胶或壁纸保护剂；二是采用橡胶辊筒以滚压铺平、粘实、贴牢壁纸墙布；三是使用小型橡胶轧辊或木制轧辊，通过滚压而迅速压平壁纸墙布的接缝和边缘部位，滚压时在胶黏剂干燥前做短距离快速滚压，特别适用于重型壁纸墙布的拼缝压平与贴严。

对于发泡型、绒絮面或较为质脆的裱糊材料，则适宜采用海绵块以取代辊筒类工具进行压平操作，避免裱糊饰面的滚压损伤。

（5）其他工具及设备。裱糊施工的其他工具及设备，主要有抹灰、基层处理及弹线工具、托线板、线锤、水平尺、量尺、钢尺、合金直尺、砂纸机、裁纸工作台与水槽等。

（二）裱糊工程的作业条件

裱糊工程一般是在顶棚基面、门窗及地面装修施工均已完成，电气及室内设备安装也基本结束后才能开始；影响裱糊操作及其饰面的临时设施或附件应全部拆除，并应确保后续工程的施工项目不会对被裱糊造成污染和损伤。

裱糊工程的作业条件包括内容非常广泛，主要是施工基层条件和施工环境条件两个方面，两者缺一不可、同等重要。

1. 施工基层条件

根据国家标准《建筑装饰装修工程质量验收规范》（GB 50210—2001）及《住宅装饰装修工程施工规范》（GB 50327—2001）等的规定，在裱糊之前，基层处理质量应达到下列要求。

（1）新建筑物的混凝土或水泥砂浆抹灰层在刮腻子前，应先涂刷一道抗碱底漆。

（2）旧基层在裱糊前，应清除疏松的旧装饰层，并涂刷界面剂，以利于黏结牢固。

（3）混凝土或抹灰基层的含水率不得大于8%，木材基层的含水率不得大于12%。

（4）基层的表面应坚实、平整，不得有粉化、起皮、裂缝和突出物，色泽应基本一致。有防潮要求的基体和基层，应事先进行防潮处理。

（5）基层批刮腻子应平整、坚实、牢固，无粉化、起皮和裂缝；腻了的黏结强度应符合《建筑室内用腻子》（JG/T 298—2010）中N型腻子的规定。

（6）裱糊基层的表面平整度、立面垂直度及阴阳角方正，应符合《建筑装饰装修工程质量验收规范》（GB 50210—2001）中对于高级抹灰的要求。

（7）裱糊前，应用封闭底胶涂刷基层。

2. 施工环境条件

在裱糊施工过程中及裱糊饰面干燥之前，应避免穿堂风劲吹或气温突然变化，这些对刚裱糊工程的质量有严重影响。冬期施工应当在采暖的条件下进行，施工环境温度一般应大于15 ℃。裱糊时的空气相对湿度不宜过大，一般应小于85%。在潮湿季节施工时，应注意对裱糊饰面的保护，白天打开门窗适度通气，夜晚关闭门窗以防潮湿气体的侵袭。

（三）裱糊饰面工程的施工工艺

裱糊饰面工程的施工工艺主要包括：基层处理→基层弹线→壁纸与墙布处理→涂刷胶黏剂→裱糊。

1. 基层处理

为达到上述规范规定的裱糊基层质量要求，在基层处理时还应注意以下几个方面。

（1）清理基层上的灰尘、油污、疏松和黏附物；安装于基层上的各种控制开关、插座、电气盒等凸出的设置，应先卸下扣盖等影响裱糊施工的部分。

（2）根据基层的实际情况，对基层进行有效嵌补，采取腻子批刮并在每遍腻子干燥后均用砂纸磨平。对于纸面石膏板及其他轻质板材或胶合板基层的接缝处，必须采取其专用接缝技术措施处理合格，如粘贴牛皮纸带、玻璃纤维网格胶带等防裂处理。各种造型基面板上的钉眼，应用油性腻子填补，防止隐蔽的钉头生锈时锈斑渗出而影响裱糊的外观。

（3）基层处理经工序检验合格后，即采用喷涂或刷涂的方法施涂封底涂料或底胶，做基层封闭处理一般不少于两遍。封底涂刷不宜过厚，并要均匀一致。

封底涂料的选用，可采用涂饰工程使用的成品乳胶底漆，也可以根据装卸部位、设计要求及环境情况而定，如相对湿度较大的南方地区或室内易受潮部位，可采用酚醛清漆或光油∶200 号溶剂汽油 = 1∶3（质量比）混合后进行涂刷；在干燥地区或室内通风干燥部位，可采用适度稀释的聚醋酸乙烯乳液涂刷于基层即可。

2. 基层弹线

（1）为了使裱糊饰面横平竖直、图案端正、装饰美观，每个墙面第一幅壁纸墙布都要挂垂线找直，作为裱糊施工的基准标志线，自第二幅开始，可先上端后下端对缝依次裱糊，以保证裱糊饰面分幅一致，并防止累积歪斜（图 6 – 158）。

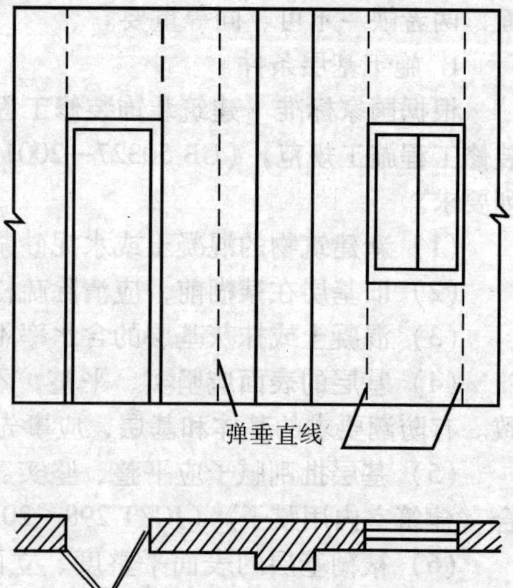

图 6 – 158 裱糊施工基层弹线示意

（2）对于图案形式鲜明的壁纸墙布，为保证做到整体墙面图案对称，应在窗口横向中心部位弹好中心线，由中心线再向两边弹分格线；如果窗口不在中间位置，为保证窗间墙的阳角处图案对称，可在窗间墙弹中心线，然后由此中心线向两侧分幅弹线。对于无窗口的墙面，可以选择一个距离窗口墙面较近的阴角，在距壁纸墙布幅宽 50 mm 处弹垂线。

（3）对于壁纸墙布裱糊墙面的顶部边缘，如果墙面有挂镜线或天花阴角装饰线时，即以此类线脚的下缘水平线为准，作为裱糊饰面上部的收口；如无此类顶部收口装饰，则应弹出水平线以控制壁纸墙布饰面的水平度。

3. 壁纸与墙布处理

（1）裁割下料。墙面或顶棚的大面裱糊工程，原则上应采用整幅裱糊。对于细部及其他非整幅部位需要进行裁割时，要根据材料的规格及裱糊面的尺寸统筹规划，并按裱糊顺序进行分幅编号。壁纸墙布的上下端各自留出 50 mm 的修剪余量；对于花纹图案较为具体明显的壁纸墙布，要事先明确裱糊后的花饰效果及其图案特征，应根据花纹图案和产品的边部情况，确定采用对口拼缝或是搭口裁割拼缝的具体拼接方式，应保证对接准确无误。

裁割下刀（剪）前，还应再认真复核尺寸有无差错；裁割后的材料边缘应平直整齐，不得有飞边毛刺。下料后的壁纸墙布应编号卷起平放，不能竖立，以免产生皱褶。

（2）浸水润纸。对于裱糊壁纸的事先湿润，传统称为"闷水"，这是针对纸胎的塑料壁纸的施工工序。对于玻璃纤维基材及无纺贴墙布类材料，遇水后无伸缩变形，所以不需要进行湿润；而复合纸质壁纸则严禁进行闷水处理。

①聚氯乙烯塑料壁纸遇水或胶液浸湿后即膨胀，经 5 ~ 10 min 胀足，干燥后又自行收缩，掌握和利用这一特性是保证塑料壁纸裱糊质量的重要环节。如果将未经润纸处理的此

类壁纸直接上墙裱贴，由于壁纸虽然被胶固定但其继续吸湿膨胀，因而裱糊饰面就会出现难以消除的大量气泡、皱褶，不能满足裱糊质量要求。

闷水处理的一般做法是将塑料壁纸置于水槽中浸泡 2～3 min，取出后抖掉多余的水，再静置 10～20 min，然后再进行裱糊操作。

②对于金属壁纸，在裱糊前也需要进行适当的润纸处理，但闷水时间应当短些，即将其浸入水槽中 1～2 min 取出，抖掉多余的水，再静置 5～8 min，然后再进行裱糊操作。

③复合纸基壁纸的湿强度差，严禁进行裱糊前的浸湿处理。为达到软化此类壁纸以利于裱糊的目的，可在壁纸背面均匀涂刷胶黏剂，然后将其胶面对胶面自然对折静置 5～8 min，即可上墙裱糊。

④带背胶的壁纸，应在水槽中浸泡数分钟后取出，并由底部开始图案朝外卷成一卷，静置 1 min 后便可进行裱糊。

⑤纺织纤维壁纸不能在水中浸泡，可先用洁净的湿布在其背面稍作擦拭，然后即可进行裱糊操作。

4. 涂刷胶黏剂

壁纸墙布裱糊胶黏剂的涂刷，应当做到薄而均，不得漏刷；墙面阴角部位应增刷胶黏剂 1～2 遍。对于自带背胶的壁纸，则无需再涂刷胶黏剂。

根据壁纸墙布的品种特点，胶黏剂的施涂分为：在壁纸墙布的背面涂胶、在被裱糊基层上涂胶以及在壁纸墙布背面和基层上同时涂胶。基层表面的涂胶宽度，要比壁纸墙布宽出 20～30 mm；胶黏剂不要施涂过厚而裹边或起堆，以防裱贴时胶液溢出太多而污染裱糊饰面；但也不可施涂过少，涂胶不均匀到位会造成裱糊面起泡、脱壳、黏结不牢。相关品种的壁纸墙布背面涂胶后，宜将其胶面对胶面自然对叠（金属壁纸除外），使之正、背面分别相靠平放，可以避免胶液过快干燥而造成图案面污染，同时也便于拿起上墙进行裱糊（图 6－159）。

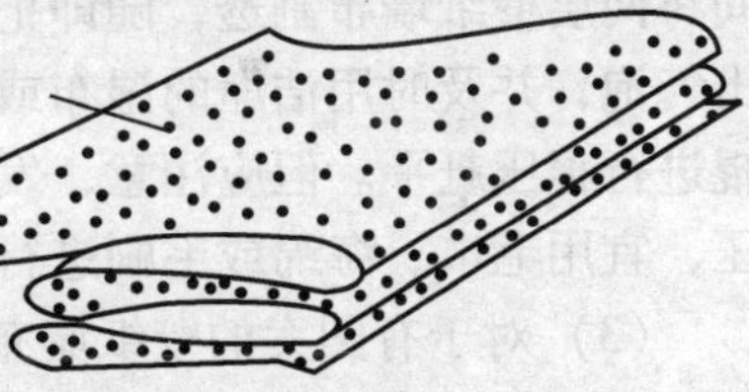

图 6－159　裱糊施工壁纸刷胶对叠示意

（1）聚氯乙烯塑料壁纸用于墙面裱糊时，其背面可以不涂胶黏剂，只在被裱糊基层上施涂胶黏剂。当塑料壁纸裱糊于顶棚时，基层和壁纸背面均应涂刷胶黏剂。

（2）纺织纤维壁纸、化纤贴墙布等品种，为了增强其裱贴黏结能力，材料背面及装饰基层表面均应涂刷胶黏剂。复合纸基壁纸于纸背涂胶进行静置软化后，裱糊时其基层也应涂刷胶黏剂。

（3）玻璃纤维墙布和无纺贴墙布，要求选用黏结强度较高的胶黏剂，只需将胶黏剂涂刷于裱贴面基层上，而不必同时也在布的背面涂胶。这是因为玻璃纤维墙布和无纺贴墙布的基材分别是玻璃纤维及合成纤维，本身吸水极少，又有细小孔隙，如果在其背面涂胶会使胶液浸透表面而影响饰面美观。

（4）金属壁纸质脆而薄，在其纸背涂刷胶黏剂之前，应准备一卷未开封的发泡壁纸或一个长度大于金属壁纸宽度的圆筒，然后一边在已经浸水后阴干的金属壁纸背面刷胶，一边将刷过胶的部分向上卷在发泡壁纸卷或圆筒上（图 6－160）。

（5）锦缎涂刷胶黏剂时，由于材质过于柔软，传统的做法是先在其背面衬上糊一层宣

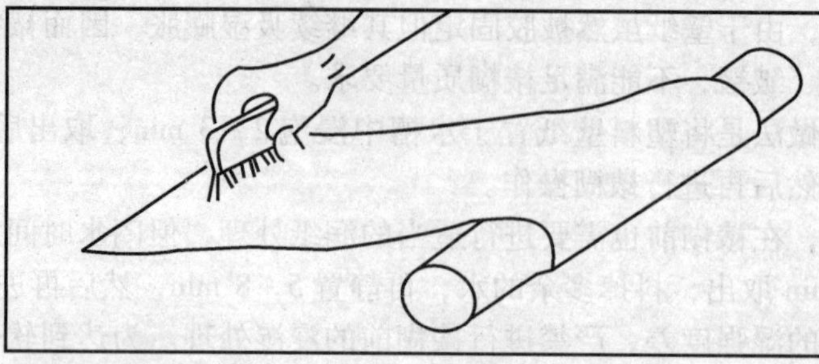

图6－160 金属壁纸刷胶示意

纸，使其略挺韧平整，而后在基层上涂刷胶黏剂进行裱糊。

5. 裱糊

裱糊的基本顺序是：先垂直面，后水平面；先细部，后大面；先保证垂直，后对花拼缝；垂直面先上后下，先长墙面，后短墙面；水平面是先高后低。裱糊饰面的大面，尤其是装饰的显著部位，应尽可能采用整幅壁纸墙布，不足整幅者应裱贴在光线较暗或不明显处。与顶棚阴角线、挂镜线、门窗装饰包框等线脚或装饰构件交接处，均应衔接紧密，不得出现亏纸而留下残余缝隙。

（1）根据分幅弹线和壁纸墙布的裱糊顺序编号，从距离窗口处较近的一个阴角部位开始，依次到另一个阴角收口，如此顺序裱糊，其优点是不会在接缝处出现阴影而方便操作。

（2）无图案的壁纸墙布，接缝处可采用搭接法裱糊。相邻的两幅在拼连处，后贴的一幅搭压前一幅，重叠30 mm左右，然后用钢尺或合金铝直尺与裁纸刀在搭接重叠范围的中间将两层壁纸墙布割透，随即把切掉的多余小条扯下。此后用刮板从上向下均匀赶胶，排出气泡，并及时用洁净的湿布或海绵擦除溢出的胶液。对于质地较厚的壁纸墙布，需用胶辊进行辊压赶平。但应注意，发泡壁纸及复合纸基壁纸不得采用刮板或辊筒一类的工具赶压，宜用毛巾、海绵或毛刷进行压敷，以避免把花型赶平或是使裱糊饰面出现死折。

（3）对于有图案的壁纸墙布，为确保图案的完整性及其整体的连续性，裱糊时可采用拼接法。先对花，后拼缝，从上至下图案吻合后，用刮板斜向刮平，将拼缝处赶压密实；拼缝处挤出的胶液，及时用洁净的湿毛巾或海绵擦除。

对于需要重叠对花的壁纸墙布，可将相邻两幅对花搭叠，待胶黏剂干燥到一定程度时（常为裱糊后20～30 min）用钢尺或其他工具在重叠处拍实，用刀从重叠搭口中间自上而下切断，随即除去切下的余纸并用橡胶刮板将拼缝处刮压严密平实。注意用刀切割时下力要匀，应一次直落，避免出现刀痕或拼缝处起丝。

（4）为了防止在使用时由于被碰、划而造成壁纸墙布开胶，裱糊时不可在阳角处甩缝，应包过阳角不小于20 mm。阴角处搭接时，应先裱糊压在里面的壁纸或墙布，再裱贴搭在上面者，一般搭接宽度为20～30 mm；搭接宽度不宜过大，否则其褶痕过宽会影响饰面美观。需要在面装饰造型部位的阳角采用搭接时，应考虑采取其他包角、封口形式的配合装饰措施；应由设计确定。

与顶棚交接（或与挂镜线及天花阴角线条交接）处应划出印痕，然后用刀、剪修齐，或用轮刀切齐；以同样的方法修齐下端与踢角板或墙裙等的衔接收口处边缘（图6－161）。

（5）遇有基层卸不下的设备或附件，裱糊时可在壁纸墙布上剪口。方法是将壁纸或墙

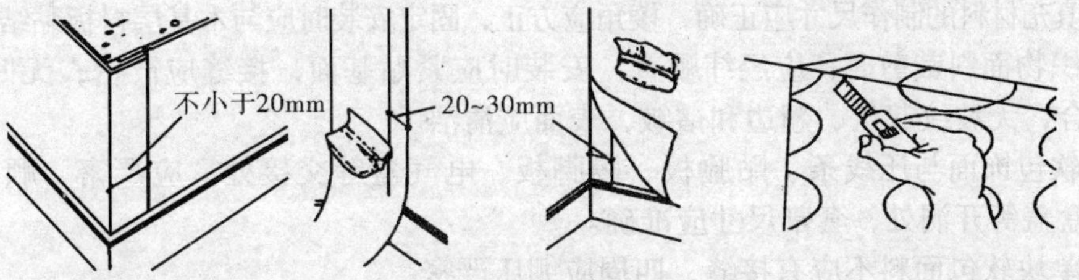

a.壁纸阳角搭接　　b.壁纸相邻搭接　　c.壁纸与顶棚交接处搭接

图6-161　裱糊施工壁纸搭接示意

布轻糊于裱贴面凸出物件上，找到中心点，从中心点往外呈放射状剪裁（即所谓“星形剪切”），再使壁纸墙布舒平，用笔描出物件的外轮廓线，轻手拉起多余的壁纸墙布，剪去不需要的部分，如此沿轮廓线套割贴严，不留缝隙。

(6) 顶棚裱糊时，宜沿房间的长度方向，先裱糊靠近主窗的部位。裱糊前先在顶棚与墙壁交接处弹一道粉线，基层涂胶后，将已刷好胶并保持折叠状态的壁纸墙布托起，展开其顶褶部分，边缘靠齐粉线，先敷平一段，然后沿粉线铺平其他部分，直至整幅贴牢。按此顺序完成顶棚裱糊，分幅赶平铺实，剪除多余部分并修齐各处边缘及衔接部位。

二、软包装饰工程施工

软包装饰工程的饰面有两种常用做法，一是固定式软包，二是活动式软包。固定式做法一般采用木龙骨骨架，铺钉胶合板衬板，按设计要求选定包面材料钉装于衬板上并填充矿棉、岩棉或玻璃棉等软质材料；也可将衬板、包面和填充材料分块、分件制作成单体，然后固定于木龙骨骨架。活动式做法通常是在建筑墙面固定上下单向或双向实木线脚，线脚带有凹槽，上下线脚或双向线脚的凹槽相互对应，软包饰件分块（件）事先做好，即采用规则的泡沫塑料、岩棉板块、海绵块等作为填充芯材，外包装饰布之类的织物面料，可以整齐而准确地利用其弹性特点卡装于木线之间；另一种活动式做法是分件（块）采用胶合板衬板及软质填充材料分别包覆制作成单体，然后卡嵌于装饰线脚之间。

固定式软包适宜于较大面积的饰面工程，活动式软包适用于小空间的墙面装饰。不论采用何种软包做法，其装饰美感都侧重于造型艺术处理、包面材料外观及填充后的立体效果。

（一）软包工程施工的有关规定

根据国家标准《建筑装饰装修工程质量验收规范》（GB 50210—2001）及《住宅装饰装修工程施工规范》（GB 50327—2001）等的规定，用于墙面、门等部位的软包工程，应符合以下规定。

(1) 软包面料、内衬材料和边框的材质、颜色、图案等以及木材的含水率，均应符合设计要求及国家现行标准的有关规定。

(2) 软包墙面所用的填充材料、纺织面料和龙骨、木质基层等，均应进行防火处理。

(3) 软包工程的安装位置及构造做法，应符合设计要求。

(4) 基层墙面有防潮要求时，应均匀涂刷一层清油或满铺油纸（沥青纸），不得采用沥青油毡作为防潮层。

(5) 木龙骨宜采用凹榫工艺进行预制，可整体或分片安装，与墙体连接紧密、牢固。

(6) 填充材料的制作尺寸应正确，棱角应方正，固定安装时应与木基层衬板黏结紧密。

(7) 织物面料裁剪时，应经纬顺直。安装时应紧贴基面，接缝应严密，无凹凸不平，花纹应吻合，无波纹起伏、翘边和褶皱，表面应清洁。

(8) 软包饰面与压线条、贴脸板、踢脚板、电气盒等交接处，应严密、顺直，无毛边。电气盒盖等开洞处，套割尺寸应准确。

(9) 单块软包面料不应有接缝，四周应绷压严密。

(二) 人造革软包饰面的施工

皮革或人造革软包饰面，具有质地柔软、消音减振、保温性能好等特点，传统上常被用于健身房、练功房、幼儿园等防止碰撞损伤的房间的墙面或柱面。

人造革的种类，按其基底材料的不同，可分为棉布基聚氯乙烯人造革和化纤基人造革；按其表面特征不同，可分为光面革、花纹革、套色印花革等；按其塑料层结构不同，可分为单面人造革、双面人造革、泡沫人造革和透气人造革等。人造革的新型品种是以无纺布为基材的微孔聚氨酯薄膜贴层合成革，具有质轻、透气、弹性好等特点，其防虫、耐水、防腐和防霉变等性能优于动物皮革。

用人造革包覆进行凹凸立体处理的现代建筑室内局部造型饰面、墙裙、保温门、吧台或服务台立面、背景墙等，可发挥人造革的耐水、可刷洗及外观典雅精美等优点，但应重视其色彩、质感和表面图案效果与装修空间的整体风格相协调。

1. 基层处理

软包饰面的基体应有足够的强度，要求其构造合理、基层牢固。对于建筑结构墙面或柱体表面，为防止结构内的潮气造成软包基面板、衬板的翘曲变形而影响使用质量，对于砌筑墙体应进行抹灰，对于混凝土和水泥砂浆基层应做防潮处理。通常的做法是采用1∶3水泥砂浆分层抹灰至20 mm厚，涂刷清油、封闭底漆或高性能防水涂料，或于龙骨安装前在基层满铺油纸。究竟采用何种防潮措施，由设计确定。

2. 构造做法

当在建筑基体表面进行软包时，其墙筋木龙骨一般采用（30 mm×50 mm）~（50 mm×50 mm）断面尺寸的木方条，钉子预埋防腐木砖或钻孔打入木楔上。木砖或木楔的位置，亦即龙骨排布的间距尺寸，可在400~600 mm单向或双向布置范围调整，按设计图纸的要求进行分格安装，龙骨应牢固地钉装于木砖或木楔上。

墙筋木龙骨固定合格后，即可铺钉基面板（衬板），基面板一般采用五层胶合板。根据设计要求的软包构造做法，当采用整体固定时，将基面板满铺钉于龙骨上，要求钉装牢固、表面平整。然后将矿棉、泡沫塑料、玻璃棉或棕丝等填充材料规则地铺装于基面衬板上，采用黏结或暗钉方式进行固定，应形状正确，厚度符合设计要求，同时将人造革面层包覆其上；采用电化铝帽头钉或其他装饰钉件以及压条（木压条、铜条或不锈钢压条等）按设计分格进行固定。

3. 面层固定

皮革和人造革（或其他软包面料）软包饰面的固定式做法，可选择成卷铺装或分块固定等不同方式（图6-162）；此外，还有压条法、平铺泡钉压角法等其他做法，应由设计选用确定。

(1) 成卷铺装法：由于人造革可以成卷供应，当较大面积的软包施工时，可采用成卷

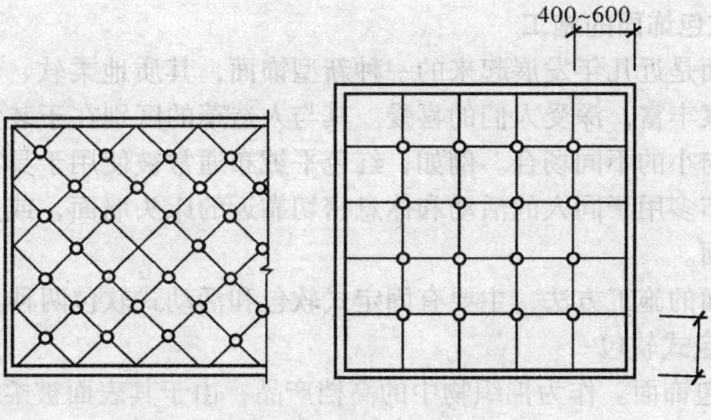

a. 饰面分格示意

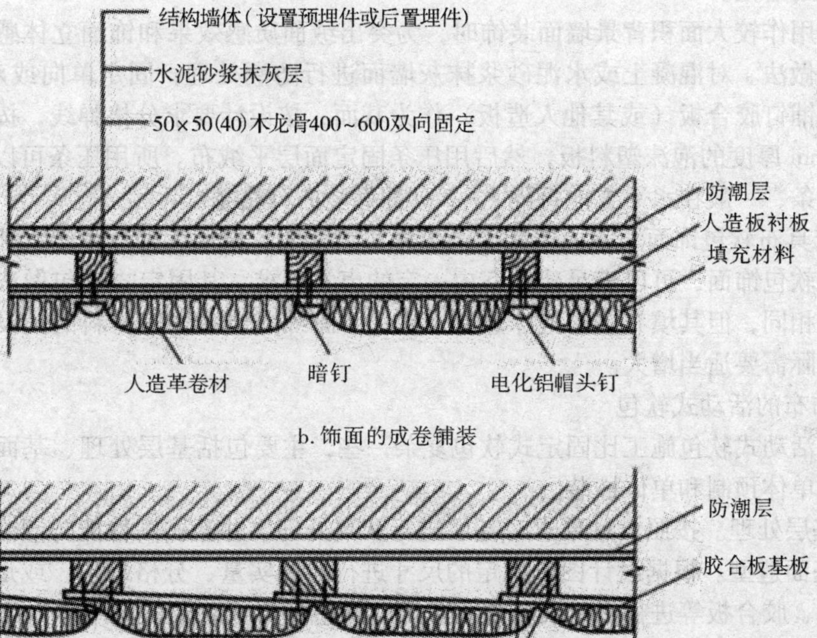

b. 饰面的成卷铺装

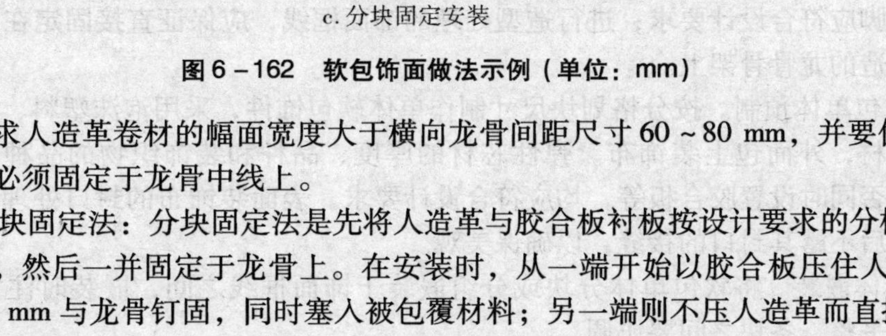

c. 分块固定安装

图 6－162　软包饰面做法示例（单位：mm）

铺装法。要求人造革卷材的幅面宽度大于横向龙骨间距尺寸 60 ~ 80 mm，并要保证基面胶合板的接缝必须固定于龙骨中线上。

（2）分块固定法：分块固定法是先将人造革与胶合板衬板按设计要求的分格、划块尺寸进行预裁，然后一并固定于龙骨上。在安装时，从一端开始以胶合板压住人造革面层，压边 20 ~ 30 mm 与龙骨钉固，同时塞入被包覆材料；另一端则不压人造革而直接固定于龙骨继续安装，即重复以上过程。要求五合板的搭接必须置于龙骨中线。人造革剪裁时应注意必须大于装饰分格划块尺寸，并足以在下一条龙骨上剩余 20 ~ 30 mm 的压边料头。

（三）装饰布软包饰面的施工

装饰布软包饰面是近几年发展起来的一种新型饰面，其质地柔软、色彩多样、颜色鲜艳、纹理清晰、图案丰富，深受人们的喜爱。其与人造革的区别在于装饰表面效果和适宜应用的动与静、大与小的不同场合。例如，红色平绒布通常被使用于具有喜庆特点和较大空间的场合；家具布多用于同人的活动和休息密切靠近的床头墙面，或是有声学要求的小空间立面的软包饰面。

装饰布软包饰面的施工方法，主要有固定式软包和活动式软包两种。

1. 装饰布的固定式软包

（1）平绒布软包饰面。作为棉织物中的高档产品，由于其表面被柔软厚实的平整绒毛所覆盖，故被称为平绒。平绒布的主要特点是绒毛丰满，绒面具有柔润、均匀的光泽和优良弹性及高耐磨性。

平绒布用作较大面积背景墙面装饰时，为突出绒面质感效果和饰面立体感，一般均应采用软包的做法。对混凝土或水泥砂浆抹灰墙面进行防潮处理，固定单向或双向木龙骨，在木龙骨上铺钉胶合板（或其他人造板）作为基面，按设计要求分格弹线，按分格划块固定 10 ~ 15 mm 厚度的泡沫塑料板，然后用压条固定面层平绒布。所用压条可以采用镜面铜条或不锈钢条，一般在水平方向每隔 1 ~ 2 m 即做竖向分格条。

（2）家具布软包饰面。室内墙面装饰工程实践证明，选用各种颜色图案和不同质感的家具布料做软包饰面，可以满足建筑室内一定的声学要求。其固定式软包做法与人造革和平绒布饰面相同，但其填充层的泡沫塑料、矿棉、海绵或玻璃棉等材料的铺设厚度，可根据设计或实际需要适当增大。

2. 装饰布的活动式软包

装饰布活动式软包施工比固定式软包复杂一些，主要包括基层处理、基面造型、框线设置、软包单体预制和单体嵌装。

（1）基层处理。按照设计要求对基层进行认真处理，并涂刷高性能防潮涂料。

（2）基面造型。根据设计图纸规定的尺寸进行实测实量、分格划块；或是按设计要求利用木龙骨、胶合板等进行护壁装修造型处理，按造型尺寸确定软包单体饰面的面积。

（3）框线设置。按设计图纸要求的方式固定带凹槽的装饰线脚，线脚的槽口尺寸和相互间的对应关系应与软包单体的嵌入相适应。清漆涂饰框线的颜色、木纹应协调一致；其他材质的线脚应符合设计要求；进行造型处理的饰面框线，应保证直接固定在结构基体或装修造型构造的龙骨骨架上。

（4）软包单体预制。按分格划块尺寸制作单体软包饰件，采用泡沫塑料、海绵块等规则的软包芯材，外面包上装饰布。弹性芯材的厚度、品种和装饰织物的品种、色彩、花纹，以及是否同时设置胶合板等，均应符合设计要求。表面装饰布的封口处理，必须保证在单体安装后不露其封口的接缝，以确保美观。

（5）单体嵌装。将软包单体分块或分组嵌装于饰面框线之间，嵌装时注意尺寸要吻合，表面应平整，各块之间要协调。

第七节　涂饰工程

建筑涂料的涂饰施工，在实际工程中有两种情况，一是施工单位根据设计要求和规范规定按所用涂料的具体应用特点进行涂饰施工；二是由提供涂料产品的生产厂家自备或指定的专业施工队伍进行施工，并确保涂饰工程质量的跟踪服务。鉴于新型涂料产品层出不穷且日新月异，本节除对室内涂料涂饰施工基本技术概略讲述外，仅举例介绍部分不同类别的涂料产品及其施涂要点。

一、涂饰工程的施工方法

（一）喷涂施工方法

喷涂施工的突出优点是涂膜外观质量好，工效高，适合于大面积施工，并可通过调整涂料黏度、喷嘴口径大小及喷涂压力而获得不同的装饰质感。

1. 喷涂施工的机具

喷涂施工所用的机具，主要有空气压缩机、喷枪及高压胶管等，也可以采用高压无气喷涂设备。

2. 一般喷涂工艺

（1）基层处理后，用稍作稀释的同品种涂料打底，或按所用涂料的具体要求采用其成品封底涂料进行基层封闭涂装。

（2）大面积喷涂前宜先试喷，以利于获得涂料黏度、喷嘴及喷涂压力的大小等施涂数据；同时，其样板的涂层附着力、饰面色泽、质感和外观质量等指标应符合设计要求，并经建筑单位（或房屋的业主）认可后再进行正式喷涂施工。

（3）喷涂时，空气压缩机的压力控制在0.4～0.8 MPa，排气量一般为0.6m^3/h。根据气压、喷嘴直径、涂料稠度适当调节气门，以将涂料喷成雾状为佳。

（4）喷枪与被涂面应保持垂直状态，喷嘴距喷涂面的距离，以喷涂后不流挂为度，通常为40～60 cm，喷嘴应与被喷涂面作平行移动，运行中要保持匀速（图6－163）。纵横方向做S形连续移动，相邻两行喷涂面重叠宽度宜控制在喷涂宽度的1/3（图6－164）。当喷涂两个平面相交的墙角时，应将喷嘴对准墙角线。

（5）涂层不应出现有施工接槎，必须接槎时，其接槎应在饰面较隐蔽部位；每一独立单元墙面不应出现涂层接槎。如果不能将涂层接槎留在理想部位时，第二次喷涂必须采取遮挡措施，以避免出现不均匀缺陷。若涂层接槎部位出现颜色不匀时，可先用砂纸打磨掉较厚涂层，然后大面满涂，不应进行局部修补。

（6）按设计要求进行面层较粗颗粒涂料喷涂时，涂层以盖底为佳，不宜过厚。喷嘴直径的选用，可根据涂层表面效果及所用喷枪性能适当选择，一般如砂粒状喷涂可用4.0～4.5 mm的喷嘴；云母片状可用5.0～6.0 mm的喷嘴；细粉状可用2.0～3.0 mm的喷嘴；外罩薄涂料时可选用1.0～2.0 mm直径的喷嘴。

（二）辊涂施工方法

涂料辊涂也称为滚涂，即将相应品种的涂料采用纤维毛辊（滚）类工具直接涂装于建

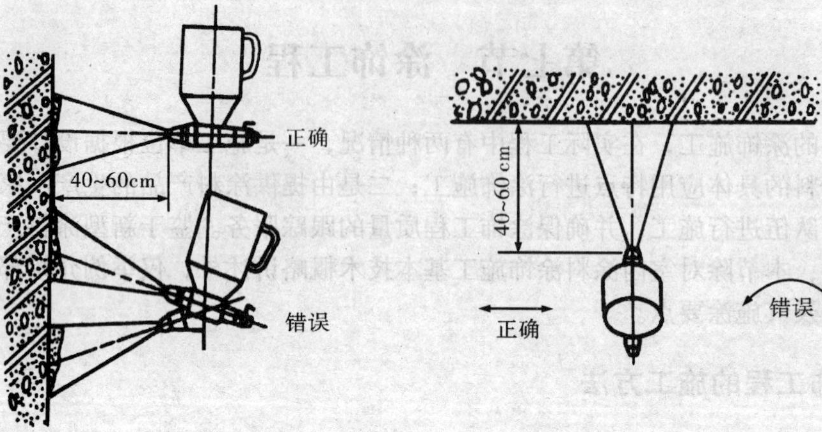

图 6－163　喷枪喷涂示意

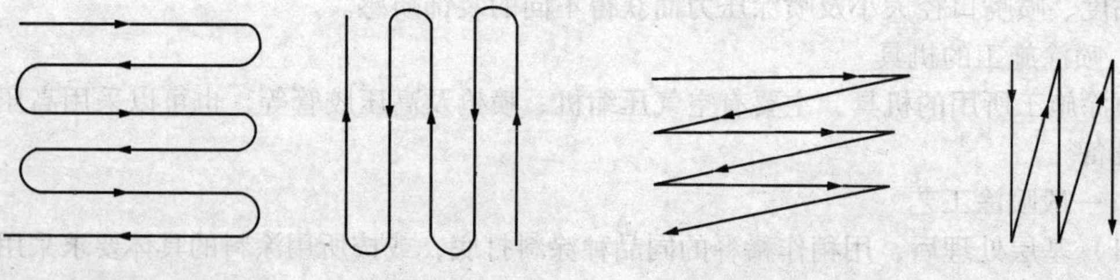

a.横向喷涂正确路线　　b.竖向喷涂正确路线　　c.错误喷涂路线

图 6－164　喷枪喷涂行走路线示意

筑基面上；或是先将底层和中层涂料采用喷或刷的方法进行涂饰，而后使用压花辊筒压出凹凸花纹效果，表面再罩面漆的浮雕式施工做法。采用辊涂施工的装饰涂层外观浑厚自然，或形成明晰的图案，具有良好的质感。

1. 辊涂施工的工具

辊涂所用的施工工具，一般为油漆辊涂用具，其中最常用的合成纤维长毛绒辊筒，绒毛长度为 10～20 mm；有的表面为橡胶或塑料，此类压花辊筒主要用于在涂层上滚压出浮雕式图案效果。

2. 辊涂施工工艺

（1）辊涂施工的关键是涂料的表面张力，应适于辊涂做法。要求所有涂料产品具有较好的流平性能，以避免出现拉毛现象。

（2）采用辊涂的涂料产品中，填充料的比例不能太大，胶黏度不能过高，否则施涂后的饰面容易出现皱纹。

（3）采用直接辊涂施工时，将蘸取涂料的毛辊先按 W 方式运动，将涂料大致辊涂于基层上，然后用不蘸取涂料的毛辊紧贴基层上下、左右往复滚动，使涂料在基层上均匀展开；最后用蘸取涂料的毛辊按一定方向满滚一遍。阴角及上下口等转角和边缘部位，宜采用排笔或其他毛刷另行刷涂修饰和找齐。

（4）浮雕式涂饰的中层涂料应颗粒均匀，用专用塑料或橡胶辊筒蘸煤油或水均匀滚压，注意涂层厚薄一致；完全固化干燥后（间隔时间宜 >4 h）再进行面层涂饰。

当面层采用水性涂料时，浮雕涂饰的面层施工应采用喷涂。当面层涂料为溶剂型涂料时，应采取刷涂做法。

（三）刷涂施工方法

涂料的刷涂法施工大多用于地面涂料涂布，或者用于较小面积的墙面涂饰工程，特别是装饰造型、美术涂饰或与喷涂、辊涂做法相配合的工序涂层施工。刷涂的施工温度不宜太低，一般不得小于 10 ℃。

1. 刷涂施工的工具

建筑涂料的刷涂工具通常为不同大小尺寸的油漆刷和排笔等，油漆刷多用于溶剂型涂料（油漆）的刷涂操作，排笔适用于水性涂料的涂饰。必要时，也可以采用油画笔、毛笔、海绵块等与刷涂相配合进行美术涂装。

采用排笔刷涂时的附着力较小，刷涂后的涂层较厚，油漆刷则反之。在施工环境气温较高及涂料黏度较小而容易进行刷涂操作时，可选择排笔刷涂操作；在环境气温较低、涂料黏度较大而不宜采用排笔时，宜选用油漆刷施涂。也可以第一遍用油漆刷施涂，第二遍再用排笔涂刷，这样涂层薄而均匀，色泽一致。

2. 刷涂施工工艺

一般的涂料刷涂工程两遍即可完成，每一刷（或排笔）的涂刷拖长范围为 20 ~ 30 cm，反复涂刷 2 ~ 3 次即可，不宜在同一处过多涂抹，如果过多易造成涂料堆积、起皱、脱皮、塌陷等弊病。两次刷涂衔接处要连续、严密，每一个单元的涂饰要一气刷完。涂刷施工工艺的施工要点如下。

（1）刷涂操作宜按照先左后右、先上后下、先难后易、先边后面（先刷涂边角部位后涂刷大面）的顺序进行。

（2）室内装饰装修木质基层涂刷清漆时，木料表面的节疤、松脂部位应当用虫胶漆进行封闭；钉眼处应用油性腻子嵌补。在刮腻子、上色之前，应涂刷一遍封闭底漆，然后反复对局部进行拼色和修色。每修完一次，刷一遍中层漆，干燥后再打磨，直至色调统一，最后施涂透明清漆罩面涂层。

（3）木质基层涂刷调和漆时，应先刷清油一遍，待其干燥后用油性腻子将钉眼、裂缝、凹凸残缺处嵌补批刮平整，干燥后打磨光滑，再涂刷中层和面层油漆。

（4）对泛碱、析盐的基层，应先用 3% 的草酸溶液清洗，然后用清水冲刷干净或在基层满刮一遍耐碱底漆，待其干燥后刮腻子，再涂刷面层涂料。

（5）涂料（油漆）表面的打磨，应待涂膜完全干透后进行；打磨时应注意用力均匀，不得磨透露底。

（四）抹涂施工方法

抹涂是指用钢抹子将涂料抹压到各类物面上的施工方法。

1. 抹涂施工工艺

（1）抹涂底层涂料。用刷涂、滚涂方法先刷一层底层涂料做结合层。

（2）抹涂面层涂料。底层涂料涂饰后 2 h 左右，即可用不锈钢抹压工具涂抹面层涂料，涂层厚度为 2 ~ 3 mm；抹完后，间隔 1 h 左右，用不锈钢抹子拍抹饰面压光，使涂料中的粘结剂在表面形成一层光亮膜；涂层干燥时间一般为 48 h 以上，期间如未干燥，应注意保护。

2. 抹涂施工注意事项

（1）抹涂饰面涂料时，不得回收落地灰，不得反复抹压。

（2）涂抹层的厚度为 2 ~ 3 mm。

（3）工具和涂料应及时检查，如发现不干净或掺入杂物时，应清除或不用。

3. 抹涂施工质量要求

（1）饰面涂层表面平整光滑，色泽一致，无缺损、抹痕。

（2）饰面涂层与基层结合牢固，无空鼓，无开裂。

（3）阴阳角方正垂直，分格缝整齐顺直。

二、涂饰工程的施工要求

（一）施工环境条件

涂饰工程施工的环境条件，应注意以下几个方面：

1. 环境气温

一般要求其施工环境的温度宜为 10 ~ 35 ℃，最低温度不得低于 5 ℃；冬季在室内进行涂料施工时，应当采取保温和采暖措施，室温要保持均匀，不得骤然变化。溶剂型涂料宜在 5 ~ 35 ℃气温条件下施工，不能采用现场烘烤饰面的加温方式促使涂膜表面干燥和固化。

2. 环境湿度

建筑涂料所适宜的施工环境相对湿度一般为 60% ~70%，在高湿度环境或降雨天气不宜施工，如氯乙烯 - 偏氯乙烯共聚乳液作地面罩面涂布时，在湿度大于 85% 时就难以干燥。

3. 太阳光照

建筑涂料一般不宜在阳光直接照射下进行施工，特别是夏季的强烈日光照射之下，会造成涂料的成膜不良而影响涂层质量。

4. 风力大小

在大风天气情况下不宜进行涂料涂饰施工，风力过大会加速涂料中的溶剂或水分的挥（蒸）发，致使涂层的成膜不良并容易沾染灰尘而影响饰面的质量。

5. 污染性物质

（二）施工基层处理

1. 涂饰工程施工基层处理

（1）对于有缺陷的基层应进行修补，经修补后的基层表面不平整度及连接部位的错位状况，应限制在涂料品种、涂饰厚度及表面状态等的允许范围之内。

（2）基层含水率应根据所用涂料产品种类，除非采用允许施涂于潮湿基层的特殊涂料品种，涂饰基层的含水率应在允许范围之内。

（3）基层 pH 值应根据所用涂料产品的种类，在允许范围之内，一般要求小于 10。

（4）基层表面修补砂浆的碱性、含水率及粗糙度等，应与其他部位相同，如果不一致时，应进行处理并加涂封底涂料。

（5）基层表面的强度与刚度，应高于涂料的涂层。如果基层材料为加气混凝土等疏松表面，应预先涂刷固化溶剂型封底涂料或合成树脂乳液封闭底漆等配套底涂层，以加固基层的表面。

（6）根据国家标准《建筑装饰装修工程质量验收规范》（GB 50210—2001）的规定，新建筑物的混凝土基层在涂饰涂料前，应涂刷抗碱封闭底漆；旧墙面在涂饰涂料前，应清除疏松的旧装饰层，并涂刷界面剂。

（7）涂饰工程基层所用的腻子，应按基层、底涂料和面涂料的性能配套使用，其塑性和易涂性应满足施工的要求，干燥后应坚实牢固，不得粉化、起皮和裂纹。腻子干燥后，应打磨平整光滑并清理干净。

（8）在涂饰基层上安装的金属件和钉件等，除不锈产品外均应进行防锈处理。

（9）在涂饰基层上的各种构件、预埋件，以及水暖、电气、空调等设备管线或控制接口等，凡是有可能影响涂层装饰质量的工种、工序和操作项目，均应按设计要求事先完成。

2. 涂饰基层表面粘附物的常用清理方法如表 6 -6 所示。

表 6 -6　涂饰基层表面粘附物的常用清理方法

基层表面及其黏附物状态	常用清理方法
硬化不良或分离脱壳	全部铲除脱壳分离部分，并用钢丝刷除去浮渣，清扫洁净
粉末状黏附物	用毛刷、扫帚和吸尘器清理除去
点焊溅射或砂浆类残留物	用打磨机、铲刀及钢丝刷等机具除去
锈斑	用溶剂、去油剂及化学洗涤剂清除
霉斑	用化学去霉剂清除
表面泛白（泛碱、析盐）	轻微者可用钢丝刷、吸尘器清除；严重者应先用 3% 的草酸溶液清洗，然后用清水冲刷干净，或在基层上满刷一遍耐碱底漆，待其干燥后批刮腻子
金属基层锈蚀、氧化及木质基层旧漆膜	手工铲磨、机械磨除或液化气柜、热吹风及火焰清除器清除

3. 涂饰工程修补基体或基层表面缺陷的常用做法如表 6 -7 所示。

表 6 -7　涂饰工程修补基体或基层表面缺陷的常用做法

基体（基层）缺陷	修补方法
混凝土基体表面不平整	清扫混凝土表面，先涂刷基层处理剂或水泥浆（或聚合物水泥浆），再用聚合物水泥砂浆（水泥和砂加适量胶黏剂水溶液）分层抹平，每遍厚度不小于 7 mm，平均总厚度 18 ~ 20mm，表面用木抹子搓平，终凝后进行养护
混凝土结构基体尺寸不准确或设计变更，需采用纠正措施或将水泥砂浆找平层厚度尺寸增大	在需修整部位固定钢板网补强后铺抹找平砂浆（略掺麻刀或玻璃丝等纤维材料），必要时采用型钢骨架固定后再焊敷钢板网进行抹灰
水泥基层有空鼓分离但难以铲除	用电钻钻孔（直径 5 ~ 10 mm），将低黏度环氧树脂注入分离孔内使之固结，表面裂缝用聚合物水泥砂浆腻子嵌实并打磨平整

续表

基体（基层）缺陷	修补方法
基层有较大裂缝用腻子嵌批不能修补	将裂缝剔成V形填充防水密封材料；表面裂缝用合成树脂或聚合物水泥腻子嵌实并打磨平整
水泥类基体表面分布细小裂缝	采用基底封闭材料或防水腻子将裂缝部位批覆或嵌实磨平；预制混凝土板小裂缝可用低黏度环氧树脂或聚合物水泥砂浆采用压力灌浆注实缝隙，表面进行砂磨平整
基层的气孔砂眼与麻面现象	孔眼直径大于3 mm者用树脂砂浆或聚合物水泥砂浆批嵌，细小者可用同类涂料腻子或用与涂料配套的涂底材料封闭，目前多数新型涂料均具有封闭基层性能，但对于麻点过大者应用腻子分层处理
基体表面凹凸不平	剔凿或采用磨光机处理凸出部位，凹入部位分层批抹树脂或聚合物水泥砂浆，硬化后打磨平整
结构基体露筋	将露出的钢筋清除铁锈做防锈处理；或将结构部位做少量剔凿，对钢筋做除锈和防锈处理后，用1∶3水泥砂浆或水泥石屑浆（或聚合物水泥砂浆）分层进行填实补平

三、外墙涂饰工程施工

（一）外墙涂饰工程的一般要求

（1）涂饰工程所用涂料产品的品种应符合设计要求和现行有关国家标准的规定。

（2）混凝土和抹灰表面施涂溶剂涂料时，含水率不得大于8%；施涂水性和乳液型涂料时含水率不得大于10%。涂料与基层的材质应有恰当的配伍。

（3）涂料干燥前，应防止雨淋、尘土沾污和热空气的侵袭。

（4）涂料工程使用的腻子，应坚实牢固，不得粉化、起皮和裂纹。

（5）涂料的工作黏度和稠度，必须加以控制，使其在涂料施涂时不流坠，无刷痕；施涂过程中不得任意稀释。

（6）双组分或多组分涂料在施涂前，应按产品说明规定的配合比，根据使用情况分批混合，并在规定的时间内用完；所有涂料在施涂前和施涂过程中均应保持均匀。

（7）施涂溶剂型、乳液型和水性涂料时，后一遍涂料必须在前一遍涂料干燥后进行；每一遍涂料应施涂均匀，各层必须结合牢固。

（8）水性和乳液型涂料施涂时的环境温度，按产品说明的温度控制，冬季室内施涂时，应在采暖条件下进行，室温应保持均衡，不得突然变化。

（9）建筑物的细木制品、金属构件与制品，如为工厂制作组装，其涂料宜在生产制作阶段施涂，最后一遍涂料宜在安装后施涂。

（10）涂料施工分阶段进行时，应以分格缝、墙的阴角处或落水管处等为分界线。

（11）同一墙面应用同一批号的涂料，每遍涂料不宜施涂过厚，涂层应均匀、颜色一致。

（二）外墙涂饰工程的施工工艺

外墙涂料饰面应根据涂料种类、基层材质、施工方法、表面花饰以及涂料的配比与搭配等来安排恰当的工序，以保证质量合格。

1. 混凝土表面、抹灰表面基层处理

（1）新建筑物的混凝土或抹灰基层在涂饰涂料前涂刷抗碱封闭底漆。

（2）旧墙面在涂饰涂料前应清涂疏松的旧装修层，并涂刷界面剂。

（3）施涂前应将基体或基层的缺棱掉角处修补，表面麻面及缝隙应用腻子补齐填平。

（4）基层表面上的尘灰、污垢、溅沫和砂浆流痕应清除干净。

（5）表面清扫干净后，最好用清水冲刷一遍，有油污处用碱水或肥皂水擦净。

2. 混凝土及抹灰外墙表面薄涂料的施工工序（表6－8）

表6－8 混凝土及抹灰外墙表面薄涂料施工工序

项次	工序名称	乳液薄涂料	溶剂型薄涂料	无机薄涂料
1	修补	+	+	+
2	清扫	+	+	+
3	填补缝隙、局部刮腻子	+	+	+
4	磨平	+	+	+
5	第一遍涂料	+	+	+
6	第二遍涂料	+	+	+

注：（1）表中“+”号表示应进行的工序；

（2）薄涂料有水性薄涂料、合成树脂乳液薄涂料、溶剂型薄涂料、无机薄涂料等；

（3）机械喷涂可不受表中涂料遍数的限制，以达到质量要求为准；

（4）第二遍涂料施涂后装饰效果不理想时，可增加1～2遍涂料；

3 混凝土及抹灰外墙表面厚涂料的施工工序（表6 9）

表6－9 混凝土及抹灰外墙表面厚涂料施工工序

项次	工序名称	合成树脂乳液厚涂料 合成树脂乳液砂壁状涂料	无机厚涂料
1	修补	+	+
2	清扫	+	+
3	填补缝隙、局部刮腻子	+	+
4	磨平	+	+
5	第一遍涂料涂饰	+	+
6	第二遍涂料涂饰	+	+

注：（1）表中“+”号表示应进行的工序；

（2）厚涂料有合成树脂乳液厚涂料、合成树脂乳液砂壁状涂料、合成树脂乳液轻质厚涂料及无机厚涂料等；

（3）合成树脂乳液和无机厚涂料有“云母状”及“砂粒状”不同质感效果；“砂粒状”厚涂料宜采用喷涂方法施工；

(4) 机械喷涂可不受表中涂料遍数的限制，以达到质量要求为准；

(5) 合成树脂乳液砂壁状涂料必须采用机械喷涂方法施工，否则将影响涂饰效果。

4. 混凝土及抹灰外墙表面复层涂料施工工序（表 6－10）

表 6－10 混凝土及抹灰外墙表面复层涂料施工工序

项次	工序名称	合成树脂乳液复层涂料	硅溶胶类复层涂料	水泥系复层涂料	反应固化型复层涂料
1	清扫	+	+	+	+
2	填补缝隙、局部刮腻子	+	+	+	+
3	磨平	+	+	+	+
4	第一遍满刮腻子	+	+	+	+
5	施涂封底涂料	+	+	+	+
6	施涂主层涂料	+	+	+	+
7	滚压	+	+	+	+
8	第一遍涂料涂饰	+	+	+	+
9	第二遍涂料涂饰	+	+	+	+

注：1. 表中“＋”号表示应进行的工序；

2. 如需要半球面点状造型效果时，可不进行滚压工序；

3. 应待封底涂层干燥后再喷涂主层涂料；水泥系主涂层需干燥 12 h 后再施涂罩面涂料。

四、内墙涂饰工程施工

（一）内墙涂饰工程的一般要求

(1) 内墙涂料施工应在抹灰工程、木装饰工程、水暖工程、电器工程等全部完工并经验收合格后进行。

(2) 根据装饰设计的要求，确定涂饰施工的涂料材料，并根据现行材料标准，对材料进行检查验收。

(3) 要认真了解涂料的基本特性和施工特性。

(4) 了解涂料对基层的基本要求，包括基层材质、坚实程度、附着能力、清洁程度、干燥程度、平整度、酸碱度（pH 值）、腻子等，并按其要求进行基层处理。

(5) 涂料施工的环境温度不能低于涂料正常成膜温度的最低值，相对湿度也应符合涂料施工相应的要求。

(6) 涂料的溶剂（稀释剂）、底层涂料、腻子等均应合理地配套使用，不得滥用。

(7) 涂料使用前应调配好。双组分涂料的施工，必须严格按产品说明书规定的配合比，根据实际使用量分批混合，并在规定的时间内用完。

(8) 所有涂料在施涂前及施涂过程中，必须充分搅拌，以免沉淀，影响施涂操作和施工质量。

(9) 涂料施工前，必须根据设计要求，做出样板或样板间经有关人员认可后方可大面积施工。样板或样板间应一直保留到竣工验收为止。

(10) 一般情况下，后一遍涂料的施工必须在前一遍涂料表面干燥后进行。每一遍涂料应施涂均匀，各层涂料必须结合牢固。

（11）采用机械喷涂时，应将不需施涂部位遮盖严实，以防沾污。

（12）建筑物中的细木制品、金属构件和制品，如为工厂制作组装，其涂料宜在生产制作阶段施涂，最后一遍涂料宜在安装后施涂；如为现场制作组装，组装前应先涂一遍底子油（干性油、防锈涂料），安装后再施涂涂料。

（13）涂料工程施工完毕，应注意保护成品，保护成膜硬化条件及已硬化成膜的部分不受沾污。其他非涂饰部位的涂料必须在涂料干燥前清理干净。

（二）内墙涂饰工程的施工工艺

1. 混凝土及抹灰基层的施涂工艺

（1）混凝土及抹灰内墙、顶棚表面薄涂料涂饰工程的主要工序如表 6－11 所示。

表 6－11　混凝土及抹灰内墙、顶棚表面薄涂料涂饰工程的主要工序

项次	工序名称	水性薄涂料		乳液薄涂料		溶剂型薄涂料		无机薄涂料	
		普通	高级	普通	高级	普通	高级	普通	高级
1	清扫				+	+	+		
2	填补缝隙、局部刮腻子				+	+	+		
3	磨平	+	+	+	+	+	+	+	+
4	第一遍满刮腻子	+	+	+	+	+	+	+	+
5	磨平	+	+	+	+	+	+	+	+
6	第二遍满刮腻子	+	+	+		+	+	+	+
7	磨平		+	+		+	+	+	+
8	干性油打底				+	+	+		+
9	第一遍涂饰				+	+	+		+
10	复补腻子					+	+		
11	磨平	+	+	+		+	+	+	+
12	第二遍涂饰		+		+	+	+		+
13	磨平（光）		+		+	+	+		+
14	第三遍涂饰	+	+	+	+	+	+		
15	磨平（光）					+	+		
16	第四遍涂饰					+	+		

注：（1）表中“＋”号表示应进行的工序；

（2）机械喷涂可不受表中涂料遍数的限制，以达到质量要求为准；

（3）高级内墙及顶棚薄涂料施涂工程，必要时可增加刮腻子的遍数和 1～2 遍涂料施涂。

（2）混凝土及抹灰内墙、顶棚表面薄厚料涂饰工程的主要工序如表 6－12 所示。

表 6－12　混凝土及抹灰内墙、顶棚表面厚涂料涂饰工程的主要工序

项次	工序名称	树脂乳液型轻型厚涂料					
		珍珠岩厚涂料		聚苯乙烯泡沫普通粒厚涂料		蛭石厚涂料	
		普通	高级	普通	高级	普通	高级
1	清扫	+	+	+	+	+	+

续表

项次	工序名称	树脂乳液型轻型厚涂料					
		珍珠岩厚涂料		聚苯乙烯泡沫普通粒厚涂料		蛭石厚涂料	
		普通	高级	普通	高级	普通	高级
2	填补缝隙、局部刮腻子	+	+	+	+	+	+
3	磨平	+	+	+	+	+	+
4	第一遍满刮腻子	+	+	+	+	+	+
5	磨平	+	+	+	+	+	+
6	第二遍满刮腻子		+	+	+	+	+
7	磨平	+	+	+	+	+	+
8	第一遍喷涂厚涂料	+	+	+	+	+	+
9	第二遍喷涂厚涂料		+		+		+
10	局部喷涂厚涂料		+	+	+	+	+

注：（1）表中“＋”号表示应进行的工序；

（2）高级顶棚轻质厚涂料涂饰，必要时增加一遍满喷涂料后，再进行局部喷涂。

（3）混凝土及抹灰内墙、顶棚表面复层涂料涂饰工程的主要工序如表6－13所示。

表6－13 混凝土及抹灰内墙、顶棚表面复层涂料涂饰工程的主要工序

项次	工序名称	合成树脂乳液复层涂料	硅溶胶类复层涂料	水泥系复层涂料	反应固化型复层涂料
1	清扫	+	+	+	+
2	填补缝隙、局部刮腻子	+	+	+	+
3	磨平	+	+	+	+
4	第一遍满刮腻子	+	+	+	+
5	磨平	+	+	+	+
6	第二遍满刮腻子	+	+	+	+
7	磨平	+	+	+	+
8	施涂封底涂料	+	+	+	+
9	施涂主层涂料	+	+	+	+
10	滚压	+	+	+	+
11	第一遍涂料涂饰	+	+	+	+
12	第二遍涂料涂饰	+	+	+	+

注：（1）表中“＋”号表示应进行的工序；

（2）如需要半球面点状造型效果时，可不进行滚压工序；

（3）应待封底涂层干燥后再喷涂主层涂料；水泥系主涂层需干燥12 h后再施涂罩面涂料。

2. 木质基层的施涂工艺

内墙涂料装饰对于木基层的施涂部位包括：木墙裙、木护墙、木隔断、木挂镜线及各种木装饰线等。所用的涂料有：油性涂料（清漆、磁漆、调和漆）、溶剂型涂料等。

（1）木质基层涂刷溶剂型混色涂料，施工工序为：清扫、起钉子、除油污等→铲去脂囊、修补平整→磨砂纸→节疤处点漆片→干性油或带色干性油打底→局部刮腻子、磨光→腻子处涂干性油→第一遍满刮腻子→磨光→刷涂底层涂料→第一遍涂料→复补腻子→磨光→湿布擦净→第二遍涂料→磨光（高级涂料用水砂纸）→磨光→第二遍满刮腻子→湿布擦净→第三遍涂料。

（2）木质基层涂刷清漆涂料的施工工序为：清扫、起钉子、除去油污等→磨砂纸→润粉→磨砂纸→第一遍满刮腻子→磨光→第二遍满刮腻子→磨光→刷油色→第一遍清漆→拼色→复补腻子→磨光→第二遍清漆→磨光→第三遍清漆→水砂纸磨光→第四遍清漆→磨光→第五遍清漆→磨退→打砂蜡→打油蜡→擦亮。

（3）木质基础施涂的嵌批、润粉及着色工艺。

①嵌批：嵌批即指涂饰工程的基层表面批刮腻子。涂饰工程所用的腻子一般由体质材料、黏结剂、着色颜料、水或溶剂、催干剂等配制而成。

②润粉：润粉是指在木质材料面的涂饰工艺中，采用填孔料以填平管孔并封闭基层和适当着色，同时可起到避免后续涂膜塌陷及节省涂料的作用。在传统的油漆工程中，常将不同性质的润粉称为水老粉和油老粉，即指水性填孔料和油性填孔料，或称为润水粉和润油粉，其配制常用材料和配比做法，如表 6－14 所示。

表 6－14 木质材料表面的润粉及其应用

润粉	材料配比（质量比）	配制方法和应用
水性填孔料（水老粉）	大白粉 65%～72%：水 28%～36%：颜料适量	按配合比要求将大白粉和水搅拌成糊状，取出少量的大白粉糊与颜料拌合均匀，然后再与原有大白粉糊上下充分搅拌均匀，不能有结块现象；颜料的用量应使填孔料的色泽略浅于样板木纹表面或管孔内的颜色。 优点：施工方便，干燥迅速，着色均匀； 缺点：如果处理不当时，易使木纹膨胀，附着力比较差，透明效果较低
油性填孔料（油老粉）	大白粉 60%：清油 10%：松香水 20%：煤油 10%：颜料适量	配制方法与以上所述相同。 优点：木纹不会膨胀，不易收缩开裂，干燥后坚固，着色效果好，透明度较高，附着力强，吸收上层涂料少； 缺点：干燥较慢，操作不如润水粉方便

③着色：在木质材料表面进行透明涂饰时，常采用基层着色工艺，即在木质基面上涂刷着色剂。着色分为水色、酒色和油色三种不同的做法，其材料组成如表 6－15 所示。

表 6－15 木质材料面透明涂饰时基面着色的材料组成

着色	材料组成	染色特点
水色	常用黄纳粉、黑纳粉等酸性染料溶解于热水中（染料占 10%～20%）	透明，无遮盖力，保持木纹清晰；缺点是耐晒性能较差，易产生褪色
酒色	在清虫胶清漆中掺入适量品色的染料，即成为着色虫胶漆	透明，清晰显露木纹，耐晒性能较好

续表

着色	材料组成	染色特点
油色	用氧化铁系材料、哈巴粉、锌钡白、大白粉等调入松香水中再加入清油或清漆等，调制成稀浆	由于采用无机颜料作为着色剂，所以耐晒性能良好，不易褪色；缺点是透明度较低，显露木纹不够清晰

（4）木质基础施涂的打磨与配料。

①打磨：打磨也称磨退，是使用研磨材料对被涂物面及涂饰过程的涂层表面进行研磨平整的工序，对于油漆涂层的平整光滑、附着力以及被涂物的棱角、线脚、外观质量等方面，均有非常重要的影响。

a 研磨材料。在研磨材料中使用最广泛的是砂纸和砂布，其磨料分为天然和人造两种。磨料的性质与其形状、硬度和韧性有密切关系，磨料的粒度是按每平方英寸的筛孔进行计算的。

b. 打磨类型。根据涂饰工程施工阶段、油漆涂料的不同品种、不同要求和不同打磨的目的，可分为基层打磨、层间打磨、面层打磨等。不同施涂阶段的打磨要求，如表 6－16 所示。

表 6－16　不同施涂阶段的打磨要求

打磨部位	打磨方式	打磨要求及注意事项
基层表面	干磨	用 1～1.5 号砂纸打磨，线脚及转角处要用对折砂纸的边角砂磨，边缘棱角要打磨光滑，去除锐角以利于涂料的黏附
涂层之间	干磨或湿磨	用 0 号砂纸、1 号旧砂纸或 280～320 号水砂纸，木质材料表面的透明涂层应顺着木纹方向直磨，遇有凹凸线脚部位可适当运用直磨与横磨交叉进行的轻磨
涂饰表面	湿磨	①该工序仅适用于硬质涂层的面漆打磨； ②采用 400 号以上的水砂纸蘸清水或肥皂水打磨，磨至从正面观察呈暗光，而在水平侧面观察呈镜面效果； ③打磨饰面边角部位和曲面时，不可使用垫块，应轻磨并密切查看，以避免将装饰涂膜磨透、磨穿

c. 打磨方式。打磨方式一般分为干磨和湿磨两种。干磨即使用砂纸、砂布及浮石等对磨退部位直接进行研磨；湿磨是由于卫生防护的需要，以及为防止打磨时漆膜受热变软使粉尘黏附于磨粒间而影响研磨质量，将水砂纸或浮石蘸水（或润滑剂）进行轻磨，硬质涂料的层间打磨和面层打磨，一般需要采用湿磨的方式。对于易吸水物面或湿度较大的环境，在涂层进行湿磨时，可用松香水与亚麻油（比例为 3∶1）的混合物作为润滑剂打磨。对于木质材料表面不易磨除的硬刺、木丝，可用稀释的虫胶［虫胶漆：酒精＝1∶(7～8)］进行涂刷，待其干燥后再进行打磨；也可用湿布擦抹表面使木材毛刺吸水胀起，待其干燥后再进行磨除。

②配料：配料是确保饰面施工质量和装饰效果极其重要的环节，系指在施工现场根据设计、样板或操作所需，将油漆涂料饰面施工的原材料合理地按配比调制出工序材料，如

色漆调配、基层填孔料及着色剂的调配等。

配料在传统的油漆涂饰施工中，会直接或间接地影响到方便施涂、漆膜外观质量和耐久性，以及节约材料等多方面的实效。传统的油漆施工配料工艺比较复杂，且要求较为严格、烦琐，如腻子的自制、油漆涂料色彩的调配、木质面填孔料调配、对油漆施工黏度的调配、油性漆的调配、硝基漆韧性的调配、醇酸漆油度的调配、无光色漆的调配等。

3. 金属基层的施涂工序

内墙涂料装饰中金属基层涂饰主要应用在金属花饰、金属护墙、栏杆、扶手、金属线角、黑白铁制品等部位。金属装饰需要涂饰的多数是黑色金属基层（对于有色金属装饰不属于涂饰施工）。

金属基层涂料的施工工序为：除锈、清扫、磨砂纸→刷涂防锈涂料→局部刮腻子→磨光→第一遍刮腻子→磨光→第二遍满刮腻子→磨光→第一遍涂料→复补腻子→磨光→第二遍涂料→磨光→湿布擦净→第三遍涂料→磨光（用水砂纸）→湿布擦净→第四遍涂料。

五、美术涂料和新型涂料施工

（一）美术涂料

1. 套色漏花涂饰

（1）套色漏花涂饰的形式有边漏、墙漏和假墙纸。

（2）套色漏花的施工工序：刷涂底层涂料→制作套色漏花板→配料→定位→套色漏花的喷印。

2. 滚花涂饰

（1）滚花的施工工序：批刮腻子→刷底层涂料→弹线→滚花。

（2）按设计要求或样板配好涂料后，用刻有花纹图案的胶皮辊蘸涂料，从左至右、从上至下进行滚印，辊筒垂直于粉线，不得歪斜，用力均匀，滚印1~3遍，达到图案颜色鲜明、轮廓清晰为止。

3. 仿木纹涂饰

（1）仿木纹涂饰是在装饰面上用涂料仿制出如梨木、檀木、水曲柳、榆木等硬质木材的木纹，多用于墙裙等部位。

（2）仿木纹涂饰的施工工序：底层涂料→弹分格线→刷面层涂料→做木纹→用净毛刷轻扫→划分格线→刷罩面清漆。

4. 仿石纹涂饰

（1）仿石纹涂饰是在基层上用涂料仿制出如大理石、花岗石等的石纹。这种涂饰多用于墙裙和室内柱子的饰面。

（2）仿石纹涂饰的施工工序：基层处理→涂刷底层涂料→划仿石纹拼缝→挂丝绵→喷色浆→取下丝绵→划分格线→刷清漆。

5. 鸡皮皱面层涂饰

尺鸡皮皱面层涂饰就是将面层涂膜通过油刷拍打产生均匀美观的皱纹和疙瘩，它不仅有保护基体和装饰的作用，而且还有消声作用。

（2）鸡皮皱面层涂饰的施工工序：涂刷底层涂料→涂刷鸡皮皱面涂料。

（3）在涂刷鸡皮皱涂料时，一般由两个人操作，一人涂刷，另一人用专用的鸡皮皱油刷拍打；鸡皮皱涂层厚度一般为 2 mm 左右。

6. 彩色涂料涂饰

（1）彩色涂料喷涂于内墙后，可形成多种色彩层次，产生立体花纹，耐水性、耐洗刷性和透气性增强。可适用于混凝土、砂浆、石膏板、木材、钢、铝等基层涂饰。

（2）彩色涂料施工工序：基层处理→滚涂底层涂料→喷涂面层涂料。

（二）新型涂料

1. 碎瓷颗粒涂料

（1）在涂料里加入碎瓷颗粒涂饰墙面，形成麻面色点的仿斩假石效果，施工简便。用于外墙、展厅、观众厅等室内外装饰，其艺术效果很好。

（2）碎瓷颗粒涂料的施工工序：基层处理→喷涂结合层→弹分段水平线→喷涂饰面层（拌有碎瓷颗粒）→喷涂罩面层。

2. 仿火爆花岗岩涂料

（1）仿火爆花岗岩涂料是在溶剂型乳液涂料中掺入碎石颗粒，涂饰后形成颗粒麻面，如同火爆花岗岩贴面效果。涂层色彩由各色涂料和碎石搭配调制，它适用于外墙饰面、勒脚饰面或室内需要花岗饰面的部位。

（2）仿火爆花岗岩涂料的施工工序：基层处理→喷结合层→弹分格线→贴分格布→喷饰面层→揭分格布→喷保护层。

3. 室内轻颗粒涂料

（1）室内轻颗粒涂料是在涂料中掺入膨胀珍珠岩颗粒、泡沫聚苯乙烯塑料颗粒等轻质碎屑，作为室内天棚、内墙面涂饰，装饰效果很有特色，产品成本低、利润高，很受广大消费者欢迎。涂层具有调节室内湿度的作用。

（2）室内轻颗粒涂料的施工工序与普通涂料相同。

4. 高光漆

（1）高光漆（也称高漆），它是根据磁漆、调和漆研制而成的一种新品种。其光亮度超过磁漆 3 ~4 倍，固体含量大、涂层厚，适用于家具、设备，尤其在木基层、金属基层涂饰是首选涂料。

（2）高光漆的施工工序：基层处理→打底漆→磨平→喷涂罩面保护层→擦洗→盖保护膜→干燥后揭除保护膜。

六、涂料工程中的常见工程质量问题及防治措施

1. 流坠（流挂、流淌）

（1）特征：在挑檐或水平线角的下方，涂料产生流淌使涂膜厚薄不匀，形成泪痕，严重的有似帷幕下垂状。

（2）原因：涂料施工黏度过低；涂膜太厚；施工场所温度太低，涂料干燥较慢；在成膜中流动性较大；油刷蘸油太多；喷枪的孔径太大；涂饰面凹凸不平，在凹处积油太多；涂料中含有密度大的颜料，搅拌不匀；溶剂挥发缓慢，周围空气中溶剂蒸发浓度高，湿度大。

（3）防治措施：严格控制涂料的施工黏度（20～30 s）；提高操作人员的技术水平，控制施涂厚度（20～25μm）；加强施工场所的通风，施工环境温度应保持在10 ℃左右；油刷蘸油应少蘸、勤蘸；调整喷嘴孔径；刷涂用力刷匀；控制基层的含水率达到规范要求；选用干燥稍快的涂料品种；在施工中，应尽量使基层平整；选择适当的溶剂。

2. 渗色（渗透、调色）

（1）特征：面层涂料把底层涂料软化或溶解，使底层涂料的颜色渗透到面层（咬底），造成色泽不一致的现象。

（2）原因：在底层涂料未充分干透的情况下，涂刷面层涂料；在一般的底层涂料上涂刷强溶剂型的面层涂料；底层涂料中使用了某些有机颜料；木材中含有某些有机染料、木胶等，如不涂封底涂料，日久或高温下，易出现渗色；底层涂料较面层涂料的颜色更深，也易发生这种情况。

（3）防治措施：底层涂料充分干燥后，再涂刷面层涂料；底层涂料和面层涂料应配套使用；底层涂料中最好选用无机颜料或抗渗色性好的有机颜料；避免沥青、杂酚油等混入涂料；木材中的染料、木胶应尽量清除干净，节疤处应点刷2～3遍漆片清漆，并用漆片进行封底，待丁后再施涂面层涂料。

3. 咬底

（1）特征：在涂刷面层涂料时，面层涂料把底层涂料的涂膜软化、膨胀、咬起。

（2）原因：底层涂料与面层涂料不配套，在一般底层涂料上刷涂强溶剂型的面层涂料；底层涂料未完全干燥就涂刷面层涂料；刷面层涂料动作不迅速，反复涂刷次数过多。

（3）防治措施：涂刷强溶剂型涂料，应技术熟练，操作准确、迅速，反复次数不宜多；选择合适的涂料，底层涂料和面层涂料应配套使用；应待底层涂料完全干透后，再刷面层涂料；遇到咬底时，应将涂层全部铲除洁净，待干燥后再进行一次涂饰施工。

4. 泛白

（1）特征：各种挥发性涂料在施工和干燥过程中，出现涂膜混浊、光泽减退甚至发白。

（2）原因：在喷涂施工中，由于油水分离器失效，而把水分带进涂料中；快干挥发性涂料不会发白，有时也会出现多孔状和细裂纹；当快干挥发性涂料在低温、高湿度（80%）的条件下施工，使部分水汽凝积在涂膜表面而形成白雾状；凝积在湿涂膜上的水汽，使涂膜中的树脂或高分子聚合物部分析出，而引起涂料的涂膜发白；基层潮湿或工具内带有大量水分。

（3）防治措施：喷涂前，应检查油水分离器，不能漏水；快干挥发性涂料施工中，应选用配套的稀释剂，在涂料中加入适量防潮剂（防白剂）或丁醇类憎水剂；基层应干燥，工具内的水分应清除。

5. 浮色（涂膜发花）

（1）特征。混色涂料在施工中，颜料分层离析，造成干膜和湿膜的颜色差异很大。

（2）原因。混色涂料的混合颜料中，各种颜料的比密度差异较大；油刷的毛太粗硬；使用涂料时，未将已沉淀的颜料搅匀。

（3）防治措施。在颜料比密度差异较大的混色涂料的生产和施工中，适量加入甲基硅油；使用含有比密度大的颜料；最好选用软毛油刷；选择性能优良的涂料，涂刷时经常搅拌均匀。

6. 橘皮

（1）特征。涂膜表面呈现出许多半圆形突起，形似橘皮状。

（2）原因。喷涂压力太大，喷枪口径太小，涂料黏度过大，喷枪与喷涂面的间距不当；低沸点的溶剂用量太多，挥发迅速，在静止的液态涂膜中产生强烈的静电现象，使涂层出现半圆形凹凸不平的皱纹状，未等流平，表面已干燥形成橘皮；施工湿度过高或过低，涂料中混有水分。

（3）防治措施。应熟练掌握喷涂施工技术，调好涂料的施工黏度，选好喷枪口径，调好喷涂的压力和间距；注意稀释剂中高低沸点适当；施工湿度过高或过低都不宜施工；在涂料生产、施工、储存中不应混进水分，一旦混入，应除净后再用；若出现橘皮，应用水砂纸将凸起部分磨平，凹陷部分抹补腻子，再涂饰一遍面层涂料。

7. 起泡

（1）特征。涂膜在干燥过程中或高温高湿条件下，表面出现许多大小不均、圆形不规则的突起物。

（2）原因。木材、水泥等基层含水率过高；木材本身含有芳香油或松脂，当其自然挥发时；耐水性低的涂料用于浸水物体的涂饰，油腻子或底层涂料未干时施涂面层涂料；金属表面处理不佳，凹陷处积聚潮气或有铁锈，使涂膜附着不良而产生气泡；喷涂时，压缩空气中有水蒸气，与涂料混在一起；涂料的粘度较大，抹涂时易夹带空气进入涂层；施工环境温度太高或日光强烈照射，使底层未干透，遇雨水后又涂面层涂料，则底层涂料干结时产生气体将面层涂膜顶起；涂料涂刷太厚，涂膜表面已干燥而稀释剂还未完全蒸发，则将涂膜顶起，形成气泡。

（3）防治措施。应在基层充分干燥后，再进行涂饰施工；除去木材中的芳香油或松脂；在潮湿处选用耐水涂料，应在腻子、底层涂料充分干燥后，再涂面层涂料；金属表面涂饰前，必须将铁锈清除干净；涂料黏度不宜过大，一次涂膜不宜过厚，喷涂前，检查油水分离器，防止水汽混入。

8. 涂膜开裂

（1）特征。由于面层涂料的伸缩与底层不一致而使表面开裂，从而涂膜产生细裂、粗裂和龟裂。

（2）原因。涂膜干后，硬度过高，柔韧性较差；涂层过厚，表干里不干；催干剂用量过多或各种催干剂搭配不当；受有害气体的侵蚀，如二氧化硫、氨气等；木材的松脂未除净，在高温下易渗出涂膜而产生龟裂；彩色涂料在使用前未搅匀；面层涂料中的挥发成分太多，影响成膜的结合力；在软而有弹性的基层上涂刷稠度大的涂料。

（3）防治措施。选择正确的涂料品种；面层涂料的硬度不宜过高，应选用柔韧性较好的面层涂料来涂饰；应注意催干剂的用量和搭配；施工中每遍涂膜不能过厚；施工中应避免有害气体的侵蚀；木材中的松脂应除净，并用封底涂料封底后再涂各层涂料；施工前应将涂料搅匀；面层涂料的挥发成分不宜过多。

9. 涂膜脱落

（1）特征。涂膜开裂后失去应有的黏附力，以致形成小片或整张揭皮脱落。

（2）原因。基层处理不当，没有完全除去表面的油垢、锈垢、水汽、灰尘或化学药品等；在潮湿或污染了的砖、石和水泥基层上涂饰，涂料与基层黏结不良；每遍涂膜太厚；

底层涂料的硬度过大，涂膜表面光滑，使底层涂料和面层涂料的结合力较差；在粉状易碎面上涂刷涂料，如水性涂料表面；涂膜下有晶化物形成。

(3) 防治措施。施涂前应将基层处理干净；基面应当干燥并除去污染物后再涂刷涂料；控制每遍涂膜厚度；注意底层涂料和面层涂料的配套，应选用附着力和润湿性较好的底层涂料。

10. 网粘

(1) 特征。涂料超过规定的干燥时间涂层尚未全干，涂料的表层涂膜形成后，经过一段时间表面仍有粘手现象。

(2) 原因。在氧化型的底漆、腻子未干之前就涂第二遍涂料；物面处理不洁，有蜡、油、盐等未处理干净；涂膜太厚，施工后又在烈日下暴晒；涂料中混入了半干性油或不干性油，使用了高沸点的溶剂；干料加入量过多或过少，干料的配合比不合适，铅、锰干料偏少；涂料在施工中，遇到冰冻、雨淋和霜打；涂料中含有挥发性很差的溶剂；涂料熬炼不够，催干剂用量不足；涂料贮存太久，催干剂被颜料吸收而失去作用。

(3) 防治措施。选择优良的施工环境和涂料；应在涂料完全干燥后，再涂第二遍涂料；基体表面的油脂等污染物均应处理干净，木材还应用封底涂料进行封底，每遍涂料不宜太厚，施涂后不能在烈日下暴晒；应注意涂料的成分和溶剂的性质，合理选用涂料和溶剂；应按试验和经验来确定干料的用量和配比；施工时，应采取相应的保护措施，以防止冰冻、雨淋和霜打。

11. 发汗

(1) 特征。基层的矿物油、蜡质或底层涂料有未挥发的溶剂，把面层涂料局部溶解并渗透到表面。

(2) 原因。树脂含有较少的亚麻仁或熟桐油膜，易发汗；施工环境潮湿、阴暗或天气湿热，涂膜表面凝聚水分，通风不良；涂膜氧化未充分，或油料未能从底部完全干燥；金属表面有油污，旧涂层有石蜡、矿物油等。

(3) 防治措施。选用优质涂料，改善施工环境，加强通风，促使涂膜氧化和聚合，待底层涂料完全干燥后再涂面层涂料；将污、旧涂层彻底清理干净后再施涂；一般应将涂层铲除，重新进行基层处理，再进行涂饰施工。

12. 涂膜生锈

(1) 特征。钢铁基层涂刷涂料后，涂膜表面开始略透黄色，然后逐渐破裂出现锈斑。

(2) 原因。涂饰出现针孔弊病或漏有空白点，涂膜太薄，水汽或有害气体穿透膜层，产生针孔而发展到大面积锈蚀；基层表面有铁锈、酸液、盐水、水分等未清理干净。

(3) 防治措施。钢铁表面涂刷普通防锈涂料时，涂膜应略厚一些，最好涂两遍；涂刷前，必须把钢铁表面的锈斑、酸液、盐水和水分等清除干净，并应尽快涂一遍防锈涂料；若出现锈斑，应铲除涂层，进行防锈处理后，再重新涂刷底层防锈涂料。